TRAITÉ SPÉCIAL

DE LA

VACHE LAITIÈRE

ET DE

L'ÉLÈVE DU BÉTAIL,

COMPRENANT

les meilleures races à lait françaises et étrangères,
les renseignements les plus étendus pour faire un bon choix par les anciens signes
et par la découverte Guénon,
les règles de l'élevage, de l'alimentation, du pansage, etc., du bétail
un Traité de médecine et de pharmacie vétérinaires;
enfin l'examen historique et critique du système Guénon,
ses erreurs et les rectifications à y introduire;

2e ÉDITION,

RETOUCHÉE

ET AUGMENTÉE D'UN SYSTÈME NOUVEAU SUR LA DÉCOUVERTE DES FRÈRES GUÉNON
ET D'UN TABLEAU PORTATIF ET DÉTACHÉ.

PAR E. COLLOT,

Propriétaire-agriculteur.

« La vache est le pivot de l'agriculture,
« précisément parce qu'elle est le principal
« instrument de la production du bétail. »

PARIS,

LIBRAIRIE DE PAUL DUPONT, RUE DE GRENELLE-SAINT-HONORÉ, 45.

Librairie agricole de **Dussacq**,   Vve **Bouchard-Huzard**, libraire,
rue Jacob, 20.   rue de l'Éperon, 5;

ET CHEZ TOUS LES LIBRAIRES DES GRANDES VILLES.

1851

TRAITÉ SPÉCIAL

DE

LA VACHE LAITIÈRE

ET DE L'ÉLÈVE DU BÉTAIL.

TRAITÉ SPÉCIAL

DE LA

VACHE LAITIÈRE

ET DE

L'ÉLÈVE DU BÉTAIL,

COMPRENANT

les meilleures races à lait françaises et étrangères,
les renseignements les plus étendus pour faire un bon choix par les anciens signes
et par la découverte Guénon,
les règles de l'élevage, de l'alimentation, du pansage, etc., du bétail ;
un Traité de médecine et de pharmacie vétérinaires ;
enfin l'examen historique et critique du système Guénon,
ses erreurs et les rectifications à y introduire.

2e ÉDITION,

RETOUCHÉE

ET AUGMENTÉE D'UN SYSTÈME NOUVEAU SUR LA DÉCOUVERTE DES FRÈRES GUÉNON

ET D'UN TABLEAU PORTATIF ET DÉTACHÉ.

PAR E. COLLOT,

Propriétaire-agriculteur.

> « La vache est le pivot de l'agriculture,
> « précisément parce qu'elle est le principal
> « instrument de la production du bétail. »

PARIS,

LIBRAIRIE DE PAUL DUPONT, RUE DE GRENELLE-SAINT-HONORÉ, 45.

Librairie agricole de **Dussacq**, Vve **Bouchard-Huzard**, libraire,
rue Jacob, 26.   rue de l'Éperon, 5 ;

ET CHEZ TOUS LES LIBRAIRES DES GRANDES VILLES.

1851

TABLE DES MATIÈRES.

CHAPITRE VII.

Médecine vétérinaire.

CHAPITRE VIII.

TRAITÉ SPÉCIAL

DE

LA VACHE LAITIÈRE,

ET DE L'ÉLÈVE DU BÉTAIL.

CHAPITRE PREMIER.

DE LA MEILLEURE AGRICULTURE.

L'infériorité de notre agriculture française, comparée aux agricultures flamande, anglaise, allemande, vient précisément de notre aveuglement sur les avantages qui découlent et de la culture des plantes fourragères et de l'élève du bétail.

L'élève du bétail, c'est-à-dire l'industrie de la vache laitière, doit être l'instrument principal, la cause première du progrès en agriculture; on ne récolte que par les engrais, on n'obtient ces engrais que par le bétail; le succès agricole, la richesse de la terre est donc toute entière dans le bétail.

Une fois entrés dans cette voie, nos progrès seront rapides et inespérés. Mais quand parviendra-t-on à modérer la production des céréales et à faire entrer largement dans la culture des plantes fourragères?... Personne ne nie que les céréales épuisent le sol, tout en donnant un produit moindre, tandis que les fourragères, au contraire, fertilisent la terre par elles-mêmes d'abord, puis par les fumiers résultant de leur consommation; elles diminuent considérablement la main-d'œuvre, et donnent dès lors un produit net bien supérieur; où donc trouver la cause de la plus légère hésitation? La valeur du fonds, sa fertilité, le capital enfin augmentent en même temps que le produit. Cette vérité n'est plus contestable; elle n'est même pas contestée : et cependant nos populations agricoles s'obstinent à couvrir de céréales d'immenses espaces de terres maigres, appauvries, mal préparées, plus mal fumées encore, et donnant, bon an, mal an, deux et demi, trois, quatre ou cinq fois la semence. A ce compte, sait-on bien ce que coûte à nos cultivateurs un hectolitre de froment? Je le dirais, mais on ne le croirait pas; je ne puis que les engager à compter eux-mêmes. La perte est énorme : le tiers, la moitié même du travail employé sont perdus pour le travailleur, qui végète et vit à grand'peine dans des travaux qui l'épuisent et ne peuvent le nourrir.

Le remède à ces maux est cependant bien simple : convertir en prairies naturelles toutes les terres humides ayant une tendance à produire de l'herbe; en prairies artificielles une partie des terres à froment, de manière à diminuer les frais de culture ; réduire ainsi de moitié, des deux tiers, des trois quarts même les surfaces jusqu'ici ensemencées en céréales, et, au lieu de donner une apparence de fumure à cinq, à dix, à vingt hectares de terre, n'en fumer et ensemencer que la moitié ou le tiers. Dès la première année, on récoltera *tout autant* sur cet espace réduit, mais bien préparé et amendé, qu'on eût récolté, avec les mêmes fumiers, sur une contenance double ou triple; le bénéfice est énorme; dussent les terres rester en jachère ou en pacages, on y gagnerait et les travaux économisés, et le pâturage de la jachère, et la fertilité qu'elle produit; mais on peut faire mieux : le sainfoin, dans les terres calcaires sans profondeur ; la luzerne, dans les sols secs, pierreux, mais profonds ; les herbes ordinaires, la graine de foin, les ivraies d'Italie ou ray-grass surtout, dans les terres humides ou fraîches, donneront, pendant plusieurs années, *sans travail aucun* et tout en enrichissant la terre, au lieu de l'épuiser, plusieurs récoltes qui ne coûteront rien. Le trèfle de Hollande, semé au printemps dans les meilleures terres et sur les céréales d'automne, produira, pendant l'année suivante, aussi sans travail, deux ou trois coupes bien préférables, en quantité et en valeur, à la récolte des meilleurs prés. Dans ce cas, la terre sera plus amendée encore qu'avec les sainfoins et les luzernes, et, avec la plus légère fumure, la récolte en blé sera très-belle. Ajoutons que ces récoltes fourragères que nous conseillons auront permis et de mieux nourrir les bestiaux et d'en augmenter le nombre; par suite, de doubler ou tripler la quantité des fumiers et les bénéfices sur le bétail.

Dans cette voie, les progrès sont rapides, le succès certain ; l'abondance d'abord, la richesse ensuite, sont la récompense du cultivateur;

au contraire, dans les pratiques routinières qu'on s'obstine à suivre, il n'y a que ruine, misère et dégradation.

Quelle voix sera assez retentissante et persuasive pour convaincre nos populations agricoles et les tirer ainsi de la pénurie dans laquelle elles vivent, des misères dans lesquelles elles croupissent?...

Les enseignements ne manquent cependant pas; les exemples sont cependant très-nombreux et évidents, même en France, où les pays les plus riches sont les pays à fourrages, où les propriétés les plus chères et les plus estimées sont les prairies, où l'industrie du lait a fertilisé et enrichi toutes les contrées qui l'ont adoptée.

Ne citons qu'un exemple entre cent :

A voir aujourd'hui la partie de la Normandie appelée le *pays de Brai* (Gournay, Neufchâtel, Forges), maintenant si fertile et si riche, qui se douterait qu'autrefois c'était un pays pauvre?... Pauvre tant qu'il s'obstina à produire des céréales; riche aussitôt que, se conformant aux tendances d'un sol frais et argilo-siliceux, il se couvrit de prairies, d'herbages et s'adonna à l'élève de la vache et à la production du lait. On peut donc dire que c'est à l'industrie du lait qu'est due la transformation de ce pays. A Neufchâtel, à Gournay, à Forges, on tient maintenant une vache par cinquante à soixante ares de terre au plus; autrefois et au début, on comptait trois, quatre et cinq hectares par tête de bétail.

La Bretagne, la Bresse, la Brie, etc., entrent dans cette voie ; la richesse, la fertilité seront la conséquence forcée de ce nouveau système. Pourquoi tous les pays frais et humides, à sous-sol imperméable, à terres fortes, argileuses ou argilo-siliceuses, tous les pays d'étangs, tous les pays à herbe en un mot, tous généralement si misérables aujourd'hui, n'ouvrent-ils pas les yeux, et, à l'imitation du pays de Brai, n'échangent-ils pas leur misère contre l'abondance et la richesse ?

Pourquoi les pays moins humides, moins mouillés, à terres plus égouttées, plus perméables, n'adoptent-ils pas plus largement le système des prairies artificielles, avec lesquelles une terre fort médiocre donne souvent trois et quatre fois plus que la meilleure prairie naturelle?

L'élève du bétail avec la stabulation absolue pour les bœufs de travail et tout le bétail de boucherie ; la stabulation mixte, c'est-à-dire avec une sortie de deux ou trois heures par jour pour les vaches laitières et pour les veaux d'élève, tel devrait être le but de toute agriculture progressive et raisonnée, tel devrait être celui de l'agriculture française, aujourd'hui si inférieure à celle des pays voisins.

Quand ce but sera atteint, la richesse la plus importante, la richesse la plus solide, la base de toutes les richesses, celle de tous, la richesse foncière enfin, sera triplée, car les revenus du sol seront plus que triplés.

L'élève du bétail doit donc être la base de toute agriculture éclairée et en progrès; or, l'élève de la vache étant lui-même la base, le principe de l'élève du bétail, ce sera rendre le plus grand service à l'agriculture que de jeter quelques lumières sur ce point important de l'économie agricole; tel est le but de cet ouvrage : nous l'aurons atteint si nous parvenons à vulgariser les connaissances qu doivent faire de l'élève de la vache un produit aussi important qu'assuré.

Comment se fait-il que le gouvernement laisse sans impulsion et sans protection efficaces l'agriculture française, cette immense et belle industrie ? Un ministère unique, tout spécial pour l'agriculture, devrait être le premier, le plus important de tous les ministères ; et on n'accorde à cette immense richesse, à cette colossale industrie que la moitié du plus modeste, du plus exigu de tous les départements ministériels, avec une subvention de moins d'un million sur un budget ordinaire de douze cents millions? Cela ne semble-t-il pas une dérision ?...

Ainsi un ministère spécial, une subvention proportionnée à son importance de production, une protection énergique mais temporaire contre l'introduction du bétail étranger ; enfin, l'assurance par l'impôt de tous les risques d'incendie, d'épizooties et de grêle (1)*, tels seraient aujourd'hui les actes de justice que réclamerait la France agricole. Dans dix ans, l'agriculture française, ainsi défendue et encouragée, non plus mesquinement, mais largement, fût-ce même avec prodigalité, payerait au centuple ce qu'on lui aurait accordé; les barrières pourraient alors tomber ; car l'abondance à bon marché serait partout. Ce qui est arrivé à l'Angleterre pour l'industrie se répèterait en France pour l'agriculture ; la protection et les encouragements

---

* Ces numéros indiquent les notes rejetées à la fin du volume.

produiraient la force ; l'enfant débile aujourd'hui, parce qu'il est abandonné et laissé sans secours, deviendrait bientôt homme fort et vigoureux ; et, comme l'industrie anglaise, qui menace d'exploiter tout le globe, de tout envahir, l'agriculture française pourrait à son tour menacer les marchés étrangers, loin de craindre l'envahissement des siens.

Donner à l'agriculture, c'est semer ; que le gouvernement donne donc un peu à l'agriculture, et l'agriculture payera le bienfait en rendant à l'impôt cent capitaux pour un, en livrant à l'industrie des matières premières à bas prix, des vivres à bon marché, et dès lors des salaires allégés. Tel est le véritable but de la nouvelle loi anglaise sur les céréales (2). La prospérité de l'agriculture s'étendra donc à l'industrie, et de l'industrie elle passera au commerce, dans le cercle tracé par le génie si clairvoyant de Napoléon :

« D'abord et avant tout, disait-il, l'agriculture ; c'est la richesse la
« plus solide, c'est la richesse de tous, c'est la base, la racine de
« toute richesse.

« Après l'agriculture, l'industrie, qui doit mettre en œuvre les
« produits de l'agriculture.

« Puis, après l'industrie, le commerce, qui aide aux deux pre-
« mières, récompense et stimule leur développement en écoulant
« leurs produits. »

RACES DIVERSES DE BÉTAIL.

Races françaises.

Chaque pays a ses races de bétail, et il faut reconnaître que cette adoption, souvent exclusive d'une race, trouve presque toujours son explication dans les circonstances de localité. Prôner une race étrangère aux habitudes anciennes et enracinées des populations, c'est donc tenter une chose d'une exécution bien difficile ; disons seulement que plus le sol est riche et fertile, plus les pâturages sont gras et nourrissants, plus on peut se permettre les hautes tailles : la taille doit être mesurée à la fertilité du sol ; elle doit en suivre les progressions ; une petite vache réussira seule dans une contrée aride, peu fertile, ayant de maigres pacages, ou plutôt elle réussira partout.

Race bretonne.

La vache bretonne est dans ces conditions : petite de taille, très-sobre, très-rustique, d'un prix peu élevé (dans la Bretagne il reste entre soixante et cent francs). Son produit moyen, lorsqu'elle est bien choisie, se maintient entre quatre et six litres de lait de qualité supérieure et le plus butireux qui se puisse trouver ; c'est là véritablement la vache du pauvre, la ressource des petits ménages et des petites fortunes, coûtant peu, vivant et produisant très-longtemps, se contentant de la nourriture la plus exiguë, la plus grossière, et trouvant à vivre partout, autour des maisons, le long des routes et chemins ; c'est une race que bien des pays devraient nous envier ; la qualité de son lait la recommande aux contrées qui doivent produire ou consommer du beurre et du fromage. Elle convient moins pour les pays réduits à l'élève des veaux, parce que, saillie par un beau taureau de race de travail, elle n'en donnera pas moins un produit qui se rapprochera de la robe de la mère (robe noire ou pie, généralement noir et blanc). Ce produit coûtera presque autant à nourrir qu'un veau de race de travail, d'une valeur double ou triple. Le correctif à cet inconvénient serait de vendre le veau presque immédiatement et de lui substituer un veau de l'espèce de travail ; mais cela fût-il possible et facile, qui se décidera à le faire ?

La vache bretonne a tous les signes des races d'élite : tête petite, cuir souple, mince, souvent jaune ; poils courts, fins, doux ; cornes fines, effilées, plates à l'origine ; queue fine, etc. ; aussi vit-elle longtemps et reste-t-elle longtemps en produit. J'ai vu bien des vaches de cette race rester dans la force de leur lait jusqu'à 12 et 15 ans, perdre un quart jusqu'à 16 et 18, et donner encore plus de moitié de 18 à 20 ans.

Dans les contrées pauvres et à sol infertile ou épuisé, on ne peut mieux faire que d'introduire la race bretonne ; elle y réussira, y prospérera même avec quelques soins, fertilisera le sol, et préparera ainsi la place d'un bétail de plus haute taille, plus difficile et plus exigeant qu'elle, mais donnant aussi de plus beaux produits.

La race bretonne est tout à fait impropre au travail : nous n'entendons pas dire par là qu'on ne puisse la faire travailler, car elle a de la force et de l'énergie ; mais nous pensons qu'on y trouverait fort peu d'avantages, et que le produit en lait diminuerait d'autant plus qu'on exigerait plus de travail.

C'est dans le canton d'Auray et les environs, Bain, Moncontour, etc., qu'on trouve les meilleures espèces laitières.

Les plus petites vaches et les plus rustiques sont celles des environs de Châteaubriand.

Celles des environs de Quimper sont petites aussi, presque toujours pie, noir et blanc communément.

Les vaches des environs de Dinan sont plus grosses, leur robe est souvent noire, parfois tachée de blanc.

L'espèce de Guingamp ou Lannion est une des meilleures espèces de la race bretonne. Elle a un peu plus de taille, et réunit tous les signes de race : le pelage est rouge-clair, ou jaune-orangé, parfois taché de blanc.

Les vaches de Guingamp choisies sur place par M. Guichenet lui donnent, à Bordeaux, 8, 10, 12 et jusqu'à 14 litres de lait; elles sont tout au plus de moyenne taille ; c'est là un très-beau produit.

Les paysans n'élèvent ordinairement que les vêles ayant la langue marbrée et tachée de noir.

Les vaches de la Basse-Bretagne, de taille moyenne, au pelage rouge-pie, sont aussi excellentes laitières.

Race gatiné.

La race gatine, assez bonne laitière, peuple presque tout le Poitou, s'étend en Vendée et même dans le Bocage. Sa robe est couleur fromentée-roux, aux crins, au museau, et, ce qui est caractéristique, à la langue noirs; sa taille est moyenne. Cette vache a sur la bretonne cet avantage qu'elle peut être appliquée à un travail modéré, et, qu'accouplée à un beau taureau de race de travail, si la race du taureau est ancienne et pure de tous croisements, elle peut communément, sans grandes altérations, reproduire les formes du père et parfaitement nourrir son veau. Son nom lui vient de son pays d'origine, la Gatine, petite contrée du Poitou, dans laquelle Parthenay est la ville la plus importante; il ne faut pas confondre la Gatine avec le Gatinais, pays placé entre l'Orléanais et l'Ile-de-France.

Race cholet ou de la Vendée.

La race dite de Cholet est un dérivé de la race gatine ; elle a la robe gris-blond communément, parfois jaune rouge, parfois châtain brun, toujours blanchissant sous le ventre, toutes ces robes avec le museau, le tour des yeux, le bout des cornes et les crins noirs ; elle est très-renommée pour la boucherie ; c'est aussi une excellente race de travail, quoi qu'en ait dit **M.** le professeur Grognier. Comme ces qualités sont exclusives de l'aptitude à la production du lait, c'est dire que ces vaches sont médiocres laitières.

Le marché principal, pour cette race, est Beaupréau.

Race du Bocage.

C'est encore une race de travail et de boucherie, meilleure laitière cependant que la précédente. Sa robe est brune et communément d'une seule couleur.

Race manselle.

L'ancienne race manselle pure était d'un rouge uni, sans mélange et presque blond, s'éclaircissant un peu sous le ventre, entre les jambes et autour des yeux et des naseaux. La race nouvelle est d'un rouge froment-clair, parfois rouge-brun, mêlé presque toujours de blanc ; on classe aussi dans la race manselle des bêtes à robe noire ou pie ; la race manselle peuple tout le pays entre Durtal et Ségré, toute la vallée du Loir, etc. Cette race est propre au travail et très-bonne pour l'engraissement, même pour l'engraissement précoce (de 4 à 5 ans). Le bœuf manceau prend très-rapidement et très-facilement la graisse. La vache est médiocre laitière.

Le bétail manceau est rarement engraissé dans le pays ; le Poitou, la Vendée, la Normandie surtout le recherchent pour l'engraisser.

Races normandes.

La province la plus fertile de France, la plus riche en herbages, la Normandie, devait avoir et a effectivement le plus beau bétail de France.

Deux races principales se partagent cette riche contrée : celle du Cotentin est la plus remarquable par la taille, les qualités de sa chair toujours marbrée et son aptitude à l'engraissement, mais elle n'engraisse pas jeune et il faut attendre cinq à six ans ; c'est une des belles races bovines du monde ; cependant, pour sa taille, elle est assez médiocre laitière et ne supporte qu'un travail fort modéré. Le caractère particulier du pelage cotentin est le brangé ou marbrure à lignes allongées et noires sur un fond rouge-brun ; parfois la robe entière est brangée, parfois le fond est blanc avec de larges taches rouge-brun mêlé de lignes noires. C'est le bœuf cotentin qui fait presque toujours les honneurs du carnaval parisien ; c'est lui qui l'emporte presque toujours dans les concours pour le choix des bœufs gras. La race importée de Durham menace aujourd'hui de le supplanter.

Celle du pays d'Auge, un peu moins haute de taille, n'en est pas moins remarquablement belle ; c'est une race essentiellement laitière, incapable de travailler, mais prenant la graisse très-facilement et très-jeune ; les bœufs sont, en effet, engraissés et vendus à la boucherie de Paris vers l'âge de 3 ans 1/2 à 4 1/2. Ce sont les vaches de cette race qui ont fait la fortune de la Normandie, par la quantité et la qualité de leurs produits en lait ; c'est à elles que l'on doit les premiers beurres du monde et les excellents fromages normands.

Le pelage de la race du pays d'Auge est varié et mêlé, tantôt rouge, tantôt blanc, tantôt noir ; c'est le pelage de la vache bretonne et de la vache hollandaise.

La Normandie, nous l'avons dit, est une preuve de ce que peut la culture des plantes fourragères. Sa richesse, sa haute fertilité sont dues au grand développement donné aux prairies, à l'élève de la vache, qui a préparé l'élève et l'engraissement du gros bétail. La Normandie doit être le modèle, comme elle est déjà l'orgueil de la France agricole.

On dit, et je suis assez porté à le croire, surtout pour l'espèce de la vallée d'Auge, que ces deux races normandes ont la même origine que la race hollandaise ; qu'elles sont comme elles sorties du littoral de l'Océan. Cela paraît très-probable ; mais de quel point du littoral ? Pourquoi ne pas croire qu'elles sont d'origine normande, qu'elles ont suivi les Normands en Angleterre et se sont propagées tout le long du littoral océanique ?

Toujours est-il que, comme race d'engraissement, la race du Cottentin, et, comme race de laiterie et de boucherie, celle du pays d'Auge, sont supérieures à tout le bétail allemand et rivalisent avec le bétail hollandais. Que ces races soient d'origine germanique ou française, toujours est-il que la supériorité reste aujourd'hui aux espèces normandes, ce qu'elles doivent évidemment à la puissance alimentaire des herbages normands.

Comme le bétail indigène ne suffirait pas pour consommer les richesses fourragères de la Normandie, cette province va chercher assez loin des bœufs à engraisser ; ainsi les engraisseurs normands importent surtout des bestiaux de la race manselle, pris autour de Château-Gontier, des bœufs de Salers exportés d'abord pour le travail, par Ruffec, dans la Charente, la Vienne et les Deux-Sèvres, d'où ils passent en Normandie, etc.

Race flamande.

Cette belle race, au pelage rouge-brun sans tache, parfois avec la tête blanche ou tachée de blanc, qui, concurremment avec la race hollandaise, peuple les Flandres, et se fait surtout remarquer aux environs d'Armentières, de Cassel, de Bergues, est excellente laitière et rivalise avec la race hollandaise ; c'est là évidemment une race d'élite, car elle réunit tous les signes qui caractérisent les meilleures espèces. De Lille à Landrecies, cette race est moins pure et moins belle ; à partir de Landrecies et d'Avesne, on trouve le type des races comtoises, pures ou croisées avec les flamandes.

Races de Gascogne.

La race normande du pays d'Auge ou hollandaise, si on veut, a été bien certainement importée en Gascogne ; elle en est la meilleure espèce laitière ; on la trouve dans toute la vallée de la Garonne. Les Hollandais qui sont venus sous Louis XV faire les défenses et les digues du Médoc avaient amené leurs familles et leurs bestiaux et y ont laissé ceux-ci ; mais la race hollandaise existait déjà en Gascogne avant cette époque. Elle a le même pelage et aussi les mêmes qualités et les mêmes formes, mais avec la dégradation qui résulte naturellement de l'infériorité du sol gascon, de la température plus élevée du climat, et par suite de la différence dans la qualité et la quantité des fourrages.

Cette différence est telle que cette même race, déjà moins propre en Hollande à l'engraissement, s'y montre plus impropre encore en Gascogne, tandis qu'en Normandie elle fait une excellente race de boucherie : partout elle est impropre au travail. La race de Gascogne fournit cependant une des meilleures races laitières de France ; dans certaines vacheries des environs de Bordeaux, et où le choix a été bien fait, chez MM. Guichenet et Lecomte, par exemple, le rendement moyen d'une vache en produit est de huit à dix litres par jour ; le rendement commun annuel dépasse ordinairement deux mille litres ; beaucoup de vaches atteignent deux mille cinq cents litres, quelques-unes trois mille ; par exception, trois mille cinq cents. Il ne faut pas perdre de vue que le climat est brûlant ; que le sol, tout à fait sili-ceux ou argileux, est desséché pendant sept à huit mois de l'année, que les fourrages sont peu abondants et de qualité parfois médiocre. On doit même s'étonner de trouver de pareils produits en lait au mi-lieu de semblables conditions.

Une autre race, dite d'Anglés, taille médiocre, bien prise, os petits, cornes effilées, peau fine et souple, pelage gris-blaireau ou fro-menté, peuple la Haute-Garonne, le Tarn, etc.; elle est assez bonne laitière ; sa constitution nerveuse la rend, par extraordinaire pour une race laitière, très-propre au travail ; elle est véritablement infati-gable.

C'est cette race qui alimente de lait toute la Haute-Garonne supé-rieure, et transporte l'approvisionnement en bois, en fourrages, etc., sur les marchés de Toulouse.

Les autres races de Gascogne ne sont pas à citer pour le lait; ce sont des races uniquement de travail :

Ainsi la race bazadaise, au pelage fromenté-brun, souvent noirci, mais toujours blanchissant entre les cuisses, sous le ventre, autour des yeux et du nez;

La race landaise, au pelage roux, brunissant à la tête, sur l'échine et vers la queue, sont deux races précieuses pour leur sobriété et leur énergie dans le travail ; ces bœufs sont infatigables;

La race dite de Garonne, évidemment importée du Limousin, et devenue, sur les bords du fleuve bordelais, l'une des plus belles races du monde. L'espèce agenoise, à robe blonde, à cornes blanches, est, en France, une de nos belles et bonnes races de boucherie.

Une autre race si forte, si rustique et si sobre, qu'à la grandeur de ses cornes, à ses qualités et à ses défauts (elle est impropre au lait et à la boucherie), on reconnaît d'importation basque. C'est une race essentiellement de travail.

Toutes ces races, un peu mêlées dans les grands centres, comme Bordeaux, Agen, Toulouse, etc., se sont répandues dans les contrées voisines, la Saintonge, l'Angoumois, etc.

Races d'Auvergne.

J'ai trouvé en Auvergne quatre races franchement différenciées. La plus belle de toutes et peut-être la plus belle du monde comme modèle de formes et comme race de travail est celle de Salers, au pelage rouge foncé, parfaitement pur et uniforme, sans nuances et sans taches.

Le bœuf de Salers sera remarqué partout; il est très-haut de taille, parfaitement conformé, aussi fort et agile qu'il est doux et laborieux. Sa chair est médiocrement bonne, car il prend la graisse assez difficilement ailleurs que dans des contrées très-fertiles. Ses qualités font qu'il se répand beaucoup; sa taille le fait rechercher pour l'engraissement, après une vie passée dans le travail. On en trouve beaucoup en Bourgogne, dans le Poitou, le Charolais, etc.; il passe même en Normandie pour l'engraissement.

Les vaches de cette race sont remarquables par leur taille et sont assez bonnes laitières; leur lait est bien plus caséeux que butireux : il est converti en fromages communs d'Auvergne, dits fromages de fourme.

L'espèce d'Aubrac, si propre au travail et en même temps à l'engraissement, est précieuse pour cela et réussit là où la belle race de Salers végéterait.

En suivant la chaîne décroissante des montagnes, nous arrivons dans le Rouergue et le Cantal, où on trouve, déjà dégénérée, la race de Salers. Cette espèce du Cantal et du Rouergue a le pelage fauve, la tête parfois nuancée de noir sur les joues et autour des yeux; ces vaches sont assez bonnes laitières.

On trouve encore la race dite *ségalas*, appelée ainsi du pays pauvre qu'elle occupe et qui ne produit que du seigle; c'est une race vive, légère, très-sobre, médiocre laitière, excellente pour le travail. Son pelage est rouge foncé.

Enfin, la race des Monts-d'Or, descendue aussi dans la Limagne, race toute différente des trois autres, au pelage pie mêlé de blanc et de noir, paraissant appartenir aux races suisses de la même robe, race de Fribourg, moins la tête blanche. Les vaches de cette variété sont bonnes laitières.

Les vaches de Salers donnent communément cent kilogrammes de fromage par été ; — celles des Monts-d'Or, soixante-quinze ; — celles du Cantal, soixante.

La taille du bétail d'Auvergne et son produit indiquent assez exactement la fertilité relative du sol.

Ces races seraient bien plus belles, si la fabrication des fromages n'enlevait pas aux veaux une partie de leur nourriture, sans qu'on pense alors à les alimenter artificiellement ; c'est là un exemple incroyable d'incurie agricole.

Races du Querçy.

La race du Quercy est fort médiocre laitière. Sa taille est haute, son corps allongé ; sa couleur est rouge vif, comme celle des bœufs de Salers, ou roux très-clair. Elle n'a ni l'aptitude au travail, ni les forces que sa taille pourrait annoncer. Son engraissement est lent et difficile.

Race du Limousin.

Celle du Limousin est une des belles races de travail de France ; sa couleur est fromentée et varie du rouge au clair ; sa taille est parfaitement prise, et réunit toutes les perfections désirables dans l'espèce bovine. Avec de la persistance et des soins, on peut arriver à relever cette belle race de l'oubli dans lequel elle est tombée.

Son aptitude à l'engraissement, et surtout à engraisser jeune, la recommande tout particulièrement aux éleveurs ; c'est là, suivant les Anglais et le bon sens, la qualité la plus précieuse dans une bête de boucherie ; car le prix de revient d'un animal *utilement* vendable à 3 ans, par exemple, à la boucherie, est bien moindre que celui de l'animal qu'il faut attendre et dès lors nourrir jusqu'à 4 ou 5 ans ; le bénéfice net devient alors fort important.

Sur ce point, la race limousine a fait ses preuves ; car on a vu des veaux livrés à la boucherie de Limoges et pesant jusqu'à quatre cents kilogrammes à 15 mois, cinq cents de 18 à 20 mois, six cents et plus à 2 ans. Le limousin est en progrès et en marche ; que les éleveurs continuent et bientôt la race limousine pourra entrer en lutte avec les races les plus renommées de France !

Ce qui a beaucoup nui et nuit encore à la race limousine, c'est le travail exagéré des vaches ; elles perdent ainsi une partie de leur lait, et le veau en souffre d'autant plus qu'elles sont par elles-mêmes fort médiocres laitières. Avec de pareilles causes, le mal reste à toujours irréparable.

Race de la Camargue.

Les vaches de la Camargue sont de petite taille, au pelage noir, parfois rouge noir. On y rencontre souvent, mais dégénérée, la race bovine d'Auvergne. On dit dans le pays et il paraîtrait qu'elle y fut importée vers le milieu du XVIIIe siècle, après la désastreuse épizootie qui fit perdre à la Provence les deux cinquièmes de son bétail. Cette race est sauvage, vive et d'allure fort légère ; aussi son travail est-il prompt, mais peu soutenu.

Races du Nivernais, du Bourbonnais, du Morvan.

Les vaches nivernaises, au poil café au lait foncé ; bourbonnaises, au pelage blanc un peu jaunissant ; morvannaises, à la robe rousse, découpée par une raie blanche suivant l'échine, ne sont pas à citer pour la production du lait ; c'est du bétail de travail et de boucherie.

Races charolaises.

On trouve dans le Charolais deux espèces bien différentes, au moins de pelage : la moins nombreuse, et cependant celle qu'on peut croire la race première de la contrée, a la robe d'un blanc éclatant ; c'est une excellente race d'engraissement. La deuxième, celle qui peuple réellement le pays, est évidemment une importation des races d'Auvergne. Son pelage est roux, de toutes les nuances. Ces deux espèces sont assez bonnes laitières. Leur viande est excellente et fort goûtée à Lyon, que le charolais approvisionne.

On doit s'étonner que, dans une contrée si riche en excellents herbages qu'on l'a appelée la Normandie du centre, le bétail ne soit pas plus élevé en taille et meilleur producteur en lait ; c'est là une anomalie qui ne peut s'expliquer que par l'insouciance et l'esprit de routine des populations agricoles.

Le Charolais a tout pour élever sa richesse agricole au plus haut degré de prospérité : son sol est d'une fertilité remarquable, assez frais, assez arrosé pour donner, sous le soleil si fertilisant du midi, les produits alimentaires les plus riches; à ses portes, il a pour débouché le second marché de France, celui de Lyon, où il place très-avantageusement tous ses produits; il a, d'un autre côté, l'Auvergne, d'où il peut tirer tout le bétail que son sol peut nourrir et engraisser; il est riche d'argent, de moyens de transport, il a une bonne race de bestiaux, surtout lorsqu'on la croise avec celle de Durham, etc.; et, avec tous ces avantages, le Charolais avait livré aux concours jusqu'ici des bestiaux assez médiocres et peu dignes, on doit le dire, de ses grands moyens de production. Quelques exemples, et ils sont donnés, suffiraient cependant pour entraîner les masses dans des voies meilleures; espérons qu'ils seront suivis !

Races comtoises.

On rencontre deux espèces bien distinctes dans la Franche-Comté, la Bresse et les environs de Lyon : 1° la race tourache, à la robe bigarrée de toutes couleurs, où domine cependant le rouge foncé; au poil fort, dur, frisé sur la tête, hérissé sur l'épine dorsale, aux cornes grosses à leur base et ensuite évasées; aux naseaux larges et bruns; elle peuple le plateau du Jura et les parties rapprochées du Rhône. On s'étonnerait de trouver une race si médiocre laitière dans un pays qui produit tant et de si bons fromages façon gruyère, si on ne remarquait que les croisements avec la race suisse ont amélioré la race tourache au point de vue de la production du lait.

2° La race fémeline, à la robe fromentée-clair, à la tête très-petite et effilée, aux cornes fines, aux museaux couleur de chair, réunit tous les signes de race; elle a la taille plus élevée, le corps plus allongé que la race tourache; elle peuple les parties basses du Jura, la Bresse, les bords de la Saône et de l'Oignon.

Cette espèce a plus de race, est plus fine, donne plus de lait, a la chair meilleure et prend mieux la graisse que la tourache.

Ces deux races, quoique de taille fort ordinaire, donnent cependant de beaux élèves.

Race des Pyrénées.

Cette vache roux-clair-fromenté , excellente laitière , se trouve entre Lourdes et Pau ; c'est, avec la vache de Guingamp, au pelage roux pur, à la taille plus élevée, et avec la race de Salers, les trois races de vaches que je voudrais voir prôner et propager, car elles ont le pelage recherché pour le travail, en même temps que des aptitudes laitières.

Race du Mijanez, sur le canal du Midi, de Carcassonne à Cette.

Petite taille, mais musculeusement constituée, poitrine large et ouverte, pelage gris-noir, médiocre laitière.

Race de la Montagne-Noire.

Membres ténus, poitrine et hanches parfaites , fesses effilées , cornes fines, noires à l'extrémité ; petites, vives, robustes, sobres et assez bonnes laitières , ces vaches sont en même temps vaches de travail.

Race du Mézène.

J'ai trouvé dans la Haute-Loire, sur les plateaux et aux environs des montagnes du Mézène, qui lui donnent leur nom, une petite race remarquable par son produit en lait, basse sur jambes, robuste, fort sobre et fort rustique.

Nous omettons les autres races bovines de France.

En classant nos vaches françaises par leur force de production en lait, on pourrait les placer dans l'ordre suivant :

Vaches normandes, lait butireux.

Vaches hollandaises ou de Gascogne, etc., lait normal, également butireux, caséeux et séreux.

Vaches bretonnes, lait très-butireux, caséeux.

Vaches comtoises, lait très-caséeux, moins butireux.

Vaches d'Auvergne, lait très-séreux, caséeux, peu butireux.

Vaches gâtines, lait butireux, caséeux et séreux.

Vaches charolaises, lait butireux.

Pour compléter cette énumération des races laitières, il nous reste à passer rapidement en revue les espèces étrangères.

RACES ÉTRANGÈRES.

Races suisses.

C'est en Suisse que se trouve la vache à laquelle on accorde communément le plus grand rendement en lait ; supériorité coûteuse, due à sa taille et à sa consommation ; cette vache exige, en effet, une énorme quantité de nourriture.

La vache du Simmenthal ou de Fribourg, pays dans lequel elle est devenue colossale, atteint souvent et dépasse parfois le poids de six cents kilogrammes. Elle a ce caractère tout exceptionnel qu'elle rivalise de poids et de grosseur avec le bœuf de sa race. C'est la vache de Fribourg qui produit ces gruyères si jaunes et si beaux, si facilement reconnaissables par le grand nombre de petits trous remplis d'une eau limpide et salée. J'ai vu dans la montagne, aux environs de Büll, de ces vaches colossales rendant, au dire des vachers, jusqu'à trente et trente-deux litres de lait par jour ; le produit moyen d'un troupeau de vingt-huit vaches était, me disait-on, de près de vingt litres ; ce qui me parut énorme. Leur robe est généralement bai-marron, taché de blanc, avec le signe caractéristique de la race de Fribourg, la tête blanche et les oreilles de couleur. Quelques-unes cependant ont la robe pie, blanc taché de noir, parfois de rouge. Elles vivent pendant cinq mois sur la montagne où se fabriquent ces belles meules de gruyère expédiées dans toute l'Europe. Ces vaches quittent les montagnes en automne pour rentrer dans les étables. A Büll, centre renommé de la fabrication des fromages de Gruyère, on compte qu'il faut cent quatre-vingt-sept litres de lait de montagne (lait d'été) pour faire une meule de fromage de vingt-sept kilogrammes ; ce serait un kilogramme pour sept litres, ce qui est énorme, mais le sel entre pour beaucoup, pour beaucoup trop dans ce poids, car les vrais gruyères sont âpres et mordants tant ils sont salés ; c'est là un défaut qui leur fait préférer nos bons fromages du Jura français.

La vache de Fribourg est peut-être celle qui atteint le poids le plus élevé et donne le plus grand produit en lait ; mais sa consommation dépasse communément vingt-cinq kilogrammes de foin sec en première qualité, ou l'équivalent de cette ration, et par son rendement en lait, comparé à sa consommation journalière, elle est bien au-dessous de la vache hollandaise.

La vache bernoise, surtout celle de l'Oberland, n'atteint pas les proportions de la vache du canton de Fribourg, surtout de celle qui vit aux environs du bourg de Büll, entre Fribourg et Vevai.

La vache de Schwitz, appelée aussi du Righi, de Zugg, de Lucerne, etc., est une belle vache ; mais elle n'égale pas même celle de l'Oberland bernois ; sa robe est tantôt brune ou marron-clair, parfois gris-acier rougeâtre, souvent avec une raie claire sur l'échine.

Toutes ces espèces sont extrêmement exigeantes ; leur produit est énorme, mais leur consommation l'est bien plus encore. Sur place, on m'a affirmé qu'en hiver certaines vaches ne consommaient pas moins de vingt-cinq à trente kilogrammes de foin, quelques kilogrammes de son dans leur eau et une petite ration de tubercules, pommes de terre, betteraves, raves ou navets.

La race d'Appenzell est aussi bonne laitière ; elle est remarquée par la raie blanche qui joue la sangle et qui la fait appeler *bête sanglée*, lorsque la raie est peu large ; *bête-drapée* lorsqu'elle est très-large et couvre une grande partie du ventre.

La belle race du Simmenthall (type primitif de celle de Fribourg), aux cornes courtes et arrondies, à la robe froment-brun, souvent tachée de blanc, rouge ou noir, au cuir jaune, élastique et moelleux, quoi qu'un peu épais (défaut général dans les races suisses). Ces vaches sont bonnes laitières, mais grandes mangeuses. C'est la race la plus répandue dans le canton de Genève et les versants suisses du Jura.

La vache du Hasli est en Suisse ce qu'est en France la vache bretonne : c'est la plus petite de toutes les races helvétiques, la plus sobre, la plus rustique ; elle vit dans les dernières zones habitables, sous le vent des glaciers et des neiges, sur les sommets les plus élevés et les moins accessibles des Alpes. Sa robe a toutes les nuances foncées, noir et brun. Dans les bonnes vallées et sur un bon sol, la vache du Hasli prend de la taille ; cette race existe en Alsace sous le nom de Notre-Dame-des-Ermites.

Le défaut des races suisses, c'est de ne prendre la graisse que difficilement, et à l'âge de 6 ans au moins, d'avoir les os très-développés, le cuir très-épais, la viande sèche et peu compacte, et d'avoir dès lors un rendement net fort peu élevé ; ce sont aussi les défauts de quelques races allemandes ; en revanche, le lait des races suisses est très-butireux.

Autant il nous répugnerait de conseiller ce qui fut fait à Grignon, l'importation de la race haute et gourmande de Schwitz dans notre pays de plaine, à pâturages desséchés et médiocrement riches, autant nous conseillerons l'importation en France, dans les pays de montagnes surtout, de la race du Hasli. Quand une contrée veut faire utilement l'acquisition d'une race nouvelle de bétail, il faut qu'elle puisse la nourrir *naturellement*, sinon mieux, au moins aussi bien que le pays d'origine ; alors le bétail prospère ; autrement il dépérit, car les soins extraordinaires, les moyens artificiels ne peuvent se continuer longtemps ; on s'en relâche, on s'en fatigue, et il faut toujours rentrer dans les habitudes locales de la vie commune.

Races italiennes.

Les races méridionales sont rarement laitières, les pays humides étant bien plus favorables à la production du lait que les pays chauds. L'Italie n'a pas de races laitières qui lui appartiennent ; les vaches siciliennes nourrissent fort mal leurs veaux ; elles se distinguent par les cornes les plus longues que j'aie jamais vues. La race basque, en France et en Espagne, est déjà remarquable par la longueur de ses cornes ; mais elles sont encore plus courtes que celles du bétail sicilien : j'en ai mesuré qui avaient presque un mètre.

Les races de l'Italie centrale ont le pelage gris-blanc, et sont admirablement taillées pour le travail ; mais elles ne travaillent pas, et leur utilisation consiste à produire et à nourrir leurs veaux ; car les veaux composent les quatre cinquièmes de la viande de boucherie ; on les tue entre 2 et 3 ans, avec un poids moyen de deux cent soixantequinze kilogrammes. La viande de la génisse est préférée à celle du veau ; on affirme généralement que celle-ci diminue de poids à la cuisson, tandis que celle de génisse augmente.

Toutes les vaches à lait qu'on rencontre en Italie (le mucche) sont tirées des Alpes italiennes ou helvétiques ; la Lombardie et tous les pays producteurs des excellents fromages gras de Stracchino de Gorgonzola et du fromage sec et de cuisine connu sous le nom de Parmesan, tirent leurs vaches des cantons de Berne, de Fribourg, de Schwitz. Les contrées moins riches, moins fertiles, les duchés de Modène, de Lucques, de Toscane, etc., reçoivent tous les ans des convois de jeunes vaches de Lugano, au pelage gris d'acier, noircissant sur l'échine et blanchissant sous le ventre. Ces vaches de Lugano alimentent de lait toute l'Italie centrale, où elles arrivent par troupeaux, tous les ans au printemps, pour être vendues dans les environs des grandes villes. Comme elles ont été achetées au hasard par des maquignons et non par des connaisseurs, fort peu sont réellement bonnes laitières et passent bientôt à la boucherie.

Toutes ces bêtes dépaysées résistent peu au climat; leur produit en souffre moins, mais leur vitalité s'altère promptement sous l'action d'un soleil ardent et des herbes plus molles que nourrissantes des marchites de Lombardie. Après trois, quatre ou cinq ans, leur constitution est ruinée; il faut les livrer à la boucherie et les remplacer par de nouvelles importations.

Les races lombardes (races suisses dégénérées) donnent un lait moins abondant et plus aqueux; trois parties de leur lait ne font pas plus de fromage que deux parties de lait d'une vache suisse importée.

Les vaches tarentaises à la robe noire, ou gris ardoisé parfois, mais rarement rouge et blanche, sont aussi bonnes laitières que les vaches suisses, moins bien taillées, mais bien plus frugales, ce sont des vaches de moyenne taille, donnant communément de 8 à 10 litres de lait pendant la saison d'été. Ce sont ces vaches qui produisent le fromage du Mont-Cenis.

La vache sarde est petite de taille, plus encore la vache de Savoie; l'une et l'autre n'ont rien qui les recommande à l'attention des producteurs, si ce n'est leur sobriété.

Races allemandes.

Il en est autrement des races allemandes, qui rivalisent et surpasseraient même, si l'on en croit certains agronomes, les vaches si renommées de Fribourg.

Ainsi, les vaches colossales de l'Ukraine, celles un peu moins grandes de la Basse-Styrie, de la Carynthie, rivaliseraient pour le poids et le lait avec les meilleures vaches suisses. Un agronome allemand, élève du baron Crüd, m'affirmait qu'il avait vu de ces vaches donner jusqu'à trente-deux, trente-quatre et même trente-six litres par jour, et peser jusqu'à huit cents kilogrammes; j'ai toujours douté, et doute encore, de l'exactitude de ce renseignement. Leur robe est d'un blanc aussi pur que celle de notre race charollaise.

Immédiatement après cette race vient se placer celle du Glane, et, après celle-ci, celle du Mont-Tonnerre, fort répandues dans la Bavière, rhénane, toutes deux excellentes laitières, la première surtout, pouvant donner en moyenne de douze à treize litres. Leur pelage est bai-clair, parfois bai-jaune avec les crins noirs. La race de Frise est aussi une bonne race laitière. Ces deux races paraissent sortir des races suisses.

La Bohême et la Saxe possèdent l'excellente race dite Egerland, mais plus communément du Voigtlang, au pelage rouge-noir ou brun-clair, aux cornes grandes et fortes, à la taille moyenne. Ces vaches sont excellentes laitières ; leur produit est essentiellement butireux, quoiqu'elles soient fort rustiques, fort sobres et se contentent d'une nourriture fort peu choisie. C'est là une qualité bien précieuse ; aussi cette espèce tend-elle beaucoup à se répandre ; elle a le défaut des vaches suisses : les os trop gros et le cuir trop épais. Quoiqu'en Allemagne on estime beaucoup cette race pour la boucherie, sa nature me paraît devoir être peu favorable à l'engraissement.

Enfin, une race plus petite, plus rustique, et proportionnellement plus productive encore, est celle dite de l'Algaü ; c'est une vache parfaitement conformée, de petite taille, mais réunissant tous les signes de race ; elle vit de peu et elle est essentiellement laitière. Sa robe est rouan varié, souvent gris-noir nuancé, blanchissant sur l'échine et le cou. On la trouve dans le Wurtemberg, le Bas-Voralberg, la Souabe et le Tyrol. Je trouvai trois sujets de cette race d'élite dans une ferme du grand-duché de Bade, entre Fribourg-en-Briscau et la Forêt-Noire, chez un fermier wurtembergeois, qui tenait beaucoup à son importation de cette race du Voralberg inférieur.

La race de Hall, à robe blonde et à tête blanche, est bonne laitière ; on la trouve dans le Wurtemberg et la Souabe.

La race hongroise ou podolienne est répandue dans tout le sud-est de l'Allemagne, la Hongrie, la Podolle, la Moldavie, la Valachie, l'Ukraine, la Transylvanie, enfin jusqu'en Romagne et en Lombardie ; elle a la robe souris-clair, les cornes allongées ; elle se recommande peu par ses qualités laitières. Sa chair est excellente. La race du Jutland est dans les mêmes conditions ; c'est une bête de boucherie, mais médiocre laitière.

La race poméranienne ressemble tant à la race hollandaise qu'on pourrait croire qu'elle en est la souche, moins améliorée que ses dérivés hollandais, westphaliens, belges, rhénans, etc.

Nous bornerons là l'énumération des races allemandes. Je crois que les races françaises n'ont rien à envier aux races allemandes; je ne verrais, pour ma part, à importer que la race Algaü et peut-être celles du Voigtland et du Glane. C'est à la foire de Deux-Ponts, dans la Bavière rhénane, le troisième mercredi de septembre, qu'on pourrait trouver le plus beau bétail allemand, ou encore à Quirnbach, le jour de la Saint-Barthélemy; enfin à Bingen, sur le Rhin, entre Coblentz et Mayence, et à Kousel, centre de production de la race du Glane. Cette race est aussi connue sous le nom de bœufs de Quirnbach ou encore de Birkenfeld. On les engraisse ordinairement de cinq à six ans.

Si je ne partage pas l'engouement inspiré par la race du Mont-Tonnerre, c'est qu'il y a des reproches sérieux à lui adresser : la taille, resserrée derrière les épaules, paraît étrangler la poitrine et ôter à l'animal ces apparences de force qui constituent la qualité principale des races bovines.

Race hollandaise.

Les races allemandes nous conduisent naturellement à la race hollandaise, importation germanique si on veut, mais importation améliorée, développée et poussée aux dernières limites de la perfection. A première vue, on reconnaît dans la race hollandaise une race éminemment laitière : jambes fines et longues; corps allongé, carrément constitué, mais maigre et anguleux; poil court, fin et de couleur pie; cornes petites et effilées; pis en apparence moins développé que celui des vaches suisses, mais cependant aussi grand, car il est très-allongé sous le ventre; taille élevée. La vache hollandaise réunit donc tous les signes de *race*; sa tête seule est reprochable : au lieu d'être courte et carrée, elle est allongée et busquée. Dans les bonnes vacheries, là où le choix a été éclairé, le rendement commun des vaches est de quatorze à quinze litres par jour; ce sont ces vaches qui produisent ces excellents fromages ronds de Hollande, d'une conservation si longue et si sûre.

La vache de Hollande est réellement le type de la vache laitière par excellence ; elle réunit et exagère même tous les signes qui annoncent la production du lait, mais exclusivement la production du lait. Je la crois supérieure à la vache suisse par son produit *net*; aussi cette race (originaire, dit-on, de l'Ost-Frise) se répand-elle partout. C'est une race assez délicate, très-sensible aux mouches à cause de l'extrême finesse de sa peau. Le lait de la vache hollandaise, en Hollande et en Flandre, est moins butireux que celui de la vache suisse ; mais j'attribue cela à l'excellence des pâturages suisses et à l'infériorité de la nourriture hollandaise, car la même race, en Normandie, donne un lait plus butireux que le lait suisse.

Avec tous ses avantages, la race hollandaise devait beaucoup se répandre, et, en effet, elle se répand partout. Dans le Limbourg, où elle a presque d'aussi belles formes que dans la Normandie ; en Belgique, dans les Flandres, le Holstein, la Basse-Saxe, le Mecklembourg, etc.; enfin, en Picardie, en Normandie, car c'est identiquement la vache du pays d'Auge ; c'est même aussi la belle race de Gascogne.

Cette vache, son produit l'exige, consomme beaucoup ; elle restitue en lait et en engrais une valeur au moins double de sa nourriture. Dans les pays moins riches en fourrages que ne le sont les bords de l'Escaut, le lait décroîtrait avec la force de nourriture : *on ne fait rien de rien* est un adage populaire applicable ici. La vache laitière, comme le bétail d'engraissement ou de travail, n'est qu'un instrument de transformation.

La consommation commune de la vache hollandaise est de vingt à vingt-cinq kilogrammes de foin (ou leur équivalent) dans les environs d'Anvers ; son rendement en lait est d'un litre par deux kilogrammes, tandis que la vache suisse de Fribourg, consommant de vingt-cinq à trente-cinq kilogrammes, son rendement en lait n'est que d'un litre par deux kilogrammes et demi.

Race flamande.

La race dite flamande a le pelage rouge plus foncé encore que celui de Salers, parfois avec quelques rares taches blanches, sur la tête ordinairement. C'est une race fine, aux jambes ténues ; les formes du corps sont parfaites.

La race hollandaise, aussi fort répandue dans les Flandres, tend à en exclure les autres espèces. On y trouve deux autres races : la première autour d'Avesnes, Landrecies, le Quesnoy, au corps gros et replet, aux jambes courtes, au fanon pendant, aux cornes longues.

La seconde, dite race marécoise, vit dans les sols marécageux, autour de Solre-le-Château. Ses formes sont élancées et sveltes. Cette race est nombreuse dans les Pays-Bas. C'est une race précieuse pour les contrées marécageuses, car elle vit, à peu près bien, là où d'autres races dépériraient. Elle est médiocre laitière, ce qui est déjà beaucoup au milieu des mauvaises conditions qui l'entourent ; c'est une race à importer dans les contrées marécageuses.

Races anglaises.

Au point de vue du produit du lait, la race d'Ayr, en Écosse, race sans cornes et de petite taille, au pelage rouge taché et nuancé, le plus souvent de blanc, doit être placée au premier rang des premières vaches du monde ; car, eu égard à sa taille, c'est certainement la vache qui produit le plus. C'est à Bellwood, près de Perth, chez M. Turnbull, que j'ai pu apprécier la valeur laitière de cette excellente race, et aussi à Maybol, chez M. Faundley. Dans ces vacheries, il y a beaucoup de vaches qui donnent dix-huit, vingt et vingt-deux litres; mais là où le produit est tout à fait surprenant, c'est dans les laiteries des environs d'Édimbourg, alimentées par les prairies du Craigingtinning, d'une merveilleuse fertilité, parce qu'elles sont arrosées par les égouts de cette ville. Ces prairies nourrissent des vaches d'Ayr donnant de vingt-cinq à trente litres de lait par jour, ce qui est à peine croyable pour des vaches de taille si peu élevée.

Il est vrai de dire que leur lait est très-peu butireux.

Après cette riche race d'Ayr vient la race de haute taille, courtes cornes, dite de Durham ou Teeswater, répandue dans les comtés de Durham, d'York, de Lincoln, et paraissant devoir envahir toute l'Angleterre. Le pelage de cette belle race est varié à l'infini, car elle est le résultat de nombreux croisements : ainsi, blanc, café au lait, rouge-brun, pie à larges taches, de couleurs variées sur fond blanc, etc.

Quelques voyageurs ont cru reconnaître dans cette race (Lincoln surtout) la race bretonne, améliorée et grandie par l'abondance de la nourriture. Tout fait croire que c'est une importation germanique des races du Holstein ou de la Hollande, admirablement améliorée, surtout en vue de l'engraissement; ces animaux ont la graisse tellement abondante et épaisse, qu'elle forme une véritable couche de lard entre cuir et chair. Malgré cette grande facilité à engraisser, les vaches sont excellentes laitières et donnent un produit bien plus butireux que celles du comté d'Ayr.

A Kirkleavington, près Yarm, chez M. Bates, on peut voir des vaches de cette race donnant vingt-huit litres, et d'autres donnant vingt-cinq et vingt-six litres chez M. Watson, près de Hull.

Les frères Colling firent sur cette race les prodiges qu'avait opérés avant eux, sur la race à longues cornes, le célèbre Backwell; à ce point que l'œuvre nouvelle est préférée aujourd'hui à l'ancienne, et que les Colling font oublier Backwell.

Les courtes-cornes sont, en effet, de toutes les races anglaises, celles qui donnent le plus de poids en viande de choix.

L'espèce, aussi courtes-cornes, dite de Suffolk, est encore très-estimée; je dis espèce, car ce n'est pas là une race; c'est un mélange de plusieurs.

On a remarqué partout, en Normandie, en Angleterre, etc., que le croisement des autres races avec les courtes-cornes de haute taille amenait toujours de notables améliorations, non-seulement pour la boucherie, mais même pour le lait, et que les produits femelles étaient toujours d'excellentes laitières.

La race du Devonshire a la taille petite, les cornes de moyenne longueur et la robe rouge; elle est excellente pour le travail, l'engraissement, et même pour le lait; car elle donne en qualité ce qui manque en quantité. C'est sur cette race que j'ai pu parfaitement vérifier la vérité de l'indice tiré de la couleur du cuir; le cuir des vaches du Devonshire, surtout du North-Devon, est tout à fait safrané; il est presque jaune orange dans les parties spéciales, le derrière du pis, par exemple. Les dessins du pis sont généralement peu développés; aussi, à de rares exceptions près, ces vaches donnent-elles peu de lait; mais ce lait est le plus butireux de l'Angleterre. Un litre de lait d'une vache Devon fera plus de lait que deux litres d'une vache d'Ayr. Le fabricant de beurre en Angleterre obtiendrait donc de merveilleux résultats en s'arrêtant à cette race du Devonshire, et en s'aidant, dans le choix de ses sujets, du signe nouvellement découvert.

Les Anglais s'accordent pour dire qu'elle est la race primitive de la Grande-Bretagne.

Celle du Sussex paraît dériver de celle du Devonshire.

Celle du Suffolk (longues cornes), au pelage gris-brun, se recommande aussi par le lait.

Les races de haute taille, à cornes longues et tournant en dessous des yeux peuplent l'Irlande, d'où on les croit originaires; elles peuplent aussi le Lancashire, le Yorkshire, le Leicestershire, le Westmoreland, le Cumberland, etc. C'est sur cette race que Webster a opéré d'abord et Backwell ensuite, et que ce dernier surtout a obtenu des résultats si remarquables. Cette race est médiocre laitière; on reproche à sa viande de n'avoir pas la qualité des races courtes-cornes; aussi celles-ci, grâce aux améliorations introduites par les frères Colling, paraissent-elles devoir supplanter les longues cornes et pour la boucherie et pour la laiterie.

La race si robuste de Glocester, au pelage roux, se fait aussi remarquer par ses qualités laitières.

Celle du Herefordshire, à la robe rouge-foncé, mais tachée de blanc, d'autres fois gris-nuancé, aussi taché de blanc, est peut-être la plus haute de taille de toute l'Angleterre; c'est surtout une bête de travail, mais fort médiocre laitière. Certaines parties de sa viande sont fort estimées.

Les races écossaises sans cornes, que les uns croient tout asiatiques, que d'autres attribuent à des produits anormaux dont on a multiplié et conservé l'espèce avec soin, se sont répandues de l'Ecosse en Angleterre. Ainsi la race d'Ayr déjà citée; celle de Gallovay et d'Angus, au pelage noir (nous ne citons pas les autres espèces, elles rentrent dans ces races), peu laitières, sont les plus petites vaches d'Angleterre; la race sans cornes du Suffolkshire est plus élevée; enfin, celle du comté d'York atteint la plus haute taille parmi les vaches sans cornes.

Ces mêmes races sans cornes se rencontrent aussi en Allemagne, particulièrement dans la Haute-Souabe, la Haute-Silésie et les contrées environnantes; mais elles sont moins améliorées que les races anglaises, et dès lors moins estimées et moins connues.

Il faut se défier des importations de races perfectionnées; on trouve toujours des mécomptes : ces races dépérissent, il faudrait importer avec elles la nourriture, les soins, etc., refaire le climat et la terre.

L'espèce de vache dite d'Alderney est aussi renommée pour le lait. Je lis dans quelques auteurs que l'île de Jersey, si rapprochée de nos côtes que les importations seraient très-faciles, a singulièrement amélioré cette espèce, dont elle tire un très-beau produit en lait. On m'a assuré que l'exportation était défendue, ce qui est peu croyable.

En résumé, les importations en France de bétail anglais me paraissent devoir se borner à trois races :

1° La race Teeswater (Durham et York, courtes-cornes) pour la boucherie et pour le lait. Il conviendrait surtout d'introduire des taureaux de cette race dans les pays adonnés à l'industrie des veaux de lait : le succès est infaillible, les veaux produits par un taureau Durham et nos vaches françaises se vendent presqu'au double de nos veaux de race pure.

2° La race du North-Devon, pour le travail, la boucherie et le beurre.

3° La race d'Ayr, pour le lait seulement ; elle conviendrait surtout aux vacheries des environs des grandes villes.

DU BUFFLE (*bos bubulus*), ORIGINAIRE D'ASIE ET D'AFRIQUE.

Je ne puis terminer cette énumération des races bovines sans y comprendre la ressource des pays chauds et marécageux, l'animal le plus sobre, le plus rustique, et peut-être, après le zébu, le plus fort des animaux de travail : je veux parler du buffle.

Le buffle est au bœuf ce que l'âne est au cheval ; sa nature est plus dure et plus rustique ; il mange sans hésiter ce que l'autre a refusé, les plus mauvais fourrages, les pailles, même altérées, etc. ; il vit largement là où les autres végètent et maigrissent. Avec de la douceur on fait de lui ce qu'on veut ; il aime la main de l'homme, ses soins, et reste immobile et heureux pendant le pansage. S'il est méchant, c'est l'homme qui l'a rendu tel par ses brutalités. Dans beaucoup de pays, et par précaution, on le domine par un anneau en fer soudé qui traverse la cloison cartilagineuse des naseaux. Il est dur au travail et à la fatigue ; sa force est bien supérieure à celle du bœuf ; il est lourd comme celui-ci, mais susceptible d'une plus grande vitesse. Le buffle craint beaucoup le froid ; c'est une race méridionale, il lui faut de la chaleur et de l'eau, car il se baigne et s'immerge plusieurs fois par jour.

A San-Rossore, près de Pise, en Italie, j'ai vu des troupeaux de buffles couchés depuis plusieurs heures dans la mer ou les marécages, paissant tout une journée dans l'eau et dans des lieux inabordables. C'est le buffle qui peuple et qui cultive les maremmes toscanes et romaines, et tout le littoral si humide et si malsain de la Méditerranée. La viande du buffle est passable et saine, mais un peu dure. Elle se vend toujours autant que la viande de vache, soit 40 centimes le kilogramme ; en Égypte, c'est la viande du peuple. Le cuir se tanne mal, mais est fort dur et fort résistant ; le suif est excellent ; le cuir et le suif ont payé, en Italie parfois, la moitié du prix de l'animal.

Les femelles ont toutes les qualités du mâle ; leur lait est plus gras et aussi abondant que celui d'une vache ordinaire ; il serait aussi agréable sans une légère odeur musquée qui déplaît lorsqu'on n'y est pas habitué. Dans les maremmes toscanes et romaines, on fabrique d'excellent beurre et des fromages ronds connus sous le nom de *uova di buffola*, œufs de buffle.

Un buffle peut souvent remplacer deux bœufs de sa taille ; de même d'une femelle ; j'en ai vu labourer huit heures sans interruption et recommencer une seconde liée de cinq heures après moins de deux heures de repos.

On les couvre communément d'une toile pour les préserver du froid et des insectes, qu'ils craignent beaucoup.

Le buffle est d'une couleur brun d'acier plus ou moins foncée.

Généralement il a la forme d'un bœuf.

Il en diffère 1° en ce que sa peau est presque nue et garnie de peu de poils.

2° Les mamelons, au nombre de quatre, sont tous sur une même ligne transversale, au lieu d'être, comme ceux de la vache, aux quatre angles d'un carré.

3° La gestation est de dix mois au moins au lieu de neuf.

On s'est plu à le dire indomptable : c'est une erreur. Sa nature est plus sauvage ; mais, sous la main de l'homme, il devient doux et obéissant.

Il y a eu en France trois importations de buffles : 1° en Champagne, par les moines de Clairvaux, il y a six cents ans. L'essai réussit ; mais on laissa perdre la race.

2° A Rambouillet, après les campagnes d'Italie, sous Napoléon.

3° Dans les landes de Bordeaux, à la même époque. Il y réussit et on en trouve encore.

Il y a mille à onze cents ans qu'il fut importé en Italie, où il est naturalisé et rend d'immenses services.

Tout notre littoral du midi, les parties marécageuses surtout, devrait être peuplé de buffles ; et cependant à peine en rencontre-t-on quelques-uns assez clair-semés dans les landes du midi de Bordeaux, où Napoléon chercha à les propager.

Les autres importations ont disparu.

LE ZÉBU (BOEUF A UNE OU DEUX BOSSES.) — *Bos indicus.*

Il peuple presque exclusivement l'Inde et l'Afrique, où il rend d'immenses services ; il est plus agile que le bœuf ou le buffle, plus fort qu'eux. Son. pas est presque aussi léger que celui du cheval, qu'il remplace dans l'Inde, car on le monte, on le charge, on l'attelle. Il porte communément sur le dos deux cent cinquante à trois cents kilogrammes, ce qui est énorme. Ce serait, pour le travail, une importation excellente. La femelle donne peu de lait. On en trouve quelques-unes acclimatées en Europe, notamment aux portes de Stuttgard, dans la propriété royale de Rosenstein.

Ses bosses sont de véritables masses de chair, sans muscles ; les uns en ont deux, mais plus communément une seule. Elles sont plus grosses chez les mâles que chez les femelles. Lorsqu'il y a deux bosses, elles sont plus petites que quand il n'y en a qu'une.

Le zébu et le bœuf peuvent être accouplés ; alors la bosse du zébu finit par se perdre dans les croisements, à la cinquième ou à la sixième génération.

Le Yak ou bos gruniens, vache grogrante, vache du Thibet, à queue touffue, le bison, *bos americanus*, complètent l'énumération des races connues.

En voulant éclairer le choix à faire entre toutes les races de vaches laitières, nous avons été entraîné plus loin que nous ne le pensions, puisque nous avons passé en revue toutes les races les plus répandues et les plus précieuses. Ce tableau n'est certainement pas complet ;

nous avons à dessein, et pour abréger, omis bien des espèces assez recommandables; mais il fallait s'arrêter... Nous craignons même de nous être déjà trop étendu.

De la vache laitière.

Dans tous les pays, dans toutes les positions, le lait doit être considéré comme le produit principal et le plus important de la vache; car que devient le veau si la vache ne peut le nourrir ou si elle le nourrit mal? Supposez-le de la plus belle race, de la plus belle venue, précisément parce qu'il sera dans les meilleures conditions, ses besoins seront plus grands; et si la mère ne lui donne qu'une nourriture insuffisante, à la fin de l'allaitement, de fort et vigoureux qu'il était dans le principe, il restera pour toujours malingre, souffreteux, étiolé; ce sera un produit à peu près nul. J'ai parlé d'abord de la vache comme nourrice de son veau, parce que c'est là la position la plus générale, la plus commune de l'agriculture, et en même temps l'utilisation la moins productive de la vache. Dans les pays où le beurre et les fromages seront de bonne qualité, de bonne conservation et auront un écoulement fructueux et facile, cette utilisation du lait sera plus productive que la première; le produit net en beurre et en fromage sera plus considérable qu'en veaux. Mais là où le produit de la vache obtiendra son plus haut prix, sera porté à son plus grand revenu net en argent, c'est sans contredit autour des grandes villes, où l'usage du lait est général.

Je ne crois pas me tromper de beaucoup en fixant ainsi généralement et à peu d'exceptions près le produit du lait:

Autour des villes populeuses, il sera vendu quinze centimes le litre, un peu moins autour des autres. (Paris, par exception, paye le lait de vingt à vingt-cinq centimes au producteur.)

Dans un rayon un peu plus éloigné de ces mêmes villes (là où le lait est dans les habitudes des populations, il est recherché sous ses trois formes principales), converti en beurre et en fromage, il obtiendra dix centimes environ par litre, peut-être un peu moins parfois; mais les résidus, les petits-laits, etc., viendront ajouter au produit.

Enfin, dans les autres localités ou trop éloignées de tout centre de consommation pour vendre en lait, en beurre ou en fromage, ou encore dans les pays où l'huile, où la graisse de porc sont préférées au beurre et où le lait est peu goûté des populations, là enfin où on ne pourra l'employer qu'à la nourriture des veaux, on ne peut pas évaluer son produit net à plus de cinq centimes.

Nous le répétons, c'est là une appréciation générale et qui comporte bien des exceptions ; mais nous la croyons vraie pour les quatre cinquièmes au moins de la France.

Comme on peut le voir, la différence est énorme entre les trois positions : la même vacherie, placée dans l'intérieur des terres et obligée de consacrer son lait à la nourriture des jeunes veaux, produira 1. Son produit sera doublé si elle est déplacée et transportée dans une zone où le lait pourra être converti en beurre et en fromage et vendu aux prix ordinaires de ces denrées ; enfin le produit sera triplé si elle vient se poser dans un rayon très-rapproché d'une ville populeuse et où le lait trouve à se placer. Le voisinage des villes augmente la production par l'engrais et la stimule par la facilité de l'écoulement, il la prime en outre par le haut prix qu'il fait obtenir.

Dans ces trois cas, il est vrai, le capital engagé ne sera pas le même : Là où le produit est moindre, le capital sera plus faible : une propriété placée aux portes d'une grande ville coûtera plus cher qu'une propriété pareille éloignée de tout centre de population. Le service sera également plus cher ; mais que de compensations ! L'abondance et le bas prix des fumiers, amenés en retour du lait et des autres denrées, feront obtenir un produit double sur une étendue égale de terre, et par cela même l'avantage sera pour la propriété la plus chère ; puis les produits principaux et accessoires, le lait, les veaux, etc., se placeront à des prix bien plus élevés que dans un domaine perdu dans les terres.

Dans la première hypothèse que nous avons posée, le pelage de la vache aura une grande importance, car il devra influer sur celui des veaux d'élève, et il faudra dès lors se rapprocher de celui des bœufs de travail, à moins qu'on ne préfère vendre presque immédiatement le veau produit par la vache et lui substituer un veau acheté et choisi dans l'espèce marchande des bœufs de travail du pays, ou, si la vache est bonne laitière, lui faire nourrir un deuxième, même un troisième veau par les moyens artificiels que nous indiquerons. Là où la culture est faite par les chevaux, le pelage de la vache est de peu d'importance ; on est libre de s'arrêter à la race la plus productive en lait.

Dans les deux autres hypothèses, la vente du lait en nature ou converti en beurre et en fromage, la robe de la vache n'aura aucune espèce d'importance ; il faudra n'y avoir aucun égard ; la production du lait sera le but unique ; on s'arrêtera donc à l'espèce des vaches qui en donnent le plus.

Dans les trois cas que nous avons signalés, il faudra choisir les individus les mieux constitués pour produire une grande quantité de lait, car la valeur de la vache, à quelque espèce qu'elle appartienne, est tout entière dans ce produit. Mais à quels signes reconnaître cette aptitude à la production du lait? La difficulté est là ; avec les anciens signes, le choix était assez difficile et chanceux ; le développement du pis, la grosseur et la forme serpentante de la veine laitière, la largeur du trou où elle s'arrête et qui s'appelait la fontaine laitière, un poil fin et doux, des cornes plates et effilées, moins grosses à leur naissance que vers le milieu, où elles deviennent rugueuses et cordées, etc., tels étaient, je ne dirai pas les signes, mais les indices qui révélaient la *race* et avec elle la production du lait. Encore ces indices n'existaient-ils, au moins les plus importants, qu'après une première gestation ; avant cette époque, le hasard seul présidait à la conservation des jeunes vêles destinées à l'élève. Quand il fallait prendre un parti décisif et éclairé, décider quelles vêles seraient livrées à la boucherie, quelles vêles seraient conservées pour produire, on peut dire que le hasard seul prononçait, et la moitié du temps les meilleures vaches laitières étaient sacrifiées, et les plus mauvaises étaient conservées. Que de mécomptes, que de pertes dans une pareille pratique !

Tel fut cependant l'état de la science jusqu'en 1828.

DÉCOUVERTE GUÉNON. [*]

La découverte produite par les frères Guénon d'un signe nouveau destiné à renseigner, à peu près infailliblement, sur le rendement des vaches laitières, est aujourd'hui un fait accepté par la science et la

---

[*] Pour les personnes qui désirent connaître à fond la question de la découverte et du système Guénon, j'ai cru utile, dans une note (5) placée à la fin du livre, d'entrer dans des détails qui seraient déplacés ici.

pratique ; ce signe nouveau restera comme le meilleur renseignement à consulter, comme le résumé des autres signes anciennement admis et qu'il conviendra de consulter encore. S'ils confirment les révélations du dessin du pis, la conviction devra être entière ; s'ils les contrarient, on devra se tenir en grande défiance et s'abstenir.

Jusqu'en 1838, on n'avait pas remarqué le dessin plus ou moins grand, presque toujours, je pourrais dire toujours, tracé par la nature sur le pis et le périnée (partie placée entre le pis et la vulve) de la vache ; ce dessin est formé de poil fin, court, soyeux, remontant vers la vulve, c'est-à-dire couché de bas en haut, au rebours du poil de tout le reste du corps, poil qui descend toujours.

Il ressort comme un dessin broché sur un fond de même couleur dans un damas de laine ou un stoff ; le poil remontant étant plus fin, plus court, plus soyeux et brillant que le poil descendant, le dessin du pis brille à l'œil d'une manière bien nette, et la main peut du reste vérifier la direction ascendante du poil.

La gravure ci-dessous d'une vache sur pied donnera une idée exacte du signe nouveau ; ce dessin est celui d'une vache dite flandrine, le plus étendu, dès lors le plus beau de tous les dessins et celui indiquant communément le plus grand rendement, précisément parce qu'il est le plus élevé en hauteur.

PLANCHE A.

Ce n'est pas par eux-mêmes que ces dessins révèlent le rendement en lait ; cette forme toute superficielle constitue seulement un signe apparent, révélant, sinon la force de constitution de l'organe sécréteur ou la conformation et le développement intérieurs du pis, au moins l'étendue du récipient destiné à recevoir la substance sécrétée. Et comme la nature est toujours logique, de l'étendue du récipient préparé, on peut conclure à la puissance de sécrétion.

C'est pour cela que nous conseillons de consulter tous les signes anciens et particulièrement les signes généraux de force, de santé et le développement des organes accessoires à l'organe sécréteur, tels que les veines du pis et celles du périnée, les veines et les fontaines laitières ; puis la taille, l'âge, la santé, enfin tous les signes de *race*, etc.

Commençons par décrire, dans l'ordre que leur attribue leur étendue ordinaire, les différentes formes affectées par le signe nouveau ; comme les mots ne font rien, que le système Guénon a beaucoup occupé les agriculteurs, et que ses dénominations sont connues, quelque bizarres qu'elles soient, comme c'est une langue acceptée, il me paraît plus convenable de les conserver que de les remplacer ; d'un autre côté, quoique je n'accorde aucune influence à la forme, comme il faut prendre la question comme elle se trouve aujourd'hui posée, et le sujet au point où il est arrivé, je donnerai les formes les plus généralement affectées par les dessins, ce sera déjà un renseignement utile ; je les donnerai même dans un ordre indiquant d'abord les dessins ordinairement les plus étendus, et annonçant dès lors un rendement plus considérable ; ce sera un renseignement plus utile encore et un jalon d'appréciation.

Par les formes les plus ordinaires du dessin du pis, on peut diviser les vaches en trois familles : les flandrines, les cornues, les carrésines :

1° Les dessins *montant jusqu'à la vulve* et couvrant le périnée (partie intermédiaire entre le pis et la vulve) formeront la première famille qui se composera dès lors des flandrines, des équerrines et des lisières (de l'ancien système de F. Guénon) et autres dessins s'approchant de la vulve.

2° Les dessins cornus, à une, deux, trois cornes et plus, *s'arrêtant sur le périnée, a moitié chemin de la vulve,* formeront la deuxième famille, qui se composera dès lors des quatre familles de F. Guénon, les unicornes : limousines, courbelines, poitevines ; les bicornes, enfin les tricornes, etc...., que Guénon paraît n'avoir pas remarquées.

3° Les dessins plats et à peu près *carrés* par le haut, s'arrêtant à

PLANCHE E.

N° 1. — Courbeline, dessin infime (courbeline Guénon). 2 litres. Durée 1 mois.

N° 2. — Courbeline (limousine Guénon), dessin infime. 1 lire 1/2. 1 mois.

dessin infime. 1 litre. N° 3. — Courbeline (poitevine Guénon), 1 mois.

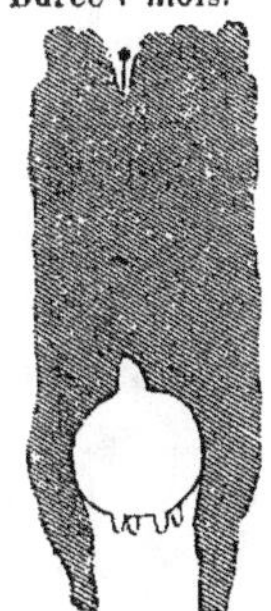
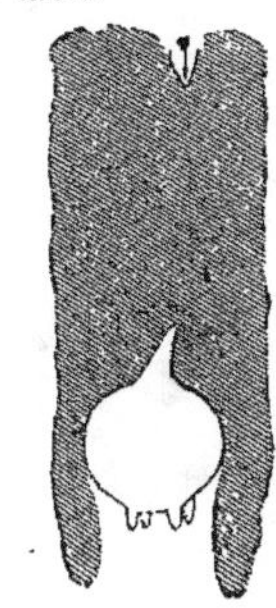
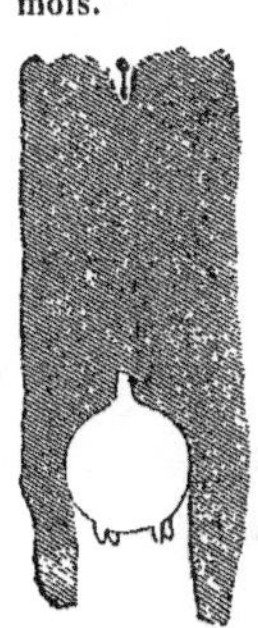

Cette espèce de dessin des planches D et E est la moins probante de toutes pour le rendement en lait, celle qui trompe le plus souvent. Ici il faudra tenir à la couleur safranée du cuir; avec ce signe accessoire, elle donnera les rendements ci-dessus indiqués; sans lui, il y aura incertitude et bien souvent une grande diminution.

A la suite des dessins à une corne viennent les dessins à deux et à trois cornes et plus, bien supérieurs par le rendement, les dessins à une corne étant, comme nous l'avons déjà dit, les moins bons et les moins probans de *tous* les dessins.

PLANCHE F.

N° 1.— Bicorne, dessin parfait. 23 litres. Ne tarit pas.

N° 2.—Bicorne, dessin moyen. 10 litres. Durée 7 mois 1/2.

N° 3.—Bicorne, dessin infime. 2 litres 1/2. Durée 1 mois

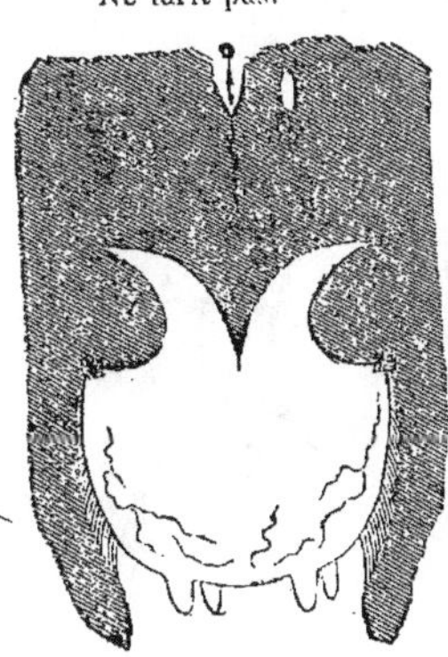
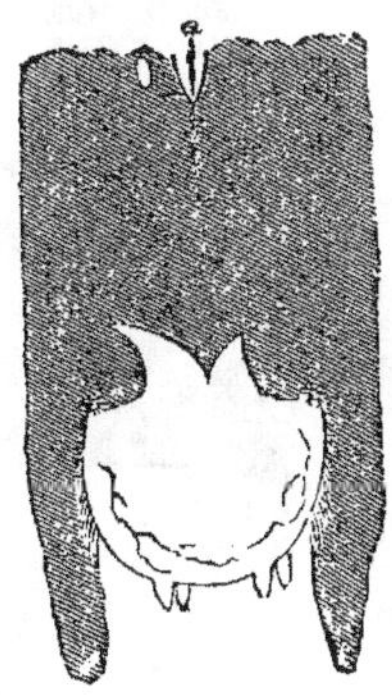

Une variété des dessins à cornes sont ceux à trois cornes et plus, ils annoncent tous d'excellentes vaches :

Planche G.

N° 1. — Tricorne, dessin parfait. 23 litres. Ne tarit pas.

N° 2.—Tricorne, dessin moyen. 10 litres. Durée 7 mois 1 2

N° 3. — Tricorne dessin infime. 2 litres 1/2. 1 mois, environ.

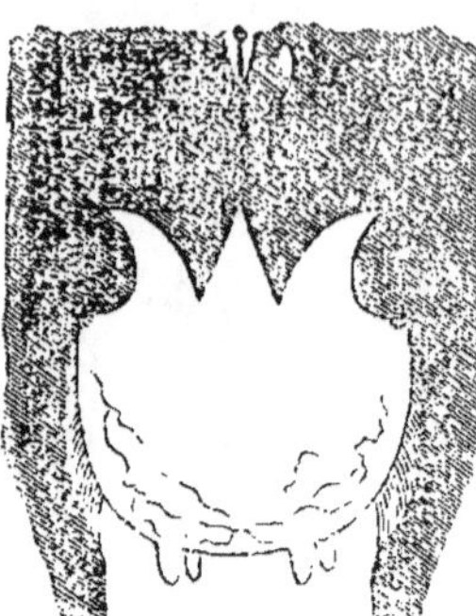  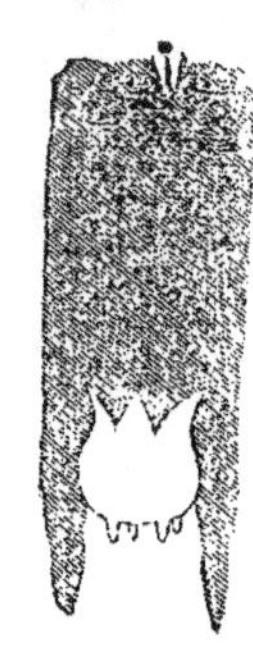

Troisième famille. — Les carrésines.

Par leur forme, les dessins carrés, dits carrésins, viennent en troisième ordre; sans saillie supérieure, on pourrait supposer qu'ils doivent venir aussi les derniers pour le rendement, mais comme le corps du dessin est ordinairement plus développé, cela compense et au delà ce qui manque à la partie supérieure. Par leur rendement ils viendront avant les unicornes des planches D et E.

Planche H.

N° 1. — Carrésine, dessin parfait. 22 litres. Ne tarit pas.

N° 2.—Carrésine, dessin moyen. 9 litres. Durée 7 mois 1 2.

N° 3. — Carrésine, dessin infime. 2 litres. 1 mois.

 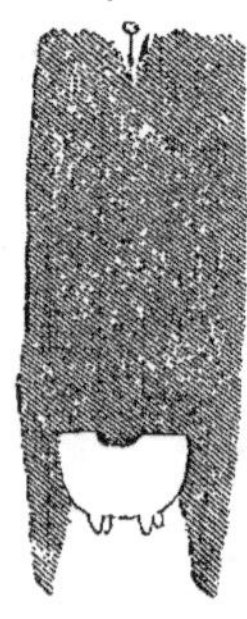

L'ordre qui précède n'est basé que sur la forme, chose fort insignifiante en elle-même ; rétablissons l'ordre par rendement, chose capitale ici : 1° les flandrines, 2° les bicornes, tricornes et plus, 3° les carrésines, 4° les unicornes.

Tous ces dessins, pour être par eux-mêmes un bon signe, devront être formés de poil fin, court et remontant vers la vulve, c'est-à-dire de bas en haut, à l'encontre du poil de tout le reste du corps qui descend toujours. Plus le poil remontant sera fourré, plus le lait sera abondant et même riche ; car un poil fourré annoncera un cuir plein de vitalité pour le nourrir, et le cuir lui-même révèlera une force égale de vitalité dans la partie qu'il recouvre.

Ils apparaissent, je l'ai déjà dit, comme un dessin broché sur un beau damas de laine, le reflet du poil remontant, sa nature courte, fine et soyeuse le fait ressortir, sur le poil descendant, toujours plus long et moins brillant. Il faudra se placer de manière à saisir le reflet du poil des dessins ; il y a un point qu'il faut trouver, comme pour voir un tableau.

Sur une vache grasse ou avancée dans sa gestation, le dessin apparaît plus large surtout et plus développé, car le cuir est bien tendu, le poil plus luisant ; sur un sujet maigre, au contraire, le cuir est sans tension, parfois à plis, le poil est plus terne, plus ébouriffé, le dessin paraît dès lors moins développé et se détache moins bien.

Les deux angles extrêmes du dessin au-dessus de la poche du pis sont nettement marqués par une étoile formée de poils couchés en éventail et placée en dedans de la cuisse ou sur le bas de la cuisse même, au-dessus du jarret ; nous indiquons cette étoile dans nos grands dessins, non sur les petits qui n'ont pas d'étoiles.

Le dessin remontant du pis vers la vulve se trouve forcément, dans toute sa hauteur et des deux côtés, en contact direct avec le poil descendant le long des cuisses ; c'est là ce qu'on appelle la lisière du dessin, et l'observation de la lisière est chose fort importante ; lorsqu'elle n'est pas formée de poils longs (montant ou descendant) courbés en hameçons, ébouriffés et entremêlés, lorsque les poils remontant du dessin et ceux descendant sur la cuisse conservent au contraire leur nature et leur forme, ceux montant leur finesse et leur petite longueur, ceux descendant leur forme droite, lorsque le dessin n'est pas entamé ou marqué en dedans par des taches de poil descendant, le dessin est pur, le rendement sera en proportion de son étendue. Mais s'il est entamé sur les bords ou marqué intérieurement par des taches de poil descendant, non-seulement il faudra déduire l'étendue de ces taches dans l'appréciation de l'étendue du dessin, il faudra encore diminuer quelque chose pour les taches elles-mêmes, un dessin perd par cela seul qu'il n'est pas pur, et en outre de la déduction proportionnelle des manquements intérieurs.

Le rendement devra être aussi diminué dans les dessins à formes excentriques, s'écartant des formes ordinaires que nous signalons ; aussi bien que dans les dessins affectant d'entremêler le type de deux ou plusieurs familles ; dans ce cas il faudra tarifer un peu plus bas que si le dessin était pur et normal. L'indice à tirer de ce désordre sera surtout la diminution dans la durée du lait.

L'objection à la règle générale par nous posée, « *rendement en lait proportionné à l'étendue du dessin,* » sera probablement la généralité même de cette règle ; voudrait-on nous voir retomber dans le reproche fait au système Guénon, la multiplicité des dessins chiffrés et l'étendue des tableaux décroissants ?....

Cette règle générale suppose une étude préalable faite sur la race de chaque pays, il est possible à tous d'examiner 5, 10, 15 vaches en lait, de s'enquérir du rendement et de le comparer à l'étendue du dessin, puis de prendre ces observations pour base des autres appréciations. La règle sera ainsi, de fait, mise à la mesure et de la race du pays, de la puissance alimentaire des plantes fourragères et des usages mêmes de l'alimentation : ce sera déjà un grand avantage.

Peut-être, avec l'aide du Gouvernement, s'il veut mettre au service des expériences à faire encore et des observations à recueillir, les ressources qu'il possède, les intelligences qu'il salarie, les établissements pratiques ou scientifiques qu'il administre, peut-être arriverons-nous plus tard à déterminer une proportionalité entre l'étendue du dessin et le rendement en lait, à dire, par exemple, que le rendement sera de 4 ou 5 litres par chaque carré de dix centimètre sur chaque face du dessin Guénon. (Nous disons dessin Guénon, ce qui veut dire dessin incomplet du signe, car Guénon n'a donné que la moitié environ du dessin du pis.) Ou encore, ce qui reviendra à peu près au même, à tant par chaque carré superficiel de dix centimètres sur chaque face, combiné avec le poids de l'animal.

Mais cette règle proportionnelle, disons-le à l'avance, ne pourra jamais être absolue ; elle sera soumise à une foule de modifications basées sur la pureté du dessin, le développement des veines du périnée et du pis, des veines laitières et de chacun des 15 ou 20 signes de *race* ; sur la puissance alimentaire des plantes fourragères du pays, sur les soins donnés, sur l'âge du sujet, son état de santé, etc., et si, comme cela est probable, le nombre des exceptions vient, sinon détruire, au moins obscurcir ou modifier la règle, à quoi servira-t-il de l'avoir posée?...

Il est donc dans la force des choses que la règle soit générale, laissée au libre arbitre de chacun, tellement élastique qu'elle puisse laisser place à toutes les observations de détail, et s'étendre ou se rétrécir sous leur pression en bien ou en mal ; ce doit être une balance où viendront s'équilibrer et se peser des considérations opposées, une règle absolue serait un contre-sens, un embarras, un obstacle, une impossibilité. N'imitons pas F. Guénon, si nous ne voulons pas mériter les mêmes reproches.

Avec les signes anciens, la règle était aussi générale et aussi élastique ; on appréciait le développement du pis, sa souplesse, la grosseur et le développement des veines et des fontaines laitières, les autres signes généraux de race, puis la taille, la santé, l'âge, etc..., et on prononçait. On prononcera de même aujourd'hui avec deux signes, deux renseignements précieux de plus, le dessin et les veines du périnée et du pis.

Plus tard, si les observations recueillies sont tellement précises qu'on puisse tarifer le développement proportionnel du dessin, accorder un litre de lait pour tel nombre déterminé de centimètres carrés, rien de mieux ; mais aujourd'hui, pour arriver là, il nous faut étudier et attendre, en même temps que nous contenter de ce que nous avons et ne plus nous aventurer dans des théories non étudiées.

C'est par la même raison que je ne m'explique pas sur la signification des épis ou signes plus ou moins grands de poils remontant, existant parfois aux côtés et à la hauteur de la vulve.

Ces signes sont généralement tous des espèces d'ovales plus ou moins larges et hauts, et peuvent se rencontrer dans toutes les familles. Ils sont tantôt simples, et alors placés indifféremment à droite ou à gauche de la vulve, tantôt doubles et placés de chaque côté de cette ouverture naturelle. Les planches B, D, F, G, K, donnent une idée de ces signes, qui, lorsqu'ils existent, sont toujours placés aux côtés de la vulve.

Guénon affirme (p. 41), dans un style souvent ambigu et peu clair, que ces épis, s'ils sont larges ou longs, indiquent que la vache perd promptement son lait au début d'une gestation nouvelle, s'ils sont hérissés, qu'ils témoignent d'un lait clair et séreux; il paraît dire en même temps que les épis d'un poil court et soyeux sont un bon signe; mais quelque attention que j'aie donnée à ces petits signes, je ne leur ai jamais trouvé aucune signification précise, et je me suis habitué à les considérer comme un mauvais signe, pour peu que le poil en fût long ou hérissé. J'en suis réduit à en dire autant des ovales du poil descendant, placés souvent, dans les premiers ordres, sur la poche même du pis, au-dessus des trayons de derrière, un peu en dedans du pli intérieur des cuisses, je n'ai pu leur trouver aucune influence en mal, mais leur existence ne m'a jamais paru ajouter au rendement, mesuré à l'étendue du dessin. Cependant, F. Guénon, dans sa brochure, fait de ces ovales un signe attaché aux premiers ordres seulement, ce qui impliquerait qu'ils annoncent par eux-mêmes un rendement plus considérable; mais les affirmations de la brochure ne résistèrent pas longtemps au contact des faits, et Guénon, dans les expériences de 1847, « *a paru à la Commission ministérielle at-* « *tacher moins d'importance que par le passé aux épis et aux ova-* « *les.* (Rapport, p. 53.) Ce qui veut dire probablement que Guénon a consenti à faire comme nous, à n'en tenir aucun compte.

La Commission l'a compris ainsi, puisqu'elle déclare ne pas avoir à s'expliquer sur la valeur de ces signes.

Le dessin du poil remontant, le dessin du pis, comme nous l'appellerons toujours, sera donc le signe le plus apparent, le plus complet dans ses révélations, le plus sûr dans ses conséquences, le premier de tous à consulter, car il paraît être un signe local devant souvent résumer tous les signes spéciaux anciens. Dans les bêtes adultes, on aurait quelque peine à consulter le dessin entier c'est-à-dire aussi bien la partie placée entre les trayons et en avant d'eux, que celle partant des trayons de derrière, et remontant sur le pis et l'intérieur des cuisses dans la direction de la vulve.

C'est là une espèce de tablier composé d'un cuir plus mince, plus fin, plus souple, et recouvert d'un poil plus court, plus fin aussi, plus brillant et contrariant en même temps en travers, dans sa direction d'avant en arrière, d'abord sous le ventre, de bas en haut, ensuite à partir des trayons postérieurs, la direction générale toujours descendante du poil du corps.

La gravure ci-dessous, représentant une vache renversée sur le dos, donnera une idée d'un dessin entier du pis; ce dessin est le n° 3 de la planche K.

PLANCHE J.

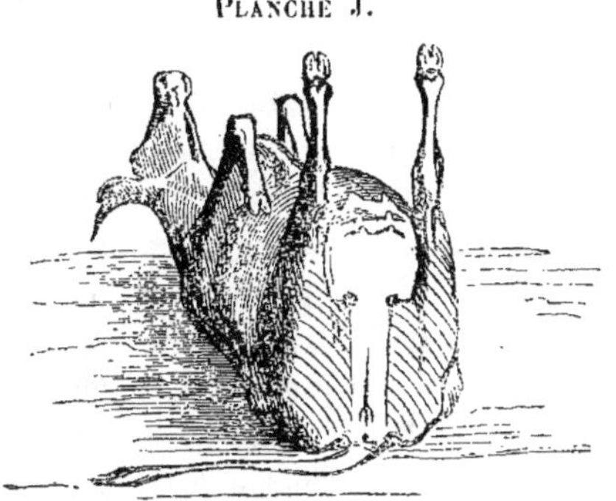

Dans une vache flandrine renversée et vue d'arrière, on trouverait communément les dessins suivants :

PLANCHE K.

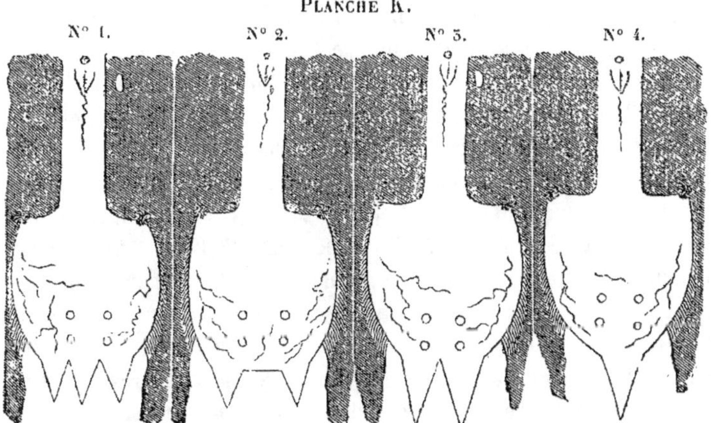

Dans son point de départ sous le ventre, en avant des trayons, le dessin affecte généralement ces 4 formes principales, plus ou moins pures et correctes.

Je n'ai pu recueillir assez d'observations pour pouvoir affirmer si chacune de ces formes du point de départ sous le ventre correspond toujours à une forme unique du point d'arrivée vers la vulve, si, par exemple, les bicornes sont unicornes ou bicornes, etc., aux deux extrémités du dessin, les tricornes tricornes ; je ne le pense pas, la nature paraît toujours capricieuse dans ce qui est peu important, les formes extérieures, logique et conséquente dans son organisation intérieure, qu'importe la boîte de la montre si le mouvement est parfait?...

C'est sur les marchés de Poissy, de Sceaux, de Paris que cette question accessoire pourrait être facilement étudiée ; le Gouvernement pourrait charger un inspecteur de prendre une copie du dessin complet des vèles, exposées toujours couchées et les jambes liées, dans une position dès lors à découvrir tout le dessin.

Dans ces jeunes sujets de 2 à 3 mois, cette pièce de cuir est plate, le développement du pis n'est pas encore venu former la poche ronde des mamelles de la vache, le poil adulte et remontant a déjà remplacé le poil long, laineux et frisé, qui indique le dessin dans les vèles qui viennent de naître, et qui disparaît vers le deuxième mois; on peut donc déjà parfaitement apprécier l'étendue du dessin.

On pourrait faire recueillir, comme nous l'avons dit, par un inspecteur intelligent, les dessins des vèles, et séparément des veaux de lait ; ce seraient là des matériaux excellents pour l'étude.

Mais le fera-t-on?... Il faudrait qu'une administration se rendît aux désirs d'une autre administration, et on a déjà tant de peine à obtenir quelque chose des agents d'un seul et même ministère ! La machine administrative a son mouvement général; ne lui demandez pas un écart, un mouvement à part. Depuis dix ans, je demande à M. le ministre de l'agriculture, à MM. les professeurs d'Alfort, à M. Bouley, nominativement, professeur d'anatomie, et chef des travaux de dissection, de vérifier si le dessin de poil remontant, tracé sur le pis de la vache, a quelque corrélation avec la structure, le développement intérieur de l'organe laitier, si cette forme extérieure ne révèle pas la forme intérieure, etc.?... J'attends toujours une réponse précise et une étude sur cette question si intéressante cependant !

C'était là le point important de l'examen de la découverte et du système Guénon; on a fait de grandes dépenses pour les expériences

lointaines, on a expédié en province, en Bretagne, en Normandie, etc...
une commission nombreuse et Guénon lui-même. Il reste à faire la
vérification la plus concluante, la plus facile, puisque l'école d'Alfort,
placée aux portes de Paris, abat et dissèque pour l'enseignement.

M. Magne, professeur à l'école vétérinaire d'Alfort, s'est occupé
de la question dans le *Moniteur agricole* de 1848, et a cherché à
expliquer la cause de la signification du dessin du pis :

« Dans toutes les régions du corps, dit-il, la direction du poil dépend de celle des artères ; ainsi le poil du périnée se dirige de haut en
bas ou de bas en haut, selon que cette partie du corps est nourrie
par des artères qui descendent du bassin ou s'élèvent de la région
sous-pubienne, de sorte que des épis inférieurs et recouvrant le pis,
les cuisses et le périnée, indiquent que les artères mammaires se continuent vers le périnée après avoir fourni des ramifications aux mamelles et qu'elles sont assez volumineuses pour imprimer à la production du lait la grande activité qui s'observe chez les vaches les mieux
marquées ; tandis que l'absence de l'épi, ou un épi resserré indique
que les artères mammaires, moins volumineuses, se terminent à la
mamelle, qu'elles portent seulement le sang nécessaire à la nutrition
de la glande, et ne peuvent pas, pendant la lactation, lui en transmettre une quantité suffisante pour activer cette fonction. Dans le
premier cas, c'est-à-dire quand les épis sont vastes, les artères mammaires dominent les musculaires, tandis que, dans le second, ces
dernières sont relativement plus volumineuses. Les plaques de poil
ascendant des environs de la vulve sont aux organes intimes de la
génération ce que les inférieures sont aux mamelles, elles indiquent,
si elles sont bien développées, que l'appareil reproducteur reçoit des
artères assez volumineuses pour le dépasser, après lui avoir fourni le
sang nécessaire à l'exercice des fonctions génitales ; d'où il résulte
que l'utérus et ses dépendances ont une grande vitalité et produisent,
après la fécondation, quand ils sont excités par la présence du germe,
une dérivation qui affaiblit les mamelles et tarit la production du lait.

« L'absence de ces écussons fait donc présumer que les organes
logés dans le bassin reçoivent moins de sang et que les glandes lac-
tées peuvent continuer leurs fonctions pendant la plénitude. »

Les éleveurs avaient une autre explication : ils pensaient que le
poil remontant révélait l'enveloppe des récipients du lait, et que si le

poil eût été descendant, ses racines pénétrant dans le cuir eussent laissé simon suinter, au moins évaporer le lait plus facilement que ne pourrait le faire un poil remontant. Pour être moins exposé à laisser échapper le lait, le récipient devait être recouvert de poil remontant, donc le poil remontant devait révéler l'étendue du récipient.

Dans son rapport de 1847, M. Yvart dit « qu'il serait possible que ce dessin de poil remontant, occupant une peau de la nature des muqueuses, révélât l'étendue de la membrane muqueuse du pis; » c'est un soupçon, non une affirmation.

Ces trois versions, deux basées sur la science, l'autre sur l'humble pratique, prouvent la nécessité d'une étude anatomique, sérieuse et persévérante; la lumière est encore à faire, mieux vaut le dire naïvement, et appeler à son secours la science à venir.

Avec des dessins purs, la durée du lait suivra toujours, à si peu d'exceptions près, les proportions de la quantité qu'on peut poser la règle suivante : une vache donnant beaucoup de lait restera forcément longtemps en lait; la quantité et la durée étant toutes deux l'effet de cette cause commune, la constitution complète, large, énergique de l'organe laitier, secondé par les mêmes qualités dans les organes vitaux et les organes accessoires. Les mêmes signes diront donc quantité et durée; mais ici il faudra tenir compte de la taille : 6 litres pour une petite vache seront déjà beaucoup, et impliqueront une durée continue, devant être arrêtée, par la suspension de la mulsion, à six semaines ou un mois avant le part, tandis que six litres dans une grande vache seront un mauvais rendement et annonceront une durée de six mois au plus à partir de la nouvelle gestation.

D'après ce qui précède, on a pu prévoir que les signes particuliers de durée du lait sont précisément ceux qui indiquent, comme nous l'avons déjà dit, la force de constitution de l'organe laitier, le développement du dessin, des veines du périnée et des veines ainsi que des fontaines laitières.

Ceci nous amène à nous occuper d'un signe qui vient contrarier la règle ci-dessus posée pour la durée du lait.

Jusqu'ici, en parlant du dessin du pis, nous n'avons entendu désigner que la partie de cuir recouverte de poil remontant, court, fin et soyeux ; car, pour nous, le dessin ne se compose que de cela. Mais on rencontrera souvent, sur certaines races négligées et abandonnées au hasard dans l'acte de la reproduction, des dessins sans pureté, entourés de poils grands, hérissés, courbés en hameçons, débordant tantôt du poil remontant sur le poil descendant, tantôt du poil descendant sur le poil remontant, parfois déformés des deux côtés de la lisière et s'entremêlant ; il faudra tenir grand compte de cette irrégularité. Guénon a appelé les vaches ainsi marquées, des bâtardes ; nous avons déjà dû, pour être mieux compris, accepter son vocabulaire, nous accepterons donc encore cette dénomination, quelque bizarre qu'elle soit.

Les bâtardes seront donc les vaches dont le dessin sera bordé d'une lisière formée de poils, grands, gros, durs, droits ou contournés, et formant, des deux côtés du dessin et sur le périnée surtout, c'est-à-dire entre le pis et la vulve, une espèce d'encadrement de poils ébourrifés ; à la différence des dessins purs dont la bordure restera simple, unie et marquée seulement par la dissemblance des poils descendants et remontants, conservant leur grandeur et leurs formes ordinaires et restant en contact sans se mêler et se heurter. De grands ovales placés des deux côtés de la vulve, ou encore un seul placé sous la vulve, sur un dessin flandrin, signaleront aussi la bâtardise.

Un autre signe que nous avons déjà signalé comme étant défavorable à la production du lait se compose d'un ou deux ovales, plus ou moins larges et hauts, de poil remontant, et placés latéralement à la vulve. Guénon, lorsqu'ils sont petits et purs, les considère comme un bon signe ; placés auprès d'un beau dessin, je ne leur ai jamais trouvé de signification en bien, et presque toujours ce signe, quelque petit qu'il fût, m'a paru, sinon diminuer beaucoup, au moins contrarier plutôt qu'élever l'abondance du lait. Lorsqu'ils sont un peu plus que petits, et qu'ils s'étendent, Guénon reconnait qu'ils deviennent un signe de bâtardise ; ce n'est pas être logique. Si le signe est bon lorsqu'il est petit et pur, il sera meilleur lorsqu'il sera grand, en restant pur. La question est de savoir si ces fractions du poil remontant doivent, dans le calcul de l'étendue, venir s'ajouter à la surface du dessin du pis. Je ne le pense pas.

Il m'est arrivé de rencontrer une fois deux dessins absolument semblables et des conditions générales à peu près balancées : une seule des vaches avait deux petits ovales très-purs de chaque côté de la vulve ; je n'y avais eu aucun égard, et il s'est trouvé que le rendement de cette vache était un peu moindre que celui de l'autre. Tenons donc pour certain que ces ovales sont, en général, plutôt un mauvais qu'un bon signe; que, lorsqu'ils sont grands et ébouriffés, ils constituent un signe de bâtardise, et qu'il faut leur appliquer les règles qui vont suivre : la bâtardise influera surtout sur la durée du lait et aussi, mais fort peu, sur sa quantité. Dans les bâtardes, la partie du dessin restée pure et normale conserverait à peu près sa signification ordinaire pour le rendement du lait, mais non pour sa durée; ce sera là leur défaut capital : le lait aura une abondance proportionnée à l'étendue de la partie pure du dessin mais il n'aura pas de durée; certaines vaches, celles sur lesquelles la lisière sera le plus grossièrement déformée, perdront leur lait dans le premier mois d'une gestation nouvelle, d'autres dans le deuxième, le troisième, etc., toujours dans la proportion des défauts qui signalent la bâtardise, et que nous venons de signaler. Ce sera là, on le comprend, un vice capital : une pareille vache perdra moitié de sa valeur, et il sera prudent de ne jamais en acheter dans de semblables conditions. Ajoutons cependant (comme en tout il y a forcément des compensations) que la perte du lait devra tourner au profit du fœtus et que le veau d'une bâtarde devra naître plus beau et plus gras que celui d'une excellente laitière dont le lait aurait été utilisé. Disons enfin que les bâtardes sont généralement plus robustes, plus rustiques et plus fécondes que les meilleures laitières; cela devait être.

Quand la faute sera faite, qu'on trouvera dans les étables une vache bâtarde, il faudra éviter de l'abandonner au taureau, retarder enfin de quelque peu une gestation nouvelle afin d'éloigner en même temps l'époque où diminuera et cessera le rendement en lait; ajoutons que presque toujours le lait des bâtardes est léger et séreux.

Ces signes de bâtardise sont l'écueil à redouter dans l'appréciation de la vache par le dessin du pis; c'est par là qu'on se trompera le plus souvent; dans certaines races à cuir fin, à poil court et soyeux en général, des poils un peu plus grands et gros mêlés dans la lisière du dessin annonceront la bâtardise, tandis que ces mêmes poils n'auraient pas la même signification dans une autre race à cuir et poils moins fins en général. Nous signalons l'écueil, et les occasions d'erreurs possibles, dans le doute il sera toujours prudent d'apprécier au plus bas, parfois même de s'abstenir.

La difficulté sera surtout plus grande sur les jeunes vêles au-dessous de quatre semaines ; ici le dessin existe, mais en raccourci ; le poil n'est pas celui qui doit former plus tard le dessin, c'est du poil long, laineux, frisé, recouvrant en totalité le dessin du pis ; il est impossible de démêler dans ce poil, qui a précisément les défauts qu'on doit redouter, le signe de bâtardise qui ne serait pas autre que ce poil ; sur ce point l'erreur sera possible, quoi qu'on fasse, je dois l'avouer et ne pas me tromper moi-même et les autres dans les éloges que je donne à la découverte. On pourra dans le premier mois apprécier parfaitement l'étendue du dessin, dans le cours du second, le poil ayant changé, on pourra distinguer les taches, les imperfections du dessin et même, mais moins sûrement encore, les signes de bâtardise.

La qualité du lait se révélera par la couleur jaune-safrané du cuir en général ; cette couleur jaune sera plus foncée et plus facile à remarquer sur certaines parties du corps, ainsi l'intérieur des cuisses, l'intérieur des oreilles, le pis et le périnée, le nœud qui termine la queue ; sur ces parties, le cuir, lorsqu'il sera très-jaune, sera recouvert de pellicules de même couleur semblables à du son de froment, et se détachant sous le frottement ; cette dernière circonstance ajoutera encore à l'indice tiré de la couleur générale du cuir ; avec les pellicules jaunes le lait sera sûrement très-condensé, très-gras, très-butireux.

J'ai cru remarquer aussi que lorsque le poil court et soyeux du dessin était dru et fourré le lait de la vache était plus gras et moins séreux que quand le poil était clair-semé. Un poil fourré annonce déjà une vitalité plus grande dans le cuir qui le nourrit, et par voie de conséquence, dans l'organe que recouvre le cuir.

J'ai dit qu'il fallait dans le choix des vaches, commencer par mettre le système à appliquer, quel qu'il fût, à la mesure de la race dans laquelle on avait à choisir ; toutes les races devaient donner plus que ne l'annonçait le système Guénon, car tous ses dessins ont avec le reste du corps des proportions si grandes, que le premier ordre de toutes les familles ne se trouverait jamais, et, s'il se rencontrait et que les autres signes fussent à l'unisson, il annoncerait un rendement de plus de moitié au-dessus, de près du double même de celui annoncé par Guénon ; ainsi le dessin des flandrines au regard duquel Guénon a écrit 20 litres, en rendrait sûrement de 32 à 40, si les autres signes accessoires répondaient à la perfection du dessin par lui donné.

Dans les meilleures races à lait, les hollandaises, les flamandes, les normandes, les suisses, on pourra élever le rendement indiqué.

Il en sera de même des races de travail (généralement robe unie, couleur rouge plus ou moins claire ou foncée) car dans ces races les dessins sont très-peu développés, ce qui annonce que la nature a détourné, au profit des forces musculaires et du travail, l'énergie de constitution départie, dans les races laitières, à l'organe laitier.

La vache de travail nourrira passablement son veau, son lait coulera assez abondant pendant quatre, cinq, six mois seulement, la loi naturelle sera satisfaite, et l'animal restera dispos et fort.

Disons tout d'abord qu'aucun signe isolé ne peut, par lui-même, sans le concours d'autres signes, sans le concours des signes généraux, surtout de constitution robuste, de santé bien assise, ne peut être accepté comme annonçant infailliblement les qualités laitières de la vache. La raison en est toute naturelle et logique. C'est que l'action d'un organe quelque bien constitué qu'il soit, dépend absolument du concours des autres organes accessoires, et surtout de l'état des organes essentiels à la vie, et encore de l'état général de l'individu. Les frères Guénon avaient cependant la prétention d'attribuer au signe nouveau, par eux produit en 1838, le mérite exorbitant de prouver seul et par lui-même le rendement en lait et sa durée.

Annoncée dans ces termes, leur découverte n'était qu'une formule charlatanesque qui devait soulever et qui souleva en effet les protestations du monde savant. Sans examen, sans discussion, on pouvait affirmer que la précision mathématique attachée à chaque écusson dans le système Guénon, contrariait trop rudement les principes élémentaires de la physiologie pour être vraie et infaillible comme le prétendait l'auteur.

Une foule de circonstances postérieures ne peuvent-elles pas venir faire mentir le signe résultant du dessin ?... Ainsi, une vêle bien marquée est devenue faible, sans santé, étique par un accident, une maladie mal soignée, par un défaut de régime, de salubrité, une insuffisance de nourriture, une alimentation avariée, une lésion organique; dans cent cas le signe du pis donnera un renseignement erroné.

Avec notre système, au contraire, l'erreur n'est presque plus possible, chacun des autres signes venant prêter son concours et son témoignage à l'appréciation, on trouvera bien vite le défaut de la cuirasse et la cause de contradiction entre les signes.

Les signes généraux de conformation, de santé, révéleront le mal et ses causes et la vérité apparaîtra.

Les prétentions des frères Guénon n'étaient donc ni raisonnées ni raisonnables. François Guénon est venu enchérir encore sur les idées communes : dans un système illogique et absurde, il acheva de voiler, de compromettre la découverte, le signe nouveau, et mit ainsi en péril le bien qu'elle apportait avec elle. Pourquoi, en outre, vouloir donner un rendement spécial à chaque forme et arriver ainsi à signaler cent rendements semblables ?... La vache tire sa valeur de son produit ; cent vaches donnant le même produit ne devaient pas figurer dans cent catégories différentes. Pour être dans le vrai, il faut passer au-dessus de ces ridicules prétentions, prendre la découverte pour ce qu'elle est, à savoir, un signe nouveau particulier et local, devant concourir avec les autres signes de cette espèce, aussi bien qu'avec les signes généraux, à faire présumer la force lactifère des vaches. C'est là un signe natif indiquant une aptitude native, mais pouvant être ou favorisée ou contrariée par des circonstances, des faits, des accidents postérieurs.

Ainsi annoncée, la découverte mérite la plus grande confiance et nous ne craignons pas de dire qu'elle restera, à toujours, dans les signes d'appréciation.

Ce qui recommande surtout ce signe, c'est qu'à la différence des autres signes locaux qui n'apparaissent guère qu'au fur et à mesure du développement des qualités, il existe avant que les qualités n'existent, il les annonce, et qu'avec lui on peut, même dans une vêle de lait, dans une vêle de quinze jours ou d'un mois, à part les indices de bâtardise et les taches qui ne sont pas encore apercevables, préjuger la valeur laitière de la vache, qu'on peut dès lors n'élever à peu près que des animaux d'élite.

C'est là un inappréciable mérite puisqu'il permet de distinguer entre les jeunes vêles celles qui devront être les meilleures laitières, afin de les conserver, et celles qui devront donner un moindre produit, afin de les livrer à la boucherie ; si plus tard, lorsque le poil normal a remplacé le poil de lait, on reconnaît des taches dans le dessin ou des signes de bâtardise, le dommage ne sera pas encore bien grand, l'animal aura 2 mois et il sera temps encore de prendre un parti.

Classons maintenant, avec plus de détails et dans leur ordre d'importance, les différents signes (déjà résumés par nous) au moyen desquels un acheteur pourra, avec le degré de certitude imparti aux appréciations humaines, se former une opinion sur leur valeur laitière et classer les vaches dans les cinq catégories suivantes :

1° Les excellentes ; — 2° les bonnes ; — 3° les médiocres ; — 4° les mauvaises ; — 5° les très-mauvaises.

Car je n'admets pas qu'on puisse, avec une précision mathématique, chiffrer le rendement en lait ; c'est là une chose tout à fait inutile, c'est dépasser le but. Ne suffit-il pas de pouvoir, à coup sûr, classer une vache dans les cinq catégories qui précèdent ?

Je voudrais pouvoir mettre au-dessus de chacune de ces cinq catégories le minimum de rendement de chacune d'elles, mais je ne puis le faire par un seul chiffre à cause de la différence des tailles ; ainsi, telle petite vache bretonne sera excellente avec un rendement de 8 litres au moins, lorsqu'une vache d'un poids presque double, une gâtine, par exemple, ne sera excellente qu'avec un rendement de 15 litres, et une vache de grande taille, race de Schwitz ou même de Fribourg, si on veut, ne pourra être placée dans la même catégorie qu'avec un produit de 20 litres.

Mettons donc trois chiffres à la suite de chacune de ces catégories, ils indiqueront le terme moyen du rendement de chacune des trois tailles, petite, moyenne, grande : on comprendra ainsi beaucoup mieux la valeur de ces dénominations :

	Taille petite. 100 à 150 k^{os}.	Moyenne. 175 à 250 k^{os}.	Grande. 300 k^{os} et au-dessus.	
Excellentes :	8	14		20 litres au moins, durée continue du lait jusqu'au part.
Bonnes :	6	10	15	id. durée continue du lait.
Médiocres :	4	7	10	id. Le lait commence à diminuer naturellement aux approches du part, vers 7 mois 1/2.
Mauvaises :	2	3	5	id. Elles perdent leur lait de 4 à 7 mois, parfois plus tôt.
Très-mauvaises :	1	2	3	id. Elles perdent leur lait dans les premiers mois d'une nouvelle gestation.

Ajoutons qu'il faudra élever un peu l'appréciation lorsque la vache s'éloignera en plus du poids *moyen* de sa taille, la baisser lorsqu'elle s'en éloignera en moins.

Organes de la digestion.

Personne ne contestera l'importance d'une bonne constitution des organes de la digestion ; c'est là une condition générale indispensable pour toutes les aptitudes, le travail, la graisse, le lait, pour la vie même de l'animal ; on reconnaîtra ces qualités intérieures aux signes extérieurs suivants : ventre en tonneau, bien développé, bien arrondi, non ensellé, presque plat même le long de l'épine dorsale.

Bouche large, bien fendue, râtelier large, presque carré, peu arrondi et seulement sur les angles, dents complètes et bien dressées, grosses dents bien dressées et nivelées.

Plus la bouche sera ouverte, plus le râtelier sera large ; moins il sera arrondi, plus il pincera d'herbe à la fois.

Ainsi constituée, il sera probable que la vache mangera et boira bien, qu'elle amassera dès lors beaucoup de sang, ce qui implique beaucoup de force, de viande ou de lait.

Comme effet d'une organisation robuste : Cuir souple, moelleux, fin, peu tendu, ample, se détachant facilement partout, sur les côtes et les ischions principalement.

Poil brillant.

Si des apparences et des présomptions on arrive aux faits, on trouvera que l'animal mange beaucoup et avec appétit, qu'il rumine bien, continuement, par mouvements égaux ; qu'il se couche pour ruminer, qu'il boit abondamment, signe excellent pour la production du lait ; ce qui prouve en même temps qu'il mange bien, car le liquide ingéré est toujours, et généralement, en proportion du solide.

Organes pectoraux.

La poitrine et l'estomac sont les deux organes les plus essentiels à la santé, à la vie, à la force, à la production en viande et en lait ; ils sont liés entre eux par une solidarité intime et fonctionnent en quelque sorte en commun ; le poumon ne rend pas l'air aspiré tel qu'il l'a reçu ; l'air rejeté s'est chargé d'acide carbonique en excès et pris au sang, et l'a, en échange, enrichi de l'oxygène qu'il portait avec lui ; en d'autres termes, le corps rejette par la respiration certains éléments nuisibles, l'acide carbonique, entr'autres, et en retient d'autres indispensables à la vie, l'oxygène, particulièrement, qui se combinent avec les résidus alimentaires, le sang, et rendent possible l'assimilation animale, c'est-à-dire la transformation des aliments en viande ou en lait. Le poumon digère donc ces éléments puisés dans l'air, comme le feuillet (l'estomac) digère la nourriture ingérée ; plus ample sera la poitrine, plus considérable sera, à chaque aspiration, le volume d'air, c'est-à-dire de nourriture, aspiré ; car nous vivons de certains éléments de l'air aussi bien que de nourriture.

On ne peut juger du développement intérieur de la poitrine que par son développement extérieur ; la poitrine devra donc être large, ce qui implique l'espacement des jambes de devant et l'ampleur et l'arrondissement du poitrail en avant et en dessous, profonde, c'est-à-dire s'étendant large et bombée en arrière des épaules.

La largeur des hanches, la longueur bien horizontale de l'échine seront le complément.

La largeur et la dilatation des naseaux confirmeront les signes qui précèdent, le conduit ne doit-il pas être proportionné au récipient?

Comme effets apparents on consultera le mouvement des poumons : si le mouvement du flanc est facile, étendu, si l'inspiration et l'expiration sont lentes et longues cela impliquera beaucoup d'air aspiré, dès lors un poumon vaste puisqu'il est lent à se remplir et à se vider.

Comme conséquence aussi le poil sera luisant, le cuir souple, moelleux, élastique.

Avant tout il faut s'assurer, quelle que soit la destination de l'animal, qu'il a une poitrine vaste, saine et robuste, un estomac et ses organes accessoires énergiquement constitués ; car, sans ces deux conditions, il sera impropre à tout, les organes spéciaux fussent-ils parfaits, n'étant pas alimentés, ne pourront produire ni lait, ni graisse, ni travail.

Après s'être assuré de ces deux qualités essentielles, on vérifiera les aptitudes aux qualités spéciales au lait, si on veut du lait ; à l'engraissement, si on veut engraisser ; à la force, si on veut du travail.

On ne peut, répétons-le encore, accorder trop d'importance à ces deux organes essentiels, à leur conformation, à leur jeu ; la vie, la santé, la force, le principe de la production en travail, en viande, ou en lait, tout est là.

Les autres signes ne sont en quelque sorte qu'accessoires, ce sont des rouages inférieurs, ayant leur importance aussi, mais recevant des deux grands rouages que nous venons de décrire, la force, le mouvement, la vie.

Age.

L'âge est une des circonstances les plus importantes dans le choix d'une vache ; c'est par l'âge qu'on peut calculer la durée probable de l'animal. C'est par l'âge qu'on appréciera le rendement : ainsi, à son premier part, une jeune vache n'atteindra pas tout son rendement à venir, ce ne sera guère qu'à son troisième qu'elle rendra tout ce qu'elle peut rendre, ce sera là son apogée ; certains signes indicateurs du rendement ne se développeront qu'avec lui, ainsi l'ampleur des mamelles, de la veine laitière, etc....

Certains autres, les signes généraux et le dessin du pis, permettront seuls de prévoir les forces laitières ; c'est là l'immense, l'inappréciable avantage de la découverte des frères Guénon.

L'âge est donc par lui-même un des éléments indispensables à l'appréciation des vaches ; il faudra commencer par là et recourir aux indications par nous données. Disons à cette occasion que pour avoir de bonnes vaches, sans les surpayer, il faut les acheter avant leur premier vêlage, alors que leur valeur laitière n'a pas encore acquis la certitude d'un fait et qu'on en est encore aux prévisions que les habiles seuls peuvent déduire.

On ne vendra que fort rarement une bonne vache et alors on la vendra cher ; acheter une vache de cinq ans et au-dessus, c'est mettre contre soi toutes les éventualités, tous les risques ; celui qui vend sait ce qu'il vend, l'acheteur seul ne le sait pas.

Puis, dans les vieilles vaches on a à craindre tous les accidents possibles : les maladies chroniques, les dartres, le pis charnu, les trayons indurés, atrophiés, les affections de la matrice, les conséquences d'une alimentation insuffisante, mauvaise, d'un régime vicieux, les suites de maladies, etc....

Tout cela nous ramène toujours à notre premier conseil : *Acheter de jeunes bêtes.*

Signes spéciaux.

Ici viendrait se placer le dessin du pis si nous ne l'avions déjà suffisamment décrit, nous passons donc aux autres signes spéciaux :

Le pis.

Le pis se partage à peu près également en quatre parties, appelées mamelles, correspondant à chacun des trayons ; chaque mamelle a donc son trayon, son issue particulière. Certaines vaches ont parfois 5 ou 6 mamelles, mais cela est fort rare ; souvent 5 et même 6 trayons, les deux derniers presque toujours faux. Les deux mamelles postérieures sont communément les plus développées, les plus productives.

Plus les trayons seront espacés, plus grand on devra croire le développement intérieur des mamelles ; comme elles ressemblent à quatre bouteilles renversées, et que, par l'espacement des cols on pourrait juger de la grosseur de la bouteille, on pourra de même juger du développement des mamelles par l'espacement des trayons.

Le pis affecte différentes formes : dans les races suisses, c'est une bourse longue et pendante, une espèce de sac descendant bas ; dans la race hollandaise, il pend moins bas et s'allonge sous le ventre, en avant des trayons ; dans d'autres races, c'est une forme intermédiaire entre ces deux formes tranchées.

Les trayons doivent être sains, transparents, égaux ; ce sera un bon signe. Quatre ou deux faux trayons seront plutôt un bon qu'un mauvais indice ; un seul faux trayon se rencontre souvent sur les mauvaises laitières. Des trayons malades ou séchés, ou inégaux devront être examinées avec soin.

Le poids du pis, c'est-à-dire de la glande mammaire, sera aussi un bon renseignement, pourvu qu'on se soit assuré que ce poids ne doit pas être attribué ni à des chairs intérieures ni à l'épaisseur de l'enveloppe, mais seulement au volume de la glande.

Veines.

Les veines, on le comprend, attachées à l'organe lactifère, constituent, par leur développement, un des indices les plus sûrs de la production du lait.

Les veines du pis sont nombreuses ; leur direction est indécise, variée, serpentante ; leur forme noueuse. Lorsqu'elles sont volumineuses, elles forment une espèce de réseau en saillie et sont un indice excellent, qui ne se rencontre que dans les très-bonnes vaches.

Au développement des veines qui les recouvrent, on pourra souvent dire quelles des 4 mamelles donnent plus ou moins de lait. La veine, ou les veines du périnée, car il y en a plusieurs (mais celle sous la vulve est surtout à consulter), sont plus significatives encore ; c'est là, lorsqu'elles sont très-saillantes, serpentantes, très-grosses, à nodosités nombreuses, un signe infaillible, on peut le dire.

Les veines laitières, apparentes sous le ventre à partir des parois extrêmes du pis, doivent être placées, non tout à fait au-dessous (cela prouverait le peu de largeur de l'organe sécréteur), mais extérieurement et sur les deux côtés du ventre; elles doivent être grosses, saillantes, flexueuses, coupées par des nœuds, parfois bifurquées, et alors chaque branche rentre dans l'abdomen par un trou rond, appelé bien improprement fontaine et dont l'ouverture est juste à la mesure de la grosseur de la veine qu'elle reçoit; le trou doit être rond et assez large pour permettre l'introduction du petit doigt; cet acte interrompt la circulation et remplit la veine de tout le sang qu'elle peut contenir, ce qui en fait apprécier la grosseur. Cette veine ne porte pas le sang à la mamelle; au contraire, elle reçoit celui qui en sort, après y avoir laissé les éléments du lait; sa grosseur prouve que la circulation du sang est considérable dans les mamelles, que dès lors la sécrétion du lait doit être grande.

Toutes ces veines ont l'inconvénient d'être peu apparentes dans les jeunes bêtes et de se développer seulement avec l'âge, de telle sorte que, pour tirer de justes conséquences de leur état plus ou moins développé, il faut toujours le comparer à l'âge de la vache et l'apprécier d'autant moins que l'animal est plus âgé. Il faudra donc être en défiance contre des sujets vieux et ayant les veines peu développées, aussi bien que contre de beaux dessins du pis non accompagnés de veines au moins apparentes sinon saillantes.

Il faut aussi ne pas prendre pour des veines saillantes ce qui n'est, dans les vaches vieilles et grasses, qu'un pli de la peau du périnée, car c'est là surtout que l'erreur est possible.

Signes généraux et extérieurs.

Une bonne vache devra donc avoir tous les signes extérieurs de la force, mais non de la force ruisselante d'embonpoint; sa charpente osseuse sera parfaite, ample, forte, mais mal recouverte, mal dissimulée, peu arrondie; les angles seront accusés et aigus; on trouvera, en un mot, dans la charpente osseuse un signe non équivoque de constitution robuste en même temps qu'une apparence, seulement extérieure, de faiblesse par la maigreur.

Ainsi, une maigreur générale et musculaire sera le reflet prédominant d'une bonne laitière; le train de derrière surtout sera étriqué et léger; les cuisses seront plates, sèches et creusées sur les muscles;

le bassin ample et osseux ; les jambes grêles, disgracieusement écartées pour laisser place au développement de l'organe lactifère. On voit ici que l'activité intérieure prend tout et fait une petite part aux formes extérieures.

On a signalé comme un bon signe un vide échancré dans l'épine dorsale de la vache ; on pourrait croire que c'est une espèce d'allongement de l'échine, sous la pression et au profit des organes intérieurs. C'est dans le Nord surtout que les nourrisseurs attachent le plus d'importance à ce signe. Parfois même l'échine est double, ce qui donne plus de largeur aux hanches et au bassin ; circonstance très-favorable au produit en lait.

Les paysans bretons consultent la couleur de la langue, et recherchent les vaches dont la langue est noire ou tachée de noir ; ils poursuivent ainsi, comme signe laitier, le cachet tout individuel de la race gâtine.

S'il arrivait qu'on trouvât une vache avec les signes spéciaux de la sécrétion du lait largement développés et les signes généraux de constitution faiblement accusés, il faudrait être en défiance ; l'équilibre vital serait rompu, le rendement ne répondrait pas à l'apparence du signe spécial, ou, s'il y répondait, la dépense dépasserait la force ; un épuisement rapide serait à peu près assuré : la vache périrait par la phthysie vulgairement appelée pommelière.

Race.

Nous avons passé en revue les races diverses de vaches pour indiquer la valeur laitière, les ressources de chacune de ces races.

Elles peuvent tenir leurs qualités ou leurs défauts, soit de leur constitution spéciale, soit du climat, de la nourriture et des soins ; peut-être de toutes ces causes réunies.

Avec les renseignements par nous donnés, avec les connaissances personnelles de l'acheteur, la race de la vache sera déjà une indication utile.

Si la race paraît pure, dès lors ancienne, on pourra en induire que la jeune vêle aura plus de chances de ressembler à sa mère, et à la mère du taureau géniteur ; c'est la règle *de la constance dans la reproduction*, mérite attribué aux races anciennes et refusé aux croisements.

Les races laitières se reconnaîtront en général par la constitution obuste de la charpente osseuse jointe à la maigreur de l'ensemble du corps, particulièrement du train de derrière et des cuisses qui sont plates et mêmes creuses ; par des tissus plutôt mous et énervés que fermes et rustiques.

Maladies. — Accidents.

Certaines maladies, sans parler des maladies générales qui affectent toute l'économie ou de celles spéciales à l'organe lactifère et qui diminuent ou tarissent la sécrétion, sont à considérer dans le choix à faire :

La bouche doit être examinée avec soin ; si l'haleine était infecte, il faudrait renoncer à l'animal ; s'il manquait des dents, l'avarie serait énorme ; si elles étaient inégales de manière à ne pouvoir pincer et saisir ; si la lèvre était par trop ample et épaisse de manière à s'interposer entre les gencives et la terre et à arrêter la dent à une certaine distance du sol, si elle était malade, indurée, etc.., toutes ces circonstances feraient souffrir la vache dans son alimentation.

Si la maladie était tenace comme les dartres ou localement fixée, il ne faudrait pas acheter.

Les maladies des pieds auront aussi une sérieuse importance ; la souffrance du bétail est continue et arrête la sécrétion, puis la vache souffre en paissant, se fatigue et, si elle ne se couche pas, elle a le mouvement moins vif et moins actif, elle mange moins et dès lors produit moins.

Une maladie, un accident est toujours chose dangereuse dans les animaux chez lesquels une santé parfaite et générale est une condition toujours indispensable.

Comme on ne peut jamais trop mettre en relief et en saillie les signes qui annoncent les sujets d'élite, nous nous décidons à les résumer dans un tableau et à donner en regard les signes contraires, c'est-à-dire ceux qui accusent un rendement insignifiant ou faible.

On aura ainsi deux formules de vérification, la première indiquant la qualité qu'on recherche, la seconde le défaut contraire qu'on doit craindre et éviter.

Ces deux indices se contrôleront entre eux, se confirmeront l'un par l'autre.

En procédant ainsi par le concours des bons signes d'abord, par l'absence des mauvais ensuite, les probabilités annoncées deviendront en quelque sorte des certitudes.

Signes favorables à la production du lait et aussi révélant la Race.

Signes généraux.

1. Vache jeune, à charpente osseuse, légère mais puissante et normale, à hanches larges, carrées, et à surface plate; maigre sans être malade ou débile.

2. Ventre en tonneau; côtes bien arrondies, plates et horizontales à l'attache même de l'échine; creux du flanc très-étroit; épine dorsale longue, droite; non ensellée.

3. Bouche large, bien fendue; ratelier large, égal, peu arrondi; lèvres minces; dents belles, bonnes, bien dressées; haleine douce, muffle chargé de gouttelettes brillantes.

4. Jambes courtes, fines, à jointures sèches, à canons effilés, très-écartées pour laisser place à la poitrine et au pis.

5. Poitrine large, bombée en avant et en-dessous, profonde, c'est-à-dire conservant son développement en arrière des épaules; naseaux larges; mouvement du flanc lent, facile, étendu, long.

6. Cuir mince, fin, souple, jaune, ample et se détachant bien partout, surtout sur les côtes et les ischions.

7. Poil fin, court, doux, brillant.

Signes spéciaux.

8. Dessin du pis haut, large, grand, pur, à poil fin, court, fourré, soyeux, à lisières de même; régulier, sans taches ou manquements, à étoiles espacées et hautes au-dessus du jarret. Cuir jaune, à pellicules jaunes.

9. Veines du périnée, veines du pis, veines laitières longues, grosses, saillantes, serpentantes, bifurquées, à nœuds en saillie; fontaines laitières larges, rondes, profondes, placées non sous le ventre, mais en dehors.

10. Pis développé, pendant bas, s'étendant sous le ventre, lourd sur la main, à enveloppes minces et souples, sans rosseurs ni indurations en dedans. Mamelons égaux, fins, transparents, espacés entre eux. Deux faux mamelons.

Signes de race.

11. Tête petite, courte, légère; front étroit; œil vif, gros saillant; museau relevé en avant; oreilles petites et minces, peu velues et jaunes en dedans.

12. Cornes fines, grêles, plates à la base, contournées, de substance fine, vitreuse et transparente, veinée de noir.

13. Encolure fine, légère, mince, en forme de lame de couteau renversée, s'amincissant encore à l'attache de la tête; fanon léger et mince.

14. Os tenus, petits, secs.

15. Queue attachée haut, relevée au départ, grosse à la racine, devenant de suite très-tenue et fine, longue et tombant de 2 à 3 pouces au-dessous du jarret.

Signes contraires à la production du lait.

1. Vache vieille, grasse ou étique, à charpente grêle ; hanches étroites et arrondies.

2. Ventre peu arrondi ; côtes plates ; épine dorsale courte, ensellée ; creux du flanc large.

3. Bouche étroite, peu fendue ; ratelier étroit, pointu ou arrondi ; lèvres épaisses ; dents inégales, mal placées ; haleine forte, museau sec.

4. Jambes rapprochées.

5. Poitrine étroite, peu haute, plate, peu profonde ; naseaux étroits ; mouvement du flanc rapide, difficile, court.

6. Cuir épais, dur, sec, blanc, tendu et collé sur les os.

7. Poil gros, long, rude, terne.

Signes spéciaux.

8. Dessin du pis bas, étroit, petit ; à poil gros, long, dur ou terne, à lisière ébouriffée, à manquements ou à taches intérieures. Cuir lisse et blanc.

9. Veines du périnée et du pis, veines laitières peu apparentes, petites, droites, non saillantes, simples ; fontaines laitières étroites, inégales, placées sous le ventre.

10. Pis peu développé, à enveloppes épaisses, dures, à chairs ou indurations intérieures ; mamelons inégaux, épais, ramassés et se touchant presque.

Signes de race.

11. Tête grosse, longue, lourde ; front large à poils longs et durs ; œil enfoncé, éteint ; oreilles longues, épaisses, velues et blanches en dedans.

12. Cornes grosses, rondes, droites, de substance opaque, grossière, lamelleuse.

13. Encolure ronde, épaisse, lourde, descendant bas.

14. Jambes longues, rapprochées, grosses, velues ; jointures noueuses ; pieds gros.

15. Os gros, lourds, gras.

16. Queue attachée bas, grosse dans toute sa longueur, velue, courte.

Je ne dirai pas, avec beaucoup d'hommes pratiques, qu'on peut tenir pour certain que les mêmes signes qui révèlent l'aptitude laitière indiquent en même temps l'aptitude à l'engraissement, mais je ne crains pas de dire que les signes qui annoncent un engraissement facile sont tous compris dans les signes favorables à la production du lait.

Ainsi, la force de constitution des organes de la digestion et de la respiration ; la finesse, la souplesse, le moelleux, l'élasticité, la mobilité du cuir ; une queue relevée, longue, grosse à la racine, puis de suite effilée ; enfin l'habitude de se coucher pour ruminer, seront les signes révélant la disposition à prendre la graisse.

La race, et nous ne pouvons trop insister sur ce point, est une des conditions qui doivent avoir le plus d'influence sur le choix ; car, suivant nous, la race ajoute :

A la force vitale ;

A la durée de la vie ;

Aux garanties de santé ;

A la quantité du lait ;

A la durée de sa production dans un âge avancé.

Une vache qui aura de la *race* aura par suite une existence plus longue, sera moins souvent malade et donnera plus de lait qu'une vache qui n'aura pas de race. A 15 ans, celle-ci sera moins âgée, mais plus décrépite, plus faible, plus vieille, en un mot, que la première à 20 ans et même à 22 ans ; car à 20 ans une vache de race peut encore être bonne laitière, prendre le taureau, concevoir et produire.

Une vache de race tardera plus qu'une autre à revenir en chaleur ; il pourra s'écouler quatre, six, huit et neuf mois après le part sans que ses sens paraissent se réveiller. Ce fait est constant ; il s'explique tout naturellement : comme elle produira plus en lait, elle sera plus affaiblie ; les forces vitales, tournées vers le lait, seront perdues pour le corps, et chez elle la nature devra parler moins souvent et moins haut.

La *race*, lorsqu'elle est ancienne, a aussi une autre conséquence, c'est la *constance* du produit. Ainsi, une bonne vache de race ancienne, accouplée avec un taureau de race moins ancienne ou provenant de croisement, produira une bête semblable à elle, et ne tenant en rien ou ne tenant que fort peu du père.

Formule d'appréciation des qualités des vaches laitières.

On n'a jamais contesté l'importance de la vache laitière dans l'industrie agricole, et cependant on ne lui a donné aucune place dans les grands concours institués seulement, on le croirait, pour encourager l'engraissement. C'est voir sur une de ses faces seulement la grande question de l'industrie du bétail; pour être être juste, pour être logique, pour être complet, il fallait, dans les concours, donner la première place à la vache laitière, la seconde à l'élève des jeunes animaux; la troisième seulement à l'engraissement.

Quelle n'est pas en effet l'importance de la vache laitière?... La vache est le pivot de l'agriculture, c'est elle qui produit le bétail et les qualités mêmes qu'on prime si haut à l'occasion de l'engraissement; elle mérite donc la première place et les premières récompenses; elle obtiendra cela, sans nul doute, un peu plus tôt, un peu plus tard, et je compte si bien sur la justice et l'intelligence de nos gouvernants, que je vais proposer une formule d'appréciation applicable en même temps et aux concours publics et aux appréciations privées : Chacune des qualités principales et accessoires de la vache devrait être appréciée par un nombre de points proportionnés à son importance relative; ainsi les deux premières conditions, la perfection des organes digestifs, et celle des organes pectoraux donneraient, pour chacune, 15 points au maximum, zéro au minimum; le dessin du pis donnerait, à cause de sa spécialité et de sa portée bien reconnues, 25 points au maximum, les veines du périnée 6 au maximum, et ainsi de suite des autres bons signes; la bête primée serait celle réunissant le plus de points.

Je proposerais donc (sauf à accepter quelques modifications dans les chiffres) la formule suivante :

1° Signe nouveau, dessin du pis : S'il est bien pur, bien étendu, présentant sur le pis, dans le pli de la cuisse, au-dessus des jarrets, enfin sur le périnée, le plus grand développement connu, on pourra lui accorder 25 points; ce chiffre diminuera au fur et à mesure que s'affaibliront les qualités mêmes du dessin, de même pour les autres signes.

(Voir les planches A, B, C, D, E, F, G, H, J et K.)

Signes anciens : Les rendements indiqués par le dessin auront besoin d'être confirmés par les signes qui suivent, et ils augmenteront même sous leur influence.

2° Le développement des veines du périnée. — 6 points.

(Voir, sur les planches A, B, D, F, G, H, J, K, les veines placées sous la vulve.)

Ces veines, lorsqu'elles sont grosses, saillantes, serpentantes indiquent la force de constitution de l'organe laitier ; par contre, si elles sont peu apparentes, petites, à fleur de la peau, elles révèlent la faiblesse de cet organe.

3° La forme de la queue (signe de race) : Elle doit être relevée et grosse à sa racine, puis, de suite, mince, effilée et longue ; elle doit tomber de deux à trois pouces au-dessous du jarret. — 1 point.

(Voir les planches A et J.

4° Le cuir du pis : Il doit être mince, fin, souple, dans les races suisses et du Nord excepté, où son épaisseur résulte d'une loi naturelle, la nécessité de défendre l'animal contre le froid pénétrant des montagnes et des contrées septentrionales. — 3 points.

5° Trayons égaux, courts, souples, transparents, éloignés les uns des autres. — 4 points.

6° Le développement du pis : Son état de santé, sans lésions intérieures, sans indurations, sans grosseurs charnues au dedans. Il sera rond, pendant et en sac, dans certaines races, les suisses, par exemple ; relevé, mais s'étendant sous le ventre, dans certaines autres, comme les vaches hollandaises. — 8 points.

7° Le développement des veines du pis : Si elles forment sur le pis une espèce de réseau de veines saillantes, à nœuds plus saillants encore, elles révéleront l'activité de la sécrétion des mamelles. — 4 points.

(Voir les planches A, B, D, F, G, H, K.)

8° Les jambes courtes et fines, le canon bien effilé et sec, les jarrets larges, bien écartés, les onglons petits et courts. — 1 point.

9° Les reins larges, plats, à angles saillants ; l'épine dorsale bien droite, non ensellée, le bassin ample, le flanc bien fermé, c'est-à-dire présentant peu de vide, les os petits. — 5 points.

10° La côte bien arrondie, partant horizontalement de l'épine dorsale, le ventre en tonneau, bien relevé ; le cuir souple, moelleux, élastique, se détachant bien, la bouche bien fendue, le râtelier bien large et peu arrondi. — 10 points.

11° Les veines laitières (improprement appelées ainsi, car ce sont les veines par où le sang retourne au cœur après avoir traversé l'organe laitier et y avoir déposé les principes du lait) grosses, saillantes, serpentantes, bifurquées parfois, placées en dehors, non en dessous du ventre. Les fontaines larges, assez rondement et également ouvertes pour recevoir le bout du petit doigt. Quand les veines sont doubles, elles rentrent dans le ventre par deux trous proportionnés à la grosseur de chacune des bifurcations. — 8 points.

12° Poitrine large en avant, carrée, c'est-à-dire large en bas comme en haut, bombée en avant et en dessous ; profonde, c'est-à-dire conservant son développement en arrière comme en avant des épaules. — 15 points.

13° L'encolure (le cou) étroite, en lame de couteau renversée, ronde en bas, mince en haut, fanon léger, fin, court et mince. — 2 points.

14° La tête courte, petite, légère, front étroit, œil vif, saillant ; museau relevé en avant, bouche bien ouverte, lèvres minces et fines. — 2 points.

15° Oreilles petites, minces et fines, safranées et peu velues en dedans. — 1 point.

16° Cornes grêles, fines, plates à leur base, courtes et contournées, de substance transparente et vitreuse, tachées ou veinées de noir. — 1 point.

17° Poil généralement fin, court, doux, pas trop épais. — 2 points.

18° Corps maigre et délicat, sans être malade ou débile. — 2 points.

Ces qualités sont constitutives de la *race* dans les bestiaux en général, dans la vache en particulier ; elles doivent venir sinon toutes, au moins les plus importantes, confirmer les révélations du dessin.

Cette formule d'appréciation devrait devenir la règle des concours et en même temps entrer dans la pratique usuelle ; elle pourrait être appliquée aussi aux concours des bêtes de boucherie en reportant les gros chiffres sur les qualités spéciales à l'engraissement : elle a cet avantage de donner à chacune des appréciations partielles, et dès lors à leur ensemble, une base toute mathématique.

———

DU TAUREAU.

Tous ces conseils sur le choix des vaches (ceux sur les formes exceptés) doivent s'appliquer aussi au taureau *de race*, sur lequel on doit trouver et les signes généraux et même, mais tout à fait en raccourci, les signes spéciaux, les dessins.

Dans une vacherie, il ne suffira donc pas d'avoir de bonnes vaches laitières, il faudra encore, pour maintenir ces bonnes qualités laitières dans les produits femelles des vaches, avoir un taureau de *race ancienne* pour obtenir la constance dans les produits, marqué des dessins nouveaux et réunissant en même temps les signes généraux caractérisant les races d'élite.

Ces dessins s'appliquant (dans les mâles) à une surface très-petite (l'entre-cuisse de derrière, au-dessus des bourses) seront nécessairement plus petits, très-petits eux-mêmes; on rencontrera presque toujours des veaux marqués des dessins courbelins, mais très-rarement du dessin des familles supérieures; en cela, il faudra prendre ce qu'on trouvera de mieux. Ajoutons qu'en choisissant le taureau, il faudra s'assurer qu'il est né d'une bonne vache laitière, car on a remarqué que les produits féminins du taureau avaient le plus souvent toutes les qualités de la mère du taureau.

Achat des vaches.

Le pays, la position de la propriété, le mode le plus facile et le plus productif d'utilisation du lait, ont en quelque sorte, sinon commandé, au moins indiqué la race à choisir. Le choix de la race à adopter doit être déjà fait lorsqu'on touche à la question d'acquisition. Arrivé à ce point, il ne s'agit plus que de faire un bon choix entre les individus d'une même race; car nous ne conseillerions pas le mélange de plusieurs races : on s'exposerait par là à avoir besoin de plusieurs taureaux. Puisque le reproducteur ne peut jamais être pris au hasard, il faut le choisir et l'approprier rigoureusement aux qualités de la vache; autrement, on n'obtiendrait que des produits bizarrement constitués, exagérant souvent les défauts de la mère au lieu de les corriger, des produits sans valeur et sans avenir enfin.

Je ne puis trop prémunir les éleveurs contre l'engouement aveugle qui se manifeste pour les races étrangères, car nous avons en France des races que les étrangers eux-mêmes nous envient. Bien souvent ceux qui prônent le bétail étranger le connaissent mal ; ils, se sont laissé séduire par le premier coup d'œil ; l'expérience ne les a pas éclairés, et ces appels au progrès, ces conseils aventurés causent, par la perte qu'ils produisent, par les désillusions qu'ils amènent, le plus grand tort à l'agriculture ; le découragement saisit l'agriculteur intelligent et progressif ; il abandonne la partie, et livre un exemple et un argument de plus aux hommes ignorants et routiniers qui retiennent l'agriculture française dans l'ornière où elle se traîne si misérablement. Puis, que de frais et de difficultés pour faire venir de l'étranger ! L'idée, fût-elle bonne, a dix chances contre elle, car on courra grand risque de mal choisir les sujets, de les surpayer ; on sera exposé à les voir arriver en mauvaise santé, mal s'acclimater, se trouver mal de la nourriture nouvelle, des soins, puis, en fin de compte, se mal placer sur nos marchés.

Tous ces mécomptes, lorsque nous avons chez nous, à nos portes, dans les marchés voisins des nôtres, des races excellentes et faciles à améliorer, souvent même lorsque les races de notre contrée, sorties du sol même qui doit les nourrir, se présentent dans les meilleures conditions d'amélioration et de succès, s'offrent à nous à bas prix et nous promettent un écoulement aussi facile que l'achat. Voilà cependant ce que j'ai vu bien souvent et ce que j'ai personnellement éprouvé ; les subventions gouvernementales poussent trop dans cette voie dangereuse de l'importation du bétail étranger ou des croisements étrangers, pas assez vers l'amélioration pure des races françaises.

Nous supposons donc un propriétaire qui veut acheter pour conserver et se livrer à l'industrie du lait :

Il aura intérêt, s'il a des fourrages et des pacages en abondance, à acheter de jeunes bêtes, parce qu'elles coûteront moins cher, qu'il pourra les attendre, et que de vieilles bêtes sont des instruments en partie usés, et seulement bons pour la boucherie ;

A acheter maigre aussi, parce qu'il obtiendra à plus bas prix, et que, s'il peut entretenir en bon état, il pourra rétablir facilement ; parce que l'embonpoint n'a de valeur que pour la boucherie ou pour celui qui, voulant engraisser, trouve ainsi l'opération commencée; enfin, parce que l'embonpoint d'une vache laitière est un signe tout à fait défavorable.

Quand on achète une vache, il faut savoir:

D'où elle vient, pour ne pas la prendre venant d'un pays plus fertile que celui où on veut l'introduire;

Comment elle était nourrie, pour entrer, si cela est possible, dans les mêmes habitudes, sinon pour les lui faire perdre sans secousses et insensiblement; si la bête se nourrit bien, c'est là une des qualités qu'il faut le plus rechercher dans les bestiaux de travail et de rente.

Si on prend dans une étable, il faudrait être en défiance contre une bête qui ne serait pas dans un état ordinaire; pour une vache, cependant, un peu de maigreur annoncera déjà la qualité de bonne laitière.

Il faut aussi avoir le nom et l'adresse du vendeur, pour être en mesure, le cas échéant, d'exercer l'action pour vices rédhibitoires. Je renvoie à la note (4) pour l'exercice de cette action.

Il faut enfin, si on l'achète en foire, pouvoir faire la preuve par témoins *que l'achat a eu lieu en foire et d'un homme vendant des vaches ou des bœufs*, afin de s'assurer, si la bête eût été volée, contre l'action en revendication du propriétaire volé, et faciliter la recherche et la punition du coupable.

Si on achète une vache laitière après son premier part, il faut savoir si la parturition a été heureuse et normale; car les autres parturitions sont ordinairement semblables à la première.

Enfin, si elle avait été fatiguée en route, si elle arrivait forcée, il faudrait, comme nous le dirons à l'article *fourbure*, faire saigner les ergots en les coupant, frictionner toute la vache et surtout les genoux et les jarrets, au besoin pratiquer une saignée; enfin, agir de suite et ne pas attendre au lendemain.

Plus que les bœufs, les vaches, soit parce qu'elles sont pleines, soit parce qu'elles sont plus timides et plus exposées, ont tout à redouter des mauvais coups. A l'entrée d'une vache nouvelle dans le troupeau, toutes courent dessus et la maltraitent; d'abord, on ne doit la mettre au champ que le troisième ou le quatrième jour de son arrivée à l'étable; puis, les vachers doivent veiller à empêcher les luttes, à les interrompre, à défendre la nouvelle arrivée contre les attaques de tout le troupeau ; à étudier la manière d'être, l'état de santé, les habitudes, afin de connaitre au plus tôt les qualités, les défauts, les vices, les maladies de la vache nouvellement arrivée ; la placer et agir enfin en conséquence des observations recueillies.

De la vache hybride ou taur (*freemartins,* suivant les Anglais).

Dans un part double, il arrive assez souvent que l'un des deux produits de la vache est hermaphrodite, c'est-à-dire qu'il réunit les deux sexes, ou, dans tous les cas, qu'il est stérile.

Les Anglais estiment et recherchent beaucoup cet animal pour le travail.

En Normandie, dans la Manche notamment, il est connu ; il y est même assez commun pour que les acheteurs qui recherchent une génisse mettent beaucoup d'attention à s'assurer qu'elle n'est pas une *taur;* cela se comprend : celui qui veut une vache à lait ne veut pas un animal de travail. La *taur* doit donc être utilisée comme bête de travail ; elle sera très-bien appliquée aux travaux qui exigent de la célérité dans la marche, les hersages, par exemple. C'est une vache naturellement castrée, utilisable pour les travaux légers, comme nous l'expliquerons plus tard.

De l'âge par les dents.

Le bœuf a trente-six dents, dont vingt-quatre grosses molaires et quatre petites, en tout vingt-huit dans l'intérieur de la bouche. Les huit autres sont appelées incisives ; elles garnissent, en demi-cercle un peu aplati, le devant de la mâchoire inférieure, dans laquelle elles sont assez mobiles, et viennent porter sur un bourrelet élastique et cartilagineux qui prend la place des dents sur la mâchoire supérieure.

Ce sont ces huit dents incisives qui révèlent l'âge du bœuf.

La dentition des bœufs est divisée par deux époques bien distinctes :

1º La durée des dents de lait ;

2º La sortie successive et l'état des secondes dents.

Première époque. — Le veau naît presque toujours avec quelques dents de lait ; les quatre du centre sont ordinairement sorties avant l'expiration du 5e jour ; du 5e au 9e jour apparaissent les deuxièmes mitoyennes ; les coins sortent du 17e au 19e jour, le râtelier est donc complet vers le 20e jour.

De 20 jours à 6 mois, le changement dans l'état des dents est peu sensible (*fig.* 1). Ce n'est que vers 4 ou 5 mois que les dents se nivellent et sont en rond.

De 6 à 7 mois, les pinces (les deux dents du milieu) commencent à s'user ; elles cessent d'être au niveau des premières mitoyennes (les deux dents voisines des pinces).

De 11 à 13 mois, les premières mitoyennes se rasent elles-mêmes.

De 14 à 16 mois, les deuxièmes mitoyennes (les dents voisines des coins) se rasent aussi ; les pinces sont rondes et non plus plates ; parfois même elles tombent entre 16 et 18 mois, toujours entre 16 mois et 2 ans ; à 16 mois, toutes les dents sont usées de manière à être rondes, c'est-à-dire jusqu'à la racine (*fig.* 2).

On comprend que ces changements dépendent un peu de la nourriture ; si elle est liquide, ils seront plus tardifs ; ils seront plus précoces si elle est dure ou si le sol est sablonneux.

Deuxième époque. — La sortie des secondes dents suit la chute des pinces et commence par les pinces nouvelles ; ordinairement elles sont sorties avant 2 ans ; les pinces ou pelles adultes marquent 2 ans. Deux dents nouvelles diront donc 2 ans (*fig.* 3).

Dans la première période l'âge s'apprécie sur l'*usure* des dents de lait, dans la deuxième sur la sortie des secondes dents : les dents viennent deux à deux et par année ; chaque paire de dents venant après la première paire, qui seule marque 2 ans, ajoutera donc 1 an à l'âge de l'animal, ainsi :

Les deux dents suivantes, les deux premières mitoyennes, apparaissent entre 30 et 36 mois (*fig.* 4) ; elles indiquent 3 ans.

Les deux secondes mitoyennes poussent de 3 ans 1/2 à 4 ans (*fig.* 5) ; elles indiquent 4 ans.

De 4 ans 1/2 à 5 ans, les coins sortent ; ils marquent donc 5 ans.

Le nivellement des huit dents (*fig.* 6) indiquera 5 ans 1/2 à 6 ans.

Enfin, dans la troisième période (après 6 ans), c'est par l'âge de chaque paire de dents, âge révélé par leur *usure*, qu'on juge de l'âge de l'animal.

Après 6 ans, les pinces commencent à s'user et à descendre au-dessous du niveau des premières mitoyennes (*fig.* 7).

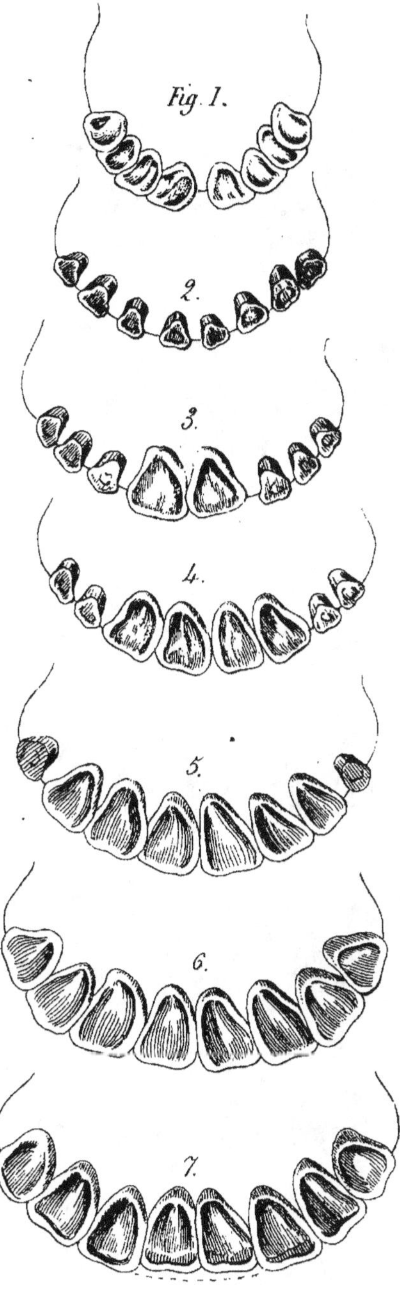
Fig. 1.
2.
3.
4.
5.
6.
7.

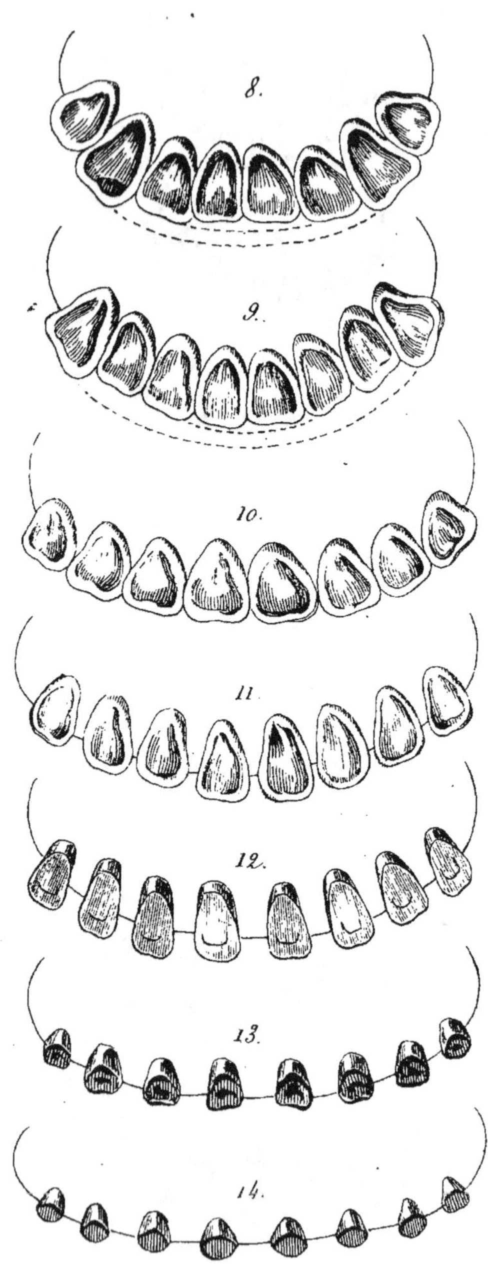
8.
9.
10.
11.
12.
13.
14.

De 6 ans 1/2 à 7 ans, rasement, c'est-à-dire abaissement du niveau des premières mitoyennes (*fig.* 8) ; ainsi 7 ans.

De 7 1/2 à 8 ans, rasement des secondes mitoyennes (*fig.* 9); ainsi 8 ans.

De 8 à 9 ans, rasement des coins ; une petite concavité, en fer à cheval, se fait remarquer au centre de la table des quatre ou des six dents du milieu (*fig.* 10); ainsi 9 ans.

De 10 à 11 ans, toutes les dents se rapprochent du rond, sont encore carrées en avant et arrondies en dedans (*fig.* 11). A partir de 11 ans, les dents indiquent l'âge avec moins de précision et de certitude.

De 11 à 12 ans, les dents s'arrondissent encore plus et s'isolent entre elles (*fig.* 12).

De 12 à 14, les dents sont rondes et plus espacées ; la concavité du milieu de la table des dents augmente toujours (*fig.* 13).

De 14 à 17, les dents deviennent de plus en plus petites et espacées ; elles prennent une forme triangulaire.

A 17 ans, les dents sont jaunes et usées jusqu'aux racines et très-espacées (*fig.* 14).

Ces variations sont plus rapides si le bœuf pacage, moins s'il stabule ; elles le seront plus aussi dans des terres sablonneuses que dans des terres douces, enfin sous l'influence d'une alimentation sèche et dure que sous celle d'une nourriture verte, aqueuse, liquide.

De l'âge par les cornes.

L'intérieur de la corne du bœuf est un prolongement osseux des os de la tête, recouvert d'une enveloppe de corne.

La corne d'un veau de race cornue fait saillie dès le premier mois. A 14 ou 15 mois, elle s'exfolie, perd la première enveloppe tendre et rugueuse qui la recouvrait, et met à nu la corne-mère ; la pointe seule conserve encore assez longtemps, parfois 3, 4 ans et plus, l'enveloppe terne et filamenteuse qui la recouvrait ; c'est une espèce de dé qui sert de fourreau à la pointe de la corne ; à 15 mois, on peut donc découvrir le premier cercle ou bourrelet qui a marqué la première année d'âge ; tous les ans un nouveau bourrelet apparaît à la base et remonte en suivant la croissance des cornes ; le troisième bourrelet est bien plus prononcé et plus fort que les deux premiers ; après 5 ans, c'est même le seul dont il reste une trace bien apparente ; les deux premiers ont disparu sous la croissance de la corne ; le premier cercle doit donc alors compter pour trois ; les autres anneaux se succèdent d'année en année jusqu'à 8 ans seulement sur les cornes des vaches, plus longtemps encore sur celles des bœufs ; mais alors ils se reconnaissent plutôt à la nuance qu'à la saillie.

Il faut au reste se défier de ces signes, car, sur ce point, les fraudes sont faciles, et les fraudeurs ne manquent jamais de travailler les cornes, soit pour effacer quelques cercles, soit pour user le derrière des cornes et faire croire que le bétail est dompté, qu'il a travaillé, etc., lorsqu'il n'en est rien.

De la taille.

La taille doit avoir bien moins d'importance pour la vache laitière que pour les bœufs, de travail surtout : pour ceux-ci, en effet, la taille est la mesure la plus constante de la force. Aujourd'hui, on ne discute plus et on tient pour incontestables les propositions suivantes :

La chair du petit bétail a plus de qualité que la viande du gros ;

Deux petites vaches, ne mangeant pas plus, doivent donner au moins autant de lait qu'une grosse ; et leur lait est communément plus gras et plus butireux ;

Les petites races s'accommodent mieux d'un fourrage, d'un pacage médiocres ;

Partout où une grosse vache réussira, deux petites réussiront encore mieux, tandis qu'une grosse peut dépérir là où deux petites prospéreront ; seulement, dans l'étable, trois petites vaches tiendront la place de deux grosses ;

Une petite bête, ayant la tête plus rapprochée de terre, paît plus naturellement et plus facilement, avec moins d'efforts et de fatigue, dès lors recueille plus dans un même espace de temps ;

Ayant le muffle et la mâchoire plus effilés, elle pince plus près de terre, entre les pierres ou les inégalités de terrain, et dès lors prend plus qu'une bête qui, étant plus forte, aurait la mâchoire plus large ;

Une petite bête est plus vive, plus légère, plus preste dans ses mouvements; elle broutera trois fois, tandis qu'une bête plus grande ne broutera que deux fois dans le même espace de temps.

Telle bête d'un poids double d'une autre, ayant dès lors besoin du double de nourriture, devrait avoir une mâchoire une fois plus large que la petite bête, afin de saisir une fois plus de nourriture à la fois, et cependant la différence de largeur sera à peine de 1/3 en plus. Elle n'aura donc que 4/6es de nourriture, au lieu des 6/6es dont elle a besoin.

Conclusion : la taille doit être mesurée à la fertilité du sol. Deux tailles ne sont pas propres au même sol, autrement l'une a trop ou l'autre n'a pas assez, et il y a perte dans ces deux cas.

La petite bête, par cela seul qu'elle est plus petite, annonce une race moins perfectionnée, dès lors plus rustique et moins délicate.

La grande bête, au contraire, témoigne par sa taille, d'un perfectionnement qui exige qu'il soit continué, sous peine de dépérissement et de perte.

Le petit bétail est une nécessité dans les sols peu riches, chez les petits propriétaires, dans les petits ménages, là où la place à l'étable ne manque pas.

Les grosses vaches ne sont bien placées que sur un sol riche, abondant en ressources fourragères, et surtout autour des villes, où on trouve réunis communément la fertilité du sol et l'écoulement facile du lait en nature.

Introduire du bétail de haute taille, c'est-à-dire d'un pays fertile, dans un pays à races de petite taille, c'est-à-dire sur un sol peu fertile, c'est commettre une erreur grossière ; avec le nouveau bétail, il faudrait pouvoir introduire le sol qui l'a nourri. La taille des races du pays révèle la force alimentaire des produits du sol, particulièrement des fourrages.

L'élément calcaire dans le sol est indispensable pour la qualité des fourrages. Il ne faut pas songer à engraisser là où la terre manque de l'élément calcaire ; on réussira plus difficilement.

Le gros bétail pétrit le sol et le défonce ; un sol mouvant s'accommode donc mieux d'une petite race.

Le cheval, disait M. de Pradt, se vend à la forme ; le bœuf (il eût fallu dire le bœuf de boucherie), au poids.

La différence de taille et de poids est, en effet, bien plus grande entre les races bovines qu'entre les races chevalines. Dans l'Inde, en Norwége, il y a des bœufs de la grosseur de nos beaux chiens ; en Ukraine, en Suisse, en Angleterre, on trouve, au contraire, des bœufs de taille colossale.

Dans la race bovine, la taille vient autant de la nourriture que de la race ; on peut obtenir des résultats surprenants en nourrissant fortement, avec intelligence et sans la plus légère interruption, pendant plusieurs générations.

La différence de taille entre le mâle et la femelle est aussi bien plus grande dans la race bovine que dans la race chevaline ; cela vient de ce que la vache ayant plus d'aptitude que la jument à la production du lait, la nourriture, chez la vache, passe au lait au lieu de passer à la taille.

Des formes de la vache laitière.

Celui qui demanderait dans une vache laitière les mêmes formes que celles qui sont recherchées dans le bœuf de travail ou le taureau se tromperait étrangement ; il irait contre son but, car les belles formes d'un bœuf, trouvées dans une vache, devraient faire présumer son inaptitude à la production du lait. Très-rarement une vache laitière a les perfections de la taille alliées à l'abondance du lait ; presque toujours, au contraire, elle a certaines imperfections de sa race : ainsi les os saillants, les formes durement prononcées, le corps maigre, le ventre un peu avachi. Les apparences trahissent une certaine débilité ou tout au moins une certaine délicatesse de constitution.

Il faut reconnaître, dans les animaux domestiques, deux natures de beauté : — la beauté absolue, c'est-à-dire une conformation parfaite ou les formes les plus pures de la race de l'animal ; — enfin, une beauté appropriée à l'usage auquel l'animal est destiné.

Ainsi, la beauté d'une vache laitière sera dans les signes indicateurs de la plus grande production du lait, bien que ces signes ne constituent pas une beauté. Celle d'un bœuf de travail sera dans les signes qui caractérisent la force énergique et persistante : l'ampleur de la poitrine et des hanches, le ventre rond, l'épine dorsale bien droite, la queue relevée, les reins larges, les jambes courtes, le jarret large, la cuisse ronde.

Celle d'un animal de boucherie sera dans l'ampleur, la souplesse, l'élasticité de la peau, bien détachée partout, et mobile sur les côtés; l'ampleur de la poitrine, la largeur des hanches, la dernière côte très-rapprochée des hanches, le coffre bien rond, allongé et développé; l'épine dorsale bien droite, la jambe courte, le regard vif, les cornes minces et de matière fine et transparente, les os petits, la queue fine.

Chaque race de bétail a plus ou moins d'aptitude, soit à l'engraissement, ce qui contrarie l'aptitude à la production du lait, soit à la production du lait, ce qui exclut la disposition à l'engraissement, au moins pendant la durée de l'âge de la production du lait.

Une qualité bien tranchée est exclusive de l'autre.

La nourriture peut produire ces deux choses à la fois, mais alors modérément.

Si, au contraire, il y a excès d'un côté, il y a, par suite, faiblesse ou même absence de l'autre côté.

Alternance et inégalité du produit en lait.

L'inégalité que l'on a remarquée dans la production des meilleurs arbres à fruit a été également observée dans le produit des meilleures vaches laitières. Ainsi une année moins abondante succédera presque toujours à une année d'un produit extraordinaire et fort élevé. La nature ne sort pas impunément de sa marche normale; le repos est nécessaire après une trop grande fatigue. Cette observation pourrait décider un propriétaire habile, et placé dans des conditions à pouvoir parfaitement choisir, à remplacer une vache médiocre et déjà âgée, vers la fin d'une gestation pendant laquelle le rendement en lait aurait été bien plus élevé que de coutume.

Il y aurait aussi un moyen de prévenir cette diminution; ce serait le repos. En avançant un peu l'époque où on cesse de traire, la vache, et le veau à venir, y gagneront en force et en santé, et, le part arrivé, le sacrifice sera bientôt payé par la conservation de l'ancien rendement en lait.

De la robe des vaches.

Le pelage, la robe, est, dans la race bovine, un signe de race bien plus que chez le cheval.

C'est à la couleur rouge brun qu'on reconnaît la race des Flandres, rouge un peu moins foncé la race de Salers, rouge-blond la race limousine, rouge-clair un peu orangé la race bretonne de Guingamp, etc.

C'est à leurs lignes brangées qu'on reconnaît les races normandes, etc. La robe ne peut donc guère servir qu'à signaler les races, à apprécier leur degré de pureté, à prévoir la constance dans la reproduction.

En général, en France surtout, les robes simples, à fond uni, d'une seule couleur, sans taches ou sans nuances trop tranchées, particulièrement les robes rouges, depuis le rouge foncé ou acajou jusqu'au roux le plus clair, froment jaune ou blanc, par exemple, indiquent les races de travail.

Les pelages pies de toutes couleurs, ceux tachés, mouchetés, nuancés, truités ou brangés, bien qu'unis et presque d'une seule couleur, mais rappelant le pelage pie, indiquent les races laitières, ce qui équivaut à dire très-peu aptes au travail.

On doit peu tenir à la couleur de la robe, si ce n'est comme preuve de la pureté de la race. Ainsi, le rouge vif acajou révélera les races de Salers et des Flandres; le roux clair ou fromenté, les races limousine, de Garonne; les robes bigarrées, noir sur blanc, les races suisses de Fribourg ou celles du Puy-de-Dôme, etc.

Cependant, il existe quelques préjugés chez les éleveurs, qui croient que les robes pâles et s'éclaircissant encore vers les extrémités annonceraient de la faiblesse; par contre, qu'une robe assez foncée, uniformément colorée ou bien nettement tranchée, constituerait un signe de force. Quelques praticiens veulent, comme révélant la force, une couleur vive dans les animaux de travail, et une couleur pâle dans les vaches laitières.

Je recherche cependant les robes noires un peu parce qu'elles ne sont pas salissantes, et surtout parce que la couleur noire est presque toujours accompagnée d'une grande finesse de peau et de poil, indices excellents pour une vache laitière. Cette remarque est déjà ancienne, car elle appartient à Olivier de Serres, notre premier maître en agriculture :

« Les vaches emmantelées de noir craignent plus les mouches qu'estant d'autres couleurs. »

Influence du climat.

Les pays chauds aident au développement des qualités du mâle ; les pays plus froids, au développement des qualités des femelles. — Dans les pays chauds, l'intelligence de l'animal est plus éveillée, plus développée.

La vache est plus forte vers le nord, plus faible vers le midi.

Son lait, abondant sous un climat froid, tempéré et humide, diminue à mesure qu'on se rapproche d'un climat plus chaud et surtout plus sec.

Une vache du midi transportée vers le nord gagnera toujours en produit, à nourriture égale du reste. Il y a donc toujours intérêt à opérer dans ce sens pour les importations des races étrangères.

Des tares et défauts.

C'est en visitant en détail et pièce à pièce, pour ainsi dire, chacune des parties du corps, qu'on découvrira les tares ou défauts que le vendeur cherche toujours fort habilement à dissimuler.

Ainsi, on reconnaîtra les maladies intérieures du pis à une apparence particulière à la partie affectée : elle sera boursouflée, dure ou ridée, ou encore plus flasque que le reste du pis. Les inégalités apparentes devront éveiller l'attention ; un pis bossué devra être suspect et manié en détail ; on découvrira bien vite la partie malade : son état sera tout dissemblable du reste du pis.

On s'assurera de l'état des trayons pour savoir s'ils sont malades, endurés ou atrophiés ; un trayon affecté devra appeler l'attention sur la mamelle dont il est l'exutoire.

On visitera les dents pour s'assurer de l'âge et aussi pour être sûr qu'il n'en manque aucune. Une dent de moins dans les huit palettes qui arment la mâchoire inférieure, surtout une des dents du milieu, serait une grande tare, car elle ferait perdre un huitième au moins, peut-être même un quart, de la nourriture broutée ;

Les yeux, pour s'assurer que l'animal n'est ni aveugle ni borgne, qu'il n'a ni taies, ni taches, ni inflammations, ni défauts dans les yeux ;

Les pieds, pour être certain qu'ils sont bien d'aplomb, durs, sains, non engorgés, etc. Un gros pied est toujours un défaut, car il révèle au moins un vice intérieur de conformation, une inflammation, etc.

Les pieds sont la partie la plus délicate du bœuf, la partie la plus vulnérable dans le travail, la plus souvent affectée. Une corne fendillée, excoriée, à couches mal liées, sera donc un défaut grave; la corne doit être unie, luisante, dure; on explorera donc avec soin toutes les parties du pied, la corne, les onglons, le boulet, etc.

Les onglons de corne noire sont réputés plus durs que ceux de corne blanche;

Par les cornes de la tête, on pourra aussi juger de la corne des pieds; ces deux substances de la tête et des pieds auront de l'analogie entre elles; la dureté dans les cornes annoncera la même qualité dans les pieds, les onglons, etc.

Les jambes, pour être sûr qu'elles sont droites, que les jarrets sont forts, larges et non calleux, qu'ils n'ont éprouvé aucun accident.

On fera marcher au pas et au trot, pour vérifier le mouvement des jambes et s'assurer que l'animal a de bons aplombs et des mouvements libres et dégagés, qu'il ne se blesse ni ne se touche, qu'il ne feint d'aucune jambe, etc.

On pincera la peau autour de l'anus, sur les ischions, sur les côtes, derrière l'épaule, etc., pour vérifier si elle est mince ou épaisse, dure et empesée ou souple et élastique, ample et s'étendant ou étriquée et tendue sur les côtes.

Ceci pour s'assurer que l'animal prendra la graisse plus ou moins bien, qu'il est en bonne santé, qu'il se nourrit bien, etc.

On maniera les cornes, on pressera la racine du cou, derrière la nuque, pour être sûr que la bête est domptée, qu'elle n'est sujette à aucun mal causé par le frottement du joug, qu'elle est douce et non dangereuse; on s'assurera que leurs inflexions ne contrarient pas le travail et le mouvement, lorsqu'il y a attelage au joug.

On palpera les côtes; elles doivent être rondes et donner au ventre la forme d'un tonneau, avancer près des hanches, et bien *fermer le ventre*, afin de relever le plus possible et rendre moins grand le vide du flanc.

La queue doit être attachée haut, c'est-à-dire relevée à sa naissance (c'est un signe de force), longue et souple comme défense contre les mouches, etc.

Une queue grosse à l'origine, et devenant brusquement mince et effilée, annoncera l'aptitude à l'engraissement.

Si le dessous des ganaches est glanduleux , on doit craindre des
suppurations dangereuses, des excroissances grasses, etc...

Fraudes. — Supercheries.

Chaque pays, chaque commerce de bestiaux a son genre de fraude
il serait trop long de les passer en revue. La plus commune de toutes, la plus grossière cependant et la plus dangereuse, consiste, pour
les vaches laitières, à ne pas traire un jour, plus ou moins, avant de
présenter à la vente ; le pis est énormément gonflé ; le lait coule presque sans pression. L'acheteur qui se laisserait prendre à de pareils
indices serait bien inexpérimenté.

On reconnaît la fraude à l'excessive tension des parois du pis et à
la roideur divergente des trayons.

Comme le lait coule alors spontanément, pour cacher la fraude, on
y ajoute encore en liant avec un fil l'extrémité du trayon.

J'ai aussi entendu parler de l'insufflation du pis ; mais je ne l'ai jamais vue pratiquée.

— On arrache ou on brûle les grands poils qui se trouvent parfois
sur le derrière du pis et qui forment un très-mauvais indice.

—En Normandie, on rase aussi parfois le pis des vaches ; on dissi-
mule ainsi les mauvais signes ou le défaut de bons signes, et l'on fabrique en quelque sorte le dessin qu'on désire ; car, en rasant certaines
parties du pis, on prépare un poil nouveau, plus fin que l'ancien, et
que l'acheteur pourrait facilement confondre avec le poil remontant.

On pourrait par la teinture donner une couleur jaune au cuir du
périnée, de l'intérieur des oreilles, du bout de la queue.

—On lime les cercles des cornes pour dissimuler l'âge ; mais on a
beau limer et polir, on peut toujours reconnaître le cercle à la nuance
blanche de la corne ; on emploie aussi la lime pour faire croire que
l'animal a travaillé, lorsqu'il n'a souvent rien fait, etc.

Chaque cercle est naturellement en saillie, ce qui, entre deux cercles,
forme un sillon ou rainure ; on peut donc, indifféremment, compter
par les cercles ou par les sillons.

— Il y a certains remèdes qui calment momentanément la toux et suspendent les indices révélateurs de la phthisie : une bonne précaution sera de faire trotter la vache pour provoquer la toux', si la bête est affectée.

—On affirme que la vache est pleine lorsqu'elle ne l'est pas et qu'elle est même stérile. Le pacage, une nourriture volumineuse et aqueuse développeront les organes abdominaux et feront croire à une gestation sérieuse. Plus un animal aura souffert par une alimentation mauvaise et peu nourrissante, plus son ventre sera développé, plus la vache paraîtra pleine et dans un état avancé de gestation. Pour ajouter une preuve de plus, et échapper à une vérification naturelle du rendement, on supprime le lait par des lotions vinaigrées, la vapeur du vinaigre en ébullition, des lotions d'essence de térébenthine.

Une vache pleine de cinq à six mois doit avoir un lait un peu jaune, épais et gluant.

Rendement d'une bonne vache laitière.

Précisons bien la question du rendement *moyen* d'une *bonne* vache laitière ; je dis bonne vache, parce que je n'admets pas qu'on puisse en acheter une mauvaise avec le système que je viens d'exposer, et que, dans tous les cas, on se gardera bien de la conserver.

Si on usait de tous les avantages que présente ce système, on aurait acheté la vache très-jeune, à 6 mois, au prix de 65 à 75 francs ; mais ne parlons que d'une vache de 2 ans 1/2, achetée pleine au prix de 150 fr. Et, bien qu'on ne puisse jamais (avec une bonne administration) la revendre à un prix inférieur, portons, pour les chances de perte et les intérêts du prix, une somme annuelle de......   15 fr.

Pour compenser le prix des soins et frais accessoires, abandonnons les résidus du lait, et le veau qui sera nourri de ces résidus seulement, avec notre système artificiel, et, en outre, une autre somme de............................ 15

Le fumier devra payer la nourriture, même la nourriture à l'étable ; mais faisons le compte de la nourriture à 12 kilogrammes de foin par jour, au prix de 50 fr. les mille kilogrammes, prix déjà élevé pour la campagne (cela fera 60 centimes par jour), soit 219 fr. par an ; ajoutez 21 fr. de sel ou son, soit (la nourriture verte coûtera bien moins)....... 240

La dépense sera donc, en *l'exagérant*, de............. 270 fr.

Le produit d'une bonne vache ne peut pas être fixé à moins de douze litres de lait par jour pendant 320 jours, *qui forment l'année de produit de la vache*. Nous retranchons ainsi : 1° les 30 jours qui précèdent le part ; 2° les 5 jours qui le suivent ; 3° les 10 jours restant pour les cas imprévus. Le litre de lait doit être calculé en moyenne à 10 centimes, ce qui fait 1 fr. 20 c. par jour pendant 320 jours, soit... 384 fr.

Dix-huit charretées de fumier à 6 fr., (je devrais dire à 10 fr.) soit... 108

(Je devrais aussi porter plutôt vingt que dix-huit, car, dans les Flandres, on calcule communément trente). Total : 492 fr.

A déduire la dépense.. 270

Reste net.. 222 fr.

A l'appui de ces appréciations, citons un exemple, ce sera une preuve :

Dans la vacherie Villette, près Genève, en moyenne de 15 ans, chaque vache a rendu par année : (Vache de 450 kil.)

2,312 litres de lait à 10 c., c'est là un très-faible produit.. 231 fr. 20 c.

63 kil. 1/2 de viande de veau..................... 34   90

38 kil. par jour d'engrais (solide et liquide) à 1 fr. les 100 kil., 38 c..................................... 131   »

Total... 400 fr. 10 c.

Produit brut par jour, 1 fr. 10 c.

J'aurais pu faire un compte plus rond et dire :

1° La vache achetée à 2 ans augmentera de valeur et se vendra, pour la boucherie, plus cher qu'elle n'aura coûté : le bénéfice, sur presque toutes, compensera les risques de maladie, de mort, etc., sur quelques-unes ;

2° Le fumier payera la nourriture ; le veau et les résidus du lait payeront le service, car cela est rigoureusement vrai ; si cela cessait de l'être, ce serait auprès des villes, là où le lait vaut 15 c. le litre, au moins ; et comme je ne compte que 10 c., cela me fait une marge de 100 fr.;

3° Pour mettre tout au plus bas et opérer sur des chiffres ronds, je ne compterai alors que 300 jours, à dix litres et à 10 c., soit 300 fr. de produit *net*.

Mais, après tous ces calculs, réduisons encore le produit net et ne le portons qu'à 250, à 200, à 150 fr. même! N'est-ce pas là, pour la France, un produit très-beau, et, je puis le dire, inespéré? Cela élèverait à 300 fr. le revenu de l'hectare nourrissant deux vaches.

Dans les vacheries placées autour de Genève, on calcule que le rendement moyen d'une vache est de 6 litres à 6 1/2 par jour. Dans les meilleures années on a trouvé 7 1/2, dans les plus mauvaises 4 1/2. Ce produit est très-faible.

À Hohenheim où la vacherie a 35 à 40 têtes, la moyenne la plus basse de la plus mauvaise vache a été de 1,250 litres par année (3 lit. 50 c. par jour), de la meilleure, de 3,650 litres (10 par jour).

Dans une vacherie, on ne peut compter que sur la parturition, par année, des 5/6mes des vaches; ainsi 12 vaches produiraient 10 veaux.

Une vacherie de vingt bêtes de petite taille pourra être nourrie sur un domaine de trente hectares de terres médiocres, donner de 3 à 4,000 francs nets de revenu, et porter la fertilité de ce coin de terre au point de pouvoir plus tard y alimenter cinquante vaches.

Des calculs semblables à celui que nous venons d'établir ont été faits pour la Suisse, l'Angleterre, l'Allemagne; le rendement moyen des vaches y dépasserait 300 fr. nets par année. On cite beaucoup de vaches qui ont produit de 400 à 600 fr. bien nets, quelques-unes de 800 à 1,000 fr.; on en indique même qui ont dépassé cette dernière somme et atteint le chiffre de 1,200 fr.

Le produit *net* sera d'autant plus élevé que la vache sera meilleure laitière. Une vache donnant 6 litres rapportera au plus 80 francs par année, tandis qu'une vache donnant

7 litres produira *plus de* 100 *francs nets.*		
8	id.	125
9	id.	155
10	id.	190
11	id.	230
12	id.	275

La proportion serait incroyable, si on poussait jusqu'aux meilleurs rendements en lait. Ainsi à 25 litres, on arriverait à un produit de 1,200 fr. environ.

Il en faut donc conclure :

Qu'entre deux vaches jeunes, l'une donnant 2 litres de plus que l'autre, celle-là devrait s'acheter le double ; à 4 litres de plus, le triple ; à 6 litres, le quadruple, etc. Pour les vacheries des grandes villes, cette proportion dans l'accroissement des prix devrait être plus grande encore, à cause de l'énorme valeur des fourrages et du prix plus élevé du lait ;

Qu'une vache qui atteint certains rendements élevés est inappréciable ;

Que celui qui produirait de pareilles vaches (ce qui serait facile dans certaines conditions et les bons types une fois trouvés) et les vendrait avec garantie du produit, ou encore à tant par litre de rendement, ferait de très-beaux bénéfices ;

Qu'un éleveur, bon connaisseur, achetant des vêles à 6 mois pour les livrer à 2 ans avec garantie de rendement, pourrait gagner 150 à 200 francs en moyenne sur ses élèves ;

Qu'un marchand de vaches, aussi bon connaisseur, livrant près d'une grande ville, pourrait facilement faire un bénéfice moyen de 100 francs sur chacune de ses vaches, bien choisies.

C'est en appréciant ces calculs qu'on peut comprendre l'immense service rendu par la découverte des frères Guenon et les incalculables conséquences de cette découverte !

Industrie des chèvres.

Dans un pays de landes, de haies, de ronces, la chèvre serait une excellente industrie. On a tort de dépriser les chèvres, c'est la nourrice des pays pauvres et des ménages pauvres dans les pays riches ; puis 6 chèvres ne mangeront pas plus qu'une vache, et mangeront ce que les autres bestiaux n'accepteraient pas, et cependant 6 bonnes chèvres donneront bien sûrement plus qu'une bonne vache.

C'est donc une industrie à étudier et à asseoir.

Dans les pays tout à fait arides et désolés, la chèvre remplacera la vache, comme l'âne ou le mulet remplaceront le cheval et le bœuf.

Utilisation des vieilles vaches.

Les qualités indispensables à une bonne vache laitière (*de la race*) une bonne constitution, un bon estomac, l'habitude de bien manger, en feront plus tard une bonne bête d'engrais, lorsque le lait sera tari.

Dans une vacherie le renouvellement des vaches est chose importante. Avec la stabulation absolue, il faut renouveler un tiers par année, un quart au moins; avec le pâturage, un cinquième environ. Quand une vache dépérit, que son produit baisse, il faut vendre sans hésiter ni tarder.

J'ai conseillé de refuser les vaches ayant une tendance à engraisser lorsqu'elles étaient dans l'âge de la production du lait; mais cet âge passé, la vache perd ses aptitudes lactifères, et, comme il faut que la nourriture ait un débouché, ce débouché, c'est l'engraissement.

A peu d'exceptions près, et ce fait est vérifié, une bonne vache laitière deviendra forcément, lorsque l'âge ou un accident l'auront tarie, une bonne bête d'engraissement, à la condition qu'on ne la laissera pas trop vieillir.

Il faudra donc alors ou vendre la vache à un engraisseur, ou l'engraisser soi-même; les circonstances et les conditions dans lesquelles le propriétaire sera placé décideront du parti à prendre.

Ce qu'il m'importait de constater, c'est que la vieille vache conservait une valeur importante, qu'on trouvait pour elle un emploi fructueux, et qu'il y avait plutôt, sur le prix d'acquisition de la génisse, un bénéfice à réaliser qu'une perte à subir.

Après avoir traité des moyens de bien choisir et de bien acheter, je suis naturellement conduit à parler des soins à donner au bétail.

CHAPITRE II.

SOINS ET ALIMENTATION.

Des étables.

Le sol des étables doit être bien sec, bien assaini, bien préservé d'infiltrations aqueuses. L'humidité du sol serait en effet très-nuisible au bétail en général ; il le serait surtout pour les vaches laitières, qui absorbent bien plus qu'elles ne transpirent.

Plus le climat ou l'exposition sont froids, plus il faut veiller à ce que les étables soient bien closes et, en même temps, d'une aération facile. Les ouvertures doivent être aussi élevées que possible et immédiatement au-dessous du plancher supérieur, car l'air doit passer au-dessus du bétail sans l'atteindre directement, entraîner les émanations et les gaz sans refroidir trop brusquement la température ; une étable trop chaude exposerait le bétail à des maladies de poitrine. C'est un excès dans lequel tombent volontiers les vachers, en hiver surtout, où cela devient plus dangereux à cause des transitions et des contrastes ; il faut y veiller. Plus les étables seront bien closes, plus l'aération devra être grande et continue ; autrement, dans la nuit, on atteindrait la chaleur des étuves, et le bétail deviendrait faible par la transpiration, délicat et frileux par l'habitude. Une bonne précaution sera donc d'avoir, sur toutes les expositions de l'étable, des ouvertures bien closes, plus larges que hautes (soixante-six centimètres de haut sur un mètre trente-trois centimètres de large), très-élevées et placées au niveau du plafond, s'ouvrant par le haut pour porter l'air vers le plafond et non vers le sol. On pourra ainsi aérer suivant la saison et la température.

Il est indispensable d'établir dans chaque étable une cheminée d'appel, en tuyaux de terre cuite, ou plutôt en planches laissant un vide de 1/3 de mètre ou 1 pied carré, à l'extrémité opposée à la porte. Cette cheminée aspirerait et jetterait au dehors, par la toiture, toutes les mauvaisess odeurs, tous les miasmes ; elle renouvellerait et, en même temps, rafraîchirait l'air.

La température tiède des étables est favorable non à la santé du bétail qu'elle débilite, non à la qualité du lait, mais seulement à sa quantité, lés vaches absorbant alors la vapeur humide ambiante.

Je ne puis ici entrer dans de grands détails sur la vacherie elle-même ; je dirai seulement que le local commande souvent la distribution. Ainsi, les uns préféreront mettre le bétail tout autour de l'étable ; alors ils adoptent des rateliers à foin et des mangeoires basses et larges au-dessous. D'autres établiront un grand corridor au milieu de l'étable avec des crèches fermées de chaque côté du corridor. Chacun de ces modes a ses avantages et ses inconvénients ; ces détails m'entraîneraient trop loin.

Ce que je dois dire et bien recommander, c'est de séparer absolument chaque espèce de bétail ; les bœufs de travail d'un côté, les bœufs d'engraissement de l'autre ; les vaches dans une étable à part, les veaux de lait dans une seconde, les veaux d'élève dans une troisième et assez loin de leurs mères ou nourrices pour ne pas être entendus par elles.

Cette séparation est indispensable ; elle a une foule d'avantages : d'abord elle évitera des accidents ; puis chaque étable aura son mouvement, sa nourriture, ses rations, son régime, ses soins particuliers, son matériel, etc.; le service sera approprié aux soins à donner ; il sera spécial, ce qui veut dire, réellement, mieux fait et plus exactement. C'est là le secret de la perfection anglaise.

L'air et l'espace sont une des conditions de santé. On doit donner à chaque vache, suivant sa taille, au moins un mètre dix à un mètre trente-trois centimètres d'espace en largeur. La litière doit être encaissée et les purins dirigés précieusement dans des fosses placées extérieurement, bien murées et cimentées. La circulation doit être facile, de manière même à pouvoir introduire et charger des charrettes dans l'intérieur des étables. Le bétail ne courra plus le risque d'être étouffé et de se blesser au passage de portes trop étroites.

En cas de maladies régnantes dans l'étable, d'épizooties désolant la contrée, d'odeurs fortes et nauséabondes, il faut redoubler de soins, de régime, de propreté surtout. Le bétail doit être moins exposé aux fatigues et aux intempéries ; les étables doivent être curées plus souvent et plus complétement ; les murs blanchis à la chaux , les litières plus abondantes et plus sèches.

Il faudra, en outre, pratiquer des fumigations. On remplira, à moitié, de sel de cuisine, une assiette creuse ordinaire en y mêlant, si on veut, une poignée de peroxide de manganèse, et on versera doucement, sur le sel, un verre d'acide hydrochlorique ou d'huile de vitriol (acide sulfurique) ; le mélange de ces deux substances dégagera immédiatement des gaz très-désinfectants.

Je préfère ce mode, uniquement parce qu'il dispense d'introduire du feu dans les étables ; autrement on pourrait, avec un réchaud ardent sur lequel on verserait de l'acide muriatique oxygéné, répandre dans les étables ce gaz purifiant. On a aussi employé avec succès le gaz nitreux.

On pourrait encore y brûler tout simplement du vinaigre.

Pour que la fumigation produisit tout son effet, il faudrait, le bétail absent, tout clore pendant qu'on la pratique , et n'ouvrir qu'au bout d'un quart-d'heure au moins, mais toujours aérer un peu avant la rentrée des bestiaux.

J'ai expérimenté les instruments divers d'alimentation :

1° La crèche ou caisson fermé dans lequel on jette le foin. Le bétail ne peut y manger qu'en introduisant et y maintenant sa tête entière. Ce mode, avantageux peut-être dans l'engraissement, a, dans les autres cas, l'inconvénient de permettre à l'animal de trier le foin, de prendre le meilleur et de laisser l'autre, qu'il repousse alors avec obstination. On fait rebuter ainsi plus de fourrage qu'on n'en perdrait avec un râtelier ;

2° La mangeoire ouverte. Elle n'est bonne que pour l'alimentation aux racines, et encore permet-elle de faire tomber et perdre beaucoup de nourriture ;

3° Le râtelier. Il empêche le triage du foin ; mais, dans le temps des mouches surtout, il fait perdre beaucoup de fourrage.

Je conseillerai donc une combinaison du râtelier et de la crèche fermée. Chaque vache doit avoir sa crèche ; plus profonde qu'une crèche ordinaire, bien séparée, inabordable pour les vaches voisines, le caisson plus bas que pour les bœufs, le râtelier penché dans le fond. Comme ce râtelier gêne pour l'alimentation aux racines et l'introduction du baquet, j'avais imaginé un râtelier mobile, à bâtons assez espacés ; on jetait le foin dans le caisson , et on posait le râtelier sur le foin pour empêcher le triage. Lorsque le foin était mangé, on dressait le râtelier de côté contre les parois de séparation des caissons, et le baquet à racines trouvait sa place. J'ajoutais un sachet en toile forte à demi rempli de gros sel et cloué aux quatre coins contre le haut des planches du fond de la crèche. Le bétail le léchait souvent et ranimait ainsi son appétit.

Dans les étables à bœufs, le sol est incliné de devant en arrière, de manière à ce que l'animal ait les pieds de devant plus haut placés que ceux de derrière. Cette position serait fort dangereuse pour les vaches, pleines surtout; le poids du fœtus pèserait sur la matrice et amènerait ainsi un faux part ou avortement. Cette observation est capitale; aussi faut-il que le sol des étables à vaches soit plutôt relevé du derrière que du devant. Le sol proprement dit est ordinairement un peu plus bas par derrière, mais on compense par une couche plus épaisse de litière. Comme j'ai craint l'incurie des valets, j'ai imité les Hollandais en adoptant un autre mode de nivellement du sol. La partie la plus basse est sous le ventre de la vache, un peu plus rapprochée des pieds de devant que de ceux de derrière. On y trouve cet autre avantage de mieux imbiber les litières de purin. Il faut veiller à ce que la litière soit bien plus épaisse au-dessus de cette espèce de rigole formée par les jonctions des deux plans déclives; autrement, tassée par le poids de l'animal couché, la litière arrêterait les urines, et l'humidité monterait jusqu'au corps des bestiaux.

Lorsqu'une étable est bien close et en même temps bien aérée, qu'elle n'est pas humide, le curage à fond, même pendant l'hiver, doit avoir lieu toutes les semaines, au moins. Cela n'aura aucune espèce d'inconvénient si la litière nouvelle est bien sèche et épaisse; la plus sèche, bien entendu, doit être placée en dessus.

On doit tout faire pour avoir des litières non humides; le bétail souffrirait beaucoup sans cette précaution.

Une bonne habitude sera aussi de faire, tous les ans, blanchir à la chaux tous les murs des étables.

Par où et comment attacher le bétail? J'ai essayé de le faire par les cornes et avec une corde; il a fallu y renoncer, ma dépense étant trop forte; les cordes disparaissaient, perdues ou usées. J'ai dû m'arrêter au système des chaînes attachées au cou. Une chaîne de vache

se vend 60 centimes le demi-kilogramme et pèse un k° et quart à un
k° et demi ; elle est posée à demeure, ne peut se perdre et doit durer
fort longtemps ; elle est payée au bout de quinze ou dix-huit mois par
la dépense qu'auraient occasionnée les cordes. Puis le mouvement de
la chaîne sur le cou plaît à l'animal, qui s'en sert quelquefois pour se
gratter et tenir propre, par le frottement, la partie la plus exposée à
être sale et poudreuse. Par le mode d'attacher, il faut autant que possible empêcher le bétail de se lécher, tout en lui laissant la chaîne
assez longue pour pouvoir se coucher. Ce qui est mieux encore, c'est
une chaîne double pour l'attache, c'est-à-dire fixée dans le bas par
deux chaînons qui forment ainsi un V renversé et empêchent l'animal
de porter la tête de côté et de tourmenter ses voisins.

Dans les pays où tous les fourrages se mettent à couvert, ils sont
placés ordinairement au-dessus du bétail, sur un plancher mal joint,
ce qui permet aux débris de foin, à la graine et à la poussière de tomber dans les étables. Cet état de choses a tant et de si grands inconvénients, qu'il faudra bien l'abandonner. D'abord, le foin ainsi placé
au-dessus des émanations du bétail et des fumiers perd de sa qualité
et de son parfum ; la graine de foin, si nécessaire pour l'entretien des
prés anciens ou la création de prés nouveaux, si chère dans le commerce, est presque entièrement perdue. Ce n'est pas tout : les fumiers
sont empoisonnés de graines à herbes, et portent ces herbes avec eux
dans des terres dont le premier besoin est la propreté.

Lorsqu'on a des bâtiments bien clos, bien couverts et non humides,
rien de mieux que de les utiliser et d'y resserrer les fourrages ; mais
aujourd'hui il est reconnu qu'ils se conservent mieux et restent meilleurs en plein air et en vastes barges que dans des granges humides
ou des greniers mal clos et couverts, où ils moisissent, sont infestés
de rats et autres vermines, et sont tout autant exposés à être mouillés
et pourris par des gouttières ; aussi l'embargement au dehors, par
longues et hautes meules, allant du levant au couchant et entamées
toujours à l'est, s'étend-il rapidement dans nos fermes du Midi. Les
plus soigneux font à 33 centimètres d'élévation au-dessus du sol un
bâtis, entouré d'un cordon de chevrons et bien briqueté ou carrelé,
avec pente du milieu vers les bords. Sur le carrelage, et par précaution, on met une couche de litière sans valeur, autant que possible
des herbes piquantes, des ajoncs, du houx, pour éloigner les rats.

Bien empilée, bien tassée et peignée ensuite, la meule est couverte avec des roseaux, de la litière, de la paille, suivant les pays; on sacrifie ce qui a le moins de valeur. L'important, c'est qu'en commençant, et dès les premières couches, on donne à la meule la forme qu'elle doit avoir au faîte, et que le milieu reste *constamment*, de fond en cime, toujours plus élevé que les bords. De cette manière, chaque couche supérieure abrite la couche inférieure; chaque couche atteinte porterait naturellement les eaux au dehors, et le dégât ne pourrait pas être considérable.

Puisque j'entre dans ces détails, je dois ajouter que pour des foins de qualité inférieure, mêlés de joncs, récoltés sur des sols mouillés, on fera bien de répandre du sel sur chaque couche de foin de seize centimètres d'épaisseur; cela corrigera l'aigreur du fourrage.

Pour plus de sûreté, deux et parfois quatre grandes perches, liées ensemble par des harts de bois, sont posées sur chacun des côtés de la meule, maintiennent la couverture et empêchent que les vents ou la volaille ne la dérangent. Comme elles sont unies par plusieurs liens, ces liens eux-mêmes, posés en travers, retiennent et consolident l'angle supérieur de la barge sur laquelle ils sont en quelque sorte à cheval. La volaille, par ses affouillements, oblige souvent à épiner le dessus de la meule; il suffit de quelques branches d'épine.

Avec ces précautions, les avaries sont peu probables; le foin se tasse et conserve son parfum; on le coupe avec une hache, une vieille faux, une bêche de jardin taillée en cœur et pointue dans le bout; on taille ainsi un ruban de 66 centimètres dans toute la largeur de la meule, et on ne recommence à tailler à la cime que lorsque la partie attaquée est tout à fait épuisée et qu'on est arrivé au sol. Le fourrage s'enlève ainsi par blocs carrés, absolument comme si on exploitait une carrière à pierre.

Les domestiques préféreront tirer le foin à la main, au lieu de le couper; cela les occupe sans fatigue; mais il faut tenir à le faire couper, on gagne du temps et le foin ne perd rien, pas même sa graine.

On ne peut trop veiller à ce que le devant de la meule, aussi bien que l'intérieur des granges et des étables, soient tenus parfaitement propres et balayés. À chaque tranchée nouvelle, il faut enlever, rentrer la graine de foin et la placer en lieu bien sec pour éviter la fermentation.

Cette propreté obligée et rigoureuse du devant de toutes les meules de foin, paille, etc., empêche le gaspillage et la perte des fourrages. L'agriculteur doit se montrer inflexible sur cette règle et infliger des amendes à chaque manquement.

De l'infirmerie.

Nous ne pouvons trop conseiller d'avoir, soit à part, ce qui sera mieux, soit dans les étables, mais bien séparé, un petit local destiné à l'infirmerie, bien clos, bien sain, bien aéré, préservé des mouches par des canevas, placé le plus près possible de l'habitation, sous la main et l'œil du maître.

Une bonne mangeoire large et basse, un râtelier peu élevé, un auget en pierre, un grand rideau pour mieux abriter le bétail, un sol bien dallé, telles sont les conditions d'une bonne infirmerie. C'est là qu'on mettra les vaches à l'approche du part, les bestiaux malades, etc.

Pour bien faire, le lit du panseur devrait être placé entre les étables et l'infirmerie, de manière à tout voir et entendre de son lit, et avoir une entrée de chaque côté.

La volaille doit être écartée avec soin de l'infirmerie, des étables, des granges et des barges de fourrage ; une plume de volaille peut étrangler une vache. En été, des canevas de toile claire, aux fenêtres à ouvrir, et l'obscurité intérieure, empêcheront l'entrée des mouches.

Principes de l'alimentation.

Approprier la taille à la terre et à sa fertilité. L'animal doit pouvoir prendre son repas au pacage dans un temps assez court.

C'est la fertilité de la terre qui fait la taille. La taille des races du pays indique par elle-même le degré de fertilité du sol ; c'est par instinct que les gros bœufs sont plus exigeants sur la qualité des fourrages que les petits.

Le premier de tous les principes, c'est de *bien nourrir* ; alors, seulement, il y aura bénéfice ; autrement, il y aura perte.

Quand on importe une grande race, si on n'a pas, il faudra importer en même temps le sol qui a créé cette taille, c'est-à-dire amender.

Avant tout, le maître doit, par prévision, savoir, d'après les récoltes ou même les apparences de récolte, le nombre de bestiaux qu'il pourra nourrir. Vendre au plus vite, avant que la rareté des fourrages ait amené une baisse de prix, et ne conserver que la quantité d'animaux qui pourra être bien nourrie.

Puis bien fixer les rations, les proportionner au poids, c'est-à-dire aux besoins de chaque bête. De la sorte, le bétail ne souffrira pas ; sans cette précaution, il risquerait de mourir de faim ou de ruiner l'exploitation dans les derniers mois.

Le cheval gagne en légèreté par une nourriture forte sous un petit volume ; elle fatigue moins son estomac, développe et alourdit moins les organes digestifs et déjecteurs. La race bovine, au contraire, avec ses quatre estomacs et leur ampleur, le développement de tout l'appareil digestif et la force disproportionnée du ventre, indique assez, par sa nature et sa structure, qu'une nourriture volumineuse est dans ses besoins. Le grain, qui convient si bien au cheval, conviendrait beaucoup moins au bœuf ; le rumen, qui saisit si facilement, pour la remonter vers les mâchoires, où elle doit être mastiquée une seconde fois, une nourriture volumineuse, adhérente, à filaments continus, comme le foin et les autres fourrages, agirait moins bien et plus difficilement sur un aliment en grains, divisé, sans adhérence, sans liens filamenteux. La nature du bœuf serait au moins contrariée, les estomacs se rétréciraient, et le jeu de certains d'entre eux, du feuillet, par exemple (ainsi appelé à cause de la masse de feuilles fibreuses qui en font une espèce de livre), serait plus ou moins paralysé par la compression et la réunion forcée de ces feuilles.

Il faut donc reconnaître qu'un certain volume est nécessaire dans l'alimentation du bœuf, et que dès lors un aliment très-nutritif sous un volume très-exigu devrait être mêlé à une nourriture plus encombrante dans sa forme, afin de compenser l'un par l'autre ;

Que les aliments cuits diminuent le travail de la rumination, facilitent celui de l'estomac, conviennent dès lors à la race bovine autant et plus qu'aux autres bestiaux, et que ceux qui ont dit le contraire ont commis une lourde erreur.

Certains aliments secs, à sucs condensés, comme le foin et les fourrages secs, alimentent bien mieux, lorsque par la cuisson ou l'infusion on les rapproche de leur état naturel, état dans lequel les sucs liquides et non saccharifiés étaient plus complétement et plus facilement assimilables.

Il ne faut cependant pas confondre les aliments cuits ou infusés, que nous croyons pouvoir conseiller quelquefois, avec les soupes ou buvées si affaiblissantes, et que nous ne conseillerons jamais dans l'alimentation usuelle des vaches. Par ces buvées, on sacrifie évidemment l'animal pour obtenir un produit plus mauvais, mais plus abondant. C'est le système allemand importé en France par quelques producteurs de lait, aux environs des grandes villes. Il peut se faire que l'excédant de production et le haut prix qu'ils obtiennent de leur lait les indemnise de la perte rapide de leur bétail ; mais c'est là une exception fort rare ; c'est, au reste, une fraude au point de vue de la qualité détestable du lait, et nous ne nous déciderons pas à conseiller de pareilles pratiques.

Aux Etats-Unis, on nourrit les vaches presque toujours avec des aliments cuits.

On place les pailles hachées, les foins, les tubercules, les *grosses herbes et litières* dans des tonneaux percés à la base et posés sur des chaudières pleines d'eau bouillante. Ainsi s'opère la cuisson à la vapeur. La cuisson rend comestible ce qui ne pouvait l'être : les fougères, les grosses herbes, les ajoncs.

Le lait est, dit-on, excellent et abondant.

Ce qui est bon pour l'homme doit, en effet, être bon pour le bétail ; nous cuisons tout, moins les fruits, et encore les cuisons-nous souvent.

Le grain concassé nourrit plus que le grain entier ; le pain nourrit plus que la farine, les légumes fermentés plus que ceux qui ne le sont pas, les légumes cuits plus que ceux fermentés.

La mâchoire du bœuf, dégarnie de dents incisives à la mâchoire supérieure, n'est pas aussi énergiquement armée pour la mastication que celle du cheval ; puis cette ingurgitation et ce rappel de la nourriture, ce va-et-vient, dans le tube du rumen, du fourrage non encore broyé, tout cela nous prouve que les fourrages durs, gros, ligneux, sont moins nuisibles, sont plus appropriés aux organes du cheval qu'à ceux du bœuf.

Si le nombre et l'ampleur des estomacs du bœuf sollicitent un certain volume de nourriture solide, ils réclament par cela même une
proportion correspondante de liquide. Le bœuf devra donc boire plus
que le cheval ; il souffrira plus que lui de la privation, de l'insuffisance de l'eau. D'un autre côté, la forme de l'appareil digestif indique
assez l'action de l'eau dans les estomacs du bœuf.

Chez le cheval, l'eau vient diviser, délayer, liquéfier la masse alimentaire jetée solide dans l'estomac, et faciliter ainsi sa décomposition, sa digestion, son appropriation aux divers besoins du corps.
Chez le bœuf, l'eau vient mouiller, attendrir des aliments entassés,
faciliter et la seconde mastication et le passage successif de la nourriture dans les divers estomacs.

Tirons donc de ces deux modes différents dans la digestion la conséquence : que le cheval peut boire pendant son repas, et que le bœuf
doit boire aussitôt que la cessation du premier appétit annonce que le
premier estomac, le rumen, est rempli ;

Que, plus que le cheval, le bœuf, qui a mangé après avoir bu,
aurait encore besoin de boire, et que, normalement, on devrait tenir
devant lui et simultanément l'eau avec la nourriture ; qu'on doit permettre au bœuf de boire tant qu'il rumine, mais non après la rumination ; que, donnée froide et à jeun, l'eau ferait encore plus de mal au
bœuf qu'au cheval ;

Que le sel et les autres digestifs et stimulants seront plus nécessaires et devront être donnés en plus grande quantité au bœuf qu'au
cheval ;

Que ce plus grand besoin de stimulant expliquerait pourquoi la race
bovine recherche plus les eaux purineuses et alcalines, les égouts de
fumier, que ne le fait la race chevaline ;

Que pendant l'alimentation au vert, avant de conduire à l'abreuvoir,
on doit chercher à faire accepter quelques poignées de foin de choix,
ou au moins de vert mêlé de foin, pour faire boire ;

Qu'il faut au bœuf, pour prendre ses repas, beaucoup plus de temps
qu'au cheval ;

Que cependant, si le travail qui doit suivre le repas n'était pas actif
et continu, s'il devait être coupé par des intervalles de repos, longs
ou fréquents, on pourrait atteler aussitôt ; qu'après avoir bu, si le bœuf
cessait de manger une seconde fois, il indiquerait par là la plénitude

du rumen ; le repas continuerait alors par la rumination, pendant les suspensions du travail actif.

Le bœuf est difficile sur la nourriture, friand, choisisseur. Si on lui donne beaucoup, il ne mange pas ; il s'occupe à choisir, il perd son temps, et, le bon foin une fois trié, il refuse le mauvais ou ce qu'il a une fois flairé et rebuté avec une obstination invincible ; il faut donc donner très-peu à la fois et souvent.

Si on donne des fourrages avariés, il faut les bien battre dans le milieu d'un courant d'air, secouer et éventer, pour enlever l'odeur et la poussière, puis les arroser légèrement, avec un arrosoir à pomme, d'eau bien salée, et servir de suite et sans secouer.

Il faut d'abord donner les aliments les moins recherchés pour profiter du premier appétit, les plus secs pour stimuler la soif ; après l'abreuvement, recommencer ; puis donner les fourrages plus recherchés, plus rafraîchissants, les tubercules, par exemple ; enfin, si on en donne, le grain, le son, le tourteau.

Le sel doit être donné aussi petit à petit, mais seulement à partir du milieu du repas ; une pincée avant l'abreuvement.

À la rentrée du travail on les fera reposer un quart d'heure avant de donner la nourriture, autrement l'animal échauffé et affamé mangerait vitement et se trouverait gonflé avant d'avoir pris la moitié de sa nourriture ordinaire, il convient donc que les bœufs et chevaux trouvent les crèches vides de nourriture, et qu'ils restent quelque temps en repos, sans manger, afin que le repas les trouve calmés, rafraîchis et en appétit.

Pour les bœufs, cela permettrait de voir si la rumination du repas précédent est terminée. S'ils ruminaient, il faudrait ne leur donner à manger que quand la rumination cesserait ; autrement, le repas serait incomplet. Le rumen n'étant pas vidé, la mesure naturelle du repas en serait diminuée.

De novembre à mars, les jours étant très-courts, on pourrait ne donner que deux repas, le matin à 8 heures, le soir de 4 à 5.

Cela surtout si le travail des bœufs devait s'exécuter au loin. Chez moi, cela se pratique ainsi après les semailles : les bœufs n'ont qu'une liée, de 10 heures à 5 ; ce qui leur donne un repos continu de 17 heures. Les domestiques ne font aussi que deux repas, à 9 heures 1/2 et à 6 heures.

Plus il fait froid, plus l'organe digestif a de force; car la circulation est refoulée vers le centre; plus il fait chaud, plus la circulation est extérieure, moins l'estomac a de chaleur et de puissance.

Ceci explique pourquoi on engraisse plus promptement et mieux pendant l'hiver que pendant l'été.

La variété dans l'alimentation a ses avantages et ses inconvénients; mais les avantages l'emportent. Aussi il y a avantage à donner plusieurs choses à la fois, fournissant les éléments divers réclamés par le corps; cependant cela présente des inconvénients pratiques, surtout avec le bœuf qui est plus friand. On lui donnera bien la nourriture la moins recherchée la première; mais le lendemain, averti et affriandé qu'il sera, il refusera celle-ci et attendra celle qui doit suivre.

Si on doit donner du vert et du sec, il faut les mêler s'ils sont mélangeables, sinon supprimer l'un ou l'autre et donner exclusivement du vert ou du sec; car, si on donne du vert, le sec sera repoussé; si on fait pacager un jour, le lendemain la nourriture sèche sera mal accueillie, et le bétail jeûnera, c'est-à-dire travaillera moins et souffrira plus.

Avec la nourriture sèche, on peut exiger plus de travail qu'avec la nourriture verte.

La force du travail doit être proportionnée à la force de l'alimentation.

Après une nourriture verte, au pacage ou à l'étable, la transpiration commence presque avec le travail.

Sous une température ordinaire et égale, la transpiration de l'attelage doit être un renseignement pour le bouvier, et elle doit servir à apprécier et à mesurer la peine et la fatigue, à constater l'état de santé et de vigueur, à distinguer les animaux faibles des animaux forts, etc.

On doit consulter cet indice pour rectifier des accouplements d'attelages inégaux en forces, et réunir toujours des bœufs d'une robe, d'une taille et d'une force à peu près égales. Au besoin, disposer le joug pour porter la fatigue sur l'animal le plus fort. On obtient ce résultat en rapprochant de lui, sur le joug, le point de traction.

L'œil du maître doit surveiller les repas, surtout celui du matin. Le valet charge les crèches le soir, soi-disant pour le repas du matin. Si le bétail a bon appétit, s'il fait tout disparaître avant de se coucher, le lendemain il boit à jeun et va au travail sans nourriture.

Il faut donc réprimer cet abus et veiller à ce que chaque repas soit servi *à son heure*, non avant ; qu'il soit servi non en bloc, mais petit à petit et au fur et à mesure que le fourrage est consommé, non avant ; mais aussi sans interruption, car il serait à craindre que le bétail impatienté ne se mît à ruminer, et que le repas fût ainsi écourté et pris à demi.

Lorsque le premier appétit est satisfait, que le rumen (la première poche stomacale) est encombré, il faut abreuver sans retard ; autrement la rumination commencerait, l'animal boirait mal et ensuite mangerait plus mal encore.

Il y a entre l'Angleterre et l'Allemagne deux modes bien différents de traitement et d'alimentation.

En Angleterre, le bétail n'est abrité que l'hiver, et encore ne l'est-il que dans des hangars ; à part les grandes vacheries des environs des grandes villes, où il y a stabulation presque partout, il est nourri au vert, au pacage, aux tubercules crus, au grand air.

En Allemagne, au contraire, on trouve la perfection dans la stabulation à peu près absolue, les buvées, les soupes, les aliments cuits ou au moins fermentés.

Pour donner aux agriculteurs français une idée des pratiques allemandes, je vais exposer sommairement le mode d'alimentation adopté dans le célèbre établissement de Hoheinheim :

La cuisson et la fermentation sont combinées ensemble pour la préparation des aliments.

On mêle communément quatre parties d'eau à une partie d'aliments secs ; ainsi dix kilogrammes de foin recevront quarante kilogrammes d'eau.

Six cuves servent aux préparations et reçoivent :

100 kilogrammes de paille.
50 — de siliques de colza.
25 — d'épeautre concassé.
6 — de tourteau concassé.

2 k^{os} de sel.

Ou bien encore le mélange suivant :

100 kilogrammes de menue paille.
50 — de paille hachée.
50 — de siliques de colza.
37 — de grains et de tourteaux concassés.

2 k^{os} de sel.

On couvre d'eau bouillante, on clôt hermétiquement, et on ne livre au bétail qu'au bout de douze heures environ, et seulement lorsque la fermentation a commencé.

7

A une ration de ce mélange, on ajoute trois à quatre kilogrammes de trèfle, luzerne ou paille, et, par semaine, deux cents grammes ou une poignée de sel.

Généralement, en Allemagne, on fait macérer, échauffer, fermenter ou cuire les fourrages secs ; chaque pays a adopté un de ces modes, et tous s'accordent pour affirmer que la macération rend comestibles des aliments immangeables, que l'échauffement les rend plus nutritifs, la fermentation encore plus, la cuisson bien davantage encore.

Ces préparations ont lieu avec ou sans mélange de tubercules, toujours avec de l'eau salée.

Ainsi, on hache soixante kilogrammes de paille ; on pile ou on écrase quarante kilogr. de pommes de terre, betteraves, raves, navets, etc. ; on ajoute de l'eau salée ; on mêle, on brasse, on entasse dans une caisse ou une cuve ; on laisse en repos pendant deux, trois jours, et on livre au bétail ; on a ainsi plusieurs caisses ou cuves en préparation. Ailleurs, de la paille et du foin hachés, mouillés, entassés et fermentés ; ailleurs encore, des fourrages secs, des tubercules hachés, des herbes vertes, des feuilles, etc., sont entassés dans des cuves ou des citernes, tassés, chargés de planches et de pierres siliceuses et recouvertes d'eau. Cette masse fermente et s'aigrit ; on en donne une petite ration journalière au bétail, non pas comme nourriture, mais comme stimulant ou assaisonnement ; c'est là la choucroute des animaux.

Ces méthodes sont bonnes ; elles permettent d'utiliser des produits perdus chez nous : les plantes de landes, les feuilles, etc.

A première vue, un éleveur devinera comment est nourri et pansé un animal. Nous ne pouvons trop insister sur une alimentation abondante et *constamment* la même ; tout le secret de l'élève du bétail est là. Quelques personnes soutiennent que le jeune animal mal nourri sera seulement retardé dans sa croissance, qu'il ne sera à 4 ans, par exemple, que ce qu'un autre bien nourri serait à 3, mais je n'admets pas cela. La plus petite interruption dérangera tout. Un veau qui aura souffert pendant quelques semaines, quelques mois, d'une alimentation insuffisante, aura la plus grande peine à se rétablir, et *jamais* il ne reprendra ce qu'il aura perdu. Une vache mal nourrie en hiver donnera, pendant l'été suivant, une quantité bien moindre de lait que si elle eût été constamment bien nourrie ; ainsi du reste. Aussi étais-je fort de l'avis de ce proverbe auvergnat que j'ai retrouvé aussi en Suisse : « C'est en hiver qu'on fait le fromage ; c'est en été qu'on le presse. »

La mesure raisonnée de l'alimentation est quelquefois difficile à fixer ; cependant, on est assez généralement d'accord de la prendre dans le poids même de l'animal et de la fixer ainsi qu'il suit, en prenant le bon foin ordinaire comme type unique de l'alimentation :

La quantité de nourriture *indispensable* à la vie du bétail à cornes est d'un cinquantième ou deux pour cent du poids brut de l'animal vivant. Ainsi, ce sera un kilogramme de foin par chaque cinquante kilogrammes du poids de l'animal, soit six kilogrammes par jour pour une bête de trois cents kilogrammes ; à ce compte, l'animal souffrira, mais vivra.

Avec un quarantième, ou deux et demi pour cent de son poids, soit sept kilogrammes et demi pour une bête de trois cents kilogrammes, elle se maintiendra en bonne chair, mais sans travail et sans production autre que la croissance naturelle.

Un trentième, ou trois et un tiers pour cent sera la nourriture normale, soit dix kilogrammes pour la bête pesant trois cents kilogrammes.

A ce compte, la provision de foin nécessaire à la nourriture annuelle d'une bête à cornes sera de douze fois son poids, soit trois mille six cents kilogrammes de foin, ou l'équivalent en autres aliments, pour un animal pesant trois cents kilogrammes.

Avec des stimulants comme le sel et une alimentation forte sous un petit volume, comme le grain entier ou moulu, les tourteaux, etc., dans le commencement de l'engraissement, par exemple, l'animal pourra être amené à consommer un vingt-cinquième, même un vingtième et parfois un quinzième de son poids, partie en foin, partie en équivalent. Ainsi, à une bête de trois cents kilogrammes, douze, quinze et même dix-huit kilogrammes de nourriture.

La boisson normale sera de quatre fois le poids de la nourriture.

Ce renseignement est complet pour la nourriture sèche. Mais quelle sera la proportion entre le sec et le vert ?

J'ai cherché longtemps une solution bien précise ; mais je dois avouer que je suis resté dans des généralités, et que je ne puis aujourd'hui dire autre chose sinon qu'il faut *à peu près* trois fois plus de vert que de sec. Ainsi, dix kilogrammes de fourrage sec seront remplacés par trente kilogrammes de fourrage vert.

Une bonne alimentation doit être variée de temps en temps ; ainsi, foin, tubercules et paille, herbe et paille, quelques farineux.

Des bêtes normalement nourries n'auront jamais d'indigestion, parce qu'elles ne prendront jamais au delà de leurs besoins. Le contraire arrivera à un animal privé de nourriture.

Mais, s'il faut donner assez, il ne faut pas donner trop ; car, autant il y a avantage à bien nourrir, autant il y a perte à exagérer la nourriture.

Une vache de taille moyenne est bien nourrie avec dix kilogrammes de foin.

Si on la réduit à huit, elle souffrira ; elle donnera moins de lait.

Au lieu de diminuer, si on ajoute deux kilogrammes, son lait augmentera d'un quart (au lieu d'un cinquième, proportion de l'augmentation du foin).

Si on en ajoute encore deux autres, l'augmentation ne sera plus que d'un sixième.

Si on continue d'en ajouter encore deux, l'augmentation sera d'un dixième.

Enfin, sur une dernière augmentation de deux kilogrammes, il n'y aura aucune augmentation ; il y aura malaise, et il est certain qu'une dernière addition, si elle était consommée, rendrait la bête malade et provoquerait une grande diminution de lait.

On doit donc bien fixer la ration de chaque animal et la modifier dans certains cas, celui de gestation, par exemple. Il convient, en effet, parfois d'augmenter ou de diminuer. L'attention de l'éleveur ou du nourrisseur doit toujours être éveillée sur la surveillance, les soins et le rationnement du bétail.

De l'abreuvement des bêtes bovines.

L'organisation intérieure des organes digestifs du bœuf, qui a quatre estomacs ou au moins trois récipients et un estomac proprement dit, réclame d'abondantes boissons. Je conseillerais un auget en pierre rempli d'eau auprès de chaque bête, comme on le pratique pour leur engraissement, si cet abreuvement continu n'amollissait trop la constitution et ne détruisait l'aptitude au travail.

Pour des vaches laitières soumises à la stabulation complète, bien soignées et alimentées, il y aurait avantage, surtout pendant un régime aux fourrages secs, et au cas de brusque transition vers ce régime, à leur laisser constamment la possibilité de boire. Cet avantage serait d'autant plus grand qu'on tiendrait plutôt à la quantité qu'à la qualité, comme dans les environs des villes, où le lait est vendu liquide.

L'avantage serait bien moindre dans les laiteries où on convertit en beurre et en fromage. Cependant, il y aurait encore avantage ; le lait s'approprierait un peu plus de matières alimentaires. Il faut donc pousser les vaches laitières à la boisson ; pour cela, employer quelques stimulants, le sel surtout ; délayer leurs aliments ; enfin, tendre à faire absorber la plus grande quantité de liquide.

Une petite vache doit boire au moins cinquante litres d'eau ; une moyenne, soixante-dix ; une grosse, quatre-vingt-dix et cent ; un bœuf de travail, cent vingt ; un bœuf à l'engrais, cent cinquante.

Pareille précaution d'un auget à eau devra être prise dans l'étable réservée aux veaux de lait. Une auge souvent lavée, toujours pleine d'une eau bien limpide, leur permettra de boire après chaque repas.

Les ruminants sont assez difficiles sur les eaux qu'on leur présente. Avant tout, ils sont bêtes d'habitude ; ils veulent manger, boire, se coucher à la même place ; le changement les effraie, les étonne, les dérange plus qu'on ne pourrait le croire. Il faut donc l'éviter.

Une vache nouvelle arrivant dans une étable y maigrit toujours un peu. Elle est inquiète de son voisinage nouveau, attristée par des séparations douloureuses. La crèche, la nourriture sont nouvelles ; elle mange peu. Elle ne connaît pas l'eau ; elle boit peu ; et c'est surtout à cela qu'il faut attribuer son malaise, car c'est en faisant boire les ruminants qu'on les fait manger et bien digérer. Si on veut parer à cet inconvénient des premiers jours, on fera boire de l'eau blanche ; la saveur de la farine couvrira la saveur et la nouveauté de l'eau, et, en affriandant l'animal, le décidera à bien boire.

On pourrait croire qu'une eau courante, limpide, sans odeur ni saveur, tempérée, bien mouvementée, et dès lors bien aérée et bien digestive, coulant sur la pierre, le sable ou le gravier, serait autant du goût de tous les animaux que de l'homme : il n'en est rien. Soit que la force de l'habitude ait plus d'empire que les instincts hygiéniques et que les goûts naturels, soit que certaines eaux, chargées de principes animalisés, de sels divers et dès lors d'odeurs et de saveurs plus ou moins prononcées, aient plus d'attrait pour les grands ruminants, il faudra quelque temps et un besoin bien vif pour décider une vache habituée à des eaux purineuses ou de fumiers à boire des eaux limpides et pures de tout mélange. Ce qui prouvera leur goût, c'est la propension des grands ruminants habitués à une eau limpide. A ceux-là il faudra bien moins de temps pour les décider à boire des eaux purineuses qu'il n'en aura fallu aux autres, habitués aux eaux purineuses, pour les décider à boire des eaux limpides.

Voilà un fait bien constant. Serait-ce un instinct hygiénique? Ces eaux chargées de principes alcalins et mordants, stimulant nécessairement l'appétit et activant la digestion, sont aussi plus nourrissantes. Serait-ce un goût ou simplement une habitude? Toujours est-il que, loin d'en souffrir, le bétail paraît gagner à boire de ces eaux purineuses.

Ce fait bien constant ne nous entraînera pas à prôner l'usage de ces eaux, car nous devons même nous étonner qu'il en existe. Les purins forment la partie la plus fécondante des fumiers. Ils sont dès lors la richesse des fermes, et on ne comprend pas qu'on les laisse s'échapper et se perdre dans les chemins, les ruisseaux, les abreuvoirs, etc. C'est là un acte de prodigalité insouciante qui fera de suite juger en mal et désapprécier un cultivateur.

Tant que ces eaux purineuses ne sont pas corrompues, qu'elles ne dégagent pas d'odeurs, il faut bien reconnaître leur innocuité, j'allais presque concéder leur bienfaisance sur la santé du bétail.

Mais viennent les grandes chaleurs, l'évaporation augmente, la condensation s'opère, la proportion des principes alcalins animalisés grandit, et dès lors les dangers de putridité.

Dans cet état de putridité, dans cette saison d'ardeurs solaires, l'usage de ces eaux est réellement dangereux. Il faudra donc y renoncer précisément à l'époque où la rareté des eaux rend plus précieuses celles qui sont les plus rapprochées des étables. S'il n'y en a pas d'autres dans le voisinage, et cela arrive souvent, l'incurie du cultivateur va être sévèrement punie; elle pourra l'être bien plus encore si elle le pousse à continuer l'usage de ces eaux fétides, car il exposera ainsi tout son bétail aux maladies les plus dangereuses.

Le premier soin du cultivateur devra donc être de retenir sa richesse et de ne pas laisser échapper ses purins. Si, malgré ses efforts, quelques infiltrations gagnent ses abreuvoirs, qu'il ne puisse déplacer ou ceux-ci ou ses fumiers, qu'enfin il faille subir l'inconvénient de la coloration des eaux, alors il faudra curer tous les ans les abreuvoirs (la vase payera deux fois le prix du travail), les maintenir dans un grand état de propreté, et écarter dès lors les dangers résultant de la putridité des eaux.

On peut, au reste, assainir les plus mauvaises eaux et les rendre salubres par un procédé fort simple, au moyen d'un filtre très-peu coûteux. On prend une barrique défoncée d'un bout, percée de l'autre en forme d'écumoire ; on y met une première couche de sable gros, ou petit gravier, et au-dessus du sable fin, le tout d'une épaisseur de cinq centimètres ; ensuite une couche de poudre de charbon de bois de cinq centimètres d'épaisseur, puis une seconde couche de sable fin, une seconde aussi de charbon pulvérisé, enfin une troisième et dernière couche de sable fin, recouverte de gros gravier pour empêcher que la chute de l'eau ne mouvemente et ne dérange les couches de sable et de charbon.

L'eau épaisse et fétide qui, jetée dans la barrique, aura traversé ce filtre, en sortira limpide et sans odeur. On fera bien, pour ne pas avoir à renouveler souvent les couches, de ne jeter dans la barrique que des eaux un peu reposées et dès lors moins troubles et moins bourbeuses.

Le bœuf est, entre tous les animaux domestiques, le plus sujet aux affections calculeuses de la vessie. Il faut donc se bien renseigner sur la nature des eaux qu'on lui destine.

Les eaux chargées de sulfate de chaux lui sont donc fort nuisibles. On reconnaîtra la présence de ces éléments calcaires en versant dans un verre d'eau quelques gouttes d'oxalate d'ammoniaque ou de nitrate d'argent. Si alors l'eau est troublée, s'il se forme quelques nuages ou flocons blancs, la présence de la sélénite ou sulfate de chaux sera certaine.

On reconnaîtra aussi ces eaux à ce fait qu'elles dissolvent mal le savon, font mal cuire les légumes, etc.

On purgera, du reste, assez facilement ces eaux séléniteuses de leurs éléments calcaires en y mêlant deux à trois grammes par litre (soit deux à trois cents par hectolitre) de sous-carbonate de soude ou de potasse. Un kilogramme de ces poudres, coûtant 50 centimes environ, pourra ainsi assainir quatre hectolitres d'eau.

Des modes divers d'alimentation.

On a beaucoup dit et écrit sur les divers modes d'alimentation. Les uns prônent la stabulation absolue, d'autres le pâturage, pour les vaches surtout ; une troisième opinion est venue se placer entre les deux premières pour proposer une transaction au moyen de l'alimentation mixte : chacun a raison à son point de vue. Les pays de pacages ou de montagnes, comme la Suisse, l'Auvergne, les Pyrénées, etc., doivent évidemment pratiquer le pâturage ; autrement toutes leurs richesses fourragères seraient perdues ; car ces herbes ne seraient pas fauchables ; le fussent-elles, on ne pourrait les rentrer. La température, à une certaine hauteur, ne permet pas d'autres produits que l'herbe ; plus bas, la rapidité des pentes ne permettrait pas la culture. En un mot, il n'y a ni à opter ni à délibérer : il faut accepter la position telle qu'elle a été faite par la nature. Le pâturage dans la belle saison, la stabulation pendant l'hiver sont, dans les pays de montagnes, des nécessités infranchissables.

Plaçons-nous, au contraire, autour des villes ou dans des pays où l'agglomération des populations et encore la grande fertilité du sol ont donné à la terre une valeur exorbitante. Là, le pâturage n'est plus praticable ; la fertilité de la terre tend toujours à s'accroître, à cause de l'abondance et de la richesse des engrais. La production de l'herbe proprement dite serait une erreur capitale ; les prairies artificielles doivent remplacer les prairies naturelles assez sèches pour être cultivables. Trois ou quatre récoltes bonnes et fertilisantes vaudront mieux qu'une seule récolte importante et une demi-récolte de regain. Les cultures industrielles si productives n'empêcheront pas les récoltes dérobées ; le foin aura une petite place dans l'alimentation. Les fourrages secs de luzerne, de trèfle, de sainfoin, etc., les tubercules, les racines composeront la nourriture d'hiver ; les prairies artificielles encombreront de vert l'étable pendant les sept mois de chaleur. Ici, la stabulation absolue sera une source de richesses présentes et une cause incessante de richesses à venir. Par la stabulation, l'animal exige plus de soins ; avec la liberté, il perd la possibilité de satisfaire aux besoins de la nature : le vent, la pluie, le contact des arbres et des branches ne le nettoient plus ; l'étrille devra suppléer.

L'alimentation mixte, c'est-à-dire la stabulation entremêlée du pâturage, sera acceptée dans des pays placés dans des conditions intermédiaires : ainsi dans les vallées, au pied des montagnes ; ainsi encore dans les contrées où la population est clair-semée, les terres peu fertiles et peu chères, les engrais et les moyens de fertilisation peu abondants. Là, les prairies naturelles seront une nécessité, les prairies artificielles seront d'abord une exception qu'il faudra tendre à multiplier, mais lentement et au fur et à mesure de la fertilisation des terres, car il faudra agir à coup sûr et se garder d'essais ruineux et décourageants.

Ajoutons que le pacage et le mouvement sont favorables au développement des élèves, et qu'on obtient par la stabulation exclusive des formes moins belles que par le pâturage ou par le système mixte.

MODE GÉNÉRAL D'ALIMENTATION DU BÉTAIL.

Dans une agriculture routinière et inintelligente, le foin forme la base de l'alimentation ; les fourrages verts sont une petite et rare exception, plus dangereuse qu'utile, puisqu'elle affriande les bestiaux et les dégoûte pour longtemps des fourrages secs ; les tubercules appliqués au bétail sont ignorés entièrement.

C'est un progrès que des fourrages printanniers, les seigles, les farouchs, etc. Voilà cependant où en est communément notre agriculture française ! Il me tarde de sortir de ce déplorable sujet. Traçons rapidement le mode d'alimentation que nous pratiquons ; ce sera indiquer non la perfection, nous en sommes bien loin encore, mais un pas dans le progrès.

La contrée que j'habite dans le Périgord est empoisonnée par les herbes, car le sol est argileux et frais ; sa tendance est vers la prairie. Ce serait là sa vraie utilisation, et cependant on ferme les yeux et on lui demande des céréales. L'assolement est biennal : froment la première année ; haricots, mil, pommes de terre, la seconde. Comme presque toutes mes terres sont convertissables en prairies, j'en fais des prés, en attendant que je puisse faire mieux. C'est une transition acceptable d'un état pire à un état un peu meilleur. Mes fourrages augmenteront, mon bétail par suite, conséquemment mes engrais, conséquemment encore mes fourrages. Ce cercle de progression est rassurant pour l'avenir; la fertilité toujours croissante du sol n'est plus douteuse. Je nourris au vert tout l'été, car les seigles, les farouchs, les vesces, les feuilles de betteraves, le maïs en vert surtout, ne me manquent pas. Plus tard, lorsque mes mauvaises terres seront améliorées, j'en ferai encore des prairies, et je défricherai ensuite tous les ans un dixième de mes prés pour entrer dans la voie de la stabulation mixte d'abord et complète ensuite; car c'est là le but de toute agriculture intelligente.

Donnons une idée de ma culture de Lamolle sous le climat de Bordeaux :

Aussitôt les gerbes enlevées et même avant, car il faut agir pendant que la terre conserve encore la fraîcheur de ses rosées, abritée qu'elle était sous l'ombrage de ses moissons, je retourne tous les chaumes des céréales et fais passer la herse roulante et le rouleau derrière les charrues. Je couvre mes meilleures terres de farouchs, hâtif ou tardif, séparés, bien entendu. Le hâtif alimente tout le mois de mai, et même au delà : c'est le plus productif; aussi en semais-je le double de l'autre; le tardif alimente le mois de juin. Dans l'un et l'autre, je mêle quelques navets, et même, mais dans les très-bonnes terres seulement, j'ajoute du seigle.

Dans d'autres terres je sème de la moutarde blanche, mêlée aussi d'une petite quantité de navets.

Dans d'autres encore, je choisis mes chaumes d'avoine pour bénéficier de la semence tombée, je sème un mélange d'avoine et de vesce.

Enfin, dans ce qui reste, moitié environ, je sème des navets seuls; parfois du sarrazin seul, pour être enfoui vers la fin d'octobre.

A partir du 15 novembre, époque jusqu'à laquelle arrivent mes maïs en vert, je commence la récolte journalière, et par éclaircie d'abord, des navets; c'est là une énorme ressource en feuilles et en tubercules pendant tout l'hiver. Les topinambours laissés en terre, les betteraves, les pommes de terre, les citrouilles, les choux-cholet viennent compléter mes provisions alimentaires. L'abondance, on le comprend, est partout.

Les récoltes mêlées sont les premières expurgées de navets pour faire place à la deuxième récolte qui revendique l'air et l'espace.

Le seigle monte le premier et je le coupe sans retard, car le farouch tend aussi à monter, et celui-ci, resté seul et bien plâtré et cendré, ne tarde pas à couvrir le sol.

En avril, j'ai donc déjà des navets montés, puis des seigles ; en mai, des farouchs hâtifs, puis des avoines et vesces ; en juin, des farouchs tardifs. Tout cela est donné en mélange avec la paille.

Arrivent ensuite, en juin, les premiers maïs. Comme j'en sème de huit jours en huit jours, en avril, mai et juin, parfois même plus tard, j'en récolte continûment jusqu'au 15 novembre ; le maïs (le blanc a toujours à Lamolle mieux réussi que le rouge) en vert est la nourriture par excellence pour la race bovine : elle la nourrit bien en la rafraîchissant, conditions indispensables dans les chaleurs caniculaires de l'été méridional.

Les fourrages secs, le foin, les pailles, etc., restent donc en réserve pour l'alimentation d'hiver ; les tubercules arrachés et conservés, les pommes de terre, les betteraves, les citrouilles, les carottes, les panais viennent rafraîchir et mouiller cette nourriture ; les topinambours, les navets, les choux, la moutarde blanche forment les récoltes hivernales, données en mélange avec la paille, car je fais manger *toutes* mes pailles, mes bois me fournissant *à discrétion* des litières fines et excellentes, comestibles même en partie, conditions rarement rencontrées en agriculture. Comme je puis couper quatre à cinq mille charrettes de litières, j'en donne à mes fermiers autant qu'ils en désirent, et je trouve qu'ils n'en coupent jamais assez.

La feuille de moutarde blanche est un fourrage trop peu utilisé.

On commence à faucher la moutarde vers la fin de novembre ; elle dure jusqu'en janvier, février et mars. La tige de moutarde a un mordant qui ne permet pas de l'administrer seule ; mais, mélangée avec de la paille (un cinquième de moutarde sur quatre cinquièmes de paille, en réduisant encore la proportion de la moutarde lorsqu'on approche du printemps), elle forme, au commencement de chaque repas, une nourriture très-hygiénique, car elle donne de l'appétit au bétail qui ne peut sortir ; elle stimule les organes de la digestion, rafraîchit le sang et ranime les animaux un peu engourdis par le froid, le repos et une stabulation continue. Les navets, le chou pancalier, la moutarde et les tubercules forment donc la ressource principale de l'hiver, et aident, en mélange, à la consommation des pailles ; car je ne comprends pas, lorsqu'on peut faire autrement, leur emploi en litière. Cette récolte d'hiver ne détruit pas la récolte d'été ; la moutarde repousse ; en mai, la graine est mûre ; on la coupe par la rosée, et, si on laboure immédiatement, il y a tout lieu de croire que le champ se trouvera semé de nouveau en moutarde. Ce serait une récolte en vert à enfouir.

Je pourrais donc presque me passer de foin ; c'est une réserve pour les bœufs de travail, alors que le travail est excessif et exige des réparations énergiques.

On voit que le système de M. Deszeymeris, les fourrages en vert, était appliqué depuis des siècles en Périgord, où je l'ai trouvé et continué. Lors des publications de ce savant agronome, j'ai voulu essayer de ses fourrages mélangés, mais je n'ai pu réussir à faire manger complétement aucuns fourrages mêlés de sarrazin : toujours cette plante était repoussée. J'ai pu cependant, en les affamant, obliger deux bœufs à en manger, mais j'ai dû m'arrêter : l'un des bœufs rendait des urines sanguinolentes, l'autre des urines troubles et échauffées, ce qui annonçait déjà le sang. Puis ces mélanges ne me paraissaient pas bien mariés : l'alpiste restait en arrière et étouffée sous les pois et le sarrazin ; le sarclage était presqu'impossible, alors qu'il était indispensable. Je suis donc revenu à mon maïs pur, et je m'en trouve bien.

On comprend que celui qui écrit ces lignes est placé sous une zone déjà méridionale ; ses cultures l'indiquent assez. Au lieu de sept mois d'alimentation aux fourrages artificiels, la latitude parisienne en comporterait six au plus ; celle des Flandres, cinq. Mais, en revanche, l'abondance des foins, des regains, des trèfles, luzernes, etc., des racines et tubercules surtout, fera plus que compenser les avantages du midi sur le nord ; car la supériorité du nord sur le midi ne sera jamais contestée, surtout au point de vue de l'agriculture pastorale, c'est-à-dire de l'industrie du bétail.

En lui-même, l'état de stabulation, c'est-à-dire de vie entière passée à l'étable, est un état anormal et contre nature ; c'est l'état de prison, de reclusion du bétail avec tout le confortable de l'alimentation. Cet état ne convient bien qu'au bétail de boucherie, dont les jours sont comptés, et qu'on n'alimente qu'en vue d'un produit que la mort doit réaliser, et encore au bétail de travail, qui, usant sa vie dans les fatigues des champs, trouve dans la stabulation un repos et une réparation nécessaires ; mais la stabulation absolue ne convient ni au bétail d'élève, qu'on doit chercher à fortifier autant par le grand air et un exercice modéré que par une nourriture abondante et forte, ni aux vaches laitières, qui produisent plus de lait sans doute, mais qui le produisent moins bon, et s'affaiblissent et s'étiolent sous un régime qui les prive d'air, de lumière, de soleil, d'exercice, choses si indispensables à la vie.

La stabulation, si elle a d'immenses avantages au point de vue de la fertilisation du sol, a donc, dans certains cas, de grands inconvénients. Pour les veaux d'élève, pour les vaches laitières, une stabulation mixte est préférable à une stabulation absolue. Nous conseillons donc en été deux heures de pâturage le matin, après une très-petite ration donnée à l'étable ; un bon repas à midi ; puis deux heures de pâturage le soir, lorsque l'ardeur du soleil est tombée, et un petit repas à la rentrée ; à la fin de l'automne et au commencement de l'hiver, trois heures vers le milieu du jour, en évitant, *dans toutes les saisons, de sortir par le mauvais temps*, les pluies froides, les brumes glacées, la neige, etc. Cette transaction nous paraît indispensable pour les veaux d'élève et les vaches ; aussi les pays les plus riches pour l'élève du bétail l'ont-ils acceptée.

Les bouviers reconnaîtront bien vite, par la mollesse du travail, les engraisseurs, par la difficulté à prendre la graisse, à l'étable ou dans les herbages, le veau élevé à l'état de stabulation. Les vaches laitières elles-mêmes trahiront le secret de leur alimentation par la mauvaise qualité de leur lait. Il ne faut donc faire stabuler que le bétail de travail et d'engraissement.

En Normandie, dans les Flandres, dans le Limbourg, etc., le pays est couvert de prairies divisées par des haies vives garnies de plantations d'arbres.

Avec des bordures d'arbres bien alignés, on peut supprimer les haies vives et créer avec des perches, et mieux avec du fil de fer galvanisé, et dès lors inoxydable, une clôture mobile peu coûteuse. Le fil de fer est supporté par un crochet de bois attaché à l'arbre au moyen d'un hart ou corde de bois, mieux encore par un crochet en fer attaché de même à l'arbre. On peut aussi avoir des piquets percés, etc.

Cette forme des petits enclos a un but dont l'utilité est évidente : dans une vaste prairie, les bestiaux marchent, courent, se fatiguent à l'envi, et font perdre plus d'herbe qu'ils n'en mangent. Avec de petits enclos, chacun prend sa place et se résigne à rester en repos; l'animal se fatigue moins, mange davantage et détruit bien moins d'herbe par les pieds.

Puis les frais de garde sont presque nuls; un enfant pourra surveiller cinquante têtes de bétail.

Puis l'herbe, qui ne végète si bien qu'au printemps et en été, s'accommode très-bien d'un peu d'ombre, de l'abri de quelques arbres de bordure et surtout de l'abri des haies, dans le midi plus qu'ailleurs, où le soleil grille promptement les prairies.

Le bétail lui-même souffrirait par trop du soleil; l'ombrage lui est souvent indispensable.

Avec de petits enclos pacagés tous les dix, quinze ou vingt jours, suivant leur nombre et leur étendue, l'herbe a le temps de repousser, et le bétail y trouve toujours une abondante nourriture.

Enfin, le produit des arbres de bordure est un produit important et indispensable dans les pays riches, d'où les bois ont été chassés par les cultures (et nous voyons que tous les pays où on se livre à l'élève du bétail sont devenus des pays riches).

Voilà certes plus de raisons qu'il n'en faut pour encourager la division des grandes prairies en petits enclos, bien bordés d'arbres ou bien fermés de haies vives à un double rang d'épines ou un rang simple bien entrelacé en forme de treillage et maintenu à une petite hauteur.

Disons en passant un mot sur le choix des essences : le peuplier devra être choisi pour les sols graveleux et sur les bords des eaux vives et courantes; l'ormé, le frêne, le platane, ces trois essences si propres au charronnage, sur les fossés humides, dans des sols riches et frais; l'aulne et le saule, dans les sols bas, submergés, marécageux.

Nous voudrions voir toujours près d'une étable à vaches ou à veaux un enclos sec et élevé, autant que possible avec un abreuvoir, et qui fût au moins destiné à la mise à l'air du bétail. Dans les saisons pluvieuses, on pourrait profiter des intervalles de beau temps pour promener et aérer le troupeau ; au plus petit danger de pluie, l'étable est là, ouverte, pour l'abriter.

Nous voudrions aussi, outre cet abreuvoir très-rapproché pour la mauvaise saison, un autre abreuvoir plus éloigné pour le beau temps, afin de servir de but de promenade et de marche.

DE LA NOURRITURE ET DES FOURRAGES.

Je viens de tracer bien rapidement le meilleur mode d'alimentation du bétail ; il me reste à parler avec quelques détails de chaque espèce de nourriture, de sa force d'alimentation, enfin de sa meilleure application aux différentes espèces de bétail.

Le foin, les fourrages secs sont (le grain à part) la nourriture la plus tonique ; c'est celle des bêtes de travail.

Le regain est moins nourrissant que le foin ; il convient peu aux chevaux, beaucoup aux vaches et surtout aux jeunes veaux.

La paille est de beaucoup inférieure ; la paille d'avoine est de un tiers au-dessous du foin, celle de froment de plus de moitié. Aussi ne doit-on la donner que le soir, pour la nuit, comme supplément de nourriture, ou de grand matin, pour satisfaire le premier appétit. Avec nos machines à battre, je voudrais atteindre deux buts à la fois : extraire le grain et bien briser la paille, afin de la rendre plus comestible, ce qui dispenserait de la faire hacher (le jeune bétail la mangerait encore moins hachée qu'entière). Le plus souvent, il faut la laisser fermenter au moyen d'une humidité légère ou d'un mélange avec des tubercules hachés, et la livrer au bétail ainsi mélangée et attendrie. C'est là une excellente nourriture pour le lait, surtout si on y ajoute un peu de son, de repasse, de tourteaux en poudre, etc.

C'est en Allemagne une méthode généralement adoptée que de modifier et mouiller les fourrages secs Je puis signaler quatre méthodes bien distinctes :

1° Mouiller la paille mêlée d'un peu de foin avec de l'eau salée et chargée de tourteaux pulvérisés, empiler et laisser attendrir pendant douze heures.

2° Mouiller la paille d'eau salée et la laisser s'échauffer et fermenter soit entière, soit brisée.

3° Mêler des tubercules hachés et du sel à de la paille hachée et mouillée, et laisser fermenter.

4° Cuire un peu à l'eau ou à la vapeur la paille hachée et salée, seule ou avec des tubercules.

Les Allemands s'accordent pour reconnaître que la cuisson serait la méthode préférable, si ce n'était la dépense de combustible. Cette dépense fait qu'ils préfèrent l'échauffement spontané ; ils estiment que quinze kilogrammes de foin ou paille ainsi traités nourrissent autant que vingt donnés à l'état sec.

Le son et les autres farineux font merveille pour la production du lait. Le résultat est immédiat et immanquable ; d'abord, il fait boire et jette ainsi dans les estomacs des ruminants un thé de foin excellent pour les nombreuses préparations qu'il subit ; puis le glutten provoque et facilite admirablement la sécrétion.

Remarquons cependant que presque partout le son est coté au-dessus de sa valeur alimentaire, et qu'il y aurait avantage évident à faire moudre de l'avoine, de l'orge, du seigle, du froment même. Le son, alimentairement parlant, ne vaut pas le tiers de la farine même brute ; je préférerais 100 kil. de farine non tamisée ou blutée à 300 kil. de son, et cependant le son se vend toujours à moitié prix de la farine brute, surtout lorsque les céréales sont à bas prix ; il y a donc perte de 1/3.

Une petite ration de céréales moulues, donnée pure et à sec, ou un peu mouillée, si la bête est relâchée, ou encore en eau blanche, si elle est échauffée, me paraît devoir entrer dans le régime de la vache laitière ; le supplément de lait, qu'on obtient ainsi et toujours, paye et au delà cette petite dépense ; la santé constante de l'animal, la qualité et la durée du lait sont en outre le résultat de ce régime.

Le sel ajouté au son, ou séparément ou en mélange, vient satisfaire à tous les besoins de l'hygiène ; il stimule et précipite la digestion. Le sel et les farineux produisent leur plus grand effet dans les pays où les fourrages sont aigres et peu nourrissants dès lors. Ils corrigent cette acreté des herbes ; c'est dans les pays argileux, à sol et sous-sol imperméables, mal saignés, mal égouttés, que se trouvent les herbes aigres.

Certaines plantes adventices révèlent cet état des herbes ; ainsi le jonc dans les prairies, la petite oseille dans les terres sont un indice certain de la mauvaise qualité des fourrages.

Une terre produisant spontanément de la petite oseille résistera toujours à la production des légumineuses, la luzerne, le trèfle, etc.

Pour combattre ce vice du sol, il faut saigner la terre par de profonds fossés, mieux encore, dans les contrées où la terre peut rendre assez, ou a assez de valeur pour supporter cette énorme dépense (300 fr. environ par hectare), par l'établissement de conduits souterrains appelé *drainage*; puis, l'égouttement complet obtenu, introduire, par le chaulage, le principe qui manque au sol, le calcaire; la terre alors sera transformée. Chauler avant d'égoutter serait folie.

Cependant, dans ces pays à fourrages aigres, l'herbe verte est bonne pendant quatre mois, alors que l'eau existe dans de justes proportions, sans manquer, sans trop abonder. Ainsi, pendant mai et juin, et du 15 septembre au 15 novembre, le bétail se referá par la seule force d'alimentation de ces herbes; mais, dans la saison des froids et des pluies, aussi bien que dans celle des grandes chaleurs, il souffrira de nouveau et dépérira, si on ne vient corriger les vices et l'insuffisance de la nourriture; c'est alors qu'il faut du sel et des farineux.

Tirons de ce fait, bien certain, cet enseignement, que, dans les pays humides, il convient de faucher de bonne heure, avant que l'herbe ait perdu ses qualités sous les ardeurs d'un soleil d'été, et qu'il faut, sinon s'abstenir de mettre le bétail au champ (ce qui serait le mieux), au moins le sustenter le matin et le soir surtout, pendant l'hiver, lorsque la surabondance des eaux a altéré la qualité des herbes.

Je ne puis trop prémunir les éleveurs contre le danger des herbes aigres. Elles agissent de suite sur la production du lait, la diminuent toujours et parfois même l'anéantissent; le sel, la fermentation, l'infusion, la cuisson, le mélange avec des tubercules sont les meilleurs palliatifs. Dans les propriétés à herbes aigres, si on ne les corrige pas, les vaches souffrent, maigrissent, produisent moins; puis l'épine dorsale perd sa souplesse, la peau devient sèche et dure, le poil hérissé; le lait diminue de plus en plus. Ces perturbations sont dues à l'aigreur des fourrages.

Avec la betterave, la production du lait croît encore. C'est le véritable tubercule pour le lait, puisqu'il est aqueux et sucré; il augmente la quantité, mais aux dépens de la qualité; le lait est plus léger. La betterave équivaut à deux cinquièmes de son poids en foin.

La betterave de Silésie, à collet rose, c'est-à-dire la betterave à sucre, est bien supérieure à la betterave commune dite disette; celle-ci, il est vrai, est plus rustique, mais elle est aqueuse et fade, l'autre est sucrée et ferme; 2 kil. de l'une valent presque autant que 3 de l'autre.

Espacer d'autant plus que le sol est plus fertile, espacer peu dans une terre médiocre; ici à 1 pied, là à 15 pouces, dans une très-bonne terre à 18. Pareille proportion dans l'espacement des lignes. Dans le nord on doit toujours semer sur couche ou terrain bien fumé pour repiquer ensuite, le produit est bien supérieur; dans le midi on ne réussit pas toujours à faire prendre le plant : c'est là l'inconvénient de la culture de la betterave. Je sème en place, mais j'ai dans le jardin un carreau de semis de betteraves pour repeupler les manquements dans le semis sur place, et tenter un repiquage avec ce qui reste de plants.

La pomme de terre équivaut à trois cinquièmes de son poids en foin; car elle est plus nourrissante que la betterave. Elle donne un lait moins lavé; mais elle en produirait plus sans le principe âcre de ce tubercule. C'est pour obvier à cet inconvénient qu'on laisse commencer la fermentation dans un mélange de paille et de pommes de terres hachées, ou encore qu'on échaude la pomme de terre en jetant l'eau qui s'est chargée des sucs âcres retenus sous la pellicule. Ainsi purgée, la pomme de terre mélangée aux fourrages secs devient une excellente nourriture pour le lait; pour l'engraissement, la pomme de terre cuite, pétrie et refroidie sera préférable.

A l'occasion de cet inappréciable tubercule, je ne puis trop conseiller sa culture hivernale dans les sols secs et égouttés seulement, dans le midi surtout; on pourrait presque en faire, comme du farouch, une récolte dérobée.

Les raves et navets sont aussi alimentants que la pomme de terre; mais ils communiquent au lait une saveur odorante peu agréable.

Les ruminants ne s'accommoderaient pas d'une nourriture composée exclusivement de tubercules ou encore de graines; ceux-ci, parce qu'ils nourrissent dans un trop petit volume et ne rempliraient pas les estomacs; ceux-là, parce qu'ils ne se rattachent entre eux par aucun lien filamenteux, et qu'ils résistent ainsi au rappel des aliments dans la bouche pour l'opération de la rumination.

Quelques agronomes pratiquent l'effeuillage des betteraves; d'autres le condamnent. J'ai bien souvent expérimenté la question ainsi posée, et j'ai reconnu qu'on peut effeuiller, mais avec discernement et modération : la nature nous indique elle-même les feuilles à prendre et celles à conserver. Ainsi la touffe qui couronne la betterave de son diadème de verdure, la touffe qui se compose de feuilles vivaces et montantes, comme seraient celles d'un dahlia, doit être respectée. Mais, au fur et à mesure que les petites feuilles du centre grandissent, se développent, s'ouvrent pour faire place à d'autres petites feuilles toujours renaissantes, les plus vieilles se séparent de la touffe et s'inclinent vers la terre sans jaunir encore; la séparation est bien tranchée. C'est le moment de les cueillir ; quelques jours plus tard on les verra jaunir, puis sécher et tomber.

Il faut donc prévenir la nature ; la feuille qui devra se perdre sera utilisée. Fait d'après ce principe, on comprend que l'effeuillement ne peut causer aucun préjudice à la betterave.

En Allemagne, j'ai vu remplir des cuves de feuilles de betteraves bien tassées et chargées, puis recouvertes d'eau et conservées ainsi plusieurs semaines; on pourrait traiter de même toutes les feuilles de légumes et même d'arbres ; de vigne surtout.

Certains choux, et, en première ligne, le chou pancalier, appelé aussi *cholet*, et nommé dans le pays breton *chou mille-œils* ou *mille-têtes*, si utilement cultivé dans le Poitou et la Vendée, sont une grande ressource pour une vacherie. Le chou-cholet doit être préféré aux autres espèces; il est si nourrissant, qu'il sert même à l'engraissement du bétail, dans le pays qui lui donne son nom. Ce sera donc une culture obligée autour d'une vacherie. J'ai vu près de Bordeaux un demi-hectare de terre planté en choux-cholet, espacés à deux pieds, nourrir presque exclusivement et pendant plusieurs mois (les mois les plus difficiles à passer, les mois d'hiver) une vacherie de seize têtes de bétail.

J'avais essayé précédemment des choux rougeâtres d'Allemagne si prônés, des choux monstres semblables à des palmiers nains et ayant de belles feuilles, mais en petite quantité, des choux cavaliers, des choux de village, etc. Ces essais me payaient à peine de mes frais. J'ai renoncé à ces espèces, et je leur préfère de beaucoup le chou pancalier, auquel je me suis arrêté. Les terres fortes, fraîches, argileuses sont les vraies terres à choux ; tous les crucifères réussissent admirablement dans les défrichés de landes argileuses. Le guano bien mêlé à la terre, mais en petite quantité, le noir animal, les os en poudre... font merveille sur la végétation du chou.

La carotte à collet vert et le panais sont des fourrages d'hiver du premier ordre; ils remplacent avantageusement l'avoine, même pour les chevaux. On peut les semer sur une bonne terre légère; au printemps, dans une céréale; mais ils méritent une culture toute spéciale. M. Aubergier estime ses récoltes spéciales de carottes à collet vert à 1,200 hectolitres par hectare !

Le topinambour est aussi un excellent tubercule; les porcs le mangent cuit et cru, les bœufs, les vaches, les chevaux aussi ; on les y habitue d'abord en y mêlant quelque peu de farine ou de son. C'est la plante la plus rustique, passant sans inconvénient l'hiver en terre. Ses tiges forment un excellent fourrage.

La patate est aussi un très-bon aliment ; sa culture est trop chère pour qu'on fasse un fourrage du tubercule. Mais on n'en connaît pas la culture en France, et je crois qu'elle ne peut réussir que dans le midi, où il faut même la semer en février sur couche pour la repiquer en pleine terre en avril, soit en tiges à racines, soit seulement en boutures, qui prennent très-facilement. Ses tiges donnent un fourrage vert aussi excellent qu'il est abondant. Mais il faut les couper ou les relever ; autrement chaque nœud jette des racines en terre, développe ainsi démesurément la production des tiges et nuit au développement du tubercule.

Il faut aussi cultiver pour l'été et dans les endroits frais la consoude à feuille rude, la patience des jardins, la berce ou francursine, etc.

Classons les tourteaux d'après leur valeur nutritive :

Celui de lin est le meilleur de tous, surtout pour le lait, qu'il rend très-butireux.

Ceux de Colza, de raves viennent après ; leur force nutritive peut être comparée à la force de l'avoine.

Celui de chènevis est le moins bon, celui de noix aussi.

On a longtemps rejeté, mais bien à tort, celui de faîne. Il est vrai qu'il retient quelques parties d'acide tanique et même d'acide prussique, et qu'il resserre et constipe le bétail; mais en le délayant beaucoup et en le donnant en petite quantité (un à deux kilogrammes par tête), on obtient d'excellents résultats.

Comme renseignement j'ajoute le prix ordinaire des tourteaux, par 100 kil., et leur valeur comparée comme engrais :

	A l'état nature.		A l'état sec.	Prix ordinaire.
1 Arachide........	8,33 p. 0/0 d'azote.		8,89	7 fr. » c. à 8 fr. » c.
2 Sésame........	6,77	—	7,47	10 » à 11 »
3 Lin	5,40	—	6.	14 » à 15 »
4 Cameline	5,30	—	5,93	12 50 à 13 »
5 Pavot	5,36	—	5,70	»
6 Madia	5,16	—	5,70	11 » à 12 »
7 Noix	5,14	—	5,59	5 » à 6 »
8 Colza.........	4,92	—	5,50	13 » à 13 50
9 Chenevis.......	4,21	—	4,78	12 50 à 13 »
10 Coton........	4,12	—	4,52	»
11 Olive.........	2.	—	0,73	»

On concasse, on moud le tourteau ; on en fait un mélange aqueux, plus liquide pour le lait, plus épais pour l'engraissement. Le tourteau est excellent dans l'engraissement des veaux, on en mélange avec la pomme de terre.

Le froment est, bien entendu, pour les animaux comme pour l'homme, la première des céréales. Le seigle, l'orge, l'avoine viennent après.

Les lentilles, les pois, les haricots, les fèves, les vesces peuvent être classés dans l'ordre que nous leur assignons.

Mais l'orge, les pois, les vesces doivent être rejetés pour la production du lait, auquel ils donnent une saveur amère.

L'avoine, les lentilles et les fèves sont regardées comme le meilleur stimulant pour la chaleur et la monte.

Les céréales et les légumineux, destinés au bétail de travail, doivent être concassés seulement; pour les vaches laitières ils produiront plus d'effet grossièrement moulus. Donnés entiers, ils perdront généralement pour tous, et surtout pour les animaux les plus faibles, les plus vieux, etc., un quart de leur force nutritive. Cela s'explique facilement par le fait d'une mastication incomplète et d'une grande débilité d'estomac.

Je ne comprends pas qu'on persiste, en France, à livrer le grain entier au bétail et à perdre ainsi une partie de ses principes alimentaires. Pour se convaincre de cette perte, il suffit de voir la volaille fouiller les déjections des animaux nourris au grain, et trouver constamment, même dans celles des bêtes les plus jeunes et les plus vigoureuses, digérant parfaitement dès lors, une abondante alimentation.

Les soupes, les buvées chaudes, sont, à notre avis, une alimentation bonne seulement dans certains cas de maladie, mais dangereuse dans un régime constant d'alimentation, dangereuse surtout pour le bétail d'élève. C'est là une erreur dans laquelle sont tombés les Allemands.

Les soupes', etc., rendent le bétail extrêmement mou et délicat, poussent au lait sans fortifier l'animal, comme font les résidus de brasserie, le débilitent et ruinent sa constitution. Aussi ce régime n'est-il supportable qu'avec la stabulation absolue et les plus grands soins. Généralement il amène la faiblesse et l'énervation, par suite une petite toux douce, sourde et répétée : la poitrine est affectée; la maladie appelée vulgairement la *pommelière* se développe; l'animal est perdu si on n'arrête promptement la maladie.

Dans le pays à ajoncs *(ulex magna, ulex parva)*, cette plante, qui abonde dans les landes argileuses ou à sables recouvrant l'argile, et qui signale les contrées pauvres, peut fournir une immense ressource pour la nourriture du bétail. Pendant cinq ans M. Guichenet, de Bordeaux, a nourri sa belle vacherie de l'hippodrome, aussi bien qu'une écurie remplie de chevaux malades, qu'il a ainsi guéris et refaits, avec les tiges vertes du grand ajonc, hachées au moyen d'une petite mécanique, mise en mouvement par un manége.

Il consommait par jour cinq cents kilogrammes de cet excellent fourrage, plus nourrissant que le foin, produisant un lait aussi bon, plus abondant et plus hygiénique.

M. Lecomte a fait comme M. Guichenet, mais encore plus simplement que lui. Il n'avait pas de mécanique et ne voulait pas en acheter, car sa vacherie était bien moins nombreuse. Ses ajoncs étaient hachés à la main par un homme armé de hachoirs de cuisine. Le prix de revient de ce précieux fourrage était, pour M. Guichenet, de 75 centimes les 50 kilogrammes, de 1 franc pour M. Lecomte. On y mêlait une petite quantité de son pour pousser au lait, et, ce qui faisait mieux encore, des betteraves coupées, car l'ajonc seul est déjà trop nourrissant pour des vaches laitières; il les rendrait trop grasses. Le bétail préfère l'ajonc bien frais et non fermenté.

Chez les deux personnes que j'ai nommées, cette alimentation a, pendant plusieurs années, entretenu près de cent vaches dans le meilleur état de santé et dans une production toujours croissante d'excellent lait. M. Guichenet vendait son foin à Bordeaux. Mais cette nourriture ne pouvait être, pour celui-ci surtout, qu'une transition. Il défrichait ses landes et remplaçait l'ajonc par des cultures fourragères qui détrônèrent insensiblement l'ajonc et rendirent inutile cette excellente ressource. Aujourd'hui cette propriété, achetée à l'état sauvage et en landes, est une des plus belles des environs de Bordeaux. Les farouchs, les trèfles, les luzernes, les vesces et avoines, les choux pancaliers, etc., cultivés en plein champ et en grand, remplacent l'ajonc, qui ne peut plus, bien entendu, approvisionner la vacherie. Mais reste une expérience de cinq ans qui met hors de doute l'excellence de ce fourrage, et qui décidera d'autres cultivateurs placés au centre de la production spontanée des ajoncs, dès lors dans un pays pauvre et de landes, à utiliser un produit si utile et cependant si peu employé.

J'ai moi-même imité la pratique de MM. Guichenet et Lecomte, et je suis tellement convaincu de la bonté et de l'utilité des ajoncs, surtout du grand ajonc, que je voudrais le voir semé et cultivé dans les terres sablonneuses ou argileuses, impropres à toute autre culture. Cette plante est vivace, et sa végétation est incessante et non interrompue par l'hiver. On en ferait une prairie artificielle d'hiver, donnant par année deux coupes de tiges très-jeunes et mangeables alors sans préparation, les épines n'ayant pas encore assez de consistance pour blesser le bétail. Je recommande ce conseil aux habitants des pays de landes argileuses, où l'ajonc est un produit spontané du sol. Au lieu de le semer sur labour, on pourrait se contenter d'arracher les autres plantes et de jeter de la graine d'ajonc à leur place. On aurait bientôt une prairie d'ajoncs purs de tout mélange

Dans certaines parties de la Bretagne l'ajonc est semé et cultivé sur les terres qu'on veut laisser reposer; on le sème au printemps avec une céréale, l'avoine particulièrement, à la quantité de 20 litres par hectare. Dans le midi, il faudrait le semer en automne, car jeune il craint la sécheresse; c'est une excellente prairie d'été et d'hiver, donnant deux coupes par année, trois en bonne terre un peu fraîche.

On étale l'ajonc sur un plancher épais et grossier, parfois recouvert de paille; on le coupe à la bêche (l'instrument pourrait avoir plusieurs lames), puis on le pile avec une dame.

Mon expérience personnelle me porte à croire que le grand ajonc (*ulex magna*) est plus nourrissant que le petit ajonc (*ulex parva*); mais celui-ci n'en est pas moins une bonne nourriture, car il est moins dur et plus herbacé. L'Espagne, la Bretagne, etc., trouvent dans ces deux plantes, excellentes même à l'état sauvage, une immense ressource pour l'alimentation de leurs bestiaux, surtout pendant l'hiver. Les paysans bretons et espagnols passent leurs soirées à piler grossièrement l'ajonc pour en casser ou amortir les épines, et leur bétail, bœufs, vaches, chevaux, ânes, etc., s'accommode parfaitement de cette nourriture, qui l'entretient dans le meilleur état de santé.

Ailleurs, on bat les tiges sur l'aire avec un fléau ou des gaules, ou on les pile avec un maillet de bois. A la ferme-modèle de Grand-Jouan, on nourrit le bétail avec l'ajonc broyé. On a expérimenté la puissance alimentaire de l'ajonc, et on a trouvé que 1 kilogramme d'ajonc broyé équivalait à 1 kilogramme 1/4 de foin, et que, pour remplacer 1 kilogramme d'avoine, il suffisait de 3 kilogrammes d'ajonc. A Grand-Jouan, on payait 1 franc 20 centimes pour récolter et broyer 100 kilogrammes d'ajonc. Ce prix est excessif, car je puis affirmer qu'un homme peut couper et broyer ou hacher, par jour, 250 à 300 kilogrammes d'ajonc. Une petite machine à bras, à deux rouleaux, en fer, cannelés, pourrait servir et à écraser le raisin et à briser les tiges de l'ajonc coupé jeune et vert. Un homme pourrait ainsi écraser 4 à 500 kilogrammes d'ajonc par jour.

Le genêt (*spartium coparium*), si commun dans les pays de bois, serait aussi bon, mais plus échauffant que l'ajonc; comme lui, il pourrait faire d'excellentes prairies productives d'un excellent fourrage, comestible sans préparation ou trituration. Enfoui en vert, le genêt est aussi un très-bon engrais.

Dans certains pays, on le sème avec une céréale, et on laisse la terre dans cet état de jachère productive pour la défricher six, huit, dix ans après, lorsqu'elle est reposée et fertilisée. Cette plante est un excellent fourrage lorsqu'on la coupe jeune et à temps. En Italie, on la laisse monter. On coupe, on fait sécher et rouir les tiges, et on en tire un produit textile qui fait une très-bonne toile, plus résistante que celle du chanvre.

Les tiges du genêt sont assez souples pour servir de liens et remplacer l'osier, pour faire d'assez bons balais, etc.

Le genêt et l'ajonc cultivés, ou seulement protégés, coupés à temps, formeraient une ressource excellente pour les pays des landes. Pourquoi faut-il que le cultivateur pauvre soit si peu éclairé et si peu ingénieux, qu'il méprise ce qui pourrait l'enrichir ?

Les jeunes tiges de ronces broyées sont encore plus nourrissantes que l'ajonc et le genêt ; les viornes, les troènes seraient aussi une ressource alimentaire. L'ornithopus et la spergule surtout sont la ressource des terres sablonneuses. La gesse des marais réussit dans les fonds tourbeux où peu de plantes peuvent végéter.

La berce commune, ou branc-ursine (heracleum spondylium) fait merveille dans les terres profondes ; c'est une espèce de panais à racine ténue mais très-longue, de 75ᶜ à 1ᵐ25ᶜ de longueur ; c'est une plante vivace si on la coupe en vert, résistante aux plus grandes sécheresses ; très-précoce (elle a 1 mètre en avril), s'élevant à 1ᵐ50ᶜ, donnant 3 récoltes et bonne pour les porcs, les ruminants, le lait.... L'heracleum asperum est préféré à l'autre, dans les sols riches et profonds il s'élève à 2 mètres.

Il y en a d'autres espèces : l'heracleum longifolium.
                                      amplifolium.
                                      caspicum.
                                      hispanicum.

Mais les premières espèces sont préférables.

D'autres produits spontanés des landes pourraient, au reste, être aussi parfaitement utilisés.

Ainsi ces grandes herbes à l'état sauvage, dures et hautes, appelées communément palènes, seraient mangeables, si on les coupait jeunes et vertes ; si, à demi séchées, on les entassait pour leur faire subir un commencement de fermentation ; si, surtout, on pouvait y mêler quelques poignées de sel que la fermentation ferait passer dans le fourrage. On obtiendrait ainsi un gros foin gris, corrigé par le sel, attendri par la fermentation, et dès lors comestible et nourrissant au moins autant que la paille.

Les fougères mêmes, coupées jeunes et vertes, séchées légèrement et fermentées, pourraient alimenter les moutons. Les racines de fougères sont un aliment glutineux fort recherché par les porcs et qui conviendrait aux vaches. En Auvergne, dans le canton de Saint-Dier, lorsque les pommes de terre manquent, on nourrit les porcs avec des racines de fougère, pour cela on défriche très-profondément et on loue assez cher ce droit d'extraction dans les sols garnis de fougère.

Le pied-de-veau ou bouvet (arum maculatum), croissant dans les lieux frais, les haies, etc., donne une feuille bonne à cuire pour les porcs, malgré sa saveur âcre, assez semblable à la solanine de la pomme de terre.

Le bétail en liberté mange souvent la feuille verte des pommes de terre. Cela indique assez qu'elle pourrait entrer, en partie, dans son alimentation.

La nature tendre et herbacée des feuilles d'arbres, surtout des feuilles de printemps ou d'été, ne permet pas de douter qu'elles ne puissent servir d'aliment. De tous temps les feuilles sont utilement entrées dans les ressources fourragères des pays mal dotés par la nature et aussi des contrées à petites cultures : l'Allemagne, la Suisse, l'Italie et certains départements français.

La qualité des feuilles varie suivant la nature du sol, partout d'après l'exposition, l'âge de l'arbre ou des branches, la saison plus ou moins avancée, etc. Cependant, en général, on peut ainsi classer les feuilles par ordre de valeur alimentaire :

Mûrier (la feuille par excellence), — orme, — frêne, — tilleul, — chêne, — acacia, — vigne, — pommier, — charme, — prunier, — marronnier d'Inde, — peuplier, — aulne, — hêtre, — poirier, — bouleau, — saule, etc.

La tonte des jeunes haies, l'ébranchage et la taille des arbres au printemps, sont aussi utilisables.

Moins la feuille est vieille, plus elle se rapproche du printemps et s'éloigne de l'automne, plus tendre elle est. Il ne faudrait cependant pas la prendre trop tôt ; elle serait trop peu nourrissante.

On la cueille en ripant les branches les plus jeunes, plus généralement en coupant celles-ci, les liant peu serré, en petites bourrées, posées, comme le chanvre, sur le gros bout, épaté, pour sécher à l'air, non au soleil ; légèrement, non complétement, en se garant beaucoup de la pluie. Dans quelques pays, on ramasse même les feuilles d'automne, au moment de la chute ; mais elles ont beaucoup perdu de leurs qualités nutritives.

On donne les feuilles en vert, pendant toute la belle saison, à tous les bestiaux ; en hiver, à sec et en branchages, aux moutons et aux chèvres ; — cuites, fermentées ou mouillées, toujours avec mélange de tubercules, de sel, etc., aux gros bestiaux, aux porcs surtout. On les hache aussi pour être données en mélange, et on y ajoute de l'eau salée.

C'est en Silésie et en Saxe que cette alimentation aux feuilles est la plus utilisée et qu'elle rend le plus de services. On ébranche, on lie lâchement et on fait sécher debout. Ou encore on entasse dans des cuves ou des citernes, on presse, on charge de planches, de poids en fer ou en pierre siliceuse (la pierre calcaire se fendrait ou tomberait en poussière), et on tient recouvert d'eau. La fermentation a bientôt créé une espèce de choucroute de feuilles qu'on donne en petite quantité, comme stimulant, avant de faire boire, et pour exciter la soif et l'appétit.

J'ai vu des semis et plantations de jeunes acacias, même d'acacias à épines, former d'excellentes prairies dont le produit était consommé en vert ; mais l'acacia inermis, sans épines, appelé acacia-boule, convient surtout pour cet usage, comme le faux robinier ; il réussit dans les plus mauvaises terres ; sa feuille est un excellent fourrage vert. Lorsqu'on a ainsi exploité la plantation pendant plusieurs années, que la plante s'est fortifiée et qu'elle a acquis une grande vigueur concentrée dans ses racines, on peut la laisser monter et obtenir très-rapidement un très-beau produit en bois. J'ai voulu plusieurs fois essayer de ce mode de semis de bois, appliqué à toutes les essences forestières ; mais d'autres travaux m'ont détourné de cette idée, et je le regrette.

L'écorce d'acacia se rouit comme celle de tilleul, et fait de bonnes cordes.

Les marcs de raisin sont comestibles à l'état naturel, c'est-à-dire à la sortie du pressoir ; ils le sont aussi à l'état fermenté. On ne peut ainsi les conserver qu'en les tassant dans une cuve, à la sortie du pressoir, et en les bien couvrant de boue ou de sable. En Toscane on les tasse dans une cuve, on les charge de planches et de pierres et on les tient recouverts d'eau. On les dit aussi mangeables après la distillation, ce que je ne crois pas. Il faut seulement habituer doucement le bétail à cette nourriture, en la saupoudrant de son, de sel, etc., en y mêlant de la paille hachée et de l'avoine pour les chevaux. Plus tard, le bétail en devient très-avide. Cependant M. Huzard a remarqué que le marc bien conservé, à l'abri de l'air, et parvenu à la fermentation alcoolique, faisait tourner le lait des vaches laitières, surtout si la ration était trop forte. C'est surtout aux moutons, qu'il engraisse assez bien, dit-on, que conviendrait le marc de raisin distillé.

Le son de bière, la drêche, etc., sont assez nourrissants, mais poussent beaucoup trop au lait, à ce point même que la vache en est débilitée et affaiblie, et que son lait est très-séreux. Il faut donc modérer les rations de ces résidus de brasserie.

Les résidus de féculerie sont bien moins nourrissants ; ils ne peuvent passer dans l'alimentation que parfaitement frais ou fort peu fermentés.

Les résidus de distillerie de pommes de terre sont meilleurs que ceux de féculerie ; aussi les Allemands en tirent-ils une immense ressource pour l'alimentation d'hiver. Avec ces résidus, ils font consommer tous les mauvais fourrages et les pailles, réservant ainsi tous les meilleurs fourrages pour l'époque des travaux.

Les marrons d'Inde, qu'on laisse perdre presque partout, ont toujours été utilisés chez moi, et j'ai vu avec plaisir M. de Malglaive, au château de Neuvilliers-sur-Moselle, vulgariser l'utilisation du marron d'Inde, si abondant dans certains pays où ce marronnier orne d'immenses promenades, annoncer que depuis plus de vingt ans il en donne deux litres par jour à chacune de ses vaches, et qu'aussitôt entrées dans cette ration, leur beurre gagne beaucoup en qualité, et devient naturellement plus jaune, plus gras, plus savoureux et parfumé.

Le marron d'Inde, comme le gland, la pomme de terre, etc., n'a d'âcreté ou d'amertume que dans son enveloppe. Le fruit en lui-même contient une excellente fécule, facile à extraire, comme le prouve un mémoire très-intéressant de M. Salesse. En le décortiquant et en le passant dans l'eau chaude, le principe âcre disparaît.

Les glands forment aussi, dans tous les pays boisés ou garnis de bordures de chêne, une excellente ressource pour tous les bestiaux, particulièrement pour le porc. Cependant, il faut en modérer les rations, le gland étant tonique et excitant. On les conserve parfaitement dans l'eau, l'eau courante surtout, pendant plusieurs mois, ou encore en lieu sec et au grenier, mieux encore séchés au four, ce qui permet de les garder plusieurs années et même de les moudre et d'obtenir une farine excellente pour l'engraissement de tous les bestiaux, de la volaille, etc. En Espagne, le gland séché, grillé et moulu, forme une espèce de café très-hygiénique.

En passant le gland à l'eau bouillante, comme le marron d'Inde, il perd de son âcreté.

Les fruits tombés verts et verreux peuvent aussi être utilisés par la cuisson et le sel.

Toutes les balles de céréales non barbues sont aussi une excellente nourriture. On peut les donner sèches ; mais elles se mangent mieux un peu mouillées. Les bestiaux en sont si avides, qu'ils mangeraient de même les balles des céréales barbues, sans s'inquiéter des embarras que leur cause l'aiguillon. Mais il y a quelque danger à livrer à la consommation ces balles barbues. Les aiguillons entrent parfois dans les mamelons, si nombreux dans la bouche des bêtes bovines, et y causent une inflammation douloureuse. Un accident plus grave, c'est que, si l'aiguillon passe dans la gorge, il provoque des toux très-persistantes. Je ne sais si la cuisson, en amollissant cette espèce de scie épineuse, ne rendrait pas ces balles comestibles sans danger. En Allemagne on les donne sans préparation.

Les siliques de haricots, de pois, de colza, et autres graines légumineuses ou oléagineuses, forment une bonne nourriture, meilleure encore, mouillée, attendrie ou fermentée. Les tiges du mil et du maïs, la paille de lentilles, sont une excellente nourriture pour les vaches laitières.

Les racines et les tiges du grand et du petit chiendent, de la traîne, ou agrostis, etc., sont un des meilleurs fourrages qu'on puisse offrir au bétail, aux vaches à lait surtout ; mais il faut avoir bien lavé ces racines pour en détacher la terre ; pour cela, on les jette dans l'eau d'une mare, on les laisse tremper, on les secoue plus tard dans l'eau avec un rateau, et on les retire parfaitement propres et mangeables. On a grand tort de les jeter, car rien ne donne un meilleur lait, rien n'est plus bienfaisant pour le bétail mal portant, les chevaux, etc. Cela est aussi nourrissant que l'avoine ; mais, au lieu d'échauffer, cela rachaîchit et calme.

J'ai fait sécher du gros chiendent ; j'en ai mis en réserve comme remède, comme fourrage d'hiver ; j'en ai même fait moudre ; la farine est entrée dans le pain, le son dans les soupes et les buvées, et j'ai toujours été étonné que, dans les petites cultures surtout, on laissât perdre un pareil aliment.

Le son, ou mieux encore le seigle, l'avoine, l'orge, le froment, moulus ou seulement bien concassés, même donnés dans les plus petites proportions, font merveille pour la production du lait. Pour le croire, il faut réellement l'avoir expérimenté. Mes essais portaient sur d'excellentes vaches, il est vrai ; le résultat eût été moins grand sur des sujets pauvres. Je paye le gros son de pays 11 centimes le kilogramme ; un demi-kilogramme donné à chacune de mes vaches a constamment produit un demi-litre de plus le lendemain, et, en continuant la pitance d'un demi-kilogramme de son, au bout de quinze jours, l'augmentation, croissant insensiblement, avait atteint plus d'un litre un quart. Lorsqu'on cessait de donner du son, le lait diminuait insensiblement, et quelques jours après celui où le son avait été retiré, le produit en lait était redevenu ce qu'il était avant le commencement de l'expérience ; parfois même j'ai remarqué une diminution sur l'ancien produit.

Les corps gras, les tourteaux, celui de lin surtout, repoussés d'abord par le bétail, sont bientôt avidement recherchés. Par ce moyen, on obtient, comme avec le sel et le son, une augmentation marquée en quantité et surtout en qualité, car le lait devient plus butireux. Dans le Nord, on prétend qu'en hiver et pendant les gelées seulement, le tourteau de colza facilite la formation du beurre, tandis que celui de lin la rendrait presque impossible. Le reproche à faire à cette nourriture, c'est qu'elle rend le bétail très-friand et parfois lui fait refuser les autres aliments.

Par les eaux de relavure de vaisselle, par le petit lait donné aux vaches, qui en deviennent insensiblement très-friandes, on obtient les mêmes résultats.

J'ai vu, dans certains pays, employer directement le sel et les tourteaux à la fumure des terres. Je sais qu'on obtient de ces fumures, au moins avec les tourteaux, des résultats très-remarquables ; mais je ne comprendrais pas qu'au lieu de la voie directe, on n'employât pas la voie indirecte et qu'on ne commençât pas par appliquer ces deux choses à l'alimentation, où elles produiraient alors deux effets pour un. J'ai pu constater, en effet, et on le croira facilement, que la nourriture donnée a une énorme influence sur la qualité des fumiers ; que le fumier de chevaux nourris à l'avoine et au son est bien supérieur à celui des mêmes animaux nourris au foin et à la paille seulement ; que l'introduction du sel, des corps gras, des résidus huileux dans la nourriture du bétail, ajoute encore bien plus que ne le fait l'avoine à la qualité des engrais. Ces corps, animalisés par leur application à l'alimentation, perdent fort peu de leur force d'engrais et gagnent à la transformation qu'ils subissent une plus grande aptitude à être promptement assimilés aux plantes. Les matières fécales en provenant révèlent leur force d'engrais par des émanations plus azotées et plus puantes. Je le répète donc, je n'ai jamais compris qu'on pût confier à la terre, comme fumures, des matières alimentaires aussi riches que les tourteaux, aussi utiles à l'alimentation que le sel. Aussi, avec la même dépense, ai-je entendu obtenir deux produits au lieu d'un seul : l'alimentation abondante et par suite la croissance ou l'engraissement de mon bétail d'abord, et ensuite, sans perte réelle, la fumure de ma terre par un engrais plus assimilable et un risque de moins de perdre de sa force de production par un trop long séjour dans le sol.

J'ai eu plusieurs fois l'intention, sans la réaliser, de faire boire à mes vaches ce que je donne à mes porcs : un bouillon de pain de suif frais, ayant subi une longue ébullition. On obtiendrait par là un résultat pareil à celui obtenu par le tourteau de colza ; je craindrais cependant pour le lait une odeur désagréable ; pour les porcs, il faut suspendre cette nourriture quinze jours avant de tuer.

Dans l'alimentation des vaches laitières surtout, il faut toujours tendre aux mélanges. Le *foin est*, à proprement parler, *le pain du bétail* ; il peut se donner seul et toujours, précisément parce qu'il est lui-même un mélange de quinze à vingt plantes différentes. Les autres fourrages doivent, autant que possible, être sinon mélangés, au moins alternés. Quelques-uns, qui sont excellents pour le bétail non ruminant, sont trop durs lorsqu'ils sont secs pour les ruminants. Dans le mouvement alimentaire de la rumination, ces fourrages, les trèfles, les luzernes, etc., brisés seulement, blesseraient les membranes si délicates du gosier, ou résisteraient au rappel des aliments dans la bouche.

Les meilleurs mélanges sont ceux de fourrages verts et secs; c'est là une excellente utilisation. Ainsi, paille entière et moutarde (celle-ci en petite quantité), ou farouch, ou trèfle, ou luzerne, ou vesce, ou avoine, ou seigle, etc., paille hachée et tubercules coupés, parfois fermentés ensemble, pommes de terre, betteraves, raves (turneps)... Pour la vache, une nourriture aqueuse est nécessaire pour produire la quantité du lait. Pour tous les ruminants, une nourriture volumineuse est indispensable pour remplir leurs poches alimentaires ou estomacs. Une nourriture forte sous un petit volume ne conviendrait pas plus que les céréales seules. Il faudrait, si on en était réduit à cette alimentation aussi forte que compacte, y mêler de la paille hachée et macérée dans l'eau, des tiges de maïs hachées et détrempées, etc.

Les plantes de marais et d'étangs peuvent aider aussi à l'alimentation du bétail; je recommande surtout la brouille (fétuque flottante); c'est un excellent fourrage qui a deux pousses par année et devient très-abondant de mars à mai et d'août à novembre dans les étangs peu profonds.

J'ai lu dans tous les auteurs que le bétail recherchait encore plus le fenouil d'eau; mais je n'ai pas expérimenté ce fait, et je doute même qu'il soit vrai.

La macre ou châtaigne d'eau (noix d'eau, suivant les Allemands) est encore un excellent produit d'étang. Dans les landes de Gascogne, la feuille et les tiges servent de fourrage au bétail; la macre, de nourriture à l'homme, au bétail, au poisson.

Dans cette énumération de nos ressources alimentaires, je suis loin d'avoir tout épuisé : j'ai omis à dessein beaucoup d'aliments usuels, précisément parce qu'ils sont usuels et que mes conseils seraient sans utilité. J'aurais voulu ne rien oublier dans l'énumération de nos ressources alimentaires non utilisées encore et aujourd'hui perdues, car c'est sur ce point qu'un conseil serait profitable; mais je suis resté bien au-dessous de mes intentions.

Fermentation.

Lorsqu'on usera de la fermentation, il faudra savoir s'arrêter à temps ; autrement, on altérerait ou on perdrait la nourriture par trop fermentée. L'herbe verte ne doit pas être entassée : elle fermenterait, et donnée dans cet état, elle occasionnerait des accidents.

On ne doit pas faucher des fourrages mouillés, parce que la feuille se charge alors de terre et de boue.

C'est une erreur que de croire que l'herbe mouillée peut être dangereuse : j'ai vu, au contraire, mouiller l'herbe pour prévenir la météorisation.

C'est par l'humidité qu'on obtient la macération des aliments secs. La fermentation sucrée suit la macération ; la fermentation alcoolique vient après ; puis la fermentation acide, qui commence la décomposition, c'est-à-dire le passage de la matière alimentaire à l'état de détritus ou d'engrais. On comprend dès lors qu'il faut s'arrêter à la fermentation sucrée, sinon à la macération fermentée. Quelquefois cependant le bétail préfère un commencement de fermentation alcoolique, mais un commencement seulement ; c'est là l'extrême limite : la perte des aliments est au delà.

Ainsi mouillage, — macération, — macération fermentée, — fermentation sucrée, à la fin de laquelle commence le danger, — fermentation alcoolique, qui prépare la décomposition de la matière alimentaire ; enfin, fermentation acide, qui achève cette décomposition et amène la putréfaction.

Du sel.

Le sel n'est pas un aliment : c'est le stimulant le plus salutaire, le condiment le plus hygiénique. Il est très-recherché par les ruminants, sinon lorsqu'on le leur présente pour la première fois, au moins lorsqu'ils ont commencé d'en faire usage ; mais ses effets ne sont immédiats que par l'augmentation et la constance de l'appétit, aussi bien que par l'état de santé du corps ; le sel, nous devons le dire, n'a pas tenu ce qu'on en espérait. On est d'accord sur ce point qu'il fait révolution dans l'économie, que ses effets sont presqu'immédiats, mais ne se continuent que pendant six semaines à deux mois, et que plus tard le niveau se refait, c'est-à-dire que les effets du sel cessent d'être apparents. J'ai cru remarquer que le sel favorisait bien plus sûrement l'accroissement de la chair que l'accroissement de la graisse : si on veut seulement refaire un animal, il faut de suite lui donner du sel ; si on veut l'engraisser, on doit réserver ce stimulant pour l'époque où l'animal, à demi-gras, perdra un peu de son appétit ; le sel alors ranimera l'estomac et les forces digestives et permettra de pousser l'engraissement aussi loin que possible.

Donné à la vache laitière, il la maintient dans un meilleur état ; mais il n'augmente guère le lait que parce qu'il pousse à une alimentation plus forte. Il le rend aussi plus digestif, car le veau en consomme davantage, et sa croissance est plus sensible. Il faudrait donc donner du sel aux vaches dont le lait serait destiné à des estomacs faibles ou malades. Si le sel augmente peu le lait par lui-même, mais bien par l'excédant de nourriture qu'il fait prendre et bien digérer, il augmente au moins et bien sûrement dans le lait la proportion des éléments butireux et caséeux.

Pendant les pluies d'hiver, les brouillards, etc., il faut augmenter la ration de sel.

Le sel excite l'appétit par la saveur qu'il donne aux aliments ; il stimule et active la digestion ; il maintient le ventre libre, provoque la sécrétion normale et l'écoulement des urines ; il donne du ton aux parties organiques et augmente les forces vitales. C'est par ces effets généraux sur l'économie qu'il augmente et améliore le lait.

Le sel est un palliatif puissant, un préservatif utile, un remède énergique contre la plupart des maladies des animaux. Il préserve surtout de la pourriture et prévient beaucoup de dérangements ou troubles, précurseurs certains de maladies graves.

Pour les animaux aussi bien que pour l'homme, le sel est donc un besoin tout à fait hygiénique, un objet de première nécessité.

Le sel affranchi entièrement devrait coûter à peu près 2 à 3 fr. les cent kilogrammes (il coûtait 50 centimes le minot (50 kilos) à Marseille avant 1789) ; il coûte maintenant en France, 13 fr. les cent kil. Le sel, par lui-même, n'est pas plus un engrais qu'il n'est une nourriture : c'est un stimulant pour la terre comme pour l'estomac.

Non pas que je me risque à dire que le sel naturel soit un stimulant ou un fertilisant pour la terre ; j'en doute fort, ou plutôt je ne lui crois qu'une action très-limitée ; mais je puis affirmer qu'animalisé par son passage dans le corps des bestiaux, il ajoute beaucoup à la force fertilisante des fumiers, à peu près autant que peuvent faire le grain ou les tourteaux donnés au bétail, de telle sorte qu'il produit deux bienfaits pour un, et, qu'après avoir ajouté à la croissance, à la taille, à la force, au lait, à l'engraissement des bestiaux, il ajoute aussi à la fertilité de leurs fumiers. Disons encore qu'il peut rendre comestibles les fourrages les plus grossiers ou les plus avariés, ce qui est d'une importance inappréciable, puisqu'on pourrait ainsi en France augmenter d'un tiers, de moitié, doubler même la masse des produits alimentaires destinés au bétail.

Les pays humides doivent consommer plus de sel que les pays secs, afin de combattre l'action dangereuse du climat.

En Angleterre, on rationne ainsi les bestiaux :

114 grammes (3 onces 1/2) par jour à une vache ou à un bœuf de travail ;

170 grammes (5 onces 2/3) par jour à un bœuf à engraisser ou à un cheval ;

75 grammes (2 onces 1/2) par jour à une jeune bête ;

30 grammes (1 once) par jour à un veau.

En Suisse, ces rations sont presque doublées.

En France, je ne conseillerais tout au plus que 65 grammes (2 onces) par jour et par tête pour les chevaux, les vaches laitières et les bestiaux de travail, 100 pour les bœufs à engraisser, 30 grammes pour une jeune bête, 15 à 20 grammes pour un veau, suivant sa taille. Les rations allemandes sont un peu plus fortes.

Pour en finir, je dois seulement ajouter qu'avec le sel et la cuisson à la vapeur, on pourra obtenir des résultats surprenants et faire consommer utilement bien des produits réputés aujourd'hui non comestibles ; c'est probablement ce qu'a voulu dire M. Dezeimeris, en imprimant que M. Valmor avait trouvé le moyen de *faire tout manger au bétail.* C'est là un secret que je vulgariserais bien vite, si je l'avais trouvé !

Lors de la révolution de 1789 les provinces françaises étaient inégalement frappées par la gabelle ou impôt sur le sel. Un quart de la France à peu près ne payait aucun impôt ; un autre quart payait le sel 10 francs les 50 kilogrammes ; un troisième quart le payait 33 fr. 50 c., et le dernier quart 62 francs. La révolution supprima purement et simplement cet impôt. Le directoire tenta, mais en vain, de frapper le sel d'une taxe légère. Napoléon l'imposa successivement de 10 francs, puis 20 francs, puis 40 francs les 50 kilogrammes ; en 1814, on le réduisit à 30 francs : enfin la loi du 28 décembre 1848 abaissa l'impôt à 5 francs, c'est la loi qui nous régit ; le droit est donc de 10 francs par 100 kilogrammes, et le sel se vendant en gros de 12 fr. 50 c. à 13 francs, il ne reste que 2 fr. 50 c. à 3 francs pour le prix réel de la marchandise. Il est probable qu'il baissera à 12 francs, car ce sera encore le double de ce qu'il coûtait en 1789, à Marseille, où il ne se vendait que 1 franc les 100 kilogrammes.

VALEUR DES SUBSTANCES ALIMENTAIRES DESTINÉES AU BÉTAIL.

Fourrages.

Pour valoir autant que 100 kilogrammes de *foin ordinaire*, il faut :
1. 80 k^os de bon foin de montagne, sol fertile, non irrigué.
2. 90 — de trèfle coupé en fleurs, luzerne ou esparcette en boutons, vesce en siliques.
3. 120 — de foin de prés bien irrigués.
4. 150 — de foin long, dur, blanc, coupé trop tard ou un peu mouillé.
5. 175 — de paille de légumineuses, trèfle, luzerne, etc., bien récoltée pour graine.
6. 200 — de paille d'orge
7. 200 — de paille d'avoine
8. 275 — de paille de blé
9. 300 — de paille de seigle

bien récoltées, un peu vertes encore, l'avoine peu javelée. — Les pailles courtes sont meilleures que les longues. Le haut de la tige est plus nourrissant que le bas*.

10. 300 — d'herbe verte de prés secs.
11. 400 — d'herbe verte de prés arrosés ou mouillés.
12. 500 — choux pancaliers, 550 des autres espèces.

Tubercules.

13. 200 k^os de carottes et panais.
14. 200 — de pommes de terre cuites à la vapeur.
15. 250 — pommes de terre crues.
16. 300 — rutabagas.
17. 350 — betteraves.
18. 375 — raves et navets.

Dans le midi les chiffres peuvent être abaissés de 25 à 50 k^os ; plus le climat est chaud, plus le tubercule est condensé et nutritif, moins il est aqueux.

---

* Il y aurait diminution de valeur alimentaire, si ces récoltes avaient été exposées à la pluie ou à l'humidité.

Grains.

19. 12 k⁰ˢ froment.   — 35 k⁰ˢ son de froment.
20. 15 — orge.   — 40 — son d'orge.
21. 20 — seigle et avoine. — 50 — son de seigle et d'avoine.

Résidus.

22. 22 k⁰ˢ d'arachide.
23. 27 — de sésame.
24. 30 — tourteau de lin, frais.
25. 35 —   — de colza, œillette, 40 des autres tourteaux autres que d'o-
             live.
26. 100 — résidus de grain distillé.
27. 140 —   — d'orge bouillie.
28. 400 —   — pommes de terre distillées.
29. 500 —   — de pommes de terre rapées et lavées.

Appropriation des aliments.

Les foins gros, durs, longs, les autres fourrages ayant ces mêmes défauts, conviennent aux chevaux, et non à la race bovine; il faut à celle-ci des foins et des fourrages doux, souples, peu durs. Le regain convient peu au cheval et au bœuf de travail, beaucoup à la vache à lait, au bœuf à engraisser.

Tous les fourrages verts conviennent à l'espèce bovine et chevaline; cependant le maïs vert, si favorable à la santé des bœufs, et surtout des bœufs de travail, qu'il rafraîchit, nourrit si mal le cheval, qu'il faut renoncer à le lui donner. Dans le nord aussi bien que dans le midi, le maïs vert devrait être, pendant tout l'été et l'automne, l'aliment principal des bêtes à cornes. Pour les vaches laitières, rien ne vaut mieux que l'herbe verte et le pacage, avec un peu de sel, de son ou de tourteaux moulus.

Tous les tubercules sont recherchés par le bétail à cornes. Les carottes crues seules sont réellement bienfaisantes pour le cheval; les pommes de terre cuites à la vapeur sont aussi pour lui un excellent aliment, et remplacent au besoin l'avoine.

On donne peu de grain aux bœufs, si ce n'est en farine pour faire de l'eau blanche dans les maladies et des pâtes dans l'engraissement. Le grain, l'avoine surtout, paraît être, au contraire, la nourriture la mieux accommodée aux besoins du cheval; le seigle cuit est excellent.

Le cheval ne paraît pas utiliser aussi bien que le bœuf les tourteaux, les résidus de brasseries, de distilleries, de féculeries. Les soupes, les buvées l'amollissent et l'énervent.

Des prairies naturelles.

Je ne puis guère ici me dispenser de dire un mot sur les prairies naturelles, puisqu'elles forment la base de l'alimentation du bétail.

On ne peut donner trop de soins aux prés; on ne peut surtout trop bien les niveler, les purger de taupes, les nettoyer, les débarrasser de tout corps étranger ou saillant, pierre, bois, feuilles, résidus non pourris de fumier.... C'est en automne qu'il faut les niveler, c'est au printemps, un peu avant la pousse des herbes, qu'il faut faire leur dernière toilette, afin que la faux puisse constamment raser très-bas le sol uni de la prairie. On a calculé, en effet, que les cinq ou six derniers centimètres d'herbe formaient généralement, en qualité et en quantité, la moitié de la récolte en foin; car, plus on approche du sol, plus l'herbe est drue, serrée, entassée, plus le foin est fin et délicat. La plus petite inégalité, le plus petit corps saillant va rendre le faucheur inquiet pour la lame de sa faux; il ne rasera plus la terre; il laissera deux, trois centimètres d'herbe non coupée qui *séchera* et sera perdue, et ces deux ou trois centimètres d'herbe perdue représenteront souvent *un quart de la récolte !*

Avec quel soin ne doit-on pas détruire les taupes, et incessamment, pendant la pousse des herbes, et tant qu'on peut entrer dans les prés sans trop de dommage, étendre et jeter au loin, sur les parties les moins fertiles, la terre émottée des taupinières !

Partout, en France, on fauche trop tard : le grand propriétaire doit se décider à attaquer ses prés les plus hâtifs, même avant la maturité de l'herbe, afin de ne pas être exposé dans la fin des fauches à ne trouver que de la paille de foin dans les autres prés. Dans les prairies mouillées, un peu marécageuses, là où il y a du jonc, il faut couper tout à fait en vert et faire manger de suite plutôt que sécher. Si on attendait cette herbe comme on attend celle des bons prés, elle ne serait pas mangeable; elle serait dure et aigre. Il faudra aussi la laisser moins sécher, l'emmeuler plus verte, afin de la laisser fermenter sur le pré et noircir un peu. En éventrant la meule par un soleil ardent et en faisant bien retourner, il suffit de quelques heures pour obtenir la dessication désirable. Dans certaines conditions il y aurait avantage à faire paitre les bestiaux au piquet, à leur livrer de l'herbe très-jeune, c'est la plus azotée, dit-on, ce dont je doute; elle est plus délicate, le bétail en mange plus, elle repousse vite; cela détruit les herbes mauvaises et parasites; cela repeuple la prairie, cela la tasse et la fume.

Je dirai ici en passant qu'il faut couper le trèfle en fleurs, la luzerne lorsque le bouton montre à peine sa couleur, la vesce lorsqu'elle découvre sa silique, cela quand on veut faire sécher. Pour le vert, c'est en pleine fleur qu'il faut couper. Les bons foins doivent être traités de même; on doit ne leur faire subir aucune fermentation sur le pré; il leur suffira de la demi-fermentation qui s'opère lorsqu'ils sont embargés.

Les herbes sèchent d'autant plus lentement qu'elles ont plus de qualité, c'est-à-dire, plus de sucs : les mauvais prés donnent des herbes uniquement fibreuses, séchées presque aussitôt que coupées.

On ne peut faner et faire sécher le foin trop promptement. Pour être bonne, cette opération doit être rapide; la dessication ne doit pas être absolue à beaucoup près : le foin tout à fait sec perdrait un quart de sa valeur nutritive. Une fois sec, le foin doit être ramassé, ratelé, emmeulé et rentré sans aucun retard. Le soir, *tout le foin remué dans la journée doit être mis en meules*, pour qu'il ne soit pas mouillé par la rosée. Il s'échauffera un peu, et le lendemain, étalé après l'évaporation de la fraîcheur, il n'en sera que plus promptement sec, On ne doit pas toucher au foin coupé le soir par les faucheurs; son état de verdeur rend pour lui les rosées et même les pluies bien moins dommageables.

On ne peut prendre trop de précautions contre la pluie, car une fois sec ou à demi-séché, s'il est mouillé, le foin perd une partie de sa qualité. Si la pluie est à craindre, il faut faire mettre en grosses meules, bien relevées et tassées, bien pyramidales et surtout bien recouvertes d'un chapeau de foin *chevelu* qui jette l'eau en dehors, et non de foin roulé qui la conduirait à l'intérieur. L'œil du maître est ici bien nécessaire.

Le foin coupé et fané à temps et à point doit rester verdâtre et souple, gras à la main en quelque sorte, et contenant encore assez de sucs à l'état de fraîcheur pour produire dans la barge une demi-fermentation. S'il est cassant, c'est qu'il est par trop séché; s'il est blanc, c'est qu'il a été ou coupé trop tard, ou mouillé.

En rentrant les foins, il faut faire la part des différentes espèces de bétail. Le foin gros, long ou dur doit être mis de côté pour les chevaux, mieux armés que le bœuf pour la mastication; le foin le plus souple, le plus court, le regain, pour les veaux, pour les vaches malades, les vaches laitières, les bœufs à engraiser; le foin ordinaire et intermédiaire, pour les bœufs et les vaches de travail; les foins avariés ou de mauvaise qualité pour les moutons, les ânes, et aussi pour être donnés en mélange aux bœufs ou corrigés au moment des repas par un léger arrosement d'eau bien salée. Plus le foin est tassé et pressé dans la barge, plus il conservera ses qualités, son parfum, ses sucs, moins il risquera d'être éventé, moisi, etc. On ne doit donc botteler que dans la grange, après la fermentation sur barge et au fur et à mesure des besoins. Le fourrage mouillé a perdu une partie de ses sucs alimentaires; il convient, si on le donne sans mélange, non pas d'en augmenter la ration, ce qui serait dangereux, mais d'ajouter une ration de grains ou de tourteaux, et, en outre, une pincée de sel pur.

Si le foin était moisi, le sel ne suffirait pas pour le corriger; il faudrait le battre puis l'éventer et l'arroser de vinaigre étendu d'eau, ou bien encore d'acide sulfurique à la dose de 32 grammes (1 once), bien mêlé à 15 ou 16 litres d'eau.

Le foin envasé ou poudreux est le plus dangereux. Il faut le battre et le secouer dans un courant d'air, afin de le purger absolument de toute poussière, de tout corps étranger, puis l'asperger d'eau salée et acidulée.

Tous les foins aigres, altérés ou viciés deviennent aussi bons en mélanges surtout avec des herbes fraîches, des tubercules, des résidus de brasserie, de distillerie, d'huilerie, de féculerie, un peu de paille, etc. Avec le hache-paille appliqué au foin, on obtient encore de meilleurs résultats; tout est mangé, rien n'est perdu. La fermentation, et la cuisson au besoin, font disparaître ou pallient tous les vices des fourrages : dans ce cas, la main-d'œuvre est bien largement payée par le résultat obtenu.

Si les mauvais temps obligent à rentrer des foins mal séchés, on diminue le mal, on prévient la moisissure en les saupoudrant de sel (de 5 à 6 kilogrammes par 1,000 kilogrammes de fourrage), ou en étendant ces foins sur les barges, et en ne les recouvrant de foin nouveau que le plus tard possible. On ajoute à la dessication en plaçant d'abord au-dessous des sarments ou du menu bois, et ensuite, au milieu de la barge de foin mal séché, une rangée de bottes de paille liées lâchement et superposées debout, ce qui crée des cheminées d'aspiration qui jettent les valeurs au dehors et diminuent l'humidité. Je conseille aussi de couvrir la barge de paille, elle se chargera de l'humidité, et, à la différence du foin supérieur qui se tasserait et fermerait hermétiquement la meule, la paille restera toujours espacée et éventée. Il faudra renouveler cette couche supérieure de paille aussitôt qu'on la verra noircir sous l'humidité.

Si l'humidité était telle qu'on dût craindre des inflammations spontanées et qu'on ne pût, par défaut d'espace, éventrer la barge ou la déplacer pour l'aérer et la sécher, il faudrait, dans les premiers jours, lui donner le plus d'air possible, et, si la chaleur allait toujours croissant, bien clore la grange et empêcher les courants d'air; car c'est sous leur action que l'inflammation spontanée éclaterait.

J'ai fait une fois, avec une bêche de jardin, aiguisée et bien repassée en pointe comme un fer de hallebarde, tailler des cheminées d'un demi-mètre de largeur dans une vaste barge très-échauffée. On emmanchait la bêche de bâtons de plus en plus longs, et on tirait le foin coupé avec un crochet.

La même bêche, ayant un manche un peu courbé, sert parfaitement pour débiter, en pains carrés, au fur et à mesure des besoins, le foin de la barge. Cette méthode vaut bien mieux que celle qui consiste à prendre au-dessus, ce qui évente le foin, ou à tirer à la main, ce qui est fort long et prive le foin de sa semence.

Lorsque le sol est détrempé, c'est ravager une prairie que d'y introduire le bétail, les chevaux surtout; chaque pas fait quatre trous, et la prairie entière est bientôt défoncée.

Le pacage du mouton, particulièrement lorsque l'herbe est rare ou courte, cause un dommage évident. La dent de ce bétail, semblable à une pince de cordonnier, saisit l'herbe au collet de la plante et détruit ainsi la faculté de repousser toutes les fois qu'elle n'arrache pas la plante elle-même.

La dent du cheval, pour être moins dommageable, est cependant encore très-nuisible.

Dans les lieux frais ou mouillés, derrière les moutons et les chevaux, on peut voir une quantité plus ou moins grande de tiges arrachées.

Le pacage de la race bovine n'a pas les mêmes inconvénients ; le pied du bœuf s'élargit sous le poids du corps et entre moins ; sa dent descend moins bas ; l'épaisseur des lèvres s'interpose entre elle et la terre, et le collet de la plante est respecté.

Dans les pays où on ne peut espérer des regains, quelques personnes font pacager la première herbe du printemps, et n'en obtiennent pas moins une seconde récolte très-abondante. Je préférerais la pratique de M. Mariotte, à Remiremont (Vosges) : il fait faucher de très-bonne heure ses premières herbes, les fait manger en vert à l'étable, et il a une seconde récolte un peu plus tardive, mais peut-être plus abondante que celle des prés non fauchés au printemps. Cette pratique est excellente dans les pays où il y a peu ou point de regain. M. Latour, dans le Charolais, fait faucher ses herbages et nourrit d'herbe verte son bétail à l'étable ; il a nourri ainsi deux fois plus de bestiaux que par le pâturage de l'herbage. Il faut seulement au printemps avoir en seigles, en farouchs, en vesces, en trèfles, luzernes, des ressources suffisantes pour attendre la floraison des prairies ; autrement l'herbe, plus aqueuse que nourrissante, est un aliment trop débilitant. Si on devait suivre l'ancienne méthode et faire pâturer les herbages, il faudrait au moins faire successivement faucher les parties les plus fatiguées, pour renouveler l'herbe et offrir ainsi au bétail un aliment appétissant. Il y a aussi l'excellente pratique au piquet, qu'on avance un peu au fur et à mesure que l'herbe est broutée ; on ne perd rien, et on obtient ainsi en fumure les résultats d'une espèce de parcage.

Pour en finir sur l'article prairies, je dirai, pour tous les prés en général, que le meilleur moment de la fumure est celui qui suit immédiatement les fauches. Les fumiers mal consommés ont ainsi le temps de pourrir. Pour les prés à regain, on ne doit fumer qu'autant qu'on le fait avec des fumiers réduits en terreaux ou de la bonne terre bien meublé, ce qui réussit à merveille. Je fume toujours après les fauches ; mais je n'emploie que des fumiers de huit mois ou d'un an, mêlés de terre, de gazons, de cendres, etc., et ni mes regains, ni mon pacage ne souffrent de cette fumure, qui rafraîchit la terre et fait monter l'herbe, même dans les grandes chaleurs. Ces fumures par des terreaux et des composts réduits sont indispensables dans les prés élevés et non irrigués. La fumure la plus sûre et la plus énergique qu'on puisse donner aux prés, ce sont des matières fécales fraîches humaines, délayées dans des purins et urines, et lancées sur la prairie au printemps surtout.

Dans les contrées à tourbes, mêler à des tourbes sèches de la chaux vive, brasser plusieurs fois, et laisser deux ou trois mois en tas avant d'épandre.

Dans beaucoup de pays, on fume au printemps et trop tôt ; s'il vient des pluies, elles se chargent des meilleurs éléments du fumier, et comme la terre est saturée par les eaux d'hiver, l'eau de pluie glisse à la surface et entraîne ainsi la fumure, qui est en partie perdue. Cet inconvénient n'a pas lieu plus tard, alors que la terre desséchée absorbe les plus grandes eaux ; alors il n'y a aucune perte.

On a parlé de plâtrer les prairies naturelles ; il me paraît prouvé que, si le plâtre produit d'excellents effets sur les légumineuses, il en produit moins sur les graminées.

En irriguant mes prairies, je retiens l'eau dans des fosses remplies de fumiers frais, peu paillus. Elle s'échauffe au soleil ; on la brasse avec le fumier ; on la charge ainsi d'éléments fertilisants que les eaux vont porter dans toutes les parties arrosées : c'est là un procédé excellent et que je recommande. Les fumiers frais de volaille ou de bœufs, ceux-ci sans paille, les fumiers humains, conviennent surtout pour cet emploi ; j'y mêle aussi des cendres.

Inutile de rappeler ici les immenses résultats de l'irrigation. Avec elle, les plus mauvais prés donnent de superbes récoltes ; l'eau peut partout doubler et tripler le produit. Certaines eaux froides et crues cependant ont besoin de correctifs ; il faut y mêler des fumiers solubles, des cendres, de la suie, etc. ; autrement elles feraient produire plus de joncs que d'herbe.

Quand les prairies sont placées sous l'écoulement des eaux des bois, il est indispensable de détourner, par un fossé, ces eaux chargées de semences de mauvaises herbes et de principes âcres provenant du tanin des vieilles écorces, des feuilles et résidus ligneux. Si, au contraire, elles peuvent recevoir des eaux chargées de principes fertilisants, des eaux vaseuses, etc., c'est le cas d'appliquer les procédés italiens, le colmatage. Le terrain est entouré d'un talus formé ordinairement du jet de terre d'un fossé ; les eaux se trouvent ainsi retenues et encaissées ; elles entrent vaseuses et sortent déposées et limpides, en laissant une couche de vase qui équivaut à une excellente fumure. Les colmatages d'automne sont les meilleurs, à cause des détritus végétaux qu'entraînent les eaux pluviales à la suite de longues sécheresses. Autour des villes, villages, maisons, les eaux sont une richesse que chacun doit utiliser, et que cependant on laisse perdre presque partout. La plus grande fertilité que j'aie jamais rencontrée est produite par les eaux de certains égouts de la ville d'Edimbourg sur les prairies du Craigingtinning ; elles sont en herbages, livrées aux vaches qui approvisionnent la ville de lait ; mais, si on les fauchait pour alimenter les étables de nourriture verte, je ne doute pas qu'on puisse y récolter quatre à cinq coupes d'excellente herbe.

Il faut aussi veiller à la destruction des mauvaises herbes, des ronces, des bruyères, des fougères, etc., des herbes nuisibles, telles que la colchique d'automne, les tithymales, les renoncules de marais, les raiforts sauvages, les marrubes noirs, le lin sauvage, les prêles, les cypéracées ; toutes ces plantes accusent des foins aigres, et ces foins sont plus nuisibles aux ruminants qu'aux chevaux.

Ces foins aigres, communément produits par des prairies marécageuses, détruiraient ou diminueraient à la longue la production du lait. On remédie au mal par la fermentation sur le pré de l'herbe fauchée, par du sel mêlé au foin lors de l'embargement, par des mélanges de tubercules, d'eau salée, par la fermentation, l'infusion ou la cuisson, au moment de présenter au bétail, etc., mais mieux encore par des fossés qui tirent l'eau du sol.

Pour terminer, disons que la flouve odorante, le brôme des prés, la fétuque ovine ou des prés, la mélique ciliée, conviennent aux prés hauts, à sol aride et brûlé ;

Que ces mêmes plantes, avec l'avoine jaunâtre, le vulpin des champs, la conche élevée, la fétuque élevée, la brize, réussissent dans les prés seulement secs ou demi-secs ;

Que les terres fraîches conviennent surtout au vulpin des prés, à la fléole des prés (*thimothy-grass* des Anglais), aux agrostis stolonifère et paradoxal, à la houque laineuse, aux paturins (*poa pratensis, poa annua*), au ray-grass (*lolium perenne*), à la chicorée sauvage, au trèfle blanc.

Que le vulpin genouillé, l'agrostis d'Amérique (*herd-grass* anglais), la fétuque des prés, le paturin flottant, ne peuvent réussir que dans des prés aquatiques en hiver, humides en été ;

Qu'enfin ces mêmes plantes, en y ajoutant le paturin aquatique, pourront réussir dans les sols tourbeux ou marécageux.

Les trèfles, même le trèfle des prairies ou trèfle blanc, ne doivent pas trop dominer ; les vaches se jettent dessus, et, si on n'y prenait garde, ils occasionneraient des accidents aux bestiaux qui les pacageraient dans de certaines conditions dont nous parlerons plus tard. Puis, ce trèfle des prés, le plus recherché de tous par le bétail, parce qu'il est tendre et sans grosses tiges, a le défaut de ses qualités, il ne peut s'élever et rampe ; et là où il vient bien, il pourrit facilement. Un sol riche et frais, garni de cette plante, pourrait se faucher tout à fait ou en partie et plusieurs fois par an, mais il faudrait arroser en été.

Je donne ici le nom des herbes des meilleures prairies.

HERBES DES MEILLEURES PRAIRIES.

Ray-grass, — *lolium perenne.*
Grande-avoine — *avena elatior.*
Trèfle champêtre, filiforme, blanc, — *campestre, filiforme, repens.*
Agrostis d'Amérique, (*herd-grass* des Anglais).
Fléole des prés — *phleum pratense* (*thymothy-grass* des Anglais).
Vulpin des champs — *alopecurus agrestis.*
Vulpin des prés — *pratensis.*
Vulpin genouillé — *geniculatus.*
Vulpin bulbeux — *bulbosus.*
Fléole noueuse — *phleum nodosum.*
Fétuque élevée — *festuca elatior.*
Fétuque des prés — *festuca pratensis.*
Paturin des prés — *poa pratensis.*
Paturin annuel — *poa annua.*
Paturin aquatique.
Houlque laineuse — *holcus lanatus.*
Flouve odorante — *anthaxantum odoratum.*
Brize.

On ne peut jamais trop bien niveler, émotter et rouler un pré nouveau.

Pour faire des prés nouveaux, si on manque de graine, et si le sol n'est pas trop mouilleux, on peut en automne semer du seigle ou du farouch sur le labour du nivellement, en détournant l'écoulement des eaux supérieures. Le seigle est la céréale par excellence pour préparer les prés nouveaux, et le farouch repousse en partie la seconde année ; mais rien ne vaudra autant qu'un pré semé en septembre, de graines appropriées à la nature du sol.

Les meilleurs prés, les herbages doivent s'appliquer à l'engraissement, les bons aux vaches laitières, les médiocres à l'élève, mais avec les correctifs indiqués.

Les prairies élevées et sèches, celles inégales, soit par les pierres qui percent les gazons, soit par des herbes dures, soit par le défoncement du sol, ne conviennent pas au gros bétail. Le museau effilé du mouton, avec son double rang de dents incisives et en pince, pourra seul saisir l'herbe au milieu des inégalités du sol. Le mouton doit être la ressource des sols pauvres, pierreux, secs, à jachères pacagées.

Les prés à demi secs, à gros foin, à herbes dures, doivent être réservés aux chevaux et autres solipèdes, le mulet, le bardeau, l'âne. Les foins aigres ont sur les solipèdes une action moins nuisible que sur le bétail à cornes.

Les prairies fraîches, à herbe douce et tendre, appartiennent de droit au bétail à cornes, aux vaches particulièrement.

Le parcours des chaumes convient au bétail d'élève.

Des taupes.

J'ai recommandé la destruction des taupes ; je dois dès lors indiquer le moyen. Les tubes en bois, à guichet tombant, les pinces en fer à ressort, sont un excellent piége, mais qui occupe et amuse plus qu'il ne détruit. On a conseillé des noix, des fruits empoisonnés ; mais la taupe est carnivore et recherche bien plus avidement une nourriture animale. Je conseillerais plutôt des vers de terre exposés dans un crible ou petit panier à la vapeur d'eau bouillante, pour les faire mourir ; des morceaux de viande crue, coupée en forme de ver de terre ; des tripailles de volaille, etc. ; tout cela macéré dans une eau tiède saturée d'arsenic, est placé par *petites quantités* dans des galeries fraîchement soulevées. La taupe est très-vorace ; la première arrivée dévorera tout et périra. Il faudrait donc répéter souvent l'opération, car les taupes sont plus nombreuses qu'on ne le croit communément. L'inconvénient de ce procédé serait d'empoisonner les carnivores domestiques, les poules, les chiens, etc. Aussi couvrais-je toujours l'appât d'une pierre concave assez lourde ou d'une tuile creuse chargée d'une pierre. Un habile taupier sait à quelle heure les taupes travaillent ; il les guette et les tire rapidement de terre avec une tranche ; mais il faut, pour cette chasse, bien connaître la marche de la taupe, ses allures et ses ruses. La taupe a peu d'odorat et le sens de l'ouïe fort peu développé : c'est par le toucher qu'elle perçoit ; aussi le bruit de la parole la fait-elle moins fuir que la secousse du pas, l'ébranlement de la terre.

Si on pouvait tous les mois au moins, et plus souvent au printemps, étendre la terre repoussée en dehors et en petits tas par le travail souterrain des taupes, on transformerait en bienfait ce qui est presque toujours un ravage ; cette terre, bien émottée, prise en dessous du gazon, dès lors riche et fertile, devient un excellent engrais lorsqu'elle est bien étendue sur la prairie ; elle chausse la plante, la fait taller et monter autant que le ferait une petite fumure. Certains petits propriétaires font ainsi tourner au profit de leurs prairies, ce qui ruine ou ravage des prairies plus étendues et moins soignées. On comprend ainsi l'opinion de ceux qui regardent la taupe comme un animal plus utile que nuisible.

Produit de la consommation des fourrages.

Le produit des fourrages secs, appliqués, vendus, si je puis m'exprimer ainsi, à l'alimentation des bœufs de race de travail, est d'autant plus fort que l'animal est plus jeune. L'âge de la croissance est celui qui paye le mieux la nourriture. Ainsi on a calculé que le foin donné à des veaux de 6 mois à 18 mois était payé, par la croissance, au prix de 10 fr. les cent kilogrammes ; que de 18 mois à 3 ans, il n'était payé que 7 fr., et qu'au-dessus de trois ans, il n'était payé que 4 francs. C'est là une base peut-être un peu exagérée quant aux chiffres, mais vraie au fond et dans son principe. Elle subit bien des modifications suivant la position, les débouchés, le degré de fertilité du sol ; mais le principe reste vrai partout. Riedesec a établi que la même nourriture produira 10 litres de lait avec une vache médiocre, et seulement 1 kilogramme de viande avec un bœuf d'engraissement.

Cette question du meilleur emploi à donner à des fourrages qui doivent être consommés sur place est une question capitale qu'il faut se poser tout d'abord, éclairer, expérimenter et résoudre, en s'entourant des résultats pratiques les plus précis et les plus nombreux. C'est en cela qu'une comptabilité rurale devient d'une nécessité absolue ; c'est par elle, si elle est complète et logiquement tenue, que la question du rendement des récoltes sera résolue ; sans elle, on ne peut guère avoir que des préventions, un sentiment du meilleur emploi, mais non des preuves matérielles, les seules qui doivent peser dans la solution de la difficulté.

Chaque récolte, en effet, doit avoir son compte ouvert, et, en fin de l'année, on doit voir nettement et clairement ce qu'elle a coûté, ce qu'elle a rendu, en y comprenant, bien entendu, la valeur des fumiers.

Marche à suivre dans l'alimentation.

Pour finir sur l'article alimentation, je ne puis trop insister sur la régularité la plus précise dans les heures des repas, dans la quantité et la nature de la nourriture. Rien ne doit rompre cette uniformité ; le repas doit commencer par la nourriture la plus solide, la plus sèche et la moins aqueuse, afin de stimuler la soif. A la première hésitation du bétail, on fait boire, et de suite le repas continue ; il finit par les meilleurs fourrages. On ne peut trop recommander de ne pas perdre de vue les bestiaux dans le commencement du repas, car si, après leur avoir donné à manger, on n'est pas là pour les surveiller, le premier appétit sera bientôt satisfait, et l'animal se couchera et commencera à ruminer ; le repas sera dès lors manqué ; on aura beau faire boire au plus vite, la bête rentrée n'aura pas mangé pendant un quart d'heure, que la rumination recommencera. Il faut donc ne pas perdre l'animal de vue lorsqu'il commence son repas ; à la première hésitation, au premier repos, on fait boire, puis on fait continuer le repas, toujours par petites portions, renouvelées avec exactitude, de manière à ne pas laisser de lacune, et à stimuler toujours l'appétit par la nouveauté.

Cette précision dans le mouvement et la marche de l'alimentation a plus d'importance qu'on ne pourrait le croire.

Comme nous l'avons recommandé, chaque étable ou au moins chaque partie de l'étable doit avoir son espèce de bétail; dans la même espèce, les âges, les tailles, les forces semblables doivent être rapprochés, ce qui empêche la tyrannie d'un animal sur l'autre, et facilite la distribution de la ration proportionnelle attribuée à chacun, selon ses besoins et sa force.

Des valets peu soigneux ou paresseux donneront de suite, à chaque bête, la ration fixée. Ce n'est pas ainsi qu'il faut faire pour les aliments ordinaires, pour les fourrages verts ou secs. L'animal, devant cette abondance de nourriture, fera ce que ferait un enfant : il commencera par choisir et manger le meilleur, et, l'appétit diminuant, il finira par rejeter ce qu'il aura flairé et rebuté. Son obstination sera invincible. Il aura faim encore ; il attendra, sollicitera par des mouvements répétés, mais ne mangera pas ce qu'il aura une fois refusé, et ce qui serait perdu, si on n'avait pas d'autres bestiaux, chevaux ou ânes, plus faciles sur le choix de la nourriture.

La nourriture doit être donnée petit à petit et par poignées ; s'il y a mélange, bien brasser et mêler. Le foin doit être bien secoué dans un courant d'air, surtout s'il est poudreux ou envasé, afin de faire ou emporter par le vent ou tomber la terre et la poussière ; ceci pour préserver les chevaux de la pousse et les bœufs des maladies de poitrine. Le valet, qui a douze à quinze bœufs à faire manger, a beaucoup à faire ; il ne peut pas s'arrêter, et il n'a que le temps d'aller de l'un à l'autre tant que dure le repas.

Il faut donc donner des ordres bien précis sur ce point, tenir rigoureusement la main à ce qu'ils soient exécutés ponctuellement et sans admettre des excuses ou des à peu près. Sur la nourriture comme sur les soins du pansage, on ne doit se relâcher en rien de la plus impérieuse exactitude ; car les habitudes sont plus énergiques et plus enracinées dans les animaux que dans l'homme. L'homme raisonne, l'animal s'entête ; il s'effraie de l'inconnu. Ainsi on a vu des animaux embarqués, alimentés misérablement jusque là, refuser une meilleure nourriture, et mourir de faim devant une alimentation excellente et fraîche, mais étrangère et inconnue. Terminons, sur ce point important de l'alimentation, par une dernière observation.

Tenons pour certain que quelque variété dans l'alimentation des animaux est chose toujours favorable, sinon indispensable à la santé de l'animal; les besoins du corps sont si variés à raison de leur composition si diverse, qu'on comprend à l'avance et théoriquement l'utilité de substances alimentaires diverses elles-mêmes. Ici c'est l'inconnu pour nous; c'est donc être prévoyant que de varier, le hasard fera ce que plus tard fera la science; en attendant mettons le plus de chances possibles de notre côté, en introduisant quelques rations nouvelles dans l'alimentation des bestiaux, en ayant en vue le principe constituant de chaque plante, la composition de chaque terre.

Si, par exemple, on avait, ce qui est rare dans une même exploitation, des terres exclusivement argileuses en même temps que d'autres terres exclusivement calcaires, il serait bon d'alterner, encore mieux de mélanger leurs récoltes; le corps y trouverait la satisfaction de ses besoins. Ceux qui achètent feraient bien d'acheter dans ces deux conditions diverses, en penchant toujours du côté du produit des terres calcaires ou normales et mélangées, en alimentant par les prairies naturelles, c'est-à-dire par les graminées et par les prairies artificielles, c'est-à-dire par les légumineuses. Le foin ne convient si bien au bétail que parce que sa composition est très-variée, et qu'il contient des graminées et des légumineuses. La paille vient ordinairement s'interposer dans la nourriture au foin, et introduire dans l'alimentation un principe céréalique. Mieux vaut encore, lorsqu'on le peut, la céréale elle-même, car il y a toujours économie à bien nourrir, et la parcimonie est une erreur qu'on paye bien cher dans l'industrie du bétail, quel qu'il soit, nous ne pouvons trop le répéter.

Des valets.

C'est avec le bétail que nous labourons et travaillons la terre; c'est avec le bétail que nous lui rendons les principes fertilisants que les plantes lui enlèvent; c'est avec le bétail que nous rentrons les récoltes et transportons les fumiers. Le bétail est donc la cheville ouvrière, l'instrument unique, indispensable, le pivot, on peut le dire, sur lequel tourne l'agriculture.

Plus on aura de bétail, plus on obtiendra de fertilité.

D'un autre côté, le bétail, asservi à nos besoins, soumis passivement à notre volonté et à nos ordres, dompté, enchaîné, muselé par nous, ne peut rien pour lui-même. Rien ne lui appartient, pas même l'espace qu'il couvre. Il ne s'appartient pas à lui-même, il nous appartient à nous. Il marche ou s'arrête, dort ou veille, travaille ou se repose ; il mange, il dort, il s'accouple... tout cela quand et comme nous commandons, à un signal, à un geste convenus.

Puisqu'il ne s'appartient plus, qu'il ne peut rien pour lui-même, les soins que nous lui donnons sont donc sa vie.

Cet instrument unique de l'agriculture, ce nourrisseur de l'homme est confié aux soins d'un valet. Son bien-être, sa santé, sa vie vont appartenir à cet homme, qui est un mercenaire. Le maître va lui confier sa fortune ; il livre à sa garde, à ses soins, des animaux timides, obéissants, qui ne pourront se plaindre si on les maltraite, qui souffriront en silence et la faim, et la soif, et le travail excessif, et le manque de soins, et les coups, tout enfin jusqu'aux souffrances les plus vives, jusqu'à la mort.

Voilà cependant quel sera le dépôt confié au valet. Si celui-ci est bon, intelligent, honnête, il comprendra tous les devoirs qui ressortent de cette confiance du maître ; il s'affectionnera à son bétail ; il aimera les compagnons de son travail, ses serviteurs à lui, serviteurs doux, patients, affectueux et dévoués, obéissant au premier mot, au plus petit geste, au signal le plus imperceptible, et cependant si forts que rien ne pourrait les retenir, que d'un bond ils pourraient entraîner celui qui les commande, d'un mouvement l'estropier, le briser, prendre sa vie.

Quelle soumission aveugle ! quelle patience sans bornes dans la toute-puissance de la force !

Un valet chargé de plusieurs services différents fera tout mal, sans goût ; plusieurs valets chargés du même service ne feront pas mieux, parce qu'aucun n'aura la responsabilité de son travail ; personne ne voudra avoir fait ce qui aura été mal fait.

La spécialité, — parce qu'elle assure et la perfection du travail et l'exactitude, parce qu'elle crée la responsabilité, — est la plus grande garantie de succès.

Jean qui fait tout ! veut dire, en anglais, Jean qui ne fait rien ou qui fait tout mal. Chez ce peuple si logiquement raisonneur, si industriellement avancé, la spécialité et le travail à la tâche ont créé les merveilles et le succès de toutes leurs industries. C'est par elles qu'ils ont vaincu toutes les industries rivales, en obtenant à meilleur marché, et cependant avec des salaires exorbitans, une fabrication supérieure à toutes les autres.

Tel est cependant le secret de la fortune agricole et commerciale de l'Angleterre.

Chaque valet aura donc sa spécialité, sa nature, sa part de travail bien fixées, bien précises ; chacun gravitera dans son cercle ; chacun sera maître, et par suite responsable dans quelque partie de l'exploitation ; chacun aura ses outils, ses instruments bien comptés, bien marqués, inscrits à son compte, et dont il sera personnellement responsable. Ces outils auront une place attitrée, afin que leur absence ou leur détérioration sautent aux yeux du maître ; les petits auront une espèce de râtelier bien en vue, et on ne devra pas souffrir qu'ils soient placés ailleurs. Tous les soirs, tous les dimanches surtout, l'inspection sera faite, et une très-légère amende sera la peine d'un manquement aux règles introduites. En cas de perte ou de disparition, il faudra remplacer de suite et inscrire la dépense au compte de la gratification, et, au besoin, du gage.

Ces amendes légères pour de légères infractions devront être prises, autant que possible, sur les gratifications, les étrennes. Elles atteindront tout aussi sûrement leur but, et elles irriteront moins que si elles frappaient sur le salaire, sur le gage lui-même.

Le gage, en effet, doit être une chose sacrée. Le maître doit exagérer l'exemple du respect dû aux conventions. Il ne faudrait pas qu'il parût, par des voies indirectes, vouloir le réduire ou l'atténuer.

Le gage ne devrait donc être atteint que par des infractions graves, des fautes lourdes, ayant causé un dommage important.

Pour asseoir la responsabilité des fautes légères, des pertes ou des bris d'outils, des amendes pour oublis, pour manquements aux règles, il faudra donc fixer un gage plus faible et y ajouter une gratification plus forte.

La gratification sera promise pour le cas où le maître sera content du service.

. Mais, me disent quelquefois les valets, monsieur sera le maître de ne pas me donner de gratification ? — Non, la gratification est due; elle est inscrite au compte ; c'est le prix d'un bon service. Vous n'entrez chez moi que parce que vous le promettez ; en tenant votre promesse, vous serez sûr d'avoir la gratification tout aussi bien que . le gage.

Et, en effet, on doit être et se montrer heureux de pouvoir ainsi témoigner sa satisfaction.

Le maître ne peut jamais manquer à ses engagements ; sa parole doit être sacrée, proverbiale.

Malheureusement il n'en est pas de même des valets. Si, extérieurement, on doit se montrer irrité de leur manque de foi, il faut cependant intérieurement leur tenir compte de leur inintelligente ignorance, qui ne leur permet ni de tout calculer, ni de résister aux mauvais exemples, aux mauvais conseils, aux tentations d'un lucre plus grand, au désir de changer de position pour l'améliorer, etc.

C'est au maître à bien prendre ses précautions. Ainsi, en tête du registre où sont inscrits les comptes de chaque domestique, il y aura un petit règlement aussi court que possible, qui sera lu au domestique entrant, et qui fixera bien les conditions, la distinction du gage et de la gratification, les amendes, etc., et, ce qui est le plus important, la répartition du gage entre les divers mois de l'année.

Le maître est, en effet, exposé à être plus facilement quitté dans la belle saison, celle des travaux, que dans la mauvaise. A la perte déjà grande sur la nourriture, viendrait se joindre la perte sur les sa- , laires. Il faut donc pour prévenir les fraudes (et c'est là une bonne justice) diviser sur chaque mois le salaire de toute l'année, c'est-à-dire le gage, et le fixer d'après la valeur du travail de chaque mois, en y faisant entrer la nourriture. La proportion du salaire des ouvriers non nourris peut servir de base dans tous les pays. Mais je trouve, dans les coutumes de province, un règlement de la municipalité d'Arles, enregistré et approuvé par le parlement de Provence, et qui est si équitable dans ses dispositions, que je ne résiste pas au désir d'en faire ici un extrait pour servir de règle entre les maîtres et les serviteurs à gages.

Posons comme chiffre du gage le chiffre le plus facilement divisible, 100 francs. Le travail de décembre et de janvier payant à grand' peine la nourriture, il ne reste rien pour le gage.

Décembre............	» fr.	» c.	soit	»	du gage.
Janvier.............	»	»	—	»	—
Février............	2	50	—	1/40me	—
Mars...............	5	»	—	1/20	—
Avril..............	10	»	—	1/10	—
Mai................	12	50	—	1/8	—
Juin...............	15	»	—	3/20	—
Juillet............	15	»	—	3/20	—
Août..............	12	50	—	1/8	—
Septembre..........	10	»	—	1/10	—
Octobre............	10	»	—	1/10	—
Novembre...........	7	50	—	3/40	—

Total égal au gage... 100 fr.

Ces proportions, à part le mois d'août, qui mérite le prix de juin et de juillet, et que je porterais à 15 fr., tandis que le mois de novembre est trop payé et devrait être réduit à 5 fr., sont excellentes pour tout le midi de la France, et me semblent devoir servir de règle dans les contrats entre serviteurs et maîtres.

Pour le nord, il y aurait peut-être quelques modifications à introduire; cependant, je n'en conseillerai pas.

Cette base est si équitable, qu'elle existait à peu près chez moi avant que j'eusse eu connaissance du règlement de la commune d'Arles.

Par cette stipulation, on détruit l'intérêt que peut avoir le domestique à quitter la maison avant la fin de son année, et on crée l'intérêt à rester dans les mois où ses services sont les plus précieux.

Par la stipulation d'une gratification qu'il perd, on le punit de son manque de foi.

On n'a, en effet, que ces deux moyens. On ne peut retenir un domestique malgré lui ; on pourrait bien (et on devrait parfois le faire pour l'exemple) lui demander des dommages et intérêts, lorsqu'il manquera évidemment à ses engagements. On ne le fait pas ; on le laisse partir. Lorsqu'il a parlé, lorsqu'il a osé manifester nettement l'intention de manquer à ses engagements, on fera bien de le prendre

au mot et de le renvoyer *sur l'heure*, honteusement, et sans lui permettre de parler à ses camarades. On témoignera ainsi du mépris
qu'inspire une mauvaise action, et on écartera le danger d'un mauvais exemple et de mauvaises incitations.

Je voudrais bien qu'on pût faire entrer dans nos habitudes et l'o-
bligation du livret et la création d'un fonds de retraite pour les domestiques, fonds de retraite créé par la capitalisation d'une gratification croissant avec l'ancienneté du service. Les comices agricoles
pourraient, eux, créer ces caisses intermédiaires, qui se déverseraient
dans les caisses publiques d'épargne.

Les bons valets sont bien rares ; on doit tenir à ceux qu'on a, et ne
pas envier, encore moins enlever, à prix d'argent, ceux de ses voisins ; c'est là une mauvaise, une déloyale action qui doit tourner
contre celui qui se la permet et qui s'isole ainsi et se place au ban de
l'opinion publique.

Ce sont les petits propriétaires intelligents, les bons valets surtout
qui manquent à l'agriculture ; aussi, avons-nous toujours conseillé
l'établissement des fermes-écoles ; mais non comme cette excellente
idée a été réalisée ; il ne fallait pas, comme on l'a fait, en faire de
grands établissements, élevés et subventionnés à grands frais, comme
toujours, avec un capital important engagé et compromis, il ne fallait pas les élever au-dessus du niveau populaire ; on devait laisser la
ferme-école aux mains de l'industrie privée, en faire une prime d'hon-
neur et d'argent pour nos exploitations agricoles moyennes et petites, un principe actif de la plus honorable émulation. Un propriétaire ou fermier pouvait-il offrir chez lui une instruction théorique
suffisante et l'enseignement pratique d'une agriculture lucrative
avant tout, satisfaisant aux besoins de la contrée : alors on lui eût
accordé un certain nombre de bourses, attribuées à des ouvriers intelligents, dont le travail eût payé la nourriture. Une subvention annuelle de 150 francs la première année, 120 francs la seconde, se fût
partagée entre le chef de l'établissement pour payer les frais d'enseignement et les élèves boursiers pour couvrir leur dépense d'entretien.

Le cultivateur eût eu ainsi gratuitement des auxiliaires intelligents,
des ouvriers bien disposés, quelque chose de mieux enfin qu'un travail mercenaire.

On eût ainsi maintenu cet enseignement au niveau des besoins populaires ; divisé sur toute la surface de la France, il eût donné un exemple multiple. L'enseignement subventionné eût duré deux ans, l'élève ancien eût été le moniteur, le guide de l'élève entrant.

Tout cela eût couté beaucoup moins que ce qu'on a fait ; mais les anciennes traditions ont prévalu, on a fait à grands frais et on a élevé, au lieu de l'abaisser, un enseignement qui devait rester en vue et en contact fréquent et direct avec l'agriculture des campagnes.

Voilà encore une excellente idée compromise !

Le maître doit au domestique l'exemple de la douceur et de la convenance dans les rapports. Il doit se surveiller pour ne se laisser aller ni à des vivacités, ni à des duretés, ni à des emportements, encore moins à des brutalités : par là il commandera le respect.

Quand il blâmera, il le fera avec bienveillance et en raisonnant ; quand il grondera, ce sera avec douceur. Il saisira toutes les occasions d'accorder une louange ; ce sera une récompense pour celui qui l'aura méritée, un exemple et un stimulant pour les autres. L'approbation et le blâme, justement et convenablement répartis, seront entre les mains du maître un excellent moyen d'action.

Il sera bien que parfois il y ait une petite fête, un *extra*, qui témoigne du contentement du maître.

On pourra se permettre quelques douceurs individuelles, quelques cadeaux, assez pour stimuler l'émulation, pas trop pour ne pas éveiller la jalousie.

Le maître doit tout faire pour moraliser ses domestiques ; il doit d'abord prêcher l'exemple. Un bon moyen de les moraliser, c'est de les pousser dans des voies d'économie ; de résister autant que possible et dans leur intérêt à des avances sur les gages de l'année courante ; à la fin de l'année, et en les payant, de leur faire mettre à la caisse d'épargne, dût-il lui-même ajouter quelque chose de sa poche, pour récompenser cette soumission à ses conseils.

Le maître doit être le père de ses domestiques, leur conseil et leur protecteur pour leurs petits intérêts, leur médecin dans leurs maladies.

Heureux les pays où les domestiques entrent de fait dans la famille du maître, où ils payent en services, en dévouement, en fidélité, en affection la protection et l'affection qu'on leur accorde !

Cela était ainsi autrefois, et tout le monde et les domestiques surtout y gagnaient. Leur sort était fort doux ; leur avenir était assuré ; le maître faisait leurs affaires et les faisait bien. Le vieux serviteur était entouré de bienveillance, de considération, de soins ; il mourait dans la famille du maître ; elle était devenue la sienne. S'il en sortait, c'était pour des raisons de convenance discutées en commun et approuvées par tous. Son pécule, car il avait été économe, avait l'importance d'une petite fortune. On y joignait une pension viagère, des cadeaux annuels, etc., et la protection et l'affection des maîtres qu'il avait servis, des maîtres qu'il avait élevés, le suivaient partout. A certains jours plus solennels, aux grandes fêtes, aux anniversaires, on le voyait revenir s'asseoir aux fêtes de famille, non plus à la table des serviteurs, mais à celle de ses maîtres. Son dévouement avait conquis leur affection et l'avait élevé jusqu'à eux. Ce n'était plus un serviteur, c'était un vieil ami chéri de tous, fêté par tous, et dont la présence si bien accueillie était encore un bienfait par l'exemple et les enseignements qu'elle apportait aux serviteurs actifs de la famille.

Voilà cependant ce que j'ai pu voir dans ma famille. Nos vieux serviteurs vivent encore ; ils accourent toujours, joyeux et attendris, à chaque apparition que nous faisons dans la ville où nous sommes nés. Je les ai vus atterrés comme nous sous le coup des douleurs que la mort nous apportait, effrayés de la séparation, étonnés de l'importance du pécule que nous avions à leur remettre, reconnaissants du bienfait viager qui devait adoucir leur vieillesse.

Que s'est-il donc passé autour de nous pour que cet état de choses, si heureux, si bienfaisant, si regrettable pour tous, ne soit plus dans la vie commune ?

On reconnaîtra un bon valet à la douceur de son caractère, à sa soumission précise aux ordres donnés, aux règles établies, à son exactitude dans le travail, à l'ordre, à la propreté qui régneront sur lui et autour de lui ; à son affection vive, passionnée et vigilante pour ses bestiaux. Il se fera gloire de leur état de santé, de leur force, de leur douceur. S'ils souffrent en quelque chose du travail, des soins, de la nourriture, il plaidera leur cause auprès du maître et obtiendra pour eux du repos, de la surveillance, des améliorations, des remèdes. Ses harnais, ses outils seront toujours en ordre et en état, réparés à temps, pour éviter un plus grand dommage, bien placés et, jamais égarés. Il sera prévoyant, et n'attendra pas qu'un outil, un instrument soient nécessaires pour avertir qu'ils sont à renouveler ou à réparer. En un mot, son zèle, son exactitude, son affection se manifesteront en tout et toujours. L'intérêt du maître sera le sien. En revanche, ne convient-il pas que l'intérêt du serviteur devienne celui du maître?... que si l'un est serviteur dévoué et fidèle, l'autre soit, en tout, protecteur bienveillant et bienfaisant?...

C'est dans le Wurtemberg que se trouvent les meilleurs valets; l'instruction y est modeste et obligatoire, dès lors générale, les mœurs douces, la probité et la religion prêchées et pratiquées; jamais on n'y entend jurer, la loi punit le jurement.

Au point de vue des serviteurs, le nord de la France est mieux partagé que le midi; ici, je le dis à regret, il y a moins de bonne foi, plus de rudesse et de ruse, plus de paresse et de mauvais penchants.

La question du salaire des domestiques m'entraîne à parler du prix du travail :

Le travail le plus cher est celui fait à l'année. — Les domestiques sont rassurés par leur engagement. — Les mauvaises habitudes sont facilement prises. — Sans surveillance, ce travail tombe à rien.

Le travail à la journée exige une surveillance incessante. Il coûte souvent moins cher que le travail à l'année; ici on ne paye que lors des besoins, — les beaux jours seulement, non les mauvais.

Le travail à la tâche (pourvu qu'on puisse être sûr qu'il est bien fait) est le moins cher de tous. Il enrichit le maître et l'ouvrier qui, travaillant plus, gagne plus.

Le travail le moins cher est celui livré au petit propriétaire, travaillant sur ses terres, ou encore sur une ferme louée à longues années. Un travail moins cher encore, est celui des ouvriers qui travaillent avec le propriétaire, le fermier lui-même, qu'il peut entraîner à sa suite et qui sont obligés de l'imiter et de le suivre.

Le travail payé par l'association (métayage, colonage) est généralement mauvais; le métayer est livré à lui-même, à sa paresse. Il pense incessamment qu'il n'a que la moitié de son travail et cela tue son activité.

Voyez le jardin.., là, pas de partage, aussi la culture est parfaite. Si ce jardin est négligé, renvoyez le métayer; la paresse est incurable.

Une journée trop longue ne produit pas ce qu'elle promet, une journée plus courte vaut parfois mieux. On perd à forcer un travail qui doit être continu.

Le travail suit la proportion de la force d'alimentation ; un ouvrier mal nourri ne pourra jamais travailler fort ; il y a donc avantage à nourrir substantiellement les ouvriers et surtout les domestiques ; il faut que le vin soit bien cher pour qu'il ne soit pas payé par l'excédant du travail qu'il procure.

Soins.

Les bêtes bovines craignent peu la pluie ; seulement, comme elles sont très-sensibles à un brusque changement de température, elles craindront une pluie froide, parce qu'elle contrariera la chaleur du corps, surtout si cette chaleur est élevée par le travail ou portée par la fatigue à l'état de transpiration.

Il faudra donc être toujours en garde contre un changement brusque de température, contre un refroidissement surtout. Ce devrait être une règle toute spéciale pour le bœuf, si ce n'était déjà une règle générale pour tous les bestiaux de travail.

Les bœufs rentrent-ils du travail, ont-ils marché, ont-ils été au soleil, ont-ils chaud, en un mot, il faut bien se garder de les laisser à l'ombre, au vent ou dans un lieu frais. Si on ne pouvait faire autrement, il conviendrait alors ou de les couvrir d'une toile ou d'une couverture, ou tout au moins de les bouchonner bien rapidement et bien complétement.

Dans les saisons froides, avant de faire sortir le bétail de l'étable, surtout d'une étable bien close et bien chaude, il faudra l'aérer doucement et insensiblement, sans créer des courants d'air. La transition de l'air intérieur à la température extérieure sera ainsi graduée et ménagée.

Plus que le cheval, le bœuf craint la chaleur et en souffre. Les mouches le fatiguent encore plus. Il faut donc l'en défendre. Pour lui, la saison des chaleurs, qui est aussi celle des mouches, est la plus rude à traverser. Aussi maigrit-il beaucoup alors.

Les grosses mouches verdâtres, les longues gris-noir, les petites cuivrées, sont les plus redoutables pour le bétail ; tout le monde paraît croire que les guêpes lui font le plus de mal, c'est-là une erreur ;

la guêpe, à part le cas où on attaque son nid, ne court sur la peau des bestiaux que pour y prendre les mouches qui la couvrent ; à ce point de vue de la destruction des mouches, la guêpe est un auxiliaire de l'homme ; lorsqu'elles s'établiront près des étables, il faudra donc plutôt les protéger que les détruire.

En Amérique, on préserve les bestiaux des tourments causés par les mouches en frottant légèrement l'animal avec de l'huile de poisson. L'odeur éloigne tous ces insectes.

En été, la tête du bœuf doit être garnie d'un filet chasse-mouche couvrant les yeux et les naseaux ; on ajoute parfois une toile couvrant le ventre et l'avant-corps, partie que le jeu de la queue ne peut défendre.

C'est alors aussi qu'il faut redoubler de soins et d'attentions. Dans les pays méridionaux surtout, où la souffrance est plus vive, le soleil moins supportable, il faut presque renverser l'ordre ordinaire du travail pour l'opérer de nuit et se reposer pendant le jour. Aux premières lueurs de l'aurore, on sera aux champs ; on y sera encore aux dernières lumières du crépuscule. — Le bétail se reposera et dormira de jour. De cette manière, on travaillera plus, et les travailleurs, bêtes et gens, souffriront moins.

C'est dans cette saison aussi qu'il faudra surtout surveiller l'abreuvement du bétail, la pureté, la salubrité, la température douce, l'abondance des eaux. La nourriture au vert sera alors véritablement hygiénique par ses principes rafraîchissants.

Une bonne pratique, c'est d'avoir un pièce d'eau à fond sablonneux, disposée pour y faire baigner le bétail, avec un barrage qui défende l'approche des parties trop ou trop peu profondes, et oblige tout le troupeau à passer, un à un, là où l'eau atteint la croupe des bestiaux de petite taille. On fera baigner de temps en temps en allant au pacage ou à la promenade, par un beau temps, jamais en rentrant ou par un temps froid et humide.

Les pieds du bétail doivent être souvent visités, car c'est là la partie sensible et exposée, surtout dans la race bovine. La corne peut être usée ou ramollie par le contact d'un sol mouillé, d'une litière humide ou pourrie ; une pierre, une épine, etc., peuvent s'être glissées entre les onglons ou avoir blessé le pied ; une épine, un morceau de bois peuvent être entrés dans la sole du pied. Ce ne sera rien si le remède est prompt ; une compresse, un fer mis à temps vont prévenir une longue incapacité de travail. Si on tarde, un rien deviendra mal, une ulcération parfois dangereuse et toujours longue à guérir. Après une longue marche, si le pied est échauffé, on le rafraîchira par l'application d'une compresse d'eau vinaigrée. La surveillance devra également être éveillée sur l'effet des harnais et du joug sur les parties qu'ils touchent. La blessure la plus légère devient une plaie sous un frottement répété. Le plus petit soin, la plus petite précaution, un coussinet, etc., préviendront le mal ou le guériront.

A la charrue, le soc est un danger pour le pied et les jambes des bestiaux. Une piqûre, une écorchure négligées, vont amener une plaie fort longue à guérir, souvent dangereuse... Le pacage des bois, surtout de ceux récemment exploités ou seulement curés et nettoyés, a aussi ses dangers. Le menu bois coupé à la serpe forme un bec de canne aiguisé et dangereux pour le pied de tous les bestiaux, mais surtout pour la sole et le derrière du pied du bœuf. C'est, en effet, là la partie délicate de la race bovine. Une bonne litière, toujours nouvelle, toujours sèche, en entretenant la dureté du pied, préviendra bien des accidents. Ainsi de tout le reste : ce qui n'est rien avec de la prévoyance et des soins devient grave et dangereux par l'incurie et l'insouciance, cette plaie des campagnes.

Les vaches craignent les intempéries, les transitions brusquées ; le tonnerre les effraie, la grêle les glace, le lait en est altéré et diminué.

Déranger les vaches pendant leur repas, les distraire, les occuper, c'est les empêcher de manger ; les éveiller lorsqu'elles ruminent ou digèrent, c'est interrompre le travail de l'estomac, la lactation s'en ressentira.

Des signes précurseurs des maladies.

Un des premiers signes précurseurs des maladies est la diminution de l'appétit, la prostration des forces, la tristesse. Ce sont là des indices communs à tous les êtres vivants.

L'espèce bovine a des signes particuliers.

Ainsi, la chaleur extraordinaire des cornes et des oreilles ;

La cessation de la rumination : bien que le bœuf ait cessé de manger, il ne rumine pas, ou il rumine discontinûment.

La diminution ou la cessation de la salivation ; la bouche est sèche et ardente ; le museau est sec, non mouillé et perlé, comme il l'est toujours en état de santé.

La sensibilité peu ordinaire de l'épine dorsale sera un signe décisif, car chez l'espèce bovine les maladies graves s'annoncent presque toujours ainsi.

Il faut éveiller l'attention des panseurs et des valets sur la nécessité de surveiller, pour les saisir, les signes précurseurs du mal et en prévenir l'invasion ; car le repos, un peu de diète, de l'eau blanche, des rafraîchissants, une saignée souvent suffiront pour prévenir ou écarter le danger.

Du pansage et des soins accessoires.

Le pansage, les soins, la *main*, comme disent les éleveurs, font autant que l'alimentation. Le bétail bien pansé, tenu bien propre, bien étrillé, sur une litière bien sèche, devant une crèche bien nettoyée, se portera mieux, ne reçût-il qu'une demi-ration, que s'il recevait une ration complète, s'il regorgeait de nourriture en ne recevant aucuns soins de propreté. Ceci est incontestable. Un panseur bien soigneux, bien patient, bien doux et caressant, bien affectionné pour le bétail, est donc, dans une étable, la condition indispensable du succès : rien ne prospérera sans cela. Faites les plus grands sacrifices pour vos cultures fourragères, pour le choix du bétail, pour que son alimentation soit abondante, forte et variée, vous n'aurez rien fait encore, si les soins de propreté, les repas, les rations ne sont pas régulièrement et rigoureusement administrés. — Cette régularité dans le régime, les soins et les habitudes, qui a tant d'influence sur la santé de l'homme, en a bien davantage encore sur la santé d'un animal qui n'a aucune distraction et qui ne se préoccupe instinctivement que de la vie matérielle.

Je quitte à regret ce sujet ; je voudrais me répéter pour être bien sûr d'être compris, car pour moi *tout est là*. Ce n'est pas seulement du zèle, du soin que je veux chez le vacher, c'est de l'affection, de l'amour pour son bétail. Vous ne trouverez de beau bétail que là où se rencontre cette condition. En Allemagne, en Suisse, en Angleterre, en Arabie, cette affection du maître et du serviteur pour leur bétail explique la beauté des races.

Outre les soins à donner au bétail ordinaire, d'élève, de travail ou d'engraissement, la vache laitière en exige d'autres qui ne sont pas moins importants. S'il faut de la patience, de la douceur dans un panseur de bœufs, il en faut bien plus dans un panseur de vaches ; car les vaches à lait exigent autant de ménagements, d'attentions et de soins qu'en exigeraient une nourrice et une femme enceinte ; elles sont toujours nourrices et souvent avec cela en état de gestation. Je ne confierais donc une étable à vaches qu'à un panseur très-expérimenté, très-éprouvé, très-patient et surtout très-affectionné pour son bétail. Il doit aimer ses vaches et en être aimé ; elles doivent se réjouir à son approche, parce qu'elles n'en ont jamais éprouvé que des actes bienveillants. Si la vache craint son panseur, si elle a souffert de ses soins, lorsqu'il la traira elle aura des craintes ou des appréhensions ; elle retiendra son lait ; jamais la mulsion ne pourra être faite à fond ; le produit en lait diminuera par ce fait ; le lait nouveau sera altéré par cet ancien lait, qui, dans les mulsions suivantes, sortira douloureusement pour la vache, coagulé et en grumeaux ; les résistances augmenteront, et, d'une vache qui fût restée en bon produit si elle n'eût craint son panseur, on aura fait un sujet perdu et bon seulement pour la boucherie.

Tous les mammifères ont la faculté d'empêcher leur lait de couler, et de le retenir. La vache ne l'a pas plus que les autres femelles, mais cela a été plus remarqué parce que l'industrie du lait s'est portée surtout sur elle, et que son lait est plus abondant.

Si on enlève son veau à la vache après l'avoir laissée s'habituer à lui, elle retiendra obstinément son lait jusqu'à ce qu'elle arrive à souffrir de son abondance. Il est même à craindre qu'alors elle ne lutte contre la mulsion, qui serait devenue douloureuse par l'inflammation du pis. Dans ce cas, il faut la tromper, attacher son veau à la jambe de devant et la traire ; pour cela lui couvrir la tête, la calmer, l'occuper par du sel, du son, des friandises.

Si le pis est douloureux, écorché ou crevassé ; si on a changé de trayeur ; si celui-ci a rudoyé ou maltraité la vache, enfin, si elle craint ou souffre, la vache retiendra son lait : il faudra tourner la difficulté ou la vaincre. Le dernier de tous les remèdes à employer, l'*ultima ratio* de l'éleveur, sera l'introduction dans les trayons d'un tube en étain, en ivoire, ou en bois, bien huilé, tube plus effilé et plus petit que ne l'est ordinairement la canule d'une petite seringue.

On pourrait encore introduire dans le vagin un bâton huilé, bien arrondi au bout, un peu plus gros que le doigt et d'une longueur de 25 centimètres. Dans certains pays, ce bâton est foré et permet de souffler dans le vagin de la vache, ce qui souvent réussit encore mieux. Mais ce sont là des moyens extrêmes que nous indiquerons sans les conseiller.

Le vacher ne doit jamais quitter son bétail. Entre le vacher et son troupeau, la vie doit être commune. Il doit rester avec ses bestiaux dans les étables, et y coucher ; il doit les suivre aux champs, etc.

Ces animaux, qu'on pourrait croire sans intelligence, se façonnent et se plient admirablement à la vie qu'on leur a faite, pourvu qu'elle soit rigoureusement régulière. La place de chacun doit lui être invariablement assignée : un changement a toujours de fâcheuses conséquences. Voyez rentrer les bestiaux : chacun va prendre sa place, et le plus grand ordre règne dans les étables. Voyez-les sortir : le chef du troupeau, la vache conductrice, marchera la première ; sa clochette sera le signe de son autorité, en même temps qu'un son de ralliement pour tout le troupeau et un renseignement utile pour le vacher ; car tout le troupeau passera où elle aura passé. La force décide généralement de cette suprématie. C'est la vache la plus forte qui aura conquis le droit de conduire ; dès lors, il lui est acquis à toujours. Derrière elle marcheront les forces inférieures, toujours en décroissant, de manière que les plus faibles seront les dernières. Celles-ci n'auront donc que les débris, les restes des repas des premières ; ce sera des ilotes se résignant à leur position. Qu'il entre une nouvelle bête dans le troupeau, les luttes commencent ; on essaie ses forces ; l'animal fait ses preuves, se classe, et la bonne harmonie, un instant troublée, a bientôt reparu.

Pour éviter des luttes, toujours un peu dangereuses, il convient de laisser les nouveaux arrivants à l'étable, où ils se familiarisent avec les autres et s'incorporent au troupeau, non sans luttes, mais avec des luttes plus douces et moins acharnées.

Quand un animal est hargneux pour les autres et méchant, il faut s'arranger pour qu'il soit la première victime de son humeur guerroyante ; on lui passe dans les cornes une planchette percée, qui rend sans danger les coups qu'il peut porter, et le blesse même d'autant plus fort qu'il emploie plus de forces contre les autres.

Un bon vacher trouvera toujours un palliatif au mal.

En exigeant les soins de pansage, je suis loin de vouloir qu'on les exagère et qu'on rende par là l'animal trop délicat. Il faut lui laisser sa nature rustique, faire ce qu'il faut pour conserver sa santé, mais ne pas dépasser ce but et affaiblir ainsi ce qu'on veut fortifier.

Il faut étriller les veaux, les vaches et les bœufs comme on étrillerait les chevaux, mais avec une carde seulement, et plus légèrement, en évitant d'appuyer sur les parties osseuses et saillantes. Pour ces parties comme pour la tête, on emploie une brosse ou un bouchon de paille. On termine en époussetant avec une queue de cheval, en peignant le bas de la queue et en la lavant en entier, ainsi que les parties au-dessous de l'anus et de la vulve, en n'appuyant que dans le sens du poil, qui est remontant dans cette partie, sur le pis des meilleures vaches.

Pour les animaux méchants, sournois, très-chatouilleux au toucher, dangereux enfin, on peut emmancher une brosse arrondie et les brosser ainsi de loin.

On peut aussi se servir d'un balai fin et déjà usé.

Education du bétail.

L'homme, avec ses moyens naturellement si supérieurs, son intelligence si développée, son aptitude à comprendre, à expliquer, à retenir, n'est arrivé où nous le trouvons qu'après plusieurs centaines de générations ou d'existences de sa race. Chaque génération recevait l'intelligence existante et la transmettait encore plus développée à la génération qui la suivait. L'aptitude et l'intelligence des père et mère passaient aux enfants, qui les développaient et les transmettaient encore un peu plus complètes. C'est par ce travail, lentement et insensiblement progressif, de l'intelligence, que les races humaines sont parvenues au point si avancé où nous trouvons certains êtres d'élite : la distance qui sépare un homme d'un autre homme est immense, car beaucoup sont si en arrière de quelques-uns, qu'on ne peut raisonnablement comparer les derniers aux premiers.

Malgré ces perfectionnements, acquis aujourd'hui à notre race, supposez un enfant élevé seul, de la vie matérielle, sans communication avec ses semblables, sans langue parlée, dès lors sans moyen de communication intellectuelle, dressé au travail comme une bête de somme, rudoyé et battu comme elle : la différence ne sera pas très-grande entre cet être et nos animaux.

Parmi ceux-ci, voyez quelques espèces plus doucement traitées, plus soignées par l'homme, admises par lui dans son intimité : vous trouverez ces espèces plus intelligentes, comprenant notre vie, nos habitudes, notre langage, obéissant à une parole, à un signe, exécutant un commandement. Ainsi nos chiens gardent nos troupeaux, nos maisons, etc. A notre commandement, ils cherchent le gibier, s'arrêtent devant lui pour lui imposer leur immobilité, le poursuivent, le prennent, le rapportent; ils font mille autres choses, et vont même jusqu'à exécuter certains exercices, jouer certains jeux.

Ainsi des chevaux dressés pour les spectacles, des chevaux apprivoisés comme des chiens, des chevaux arabes, etc.

Où n'arriverait-on pas avec des soins et de la douceur auprès de nos animaux domestiques?

Si nos chevaux, nos bœufs, etc., paraissent sauvages, c'est parce que nous les avons rudoyés et battus, et qu'ils nous redoutent; s'ils paraissent peu intelligents, c'est que nous n'avons pas pris la peine de nous mettre en communication avec eux, de nous faire comprendre d'eux. Le cheval, le bœuf, etc., obéiraient aussi bien à la parole qu'à l'éperon ou à l'aiguillon, s'ils comprenaient la parole; car ils ne sont pas moins intelligents que le chien. Mais, pour arriver à un progrès réel et sensible, il faut procéder sur plusieurs générations. Le fils d'un bon chien de berger, de chasse, de garde, a naturellement le germe des qualités de son père. L'éducation donnée à celui-ci a donc profité à celui-là; c'est autant d'acquis. Poussez plus loin l'éducation du fils; procédez ainsi sur plusieurs générations avec persistance et suite, et vous aurez un animal de plus en plus intelligent, de plus en plus soumis, de plus en plus utile.

Voilà ce que je voudrais voir faire pour tous nos animaux domestiques, surtout pour ceux qui servent le plus aux besoins de l'homme, comme le cheval et ses dérivés, le bœuf, le chien, etc.

Quels secours, quels aides aujourd'hui perdus ne trouverions-nous pas dans l'intelligence, le concours volontaire et zélé de tous nos animaux domestiques? Cela reste à faire, et cela sera fait un peu plus tôt, un peu plus tard, car cela est dans l'intérêt bien entendu de la fortune et des jouisssances de l'homme.

Des labours.

J'ai parlé des récoltes, et me crois obligé de dire sommairement les principales conditions d'un bon labour :

1° Aérer la terre et lui permettre de se fertiliser au contact bienfaisant du soleil, de la pluie, de la gelée, etc. ; pour cela, opérer lorsque la terre est friable, non durcie par la chaleur ou détrempée par les pluies ; autrement on pétrirait de la boue ou on soulèverait des blocs de terre.

Pour cela aussi, lorsqu'on laboure par billons de quatre à six coups de charrue ou par petites planches, et qu'on a de grands espaces à travailler, il faut ne donner à la fois que les deux premiers, plus tard les deux seconds coups de charrue, etc. ; et, en agissant ainsi sur le tout, chaque ligne de terre, au lieu d'être couverte immédiatement après avoir été découverte, reste exposée pendant plusieurs jours au contact de l'air.

2° Ameublir et émotter la terre. Pour cela, quelque temps après le premier labour, et un peu avant le second, on brisera les mottes par l'action de la herse et du rouleau. Nous ne pouvons trop recommander les herses et rouleaux dentelés ou rouleaux hérissons, mais surtout un instrument excellent appelé herse roulante. C'est, après la charrue, l'instrument le meilleur et le plus utile que nous ayons jamais rencontré, et nous ne résistons pas au désir d'en donner le dessin et les dimensions :

Le cadre a 1 mètre 65 centimètres de long sur 1 mètre 45 centimètres de large; les rouleaux ont tous 1 mètre 30 centimètres de long, avec un diamètre de 12 centimètres. Les dents, préparées droites, ont une longueur de 30 centimètres; elles traversent le rouleau et ressortent des deux bouts avec une saillie de 9 centimètres, courbées ensuite légèrement, mais après qu'elles sont posées.

On hersera donc quelque temps avant le second et le troisième labour, et, s'il y a encore des mottes, on finira par rouler, afin de n'enterrer que de la terre bien meuble.

3° Nettoyer la terre et détruire les mauvaises herbes.

Les labours en temps sec atteindront seuls ce but; un ou deux hersages aussitôt après le labour et derrière les charrues et, entre les deux hersages, une façon au rouleau seront la meilleure manière de détruire les herbes. L'extirpateur, qui opère quatre fois plus vite que la charrue, servira aussi à donner une excellente façon; il amènera les mottes et l'herbe à la surface. Un hersage à la herse ordinaire ou à la ratelle à dents de fer entraînera l'herbe ou la découvrira encore mieux; après cela, un coup de rouleau finira d'émotter, et un dernier coup de herse entraînera et découvrira l'herbe recelée dans les mottes. Un second labour, avec les façons accessoires ci-dessus décrites, mettra la terre en bien meilleur état que quatre labours ordinaires. Il y aura ainsi avantage d'un labour au moins et perfection dans le résultat obtenu.

4° Amener à la surface les couches nouvelles de terre végétale.

Cette terre vierge ou n'ayant pas produit depuis longtemps, et ayant reçu cependant les fumiers entraînés par les pluies, rendra au cultivateur les forces végétales échappées à ses récoltes. Parfois, si le sous-sol a des qualités qui manquent à la couche arable; si on trouve l'argile sous le calcaire, le sable, le cailloux, ou encore le calcaire, la marne, le sable, le silex sous une argile compacte, ce sera une bonne fortune que de ramener un peu de sous-sol à la surface pour le mêler à la couche végétale, la bonifier par les amendements qui lui manquent, et la rendre par là plus profonde et plus fertile. Dans ce but, deux et même trois charrues devront approfondir le même sillon : la première avec un plus grand déversoir pour éloigner la terre et écarter la résistance, la seconde avec un petit déversoir, la troisième sans déversoir. Les hersages seront ensuite indispensables pour mêler et incorporer les amendements tirés du sous-sol.

Terminons par quelques recommandations générales :

Dans les sols légers, perméables, on peut en tout temps travailler la terre à plat ou en grandes planches ; ailleurs, on est obligé de faire la part de l'eau et de labourer en petites planches et même en billons très-relevés, surtout pour l'hiver et même en vue des cultures d'automne.

Ne jamais labourer les terres sablonneuses pendant le cours d'une grande chaleur, aucune terre au moment ou à la suite d'une pluie survenue après une grande sécheresse ; — ne pas mêler par le labour une terre mouillée en dessus à une terre très-sèche en dessous ; — ne pas labourer dans la boue ; — ne pas fatiguer par le pied des bestiaux, par des charrettes, etc., et dès lors pétrir une terre détrempée...

Tout cela détruirait la fécondité de la terre pour plusieurs années ; un semis fait ainsi dans de mauvaises conditions couvrira le sol de coquelicots, de pavots ou de camomille, ou même ne donnera rien, si la récolte végète dans la couche de terre gâtée. Si celle-ci est au-dessous des racines, le mal ne se produira qu'à la seconde année. Il pourrait arriver parfois, mais fort rarement, que la révélation du mal n'eût lieu qu'à la troisième récolte, ou bien encore que, mêlée aux autres couches, la terre altérée, mais éparse et divisée, ne donnât pendant quelque temps que des récoltes médiocres.

Il faut donc bien choisir son temps pour labourer. Quelques terres, les légères surtout, craignent les labours d'hiver, parce qu'ils découvrent les fumiers et les livrent aux lavages des pluies ; on doit, dans ce cas, éviter de renverser le chaume avant le printemps. Les terres argileuses, fortes, compactes et motteuses se divisent heureusement, au contraire, sous l'action de la gelée.

A part quelques cas exceptionnels de terres infectées d'herbes qu'une jachère de un ou de deux mois d'été peut seul détruire, je voudrais qu'un labour fût toujours suivi d'un semis peu coûteux, de sarrazin, de trèfle, etc., pour être enfoui sous le labour suivant. Les blés, les avoines devront toujours recevoir du trèfle, ne fût-ce que pour enfouir au printemps la première ou la deuxième coupe. On ne peut se faire une idée de la fécondité que produirait ce système de récoltes enfouies. C'est un engrais ne coûtant rien, ou au moins fort peu de chose, tout transporté, tout épandu et conquis, on peut le dire, sur l'atmosphère. L'avantage existe surtout pour les terres éloignées, pour celles dé montagnes, enfin pour celles peu accessibles aux charrettes, et aussi pour les domaines encore improductifs.

Au printemps et au commencement de l'été, car il craint fort la plus petite gelée, le sarrazin est, pour enfouir, la plante par excellence; d'abord la semence coûte peu, un hectolitre par hectare est plus que suffisant, puis la tige est très-herbacée, et l'abondance des feuilles en fait une couverture qui ne laisse place à aucune autre herbe.

Le lupin, par lui-même, vaut mieux que le sarrazin, la tige est plus grosse et plus azotée; pour peu que la terre soit meuble, on peut le semer sans labour, et la graine lève sans être enfouie; dans le midi, on le sème sur les chaumes de blé immédiatement après la moisson. La navette serait peut-être la plante préférable à cause de sa petite quantité de semence et de son bas prix.

Le farouch est aussi une plante excellente à enfouir. Chacune de ces plantes a sa saison.

Ainsi le lupin sera semé en juillet ou août, pour être enfoui au printemps; de même des raves.

Le farouch, du 15 août au 15 septembre, pour être enfoui en mai.

Le sarrazin, fin mai, pour être enfoui en septembre.

La navette pourra être semée en toutes saisons dans le midi.

Toutes ces plantes doivent être enfouies en vert, au plus tard au moment de la floraison; une bonne pratique sera de les saupoudrer de chaux en poudre lorsqu'elles sont humides de rosée ou de pluie, de les rouler immédiatement, de semer et de labourer de suite.

Dans les terres légères, on pourrait semer les céréales avant de rouler et labourer.

J'ai une fois ainsi, dans la même terre qui était fort mauvaise, enfoui un farouch fumé, puis un sarrazin, puis une récolte de navette à demi-venue, et j'ai eu la plus belle récolte en blé de mon exploitation.

J'ai pratiqué parfois l'enfouissement du fumier frais au fur et à mesure de sa sortie des écuries; mais si j'ai obtenu beaucoup de beaux résultats, j'ai éprouvé parfois aussi, mais plus rarement, des mécomptes encore inexpliqués pour moi. C'est une question à étudier, question pleine d'intérêt; car n'obtînt-on avec des fumiers non fermentés qu'un produit égal à celui des fumiers fermentés, on trouverait encore un énorme avantage dans la possibilité de transporter les engrais avant l'époque des plus grands travaux.

Mais si je ne puis encore affirmer que la première récolte obtenue sur une fumure fraîche soit toujours supérieure à celle produite par un engrais fermenté, au moins pouvais-je dire, dès à présent, que mon expérience, confirmant en cela ce que tout homme de sens pouvait pressentir, m'a toujours prouvé que le fumier frais avait plus de durée, et que les récoltes postérieures trouvaient dans le sol une vieille force plus considérable.

CHAPITRE III.

DU GOUVERNEMENT DU BÉTAIL.

De la reproduction.

Si, à l'état de domesticité, les races tendent à dégénérer, à l'état de nature elles se maintiennent généralement beaucoup mieux. Pourquoi cette contradiction ?

C'est qu'à l'état de nature, les êtres débiles, éprouvés par les privations et les intempéries, succombent tous, et qu'il n'y a que les êtres forts qui résistent et sont appelés à se reproduire.

C'est que, avant la saillie, il y a généralement lutte entre plusieurs mâles, et que le plus fort seul entre les forts est appelé à féconder.

C'est que le hasard, peut-être même la nature, au moins les instincts des animaux, tendent toujours à mêler, dès lors à équilibrer les singularités naturelles, et à maintenir la pureté des races, ou à faire rentrer dans la ligne commune ce qui s'en était un instant écarté.

Ces conditions manquent dans la reproduction des animaux domestiques, l'action de l'instinct animal est supprimée, et, si l'intelligence de l'homme ne les remplace pas, on livre tout au hasard, et la race dégénère au plus vite.

Il faut remarquer cependant que plus une race a été altérée, même en mieux, par le croisement, moins elle est prolifique, plus la fécondation est difficile... Ainsi de la race de Durham et des autres races améliorées par des croisements.

Du taureau.

J'ai épuisé la question du choix des vaches à tout âge, à l'état de très-jeune vêle, de génisse ou de vache. Il nous reste à parler du taureau. Le choix d'un bon taureau est de la plus grande importance. Son influence sur le produit est énorme. Il paraît bien constant aujourd'hui que cette influence du père se fait surtout remarquer sur la vigueur du corps, sur la conformation des membres et de la partie antérieure ; qu'il transmet au produit les qualités de la vache dont il est né. Ainsi, un taureau né d'une bonne vache laitière, s'il produit une vêle, la produira bonne laitière. Cette observation a été faite par tous les éleveurs suisses. Dans ce pays elle est passée à l'état d'axiome ou de vérité incontestable. Dans les vacheries, il faut donc rechercher cette filiation du taureau, et arriver à obtenir chez soi, par les meilleures vaches, le taureau dont on devra se servir.

En principe, l'animal qui a atteint les trois quarts de sa croissance est propre à la reproduction ; rigoureusement, un taureau de 15 mois, bien nourri, est donc propre à la saillie ; mais nous n'avons jamais voulu l'utiliser ainsi avant 18 mois, et même, lorsque nous l'avons fait à cet âge ou même avant 2 ans, n'était-ce pas pour des races de travail, mais seulement pour des races laitières et d'engraissement. Pour ces races, en effet, une certaine faiblesse de constitution, un tempérament tant soit peu lymphatique sont plutôt à désirer qu'à craindre : l'engraissement devient plus facile ; la production du lait est plus grande. Les bœufs de travail ne prennent-ils pas l'engrais, lorsqu'ils ont ou de l'âge ou de la jeunesse, plus facilement que lorsqu'ils sont dans toute la force de leur vitalité ?

Nous pensons donc que si, pour des races à lait et de boucherie, un taureau de 18 mois à 2 ans est acceptable, il n'en est pas de même pour les races de travail. Ici, nous voudrions un taureau de 2 ans 1/2 au moins, de la constitution et de la santé les plus riches, nourri fortement (avec du sel, un peu d'avoine ou de fèves), à l'étable, mais avec quelques sorties réglées, des promenades, etc., même un peu de travail, et auquel on ne présenterait qu'une vache au plus par semaine. J'aimerais mieux, en effet, payer 10 et 20 francs une saillie dans ces conditions que 1 franc dans les conditions communes et si déplorables pratiquées dans nos campagnes.

Pour les vaches laitières, on peut être plus tolérant : le taureau est bien plus prolifique que le cheval. Un taureau pourra donc servir un troupeau de quarante à cinquante sujets, et le suivre aux pacages sans grands inconvénients. A la rentrée, surtout dans la saison où les saillies sont les plus fréquentes, on lui donnera du sel et un supplément de nourriture.

S'il recevait habituellement cette ration, on l'augmenterait à l'époque dont nous parlons.

Au reste, c'est une erreur de croire que le travail peut être contraire aux étalons et particulièrement au taureau. Un travail modéré donnera au taureau plus de force corporelle et plus d'énergie génératrice ; la conception sera plus assurée. Nous n'hésitons pas à conseiller de faire travailler modérément les taureaux. Ils seront plus propres à la saillie, seront plus doux, moins dangereux, deviendront moins lourds et seront plus longtemps utilisables ; leurs produits naîtront en quelque sorte domptés et seront plus faciles à dresser. Le travail constituera l'exercice que nous recommandons. A part les heures de travail, la stabulation serait alors complète.

Pour le taureau attaché à un troupeau de vaches, après le travail, on fera bien de le laisser suivre les vaches au pacage. Ces habitudes de la vie commune ont leur utilité. Une vache éprouve-t-elle une fausse chaleur, elle s'approche du taureau ; celui-ci la caresse de la tête, la gratte, la lèche et la calme ainsi. Mieux que le cheval, le taureau reconnaît l'état de gestation de la femelle, et se refuse à l'accouplement, tout en calmant la vache par des caresses.

Le travail est si peu contraire à la génération, il est un fortifiant si sûr, un stimulant si actif vers la copulation, que nous conseillons d'atteler les vaches et de les faire travailler modérément, pour stimuler chez elles la chaleur, éloigner la tendance à la graisse et mieux assurer la conception.

Lorsqu'un taureau est méchant, sournois, irascible, etc., il faut le réformer au plus tôt, car ses produits auront ses défauts.

Pour certaines races fougueuses, une bonne précaution serait de passer un anneau de fer dans le nez du taureau. Ainsi on en sera toujours maître, et la crainte modérera ses colères. Mais je préfère de beaucoup la pince toscane.

A 4 ans, il faut communément remplacer un taureau ; d'abord, il est trop lourd et peut causer des accidents ; puis, souvent, il est devenu méchant et dangereux. Autrement un taureau pourrait servir à la saillie jusqu'à l'âge de 6 et même 8 ans. Quelques éleveurs ont prétendu qu'avec un vieux taureau les avortements étaient plus fréquents ; mais je ne puis accepter cette opinion, à moins qu'elle ne s'explique par des faits postérieurs à la saillie, les fausses chaleurs de la vache et les sauts d'un taureau trop lourd. Je dois cependant ajouter qu'on s'est toujours bien trouvé du renouvellement fréquent d'un taureau, en maintenant rigoureusement la pureté de la race.

On le castre, et pour peu qu'il ait été touché et apprivoisé, il devient un excellent bœuf de travail, plus fort qu'un veau castré dans sa jeunesse, pouvant servir plus longtemps et plus vieux, mais d'un autre côté se vendant moins bien pour l'engraissement.

On discute depuis longtemps sur l'accouplement entre eux des sujets d'une même famille : ainsi du père avec sa vêle et ses petites-vêles, de la mère avec ses veaux ou ses petits-veaux, etc. Aujourd'hui, on paraît d'accord sur ce point que plusieurs accouplements peuvent être avantageux, mais qu'une série trop prolongée de reproductions en famille amènerait infailliblement l'énervation et l'appauvrissement, à ce point que les sujets finiraient par tomber dans l'incapacité absolue de se reproduire. Sinclair, Sbright, Knight sont unanimes sur ce point, contesté cependant encore par d'autres.

La présence continue d'un taureau au milieu d'un troupeau de vaches est chose à peu près indispensable. Certaines vaches, et les vieilles surtout, ont le temps de la chaleur rare et court. Il faut donc, pour être en mesure de les faire remplir sans retard et *sur l'heure*, avoir un taureau dans le parc. Puis la présence et le voisinage du taureau provoquent la chaleur ; on le place au besoin auprès des sujets vieux et froids, et, en forçant un peu la nourriture de la vache, en y ajoutant avec du sel, du son, ou de l'avoine, ou des fèves, ou des lentilles concassées, des pois surtout, on parvient à lui faire désirer le taureau.

L'âge du taureau peut aussi avoir de l'influence sur les proportions du produit. Qu'une race ait des proportions corporelles vicieuses, par exemple une croupe pointue, les cuisses effilées et mal garnies, on remédiera à ces disproportions en faisant emploi d'un jeune taureau ; on les aggravera en se servant d'un vieux dont la conformation exagérera ces défauts.

Si, au contraire, la faiblesse était dans l'avant-train de la vache ; si la poitrine était étranglée, le garrot étriqué, un vieux taureau relèverait l'avant-train du produit.

Car, si bien conformé que soit le jeune taureau, l'âge, qui ne modifie pas les proportions du bœuf, modifie beaucoup celles du taureau.

Ainsi, plus il prendra d'âge, plus son avant-main, le cou, le fanon, le garrot, etc., se développeront, plus, au contraire, sa croupe s'effilera, et, de carrée qu'elle était, deviendra pointue; plus ses cuisses se videront et s'aplatiront.

A quel âge doit-on présenter les génisses au taureau? Ce que nous avons dit à l'occasion du taureau doit aussi s'appliquer aux vaches. Si on opère sur des races de travail, il faut attendre communément 20 mois; s'il s'agit de races uniquement d'engraissement ou de laiterie, on pourra faire saillir à 15 ou 16 mois, surtout si la vache a été bien nourrie. Les produits moins énergiquement constitués, ayant la fibre plus molle, seront d'une nature plus propre à prendre la graisse de bonne heure et plus facilement, et aussi à produire du lait. Bien que cela soit encore contesté par quelques-uns, ce fait ne me paraît plus contestable. On a donc, alors qu'il y a force suffisante, intérêt à faire saillir jeune, car une année d'attente double le prix de la vache.

Il est également reconnu que les bêtes de haute taille doivent être livrées à la reproduction plus tard que celles de petite taille, celles-ci ayant, plus jeunes, atteint tout leur développement.

Ainsi, à Hoheinheim, les vaches de petite taille sont saillies de 18 mois à 2 ans; celles de haute taille, de 2 ans à 2 ans 1/2.

De la chaleur.

C'est au printemps que la vache entre le plus communément en chaleur. Dans le midi de la France, la chaleur du bétail est ordinairement d'un mois en avance sur le nord, où elle est moins fréquente et dure moins longtemps. Chez la vache, la chaleur s'annonce par des signes non équivoques : la vulve se gonfle, devient rouge en dedans et jette une matière visqueuse; l'œil est mobile et égaré; la vache saute sur tous les animaux de l'espèce; elle tient le nez au vent comme pour aspirer avec délices les effluves du taureau; elle dresse les oreilles comme pour chercher à entendre ses mugissements et courir ensuite à sa rencontre; elle mugit fréquemment; tous ses mouvements trahissent une idée dominante et exclusive, une inquiétude nerveuse; elle marche sans but, va, vient, bondit sans motif, oublie de paître, de manger, de boire; s'irrite devant un bœuf et le maltraite parfois ; parfois aussi elle hésite et souffre en marchant d'une inflammation au bout des onglons.

Le lait diminue alors sensiblement ; il perd de sa qualité ; parfois même il tarit.

Dans cet état, si la vache n'était pas satisfaite, il serait à craindre qu'elle ne s'échappât pour courir au loin chercher ce qu'elle ne trouverait pas dans son étable.

La chaleur, chez le taureau, s'annonce par des mugissements rauques et lugubres. Il vague et court dans les pacages, mange avec inquiétude, cherche souvent à boire, écume et frappe de ses cornes les arbres, les haies, la terre même ; s'il s'arrête, c'est pour écouter s'il n'entend pas les mugissements d'une vache.

Pour stimuler la chaleur dans les femelles et les mâles, nous ne connaissons rien de mieux qu'une nourriture plus abondante, mieux choisie, plus nutritive, du grain par exemple, des tourteaux, des lentilles, des fèves, etc., des pois surtout ; du sel, comme stimulant l'appétit et facilitant la digestion ; de l'exercice et mieux encore un travail modéré ; un pansage plus énergique, des frictions, des lotions froides, des bains froids.

A l'étable, le rapprochement des deux sexes.

Si le sujet est maigre, on réussira par la nourriture surtout ; s'il est gras, par l'exercice et le travail.

En désespoir de cause, on donnera de l'avoine bouillie dans du vin, de la racine d'orchis bifolié, mais seulement après avoir épuisé les moyens plus naturels et plus sûrs : l'exercice, le travail, la nourriture.

La chaleur dure communément deux, trois ou quatre jours ; parfois elle cesse au bout de vingt-quatre heures ; plus rarement elle se prolonge dix et quinze jours. La durée de la chaleur diminue avec l'âge, à ce point que, chez une vieille vache, elle peut ne pas durer plus d'une heure. Presque toujours la conception la fait cesser, souvent aussi l'accouplement même infécond ; mais, dans ce dernier cas, elle ne tarde pas à reparaître.

La chaleur se reproduit assez fréquemment chez la vache, communément toutes les trois semaines ou tous les mois.

La chaleur est le moment indiqué par la nature pour l'accouplement ; il y a toujours inconvénient à la laisser passer. Cependant une vache peut être fécondée hors de l'état de chaleur et lorsqu'on a tout épuisé pour la provoquer ; mais alors il faut prendre plus de précautions contre les accidents, car ils sont à craindre ; mieux lier et assujettir la vache, la placer sur l'herbe pour éviter le danger des chutes, car elle résistera aux approches du taureau et souffrira dans la copulation. La fécondation sera alors moins assurée.

Certaines vaches ont des chaleurs désordonnées ou plus fréquentes que d'autres. Elles ont ainsi moins de chances de retenir et retiennent en effet rarement. Elles recherchent le taureau à peu près tous les mois. Cet état révèle une maladie inflammatoire intérieure et permanente, communément la phthisie ou pommelière. Il est prudent de se défaire de ces vaches ou par la vente ou par l'engraissement. Si on tardait, on perdrait tout.

Des saillies.

On doit tenir note des saillies et de leur date, surtout pour renseigner sur l'époque où il faut cesser de traire et sur celle où il faut attendre la parturition et y préparer.

J'ai, pendant quelque temps, appliqué le procédé de présenter toujours la vache au taureau du neuvième au quinzième jour après celui du part, en attendant toutefois que l'animal paraisse complétement remis des fatigues du vêlage. Ces saillies réussissent, on peut presque le dire, toujours ; mais cette gestation continue ne me paraît utilement praticable que pour les vaches de race de travail, chez lesquelles le produit principal est le veau et non le lait. Je l'appliquerais encore volontiers aux vieilles vaches, dans la crainte de ne pas les voir venir facilement en chaleur ; mais je ne la conseillerais pas pour des sujets de race laitière, riches de jeunesse et de lait. A ces vaches, un repos de plusieurs mois est nécessaire : il ajoute à la force, à la santé, à la vitalité de l'animal, et on doit l'accorder d'autant plus facilement, que le propriétaire, loin d'en éprouver aucun préjudice, y trouve, au contraire, cet avantage, en diminuant le nombre des gestations, de réduire par cela même le nombre des mois perdus pour la production du lait, un mois et demi par chaque gestation.

Époque des saillies.

Les saillies de fin juillet, d'août et commencement de septembre sont les meilleures, parce qu'elles portent la parturition au printemps suivant, époque éminemment favorable pour le développement du produit en lait. Le point de départ étant bon, le reste de la carrière se maintiendra bon. Au printemps, les herbes abondantes, jeunes et tendres, donneront beaucoup de sucs et de lait : de là le développement des organes producteurs du lait. L'époque des saillies, surtout des premières saillies pour les génisses, a donc une importance qui n'a pas été assez remarquée, elles doivent avoir lieu en août.

Supposez, au contraire, une première parturition d'une jeune génisse pendant les froids, qui empêchent la distention de la peau, pendant l'alimentation aux fourrages secs, qui produisent peu de lait. L'organe producteur prendra peu de développement; il se pliera à une faible production. Plus tard, ce sera une seconde nature qu'une marche plus éclairée et des soins multipliés ne corrigeront pas ou ne corrigeront qu'imparfaitement. J'ai plusieurs fois trouvé dans ce fait bien constaté l'explication d'un produit en lait par trop inférieur à celui qu'annonçaient les signes extérieurs.

Lorsqu'on vend le lait, on est obligé d'établir dans les saillies un roulement à peu près égal (ce qui devient plus favorable et à l'acte en lui-même, pour la constitution des veaux, et au taureau, que cela fatigue moins). Ainsi, si on a cinquante vaches, cela donnerait une saillie par semaine.

Autour des grandes villes, que l'on quitte de mai à octobre, et où dès lors la consommation du lait diminue à cette époque, il faut avoir égard à cela, et faire saillir beaucoup plus en décembre, janvier et février, pour porter le plus grand nombre des parturitions en août, septembre et octobre, et avoir autant que possible beaucoup de vaches en lait pendant tout l'hiver.

Il faut également se plier aux besoins de la consommation, lorsqu'on produit du beurre et des fromages, en s'attachant aussi à produire plus aux époques où les prix sont les plus élevés. L'éleveur habile et opérant en grand tiendra bonne note de ces variations. Il saura à quelle époque le beurre ou les fromages manquent ou abondent; il se préparera à produire beaucoup pour le temps de la hausse, fort peu pour celui de la baisse, et cela en choisissant avec intelligence l'époque des saillies.

Le même principe de préparer la vente pour un temps de hausse dans les prix devra aussi entrer pour son importance relative dans les plans de conduite de l'éleveur de veaux de boucherie ou d'élève. Dans ce cas, il y aura encore d'autres considérations à mettre en ligne.

Ainsi, il faudra d'abord qu'il se rende bien compte de l'époque de l'année pendant laquelle son bétail est le mieux nourri, et si, par exemple, sa nourriture d'hiver est abondante, bonne, hygiénique, appropriée à la production du lait, c'est-à-dire abondante en tubercules, il organisera ses saillies pour les mois de janvier et février, afin de faire tomber les parturitions en octobre et novembre, jeter toute la main-d'œuvre de l'élève des veaux sur les mois d'hiver, propres surtout aux travaux d'intérieur, et amener le sevrage des veaux d'élève pour le printemps, époque éminemment favorable pour cela, les veaux s'accommodant fort bien de la nourriture au pacage.

Si, au contraire, la nourriture d'hiver est peu abondante et variée, si les vaches en souffrent un peu, la parturition devra être ménagée pour l'époque des jeunes herbes (mai et juin), et les saillies réservées pour les mois correspondants (août et septembre). Il en sera de même dans les pays du nord, sur les plateaux élevés et froids : le jeune veau né au commencement de l'hiver ne résisterait pas aux rigueurs de la saison.

Si les vaches travaillent, et que ce soit là un produit important, il faudra faire en sorte de les avoir libres pour l'époque des travaux des champs.

Dans tout cela, l'éleveur devra consulter sa position et ses besoins, prévoir tout, avantages et inconvénients, aligner ses considérations et ses chiffres, et se tracer une ligne de conduite logiquement tirée du plus grand *produit net*; car tous les raisonnements doivent converger vers ce but, toutes les questions à se poser rentrer dans celle-ci : *le plus grand produit net !*

De la génération.

La femelle, à peu d'exceptions près, n'entre en chaleur qu'à des époques fixes et périodiques. La nourriture a plus d'influence, sur cet état que la présence du mâle. Mieux elle est nourrie, plus la chaleur est intense et fréquente.

La nourriture, au contraire, quoiqu'elle influe aussi sur le mâle, influe bien moins que la présence de la femelle. La nourriture peut prédisposer : la présence de la femelle détermine.

Les femelles des mammifères, lorsqu'elles ne sont pas fécondées, entrent en chaleur à des époques périodiques.

Laisser, plusieurs fois de suite surtout, passer cet état de chaleur sans livrer les femelles au mâle, peut nuire à la fécondité de la femelle. Cependant cela est peu dangereux.

Mais si on permet l'approche, le voisinage du mâle sans permettre l'accouplement, la fécondité de la femelle peut s'épuiser dans des désirs ou des efforts impuisants. Le moindre mal sera de rendre la fécondation plus difficile. Il faudra sûrement plusieurs accouplements pour obtenir la fécondation ; il pourra même arriver qu'elle devienne impossible. Ainsi se créent les taurinières ou vaches stériles, incessamment en chaleur.

Les béliers boute-en-train causent souvent ainsi de grandes pertes.

Harvey a observé que les caresses suffisent pour détacher les œufs des femelles du merle, de la grive, du perroquet. On doit croire qu'on pourrait rendre un mammifère stérile par des caresses sans résultat possible, des surexcitations contre nature.

La propriété de donner beaucoup de lait se transmet plus sûrement par le mâle que par les femelles. Il faut donc tenir encore plus à bien choisir les taureaux, et surtout aux qualités laitières de leurs mères, qu'à bien choisir les vaches.

M. Guichenet, de Bordeaux, acheta trente vaches de Guingamp sur place et en même temps un taureau Durham. Les produits furent uniformément des vêles de la robe du père (blanc taché de noir), et des veaux de la robe de la mère (jaune orangé taché de blanc), la taille des produits se rapprocha toujours de celle du père.

Ceci est une preuve de plus de l'influence plus efficace du mâle sur ses produits féminins.

Tout, dans un animal, peut se transmettre par la génération. Posons, je ne dirai pas des règles (il y aurait trop d'exceptions), mais des probabilités ; car, en pareille matière, c'est déjà se risquer beaucoup que de donner des probabilités :

Les poils à insertions profondes ou des extrémités, les crins, tiennent ordinairement du père.

Le reste du poil tient le milieu entre la mère et le père.

Cependant la couleur la plus foncée de l'un des deux reproducteurs prédomine presque toujours sur la couleur plus claire de l'autre.

La transmission de la forme extérieure du père est plus certaine, surtout du père à la fille.

Un produit féminin a bien plus de chance de ressembler au père, un produit masculin, à la mère.

Ceci expliquerait et l'existence sur les veaux mâles, mais en petit, des mamelons de la femelle, des signes indicateurs du lait, et l'heureuse influence de ces petits dessins sur les produits du taureau. Ainsi le taureau né d'une bonne vache laitière aura reçu d'elle, en raccourci, le cachet de son écusson. S'il produit une vêle, celle-ci aura les qualités de la mère du taureau, son écusson avec son ampleur et ses aptitudes à la production du lait.

Cette ressemblance sera d'autant plus sûre et plus complète, que le père ressemblera plus lui-même à sa propre mère, qui revivra ainsi dans sa petite-fille, et que la mère ressemblera plus elle-même à son propre père, qui revivra ainsi dans son petit-fils.

Ces probabilités sur les ressemblances perdent d'autant plus de leur force que l'un des générateurs est plus faible et plus débile que l'autre.

La ressemblance par les formes est suivie souvent de la ressemblance par l'intelligence, tandis que la ressemblance par les penchants et le tempérament paraît le plus souvent être attachée à la ressemblance par la couleur de la peau.

A la suite de la puberté, les ressemblances changent quelquefois. Ce changement n'a guère lieu que sur le produit mâle, qui perd parfois sa ressemblance première avec la mère pour se rapprocher de celle du père.

Le produit mâle tenant du père passe rarement à la ressemblance avec la mère ; le produit femelle tenant de la mère passe plus rarement encore à la ressemblance avec le père.

Si les animaux unipares donnent deux produits, ces produits se ressembleront s'ils sont du même sexe ; sinon, le mâle ressemblera à la mère, la femelle au père. Celle-ci est souvent stérile ; aussi la livret-on ordinairement à la boucherie, soit dans cette appréhension, soit parce que, étant moins forte et moins bien nourrie, elle donne de moins belles espérances.

Plus il y aura d'inégalité de force et de vigueur entre les deux reproducteurs accouplés, plus il y aura de probabilité que le produit aura le sexe du plus fort. Ainsi une vache maladive, ou trop jeune, ou trop vieille, saillie par un taureau vigoureux, donnera presque sûrement un veau. Le contraire arrivera si l'infériorité est du côté du taureau.

Ces probabilités sont, au reste, confirmées par des faits :

Ainsi, à Grignon, quarante-six parturitions de jeunes vaches, à leur première et deuxième portée, ont donné vingt-neuf mâles et dix-sept femelles, tandis que vingt-huit parturitions de vaches dans la force de l'âge ont produit dix-huit femelles et dix mâles.

A Hoheinheim, cent quarante parturitions de jeunes vaches ont donné quatre-vingts mâles et soixante femelles, tandis que des vaches moins jeunes ont toujours donné plus de femelles que de mâles.

En faisant saillir, par un mâle vigoureux, peu de temps après le part, alors que la femelle est encore faible, ou avant que la chaleur se déclare, on obtiendra presque sûrement un mâle. Une bonne laitière (ce qui prouve sa force de constitution) donnera plus de mâles que de femelles.

En fortifiant au contraire la femelle, en attendant les signes de chaleur et en débilitant le mâle avant la saillie par une nourriture relâchante et par des saillies antérieures, on obtiendra plus souvent une femelle.

On a écrit qu'une vache saillie avant la muision, alors qu'elle avait le pis bien rempli de lait, donnait presque sûrement une femelle, tandis que saillie après la mulsion, c'est-à-dire le pis absolument vide, on était presque certain d'obtenir un mâle.

On a remarqué aussi qu'en accouplant deux races de contrées opposées, à vigueur égale, la race du nord l'emportait presque toujours sur la race du midi. On peut donc utiliser cette tendance et y ajouter, à moins qu'il ne convienne mieux de la combattre.

L'ancienneté de la race (c'est là un principe bien constant) crée la constance dans les produits. La race la plus ancienne et la plus pure donnera presque sûrement son cachet. Si l'un des deux reproducteurs est un produit de croisement, et que l'autre ait de la race, de la race ancienne surtout, il donnera certainement son cachet au produit de la saillie.

On exalte beaucoup les races améliorées par des croisements intelligents, et on peut avoir raison au point de vue du présent ; mais l'avenir réserve bien des mécomptes. Signalons-en quelques-uns. Faisons remarquer d'abord que certains croisements améliorateurs produisent la stérilité des produits ; ainsi une cane commune avec un canard de Barbarie donne une fort belle espèce de canards, incapables de se reproduire. Nous ne parlons pas de l'accouplement de la jument et du baudet, de la bourrique et du cheval, etc., car ce sont des espèces similaires, mais différentes. Mais ce qui arrive dans l'exemple cité, entre canards, paraît devoir arriver dans les croisements de bestiaux ; s'il n'y a pas stérilité absolue, il y a diminution de fécondité, cela est constant : c'est là déjà un grand inconvénient.

Puis, la race améliorée et nouvelle, lorsqu'elle parvient à être fécondée, manque *de constance* dans la reproduction. Accouplez un animal ordinaire de la race ancienne du pays avec un produit d'un croisement amélioré, et vous aurez un élève de la race ancienne du pays : cela est incontestable.

Ces inconvénients n'existent pas dans les améliorations d'une race par elle-même, par le choix des individus, par la nourriture et les soins : sachons bien cela.

Sachons aussi, si nous améliorons par des croisements, que dans cette race il faut une persévérance et des soins continus ; améliorer toujours, sinon tomber d'un seul coup au-dessous du point de départ.

C'est ce qui arriva, après la mort de Backewell, à son troupeau si renommé ; il perdit toute sa valeur. Pareille chose se répéta pour les frères Collins, et pour beaucoup d'autres. Un produit artificiel ne se soutient que par ce qui l'a créé : par l'art. Telle est la condition du succès dans la voie des croisements.

Remarquons, au reste, qu'en Angleterre même, on commence à revenir de l'engouement pour les races croisées, et qu'on se plaint beaucoup de l'infécondité des sujets ainsi obtenus ; bien des éleveurs désillusionnés rentrent dans la voie contraire aux croisements ; c'est dans le Devonshire surtout que ce courant d'idées est le mieux établi, on améliore la race Devon en elle-même, et par le choix des sujets, et on s'en trouve bien.

Mais qu'on n'aille pas au delà de notre pensée, nous ne blâmons pas tous les croisements, nous en conseillons même beaucoup ; ainsi nous approuvons les taureaux Durham dans les pays où l'industrie des veaux est développée. On n'élèvera ces produits que pour les sacrifier, ou comme veaux ou comme bœufs, non pour en tirer des animaux reproducteurs. On s'en tiendra ainsi au premier croisement, et on en tirera tout l'avantage possible, un produit plus élevé ; le bénéfice sera là.

En combinant avec intelligence les différentes règles ou probabilités ci-dessus posées, on peut presque dominer les incertitudes de la reproduction, en ce sens qu'on aura quelques chances de plus d'obtenir le résultat désiré.

Mais je le répète encore, en finissant, rien n'est moins certain que les probabilités qui précèdent.

De la fécondation.

La fécondation sera plus sûre dans les conditions suivantes :

Le printemps est la saison où l'accouplement amène plus sûrement la fécondation. L'animal sort des torpeurs et du repos de l'hiver ; il se sent animé par les premières chaleurs du printemps ; c'est alors qu'il faut s'occuper de faire emplir les vaches vieilles et froides, car, pour celles-là, il faut prendre leur temps et profiter de la saison la plus favorable à la chaleur.

Une trop grande ardeur peut faire manquer la fécondation.

La vache doit être bien nourrie, sans cependant atteindre l'embonpoint.

Sur les sujets froids un pansage énergique doit précéder l'accouplement. Une promenade un peu activée disposera heureusement tous les sujets. La rumination doit avoir cessé, et la digestion doit être faite avant de réunir les deux reproducteurs.

Après l'accouplement, il faut s'abstenir de toutes ces pratiques absurdes que l'ignorance des campagnards a propagées. Il faut alors distraire et occuper la femelle, soit en la rentrant et lui donnant sa nourriture ordinaire, soit en la promenant doucement.

On ne la fera ni courir ni trotter ; on ne la couvrira pas d'eau, etc. Tout cela ne peut aboutir qu'à un mauvais résultat.

De la gestation.

Si le taureau est plus prolifique et plus propre à un grand nombre de saillies que le cheval, la vache, de son côté, conçoit plus facilement et retient plus sûrement que la jument.

La fécondation calme plus sûrement la jument que la vache. Celle-ci reste encore parfois en chaleur ; mais il est rare que le taureau se prête à un nouvel accouplement ; il se contente de calmer la vache par des caresses toutes paternelles.

La gestation de la vache dure 9 mois et quelques jours, communément 9 mois 8 jours à 9 mois 15 jours, fort rarement au delà. J'ai vu ou entendu citer quelques cas de 9 mois 20 à 25 jours, mais jamais plus.

La gestation est d'autant plus longue que la vache est plus forte ou plus âgée. Celle qui doit produire un veau mâle tardera plus à mettre bas que si elle devait produire une vêle. Une bonne vache laitière sera plus en retard qu'une mauvaise, précisément parce que le veau sera mieux nourri et plus fort. La même remarque peut être faite sur les végétaux : les fruits d'un arbre vigoureux mûriront plus tard que ceux d'un arbre faible, rabougri ou malade.

Le retour à la chaleur ne prouve pas toujours contre l'état de plénitude de la vache. Il faut être en défiance contre cet indice. Quelques jours après l'accouplement, de fréquentes envies d'uriner, réelles ou factices, celles-ci manifestées par l'action fréquente de se camper, sont un indice de fécondation. L'embonpoint est aussi un signe à peu près certain, car la gestation ralentit la circulation du sang, ramollit la fibre musculaire, stimule les besoins de l'estomac, porte au repos et au sommeil, toutes causes très-efficientes dans l'engraissement. Aussi, pour activer l'engraissement d'une vache, commence-t-on par la faire emplir, afin de calmer ses passions et d'amener l'état que nous venons de décrire.

C'est sur le flanc droit de la vache qu'il faudra chercher à surprendre les mouvements du veau. La panse est à gauche, et, après les repas, elle repousse la matrice contre le flanc droit.

En faisant trotter la vache pendant une minute, en la rentrant ou la faisant boire, on prétend que cela met le fœtus en mouvement, et que, s'il n'y a pas de mouvement sur le flanc droit, c'est qu'il n'y a pas gestation.

Un battement vif et énergique des artères est aussi un indice de plénitude.

On pourrait, au reste, au besoin, s'assurer, par l'exploration du vagin, de l'état de la vache. La main peut facilement y être introduite, et, par le toucher, s'assurer de l'état de la matrice. S'il y a développement, il y a grossesse. Mais c'est là une opération trop risquée pour qu'on puisse y avoir recours dans les cas ordinaires.

Les ligaments qui soutiennent la matrice sont si mous, si relâchés, si élastiques chez la vache, la vache laitière surtout, que chez elle l'avortement est bien plus facile et plus fréquent que chez la jument. Il est surtout à craindre dans les deux premiers et dans les deux derniers mois de la gestation. Aussi faut-il prendre de grandes précautions.

La première, de tenir la vache à l'étable dans une position contraire à celle des bœufs, c'est-à-dire qu'elle doit avoir les pieds de devant plus bas que ceux de derrière, ou tout au plus de niveau avec ceux-ci ; autrement le poids constant du fœtus sur l'ouverture de la matrice amènerait un avortement.

Trop de mouvement et de fatigue sont à éviter ; aussi, pas de marches longues, de courses rapides, de sauts ou de gambades ; l'état de stabulation convient à la vache pleine bien plus qu'il ne conviendrait à la jument.

La vache pleine devient plus susceptible de colère, plus hargneuse pour les autres ; c'est le sentiment maternel qui se développe : déjà elle défend son fruit de toute approche, de tout contact ; il faut empêcher les luttes, et, pour cela, tenir le bétail isolé et ne pas lui permettre de se grouper dans les pacages.

L'alimentation la plus favorable au lait, mais aussi la moins tonique et la plus énervante, se composera de soupes, de tubercules cuits, mêlés à du tourteau moulu, mais en très-petite quantité ; car, s'il faut bien nourrir, il faut aussi combattre la propension à l'engraissement ; le fœtus perdrait ce que gagnerait la mère ; puis, si celle-ci était trop grasse, la parturition serait plus difficile et plus dangereuse.

La gestation n'empêchera pas de traire la bonne vache laitière pendant les sept premiers mois, au plus jusqu'à la fin du huitième. Elle garde son lait jusqu'au vêlage ; mais ce sera une raison pour être plus doux, plus caressant avec elle, de lui épargner tout mouvement brusque, toute crainte.

La nourriture de la vache se partage pendant la gestation entre la nourriture du fœtus et la production du lait. Plus on prendra de lait, moins on laissera de nourriture au fœtus. Il faut donc faire les parts, et, suivant le produit de la vache, prendre moins, successivement, pour laisser de plus en plus au fœtus, dont les besoins croissent avec le développement. Dans les derniers mois, il faudra insensiblement cesser de traire ; car les bonnes vaches ne perdent jamais leur lait, et on se tromperait si on attendait que le pis cessât de se remplir. Cependant, si le pis s'emplissait par trop, il faudrait soulager la vache et lui tirer du lait.

Si jeunes que soient les vêles destinées à la production du lait, il faut les habituer à se laisser prendre et manier le pis et les trayons, en simulant doucement l'action de traire. Cette pratique doit se continuer et se répéter pendant la gestation, afin d'habituer sûrement la vache à la main de celui qui doit la traire.

Quelques personnes, jugeant la vache d'après la jument, croient que la parturition s'annonce par l'affaissement du ventre. C'est là une erreur. Le ventre de la vache en bonne santé se maintient rond et ferme. Les véritables signes de l'approche du part sont les suivants ; ils se succèdent dans l'ordre ci-après :

Le pis de la vache, tari et vidé, se gonfle et se remplit de lait. On peut le faire jaillir en pressant les trayons.

En même temps le dessin du pis, et surtout la ligne formée par la jonction du poil montant et du poil descendant, ce que j'appellerai la lisière du dessin, et ce que Guenon appelle les galons, le dessin et la lisière, dis-je, s'entr'ouvriront, s'épanouiront en quelque sorte, sous la tension de l'organe sécréteur qui commence à fonctionner, et des réservoirs intérieurs qui se remplissent de lait. Cet élargissement du dessin et de la lisière cesseront un peu après la parturition.

La vulve se gonfle extérieurement.

Il apparaît quelques suintements glaireux et clairs d'abord, plus épais ensuite, plus tard sanguinolents. Quelquefois, mais c'est une exception, la poche fœtale sort plusieurs jours avant le part, rentre aussi parfois pour ressortir encore.

Alors le moment de la parturition approche. On s'y prépare d'abord en retirant les aliments trop volumineux, et en les remplaçant par des tourteaux, des farines mouillées, par du foin, des soupes, de manière à tenir le ventre libre et peu plein.

Il est indispensable d'avoir, pour les vaches qui doivent vêler, une étable petite, bien close et bien salubre, où couchera un valet zélé et habile, capable de donner des soins lors de la parturition ; car il faut isoler alors la vache : pour elle, afin qu'elle soit moins dérangée et plus tranquille ; pour les autres vaches, qui, par imitation, ne manqueraient pas de faire, pour vêler, des efforts qui pourraient amener l'avortement.

Quelques éleveurs, pour favoriser la parturition et y préparer la vache, lui font manger du tourteau de lin. Ils croient que cette nourriture grasse et huileuse donne aux organes géniteurs une souplesse et une élasticité qui rendent le part plus facile. Je n'ai jamais cru que le tourteau pût agir ainsi sur les organes de la génération ; mais je n'ai pas cherché à combattre ce que je croyais une erreur, parce que cette alimentation avait au moins ce résultat heureux, qu'en donnant de la force et de l'énergie à la vache, sans remplir les intestins, elle rendait le part plus prompt, plus facile et moins douloureux.

Car, dans la parturition, c'est l'énergie et la force qui manquent ordinairement à la vache. Aussi quelques éleveurs expérimentés la préparent-ils à cette crise par des toniques et des stimulants ; les uns par une nourriture forte, des farines, des tourteaux, du sel ; les autres, par 2 litres de vin ou de cidre mêlés de 12 à 16 grammes de thériaque. Mais je ne conseillerais pas ces pratiques, et je me contente de quelques soins hygiéniques, de petites promenades faites à pas lents, d'une nourriture rafraîchissante et tonique à la fois, de farines mouillées par exemple, un pansage à la main plus minutieux et plus complet, etc.

Dans le nord de la France, on saigne la vache aux approches du part, c'est le contraire de ce que je conseillerais, à moins de signes pléthoriques.

De l'avortement.

La brebis avorte fort rarement, la chèvre encore plus rarement ; cependant le développement des estomacs est aussi considérable chez elles que chez la vache.

Malgré cette similitude, la vache avorte fréquemment ; elle est de tous les animaux domestiques celui qui fournit le plus d'exemples de cet accident. Aussi ne peut-on prendre trop de précautions.

La position d'abord : à l'étable les pieds de derrière doivent être sur un sol au moins de niveau, mieux encore plus élevé que le sol sur lequel posent les pied de devant. C'est là une position disgracieuse, contraire aux usages, mais elle est indispensable pendant la gestation. Il convient que les étables à vaches soient toujours ainsi disposées.

Une nourriture par trop volumineuse, de la paille, par exemple, du foin avarié ou peu nourrissant, pressera le fœtus de manière à le précipiter dehors avant le terme.

Si elle s'accumule et se durcit entre les lames du dernier estomac, dit feuillet, elle amènera le même accident.

Une nourriture échauffante produira la constipation et des efforts qui provoqueront l'avortement.

Dans les derniers mois de la gestation, il faut donc veiller à rafraîchir les vaches chez lesquelles on remarquerait de la constipation.

Une indigestion, une nourriture ou une boisson saisissante par sa température trop froide, un pâturage mouillé et froid, une herbe couverte de givre ou de neige, de brusques changements d'alimentation, une nourriture débilitante, l'allaitement ou la mulsion, prolongés trop longtemps, peuvent déterminer un avortement.

Des mouvements brusques, des courses, des pressions, des chutes, des frayeurs causées par les éclairs, le tonnerre, les surprises, les coups, l'approche des chiens, des loups, etc., pourraient décider un avortement.

Le voisinage d'une vache ou d'une autre femelle qui met bas provoquera des mouvements d'imitation qui amèneraient aussi parfois l'avortement.

On a vu des troupeaux entiers de vaches ou de brebis (de juments

jamais, dit-on), frappés d'avortements qu'on pourrait croire épizootiques. Ces avortements étaient-ils occasionnés par une maladie ré-
gnante, affectant la matrice ou agissant sur elle, ou ne provenaient-ils
que d'une nourriture malsaine ou dangereuse?

Tout cela prouve la nécessité de placer à l'écart les vaches qui
annoncent un avortement ou une parturition.

Une vache qui a avorté une fois, surtout sans cause accidentelle
bien reconnue, courra de grands dangers d'avorter encore. Il sera
donc prudent de la remplacer.

Il faudrait vendre aussi une vache ayant un part double ; cela pourrait se répéter et mettre l'animal en péril ; dans tous les cas cela la
fatigue ou ruine ordinairement sa santé.

Dans un avortement arrivé pendant les premiers mois de la gestation, si le délivre n'a pas suivi le fœtus, on procède à l'extraction ;
puis on combat par une saignée, par des boissons émollientes et rafraîchissantes, par des lavements adoucissants, la fièvre qui se déclare
et les inflammations qui se développent.

Pour un avortement arrivé après le septième mois, le régime seul
suffira, et on traitera la vache comme après un part laborieux.

De la parturition.

La parturition normale est ordinairement fort rapide chez la vache ;
à peine dure-t-elle cinq à dix minutes. Traçons sommairement sa
marche ordinaire :

La vulve se gonfle et se dilate ; elle jette quelques mucosités glai-
reuses, limpides au début, puis épaisses, puis sanguinolentes ; la
vache mugit, s'agite et agite sa queue, piétine, se couche et se relève,
regarde ses reins parce que la douleur est là, donne enfin tous les signes de l'inquiétude et de la souffrance.

La meilleure position pour la vache est de rester debout sur ses
jambes : le part est plus facile ; rien ne le gêne ; tout le corps agit et
concourt au mouvement.

Apparition de la poche fœtale. Il arrive quelquefois qu'elle se
montre et rentre ensuite plusieurs fois, quelques jours avant la crise
décisive. Presque toujours cette poche ou vessie est expulsée peu

après qu'elle s'est montrée ; elle éclate à la sortie et mouille et assouplit tous les organes environnants.

A la suite de la poche fœtale apparaît le fœtus, par les pieds de devant d'abord, le museau collé sur les jambes ensuite, de manière à présenter par le petit bout un cône ou coin qui, procédant du plus petit obstacle au plus grand, amène lentement et insensiblement la dilatation des ouvertures vaginales et la sortie des épaules et du poitrail, parties les plus fortes et après lesquelles sortent brusquement et facilement les parties postérieures de l'arrière-train. Dans le travail de sortie, le fœtus s'est allongé sous la pression, en perdant ainsi en grosseur ce qu'il gagnait en longueur, ce qui facilite l'expulsion.

Le veau tombe sur la litière mise, à dessein, très-épaisse autour de la vache, et, dans sa chute, rompt le cordon ombilical ou le brise par ses mouvements ; autrement la mère le coupe avec les dents, ou le valet accoucheur avec son couteau, à huit centimètres du nombril ; la ligature est inutile.

Si le part devient laborieux, si le fœtus se présente mal, etc., il faut recourir au vétérinaire, sans tarder.

Quelques complications peuvent être cependant surmontées sans lui ou en l'attendant.

Si la vache est constipée, si on soupçonne que le rectum, gonflé de matières stercorales, repousse et arrête la dilatation du vagin, il faut vider le rectum avec la main ; pour cela, choisir le bras et la main les plus effilés et les bien enduire d'huile.

Si on remarque de l'inflammation, de la chaleur dans le vagin ou les parties environnantes, il faut recourir aux lotions et aux injections d'eau de guimauve, de son, etc.

Si la parturition languit, si les efforts expulsifs diminuent, si la vache est faible et abattue, il faut administrer des toniques, un litre de vin chaud avec du pain écrasé dedans, etc.

J'ai vu certaines gens croire avancer et faciliter la parturition en perçant la poche fœtale lorsqu'elle était à demi sortie de la vulve. C'est là une grande faute, car on tombe ainsi dans la parturition sèche, une des plus pénibles. La poche doit être crevée en dedans et par le fœtus lui-même, les eaux s'écoulent alors en grande partie dans le vagin, adoucissant les frottements et facilitant les dilatations.

Si le veau, quoique se présentant normalement, restait cependant trop longtemps (cinq à six minutes) sans avancer, il faudrait aider à la nature, s'emparer des parties découvertes, et, en saisissant le moment même où la vache fait des efforts, tirer doucement et lentement dans la direction du bas, c'est-à-dire dans la direction des jarrets de la vache.

Si la résistance continue, pendant que l'un tire le veau, un autre soulève la queue assez fortement, aide ainsi à la dilatation de l'ouverture vaginale, et, imprimant par là un mouvement de bascule à l'os sacrum, le fait concourir à l'expulsion du fœtus.

Le veau sorti, le cordon cassé ou coupé à huit centimètres du nombril, on essuie doucement le petit animal, ou on laisse la mère le lécher, en la surveillant toutefois pendant qu'elle le fait, pour qu'elle ne le morde pas et n'irrite pas, en la léchant trop, la plaie du nombril. On bouchonne légèrement la vache ; on la couvre d'une couverture ; on l'abrite bien, elle et son veau, qui grelotte souvent sous les premières atteintes de l'air. Puis, après avoir fait boire à la mère de l'eau tiède et blanchie, et avoir fait teter le veau, on les abandonne à un repos de plusieurs heures, dans l'ombre et le silence, en se contentant de les observer de loin et sans être vu ou entendu.

Presque tous les cultivateurs saupoudrent le veau de sel ou de farine, pour engager la vache à le lécher. Cela est bien inutile, et le sel et la farine peuvent nuire à la vache.

La sortie des enveloppes du fœtus, appelées l'arrière-faix ou délivre, présente souvent chez la vache plus de difficultés que la sortie du fœtus lui-même. Parfois ces annexes du fœtus sortent avec lui en maintenant leur adhérence ; mais, le plus souvent, elles en sont séparées par les obstacles de l'expulsion et les contractions des organes génitaux. Alors c'est un second part qu'il faut attendre, stimuler ou provoquer.

On reconnaît que le délivre n'est pas expulsé, par la présence du cordon ombilical, qui sort de la vulve, par les souffrances de la vache, ses efforts d'expulsion, les contractions de la vulve, etc.

Les mouvements pénibles, difficiles ou brusques de la vache amènent souvent cette complication. L'arrière-faix se présente ; il est à moitié sorti. La vache s'est couchée après le part et veut alors se relever. Ce mouvement fait rentrer la matrice, qui se resserre, attire à elle l'arrière-faix ; tout est rentré. Ces mouvements de la vache sont provoqués souvent par des allées et venues, des entrées ou des approches imprévues, l'ouverture des portes, la lumière brusquement jetée dans l'ombre. C'est là ce qu'il faut éviter. Ici tout ce qui trouble, dérange ou surprend devient un danger.

Parfois la délivrance a lieu pendant ce moment de repos ; plus souvent la vache se réveille remise et reposée, et le travail recommence. On la fait boire de nouveau. Si elle est faible, on lui donne des stimulants, de la farine d'avoine, de la bouillie de tourteau, un peu de sel. Quelques-uns donnent du vin, du cidre tiède, des rôties, etc. Je me suis toujours abstenu d'employer ces moyens.

La délivrance, complétée par l'expulsion de l'arrière-faix, éprouve quelquefois de grands retards. Le danger commence avec la putréfaction. Au bout de huit à dix heures de retard, il faut faire appeler un vétérinaire. En l'attendant et en son absence, il faut surveiller la vache. Lorsque le délivre se montre à moitié, on peut l'attirer, mais bien doucement ; car si on arrachait la partie apparente qui entr'ouvre la vulve, l'autre partie rentrerait immédiatement sous la pression du resserrement ; et comme le volume serait moins gros, les provocations à l'expulsion seraient moindres.

Le second travail, celui de la délivrance, dure parfois plusieurs jours. Lorsque le délivre est sorti et rentré plusieurs fois, quelques vachers, pour hâter la sortie et empêcher la rentrée, attachent une ficelle à l'arrière-faix, et, à cette ficelle, un morceau de bois gros comme une demi-bouteille et percé. Ce poids continu d'un demi-kilogramme à un kilogramme aide à la sortie.

On a conseillé des boissons toniques, des injections d'eau froide par le cordon ombilical qui pend en dehors de la vulve. Ces moyens réussissent parfois.

Nous avons dit que, pendant les lenteurs apportées à la délivrance de la vache, le danger commençait avec la putréfaction de l'arrière-faix, c'est-à-dire qu'en été, par les grandes chaleurs, il y a danger au bout de moins de 24 heures ; dans une saison tempérée, après 48 heures, et au bout de trois jours en hiver. Sans attendre aussi longtemps, il faut appeler le vétérinaire pour l'opération de l'extraction aussi bien que pour le renversement de la matrice.

Un vacher, un homme pratique, quelque expérimenté qu'il soit, ne doit se permettre que les moyens ordinaires, naturels et hygiéniques. Lorsqu'il y a danger, nécessité d'opération, il faut recourir à un homme de l'art ; car la plaie des campagnes est dans ces empiriques aussi ignorants qu'ils sont suffisants et audacieux. Je ne puis trop recommander aux habitants des campagnes d'être en garde contre leurs recettes et leurs moyens ; de tout temps ils ont fait un mal immense à nos plus pauvres cultivateurs, car ceux-là sont les moins instruits et les plus confiants et crédules. Quand purgera-t-on nos campagnes de ce fléau plus dangereux et plus meurtrier que les épizooties? C'est avec de bons vétérinaires qu'on fera disparaître ces empiriques ignorants.

A quoi attribuer cette propension des femelles herbivores à dévorer cette masse dégoûtante de membranes sanguinolentes qui composent l'arrière-faix ? Ce n'est ni dans les habitudes, ni dans les goûts de la bête, qui refuserait en tout temps le morceau de viande le plus propre et le plus appétissant ; ce n'est pas non plus un besoin de propreté. Serait-ce donc un instinct naturel causé par la crainte d'attirer par cet appât pestilentiel les animaux dangereux; Si ces débris contenaient un remède quelconque, un purgatif pour la femelle, on pourrait croire que c'est une indication de la nature ; mais rien ne prouve qu'il y ait une vertu quelconque dans cette nourriture.

Il faut donc soustraire la vache à cette tentation, en écartant immédiatement l'arrière-faix. Un pareil aliment ne convient pas aux ruminants. Il serait à craindre que jeté presque entier, comme les autres aliments, dans le rumen, les contractions de cet organe ne pussent soulever une masse aussi lourde pour la représenter à la mastication, et qu'elle ne se putréfiât dans le rumen, en provoquant des vomissements impossibles ou d'autres accidents graves.

Un régime rigoureux de repos et de diète est une nécessité pendant les deux ou trois premiers jours qui suivent la parturition. Les boissons tièdes et blanchies, présentées assez fréquemment le premier jour, et plus rarement mais plus abondamment les autres jours, doivent constituer toute l'alimentation. On augmentera successivement la proportion de la farine en diminuant celle de l'eau. On finira par du thé de foin épaissi par de la farine, et enfin du son, nourriture assez solide et assez substantielle pour servir de transition à des soupes, des légumes cuits, et enfin aux fourrages secs de choix. On évitera dans la première semaine les fourrages verts, afin de ne pas trop pousser au lait ; dans tous les cas, on écartera les fourrages verts mouillés, les boissons froides, les courants d'air, qui produisent souvent l'inflammation de la matrice.

Si, après une parturition normale et une délivrance complète, la vache ne donne que peu d'attention à son veau, manifeste de l'inquiétude, parait encore souffrir et regarder ses reins, lors même qu'il se serait écoulé plusieurs jours depuis le vêlage, on peut prévoir une portée double.

Aussitôt le part accompli, il faut visiter le veau et s'assurer qu'il est bien conformé. Il faut principalement s'assurer que les ouvertures naturelles, les oreilles, les yeux, les naseaux, la bouche, l'anus et la vulve surtout sont bien normalement ouverts ; car il arrive quelquefois qu'il y a occlusion ou soudure, et qu'il faut pratiquer l'ouverture de ces voies. Le remède est prompt et peu dangereux dans les premiers jours de la vie du veau. Il est fort rare que ces difformités nécessitent une opération dangereuse. Dans tous les cas, c'est au vétérinaire qu'il faut avoir recours.

Je n'ai jamais bien compris l'utilité de cette pratique qui consiste à manier le dos du veau. Aussi ne la conseillerais-je pas.

Si la mère repoussait son veau, il ne faudrait pas trop la tourmenter pour obtenir qu'elle se laissât teter, au besoin la traire et faire boire le veau à part, soit simplement dans le vase, soit dans un biberon artificiel composé d'une demi-bouteille dont le col est enveloppé d'un linge roulé en cinq ou six doubles, légèrement ficelé dans la partie pendante, et laissant couler doucement le lait sous la pression des lèvres du veau.

Il est indispensable que le lait et les autres boissons présentées au veau soient tièdes.

Si, par une cause quelconque, on ne pouvait ni traire la vache, ni faire teter le veau, et qu'on ne pût pas se procurer d'autre lait, du petit lait, etc., il faudrait composer une boisson artificielle de thé de foin et de chiendent, sucré au miel ou au sucre. Pour des veaux faibles, j'ai parfois fait ajouter du bouillon gras, un jaune d'œuf. Si on remarquait de la constipation, on ajouterait un laxatif très-doux, de la manne, par exemple, du jus de carottes râpées, bouillies et tamisées. J'ai, dans les premiers jours surtout, toujours cherché à purger le veau avec du bouillon de carottes mêlé au lait ou à la boisson ; j'iimitais ainsi la nature, qui charge d'un purgatif assez énergique le premier lait de la vache. On ouvre par ce moyen les voies stercorales, et on débarrasse le veau des eaux âcres et des principes nuisibles qu'il peut avoir sur l'estomac ou dans l'économie, et surtout de ce résidu excrémentiel et visqueux couleur vert-noir qui encombre le canal intestinal du jeune veau, et qu'on a appelé méconium.

En naissant, le veau pèse du neuvième au douzième du poids de sa mère ; généralement, on calcule sur un dixième. La vache bonne nourrice donne un veau plus fort et plus lourd ; la mauvaise nourrice donne un poids plus faible.

Le part est dès lors plus dangereux pour la meilleure vache.

Soins à donner au veau.

Le mode d'allaitement du veau variera suivant l'intérêt du maître. Nous avons déjà dit que le lait employé à la nourriture des veaux ne produisait pas ou produisait au plus 5 centimes par litre, tandis qu'en beurre et en fromage il rendait 10 centimes, et en lait vendu, 15 centimes en moyenne.

Parlons donc de ces trois hypothèses.

Disons d'abord, en général, et dans tous les cas, qu'il y a avantage à séparer dès le premier jour le veau et la vache ; car si l'allaitement direct donne moins de peine et provoque une sécrétion en lait un peu plus abondante, il faut reconnaître que, par contre, il a bien des inconvénients.

D'abord, on ne sait pas au juste ce que consomme le veau. Si la vache est mal nourrie, si elle est malade, si elle sécrète moins de lait, si son lait est altéré, on n'en sait rien, le veau souffre et la mère aussi ; le mal s'accomplit et s'aggrave en silence.

Puis, le veau n'est pas rationnellement nourri. Il reçoit bien plus dans son extrême jeunesse, lorsqu'il a moins de besoins, et reçoit moins plus tard, lorsque ses besoins ont doublé ou triplé. C'est alors qu'il abime sa mère à coups de tête, en lui demandant une nourriture qu'elle ne peut lui fournir.

Si la vache va au pacage, elle se tourmente de la séparation, car le veau ne doit pas quitter l'étable. Tous deux souffrent et cela tous les

13

jours, continûment ; leurs mugissements en témoignent. La mère sortira à regret de l'étable ; elle y rentrera la première, en devançant de loin tout le troupeau ; souvent même elle échappera au vacher et rentrera seule.

La vache qui allaite souffre parfois beaucoup de l'avidité du veau : lorsque le lait manque, il lance dans le pis de la vache les coups de tête les plus violents. Si on le surveille, si on le tient à la corde, on modérera peut-être ses coups, mais on ne les empêchera pas. Ces coups amènent souvent les dérangements les plus graves, des engorgements du pis, des inflammations intérieures qui, répétées, finissent par rendre le pis charnu et diminuent ou détruisent la puissance lactifère de la vache.

En séparant le veau de suite, en l'isolant de la mère assez pour qu'elle ne puisse ni le voir ni l'entendre, on obvie à tous les inconvénients signalés.

Je n'hésite donc pas à conseiller la séparation absolue et presque immédiate de la vache et du veau. Cette marche sera une nécessité dans les grandes vacheries. On pourra l'enfreindre avec moins d'inconvénients dans les petites ; mais il y aura toujours et partout inconvénient à ne pas le faire.

Si le lait peut être vendu en nature, s'il trouve placement à 15 centimes environ, il est évident qu'il y aurait perte énorme à l'employer à la nourriture du veau. Il faudrait donc, dans ce cas, ne garder le veau que tout juste le temps de lui faire consommer le colostrum ou lait de la première semaine, et le vendre sans remise du sixième au huitième jour.

On pourrait cependant, à la rigueur, l'élever, soit parce qu'on tiendrait à la race et au produit, soit parce qu'on aurait des bras à utiliser. Ceci nous amènera à parler de l'allaitement absolument artificiel.

Le premier lait de la vache qui a vêlé est plus jaune, plus épais et mucilagineux que le lait ordinaire ; on y remarque parfois quelques stries de sang. Il est, en outre, très-apéritif, et constitue pour le veau un véritable purgatif. C'est là une de ces admirables prévisions naturelles, auxquelles il faut se conformer. Ce lait ne vaut rien pour la laiterie ; il purgerait des gens qui n'auraient pas besoin d'être purgés, et il gâterait le beurre et le fromage. Son emploi n'est donc pas là : c'est au jeune veau qu'il est destiné et qu'il est indispensable. Ceux qui croient bien faire en évitant de donner ce lait au veau commettent une grande erreur. Nous l'avons déjà dit : quand ce lait manquera et qu'on devra le remplacer par du lait ordinaire ou par une boisson artificielle, il faudra y ajouter un principe purgatif, de la manne, par exemple. Suivant Berzélius, ce lait nouveau, dit colostrum, ne s'aigrirait pas, mais se putréfierait très-promptement ; il ne contiendrait aucune partie de sucre de lait ; mais il aurait tous les sels ordinaires. Il rendrait 11 p. 0/0 de crême, 3 p. 0/0 de beurre, 18 3/4 de fromage.

Peu à peu le lait de la vache qui vient de mettre bas rentre dans les conditions normales. Au bout de six à sept jours, l'élément purgatif a complétement disparu, et on peut dès lors le faire entrer à la laiterie.

Dans les premiers jours du part, surtout pour les bonnes vaches laitières, on doit craindre que le pis ne s'engorge ou ne s'enflamme sous une trop grande quantité de lait. Il faudrait alors écarter le veau, si on suppose qu'il ait provoqué cette indisposition ou qu'il puisse l'entretenir ou l'augmenter, puis traire doucement et souvent, modérer la nourriture, et, tout en la maintenant rafraîchissante, la composer de fourrages secs. L'indisposition ayant disparu, on rentrerait insensiblement dans le régime ordinaire.

S'il survenait des crevasses, des abcès, des pustules, il faut bien se garder de les enduire avec un cops gras : la graisse, le beurre, l'huile stimuleraient la suppuration. Mais comme cette inflammation du pis vient parfois, en été surtout, de la chaleur et des émanations du fumier, il faut bien curer les étables, traire à fond et plusieurs fois par jour, pour diminuer l'inflammation intérieure, baigner le pis dans des eaux tièdes, émollientes, de mauve, de guimauve, de son, etc., et rafraîchir la vache par une nourriture peu tonique, aux tubercules ou au vert.

Le meilleur remède contre les crevasses est fourni par la vache elle-même. Il faut les enduire de crême douce et fraîche, et, au bout de une ou deux heures, baigner et laver le pis dans de l'eau tiède, émolliente, pour faire disparaître la crême qui s'acidifierait et irriterait la plaie après l'avoir calmée.

Parfois, une enflure sans cause se développe sur le pis d'une vache. Presque toujours c'est un coup d'air que des fumigations ou des bains émollients feront disparaître.

Virus vaccinal.

Les pustules de virus vaccinal se rencontrent rarement en France. On dit cependant en avoir trouvé dans les Vosges. Je n'en ai jamais rencontré qu'en Ecosse (elles sont aussi fort communes en Irlande, dans l'Inde, la Perse, dans l'Amérique du nord). On les reconnaît à leur forme plate, légèrement concave au milieu, à leur couleur opaque, entourée d'un cercle rouge et enflammé.

Ces pustules sont la petite-vérole de la vache. S'il survenait de la fièvre, on ferait boire de l'infusion de sureau légèrement miellée.

En 1750, les terribles ravages causés par cette effrayante maladie humaine éveillèrent la sollicitude des corps savants. Comme on croyait être sûr qu'on n'avait cette maladie qu'une seule fois, on pensa que l'inoculation, dans une saison et des circonstances favorables et en l'absence des miasmes épidémiques qui ajoutent toujours à l'intensité du mal, substituerait une épreuve fort bénigne à un danger réel. On inocula le virus et on constata que l'inoculation ne faisait rien sur les vachers d'Ecosse et d'Irlande ; ces hommes expliquaient cela par ce fait qu'ayant déjà pris cette maladie de leurs vaches, ils ne pouvaient plus la contracter une seconde fois. Ce fait était plein d'idées ; Jenner le constata lui-même de nouveau dans les environs de Glocester, en Angleterre, et en tira toutes les conséquences logiques. La maladie de la vache était inoffensive ; l'inoculation était dès lors sans danger, et cependant elle écartait le danger d'une maladie similaire, mais terrible. Voici la vaccine et son origine expliquées.

Mode d'alimentation du veau.

J'ai déjà dit qu'il fallait, dès le principe, soit le lendemain du part (ce qui serait le mieux, parce que la mère ne se serait pas encore autant attachée à son veau), soit un peu plus tard, et, dans tous les cas, à la fin de la première semaine, séparer le veau de la mère et placer celui-là dans une étable toute spéciale.

Une fois séparés, le veau ne doit plus voir sa mère. On traira, et tout le lait de la première semaine après le part sera porté au veau.

Quelques veaux boivent tout naturellement le lait tiède qu'on leur présente, surtout si on ne les a pas laissés teter leur mère; d'autres hésitent et reculent après avoir flairé. Il faut bien se garder alors de violenter la jeune bête. En cela comme en tout, la douceur obtiendra toujours, la violence jamais. Si le veau recule devant le lait ou ne se décide pas à boire, il faudra, à plusieurs reprises, tremper le doigt dans le lait, le lui mettre doucement dans la bouche, et insensiblement l'amener à se rapprocher de plus en plus du lait; puis, lorsqu'il s'est habitué à sucer le doigt, placer la main dans le vase, en faire sortir le doigt seul et le rapprocher des lèvres du veau; puis, lorsqu'il l'aura sucé, le rentrer dans le lait, et plusieurs fois le sortir de moins en moins, de manière à mettre enfin les lèvres du veau en contact avec le lait. Alors il finira par boire.

On peut aussi se servir de biberons artificiels. Le meilleur dont je me sois servi est un bout de cuir cousu, dans la forme d'un trayon ou d'un gros doigt de gant, ayant dix centimètres de long, presque pointu au bout, où il est percé de petits trous, assez large dans la base pour recevoir le goulot d'une bouteille. On remplit celle-ci (ou tout autre vase à col) de lait tiède ou de boisson artificielle. On y attache le trayon de cuir et on le présente au veau, qui, le trouvant couvert de lait, le prend et le tette comme il ferait du pis de sa mère.

ALLAITEMENT ARTIFICIEL ABSOLU.

J'appelle ainsi le mode d'alimentation par lequel le veau est absolument privé de lait. On est parvenu, en effet, à remplacer le lait, sinon avec avantage, au moins sans de graves inconvénients. Le lait naturel s'obtient, en effet, au moyen de la vache, et par une opération en quelque sorte culinaire. Nous dirons plus tard et avec détail comment chaque substance nutritive donne un lait qui se rapproche d'elle-même et qui reçoit d'elle une saveur, une odeur, une consistance, une couleur, une force tout à fait différentes. Le lait résulte donc de la coction, de l'infusion opérées dans le corps de la vache, d'une certaine quantité de foin, de son, de farines, de fourrages verts, de tubercules, carottes, betteraves, pommes de terre, etc., mêlés à une certaine quantité d'eau. Douze ou quinze heures après l'ingurgitation, l'opération est terminée ; le lait n'attend plus pour couler que la main qui doit le traire.

Pourquoi ne chercherait-on pas à faire artificiellement une pareille opération pour obtenir un produit à peu près similaire ? Si la forme de ce produit n'est pas la même, pourquoi le résultat serait-il bien différent ? Pourquoi, dans l'infusion et la coction réelles des mêmes substances alimentaires, ne retrouverait-on pas, dénaturés et convertis, les mêmes éléments, les mêmes principes, les principes et les éléments mêmes de ces substances ?

Sans doute l'opération sera moins complète, les résidus retiendront plus de leurs parties alimentaires ; mais d'abord ils seront utilisables ; puis rien ne sera détourné, car le corps de la vache s'approprie bien une partie importante des aliments, et dans la coction rien ne sera détourné. Il pourrait donc y avoir compensation et même compensation favorable à l'opération artificielle.

Le raisonnement a donc dû amener cette conviction, que, par la cuisson ou l'infusion des aliments offerts à la vache, on pouvait obtenir quelque chose à peu près constitué comme le lait, ne lui ressemblant pas pour certains usages (la conversion en beurre ou fromage, par exemple), mais pouvant le remplacer pour certains autres, l'alimentation des jeunes veaux (*) ; et la pratique est venue donner sa sanction à ce qui n'était d'abord qu'une déduction logique. Aujourd'hui, et depuis des siècles, il est prouvé qu'on peut, dans l'alimentation des nouveau-nés, remplacer le lait par une autre nature d'aliments. L'Angleterre, la Hollande, la Belgique, nos départements du nord, enfin les pays les plus avancés, ont adopté cette méthode.

Le thé de foin doit être la base de cette nourriture artificielle. On fera bien de mettre à part et sur un grenier bien sec le bon foin qu'on voudra ainsi employer. Le foin court, fin et parfumé des bons prés

---

(*) Ce sujet est neuf et intéressant. Je ne fais que l'indiquer, et il serait à désirer qu'il fût étudié. Mes travaux, tout à fait pratiques, sont trop incomplets pour que je me risque à les produire ; mais ils m'ont amené à croire que le lait n'est qu'un bouillon facilement imitable par un cuisinier ou un chimiste, sinon en sa forme blanche, liée et opaque, au moins pour sa force et sa spécialité alimentaires.

hauts sera celui qu'il faudra préférer. Lors des regains, on fera également un choix, afin de mêler au foin, et pour le parfumer, un quart ou un tiers des meilleurs regains.

10 à 12 litres d'eau par kilogramme de foin seront la base normale du thé ; en ajoutant soit du chiendent et de la pomme, on donnera à la boisson un principe rafraîchissant ; soit des carottes et des mauves, on introduira un principe apéritif ; au besoin, la manne, etc., comme élément purgatif. Tout ce qui entre dans l'alimentation de la vache pourra et devra entrer dans la composition du lait artificiel, les eaux grasses, les farines, les sons, les tourteaux, tous les tubercules enfin (coupés en tranches), viendront apporter à ce lait artificiel le contingent des principes alimentaires qu'ils fournissent au lait naturel. Rien ne sera perdu. Les vaches ou les porcs dévoreront les parties solides et en purée qui formeront les résidus du lait. A un certain âge, les veaux eux-mêmes s'en accommoderont fort bien, et il faudra les y habituer de bonne heure et insensiblement. Certains éleveurs anglais préparent la buvée d'agneaux d'après la formule suivante :

30 à 40 litres d'eau, 1 litre 1/2 graine de lin bien bouillie, 2 litres de farine de froment, seigle, orge ou fèves : bien remuer, présenter doux, et, pour y habituer, y mêler d'abord du lait.

Dans ma pensée, la farine devrait être l'élément variable dans la composition de la buvée ; le froment fortifierait, la fève tonifierait, le seigle nourrirait plus légèrement, l'orge rafraîchirait.

Que l'on calcule les ressources et les avantages énormes qu'on trouvera dans ce mode d'alimentation ! La nourriture sera mesurée aux besoins de l'animal ; elle sera légère ou nourrissante, rafraîchissante, apéritive, purgative ou tonique, suivant l'âge ou l'état de santé du sujet. La science éclairera ces questions. On fera la graisse avec des éléments gras et oléagineux, de la viande avec des éléments azotés, des os avec des carbonates de chaux ; tout cela introduit dans cette nourriture liquide. On saura ce qu'on donne, on saura ce qu'on produit ; l'homme se constituera en quelque sorte le créateur de l'animal qu'il élèvera ; il le formera selon ses besoins et la destination qu'il lui assignera. Backwell et les Collins ont ouvert la voie.

Je m'arrête.... La carrière est immense. Dans ce siècle d'investigations scientifiques si profondes, d'efforts et d'essais pratiques individuels si puissants par le faisceau de lumières que la presse en fait jaillir, qu'elle groupe et qu'elle vulgarise, rien ne me paraît impossible !

Résumons les avantages de l'allaitement artificiel exclusif ou mixte et les inconvénients de l'alimentation naturelle :

1° Du moment où le lait ne sera plus teté, mais bu, on en fixera la quantité, on en modérera la force ; on y ajoutera, soit plus de substances alimentaires, comme on fait en Allemagne, de la farine de froment ou de lin, de l'eau panée, des œufs battus, du thé de foin, des purées de tubercules, etc., soit des éléments purgatifs, etc. La nourriture, en un mot, sera appropriée et mesurée aux besoins et à l'état du sujet.

2° Là où le lait atteint un bon prix, il y a perte de plus de moitié à le livrer aux veaux. Alors on nourrira ceux-ci avec un lait artificiel aussi nutritif, mais moitié moins coûteux. On fera du beurre, des fromages, et on restituera aux résidus du lait, par des additions de tourteaux, de farines, de tubercules cuits, la force alimentaire qu'ils ont perdue.

3° La vache, habituée et attachée au veau qu'elle a nourri, souffre de la séparation, en devient parfois malade, retient souvent son lait après le sevrage, le refuse toujours pendant l'allaitement.

4° Si la vache est bonne laitière, il lui reste un excédant de lait dans les premières semaines. Ce lait s'aigrit, se caille dès le second jour, et se maintient altéré jusqu'au moment où la sécrétion a diminué, par ce seul fait que la mulsion n'a pas été complète, qu'il y a obstruction et souffrance dans le pis. Non-seulement le lait est perdu alors, mais la vache perd, encore et pour toujours, de ses qualités lactifères. De bonne qu'elle était, elle devient médiocre, et plus tard la nourrice dégénérée reste au-dessous des besoins de l'élève. Le veau souffre dans le cas même où il devrait y avoir surabondance de nourriture. (Ici un éleveur clairvoyant s'emparerait de l'excédant des premières semaines.)

5° Si la vache est médiocre ou mauvaise laitière, le veau, sans qu'on s'en doute, reste mal alimenté et souffreteux. (Il faudrait le deviner, mieux encore le vérifier par la mulsion, et pourvoir aux besoins de l'animal.)

6° Lorsque les veaux sont malades pendant l'allaitement naturel, la cause remonte presque toujours à la mère ; l'état de chaleur, une frayeur, des coups, une maladie, etc. On a plus de peine à s'assurer de la cause, à remédier au mal ; on ne peut le prévenir. La santé d'un animal est subordonnée à la santé de deux animaux, car le veau ne prospère qu'autant que lui-même et la vache se portent bien.

7° Dans les premiers mois, le veau qui tette est trop nourri ; il l'est trop peu dans les derniers. C'est là un inconvénient grave pour la vache, qui, n'étant pas tarie dans le principe, souffre et perd de son lait ; pour le veau, qui a trop d'abord, pour avoir trop peu ensuite.

8° Cette insuffisance de nourriture du veau dans les 4e, 5e et 6e mois oblige à surnourrir la mère. Celle-ci s'affriande, ce qui est déjà un inconvénient ; elle engraisse et contracte une tendance à l'engraissement, ce qui est plus grave dans une vache laitière, qui perd ainsi de son aptitude à produire du lait.

9° L'allaitement naturel fatigue plus la vache que la mulsion ; la preuve, c'est que les chaleurs sont plus rares pendant l'allaitement.

10° Pour le veau nourri artificiellement, le sevrage n'existe pas, il s'opère sans qu'on s'en doute, sans secousses et sans danger.

11° Un autre avantage, c'est qu'il est tout apprivoisé et presque dompté, et que l'homme, surtout celui qui l'a nourri, est pour lui un ami plutôt qu'un maître. Ainsi, la vêle devenue vache sera attachée au vacher autant que le vacher à son élève.

12° On échappe aussi aux embarras causés par les maladies de la vache nourrice ; dans ce cas comment nourrir le veau si la mère n'a plus de lait ou ne peut donner qu'un lait vicié et dangereux ?... Eût-on une autre vache en lait, que de peines faudra-t-il prendre pour le faire accueillir par sa mère adoptive ou lui faire accepter ce lait étranger ?...

On le voit, les avantages de l'allaitement artificiel sont nombreux, il devra bientôt passer dans nos habitudes ; ce sera dans les plus petites et les plus grandes exploitations agricoles qu'il sera d'abord adopté, les intermédiaires résisteront encore longtemps à cette utile innovation.

Thé de foin.

Le thé de foin se fait, comme le thé ordinaire, en plaçant le foin (on pourrait à la rigueur en faire avec du trèfle sec) dans un baquet bien clos, ou mieux encore un pot en terre ou en grès bien fermé, le couvrant d'eau bouillante et le laissant infuser. Au bout d'un quart-d'heure, on retire le foin, et, comme on n'a mis qu'une petite quantité d'eau, on peut remettre le foin, qu'on a eu le soin de nouer un peu lâchement, dans le restant d'eau bouillante, pour l'en retirer presque aussitôt et mettre à sa place le sel, les farines, sons ou tourteaux, bien concassés, qu'on voudrait ajouter. Dans une autre chaudière (si cela n'a été fait précédemment dans la même), on fait cuire les tubercules, dont on jette l'eau sur le thé de foin, et on mélange ces trois boissons. Chaque veau a son baquet ou auget portatif; on lui verse la ration et on la lui présente tiède. Voilà pour l'allaitement artificiel absolu. A ceux qui refuseront de croire à sa possibilité je dirai : Essayez. Je pourrais citer des exemples sans nombre, des succès bien éprouvés (4) ; mais tout ce que je pourrais dire ne vaudra jamais cet argument tiré de l'expérience de chacun.

J'ai dit qu'il fallait faire le thé de foin à part, et ne pas faire cuire ensemble le foin et les tubercules. L'ébullition ferait, en effet, perdre tout son arome au thé, et c'est le parfum de ce thé, aussi bien que les parties sucrées des tubercules, qui rendent, pour le veau, cette boisson aussi agréable que le lait.

Les tubercules sucrés, les betteraves et les carottes surtout, la patate (nous croyons sa culture possible et très-fructueuse dans le midi de la France), les navets, etc., doivent être coupés en tranches très-minces ou rapés, et livrés à une ébullition d'une heure et demie au moins. On retire, on écrase les tubercules avec un bâton très-large et plat au bas. On brasse bien ensuite avec une spatule ou grande cuiller ; puis on décante, et c'est alors que, dans cette eau encore très-chaude, on mêle les farines, de manière à empêcher la formation des grumeaux de pâte et à maintenir, au contraire, toute la farine en suspension. On mêle le thé seulement au moment de servir la nourriture.

1 kilogramme de foin et 15 litres d'eau, 5 kilogrammes de betteraves, carottes, etc., et 10 litres d'eau, plus 500 grammes de farine, donneront 26 à 27 litres au moins d'une boisson-purée excellente. A 5 litres 1/2 par jour et par veau, on aura ainsi la ration de 5 veaux pendant le premier mois de leur existence. On devra seulement augmenter insensiblement la ration des tubercules, de manière à la porter

à 8 kilogrammes à la fin du mois, et celle de la farine à 750 grammes, sans augmenter pour cela la quantité d'eau ; car 5 ou 6 litres forment une ration très-suffisante pour une jeune bête. Vers le milieu du second mois, on pourra doser à 2 kilogrammes de foin, 15 à 18 litres d'eau, 10 kilogrammes de tubercules et 12 litres d'eau , plus 1 kilogramme de farine ; 500 grammes de tourteaux, de tourteaux de lin surtout, bien pulvérisés, pourront être ajoutés vers le milieu du troisième mois. On mêlera le tourteau en même temps que la farine. S'il était mal concassé, il faudrait le faire bouillir avec les tubercules.

Cette ration sera presque suffisante pour les 3ᵉ et 4ᵉ mois, parce qu'alors le veau mangera et le foin bouilli et une partie de la purée de tubercules. Dans les 5ᵉ et 6ᵉ mois on donnera du regain ou de l'herbe à l'étable, en diminuant insensiblement la ration du lait artificiel.

On veillera à ne pas donner trop de liquide, le veau serait mal nourri, l'estomac surchargé digérerait mal, l'animal prendrait du ventre, la côte fléchirait, la poitrine serait refoulée et rétrécie, et on créerait une constitution molle et lymphatique.

Je n'ai pas encore parlé des pommes de terre, parce que j'ai une explication à donner à part sur cette racine.

La pomme de terre contient dans les granules de sa pellicule un suc âcre et légèrement vénéneux, appelé la solanine. Ce suc est d'autant plus condensé et dangereux que la pomme de terre est plus vieille. Il se développe tout particulièrement, par la germination surtout, dans les resserres humides et obscures où on entasse ordinairement les pommes de terre. C'est ce suc âcre et vénéneux qui fait de la pomme de terre crue un aliment peu convenable pour le bétail. La cuisson, en détruisant ce principe dangereux, rend à la pomme de terre l'immense valeur alimentaire que nous lui accordons, parce que nous la mangeons toujours pelée et cuite. Mais ce principe, qui est jeté au dehors et absorbé par la chaleur dans la cuisson sous la cendre, qui passe à l'état de vapeur et disparaît, ou qui se condense dans le résidu liquide, dans la cuisson à la vapeur, reste mêlé à l'eau dans la cuisson dans l'eau. Le liquide dans lequel ont cuit des pommes de terre est donc chargé des sucs âcres des tubercules, et il serait d'autant plus dangereux qu'une plus grande quantité de racines aurait cuit dans une plus petite quantité d'eau. Il faut donc jeter cette eau. On comprend dès lors qu'il faut éviter de mêler des pommes de terre crues ou non échaudées aux autres racines, précisément pour ne pas mêler aux aliments un principe âcre et dangereux.

Aussi conseillé-je toujours de cuire les pommes de terre, sinon sous la cendre ou au four, au moins à la vapeur. Je me suis bien trouvé d'en écraser quelques-unes et d'en former une purée rendue successivement de plus en plus liquide, pour la mêler à l'eau de légumes, et donner un peu plus de consistance à mon lait artificiel.

Ce lait, au reste, peut être singulièrement amélioré par un mélange de fécule, de sirop de pommes de terre ou glucose, de sirop de betteraves, etc. (5) Je donne dans les notes que je place en fin du volume, pour ne pas trop alourdir mon travail, les moyens les plus simples et les plus pratiques pour obtenir de la fécule, de la glucose et du sirop de sucre de betteraves. Pour peu qu'on se livre en grand à l'élève des jeunes veaux, on tirera un immense avantage de ces fécules et sirops, fort utilisables aussi dans la fabrication des vins, surtout dans les années où le raisin a souffert et a mal mûri.

Allaitement semi-artificiel.

Nous venons de dire comment on pouvait s'approprier tout le lait des vaches et lui substituer, dans l'alimentation des veaux, une boisson privée entièrement de lait. On comprend que cette boisson ne peut que gagner, et gagner beaucoup, à l'addition des résidus lactés. Ainsi le sérum ou petit lait, le lait de beurre surtout, les eaux de lavure des vases, les eaux dans lesquelles le beurre aura été lavé, etc., entreront fort avantageusement dans la boisson; à plus forte raison quelques mesures de lait. Ces additions devront se faire au moment même de faire boire les veaux.

Allaitement par adoption.

L'allaitement artificiel, nous l'avons dit, a cet avantage qu'il n'est soumis à aucun accident arrivé à la nourrice. Dans l'allaitement naturel, la mère peut tomber malade, éprouver un accident, une perturbation; le veau souffre, car on ne s'aperçoit pas toujours du mal, ou on l'entrevoit trop tard. Si, pour remplacer celle qui vient de manquer inopinément, on n'a pas là d'autres vaches en bonne santé, en lait, disponibles et disposées à adopter un veau étranger, l'embarras est grand, car le veau a ses habitudes bien prises ; comme il a toujours tetté, il voudra toujours teter et se refusera obstinément à boire. Ce ne sera qu'à force de patience, d'habileté, et par les moyens que nous avons déjà décrits, qu'on parviendra à vaincre cette obstination. Encore ce changement sera-t-il un accident dans la vie du veau ; il arrêtera pendant 15 jours au moins sa croissance normale, et surtout son engraissement. Si on est en mesure de remplacer la mère par une autre nourrice, c'est la résistance de celle-ci qu'il faudra vaincre.

S'il y avait obstination, il faudrait employer un vieux stratagème : choisir le soir ou la nuit, ou créer l'obscurité autour de la vache ; frotter le nourrisson intrus contre le veau même de la vache ; tenir celle-ci attachée court et le pied de devant levé ; au besoin lui couvrir la tête ; faire doucement approcher le veau en le tenant court lui-même pour empêcher ses coups de tête dans le pis.

Si on substituait un nourrisson nouveau à un veau mort-né ou mort en naissant, on frotterait celui-là avec l'arrière-faix de celui-ci, et l'odeur tromperait sa mère. Dans les autres cas, on frotterait le nourrisson nouveau contre le nourrisson ancien ou contre la peau de celui-ci.

Si on n'avait pas une autre vache, on pourrait faire nourrir le veau par une ou deux chèvres, en habituant insensiblement le veau à l'allaitement artificiel.

Ration du veau.

On peut ainsi fixer la quantité de lait nécessaire par jour à l'entretien, c'est-à-dire à l'accroissement faible et souffreteux, à l'accroissement normal et fort, pour l'élève ; à l'engraissement, pour la boucherie, d'un veau de taille moyenne.

PREMIER MOIS.

	ENTRETIEN.	ACCROISSEMENT.	ENGRAISSEMENT.
1re semaine (faire boire 4 fois par jour)..	2 litres.	3 litres.	4 litres.
2e semaine d	2 litres 1/4.	3 litres 1/2.	4 litres 1/2.
3e semaine (faire boire 3 fois par jour)..	2 litres 1/2.	3 litres 3/4.	5 litres.
4e semaine id..............	3 litres.	4 litres.	5 litres 1/2.
2e mois id..............	3 litres 1/2 à 4.	5 à 5 litres 1/2.	6 à 8 litres.
3e mois id..............	4 litres à 4 1/2.	6 litres.	7 à 9 litres.

C'est là une moyenne peu élevée. Les grandes races consomment beaucoup plus ; les petites un peu moins. A partir du quatrième mois, on peut, en hiver, ne faire boire que deux fois par jour, trois fois en été. Il ne s'agit plus là que de veaux d'élève (les veaux de boucherie doivent alors avoir été livrés), et on peut donner quelques résidus, de la farine de tourteau, du foin, des tubercules cuits, même du regain et du vert.

Lorsque les herbes sont tendres et dans de bons prés, on peut, dès l'âge de 2 mois, laisser le veau, destiné à l'élève, derrière la mère, au pacage. Le plus beau veau que j'aie élevé, a tetté 11 mois, et pacagé depuis l'âge de deux mois. On peut faire cela quand on tient à une race, à un sujet, et qu'on veut améliorer.

A Hoheinheim, on donne au veau :

1re	semaine, 3 1/2 à 4 litres de lait.	
2e	— 4 à 5 —	
3e et 4e	— 5 à 6 —	
5e	— 6 litres, mais 1/4 d'eau	} On donne herbe verte ou regain
6e	— 6 — 1/3 —	} en hiver.
7e	— 6 — 2/3 —	} La ration solide augmente. On fait
8e	— 6 — 2/3 petit-lait.	} boire un mélange de tourteaux.

D'après le tableau qui précède, et surtout si, au lieu de faire tetter les veaux, on les fait boire, on comprend qu'une bonne vache pourra suffire à la nourriture de trois veaux dans les deux premières semaines, de deux veaux dans les deux suivantes et dans les autres, mais en augmentant toujours de plus en plus le supplément de nourriture de la vache.

Enfin, puisqu'on peut nourrir les jeunes veaux sans employer le lait, à plus forte raison pourra-t-on en nourrir un grand nombre autour d'une seule vache en faisant les boissons artificielles que nous avons indiquées. L'addition du lait ou seulement des résidus du lait de cette vache sera un supplément favorable à la santé des élèves, en même temps qu'un attrait de plus pour engager le veau à boire.

Si le veau est destiné à la boucherie, c'est à 3 mois environ que l'intérêt de l'éleveur commande de le livrer. On force la nourriture dans le dernier mois ; on stimule l'appétit par le sel ; on ajoute des corps farineux, et surtout des corps gras, des tourteaux, etc., à l'ali-

mentation ; on pousse à la graisse par le repos, l'obscurité, la nourriture, par une température constamment tiède.

S'il s'agit d'un veau d'élève, il faut continuer l'allaitement jusqu'à
6 mois, en solidifiant de plus en plus la nourriture. Dans les 5e et
6e mois, le veau doit commencer à manger du regain ou du vert,
puis du foin.

Lorsqu'on le met au pacage, et on ne doit le faire que dans la belle
saison et par un beau temps, on lui donne chaque matin et chaque
soir une petite ration, un peu plus forte, celle du soir surtout, dans les
premiers jours et tant qu'il n'est pas habitué à paître, mais uniformément réglée vers le huitième jour.

Je ne puis trop répéter ici ce que j'ai dit pour le bétail en général.

La bonne nourriture, donnée avec discernement et en abondance,
tel est, avec les soins et le pansage, tout le secret de l'élève du bétail.

Ainsi on élèvera la taille par la nourriture.

Ce sera dans le jeune âge surtout que les effets de la nourriture et
des soins seront plus sensibles. — Les soins doivent précéder la naissance ; l'alimentation commence dans le ventre de la mère ; ce qu'on
fait pour celle-ci profite à elle et à son fruit.

Ammon, inspecteur des haras royaux de Vessra (Thuringe), a éva-
lué ainsi la croissance des chevaux :

Dans la 1re année de son existence, le poulin grandit de 43 centimètres.
— la 2e — — 13 —
— la 3e — — 8 —
— la 4e — — 4 —
— la 5e — — 1 1/2 à 2.

Cette loi de croissance s'applique aux bêtes bovines : — plus on
s'éloigne de la naissance, moins le corps gagne en taille dans un
même temps.

Une nourriture constamment abondante et saine doit donc être régulièrement administrée. Le veau souffrirait beaucoup plus que le
bœuf des privations qu'on lui imposerait. Sa croissance serait arrêtée
tout court : il maigrira ; son poil deviendra terne, clair, mais plus
long ; son ventre grossira s'il souffre plutôt de la mauvaise qualité
que de l'insuffisance de la nourriture ; il cessera d'être sauteur, agile,
alerte, et deviendra triste et lourd. Si la privation dure, le veau s'étio-

lera ; le mal deviendra bientôt irréparable ; car l'abondance ne réparera jamais les défectuosités, les faiblesses introduites dans la constitution du jeune sujet. Plus tard, il reprendra peut-être, sous l'influence d'une bonne nourriture ; mais sa taille sera bien inférieure à ce qu'elle eût été, ses formes moins parfaites, sa constitution moins robuste, son énergie moins grande. Quand un animal est formé, qu'il est complet, en un mot, quelques jours, quelques semaines, quelques mois même de souffrance, altéreront ses apparences de santé, l'affaibliront même, mais n'altéreront pas ou altéreront peu sa constitution. Les effets cesseront avec la cause. Il reprendra ce qu'il a perdu momentanément ; mais il n'en sera pas de même si la souffrance le frappe, non pas seulement lorsqu'il vit, mais lorsqu'il croît, grandit, se développe. Le mal frappera sa croissance ; sa taille y perdra ; il frappera sa constitution ; elle en sera altérée, affaiblie ; ses forces seront amoindries ; la vie lui sera mesurée plus courte. Le préjudice que l'éleveur se sera causé à lui-même sera irréparable. Il avait dans ses étables des animaux d'élite, devant atteindre une valeur élevée, et quelques semaines, quelques mois de négligence ou de parcimonie font de ces animaux de choix et de valeur des bêtes rabougries, étiolées et de bas prix. Il faut donc que l'éleveur ne perde pas un instant de vue ces considérations si précieuses, et que ses sentiments de compassion autant que son intérêt tiennent toujours sa surveillance éveillée.

Abreuvement des veaux.

Bien des gens croient qu'il est inutile de présenter de l'eau à un veau qui tette ou qui boit du lait. Comme on a habitué presque tous les veaux à ce régime, on prend l'habitude pour une règle naturelle et normale, et on se rira de nos prescriptions. Ces erreurs sont déplorables.

Le lait est pour les veaux une nourriture appropriée à la faiblesse de leurs organes digestifs. Pour eux, le lait a sa solidité relative, et de ce qu'ils ont besoin d'une moindre quantité d'eau, on aurait tort d'en conclure qu'ils n'en ont pas besoin du tout. Le lait nourrira, l'eau seule rafraîchira le veau et facilitera la digestion et la sécrétion des glandes salivaires. Il faut donc, dans tous les allaitements possibles, surtout dans l'allaitement naturel, présenter de l'eau tempérée au jeune veau après chacun de ses repas. C'est pour cela que nous avons recommandé l'établissement, dans l'étable des veaux, d'un auget toujours rempli d'une eau bien propre.

Maladies des veaux de lait.

Le dévoiement est une des maladies les plus fréquentes chez les veaux ; le remède variera suivant la cause du mal. S'il vient, comme cela arrive souvent, d'un excès de nourriture, d'une indigestion, la diète devra réparer ce que l'excès contraire a causé. Si le mal persiste, on administrera de la manne grasse à la dose de 10 à 15 grammes, délayée dans du lait, des lavements d'eau douce et de son, etc. Les Anglais conseillent l'ingurgitation, une demi-heure avant le repas, d'une forte cuillerée de présure liquide, ou d'un verre de vin mêlé de moitié eau. Si l'on craint des rechutes, on administre de l'eau ferrée, c'est-à-dire de l'eau dans laquelle on aura jeté et laissé séjourner une grosse pièce de fer chauffée à rouge, ou mêlé du sulfate de fer à la dose de 2 grammes par litre d'eau ; soit encore 30, 40 ou 50 grammes de gentiane mêlés d'une quantité double de sulfate de soude, etc. ; dans certains pays, on fait avaler deux œufs.

La constipation est presque aussi fréquente que le dévoiement ; les aliments secs, le foin, le regain, etc., la farine, etc., la produisent. On la guérit en administrant soit le lait d'une vache qui vient de vêler, même du lait ordinaire non bouilli, de l'eau légèrement blanchie avec de la farine de gruau, du jus cuit de carottes, l'ingurgitation de quelques cuillerées d'huile d'olive ; en cas de ténacité du mal, des lavements émollients d'eau légère de son, avec un peu d'huile, de guimauve, de miel, ou mêlés de sel de Glauber ou même de manne.

Enfin, un suppositoire, c'est-à-dire un morceau de savon gros comme le doigt et introduit dans l'anus, qu'il faut prendre la précaution d'enduire intérieurement d'huile, en y introduisant le doigt bien huilé.

La maladie vermineuse des bronches, qui paraît contagieuse, se guérit en quelques jours par un mélange d'essence de térébenthine et d'éther sulfurique, à parties égales. L'évaporation se fait sous le nez

14

du veau, dont la tête est enveloppée par une toile. On y joint une décoction de fougère mâle.

Le rhumatisme ou arthrite aiguë, qui se guérit par des purgatifs salins, c'est-à-dire le sulfate de soude ou sel de Glauber répétés pendant la maladie.

L'inflammation des yeux, qui se guérit par une saignée faite à la veine angulaire et des lotions sur les yeux avec de l'eau mêlée de sulfate de zinc, et, s'il y a plaie, des eaux émollientes.

Dans toutes ces maladies des veaux, l'allaitement artificiel ou semi-artificiel rendra très-facile l'administration des remèdes.

Choix des veaux.

Dans certains pays, dans les environs des villes, on livre les veaux à la boucherie à 15, 20, 25 jours. — Le lait n'est pas payé, en effet. — Dans ces trois semaines, le veau boit en moyenne de 5 à 9 litres par jour ; avec 8 litres il doit augmenter de près de 1 kilog. par jour. (Les vacheries des environs de Genève livrent à la boucherie à 3 semaines et au prix de 55 cent. le kilog. poids vivant, des veaux pesant 40 kilogrammes à la naissance, 55 à 65 vers le vingtième jour et ayant bu 8 litres par jour.)

C'est à un mois, au plus tard, qu'il faut visiter les veaux et décider de leur destination. On mettra de côté 1° les veaux mâles destinés au travail ou à la reproduction ; 2° les véles destinées à l'élève ou au lait.

Je conseillerai de ne conserver que des sujets d'élite et sans tares ou défauts, surtout si l'on peut remplacer facilement, sur des marchés voisins, les individus condamnés à la boucherie.

Les veaux destinés au travail devront avoir tous les signes de la vigueur corporelle : la poitrine bien large, la tête courte, carrée et forte, le front large et velu, les oreilles grosses et velues, les yeux gros, saillants et vifs, un corsage allongé et trapu, la côte bien arrondie, la ligne dorsale bien droite, les hanches larges; la queue longue, grosse à la base, effilée ensuite et attachée haut, les cuisses larges, les jambes fortes, droites, le jarret large, les articulations grosses, les onglons gros, noirs, lisses.

En général, on se défie du premier produit d'une jeune vache.

Ceux destinés à la reproduction devront avoir les mêmes signes encore plus prononcés et la robe la plus appréciée dans le pays.

La précocité sexuelle sera plutôt un mauvais signe qu'un bon, car elle devra amener l'énervation. Presque toujours elle aura pour cause une surabondance de nourriture.

Les vêles destinées à la production du lait devront réunir les principaux signes indiqués dans le tableau page 60, et en outre le dessin du pis étendu et pur.

A un mois, bien que la vêle n'ait pas encore le poil normal de la vache, bien que sur la partie postérieure des cuisses, et à la place du poil remontant, il existe plutôt un duvet laineux que du poil, cependant ou pourra déjà parfaitement distinguer ce duvet laineux, qui formera plus tard le poil montant, du poil descendant déjà mieux formé ; et dès lors on peut être fixé, sinon sur les qualités ressortant de la nature du poil, au moins sur celles ressortant de l'étendue du dessin on pourra même déjà savoir à quelle famille appartiennent chacun des sujets. Ce renseignement ne sera pas encore tout à fait complet ; mais il sera bien précieux, et ne laissera pas à l'erreur plus d'une chance sur quatre.

Pour plus de certitude, il ne faudra conserver que des vêles parfaitement marquées et de haute taille par leur père et mère. Il faudra, en un mot, ne laisser au hasard que le moins de chances possibles ; autrement il y aurait plus d'avantage à substituer à ces élèves des élèves mieux marquées ou des sujets de travail, et à choisir à son aise et à son temps des génisses plus avancées en âge, mieux formées ou prêtes à entrer en produit, et dont les marques ne laisseront aucune incertitude.

C'est vers le deuxième mois que le poil change et qu'il faut revoir avec soin le dessus du pis, la certitude dans l'application du rendement futur devient alors plus grande ; on ne pourra plus se tromper sur l'étendue, mais seulement sur les dangers réels de bâtardise.

Tout ce qui ne sera pas choisi pour l'élève devra tomber dans la destination de la boucherie. Mais un bon éleveur ne se décidera pas à traiter et à engraisser un animal dont la nature résisterait à l'engraissement ; il le vendra.

C'est surtout aux signes qui suivent, dans les veaux comme dans les bœufs, qu'on reconnait l'aptitude à l'engraissement :

Le veau d'engraissement se signalera par les signes qui suivent :
Poitrine large, ouverte et profonde ;
Peau souple, moëlleuse, mince, détachée et élastique ;
Poil dru, doux, long parfois, mais fin ;
Tête petite, yeux saillants, nez droit, non busqué, front large ;
Hanches développées, dos, poitrine et reins larges ;
Cuisses arrondies en dedans et en dehors ;
Ligne dorsale bien droite ;
Jambes courtes, fines, pieds petits ;
Queue effilée et fine, mais large à la racine ;
Glande près de l'épaule ;
L'ampleur dans les formes sera bien plus à rechercher que la taille.

L'aptitude à se bien nourrir est la première des qualités pour les animaux de travail et d'engraissement ; on prétend que la tête busquée annonce un bœuf se nourrissant mal ; je le répète ici sans le croire.

Le fanon et son ampleur ne prouvent rien, c'est une surperfluité onéreuse dans la race bovine, on crée et engraisse ainsi ce qui n'a aucune valeur alimentaire.

Des veaux d'élève.

Un traitement tout à fait opposé à celui que nous allons conseiller pour les veaux de boucherie devra être appliqué aux veaux d'élève. Ceux-ci auront sinon une étable, au moins un compartiment à part. On pourra essayer de les laisser non attachés et libres. Ils y gagneront en vigueur et en souplesse. L'air, le jour, le soleil, l'espace, leur conviendront ; les gambades, les promenades, les bonds, pourvu qu'ils n'amènent pas la fatigue et restent dans les limites d'un exercice modéré, produiront un effet salutaire. Le sujet gagnera en taille et en vigueur ce qu'il perdra en embonpoint, et ce sera un bien, puisque l'embonpoint serait nuisible à sa destination et qu'il tomberait plus tard en pure perte. On devrait donc donner plus de liberté, dès lors plus d'exercice, au veau d'élève se faisant remarquer par une tendance à l'embonpoint.

Des veaux de boucherie.

Le choix fait entre les sujets à engraisser et ceux à élever, la séparation doit avoir lieu immédiatement, car les soins et le régime sont tout différents : à ceux-ci le mouvement et l'air, aux autres le repos et la reclusion.

Un traitement tout spécial sera appliqué aux veaux condamnés à la boucherie. Pour éviter le mouvement et la perte en graisse qui en résulterait, le veau devra rester attaché ; pour obtenir le repos, il faudra écarter le bruit et le mouvement, le soleil et la lumière, et maintenir l'étable dans une température plus douce, de manière à entretenir la peau du bétail dans un état constant de légère moiteur ; les courants d'air devront être rendus impossibles ; et, pour obtenir toutes ces conditions, si on ne consacre pas aux veaux de boucherie une étable à part, je conseillerais de clore en planches, à une hauteur de 1 mètre 65 centimètres au moins, le compartiment qui leur sera assigné. Tout, dans l'étable des sujets de boucherie, doit provoquer au repos et au sommeil : un air chaud, peu d'air ambiant, si ce n'est à 2 mètres environ du sol, peu de jour, dès lors point de soleil, pas de bruit, de cris, de mouvement.

Un repos somnolent sera toujours une des causes les plus efficientes de l'engraissement. C'est là une vérité universellement reconnue. Aussi, dans les Flandres, aux jaunes d'œufs mêlés au lait, avant de les faire bouillir, on joint des têtes de pavots ; en Irlande et dans certaines contrées du nord de l'Angleterre, en Allemagne, etc., on mêle de l'eau-de-vie de grain ou de pommes de terre aux boulettes de pâte destinées aux veaux. On va plus loin encore en Russie ; on procède sur les veaux comme nous faisons avec les chapons à l'engrais : on les enferme dans des caisses ou sabots en bois où tout mouvement est impossible ; ils peuvent se coucher, mais non avancer, reculer ou se tourner. Dans plusieurs provinces allemandes, à Lubeck, Hambourg, etc., les veaux ont chacun leurs niches ou petites stalles. Partout le veau est surveillé ; s'il mange sa litière, son poil ou sa queue, s'il lèche les murs ou les autres veaux, s'il se tette, on lui met une muselière. Dans beaucoup de pays, on châtre les veaux mâles, même ceux de boucherie, dès le premier mois ; on croit qu'ils sont tranquilles et prennent mieux la graisse, mais je ne comprends pas la nécessité de cette opération sur des animaux qui doivent être abattus avant l'âge où les passions sexuelles commencent à s'éveiller.

Quelques éleveurs appliquent aux veaux l'usage de saigner les bœufs mis à l'engrais ; mais je suis porté à croire que c'est là une erreur de routine. Le bœuf, celui de travail surtout, énergique et fort, prend mieux la graisse lorsqu'on affaiblit son énergie nerveuse et musculaire au moment où elle pourrait se développer encore plus par la nourriture et le repos. Il faut aussi changer par une secousse les habitudes anciennes du corps entier, de l'estomac particulière-ment ; on atteint ce but par la saignée. Le jeune veau est dans des conditions bien différentes ; il est délicat et mou de sa nature, dès lors tout préparé à l'engraissement. Lui tirer du sang, c'est créer un vide que la nature s'empressera de réparer. Pendant plusieurs jours, la plus forte partie de l'alimentation sera ainsi détournée au profit du sang et au préjudice de l'engraissement. Il faut donc se garder de cette routine et réserver les saignées pour le cas de pléthore san-guine, d'inflammations locales ou générales, etc., etc.

Le deuxième mois de l'existence de ces veaux devra être consacré à créer l'embonpoint, et le troisième mois à produire la graisse. On devra donc stimuler l'appétit par un peu de sel, ajouter doucement et progressivement à la force alimentaire de la nourriture, sans pour cela ajouter par trop à son volume. Si le veau tette, les difficultés se-ront plus grandes et l'engraissement plus coûteux, car il faudra d'a-bord surnourrir la nourrice, et le veau ne profitera pas de plus de moitié du supplément de nourriture qu'elle recevra. La vache, en fin de compte, se trouvera affriandée par ce régime tout exceptionnel et portée à l'engraissement, ce qui contrariera la production du lait. Cela ne suffira probablement pas encore pour pousser le veau à toute la valeur qu'il pourra avoir ; il faudrait ou le décider à boire, ou lui donner une seconde nourrice, ce qui augmentera démesurément la nourriture et contrariera la règle précédemment posée, de ne pas fatiguer l'estomac et provoquer des indispositions ou des diarrhées.

A chaque pas, on le voit, on trouve des inconvénients nouveaux à l'allaitement naturel ; tout cela disparaît, au contraire, dans l'alimen-tation artificielle.

A peu de chose près, le volume de la nourriture reste le même.

On pourra, dans le 3e mois, faire boire au veau 6 à 7 litres, même 8 litres par jour. Sans augmenter l'eau, on augmentera dans le lait artificiel le foin et les tubercules; on doublera la ration de farine, et surtout, puisqu'il s'agit plutôt de graisse à obtenir que de viande et de taille, on emploiera les corps gras : ainsi des eaux grasses, des petits laits, des laits de beurre, des laits purs, des laits de chèvre et surtout de brebis (c'est le lait le plus engraissant), si on peut s'en procurer; de la farine de graine de lin, des tourteaux bien moulus et bien cuits, des bouillons gras, si on avait des viandes sans emploi utile; des œufs donnés en entiers, écrasés dans la bouche par la pression des mâchoires et avalés avec leurs coquilles. Si le veau peut manger tous les résidus, la purée de légumes et les dépôts de tourteaux et de farine, rien de mieux; mais s'il y a trop, c'est sur la nourriture la moins substantielle qu'il faut retrancher, sur la purée de légumes, le foin cuit, mais non sur les dépôts de farine, de tourteaux, etc.

Chaque pays a son mode d'engraissement. Dans l'Allemagne du nord et dans la Russie, on mêle de la bière au lait qu'on fait boire aux veaux. Dans les pays à plantes oléagineuses, on prodigue les tourteaux bien pulvérisés et bien cuits; parfois même la graine pure, concassée seulement, et avec toute son huile, surtout la graine de lin, qui est plus farineuse que celle de colza, de navets, etc. Il ne faut donner que des grains moulus, jamais des grains entiers, les adultes ne les digèrent qu'à demi, les veaux ne les digèreront pas du tout.

Les environs de Belle-Isle, dans la Basse-Bretagne, sont renommés pour l'engraissement des veaux. Le veau tette sa mère pendant 2 mois environ, alors on lui donne une seconde vache ou on lui fait boire du lait doux, épaissi successivement et de plus en plus avec de la farine d'avoine; à la fin on lui donne une soupe de lait et de crêpes.

Les veaux, bien soignés, pèsent communément 30 à 35 kos à 1 mois, 55 à 60 à 2 mois, 80 à 90 à 3 mois.

Partout on ne commence pas l'engraissement avant trois semaines; mais on le prépare dès le premier jour par une nourriture très-abondante et très-choisie, de plus en plus forte en subtances alimentaires, de plus en plus attrayante par sa délicatesse et sa variété; enfin on stimule peu à peu l'appétit par des doses plus fortes de sel, données, par pincées, entre les repas.

Partout le lait pur ou artificiel entre en première ligne dans l'alimentation des veaux ; viennent ensuite les œufs, puis la farine, puis le pain, les pommes de terre, betteraves, etc.

Répétons encore ici qu'il faut de l'eau douce et dégourdie, même aux veaux qui ne font que boire, et qu'il faut leur en présenter peu de temps après tous les repas.

Dans l'Oise et autour de Paris, même en Normandie, on ne donne pas moins de trois œufs par jour à chaque veau d'engraissement ; dans les dernières semaines, on va même jusqu'à six. Dans la Bresse, le Charollais, autour de Lyon, on fait avaler aux veaux des boulettes de farine un peu salée, pétrie avec des œufs, sans mélange d'eau. On ajoute aussi de la farine au lait tiède que l'on fait boire. Les coquilles d'œufs, loin d'être nuisibles au veau, viennent absorber et neutraliser, par leur nature calcaire, les principes acides qui surabondent trop fréquemment chez les jeunes ruminants. On devrait recueillir les coquilles des œufs employés dans la maison, les bien piler et mêler cette poudre à la nourriture des veaux. On atteint encore plus sûrement ce but en mêlant à la boisson une cuillerée par jour de craie bien pulvérisée. La chair du veau ainsi engraissé en est d'autant plus blanche.

Si l'on remarquait chez certains sujets une tendance de l'estomac à digérer lentement le lait qu'on leur ferait boire, on remédierait à cet inconvénient en faisant bouillir le lait ; devenu moins promptement aigrissable, il serait alors probablement digéré avant d'être aigri. On atteindrait le même but en ajoutant au lait quelques grammes de bi-carbonate de soude.

A tout âge, le premier mois excepté, le bétail ne peut que gagner aux soins de la main, au pansage. Les veaux de boucherie, comme ceux d'élève, se trouveront bien d'un pansage fait avec une brosse claire et dure ; l'étrille ou la carde doivent être réservées pour les grands veaux de dix mois ou un an ; plus tôt, la peau n'a pas encore acquis assez de dureté et de force pour souffrir le contact de corps aussi durs et aussi piquants.

Il faudra, aussi, bien surveiller les étables des veaux de lait, surtout celles des veaux d'élève, à cause de l'état de liberté de ces jeunes animaux. Si certains sujets prenaient de mauvaises habitudes, se mangaient la queue, par exemple, il faudrait y remédier au plus vite.

Dans l'exemple cité, on ferait perdre l'habitude en trempant la queue dans une décoction de brou de noix et mieux encore d'aloès ; on enduirait de même les objets que le veau prendrait l'habitude de lécher.

Parfois les veaux sont turbulents et infatigables, ce qui entrave l'engraissement et a décidé certains éleveurs à châtrer les jeunes sujets dans les premiers jours de la naissance. On a remarqué que si les veaux mâles augmentaient plus rapidement que les femelles, celles-ci avaient cependant cet autre avantage qu'elles avaient la viande et la graisse plus délicates et plus fines. En Italie, la viande de génisse est plus recherchée que celle du veau ; on lui croit plus de consistance, moins de fausse graisse, et on soutient qu'au lieu de diminuer à la cuisson comme celle du veau, elle augmente au contraire en poids et en volume et fait un meilleur bouillon ; ce fait doit être vrai , car il est admis partout comme vérité incontestable.

De la durée de l'engraissement des veaux de boucherie.

On n'est pas d'accord sur l'âge auquel on a le plus d'avantage à terminer l'engraissement pour livrer le veau à la boucherie.

Les études les plus sérieuses ont été faites sur ce point important de l'économie agricole par le célèbre Mathieu de Dombasle ; je ne puis mieux faire que de transcrire le résumé de ses observations :

« Il n'est pas difficile , dit M. de Dombasle , d'obtenir un veau de « trois mois pesant 125 kilogrammes en vie et valant 75 à 80 fr. ; « mais il y a du bénéfice à ne pas l'attendre si longtemps. Dans le « premier mois, il consomme environ 6 litres de lait par jour ; en- « suite cette quantité augmente jusqu'à 12 à 15 litres , et , en fin de « compte, on trouve qu'il n'a payé le lait qu'à 5 centimes environ le « litre ; il eût été plus profitable de le convertir en beurre.

« En les vendant lorsqu'ils pèsent de 50 à 55 kilogrammes, plu- « sieurs veaux ont payé le lait de 10 à 12 centimes le litre , le veau « se vendant jusqu'à 30 fr. les 50 kilogrammes ; le lait rapporte ainsi « plus que si on faisait du beurre.

« Un veau à trois ou quatre jours pèsera 30 kilogrammes et se « vendra à peine 6 fr., soit 10 fr. les 50 kilogrammes, la viande « étant de mauvaise qualité. En l'engraissant, on en porte la valeur « à 20, 30, 35 fr. les 50 kilogrammes. Le veau croît de 4 kilo-

« grammes 1/2 à 5 kilogrammes par semaine; il y a augmentation
« de qualité et de quantité; mais en nourrissant deux mois de plus,
« la qualité reste la même et la quantité ne s'accroît pas en propor-
« tion. »

M. de Dombasle conseille donc de vendre à un mois.

Il y a quelques rectifications à apporter aux idées de M. de Dombasle :

D'abord, on trouvera difficilement à vendre un veau d'un mois; la
viande n'a pas encore acquis assez de fermeté et de consistance. Ce
n'est guère qu'à deux mois qu'elle a toute la qualité qu'elle est sus-
ceptibles d'acquérir.

Puis, si on le vend alors, on n'obtiendra pas plus de 22 à 24 fr.
par 50 kilogrammes. Il faut donc au moins le pousser jusqu'à deux
mois; alors, la chair étant mieux formée, on trouvera 28 à 30 fr.
par 50 kilogrammes.

Il faut dire aussi qu'il y a peu de veaux qui boivent 12 à 15 litres
de lait dans le troisième mois; mes plus grands veaux de trois mois
n'ont jamais bu plus de 10 litres.

Enfin, une dernière observation, c'est que les calculs de M. de
Dombasle ne peuvent s'appliquer aux veaux destinés aux grandes
villes de France : Lyon, Rouen, Bordeaux, et surtout à Paris, où les
prix sont presque doubles du maximum annoncé par l'ancien direc-
teur de Roville. Ces marchés, surpayant certaines viandes, permettent, pour les obtenir, de plus grands sacrifices de nourriture.

Un veau de lait destiné à la boucherie doit augmenter au moins de
500 grammes par jour. On a vu des éleveurs, opérant sur de bonnes
races, obtenir 1 kilogramme et même 1 kilogramme 250 grammes
par jour; mais c'est là une exception : 625 grammes sont déjà une
augmentation fort satisfaisante, lorsqu'on n'emploie pas les moyens
extraordinaires, les œufs, le pain, les huiles, les matières animales
grasses, le lard, etc.

M. de Dombasle affirme qu'il n'y a avantage à élever les veaux que
jusqu'à un mois, et qu'il y a perte à les pousser au delà de cet âge.

J'ai dit qu'il y avait là une erreur. La grande croissance du veau se
continue jusqu'à cinquante et même soixante jours. Là où il y a avantage à conserver un veau jusqu'à un mois, il y a plus d'avantage
encore à le pousser jusqu'à deux, parce qu'avec à peu près la même

dépense journalière, on arrive à une qualité supérieure dans la viande, et que si on obtient 24 fr. par 50 kilogrammes de viande d'un mois, on obtiendra 28 à 30 fr. de celle de deux mois.

Au reste, plus le veau prendra de nourriture, plus il croîtra et s'engraissera facilement et promptement, et plus sera court le temps de l'engraissement ; celui-là devra être plus tôt livré à la boucherie.

Lorsqu'on nourrit bien, après 50 ou 60 jours, l'éleveur perd à conserver les veaux, car la croissance n'augmente pas dans la proportion de la nourriture donnée. Ainsi on calcule que 6 litres de lait, ou leur équivalent en substances nutritives bien appropriées aux besoins du veau, dans la première période, doivent produire un demi-kilogramme de viande, tandis que, dans la seconde période, qui commence avec le troisième mois, 8 litres n'en produiront pas davantage ; voilà donc une perte de 2 litres de lait par jour et par veau.

C'est à l'éleveur à bien faire ses calculs. Nous avons déjà bien nettement prouvé, 1° qu'il y avait un avantage énorme à vendre le lait en nature, lorsqu'on le pouvait, parce qu'il produisait alors en moyenne un peu moins de 15 centimes le litre ;

2° Qu'en le convertissant en beurre et en fromage, ou en l'appliquant à la nourriture de la maison, il rendait 10 centimes environ, la valeur du petit lait comprise ;

3° Qu'on ne devait appliquer le lait à l'élève des veaux que lorsque ces premières utilisations du lait n'étaient pas possibles ; que les veaux ne payaient pas le lait plus de 5 centimes le litre.

Il est bien évident que si la position est telle que le lait ne puisse être écoulé comme lait, comme beurre, comme fromage, ou comme nourriture de maison ; qu'en outre l'éleveur ne puisse trouver d'autres jeunes veaux pour remplacer ceux de deux mois qu'il devrait livrer à la boucherie ; enfin, qu'il n'ait pas d'autres bestiaux, des porcs, par exemple, qui payent toujours le lait à un prix supérieur, il faudra bien qu'il se résigne à pousser ses veaux de boucherie au delà de deux mois.

Il en serait de même si les veaux de deux mois n'avaient pas atteint une certaine taille et n'étaient pas complétement gras. Il y aurait intérêt à les pousser plus loin et à leur faire atteindre un certain degré de taille et de graisse.

Mais si l'éleveur trouvait à remplacer ses veaux de deux mois par de plus jeunes ou par d'autres bestiaux faisant ressortir le prix du lait à un taux plus élevé, alors il ne devrait pas hésiter à livrer à la boucherie des produits même imparfaits.

Répétons ici que là où on est réduit à l'élève des veaux par le lait, il y a toujours avantage à faire entrer la plus grande quantité possible de lait dans l'alimentation de la maison.

C'est là une des nourritures les plus favorables à la santé, les plus hygiéniques pour ceux qui travaillent dans les champs, surtout dans les grandes ardeurs de l'été, et en même temps une des nourritures les moins chères et les plus agréables. On devra donc la présenter sous toutes les formes, en lait, en beurre, en fromage. L'économie dans la dépense de nourriture sera énorme, et la santé de tous y gagnera.

Industrie des veaux dans le Gâtinais.

Pontoise et ses environs ont amené cette industrie de l'engraissement des veaux au degré de perfection où nous la voyons aujourd'hui ; mais, comme la vente du lait en nature présente bien plus d'avantages que l'engraissement, l'industrie du lait a envahi Pontoise et tout le périmètre des environs de Paris dans un rayon de 60 kilomètres environ, et a refoulé ainsi l'industrie de l'élève des veaux dans l'Oise, la Seine-Inférieure, Seine-et-Marne, l'Orléanais, etc., surtout dans le Gâtinais ; là, la race des vaches est cottentine, picarde et hollandaise.

Le veau tette trois fois par jour en hiver, quatre fois en été; il boit à satiété, car on lui donne parfois deux, parfois trois vaches à tetter. Après le repas, on lui met immédiatement une muselière d'osier pour l'empêcher de manger ou grignoter des fourrages que son estomac ne digérerait pas, et qui altéreraient la qualité de sa viande.

Parfois on mêle au lait des échaudés, du pain, de la farine de riz ou du riz crevé ou cuit; parfois on fait prendre des œufs cassés dans la bouche et avalés avec la coquille.

On a cru remarquer que les veaux qui boivent sont plus exposés à être malades que ceux qui tettent.

A 2 mois, le veau pèse ordinairement 75 kos et vaut 75 fr. au plus.
A 3   —   115   —   125   —
A 4   —   140   —   170   —

Ces chiffres confirment complétement l'opinion que j'émettais sur l'élève des veaux de boucherie, en opposition à celle de Mathieu de Dombasle.

Des poids si élevés ne sont dus qu'à la nourriture extraordinaire qu'on donne aux veaux, et au prix exorbitant auquel se vend cette viande à Paris. Ailleurs on ne peut baser, sur cet exemple, aucun calcul de production.

Les meilleurs veaux, les plus recherchés, sont ceux nourris au lait seul. Les bouchers les reconnaissent facilement à la couleur blanc doré de la chair dans les angles des yeux, sur les gencives, le tour de l'anus, de la vulve, à l'intérieur des oreilles et des cuisses. Ceux qui doivent avoir la chair rouge, dès lors coriace, ont la peau de ces parties rougeâtre.

La luzerne, la lupuline, le sainfoin surtout, sont favorables à la vache et au veau, l'avoine et l'orge en grains concassés aussi ; les pois, les vesces mélangés de seigle et coupés en vert sont excellents.

Le trèfle vert, surtout la première coupe, et le trèfle sec, conviennent peu.

A Gournay, on nourrit les veaux avec du lait écrémé. On calcule que ce lait conserve un dixième de sa crême. Ces veaux s'appellent *maigres* ou *gournayeux*; ceux nourris au lait pur s'appellent *gras*.

En naissant, les veaux pèsent en moyenne 20 kilogrammes.

On les vend à l'âge de trois mois.

Ils ont consommé en moyenne 15 litres 25 centilitres de lait par jour ; 1,372 en trois mois.

Le veau dit *maigre* pèse 100 kilogrammes environ ; *gras*, 140.

Remarquez que la différence vient uniquement de la graisse, qui se trouve dans le veau gras, non dans le veau maigre, et que cette différence représente à peu près le poids du beurre enlevé au lait consommé.

On calcule qu'on a retiré 3 kilogrammes 66 par chaque 100 kilogrammes ou 100 litres de lait.

Ainsi la graisse du veau est absolument en rapport avec le beurre par lui consommé. Pour développer la taille des veaux et élèves de lait, on donne de l'avoine ou plutôt de la farine d'avoine.

A Salers, pays d'élève, on livre moitié des veaux au boucher dans la première semaine de la naissance ; l'autre moitié se compose de

3/4 mâles et 1/4 femelles. On donne ainsi deux nourrices à chaque veau ; mais le veau ne profite guère que de 1/8 de leurs produits, car les 7/8 sont employés en fromages.

On calcule qu'un veau consomme la valeur de 22 kilogrammes et demi de fromage, ce qui, à 40 fr. les 50 kilogrammes, fait 17 fr. 60 c.

En définitive, là où le veau se vend 100 fr. les 100 kilogrammes, poids brut, il a été engraissé à grands frais avec du lait, des œufs, du pain, des tourteaux, des farines ; et comme il y a au moins 35 fr. à déduire, le prix se réduit à 65 fr., ce qui paye le lait à 6 centimes 1/2 le litre.

Là où le veau se vend 60 à 70 fr., il faut encore déduire 10 fr. pour les suppléments ; il ne reste plus que 5 à 6 centimes par litre de lait.

Dans les provinces, loin des grandes villes, le prix moyen est de 30 à 35 fr. les 50 kilogrammes, poids brut, ce qui ferait 3 à 3 centimes 1/2 par litre de lait, s'il n'y avait pas quelques légères réductions.

C'est par la spécialité appliquée à toutes les industries, même à celle du bétail, que l'Angleterre a conquis la supériorité incontestable qu'elle a sur tous les autres pays. Tel cultivateur anglais, autour des grandes villes, fait naître et vend immédiatement, dans la première semaine, tous ses veaux, pour disposer de suite de son lait. Tel autre, plus éloigné, achète ces jeunes bêtes pour les engraisser et les vendre entre quatre et cinq semaines, soit à la boucherie, soit à d'autres éleveurs. Plus loin, on prend ces jeunes veaux à cinq semaines pour les pousser jusqu'à sept, huit, neuf ou dix semaines, âge où la viande des veaux est réputée meilleure. Parfois un veau de 2 à 3 mois, né loin des grands centres, s'en est insensiblement rapproché en passant dans 5 ou 6 fermes, ayant chacune dans leur alimentation et leurs méthodes une spécialité attachée à chaque âge du veau, âge calculé non plus par années ou par mois, mais par semaines. Plus loin encore, on a fait naître ou acheté des jeunes veaux pour l'élève, et on les a poussés jusqu'au sevrage. Dans les montagnes ou les pays de parcours, on achète au printemps et au sevrage pour revendre à un an, pendant l'automne suivant. Dans la plaine, on achète à un an pour nourrir à l'étable pendant l'hiver, et revendre au printemps aux pays de prairies, etc. ; ainsi de suite. Le même veau a souvent traversé dix fermes et laissé un petit bénéfice à dix industries différentes,

toutes fort habiles, précisément parce qu'elles se renferment rigoureusement dans une spécialité très-étroite, dès lors très-étudiée et
parfaitement administrée par tous, depuis le maître jusqu'au dernier
valet. Là est, en effet, le secret de la perfection. Nous ne pouvons
trop recommander cet exemple à notre pays.

Sevrage des veaux.

A part les nécessités résultant des accidents ou des maladies, c'est
à six mois qu'on peut sevrer un veau d'élève. Dès le quatrième mois,
on doit ajouter quelque nourriture solide à la nourriture liquide. Le
veau d'élève n'a pas, en effet, été habitué à un ordinaire aussi co-
pieux que le veau de boucherie; il a dû recevoir en moins à peu près
un quart à un tiers de nourriture. Aussi, lorsque les besoins augmentent avec l'âge et la taille, est-il nécessaire de fournir des suppléments
qui doivent servir de transition et amener, sans secousse, le passage
de la nourriture liquide à la nourriture solide. Dans l'allaitement artificiel, ces suppléments sont naturellement le foin échaudé, attendri
par son séjour dans l'eau bouillante, les purées ou résidus de tubercules cuits, des farines, des tourteaux, etc. Le son ne convient pas ;
il amollit sans nourrir et donne trop de ventre à l'élève.

L'époque de l'année la plus favorable au sevrage, nous l'avons dit,
est le printemps d'abord et l'automne ensuite. Alors les herbes sont
à leur première ou à leur deuxième pousse ; elles sont tendres et
abondantes. Si la saillie et la fécondation ont eu lieu en janvier, la
parturition tombera en octobre ; l'allaitement conduira le veau jusqu'en fin d'avril, et le sevrage tombera au moment des jeunes herbes.
Cela sera au mieux si la nourriture d'hiver a été abondante et variée ;
sinon, la combinaison contraire serait préférable : saillie en juin, part
en mars, allaitement jusqu'en septembre et sevrage lors des secondes
herbes.

Car ce n'est que par gradation qu'on peut préparer les jeunes veaux
aux fourrages secs. Cette nourriture exige un plus long travail de
rumination, auquel les veaux ne sont pas habitués, et qui, se faisant
incomplétement, amènerait des digestions pénibles, sinon impossibles.
Ce sera donc le vert qui devra commencer le sevrage, sinon le fourrage le plus court, le plus tendre et le plus facilement digérable, le

regain. On donnera aussi des soupes avec des légumes cuits, du son, des tourteaux en poudre, etc.

Pendant le sevrage, les veaux sont très-altérés ; il faut veiller à ce que ce besoin soit satisfait. L'estomac habitué à des aliments liquides tend toujours à demander sa nourriture sous cette forme ; puis l'humectation fréquente des aliments à ruminer les rend et plus faciles à écraser et plus faciles à être digérés. On fera donc bien de tenir à l'étable et près du veau en sevrage un baquet toujours rempli d'eau. Le sel, présenté dans un sac à lécher ou en pincées, serait aussi un excellent auxiliaire pour la digestion. A part l'époque de transition qui constitue le sevrage et pendant lequel il convient de modérer l'alimentation pour prévenir les accidents ou les indispositions, les veaux sevrés doivent être abondamment nourris ; car, nous ne saurions trop le répéter, la parcimonie, l'insuffisance causeraient un tort irréparable à l'animal, alors qu'il est en pleine croissance.

Le sevrage s'opère naturellement et sans secousse dans l'alimentation artificielle ; d'abord, le veau a perdu l'habitude de teter et il a pris celle d'être séparé de sa mère. On solidifie insensiblement sa nourriture, et il est sevré sans qu'on se soit seulement aperçu de la transition.

Il n'en est pas de même avec l'alimentation naturelle. Il faut alors séparer la mère et le veau, ce qui leur cause d'autant plus de mal qu'ils sont plus habitués à la vie commune ; car il faut bien se garder de ces muserolles à clous qui arment la tête du veau et menacent incessamment la mère des accidents les plus graves. Pour peu que la vache sommeille ou soit distraite ; pour peu qu'elle suspende un instant son incessante surveillance, le veau se précipite sur elle et lui fait les blessures les plus dangereuses dans les organes les plus délicats. Si la mère éloigne le danger, c'est en le reportant contre son veau, qu'elle maltraite ou qu'elle blesse à coups de pieds ou de cornes. Comment a-t-on pu se décider à employer un pareil moyen ? Il faut que l'esprit de routine soit bien puissant pour avoir fait parvenir jusqu'à nous une méthode aussi monstrueuse !

Si la muselière ordinaire, en cuir ou en osier, n'empêchait pas le veau d'imiter les autres bestiaux et de pacager, ce serait un bon moyen de l'empêcher de teter ; une poche en toile, enveloppant tout le pis de la vache et attachée par une corde qui lui ceint les reins, est bien préférable à une muselière armée. Mais, de tous ces moyens, la séparation est le meilleur. Ici encore on trouve un argument de plus en faveur de l'alimentation artificielle ; le sevrage s'y opère en effet insensiblement, sans peine et sans inconvénients, pour la vache comme pour le veau.

Lorsqu'on a sevré trop tôt ou trop brusquement et sans transition graduée, il survient parfois des dartres sèches sur le veau ; pour les guérir, il suffira presque toujours de rentrer dans l'alimentation au lait.

Lorsque la vache a été tétée, le sevrage exige pour elle quelques précautions : d'abord, modérer la nourriture, et, au besoin, si on craignait les engorgements, traire plus souvent. Quand la vache est pleine de nouveau, il y a bien moins de danger d'inflammation ou d'engorgements que lorsqu'elle n'est pas dans un état de gestation, car le fœtus prend déjà une part toujours croissante dans les éléments qui constituent le lait.

Si on voulait faire tarir la vache et ne pas la traire, il faudrait re courir à la saignée, à la diète, et faire faire à la bête un exercice lent, mais assez long et continu (le labourage facile en terres légères et meubles), saigner une seconde fois et continuer le régime, en rentrant insensiblement, pourvu que le lait ne reparaisse pas, dans l'alimentation normale, d'abord par une nourriture sèche, mêlée ensuite, comme transition et en se gardant pendant longtemps d'une nourriture trop aqueuse, ou poussant démesurément au lait, comme le son, les farines, la drèche et autres résidus.

J'ai vu aussi, pour obtenir plus promptement la suppression de la sécrétion, mais après les préparations indiquées, la diète, la saignée, etc., brûler du vinaigre sur un réchaud ardent ou une pelle rouge placés sous le pis de la vache. Je ne conseille pas cette pratique, et, pour ma part, j'ai toujours tari par un travail lentement progressif, c'est-à-dire commençant par l'exercice et finissant, au bout de cinq à six semaines, par la fatigue. Ce moyen est plus naturel, moins dangereux, et surtout plus profitable au cultivateur.

On dit que le bouillon de carottes fait passer le lait aux femmes nourrices, je ne sais s'il produirait cet effet sur les vaches ?...

Castration des veaux.

L'existence seule des organes génitaux et plus encore l'exercice normal et modéré de ces organes ont une énorme influence sur la constitution, sur la forme physique du veau. C'est là un fait, non encore signalé, que je sache au moins, qui a une immense portée et qui est incontestable. Ainsi trois veaux naissent dans les mêmes conditions de taille, de race, de santé, de nourriture, etc. L'un sera castré jeune, l'autre vers un an ou 15 mois, le troisième après avoir servi plus ou moins longtemps aux saillies. La construction, si je puis m'exprimer ainsi, de chacun d'eux sera très-différente. Le premier sera plus également charpenté ; il y aura plus d'équilibre, plus de proportions normales entre toutes les parties de son corps ; l'avant-train et l'arrière-train seront en rapport d'ampleur et de formes ; l'avant-train sera peut-être un peu faible, un peu effilé ; l'animal sera plus porté à l'embonpoint, à la graisse ; mais aussi il aura le travail moins énergique, la fibre plus molle ; ce sera plutôt une bête de boucherie que de travail.

Dans le second, on remarquera déjà une inégalité contraire dans les deux trains ; l'arrière-train sera à son tour plus effilé, moins fort, moins musculeux, moins étoffé ; l'avant-train, au contraire, sera déjà plus développé, plus énergiquement constitué, plus robuste ; d'un autre côté, l'aptitude au travail aura diminué la propension à l'embonpoint.

Dans le troisième, les dissemblances sautent aux yeux ; toute la force, toute l'énergie de l'animal paraissent portées sur la partie antérieure du corps ; la tête, le col, le fanon, les épaules, le garrot sont énormes ; par contre, les parties postérieures sont faibles, l'arrière-train est pointu ; enfin, la taille parait avoir un peu moins de développement et d'élévation. La force et l'énergie ressortent de tous les mouvements de l'animal. Plus il aura vieilli à l'état de mâle entier et de reproducteur, plus ces formes, que je viens de décrire, seront développées et exagérées.

Voilà un fait incontestable ; la science de l'éleveur doit en tirer des conséquences nombreuses, des enseignements du plus haut intérêt.

Comment d'abord expliquer le fait? La faiblesse de l'arrière-train viendrait-elle de ce que les dépenses prolifiques du taureau seraient prises plutôt sur les parties postérieures que sur les antérieures? Si telle était la cause, l'avant-train n'y gagnerait pas ; il resterait le même avec ou sans castration ; l'arrière-train seulement s'effilerait en s'affaiblissant. Telle n'est donc pas la cause. Laissons, au reste, aux hommes spéciaux le soin d'expliquer ces causes ; contentons-nous de signaler le fait, et surtout tirons-en toutes les conséquences, tous les enseignements qu'il comporte.

La castration est bien évidemment une préparation excellente pour l'engraissement. Est-ce à dire qu'il faille l'opérer sur des veaux de lait et de boucherie? Constatons d'abord qu'elle n'est pas indispensable à un âge où les passions sexuelles n'étant pas encore éveillées, il n'y a pas nécessité de les frapper, de les éteindre dans leur germe. Dans quelques pays, on la pratique cependant dès la première semaine de la naissance et pour des veaux qui ne doivent vivre qu'un, deux ou trois mois.

Nous ne conseillerions donc pas généralement cette pratique ; l'opération est toujours douloureuse ; elle jette dans la vie et l'organisation du jeune et délicat animal une perturbation plus ou moins longue et toujours nuisible, et nous ne sommes pas convaincu qu'il y ait des avantages qui compensent et rachètent cet inconvénient.

C'est donc parce que la castration me paraît, sans utilité bien constatée, faire courir un risque quelconque au veau, arrêter bien sûrement son état de croissance pendant quelques jours au moins et faire en même temps rétrograder son état d'embonpoint, que je ne conseille pas la castration des veaux *de lait*, engraissés pour la boucherie.

Les mêmes raisons n'existent plus pour les jeunes veaux ou bouvillons destinés à être livrés à la boucherie entre vingt et trente mois, car ici la castration a un effet réel et incontesté : dès l'âge de dix mois, le veau commence à éprouver les premières atteintes des passions sexuelles ; dès cet âge alors, commence l'influence, constatée au début de cet article, sur les formes et la taille de l'animal par son état de taureau.

Or, comme cette influence est tout à fait contraire à la valeur de la bête comme animal de boucherie, en ce qu'elle développe démesurément les parties antérieures du corps, composant la mauvaise viande, au préjudice des parties postérieures, composant la viande de choix et de haut prix, il s'ensuit qu'il faut castrer le plus tôt possible cette classe d'animaux, afin de prévenir tout commencement de développement de l'avant-corps. Je conseillerais donc bien nettement, dans ce cas, la castration des jeunes veaux de lait, le plus tôt possible et aussitôt qu'ils pourront supporter l'opération, dans le premier mois de leur âge, si cela est possible, parce qu'elle sera moins douloureuse, aura dès lors moins de risques, causera une moindre perturbation, et que la nourriture en lait, si rafraîchissante par elle-même, aussi bien que l'état de reclusion et de tranquillité de la jeune bête, hâteront singulièrement la guérison.

Maintenant que nous n'avons plus à nous occuper des veaux et des bouvillons de boucherie, mais de l'élève des bœufs de travail, bien que plus tard ils doivent revenir à la destination principale de la race bovine, la boucherie, la question change de face, ou plutôt il se présente une autre question : des deux intérêts en présence, lequel sacrifiera-t-on, ou du plus rapproché, celui du travail, ou du plus éloigné, celui de la boucherie ? L'un commande une marche contraire à celle que réclame l'autre. Pour le travail, il faut constituer énergiquement le bœuf, et une constitution énergique doit nuire à l'engraissement ; pour le travail, il faut développer fortement la partie antérieure du corps, car elle porte seule et en outre prend sa part dans la seule fatigue incombant à la partie postérieure, la traction, et ce développement ne pouvant avoir lieu qu'au préjudice de l'arrière-train, il s'ensuit qu'on fait de la mauvaise viande avec de la bonne, et qu'en fin de compte l'animal engraissé et vendable aura moins de valeur. Voilà la question nettement posée ; malheureusement, je ne puis lui donner ici tous les développements que j'entrevois et qu'elle comporte, et je dois, tout d'un saut, arriver de suite à la conclusion.

Au point de vue de la prospérité de l'agriculture, de la richesse et de la santé publiques, nous devons tendre à avoir le plus de vaches que possible, et, par suite, la plus grande quantité de veaux et de bouvillons de boucherie, et la moins grande quantité possible de bœufs, car la vache est le principal instrument de production ; avec une vache et cinquante bœufs ou taureaux, on ne produira qu'un seul veau par année, tandis qu'avec le même nombre de bestiaux, cinquante vaches et un taureau, on produira annuellement cinquante fois plus.

Avec les mêmes ressources alimentaires, avec le même capital engagé, on peut donc avoir, en le portant sur les vaches, moitié en sus du bétail existant et produire annuellement autant de travail et cinquante fois plus de bestiaux. Voilà le but bien marqué.

Une fois atteint, les choses prendront leurs cours naturel. Deux cinquièmes des produits passeront à la boucherie comme veaux de lait des deux sexes, un cinquième comme bouvillons gras, les deux derniers cinquièmes comme vieilles bêtes d'engraissement, après avoir donné trois ou quatre ans de travail.

Aujourd'hui, placés, comme nous le sommes, entre un passé désastreux et un avenir, prochain si on le veut bien, d'opulence agricole, il nous faut franchir cette époque de transition, et le travail par les bœufs nous est encore imposé.

Un bœuf élevé pour le travail me paraît devoir fournir une carrière de cinq ans en moyenne et, bon an, mal an, deux cent cinquante journées de travail, au total douze cent cinquante, que je ne veux estimer que 1 fr., soit 1,250 fr. Si le bœuf est constitué faiblement et en vue de la boucherie, son travail perdra un quart, peut-être même un tiers, soit 3 ou 400 fr. au total ; et jamais, dans le cas contraire, celui d'une constitution robuste, il ne perdra plus de 50 à 100 fr. de son prix de boucherie.

La question est donc résolue.

Le veau destiné au travail ne sera donc pas castré jeune ; il restera entier jusqu'à ce que les formes relatives de sa taille, l'équilibre parfait entre l'avant-train et l'arrière-train, seront constitués, sans rien exagérer ni d'un côté ni d'un autre. La castration viendra arrêter le développement des parties antérieures juste au moment où cet équilibre sera parfait. L'animal réunira ainsi la beauté des formes à la vigueur de constitution, sans rien perdre de sa taille, et en perdant fort peu de sa valeur, éloignée, de boucherie. Si on ne s'arrêtait pas à temps, on courrait le risque de remplacer un défaut par un autre.

Telle sera la règle de l'éleveur.

S'il voulait absolument obtenir un instrument de travail destiné à un service pénible et long, sacrifier enfin l'animal de boucherie à la bête de travail, alors il castrerait plus tard.

Ainsi, plus on voudra demander de travail à l'élève, plus on devra (dans de certaines limites toutefois) retarder la castration.

Plus, au contraire, on tiendra à l'aptitude à l'engraissement, plus tôt on devra faire l'opération.

Il en sera de même de la taille ; elle sera d'autant plus élevée que la castration sera faite plus tôt.

Il faut donc admettre cette règle :

Ne pas castrer les veaux de lait destinés à la boucherie ;

Castrer le plus tôt possible les bouvillons de boucherie ;

Castrer à temps les veaux de travail, de manière à leur donner les proportions, la taille et les aptitudes dont on aura besoin.

Il est inutile d'ajouter que dans les pays où on engraisse les bœufs à 4 ans 1/2, 5 ans et même 5 ans 1/2, le travail ayant moins de valeur et dès lors moins d'importance, on devra castrer de bonne heure. Si on ne doit engraisser que vers 6 ans, il y aurait presque incertitude entre les deux intérêts en présence ; si on ne doit engraisser que vers 7 ans ou au delà, l'incertitude cessera, on castrera tard.

Je n'ai pas parlé de la castration des vêles de boucherie, parce que je ne l'ai vue pratiquée nulle part. Cependant les passions sexuelles doivent retarder l'engraissement des génisses destinées à passer à la boucherie entre quinze et trente mois. Leur castration rendrait bien certainement leur engraissement moins coûteux et leur chair plus fine et plus délicate ; mais on a dû toujours se laisser arrêter par les dangers que présente l'opération sur les femelles. Il me semble que dans une vacherie qui livre à la boucherie et des veaux de lait et des bouvillons de deux ans environ, le mieux serait de livrer, dans ce cas, les vêles de boucherie à l'état de veaux de lait, alors que la castration est inutile, et de ne réserver que les mâles, alors castrés vers un ou deux mois, pour en faire des bouvillons de boucherie ; on réunirait ainsi tous les avantages de l'élève et on ferait disparaître les inconvénients que nous avons signalés.

Des modes de castration.

La castration s'opère de plusieurs manières :

La meilleure, celle qui atteint le plus sûrement et le plus complétement le but qu'on se propose, est certainement l'extraction des testicules. C'est la méthode usitée dans les meilleurs pays d'élève ;

l'engraisseur ne craint plus alors que l'engraissement soit arrêté ou contrarié par des retours de velléités sexuelles.

A Poissy et sur les autres grands marchés, les bouchers achètent les bœufs ainsi castrés un peu plus cher que les bœufs bistournés.

L'extraction s'opère par deux incisions verticales ouvertes à la partie postérieure du scrotum ; on fait sortir les deux testicules, et on les détache en déchirant le cordon, au lieu de le couper, ce qui diminue l'hémorragie. Les plaies guérissent d'autant plus promptement et facilement que l'animal est plus jeune ; on les panse parfois avec de l'huile. Le repos est de rigueur.

Dans tout le midi de la France, on opère par le bistournage et communément la ligature du cordon. L'opération est plus rapidement faite ; mais les inflammations sont à craindre. On doit saigner, nourrir légèrement et ne pas permettre la marche tant qu'il y a ligature ou inflammation.

On devrait éviter de castrer pendant la saison des mouches, à cause des mouvemens brusques et continuels qu'elles font faire aux bestiaux, et aussi à cause des accidents que la chaleur de la saison rendrait plus dangereux.

De la mise en couples des jeunes veaux.

Nous avons dit que l'élève de la vache était le principe et la base de l'industrie du bétail, et nous en trouvons la preuve dans ce fait, que nous sommes entraîné, pour être complet, à parcourir toutes les phases, à exposer toutes les conditions de l'élève du bétail, à aller même jusqu'à parler de l'accouplement, des modes de dompter et dresser les jeunes veaux, etc.

Si le choix des veaux de travail a été bien fait, dans les premiers mois de leur naissance, lorsqu'ils sont devenus des bouvillons, on doit trouver toutes leurs qualités bien développées.

Ainsi ils auront la tête courte, large, les cornes grosses, luisantes, s'arrondissant en avant, l'épaule forte et large, l'encolure puissante, le garrot bien développé, le corps ample, bien arrondi, l'épine dorsale bien droite, les hanches larges, les membres courts et forts, les genoux et les jarrets larges, les onglons larges et noirs, la queue longue et forte.

L'accouplement ou appareillage sera une chose importante ; les veaux ou les vêles devront avoir le même âge, la même taille, le même pelage, la même allure, la même force, surtout, c'est là le point capital ; inutile d'ajouter le même sexe, enfin des cornes qui ne se gênent pas entre elles.

J'ai dit la même force surtout, car si l'un des deux animaux était beaucoup plus fort que l'autre, celui-ci dépérirait bien vite sous le travail à deux et au joug ; il ne travaillerait jamais naturellement et à son aise, il serait toujours forcé, toujours obligé d'exagérer ses forces pour les tenir au niveau de celles de son compagnon. Le joug est en effet un véritable levier sur lequel doivent peser des forces égales, sous peine de voir se perdre l'équilibre indispensable à la marche du travail.

Autant que possible, il faudra tenir à toutes ces similitudes ; chaque contrariété dans les ressemblances amènera une dépréciation dans le prix de l'attelage ; plus il y aura de similitudes réunies, au contraire, plus l'attelage sera prisé, recherché, estimé.

Il ne faut pas perdre de vue que cet accouplement doit communément durer autant que la vie des veaux ; que c'est là un véritable mariage, rarement dissous autrement que par la mort.

A partir de l'accouplement, les bouvillons ou les vêles ne doivent plus être séparés ; leur vie doit être commune. La position respective des deux animaux reste même invariable, et toujours, au travail comme à l'étable, l'un aura toujours la droite, l'autre toujours la gauche ; déplacés, tout irait de travers, il faudrait deux fois plus de temps pour le second dressage que pour le premier, car il faudrait d'abord faire perdre l'habitude donnée par le premier, ce qui serait le plus difficile, et faire prendre ensuite l'habitude contraire.

Des différentes manières de dompter et dresser les veaux.

C'est à quinze ou seize mois, même un peu plus tôt, qu'il faut accoupler et commencer à dompter et à dresser. Ici nous ne pouvons trop recommander les moyens de douceur, car les actes de brutalité, d'emportement, les menaces et les coups effrayeront l'animal, lui feront redouter le travail, et créeront, pour le dompter et le dresser, des difficultés qui n'eussent jamais existé.

On commencera d'abord par lier au même joug et promener lentement les veaux, pour leur imprimer une même allure, un même pas, un même mouvement ; puis on chargera ce joug, on attèlera ensuite une charrette, vide d'abord, et successivement allourdie, sans cependant forcer la charge. Après cette épreuve, qui ne doit point commencer avant deux ans, on les attèlera à la charrue ; on labourera d'abord et superficiellement des terres légères ; puis on ira plus à fond, puis on passera à des terres fortes. On graduera ainsi le travail et la fatigue, toujours en les modérant beaucoup et en évitant de brutaliser les bouvillons, de les fatiguer ou de les forcer.

Le travail doit être un jeu jusqu'à deux ans ; de deux à trois, il doit devenir un exercice ; de trois à quatre, il peut devenir un travail, mais un travail doux. En cela encore la nature doit être notre guide ; le travail ne doit aller jusqu'à la fatigue, en un mot l'animal ne doit devenir instrument absolu de travail que lorsqu'il a perdu toutes ses jeunes dents et que le bouvillon est devenu bœuf.

Lorsqu'on éprouve quelque résistance, quelque obstination, il faut, au lieu de les vaincre par la menace, les corrections ou la force, les tourner et les vaincre avec adresse et habileté. Ainsi, en faisant marcher en avant un cheval ou un âne dociles, ou encore un attelage de vieux bœufs, et au besoin en attelant en avant une paire de vieux bœufs, on fera suivre ou marcher droit un attelage de bouvillons. Un seul bouvillon est-il récalcitrant : il marchera et tirera si on le lie avec un vieux bœuf. Les deux bouvillons avancent-ils mal et à regret : un homme placé en avant, et tournant le dos à l'attelage, le tire par une corde, sans parler, sans faire de gestes, ou se retourner (ce qui effrayerait les bouvillons), et un autre homme les stimule doucement par derrière. On lie aussi les bouvillons dans le parc et on les fait manger liés ; on les laisse liés au pacage dans un enclos sans arbres ou piquets, fermé par des haies, non par des fossés, ce qui serait dangereux.

On économise bien du temps en construisant dans les étables une machine à dresser. Derrière les bouvillons se trouve un poids de cinquante à cent kilogrammes, soulevé par une corde roulant sur une poulie ou bois rond ; l'autre bout de la corde est attaché à un joug simple ou double, suivant que l'on veut dresser un ou deux bouvillons. Pour prendre la nourriture, il faut avancer de deux pas et soulever le poids. Ainsi on habitue les jeunes bœufs à tirer tout naturellement, sans efforts, sans menaces, sans travail.

Si un animal est fougueux et méchant, c'est par la diète qu'il faut l'assouplir et l'adoucir ; tout autre moyen exagérerait le défaut et provoquerait des dangers. On pourrait, pour éviter une rechute, fixer, aux cornes du bœuf, une planchette percée aux deux bouts ; ce moyen diminuerait le danger et, en étonnant l'animal, paralyserait ses emportements. On peut aussi, en unissant sa tête et sa queue au moyen d'une corde tendue, attachée d'un bout au fouet de la queue, de l'autre à la base des cornes, rendre tout mouvement hostile impossible.

En Italie, en Afrique, en Asie, on gouverne les buffles au moyen d'un fort anneau en fer, posé à demeure, et passé dans la cloison cartilagineuse des naseaux.

En Toscane, les bœufs sont maintenus par une espèce de tenaille ou pince attachée aux cornes au moyen d'une petite lanière.

Cette pince, passée dans les naseaux, les serre par la tension de la corde qui sert à attacher et à conduire l'animal, et arrête le bœuf par la douleur qu'elle lui cause.

Quelquefois les bouvillons se couchent et refusent de se lever. Au lieu de les y contraindre, on leur liera bien rapprochés les pieds de devant à ceux de derrière, et on les laissera sur place assez longtemps pour les dégoûter de se coucher. Avant de les délier, on leur fera désirer, pendant une heure, de bon fourrage placé à une certaine distance de leur bouche, et qu'on leur fera manger, comme récompense, aussitôt qu'ils se seront relevés.

C'est par leurs besoins, par leurs appétits, par des soins et des caresses, des paroles douces, parfois par quelques chants adoptés et toujours répétés, qu'on parvient à commander aux bœufs. Dans certains pays allemands, c'est un plaisir de voir marcher et travailler les bœufs, en quelque sorte en mesure, sous la cadence et la mesure du chant doux et lent du valet. Le chant cesse-t-il, l'attelage s'arrête spontanément; le chant reprend, la marche reprend aussi, et le mouvement recommence; la machine entière, bœufs, instrument et valet, se meut en mesure, comme un seul être, sous l'impression d'une seule pensée.

Ce spectacle, quelque fréquemment qu'il se soit offert à moi, m'a toujours vivement impressionné et attendri. Il me peignait l'association affectueuse entre l'homme et les animaux, les uns apportant plus de force, l'autre plus d'intelligence; le partage des travaux et des fruits, des peines et des plaisirs, la vie commune et intime enfin.

J'étais bien loin de ces allures méridionales, si brutalement emportées, de cet asservissement despotique des bêtes par un homme plus brute qu'elles, et je comprenais bien alors pourquoi le bétail allemand était généralement si doux, si obéissant, si arrondi d'embonpoint, si luisant de santé, si gai de figure.

Je l'ai déjà dit, je le répète et le redirai encore bien des fois, tout doit être douceur autour des animaux; les valets, les panseurs doivent aimer leurs bestiaux et être aimés d'eux. Un valet brutal ou emporté est une peste qu'il faut jeter dehors au plus vite, sans se laisser arrêter par aucune espèce de considération ou de transaction. Ne comptez pas sur ses promesses; sa nature reprendra toujours le dessus. Assoupli devant le maître, il deviendra féroce lorsqu'à l'écart il recouvrera sa liberté, et il fera payer tout d'un coup, aux pauvres bêtes, les reproches qu'il aura encourus à leur occasion et la contrainte qu'il aura dû s'imposer.

Du travail des vaches.

Je comprends qu'en général on conseille le travail modéré des vaches, parce qu'alors on ne distingue pas entre les races laitières et celles qui ne le sont pas.

Je suis, en effet, parfaitement d'avis de faire travailler les vaches des races de travail, ainsi les vaches de Salers, les limousines, les garonnaises, les basques, etc., les races de vaches enfin qui appartiennent aux races des bœufs de travail et les produisent.

Un attelage de ces vaches est très-approprié à la petite propriété, où il y a peu de travaux à exécuter, où on peut prendre son temps et ne jamais fatiguer le bétail. Les vaches passeront la moitié de la journée au pacage; elles coûteront moins à nourrir. Tous les ans, elles donneront et élèveront un veau, et produiront, soit en veau de boucherie et plus tard en lait, soit en veau d'élève, un revenu qui ne devra pas être moindre de 75 fr., soit 150 fr. pour les deux vaches, ne comptons que 100 fr. pour compenser la dépréciation du prix, car il y a dépréciation aujourd'hui qu'on ne songe à engraisser que lorsque la vache est par trop affaiblie et décrépite; c'est là ce qu'il ne faut pas faire; engraissée, à 8 ou 10 ans, la bête ne perdrait pas de valeur.

Il restera donc avec la vache un produit annuel que n'aurait pas donné le bœuf, et le travail sera aussi bien fait, ou plutôt il sera mieux fait, car la vache est plus intelligente, plus légère, plus adroite que le bœuf. En principe le travail par les vaches ne présente donc que des avantages.

Le petit propriétaire a aussi un autre moyen d'avoir un bénéfice, en outre de son travail : c'est d'acheter de jeunes veaux ou vêles qu'il dresse, qui font son travail, et qu'il peut vendre avec un bénéfice ordinaire de 50 fr. au bout de l'année.

Le petit propriétaire, celui qui a peu de travaux à exécuter et dont les terres ne sont pas trop fortes, aura donc intérêt à cultiver avec de jeunes veaux ou avec des vaches.

Il devra tenir, s'il s'arrête aux vaches, à les acheter jeunes, parce qu'il les payera moins cher d'abord, et qu'ensuite, habituées de bonne heure au travail, elles en souffriront bien moins lorsqu'elles seront pleines ou en lait.

S'il les achetait à quatre ans, il faudrait qu'il fût sûr qu'elles ont travaillé, et qu'il n'en crût pas seulement l'usure de la corne, car un coup de lime fait mieux et plus vite que le travail le plus dur.

Pour un animal qui a pris jeune les habitudes de la fatigue, le travail modéré est un exercice salutaire, favorable à sa santé et à son développement.

Ce sera vrai même pour les vaches, même pour celles à l'état de gestation ou en lait.

En Suisse, on croit, et on a raison, qu'un peu de travail est favorable à la production du lait; aussi attèle-t-on les vaches laitières.

Cependant, comme la fatigue est un emploi des forces alimentaires, il faudra ajouter à la nourriture, pour compenser ce qu'on ajoutera à la dépense de ces forces; autrement, on diminuerait, par le fait, la nourriture du fœtus ou du veau, ou la quantité de lait. Même avec cette précaution, le travail diminuera la quantité; mais ce sera une petite perte en présence de la valeur du travail exécuté. La perte en lait, en y comprenant la valeur de l'excédant de nourriture, ne dépassera pas le tiers de la valeur du travail, pourvu que ce travail soit modéré (trois heures et demie à quatre heures par jour, avec deux jours de repos par semaine).

On pourrait aussi livrer, dès le troisième ou quatrième jour du part, le jeune veau à une chèvre en lait pour utiliser autrement le lait de la vache ou arriver à lui demander en même temps du travail et du lait.

Une fois le veau engraissé et vendu à deux ou trois mois, même pendant cet allaitement, en y mêlant une alimentation artificielle, on pourra faire travailler la vache. Si on avait l'emploi de tout son travail, il y aurait communément avantage à la faire tarir pour lui demander plus de travail.

Rigoureusement on ne doit pas estimer à plus de trois mois par année ou plutôt par veau produit la suspension forcée du travail d'une vache. Communément, et à part les circonstances de santé, de température, de force de travail demandé, il suffira de ne pas l'atteler pendant les six ou sept semaines qui précéderont le part et les trois ou quatre semaines qui le suivront, en modérant beaucoup le travail à partir du sixième mois de la gestation et lors de sa reprise après le part.

Car, quoique la vache soit en général, et de tous les animaux domestiques, celui qui est le plus exposé à avorter, il faut dire que ce ne sera pas un travail doux et modéré qui amènera cet avortement, et que, s'il a lieu à la suite ou à l'occasion de ce travail, on peut croire qu'il fût arrivé sans cela et par des dispositions particulières à l'état de la bête.

Le pas d'un animal de race bovine est naturellement lent; on ne gagnera rien à le presser; au contraire, on l'essoufflera, on le fera suer, et il faudra ou interrompre ou abréger ce travail. *Piano e lontano* est un bon proverbe appliqué à la race bovine. Cependant le travail des vaches sera plus rapide, plus léger que celui des bœufs. Sous ce rapport, il pourrait remplacer celui des chevaux pour les menues façons.

Il conviendra surtout aux terres légères et siliceuses, aux cultures difficiles, en pente, en coteaux ou en collines, mêlées d'arbres, d'arbustes, à la culture des vignes, etc., la vache étant plus preste, plus adroite, plus vive que le bœuf, et d'une intelligence plus éveillée. On a remarqué en Angleterre, dans les concours de labourage, que les vaches avaient sur les bœufs une supériorité tout à fait marquée et incontestable.

Pour la force, on peut dire qu'à taille égale, et en tenant compte de ce qui diminue nécessairement ses forces, comme une gestation avancée, l'état de nourrice et la production du lait, la vache a presque autant de force que le bœuf. Ainsi on supputera la force sur la taille. Cependant certains travaux trop pénibles et trop continus, les transports éloignés, par exemple, ne conviennent pas aux vaches. La perte pour le maître dépasserait les bénéfices. Les petits charrois d'intérieur, de service, d'alimentation paraissent surtout réservés aux vaches.

L'utilisation du travail de la vache ne sera bien complète qu'autant qu'on divisera l'attelage pour se servir d'une seule vache à la fois.

Alors il faudrait introduire l'emploi du collier ou tout au moins du joug simple.

La vache, en effet, attelée isolément, peut, par sa légèreté, remplacer le cheval pour les travaux légers, les hersages, les binages, les buttages ; ces travaux, les roulages et les hersages exceptés, ne comportent pas le travail de deux bêtes marchant de front ; tout au plus, si la traction était trop forte, pourrait-on les attacher en flèche.

Il serait donc fort à désirer que ce mode d'attelage se répandît davantage ; que les comices distribuassent des jougs simples, bien confectionnés ; que les propriétaires éclairés en fissent emploi les premiers et donnassent ainsi le seul conseil entendu dans les campagnes, le conseil de l'exemple, de l'utilité, du produit.

Quelques auteurs, enthousiastes et passionnés pour le travail par les vaches, ont soutenu que le travail ne diminuait pas le lait : c'est là une grande erreur. Pendant un travail continu, les forces digestives sont ralenties ; cela seul suffirait pour diminuer la sécrétion. Les forces alimentaires sont détournées en partie ; mais on peut compenser par un supplément de nourriture.

D'après ce qui précède, on a pu entrevoir que, dans l'état actuel de notre agriculture et la faiblesse de nos productions fourragères, je ne conseillerai jamais, dans une grande culture, même de terres très-légères, l'emploi des vaches, même de race de travail. On trouverait dans ce système des mécomptes et des contrariétés sans nombre. Les bœufs, précisément parce qu'ils sont toujours disponibles, doivent seuls, dans les immenses travaux agricoles rendus indispensables par notre mode de culture, être la base et le pivot de l'agriculture, des labours surtout. Quelques attelages de vaches rendront, sans doute, quelques services pour la rentrée des récoltes, et particulièrement des fourrages en vert; mais il ne faut compter aujourd'hui ces rares attelages que comme des suppléments fort utiles, destinés, pendant les heures de repos, à exécuter les petits travaux intérieurs.

Je ne m'arrêterai pas là dans mes restrictions présentes au travail des vaches.

Avec le progrès et l'impulsion que la découverte des frères Guenon imprimera à l'industrie des vaches laitières, nous ne serons bientôt plus exposés à rencontrer de mauvaises vaches laitières. On n'élèvera plus que des animaux d'élite, grands producteurs, et alors il y aurait plus de perte que de bénéfice à les appliquer au travail

Par elles-mêmes, du reste, les vaches laitières y sont peu propres. Leur conformation fine, délicate, légère, annonce d'autres aptitudes.

Comme on ne pourrait donc leur demander utilement qu'un travail insignifiant, précisément parce qu'une bonne vache laitière est toujours ou en lait ou dans un état de gestation qui, obligeant à faire tarir, commande à plus forte raison de ne pas faire travailler, je n'hésite pas un instant à blâmer l'emploi des vaches réellement laitières aux travaux de culture, cela surtout où le lait est cher.

Quant à celles qui n'ont de la race laitière que le pelage, et qui ne produisent pas de lait, bien entendu je ne vois aucun inconvénient à les atteler. Elles auront sûrement alors et les apparences de la force et la force elle-même. Mais, encore une fois, l'élève de ces vaches sera le résultat d'une erreur; elles étaient nées pour vivre deux ou trois mois et passer à la boucherie; il y a eu perte à les élever. Elevées, on pourra les faire travailler; mais l'amour-propre du cultivateur, et surtout des valets, les repoussera; elles n'auront jamais de valeur que comme bétail de basse boucherie.

J'ai jusqu'ici parlé de la petite propriété pour le travail des vaches, parce que, dans l'état présent de notre agriculture, c'est là seulement qu'il y a travail modéré. Dans la grande culture, le nombre des bestiaux est, relativement à l'étendue, si minime, qu'ils sont écrasés de travail, et que les bœufs les plus robustes peuvent seuls supporter de pareilles fatigues. Quand le progrès sera accompli, que l'agriculture française, encouragée et éclairée, comprendra ses intérêts et voudra fortement améliorer et augmenter ses produits, alors, en doublant ou triplant son bétail d'un côté et en entrant de l'autre dans la voie des prairies de toute nature pour diminuer ses cultures annuelles, elle allégera énormément ses travaux et pourra ainsi faire ce que je conseille aujourd'hui à la petite propriété, opérer le travail non plus par les bœufs, mais même presque exclusivement par les vaches. Cela se pratiquera d'abord dans le midi, où les étés plus longs et un climat plus constamment beau donnent plus de marge et de temps pour les travaux.

Ce sera là la véritable agriculture, produisant la fertilité par le bétail et augmentant de plus en plus le bétail par la fertilité ; dilemme admirable par ses résultats toujours croissants.

Je n'ai encore rencontré qu'une seule grande propriété (180 hect.), ainsi cultivée à peu près exclusivement par des vaches, celle de M. Poutier de Laprade, à Couffinal (Haute-Garonne), près Sorèze, 40 à 50 vaches (race de la montagne Noire) exécutent tous les labours, tantôt à 1 paire, tantôt à 2 paires pour les défrichements ou défoncements. Il y a quelques chevaux pour les charrois au loin.

Cette race, très-propre au travail, est, en même temps, assez bonne laitière ; je l'ai déjà recommandée pour la réunion de ces deux aptitudes, assez ordinairement incompatibles.

Comme on le voit, en conseillant l'utilisation des vaches et leur application au travail, je n'entends le faire que pour un travail très-modéré, très-doux, partagé, s'il s'agit d'une grande culture, entre un très-grand nombre d'attelages. C'est dans ce cas que je voudrais voir aussi utiliser la force des taureaux, car un taureau dompté et travaillant modérément sera plus doux, moins dangereux, plus fort, plus prolifique qu'un animal constamment au repos. Ses produits seront plus doux eux-mêmes, plus forts, plus agiles, plus faciles à dompter.

Et comme ces taureaux, domptés et travaillant, peuvent servir plus longtemps à la monte parce qu'ils restent plus doux et moins lourds, qu'ils acquièrent ainsi une force bien supérieure à celle des bœufs, en échange de la valeur qu'ils perdent comme animaux de boucherie , je voudrais voir ces forces utilisées, appliquées aux travaux les plus rudes, et venir ainsi alléger la tâche des vaches.

Bien entendu que ces taureaux seraient castrés aussitôt qu'on ne les emploierait plus à la monte.

Quelques attelages de ces anciens taureaux castrés seraient donc d'une grande utilité dans une grande culture faite par des vaches.

La boucherie s'alimenterait alors d'une plus grande quantité de veaux, de bouvillons, de vaches engraissées après le quatrième ou le cinquième part. Le bœuf disparaîtrait et céderait la place à des animaux travaillant et se reproduisant tout à la fois.

La viande de vache n'est si dépréciée chez nous que parce qu'en France on ne renouvelle pas assez souvent les étables, et qu'on laisse trop vieillir les vaches ; si on les mettait à l'engrais à 7 ou 8 ans, alors qu'elles sont encore pleines de santé et d'énergie, que leur engraissement put être poussé assez loin , alors la viande des vaches pourrait valoir autant que celle des bœufs.

En Italie, où on tue surtout des bouvillons et des génisses de 2 ans 1/2 à 3 ans 1/2, on préfère la viande des femelles à celle des mâles: on la trouve plus compacte, plus fine, plus délicate, et augmentant, par la cuisson, de volume et en poids, tandis que la viande du bouvillon diminue toujours et beaucoup.

Dirai-je un mot du mode d'attelage ? La supériorité pratique du joug sur le collier vient de la simplicité et du bas prix du joug, en présence de la cherté du collier et des harnais; car, avec le collier, le bœuf a plus de force ; il traîne un tiers de plus en poids et se fatigue moins. L'objection a été vaincue dans les Ardennes, la Meurthe, la Moselle, où le collier en usage dans quelques localités est tout simplement un beau brin de bois vert (du chêne ordinairement), plié en sauterelle et garni, fort simplement quelquefois, de cordes ou de vieux linge.

Le bœuf attelé au collier a un bout de corde attaché à l'oreille et obéit parfaitement.

Le collier ordinaire s'étend déjà dans beaucoup de pays.

Dans le val de Miége , on a adopté un joug simple à un bœuf. Ce joug est percé aux deux bouts, et reçoit par là les deux brancards de la charrette. Ainsi attelé, un seul bœuf traîne 6 à 700 kilogrammes, tandis que deux bœufs au joug double ont quelque peine à en tirer 1,000.

Je ne comprends pas, au reste, qu'on n'ait pas jusqu'ici mieux étudié le mode d'attelage du bœuf et qu'on en soit encore à balancer entre le joug et le collier ; c'est une question que les établissements spéciaux, appartenant à l'Etat, devraient étudier et résoudre bien nettement. Pour moi, je ne doute pas de la supériorité matérielle du collier sur le joug imparfait dont nous nous servons ; mais je crois qu'un joug perfectionné serait à son tour supérieur au collier, en ce sens qu'il ne dépenserait pas plus de force et coûterait quatre à cinq fois moins cher. Il me semble que le poids devrait porter sur le devant de l'épaule, et que la traction seule devrait être demandée au joug. J'ai plusieurs fois voulu faire confectionner un joug en fer, simple, c'est-à-dire à un seul bœuf, composé d'un bandeau en fer bien garni à l'intérieur et terminé par deux crochets pour recevoir les traits ou les brancards. Celui qui perfectionnera l'attelage du bœuf rendra un immense service à l'agriculture, dont les tendances sont partout et toujours si déplorablement routinières, qu'en Italie, même en Lombardie et en Toscane, on retrouve et la charrue de Cincinnatus avec ses monstrueuses imperfections, et l'attelage sans maintien autre que celui du poids, en avant de la protubérance du garrot. Cette partie se creuse et forme un vide, un cran qui retient le joug dans son anfractuosité. Cela n'est-il pas déplorable?...

TABLEAU COMPARATIF ENTRE L'UTILITÉ DU CHEVAL ET DU BŒUF.

Bœuf.	*Cheval.*
Bête de trait seulement.	Bête de somme et de trait.
Le bœuf, s'il n'augmente pas, ne diminue jamais de valeur.	Le cheval diminue toujours, à ce point qu'il tombe à la valeur de la peau, qui paye à peine l'abatage.
Coûte moitié moins à nourrir, — — à loger, —. — à panser. Dix fois moins à harnacher.	
A la fin d'une vie de travail, sa dépouille constitue la meilleure des nourritures.	La dépouille est généralement sans valeur.
Coûte moins d'acquisition ; à forces et qualités égales, on aura deux bœufs pour un cheval.	

Préférable pour la perfection du labour.

Travaille un quart plus vite. Préférable pour les travaux légers.

Pour le travail des terres fortes ou mouillées.

Pour les terres légères, sèches, pierreuses.

Deux bœufs ne laboureront que 45 ares en un jour.

Lorsque deux chevaux en laboureront 60, un tiers en sus.

Est moins sujet aux maladies, et ses maladies sont moins dangereuses.

Est plus souvent malade, et ses maladies plus dangereuses.

Plus patient, se rebute moins vite que le cheval.

Moins patient, se rebute plus vite,

Plus fort en reculant qu'en avançant.

Moins fort en reculant qu'en avançant.

Fumier moins bon, parce qu'il coûte moins, mais plus abondant.

Fumier meilleur, parce que la nourriture coûte plus ; est moins abondant.

Celui du bœuf préférable dans les terres chaudes et calcaires.

Celui du cheval préférable dans les terres froides et argileuses, là où son travail est moins bon que celui du bœuf, contradiction naturelle.

Travail du bœuf préférable dans les terres froides et argileuses, contradiction naturelle.

Ferrure du bœuf plus coûteuse, mais presque toujours inutile, surtout là où le bœuf est le plus utile.

Ferrure indispensable, un peu moins chère que celle du bœuf.

Craint les pierres, la terre gelée.

Marche mieux sur un sol ferré.

En cas d'accident, de mort, par chute ou maladies aiguës, la chair a de la valeur.

La chair ne vaut jamais rien.

Le bœuf améliore les prairies.

Le cheval les dégrade et par les dents et par les pieds.

Le bœuf n'est pas bête de somme (l'Inde exceptée, où il est bête de selle et de somme).

Le cheval est bête de somme.

Pour transporter dans un pays sans chemin et détrempé, le bœuf vaut mieux, marche mal sur les pierres et par la gelée, s'il n'est ferré.

Le cheval vaut mieux sur les grandes routes, les sols durs et rocailleux, pendant la gelée.

Le bœuf alourdit l'homme qui le conduit ; un valet, s'il est preste, deviendra lourd et lent comme ses bœufs.

Le cheval a la vivacité de l'homme. Travaillant plus vite il a bien plus besoin de repos. Les frais de conduite du cheval augmentent moins le prix du travail.

Georges III a fait expérimenter la question sur un domaine, près de Windsor, où on employait cent bœufs. Les bœufs ont diminué de 12,000 fr. la dépense des chevaux.

En Angleterre, cette prétendue question a paru si bien résolue, que la loi a pris parti pour le bœuf ; elle a frappé d'une taxe les chevaux, même ceux de charrue, et en a affranchi la race bovine.

Notre opinion est en tous points opposée à celle d'un agronome que la science regrette ; Royer développe les affirmations suivantes que nous résumons dans quatre aphorismes :

Le bœuf est le pis-aller, — le cheval est le mieux.
Le bœuf est, pour le travail, une erreur, une routine.
Les départements arriérés ont encore le bœuf pour instrument.
Les départements progressifs ont le cheval.

Nous croyons, au contraire, que le temps n'est pas éloigné où le bétail à cornes, non le bœuf, mais la vache, prendra la place du cheval. D'après nos calculs, les travaux agricoles exécutés par les bœufs dans des sols ordinaires, non rocailleux cependant, coûtent un cinquième de moins que ceux cultivés par les chevaux. C'est là une énorme différence !

Castration des vaches.

La vache a le pied et l'allure plus légers que le bœuf. Dans les pays mouillés et humides, où la culture par le cheval serait nuisible ; dans ceux où on ne pourrait en élever ; enfin, là où, pour une cause quelconque, on n'aurait pas de chevaux pour les hersages, les binages et autres cultures superficielles qui exigent de la célérité dans le mouvement, ce serait à la vache, à la vache attelée avec un collier ou un joug à une seule tête, qu'il faudrait recourir.

Pour cet emploi, on pourra choisir une vache au pis charnu ou sans valeur laitière, la castrer et la rendre ainsi, sinon plus forte, au moins plus légère et plus agile ; car une vache qui produit s'alourdit pendant la gestation, et prend alors des habitudes de lenteur qui finissent par lui rester.

La castration des vaches a été essayée en Angleterre, en Amérique, en Suisse et en France.

En Angleterre, son succès a été fort contesté, et en définitive on y a à peu près renoncé.

En Amérique, on cite bien les essais de Thomas Winn ; on dit bien qu'il a parfaitement réussi à faire de ses vaches d'admirables machines à lait ; mais, là comme en Angleterre, le procédé, quoique prôné, n'a pas passé dans la pratique usuelle, et Winn a trouvé fort peu d'imitateurs.

En Suisse, **M. Levrat**, vétérinaire à Lausanne, a réussi dans deux opérations, après avoir, dans plusieurs, vu périr la vache. Six mois après, la sécrétion du lait continuait ; mais on n'a pas fait connaître les résultats postérieurs de cette intéressante expérience.

En France, les écoles vétérinaires ont tenté quelques essais ; mais, tous ayant été très-malheureux, et des vaches ayant succombé sous l'opération, on a, bien à tort suivant nous, suspendu tout examen de la question.

Des essais individuels ont eu plus de succès. **M. Guichenet**, célèbre vétérinaire de Bordeaux, est parvenu à faire heureusement plusieurs castrations ; les résultats n'ont pas répondu aux brillantes annonces des théoriciens : la sécrétion du lait a continué pendant près d'un an ; mais elle a ensuite diminué fort sensiblement pendant la deuxième année, et a entièrement cessé dans le commencement de la troisième.

M. Charlier, vétérinaire à Reims, a expérimenté la castration, mais par un mode différent, en incisant la partie supérieure du vagin pour arriver aux ovaires et les arracher ; il a toujours réussi (9 opérations) et n'a perdu aucunes vaches. Suivant lui la castration assure une longue durée au lait, améliore la viande et favorise l'engraissement. A Milan, le docteur Taylor a réussi à castrer en se contentant de faire la section de l'oviducte dans la vache. Ces expériences feront poser de nouveau la question de la castration.

Des essais plus heureux, au moyen de l'éthérisation, ont été tentés en Allemagne ; espérons que nos écoles vétérinaires tiendront à résoudre la question.

Elle est donc véritablement encore à examiner et à résoudre ; elle mérite l'attention de nos écoles vétérinaires, et je ne comprendrais pas qu'avec des professeurs aussi distingués que ceux qui dirigent ces belles institutions, on tardât plus longtemps à lui donner une solution.

De l'engraissement des vaches.

Quand une vache est vieille, que son lait cesse d'être un produit, on l'engraisse pour la boucherie, ou plutôt on la met en chair, car son engraissement complet ne payerait pas la nourriture, sa viande étant payée un tiers au-dessous de celle du bœuf.

Pour arriver à la mettre en chair, il faut remplir deux conditions préalables : la faire tarir et empêcher la chaleur.

Pour faire tarir, on éloignera de plus en plus les mulsions, et, après chaque mulsion, on aspergera le pis d'eau fraîche ; à la fin, on brûlera du vinaigre sous le pis : la fumée et la vapeur, par leur nature astringente, décideront le tarissement. — Un ou deux mois après, et lorsque la vache sera en bonne voie d'embonpoint, on la fera saillir, pour terminer avec les inquiétudes sexuelles. Les trois ou quatre premiers mois de la gestation sont excellents pour faire produire à la nourriture les plus grands effets possibles : l'animal a la fibre molle, beaucoup d'appétit, une grande disposition au repos et au sommeil ; mais il faut qu'il soit livré à la boucherie avant l'époque où la gestation devient une fatigue. C'est pour cela que je ne conseille pas de faire saillir en même temps qu'on fait tarir, dans la crainte que la vache n'ait pas assez de temps pour être mise en chair et que le fœtus ne vienne l'épuiser avant qu'elle soit en état d'être vendue.

Le but qu'il faut atteindre, c'est de pouvoir livrer l'animal à la boucherie vers la fin du troisième mois de la gestation.

Si l'on était forcé d'engraisser pendant l'été, ce qui est contraire à tous les principes, on devrait faire pacager de grand matin et nourrir ensuite très-délicatement, aux tourteaux ou aux farines, et défendre contre les mouches par l'obscurité et même une enveloppe de toile soulevée, sur le dos, par quelques brins de paille.

La vache engraissée pendant les premiers mois de la gestation se reconnaîtra à la plus grande quantité de suif qu'elle donnera ; celle engraissée en dehors de cette condition aura peut-être une viande plus délicate si l'engraissement a duré longtemps, mais elle aura moins de suif.

Dans le nord, on engraisse les vaches avec des fèves concassées ou moulues et mêlées de tourteaux ; parfois on laisse fermenter ; pour cela on prépare 24 heures à l'avance.

Des fumiers.

Les uns ont déprécié, d'autres (dans le nord de la France) ont exalté outre mesure le fumier de vache. Rétablissons la vérité sur ce point :

On a dit que le fumier des vaches avait plus de valeur fertilisante que celui des chevaux. C'est là une exagération.

La race chevaline animalise toujours bien plus ses déjections que la race bovine ; le fumier est plus chaud, et, à poids égal, plus fertilisant parce qu'il est plus condensé.

Avec une nourriture égale en qualité et en quantité, les différences entre la valeur des fumiers seront à peu près compensées (celui de la vache sera plus abondant, celui du cheval plus fertilisant) ; seulement, l'utilisation plus ou moins intelligente décidera du produit.

Ainsi appliqué à des terrains froids, argileux et compactes, le fumier de cheval, plus chaud, plus divisant, produira bien plus et plus sûrement que si on l'employait sur des terres chaudes, calcaires ou siliceuses.

Par la même raison, le fumier de vaches ou bœufs, plus aqueux, moins divisant, plus froid et plus liant, conviendra mieux aux terres chaudes, légères, divisées, calcaires ou siliceuses.

Ainsi utilisé logiquement, chacun de ces fumiers corrigera les défauts du sol au lieu de les exagérer.

Que si l'on voulait comparer entre eux les fumiers de bœufs et de vaches et trouver une différence, je n'hésiterais pas à donner la préférence au fumier de bœufs. La sécrétion du lait doit enlever aux aliments certains principes fertilisants qui, autrement, auraient été entraînés avec les déjections : les éléments alcalins, par exemple. Les aliments donnés au bœuf ne devant fournir qu'à l'entretien des forces vitales et du corps, les déjections devront être moins épuisées que celles de la vache, chez laquelle les mêmes aliments, après avoir fourni aux mêmes besoins que chez le bœuf, doivent en outre s'épuiser encore dans la formation du lait. Je ne puis trop recommander, lors de l'entassement des fumiers, de les bien étendre et tasser ; puis, l'opération terminée, de saupoudrer de plâtre cuit et en poudre, chaque couche de fumier, pour recueillir et retenir les évaporations ammoniacales si fertilisantes, et cependant perdues sans cette précaution.

On pourrait aussi recouvrir le fumier d'une légère couche de terre bien meuble. Cela remplacerait le plâtre, mais ferait moins bien.

La France est le pays le plus arriéré sous le rapport du traitement des engrais ; elle perd la moitié des matières fertilisantes qu'elle produit, et cela en présence de sa pénurie de fumiers !

Le pacage lui fait perdre une partie de ses fumiers de bestiaux; les pluies ou un traitement vicieux lui enlèvent une portion des autres; enfin, à peu de chose près, on perd les matières fertilisantes les plus énergiques, les fumiers humains, toutes les urines, beaucoup de matières animales, etc.

Pourquoi n'obligerait-on pas les particuliers à être moins prodigues de ces richesses ? *Sous la forme d'un arrêté sur la voirie et la salubrité publique, les maires* PEUVENT *ordonner des mesures telles, que toutes ces matières fertilisantes, perdues aujourd'hui, soient recueillies et conservées; que chaque maison ait ses latrines avec des tinettes portatives, et non de simples trous infects et à infiltrations dangereuses pour les eaux; que les purins, les urines, les eaux de cuisine, etc., soient retenus et ne coulent plus dans les chemins et les rues.*

De pareils arrêtés seraient très-*légaux* et tellement utiles, que la reconnaissance publique entourera le maire qui le premier oserait montrer l'exemple.

C'est par les villes que la mesure doit commencer; les communes rurales, plus intéressées encore, marcheront bien vite dans la même voie.

Pour faciliter l'exécution d'un pareil arrêté et lui ôter tout caractère onéreux, le maire devrait prendre l'engagement écrit d'un spéculateur ou d'un agriculteur riche de fournir gratuitement toutes les tinettes à ceux-là qui ne voudraient pas faire cette dépense; de les enlever et les replacer, à la seule condition de profiter des matières fécales. Ce marché serait si avantageux, qu'il pourrait même créer un revenu à la commune et être donné par elle à bail, comme le font depuis longtemps la ville de Paris, et, à son exemple, d'autres villes de France. Une loi générale vaudrait mieux encore en ce que son action serait instantanée et générale; je ne vois aucune mesure qui puisse augmenter aussi rapidement la richesse publique.

Seulement, il y a mieux encore à faire dans l'intérêt de l'agriculture. La conversion des matières fécales en poudrette anéantit la plus forte partie des matières fertilisantes. Pour obtenir un produit plus léger et moins repoussant, on sacrifie les deux tiers de la richesse fertilisante, et, au lieu d'un engrais, on crée un stimulant.

Des procédés nouveaux de désinfection conduiront probablement dans une voie nouvelle; espérons-le. Mais pourquoi notre agriculture reste-t-elle toujours si loin en arrière des procédés agricoles de nos voisins? En Angleterre, en Suisse, en Italie, en Allemagne, on recueille et on utilise, sans déperdition aucune, toutes les urines, tous les fumiers humains; ici en terreaux, par suite de mélange avec des terres jetées dans les fosses d'aisance; ailleurs en engrais liquides, étendus d'eau, conservés et fermentés dans de vastes citernes bien closes. La valeur fertilisante de ces fumiers est énorme; dans la petite culture, elle dépasse souvent celle des fumiers de bestiaux. On le comprend si bien, que, dans plusieurs contrées, des latrines particulières, ouvertes au public le long des grandes routes, sollicitent les passants, et satisfont tout à la fois à la pudeur, à la moralité et à la fortune publiques.

Les cendres lessivées sont plus fertilisantes que les cendres vierges...

Mais il faut les faire sécher avant de les entasser pour les conserver. Il faut en outre les répandre en couverture lorsque les gelées et les pluies continues du printemps ne sont plus à craindre, et les enfouir légèrement et à la herse. — Une petite pluie après l'enfouissement est aussi une condition indispensable au succès de la fumure; sans ces précautions et ces circonstances, les cendres sont un engrais médiocre. La suie est aussi un excellent engrais-stimulant.

Des cheptels à moitié.

Dans certains pays pauvres où le petit cultivateur est nécessiteux et ne peut acheter tout le bétail qu'il pourrait nourrir, ce sera une opération très-fructueuse, en même temps qu'une bonne action, que de lui donner une jeune tête de bétail, un veau, aussitôt le sevrage, par exemple, même tout jeune, pour l'allaiter artificiellement. Dans ces petits ménages, qui végètent dans nos campagnes pauvres, les enfants sont nombreux et souvent inoccupés; les soins à donner à de jeunes bêtes, leur pâturage dans les champs, des herbes fraîches à ramasser, à préparer, à faire cuire (je recommande les jeunes tiges d'ajoncs); ces ajoncs à piler le soir, ou avec un maillet en bois, ou avec un pilon... tous ces petits travaux, confiés aux enfants, leur donneront le goût et l'habitude du travail, l'amour du bétail, les préserveront des habitudes de fainéantise et de ces instincts de destruction et de méchanceté qui germent et se développent dans l'oisiveté non surveillée. La famille y gagnera des fumiers, si rares dans les pays pauvres (et c'est là ce qui fait leur pauvreté), plus, la moitié du bénéfice à réaliser sur l'élève. Au deuxième cheptel, le petit cultivateur pourra ainsi avoir gagné et réalisé une somme suffisante pour acheter le troisième veau, qui grandira ainsi pour lui seul et augmentera le nombre des bestiaux habituels de sa petite exploitation. En continuant ainsi, l'aisance est au bout du travail. Ces cheptels seraient la meilleure utilisation des fonds de secours portés au budget de l'agriculture, le bienfait serait énorme.

Erreurs et préjugés populaires.

L'énumération en serait longue, si elle était complète! En Bretagne, on couvre d'eau la vache qui vient d'être saillie, on incise le bout de sa queue, on charge ses reins de boue, tout cela pour faire retenir. J'ai dit qu'il fallait l'occuper en la promenant, en la faisant manger.

A la vache qui a mis bas péniblement, qui a le plus besoin de ménagements, qui est le plus exposée à des inflammations, on donne du vin chaud, du cidre alcoolisé souvent. N'est-ce pas provoquer des accidents graves? C'est de l'eau douce, une tisane de chiendent avec un peu de fleur de farine, qu'il faut administrer.

On saupoudre le veau de sel et de farine pour inciter la mère à le lécher. Le sel après le part n'est-il pas un stimulant dangereux? Pourquoi provoquer l'appétit d'un animal qu'on ne doit pas nourrir?

On manie le veau à peine sorti du ventre de la mère; on tourmente ses reins, lorsque le pauvre petit animal n'a réellement besoin que de chaleur et de repos.

Le veau nouveau-né a les intestins gorgés de matières excrémentielles noires et durcies, appelées *méconium;* une purgation est presque toujours indispensable; la nature y a pourvu : le premier lait est purgatif et apéritif; il amène le dégorgement des intestins et la liberté du ventre. Eh bien! dans beaucoup de contrées, on jette ce premier lait; on le remplace par un lait normal plus ancien, et le veau souffre jusqu'à ce qu'une crise violente et dangereuse, une maladie vienne le purger et dégager ses intestins.

Chez moi, en Périgord, je n'ai jamais pu faire comprendre à mes domestiques qu'il fallait tuer des couleuvres qui venaient dans les étables mordre mes bœufs et sucer leur sang. Pour eux, la couleuvre était un animal bienfaisant ; elle ne saignait que les animaux qui en avaient besoin ; on ne l'eût pas tuée pour tout au monde. Le bœuf mordu était réputé avoir le meilleur sang de l'étable, et on était certain qu'il ne pouvait être malade dans les six mois qui suivaient la morsure.

Les dents incisives des bêtes à cornes, étant encastrées dans un tissu cartilagineux, sont toujours très-mobiles, et cependant des empiriques tiennent que des dents mobiles sont une maladie, et ils les enfoncent, c'est-à-dire qu'ils les ébranlent et les font tomber !

Un animal a-t-il l'estomac dérangé, perd-il l'appétit : on lui gargarise la bouche avec de l'eau salée, du vinaigre, du poivre ; on lui frotte les gencives avec un oignon, etc. Cela est-il assez absurde ! L'estomac est malade ; il repousse des aliments qu'il ne pourrait digérer ; et, au lieu de suivre cette heureuse indication naturelle, on crée un appétit factice et dangereux ! On va souvent plus loin : on incise les gencives, les glandes salivaires, les barbillons, pour provoquer une saignée inutile et souvent dangereuse.

On saigne un animal maigre et épuisé, avant de commencer à le mieux nourrir pour le mettre en chair ; c'est-à-dire qu'on l'épuise encore plus pour le refaire ! Il faudra quinze, vingt, trente jours peut-être de bonne nourriture pour réparer la perte causée par la saignée. C'est là une perte réelle et bien inutile.

On saigne aussi avant de mettre au vert... Pourquoi ? je ne le comprends pas.

Dans ces deux cas, il faut ménager la transition, la préparer lentement et successivement, mais bien se garder de saigner. On saignera lorsque l'animal sera *en chair*, bien arrondi déjà, pour affaiblir les forces musculaires surexcitées par le repos inusité et une nourriture plus forte, pour calmer l'animal, le porter au sommeil et le disposer à recevoir encore plus de nourriture sans surexcitation.

La saignée est un remède parfois excellent. Un animal fatigué, forcé, fourbu, échauffé, etc., doit être saigné. Mais, dans certains pays, la saignée devient un abus ; on saigne tout un parc, sans distinction. En Italie, en Toscane particulièrement, j'ai été tout stupéfié de voir saigner tous les bestiaux, sans exception, à un jour dit, du printemps, jour perdu, car il est chômé, et à grands frais. L'animal se porte bien ; on le saigne. Il est affaibli, malade, on le saigne encore. C'est un usage qui a créé une fête attendue avec impatience, car le sang est cuit et mangé ; c'est un régal qui entre dans les profits du métayer toscan. La saignée est devenue un droit, une redevance ; on la veut abondante, cela se conçoit ; l'animal est compté pour rien.

Une bête est négligée, mal nourrie, plus mal pansée ; elle maigrit, elle dépérit ; la peau souffre avec le corps entier ; elle est dure, sèche, tendue, collée aux os ; le poil est sec et hérissé ; l'épine dorsale est roide et sans souplesse... En France, on dit que l'animal est *ensargué*... Chaque province a son expression : en Allemagne, qu'il a *le loup*. Dans l'est, on incise la queue en croix ; on la fait saigner, et l'animal *doit* être guéri : c'est infaillible. On devrait le nourrir bien et le panser exactement ; on le néglige encore plus, et, lorsqu'il meurt, c'est de toute autre maladie.

Un animal a-t-il une oppression, une toux persistante, on décide qu'il faut rafraîchir les poumons, et pour cela on introduit le breuvage par les naseaux. Si on réussissait à le faire passer dans les poumons, l'animal suffoqué tomberait pour ne pas se relever. Quelques gouttes arrivent dans la poitrine, et provoquent une toux violente et dangereuse qui ne cesse que lorsque tout le liquide introduit est expulsé.

On tient pour certain que le développement du fanon est un signe favorable, tandis que c'est là une superfluité onéreuse ; il faut créer, nourrir, engraisser ce qui n'a aucune valeur alimentaire ; le fanon, pour l'éleveur et l'engraisseur, est plutôt un défaut qu'une qualité.

Utilisation des bestiaux morts.

C'est un des principaux avantages de l'espèce bovine sur l'espèce chevaline, qu'en cas d'accident la viande du bœuf conserve une partie de sa valeur, tandis que tout est perdu avec le cheval. Aussi, quand un bœuf, une vache, etc., éprouvent un accident, que leur vie est mise en péril, il convient de suite d'apprécier le danger et souvent d'abattre l'animal, pour ne pas tout perdre en le laissant dépérir et mourir. C'est le cas parfois de prendre une résolution désespérée. Certaines maladies, certains accidents sont mortels; aux premiers symptômes, j'ai vu des éleveurs faire abattre et vendre leurs bœufs, et sauver ainsi la moitié de la valeur de l'animal pour ne pas risquer de perdre le tout.

Mais ce n'est pas là le cas qui nous occupe ici. Supposons l'animal tué : si c'est un bœuf, la viande conserve sa valeur. Tué par accident ou par la masse du boucher, il n'y a que fort peu de différence, surtout si on a pris la précaution de saigner immédiatement l'animal encore chaud, et de le faire dépecer ensuite par un boucher.

Généralement les voisins viennent en aide à celui qu'un pareil malheur a atteint; on se partage la viande au prix de 50 à 60 centimes le kilogramme, lorsqu'elle ne peut se placer sur les marchés du pays. Au pis aller, on sale ce qui n'est pas vendu, et tout n'est pas perdu.

Si la mort est la suite d'une maladie, lorsque cette maladie est ordinaire et ne cause aucune désorganisation, dans beaucoup de pays on mange la viande ; ailleurs, on a le tort de la repousser.

Autour des grandes villes, l'éleveur trouve à vendre l'animal mort. Dans la campagne, cette ressource lui manque. Alors il doit faire mettre à part la peau, les cornes, les sabots; faire saigner et dépecer sans retard l'animal, pendant qu'il est chaud; saler au besoin les pièces principales, afin de les utiliser après les autres; faire bouillir le reste pour en tirer tout le suif; faire manger le sang cru, la viande réduite en bouillie, aux porcs, aux chiens, aux volailles; la jeter en pâture aux poissons des étangs ou des réservoirs, saler le bouillon bien réduit et le laisser glacer en gélatine pour en alimenter plus tard les mêmes animaux, ou même l'employer comme engrais liquide ; vendre les os principaux pour la fabrique, les autres pour être convertis en noir animal; au pis aller, les concasser ou les broyer pour en faire des engrais. Les os *cuits* forment un engrais d'une assimilation plus facile et dès lors plus puissante que les os crus; c'est là un fait constant. Il en est de même des cendres. Celles de lessive sont préférables aux cendres pures ; elles ont, il est vrai, perdu leurs sels, mais elles se sont, en revanche, chargées de corps gras et d'effluves corporelles plus fertilisantes que les sels.

Le ventre, les tripailles de l'animal peuvent être aussi utilisées pour l'alimentation de la volaille et du poisson : on fait des fosses à vers, on étend les tripailles sur des couches superposées de paille et de balles de céréales, celles de seigle sont les meilleures pour cet emploi ; on recouvre de 6 à 8 pouces de terre, et peu de jours après on trouve dans cette fosse, étendue mais peu profonde, des masses de vers qu'on découvre successivement et qu'on livre en pâture à la volaille ; cette alimentation, bien ménagée, peut durer plusieurs semaines ; on pourrait en porter dans les réservoirs ou les étangs, les poissons en sont très-friands, puis la terre sortie de cette fosse constituera un engrais d'une puissance extrême, rien ne sera perdu, pas même les gaz et les émanations putrides.

On a remarqué que la peau d'un animal suit la condition de la viande ; que là où est la meilleure viande, là est la peau la plus résistante ; que le col, le ventre, les extrémités, ont la peau la plus mauvaise et la plus inégale ; le dos, la meilleure et la plus forte. On a remarqué aussi que la peau du côté du ventre sur lequel l'animal a l'habitude de se coucher, avait bien plus de qualité que celle du côté opposé.

Les peaux des vaches sont en général inférieures à celles des bœufs ; cependant pour certains usages, les peaux des vaches étant plus minces et aussi résistantes, sont préférées ; celles des veaux broutant, sont inférieures à celles des veaux de lait ; celles des bœufs de pays bas et fertiles, à celles des bœufs de montagne.

La peau des taureaux est aussi, comme leur chair, toujours moins bonne que celle des bœufs.

CHAPITRE IV.

DU LAIT EN GÉNÉRAL.

Composition physique et chimique du lait.

Le lait est un fluide doux, composé d'un assemblage de globules blancs, opaques et arrondis (ce sont les parties butyreuses), sécrété par les mammifères, et destiné à l'alimentation des jeunes produits pendant les premiers mois de leur existence.

La composition du lait des carnivores et des herbivores comprend les mêmes principes ; la proportion seulement est différente.

Le lait se compose :

1° d'une substance grasse qui fait le beurre ;

2° d'une substance caséeuse et mucilagineuse, qui fait le fromage ;

3° D'un résidu aqueux appelé serum ou petit lait.

L'élément gras varie de 2 1/2 à 6 1/2 p. cent.

L'élément caséeux varie de 3 à 10 p. cent.

L'élément séreux varie de 80 à 90 p. cent.

Par sa bonté, par ses influences hygiéniques, le lait a toujours été une nourriture universellement recherchée ; par ses propriétés médicinales, il a toujours été un médicament agréable ; enfin, on en a fait, dans les arts, les plus utiles applications.

Le lait, étant un corps composé, varie suivant les espèces, les races, les individus, et surtout d'après l'état de santé et la nourriture des mammifères.

Sa couleur opaque indique assez qu'il ne tient qu'en suspension les éléments divers qui le composent. Aussi, vu au microscope, découvre-t-on, non pas un liquide bien mêlé, mais un fluide diaphane dans lequel nagent une multitude de globules de formes variées, presque tous arrondis ou ovoïdes et de grosseurs inégales.

Indiquons ses propriété les plus générales :

Le lait se mêle facilement à l'eau et aux autres liquides non acides ou non fermentés. Il pèse quatre centièmes de plus que l'eau. Sa composition mucilagineuse fait qu'il se boursoufle, se développe et monte lorsqu'il atteint une certaine température et d'autant plus qu'il se rapproche de l'état d'ébullition. Le froid le condense; la chaleur le liquéfie.

Le lait est susceptible de passer par tous les degrés de la fermentation et de fournir une boisson fermentée. Cette boisson, fermentée et distillée, peut produire de l'eau-de-vie; celle-ci rectifiée, peut donner de l'alcool pur.

Comme il tient, en suspension seulement, des éléments divers et peu homogènes, par suite de la rapidité du travail de conversion et de sécrétion, il tend rapidement à perdre de son homogénéité. L'élément gras, la crème, tend de suite à se séparer et à surnager. Une température chaude développe l'aigreur et hâte ensuite la séparation et la coagulation de l'élément caséeux, pour laisser isolé le troisième élément du lait, l'élément séreux.

La matière grasse et butyreuse dès lors, plus légère que les autres avec lesquelles elle est mêlée, tend de suite à monter à la surface, et entraîne avec elle et par adhérence des particules caséeuses qui donnent à la crème sa couleur blanche, et des particules séreuses qui la liquéfient.

Si la matière butyreuse montait pure et sans adhésion des autres matières caséeuses et séreuses, le beurre serait pur et tout formé. C'est ce mélange par adhésion qui nécessite l'opération du battage de la crème, et du lavage ensuite pour bien dégager et isoler la matière butyreuse. La chimie trouvera un jour le moyen de faire monter, pur et isolé, tout l'élément butyreux et d'éviter ainsi l'opération du battage, souvent longue et incertaine, altérant toujours plus ou moins la qualité du beurre.

La matière caséeuse tend ensuite, sous l'impression d'une température plus chaude, à s'agglomérer, à se réunir en pain et se solidifier en s'isolant de la matière séreuse ou liquide. Parfois cette solidification est si rapide, sous l'action d'une grande chaleur ou d'un temps orageux, qu'elle prévient la séparation de la partie butyreuse et s'empare de celle-ci avant qu'elle n'ait pu s'élever à la surface.

Avant la coagulation et à l'état liquide, le caséum est soluble dans l'eau ; après la coagulation complète, il est insoluble.

Le troisième élément du lait, l'élément séreux, ne reste pas pur de tout mélange ; il retient encore quelques parties caséeuses et même butireuses qu'on parvient à en extraire par l'ébullition : c'est ce qui forme cette matière visqueuse qu'on nomme brèches ou sérai, espèce de fromage moins agréable que l'autre, mais fort sain, consommé dans les campagnes.

Le sérum, ou matière séreuse, tient aussi en suspension quelques principes alcalins, à base de potasse, et surtout du sucre de lait à la quantité de trois et demi pour cent de son poids.

La séparation de ces trois principes est plus promptement opérée dans le lait de vache que dans les autres laits.

On a réduit le lait à ces trois éléments, parce que le quatrième, la partie saccharine ou le sucre, dont la plus forte partie reste mêlée à la partie liquide ou petit lait, avait trop peu d'importance (trois et demi pour cent) pour être tiré hors ligne.

Le lait se divise donc et se subdivise ainsi que l'indique le tableau qui suit :

<pre>
        ⎧ Crème. ⎧ Beurre ou butyrum. ⎫ Eau.
        ⎪   ⎩ Lait de beurre.   ⎭
LAIT.   ⎨
        ⎪   ⎧ Caillé ou caséum.
        ⎩ Lait écrméé. ⎨   ⎧ Résidus butireux et caséeux. ⎫
                       ⎩ Petit lait ou sérum. ⎨ Sucre de lait.   ⎬ Eau pure.
                                              ⎩ Sels.   ⎭
</pre>

Classons les quatre espèces de lait dont nous nous occupons (vache, chèvre, brebis, jument et ânesse), dans l'ordre de leur plus grand rendement en beurre d'abord, — en fromage ensuite, — puis en petit lait.

BEURRE :	FROMAGE :	SERUM OU PETIT LAIT :
Lait de brebis,	chèvre,	jument ou ânesse,
vache,	brebis,	vache,
chèvre,	vache,	chèvre,
jument ou ânesse,	jument ou ânesse,	brebis,

Si on les classait dans leur ordre de densité ou d'épaisseur, celui de brebis passerait le premier ; puis celui de chèvre, d'ânesse et de jument ; le lait de vache serait le dernier.

17

Ce qui distingue le lait d'ânesse et de jument, et ce qui fait conseiller le lait d'ânesse dans le commencement des inflammations de poitrine, c'est la qualité adoucissante, légère et facilement digestive de ce lait, qui contient moins de parties grasses et caséeuses, et par contre plus de matière saccharine ou sucre de lait (de cinq à six pour cent de son poids, au lieu de trois et demi).

Si on voulait donner, au moins en apparence, beaucoup plus de qualité au lait de vache, on aurait quelques bonnes brebis laitières, dont le lait, mêlé avec celui de vache, donnerait à celui-ci une densité et une épaisseur extraordinaires.

L'affinité des trois principes constituant le lait n'est, à proprement parler, qu'instantanée. La désagrégation, commencée déjà dans le pis même de la vache, se continue de suite après la sortie, comme le prouve la pellicule qui se forme sur le lait. Quelques heures passées sous une température douce (8 degrés Réaumur en été, 10 en hiver, — 10 degrés centigrades en été, 12 en hiver) suffisent pour désagréger les principes du lait.

Boerhaave fait remarquer très-justement que la chaleur et surtout l'ébullition modifient beaucoup le lait et lui font perdre ses parties les plus balsamiques, ses propriétés les plus délicates et les plus fines. Il ne conseille donc pas de faire chauffer le lait employé comme aliment médicamenteux.

De l'organe sécréteur.

Cet organe est bien plus développé chez les ruminants que chez les autres animaux, ce qui annonce déjà une plus grande disposition naturelle à produire le lait. En rapprochant ce développement plus grand de l'organe spécial à la production du lait, du plus grand développement de l'organe général de la digestion, avec ses quatre estomacs superposés, on doit rester convaincu que les ruminants sont naturellement mieux disposés que les autres animaux pour produire une plus grande quantité de lait.

Si on tire à part le lait de chaque trayon, en épuisant absolument les uns sans toucher aux autres, qui conservent alors tout leur lait, et en comparant entre eux les produits obtenus, on reste convaincu :

Que chaque trayon constitue un organe sécréteur isolé, et que si

la sécrétion du lait est d'abord générale et faite par un seul organe,
elle se complète dans des organes spéciaux, les mamelles et leurs accessoires, groupés, mais non confondus ;

Qu'il y a même, entre le lait de chaque trayon, des différences peu
importantes sans doute, mais cependant parfois aussi sensibles qu'entre le lait de plusieurs vaches alimentées par les mêmes fourrages ;

Qu'en général, les trayons de derrière donnent une plus grande
quantité de lait que ceux de devant, ce qui annoncerait qu'ils
ont intérieurement un plus grand développement.

On a dit que le lait des trayons de derrière avait plus de qualité
que celui des trayons de devant ; mais, comme j'ai cru parfois reconnaître l'inverse, j'en ai conclu que toute affirmation sur ce point serait un peu aventurée.

J'aurais voulu trouver, dans les travaux d'anatomie animale, des
renseignements sur ces faits si importants ; peut-être existent-ils,
mais je ne les connais pas : j'ai souvent été tenté de croire que les
faux trayons pouvaient être des organes complètement organisés
pour la sécrétion, mais seulement mal conformés sur un point, fermés, par exemple, dans le bas, et que, n'ayant pas fonctionné, cette
partie de l'organe était restée sans développement. J'ai dès lors pensé
parfois à faire percer ces faux trayons dans l'extrémité inférieure de
leur tube.

Ces explorations, ces investigations internes sont du domaine de la
science ; c'est à elle à éclairer les éleveurs et à donner une base plus
certaine, des renseignements plus complets à leurs investigations
pratiques.

Espérons que ces travaux, qui comprennent l'explication intérieure
du dessin du pis et sa corrélation avec la structure de l'organe qu'il
recouvre, seront enfin entrepris dans nos écoles vétérinaires.

Sécrétion du lait.

Certains organes ont une action continue plus ou moins complète,
mais indispensable à la vie, et ils produisent certaines sécrétions vi-
talement indispensables.

Ainsi du sang, de la bile, des urines, des chyles, des salives, etc.

Certains autres n'ont qu'une action temporaire et conditionnelle ;

ainsi du lait, qui n'apparaît qu'à la fin de la gestation, et, normalement, ne se maintient que pendant la durée de l'allaitement.

La vache, la chèvre, la brebis, etc., ne devraient donc produire du lait qu'occasionnellement et à la suite de la parturition. C'est pour satisfaire ses besoins et ses goûts, c'est par des moyens artificiels que l'homme est parvenu à contrarier, à vaincre la nature au point de rendre à peu près continue une sécrétion normalement occasionnelle et intermittente.

Par la mulsion ou traite, faite avec soin, exactitude et régularité pendant la durée de l'allaitement, on est parvenu d'abord au développement le plus complet de l'organe sécréteur ; puis la sécrétion a continué au delà de la période naturelle par la continuation de la mulsion. Ainsi maintenu en produit, continuellement sollicité, cet organe a été constitué, on peut le dire, en sécrétion permanente ; la nature a été vaincue par l'art.

La mulsion n'eût cependant pas suffi ; il fallait refaire la constitution de l'animal ; d'autres moyens sont venus à son secours : un régime affaiblissant et anormal a aidé à ce dérèglement des organes de la vache ; la stabulation, avec ses buvées et ses soupes, sa surabondance de nourriture aqueuse, avec son défaut d'exercice, sa température tiède et sudorifique, est venue modifier la constitution de l'animal ; le principe nerveux et énergique a fait place au principe mou et lymphatique. L'organe sécréteur du lait, ainsi poussé intérieurement au plus grand produit par le régime et la nourriture, ainsi sollicité et surexcité par deux ou trois mulsions, faites chaque jour régulièrement et à heures fixes, ainsi exercé continuellement et sans relâche, a attiré à lui toutes les forces vitales, s'est développé outre mesure, et n'a laissé aux autres parties de l'organisme animal qu'un rôle tout à fait secondaire et subordonné à ses propres besoins.

Des croisements heureusement combinés entre les meilleures races laitières, ou des accouplements entre les meilleurs sujets laitiers ; ces croisements ou ces accouplements continués avec intelligence pendant une longue suite de générations, sont venus parfaire cette œuvre de création, car on peut lui donner ce nom.

Ainsi a été créé par l'homme l'instrument lactifère que nous appelons la vache laitière. L'ancienneté de la race, le choix dans les sujets et

les reproducteurs, tendront, toujours et incessamment, au développement, au préjudice des autres organes, de l'organe sécréteur du lait.

La conquête de l'homme est même devenue complète au moyen de
la mutilation de l'animal : la castration de la vache ou tout autre
moyen moins dangereux de produire la stérilité paraît devoir la convertir complétement en instrument lactifère.

Le lait est, de tous les fluides sécrétés, le moins animalisé, le moins
chargé de principes azotés. Cette dissemblance a été augmentée encore par l'exagération obtenue dans le produit du lait. On comprend
dès lors que le lait doit conserver la saveur, l'odeur, les principes, la
couleur même, parfois, des aliments dont il n'est que le produit, que
l'extrait.

Ainsi la nourriture la plus sèche donnera le lait le plus condensé,
le plus épais;

La nourriture la plus aqueuse, le lait le plus clair, le plus léger, le
plus aqueux.

Le lait obtenu par la stabulation étant un produit plus brut, moins
travaillé, moins digéré, sera plus lourd, plus indigeste, et cependant
moins condensé et moins épais, avec la même nourriture, que le lait
obtenu par le pacage.

Indiquons rapidement, par leurs effets, les causes des nombreuses
modifications que peut subir le lait.

Modifications dans l'état du lait.

Certaines circonstances, indifférentes en apparence, ont cependant
une influence très-directe sur le lait :

En hiver, le lait sera plus butyreux et moins caséeux ; en été, il
sera, au contraire, plus caséeux et moins butyreux ; dans le printemps
et en automne, il sera plus abondant, et cependant plus gras, plus
épais, plus savoureux et parfumé ; la fréquence de la mulsion modifiera aussi ses qualités. Une seule mulsion par jour favoriserait la
condensation du lait; on gagnerait en qualité ce qui serait perdu en
quantité, si toutefois la santé de la vache ne souffrait pas. Mais c'est
une épreuve qu'il faudra se garder de faire.

Deux mulsions forment le régime normal ; elles donneront plus de
ait qu'une seule, mais un lait moins épais. Avec trois mulsions par

jour (rendues quelquefois, mais temporairement, nécessaires par l'abondance de la sécrétion), on ajoutera encore à la quantité, mais toujours et de plus en plus au détriment de la qualité. Ce fait me paraît incontestable : l'organe mammaire, stimulé par la mulsion, se remplit d'un liquide incomplétement élaboré; il n'est pas étonnant dès lors que ce liquide soit plus abondant et moins parfait.

Ainsi, le moment de la mulsion : la traite du matin, par suite du repos de la nuit, donnera un lait moins condensé, mais plus abondant; la mulsion du soir, un lait moins abondant mais plus condensé, par suite de l'exercice de la journée.

Ainsi encore, la période de la mulsion : le premier lait sortant du pis est aqueux et très-léger ; le lait du milieu de la mulsion est dans des conditions normales et moyennes du lait, tandis que les derniers verres de lait sortant du pis à la fin de la mulsion sont de plus en plus épais et butyreux. Boissou signala ces différences, et avança qu'il y avait dans le dernier lait seize fois plus de beurre que dans le premier. J'avoue que cette affirmation me trouva incrédule, et il me fallut vérifier le fait par quelques expériences assez incomplètes, pour rester convaincu que si le premier verre de lait (un quart de litre) donnait 1, le dernier verre donnait 6, 8 et même 10, résultat qui m'étonna beaucoup. Ainsi le premier lait donna 3 grammes environ de beurre (soit 1 kilogramme par 55 litres de lait, ce qui est un fort mauvais rendement), et le dernier lait donna 22, 24 et 26 grammes, ce qui fait 1 kilogramme par 9, 10 et 11 litres! J'opérais sur un lait de trois mois. D'autres expériences donnèrent des résultats variables suivant l'âge du lait. Sur un lait nouveau, les différences étaient plus grandes encore ; sur un lait très-vieux, elles s'affaiblissaient.

On comprend quel parti on peut tirer de ce fait pour obtenir soit un lait très-léger pour des estomacs délicats, soit un lait normal ou moyen, soit un lait crèmeux et gras.

Ajoutons que ces différences sont loin d'être les mêmes pour l'élément caséeux, qui s'élevait à peine de un cinquième en sus, lorsque l'élément butyreux était six et huit fois plus considérable; et cela se comprendra facilement : la première désagrégation des éléments composant le lait commence seule dans le pis; les globules butyreux ont déjà commencé à s'élever à la surface, et le lait s'écoulant par le fond du récipient, les trayons laissent échapper d'abord la portion la plus aqueuse, parce qu'elle est probablement la plus anciennement élaborée, ensuite parce que la pression liquide étant plus forte au fond du récipient que dans les parties supérieures, les globules gras sont plus vivement entraînés à monter.

L'âge du lait, c'est-à-dire le temps écoulé depuis la parturition, exercera une grande influence sur la composition du lait. Plus il sera rapproché du part, plus il sera abondant, mais léger ; plus il s'en éloignera, moins il sera abondant, mais aussi plus il deviendra butyreux et condensé.

Nous ne devrions pas parler du premier lait après le part, ou *colostrum*, qui est bien un produit similaire, plus mucilagineux, mais fort peu butyreux ; nous ne le considérons pas comme du lait. Disons cependant que ce produit contient trois fois plus de caséum que le lait, à peu près moitié moins de beurre et presque pas de sucre de lait. Ces matières n'étant pas normalement constituées, aucune n'est utilisable. Ce n'est que du cinquième au huitième jour après le part que la vache donne un produit normal. On le reconnaît lorsque le lait peut supporter l'ébullition sans tourner et sans se coaguler en grumeaux. Mais le lait donné vers le cinquième jour après le part, ou au plus tard vers la fin de la première semaine, est plus abondant, et, par contre, bien plus aqueux (il paraît plus blanc et plus épais, mais c'est là une apparence trompeuse) que celui donné au bout de cinq à six mois. Boissou a fixé une échelle de proportionnalité croissante, de laquelle il résulterait que le lait de huit mois donnerait deux fois plus de beurre que celui de quinze jours. C'est là une exagération. En général, la qualité du lait est en raison inverse de sa quantité.

Le nombre des parturitions a aussi son influence sur le lait. Le meilleur lait d'une vache est celui qui suit son troisième vêlage. Il reste aussi bon à la suite des parturitions suivantes ; il devient même meilleur et plus épais à la suite du sixième vêlage, précisément parce qu'à partir de cette époque il diminue de plus en plus, jusqu'au moment où il cesse complétement, par suite de l'état de vieillesse ou d'embonpoint de la vache.

L'âge de la vache modifiera aussi le lait. Il sera d'autant moins abondant, mais d'autant plus gras que la vache sera plus âgée.

On reconnaît unanimement que le meilleur âge des vaches, pour le rendement en lait, est de 4 à 9 ans.

Quand une vache est bien choisie et qu'elle a de la race, elle est encore excellente laitière à 12 ans; elle donne même encore un bon produit à 15 ans. J'ai vu certaines vaches, ayant de la race, rester en produit jusqu'à 18 et 20 ans.

Le moral de la vache a aussi de l'influence sur le lait : si on l'a contrariée, battue, si elle a eu peur, etc., son lait perdra en qualité; si on la dérange dans son repos, dans son sommeil, il perdra en quantité.

Les changements brusqués de température, les mauvaises saisons, les pluies, les chaleurs excessives, les grands froids la feront aussi souffrir; le lait sera moins abondant.

L'état de chaleur ou de rut chez la vache communiquera au lait une saveur montante assez désagréable.

L'approche du part l'affectera d'une saveur échauffée à peu près semblable; mais cette altération est peu remarquée, car on laisse ordinairement tarir les vaches un mois au moins avant la parturition, et on ne tire du lait qu'aux vaches qui se trouveraient incommodées par une intempérance de sécrétion fort rare.

Plus on approchera du part, plus le lait sera altéré, gluant et visqueux; dans les derniers jours, ce ne sera réellement plus du lait.

Nous ne parlons pas de l'état de santé de la vache ; bien évidemment les maladies doivent beaucoup altérer non-seulement la qualité et diminuer la quantité, mais modifier considérablement la composition du lait.

L'affectabilité du lait (qu'on me passe l'expression) a quelque chose de surprenant. Qui comprendra, en effet, que certaines herbes données en litière aient une influence sur le lait? Eh bien! il est certain que le genêt en fleurs, employé en litière, communique au lait une odeur assez désagréable. J'ai vérifié le fait dans ma vacherie, mais comme j'avais fait mettre une muselière à la vache, et que le lendemain la muselière était tombée, j'avais pu craindre que la bête n'ait mangé quelque peu de litière, mais le vacher m'a prouvé que la bête était attachée trop court pour avoir pu y atteindre.

Influence du mode d'alimentation sur le lait.

L'influence de la nourriture sur le lait de la vache est si grande, si bien appréciable, qu'à la vue du lait, à sa saveur, à son odeur, un homme expérimenté reconnaîtrait presque la plante qui a donné son cachet à la sécrétion. Une autre influence sera aussi fort remarquable : c'est celle résultant du mode d'alimentation.

La différence, en effet, sera grande entre le lait produit par une nourriture exclusivement sèche et une nourriture entièrement verte. Avec la première, le lait sera bien moins abondant, mais aussi plus condensé, plus épais, plus butyreux et caséeux ; c'est dire que la nourriture sèche conviendra mieux aux vacheries appliquées au beurre et aux fromages. Avec la seconde, la quantité augmentera de beaucoup ; mais aussi le lait sera plus léger, plus clair ; l'élément séreux dominera démesurément les éléments butyreux et caséeux ; le lait sera plus rafraîchissant, dès lors plus apéritif, mais aussi bien moins nourrissant ; ce sera donc l'alimentation à adopter dans les vacheries dont le lait se vendra en nature. Pour pousser encore plus à la quantité, quand la vache aura bu, on l'incitera à boire de nouveau en lui présentant d'abord du sel, et ensuite des eaux blanches ou grasses, etc.

Le lait sera encore différent si la nourriture verte, au lieu d'être livrée à l'état tout à fait naturel, a déjà été modifiée par la fermentation. La modification du lait sera graduée sur le degré d'altération. Une fermentation raisonnablement opérée s'arrêtera à la fermentation sucrée, et alors le lait gagnera en principes sucrés ; il sera plus dense sans être plus blanc.

La fermentation opérée sur d'autres aliments modifiera également l'état du lait. Les grains fermentés, l'orge surtout, les glands, les marrons d'Inde, les pommes de terre, etc., produiront une modification dans le lait.

L'effet de la fermentation sera tout à fait contraire au lait dans les pâtes ; en cet état, les farines sont plus propres à produire de la chair que du lait.

Entre le lait produit par la stabulation et celui produit par le pacage, la différence sera grande. Celui produit par le pacage sera bien supérieur à l'autre par sa qualité, sa légèreté nourrissante, sa nature digestive et alcaline. C'est là, en effet, le lait véritablement hygiénique, le lait dans toute sa bienfaisance et sa bonté.

Le lait produit par la stabulation, au contraire, à part les qualités et les défauts qu'il tiendra des aliments mêmes (qualités qu'il diminuera et défauts qu'il exagérera), sera moins gazeux, moins alcalin, plus lourd et moins digestif que le lait obtenu par le pacage.

Je signale cette observation aux estomacs délicats et aux malades, elle expliquera souvent pourquoi certains laits sont repoussés par certains estomacs.

Avant de renoncer entièrement à un aliment aussi hygiénique, il faudra donc essayer d'un lait obtenu par le pâturage, et même, si l'épreuve était encore contraire, du lait de plusieurs vaches, et de pays différents.

Le lait est un aliment trop bien approprié à tous les besoins de l'homme pour que l'estomac le plus délicat et le plus capricieux ne trouve pas toujours un lait qui lui convienne.

Une nourriture aqueuse, les soupes, les buvées rendront encore le lait moins hygiénique, plus clair, moins nourrissant et plus indigeste.

Le lait livré à la consommation dans les grandes villes a généralement tous ces défauts réunis, car il est dû à la stabulation la plus absolue et à un régime poussant exagérément à la quantité du lait, appauvrissant sûrement et finissant par tuer assez rapidement la constitution de l'animal producteur (*).

Si l'on veut s'assurer de la nature et de la qualité du lait offert à la consommation, on pourra facilement le faire Si l'on voulait comparer plusieurs laits, il suffirait d'en remplir plusieurs tubes ou des verres effilés et hauts, des verres à champagne, par exemple; au bout de vingt-quatre heures, l'épaisseur de la couche de crème indiquera la richesse du lait. Un lactomètre (**), à cause de l'échelle de proportion qui l'accompagne, précisera encore mieux le résultat. Je dois cependant dire que, quelquefois, la quantité de crème n'est pas un signe bien certain de la richesse du lait, car certaines crèmes rendront, en beurre, un tiers de moins que d'autres crèmes.

Un bon lait doit toujours fournir en crème de douze à quinze pour cent de son volume.

Par le papier rouge et bleu de tournesol, on découvrira les défauts

---

(*) Pour corriger un peu ces défauts du lait, il faut y mêler du bi-carbonate de soude à la quantité de 1 gramme par 5 litres en été et 4 litres en hiver; cette addition aidera aussi à sa conservation et l'empêchera de tourner sur le feu.

(**) C'est un tube à pied, en verre, avec une échelle graduée; on en trouve dans toutes les grandes villes, chez les marchands d'instruments de chimie.

et les qualités du lait, l'acidité, par exemple : une goutte de lait acide
rougira légèrement le papier bleu de tournesol; si le lait est doux, le
papier ne changera pas de couleur. Le lait alcalin rendra bleu, au contraire, le papier rouge de tournesol. On pourra vérifier de la sorte si
le lait a le défaut d'être acide ou la qualité d'être alcalin.

J'ai plusieurs fois conseillé cette épreuve du lait des nourrices, et je
ne comprends pas qu'elle ne soit pas devenue une pratique plus générale; car j'ai vu bien des petits enfants malingres, souffreteux, épui-
sés par des diarrhées persistantes, tout cela par suite de la nature
acide du lait de la nourrice. On devrait toujours faire subir au lait
d'une nourrice l'épreuve que je viens d'indiquer.

Il y aura donc une différence énorme entre un lait obtenu par la
stabulation et un lait produit par le pâturage : la différence sera plus
grande encore si l'on parle d'un pâturage de montagnes riches et fertiles. Ce sera là le meilleur, le plus hygiénique de tous les laits. Cependant, ceux que j'ai bus dans la vallée d'Auge, en Normandie, et
aux environs d'Isigny, m'ont paru les meilleurs de tous ceux que j'ai
goûtés ; aussi étaient-ils produits par une nourriture prise dans les
meilleurs herbages du monde. Le lait des montagnes suisses a toujours produit sur moi une espèce d'ébriété lourde tenant un peu de
l'indigestion. J'expliquais cela par la grande quantité de plantes aromatiques qui peuplent les pacages de toutes ces grandes chaînes. Je
me rappelle surtout une collation de crème faite sur la Flégère, montagne de la vallée de Chamouny, et placée en face du Mont-Blanc ; elle
causa sur toute notre société une véritable ébriété mêlée de vertige.
Peut-être était-ce une indigestion, peut-être seulement une digestion
plus rapide sous l'influence d'un air très-vif. Je reste convaincu cependant que cet effet était dû aux éléments aromatiques du lait, condensés dans la crème et rendus ainsi plus énergiques.

Influence de la nourriture même sur le lait.

La nourriture doit exercer et exerce sur le lait l'influence la plus directe et la plus certaine, d'autant mieux que le lait est le produit d'une
sécrétion fort rapide et fort peu animalisée.

Nous l'avons déjà dit, la nourriture verte ajoute à la quantité, la
nourriture sèche à la qualité du lait. La nourriture en vert produit

plus d'oléine, la nourriture sèche plus de stéarine; c'est ce qui fait que le beurre de printemps, d'été, d'automne, est plus mou que le beurre d'hiver.

Le lait rouge paraît provenir des plantes tinctoriales, les garances, les boréales, etc., mêlées à la nourriture; souvent c'est tout simplement du sang provenant de la rupture d'un petit vaisseau sanguin des trayons. On comprend facilement, en effet, qu'un mouvement trop brusque, appliqué à un organe si élastique, puisse rompre un vaisseau intérieur moins élastique que le trayon.

Le lait jaune paraît provenir du safran sauvage, du souci des étangs.

On a fait remonter à une affection des poumons la cause à donner à la sécrétion d'un lait gras et salé.

Un lait aigre au sortir du pis est souvent l'effet d'une indigestion, d'une maladie d'estomac, d'une mauvaise nourriture. Le remède alors est fort simple : bien nourrir, mais modérément, et tonifier par du sel, de la gentiane, du fenouil, etc., ou encore par des baies de genièvre.

Le lait épais et visqueux ne peut provenir que d'une maladie intérieure qu'il faut combattre par des soins hygiéniques.

La saveur et l'odeur de certaines plantes passent dans le lait.

Ainsi les vaches sont très-friandes des fleurs de châtaignier; lorsqu'elles en ont mangé, leur odeur spermatique se reproduit dans le lait.

Ainsi une nourriture où domineraient les crucifères, les raves, les choux, les navets, donnera infailliblement au lait et à la crème une saveur âcre et une odeur de navet. En Angleterre, où le navet (connu sous le nom de turneps) est la principale nourriture, le lait, la crème, le beurre même ont une mauvaise saveur; dans le Devonshire, on ne trouve plus le débit du beurre frais; il faut le saler, l'aromatiser et même le fondre. Autour des grandes villes, on a dû modérer la nourriture aux navets et y mêler une forte proportion de betteraves. L'emploi du nitrate de potasse ne faisait que substituer une mauvaise saveur à une autre. Les crucifères en fleur exagèrent cette fâcheuse influence.

Le topinambour, donné en abondance, donne au lait une saveur peu agréable.

Le marron d'Inde, le laitron des Alpes (*sonchus alpinus*), le lierre, le buis, les feuilles d'artichaut, la paille d'avoine, la paille d'orge, de seigle, les feuilles et les pousses d'arbre donnent au lait une amertume plus ou moins prononcée. Parfois cette amertume est l'effet d'une maladie du foie ; le lait alors prend une couleur très-jaune. Parfois aussi cette amertume persiste, quoi qu'on fasse ; c'est que la sécrétion se fait anormalement par suite de vices intérieurs ; dans ce cas, il faut réformer la vache.

On retrouve, bien franchement prononcées, dans le lait des vaches qui en ont mangé, l'amertume saisissante de l'absinthe, l'âcreté astringente de la bistorte, la saveur salée des herbes marines, l'âcreté verte de l'alliaire, des fanes de pommes de terre, etc. ; l'odeur de pourriture de la livèche, la saveur insipide des plantes d'eau, de la prêle fluviale, par exemple ; le goût de verjus des feuilles et surtout des pampres de vigne, l'arôme bien vif des plantes aromatiques, des labiées, du safran, du thym, du serpolet, de la lavande, etc.

Les propriétés des plantes purgatives et vénéneuses passent dans le lait, avec ce phénomène que l'animal n'en a souvent ressenti aucun des effets.

Ces influences fâcheuses de certaines plantes sur le lait seront à considérer dans une vacherie qui vend son lait ; les veaux étant moins délicats que les hommes, on fera moins de cas de ces influences dans une vacherie appliquée à l'élève ou à l'engraissement des veaux.

Dans les provinces septentrionales, la Norwége, la Suède, le Danemarck, la Laponie, on obtient la solidification rapide du caséum ou caillé, en mêlant à la nourriture de l'animal une certaine quantité de grassette (*pinguicula vulgaris*).

Si on donnait aux vaches une alimentation plus animalisée que végétale ; si, par exemple, on introduisait peu à peu des bouillons de viande dans leurs soupes ou buvées, le lait perdrait ses qualités coagulables et se rapprocherait de la nature du lait des carnivores. Trop de tourteau donné à la vache donne un beurre visqueux, mou et oléagineux.

L'épreuve contraire a été faite par Young ; il a mis, pendant huit jours, une chienne en lait à un régime végétal absolu ; et le lait qu'elle a fini par donner avait toutes les qualités du lait des ruminants. Il fournissait autant de matières butyreuses et caséeuses que le lait de chèvre.

|Influences favorables de certains végétaux sur le lait.

De tous les fourrages secs, le foin des bons prés sera toujours le meilleur des fourrages pour les animaux. Le plus long et le plus gros devra être réservé pour les chevaux ; le plus fin et le plus court, pour la race bovine.

Dans ce foin, l'ivraie vivace (*lolium perenne*), le pâturin des prés (*poa pratensis*), la fléole des prés (*phleum pratense*), la spergule des champs (*spergula arvensis*), le genêt des teinturiers (*genista tinctoria*), la vesce séchée, fauchée avant la maturité et non battue, sont fort recherchés des vaches et produisent un excellent lait.

L'ajonc, le grand ajonc surtout (*ulex magna*), coupé jeune, entre quatre et huit mois, écrasé ou haché pour briser les épines, et servi vert, est une excellente nourriture pour tous les bestiaux et aussi pour la vache laitière ; le lait produit par cette nourriture a toutes les qualités désirables.

La fève est aussi une excellente nourriture pour la vache laitière ; verte surtout, elle produit et la quantité et la qualité. Les Anglais lui attribuent une grande propriété lactifère. La fève de Windsor est surtout très-prônée et très-employée en Angleterre.

Pour le lait destiné au beurre, les Anglais nourrissent au foin, au grain, aux tourteaux, à la pomme de terre, aux turneps ; le maïs conviendrait donc au beurre, à cause de son principe huileux.

Pour le lait destiné au fromage, ils conseillent la farine des légumineux, des pois, des fèves, des vesces.

Influences nuisibles de certaines plantes sur le lait.

Les plantes d'eau stagnante, surtout celles des prairies marécageuses, des bas-fonds tourbeux et couverts d'une eau rouilleuse, sont fort nuisibles aux ruminants ; les chevaux en souffrent aussi, mais beaucoup moins.

Les plantes d'eau en général, les prêles (*equisitum fluviatile*), etc., donnent un lait lavé.

L'ache ou livêche (*ligusticum levisticum*) donne des coliques et empoisonne le lait d'une odeur insupportable.

Le laitron des Alpes (*sonchus alpinus*), les feuilles d'artichaut, impriment au lait une amertume excessive ; les feuilles sèches, la camomille, une amertume moins prononcée.

L'alliaire, le souci des marais, la gratiole, la bistorte, l'absinthe, le safran sauvage, la centaurée, la grassette, sont des plantes sinon nuisibles, au moins très-défavorables au lait. Mangées en abondance, elles rendraient l'animal malade et altéreraient le lait.

Altérations du lait par des causes occultes.

Le lait change de couleur suivant les saisons ; il sera plus blanc en hiver, plus jaune en été, bien que le mode d'alimentation et la nourriture soient absolument les mêmes. L'évaporation par la transpiration diminue la proportion des principes aqueux.

Une altération plus apparente, autrefois inexplicable, mais aujourd'hui expliquée, est le lait bleu : au sortir du pis, la couleur est peu prononcée ; ce n'est que lorsque la crème monte qu'on remarque d'abord quelques points bleus qui se multiplient, se développent et s'étendent de manière à former ensuite une couche absolument bleue.

On a remarqué que cette altération avait presque toujours lieu sous l'influence des chaleurs caniculaires, et quelques éleveurs ont cru pouvoir expliquer ce phénomène par l'abondance de certaines plantes vertes dans l'alimentation : ainsi le sarrazin, la prêle des champs, la renouée des oiseaux, l'esparcette, etc. C'étaient là des soupçons erronés ; le lait véritablement bleu est attaqué par certains levains qui, s'y trouvant mêlés, engendrent des vers qui se reproduisent avec une rapidité effrayante ; le lait bleu est donc un résultat de la malpropreté ; c'est par une propreté excessive, des lavages complets des vases, de la laiterie entière, etc., qu'on écartera le mal ; si la maladie apparaît, le plus souvent, pendant les grandes chaleurs, c'est qu'alors la putréfaction qui amène des vers est plus facile et plus rapide.

L'altération ne porte au reste que sur la couleur, car les éléments du lait conservent leurs proportions normales ; la coloration même ne s'attache pas au beurre, qui reste seulement mat et terne, et elle ne s'attache aussi que fort peu au fromage ; elle ne se remarque ensuite que dans les résidus aqueux, c'est-à-dire dans le petit lait.

Le lait reçoit quelquefois une coloration rouge qui s'explique ou par la présence, dans l'alimentation, de certaines plantes tinctoriales rouges, telles que les boréales, les rubioïdes, les galeuses, les verrues (plantes aigres dites caille-lait), les garances, le jaune, etc. ; dans ce cas, la couleur passe au beurre et un peu au fromage. Cette altération s'expliquerait encore par la rupture, dans le trayon, de quelques petits vaisseaux sanguins, la piqûre de quelques insectes ; mais ni le beurre ni le fromage ne reflètent cette coloration.

Parfois le lait se couvre de taches de moisissure ; on n'explique ce fait que par la présence de corps étrangers mêlés au lait et qui s'altèrent par le contact.

Parfois il devient visqueux et filant, sans qu'on puisse l'expliquer autrement que par un défaut de propreté ou un dérangement intérieur.

On a vu le lait, jusque-là bon, devenir insensiblement salé. Le premier lait sortant du pis avait cette saveur bien prononcée ; elle allait en s'affaiblissant au fur et à mesure que la mulsion avançait, et, à la fin, elle avait presque entièrement disparu. On prétend que cette particularité se représente communément dans les vaches qui, n'étant pas venues en chaleur ou n'ayant pas été fécondées, continuent de donner du lait pendant plus d'une année sans recommencer une nouvelle gestation. J'ai eu bien des vaches dans la première condition, et leur lait est resté sans altération sensible.

Altérations du lait par les maladies de la vache.

La phthisie pulmonaire, ou pommelière, altère fortement le lait, qui devient très-clair. Les éléments butyreux et caséeux diminuent parfois des trois quarts ; il ne reste plus qu'une espèce de petit lait qu'il faut bien se garder de mêler avec de l'autre lait, qu'il perdrait.

Le charbon, maladie communément épizootique, altère aussi le lait au point d'en faire un aliment dangereux ; le mal se produit par des tranchées et des dyssenteries.

La typhode, autre maladie épizootique, agit aussi sur l'organe sécréteur, assez énergiquement parfois pour suspendre toute sécrétion, toujours pour la diminuer et enlever au lait une partie de ses principes les plus nutritifs. Le lait n'est pas dangereux ; mais il est fort aqueux, insipide et même un peu salé.

L'épizootie aphteuse procède par des ulcérations vésiculeuses de la membrane muqueuse de la bouche ; elle agit sur le lait et le rend âcre. L'usage du lait d'une vache malade a produit parfois des aphtes, presque toujours des chaleurs ou inflammations de la gorge.

Le lait est toujours affecté par les maladies de l'organe sécréteur ou du pis. La chaleur âcre du fumier, des coups, une marche forcée, lorsque le pis est plein surtout, un froid saisissant, des mouvements trop brusques dans la mulsion, ou une mulsion incomplète, amèneront, avec l'inflammation du pis, des crevasses, des abcès, des indurations parfois squirrheuses, et dès lors un lait inservable, car il est souvent mêlé de pus ou de sang à l'état de filaments.

Correctifs de certaines altérations, de certains défauts du lait.

L'odeur donnée au lait par un trop grand emploi des crucifères (choux, raves, navets, etc.) dans l'alimentation, peut être diminuée et même détruite par la simple addition, dans les terrines de lait, d'un huitième d'eau bouillante, ou encore d'un centième de salpêtre en poudre mêlé au lait après la mulsion, ou enfin en faisant chauffer la crème jusqu'à la température de vingt-cinq degrés centigrades, et en la jetant en cet état dans un vase rempli d'eau très-fraiche, qu'elle surnage presque immédiatement.

Le lait indigeste et lourd obtenu par la stabulation (c'est là le grand défaut des laits livrés aux grandes villes) perdra beaucoup de sa nocuité et deviendra plus digestif par l'addition de 1 gramme de bicarbonate de soude par 3 litres en été et par 4 litres en hiver. Presque tous les nourrisseurs parisiens emploient même dans ce but le carbonate de soude.

Ce correctif aide à la conservation du lait et l'empêche aussi de tourner sur le feu. Après l'orage surtout, il ne faut pas négliger cette précaution avant de le faire chauffer.

Le lait bouilli et tourné peut être ramené à son état normal par une dose raisonnable de sel.

Laits divers.

Le lait le plus gras, le plus épais, le plus butyreux est celui des buf-
flesses. Le lait des brebis est à peu près dans les mêmes conditions
butireuses ; il a cela de particulier que la matière butireuse est retenue
par la matière caséeuse, qui reste ainsi très-grasse.

Le beurre produit par ces deux espèces de lait est très-blanc, peu
solide, exposé à rancir. Le fromage est gras et visqueux.

Le lait de vache se classe intermédiairement. Il donne moins de
beurre que celui de bufflesse et de brebis ; il en donne plus que celui
des autres mammifères.

Vient ensuite le lait de chèvre, blanc, pur et de la meilleure conservation. C'est le lait le plus caséeux qui existe.

Le lait d'ânesse est celui qui se rapproche le plus de celui de
femme. Il fournit très-peu de beurre et un beurre mou, fondant,
blanc, assez semblable à de l'huile figée, et rancissant très-facilement. Le caséum est peu abondant ; il se divise, se précipite, ne se
coagule pas.

Le lait de femme, quoiqu'il contienne assez de beurre, fournit très-
peu de crème et encore moins de caséum. On en obtient du beurre
excellent, mais très-difficilement et en petites proportions ; de même
du caséum, qui reste liquide, visqueux et en grumeaux qui ne se
coagulent ni ne se précipitent, mais qui restent en suspension ; ces
modifications sont dues à l'alimentation par les viandes. Le lait de
femme, probablement à cause des impressions morales, est le plus
variable de tous les laits.

Le lait de jument, plus séreux encore que ceux-ci, est moins sucré
et moins fluide. On le croit cependant plus nourrissant.

Le lait de chamelle est très-huileux et épais. Les Orientaux et les
Arabes le font entrer dans leur nourriture.

Le lait de renne est très-recherché par les Lapons et les peuplades
du nord, qui en tirent aussi de la crème, du beurre, des fromages. La
renne ne donne du lait que de mai à septembre, à cause de la rigueur
des froids.

Du lait appliqué aux maladies.

Le lait est un remède puissant dans un grand nombre de maladies ; mais on est bien loin d'en avoir tiré tout le parti qu'on en peut attendre.

Je ne comprends pas, en effet, que la médecine ne se soit pas plus largement emparée des faits que nous venons de reproduire, du plus ou moins de densité du lait, suivant la période de la mulsion ; de la transmission au lait des principes des plantes soumises à la digestion ; de la réapparition, parfois presque entière, de ces principes rafraîchissants, laxatifs, toniques, purgatifs, médicamenteux, etc., dans un aliment aussi agréable que le lait, pour opérer sur des constitutions débiles, affectables à l'excès, sur les estomacs délicats, malades, répugnants. La transformation de certains remèdes est en effet complète ; leurs saveurs, leurs odeurs repoussantes ont presque entièrement disparu ; la médecine passe dans l'alimentation. Un remède désagréable se déguise sous la forme d'une boisson appétissante ; l'estomac est trompé comme les sens de l'odorat et du goût, et l'effet est d'autant plus sûr qu'il a été moins prévu et moins redouté.

Je ne doute pas qu'on n'obtienne un jour des résultats étonnants de cette médication agréable et déguisée. Elle agira surtout très-puissamment dans les cas les plus désespérés, sur les constitutions les plus ruinées, les plus débiles, les plus délicates, les plus étiolées.

Ainsi, pour des estomacs débiles à l'excès, on donnera le premier lait de la mulsion ; puis insensiblement on passera au lait du milieu pour arriver au dernier lait.

On pourra plus encore : la vache pourra devenir un alambic pharmaceutique transformant beaucoup de remèdes sans leur faire perdre une trop grande quantité de leurs propriétés médicinales ; l'habitude la rendra elle-même insensible à l'action du remède, et développera chez elle la faculté de le transformer sans l'altérer. Une seule vache, habituée ainsi aux effets d'une seule plante médicinale, entrant en plus ou moins grande quantité dans son alimentation, donnera un lait bien plus chargé des principes médicinaux de la plante.

Quand un médecin met un malade au régime du lait, surtout à ce régime exclusif, il doit préparer la transition et amener insensiblement l'estomac au changement d'alimentation. Autrement, il y aura perturbation, malaise, et une bonne prescription sera condamnée pour avoir été mal exécutée.

Le choix du lait est aussi très-important. Le lait de vache est plus lourd et fatigue plus l'estomac, parce que l'élément gras y domine. Le lait d'ânesse est plus léger et plus digestif, parce que l'élément dominant est le petit lait et que l'élément gras est le plus faible. Le lait de chèvre convient presque toujours mieux que celui de vache. Quand le lait est trop lourd, qu'il fatigue l'estomac, on peut essayer l'écrémage plus ou moins complet ; s'il reste encore trop lourd, bien qu'entièrement écrémé, on introduit dans le lait un principe tonique, une infusion aromatique, du thé, etc. On peut même combiner les deux moyens.

Avec des personnes raisonnant et sans préjugés, l'estomac manifestera par l'appétit ses instincts, ses besoins, ses répugnances ; il faudra accepter ces renseignements, car ils seront sûrs. Un aliment pris avec dégoût ne produira jamais tout l'effet qu'on doit en attendre.

Puis, l'aliment qui réussit mal à une heure, dans certaines conditions, etc., réussira à une autre heure ou dans d'autres conditions. Il faut essayer et raisonner.

Le repos, l'exercice, la fatigue, la tranquillité d'esprit, l'inquiétude ou la contrariété, la gaieté ou la tristesse, la joie ou la douleur, ont une immense influence sur le jeu de l'estomac.

La méthode adoptée à Paris pour l'administration du lait d'ânesse est on ne peut plus vicieuse : nous avons dit la dissemblance énorme qui existe entre le premier lait de la même mulsion et le dernier. Si une vache donne 5 litres de lait dans chaque traite, le dernier litre sortant du pis donnera deux fois et parfois trois fois plus de beurre que le premier litre. Celui-ci sera très-rafraîchissant, très-séreux, très-léger, très-digestif, mais peu nourrissant ; l'autre, au contraire, sera une véritable crème grasse et condensée, recélant une très-grande proportion de beurre, qu'un estomac délicat ne pourra supporter. Ni l'un ni l'autre de ces liquides ne sera réellement du lait ; ce sera le mélange du produit de toute la mulsion qui constituera un lait normal et complet, car il en est de l'ânesse comme de la vache. Afin d'échapper à l'altération du lait, on promène ces animaux dans Paris pour les traire à la porte du malade. Celui-ci aura ou le premier lait, ou le deuxième, etc., ou le dernier. Comme la mulsion complète n'est pas possible à cause des fraudes qu'elle amènerait, nous ne voyons qu'un moyen, fort chanceux cependant encore, c'est de prendre, au pis de deux ânesses, du premier lait à l'une, du dernier à l'autre, et de constituer ainsi un lait à peu près normal.

Si le lait normal est souvent un médicament utile, chaque élément du lait pourra aussi recevoir d'heureuses applications dans l'art de guérir.

Ainsi la crème sera le contre-poison le plus énergique, et pourra servir à une foule d'autres applications ; de même du beurre. Le petit lait est par lui-même un véritable élément médicinal, car il a mille emplois en médecine. Le sucre de lait a été fort prôné ; il reste en suspension dans le petit lait, mais en très-petite quantité. Cette quantité pourrait être beaucoup augmentée par l'addition de sucre de lait précédemment extrait.

Si le lait d'une même femelle n'est pas le même à deux jours de distance ; si celui de deux femelles de la même espèce renferme des différences ; si le lait des espèces ruminantes, bovine, caprine, ovine, a de grandes dissemblances, à plus forte raison ces dissemblances devront-elles exister entre le lait des ruminants, la vache, la chèvre, la brebis, et le lait des animaux non ruminants, la jument, l'ânesse, etc., bien qu'ils reçoivent absolument la même nourriture. Si rien, en effet, ne se ressemble dans l'appareil digestif ; si, par corrélation, l'appareil sécréteur du lait est bien moins actif et développé, on comprend qu'il y ait dans le produit une énorme dissemblance.

Je pourrais donner à ces idées de grands développements ; mais je dois m'arrêter, car ils feraient perdre de vue le sujet que je traite et me détourneraient du but que j'ai assigné à mon travail.

De l'air des vacheries.

L'air des vacheries est un remède souvent efficace dans les maladies de poitrine les plus avancées. Cette température constamment douce et moite serait déjà un bienfait pour des poumons malades ; mais il y a plus : le lait passe en quelque sorte en vapeur et dans l'air ; il pénètre dans la poitrine, et agit ainsi bien plus directement qu'il ne le ferait en passant en liquide par l'estomac.

L'air des vacheries a été décomposé, condensé et réduit en eau ; et on a trouvé un liquide incolore, dégageant en même temps une odeur ammoniacale et musquée, et donnant, pour résidus, des sels ammoniacaux.

Je connais des cures incroyables opérées par le séjour continu de phthisiques dans les vacheries ou au-dessus des vacheries. On peut ainsi faire passer l'hiver à des malades désespérés, atteindre le printemps et le soleil d'été, et quels miracles n'opère pas la chaleur sur les maladies de poitrine !

Du lait appliqué aux arts.

Le lait reçoit aussi quelques utiles applications aux arts ; ainsi on blanchit les tissus écrus en les laissant tremper dans le petit lait. On clarifie les liqueurs troublées par l'infusion des fruits ou des plantes au moyen d'un mélange d'une cuillerée à café de crème bien fraîche par chaque litre de liqueur. On clarifie le vin aussi par le lait. On a souvent réussi à lui faire perdre son acidité par un mélange de lait. Dans certains pays, on conserve les viandes fraîches et on les attendrit en les tenant immergées dans du lait caillé.

Cadet de Vaux a beaucoup vanté une peinture au lait ainsi composée : dans 4 kilogrammes de petit lait aigri et chauffé, on délaie 1 kilogramme de pommes de terre cuites à la vapeur, écrasées et réduites en bouillie ; on passe au linge ou au tamis ; on remet sur le feu et on y mêle 4 autres litres de petit lait, dans lesquels on a délayé 2 kilogrammes de craie parfaitement pulvérisée ; on applique de suite sur les murs. Cette peinture est adhérente, collée et brillante, et ne coûte pas plus de 1 centime le mètre superficiel.

Falsifications du lait.

Les falsifications n'ont lieu que sur le lait consommé en nature ; les plus usitées sont :

Le mouillage du lait avec de l'eau pure, parfois bouillie pour assurer un mélange plus complet, parfois blanchie par des farineux, des fleurs de farines de froment, d'avoine, de riz, de l'eau de son bouillie

et filtrée ; des laits d'amande ou d'orgeat, des mucilages, des blancs
d'œufs battus, des gommes, etc., des cervelles de moutons, broyées
et délayées dans l'eau ; tout cela un peu sucré par la cassonnade et
coloré avec du suc de carottes, de feuilles de souci, de baies d'as-
perges, de rocou, etc.

Le mélange le plus dangereux et le plus à redouter, parce qu'il est
le moins cher, est un lait de chaux ; on reconnaît la présence de la
chaux dans le lait en y mêlant du vinaigre fort ; il produit alors une
effervescence qui monte à la surface.

Les fraudeurs ont grand soin de laisser reposer ces mélanges avant
de les faire. Souvent ils écrèment le lait et lui restituent sa blancheur
opaque par des fleurs de farines.

On a prôné bien des instruments pour peser le lait et reconnaître
les fraudes ; ainsi le galactomètre de Cadet de Veaux, celui de Bancks,
ceux de Dinocourt. Les résultats se font trop attendre. On ne peut
bien reconnaître la fraude qu'en faisant bouillir ou en cherchant à
extraire du lait, par les méthodes que nous développerons plus loin,
la crème et le fromage.

Pour échapper aux falsifications, aux fraudes, il n'y a qu'un moyen
sûr, c'est de voir traire et de prendre le lait sous le pis de la vache ou
de la chèvre ; ainsi fait-on dans bien des villes du midi ; Toulon, Marseille, etc....., sont envahies tous les matins par des troupeaux de
vaches et de chèvres.

Mais dans les grandes villes cela est peu praticable.

Paris consomme 300,000 litres de lait par jour ; il faudrait alors y
amener tous les matins et tous les soirs 50 à 80,000 vaches !...

On se contente d'y conduire des ânesses.

Fermentation du lait.

La fermentation spiritueuse se produit facilement dans le lait sous
une température de 20 degrés centigrades.

Si on met en baril et qu'on remue quatre à cinq fois par jour, dès
le second jour il y a dégagement de gaz.

Le troisième jour, l'odeur et la saveur sont légèrement acides.

Du quatrième au cinquième jour, le caillé est formé, mais en grumeaux ; le petit lait reste blanchâtre.

Le sixième jour, l'acidité est grande ; le gaz acide carbonique se dégage ; la chaleur commence à se manifester.

Du quinzième au vingtième jour, le liquide vineux, mais acide et peu agréable, est formé.

Si on tamise, si on laisse déposer, il y a clarification ; si on distille, on obtiendra deux à trois pour cent pesant d'eau-de-vie ; si on rectifie cette eau-de-vie, on en tirera quarante à cinquante pour cent d'alcool.

C'est à peu près ainsi que les Tartares fabriquent leur eau-de-vie de lait de jument.

La fermentation acéteuse s'obtient encore plus facilement. Elle existe toujours un peu dans le lait écrèmé, et tend toujours à augmenter ; elle est plus grande lors de la coagulation du caséum. Le petit lait reste opaque et blanchâtre ; il s'éclaircit en s'acidifiant. On filtre, et le liquide est clair ; mais, dix à douze heures après, il se trouble ; puis ensuite il s'éclaircit en déposant un sédiment visqueux, se trouble de nouveau et ainsi de suite, mais à des intervalles de plus en plus rares et avec un sédiment de moins en moins important.

C'est ainsi que le petit lait devient un véritable vinaigre.

Conservation du lait.

Le procédé le plus simple et le plus pratique pour la conservation du lait, c'est de le placer dans un vase en terre bien lavé et recouvert d'un linge mouillé et souvent renouvelé, dans un lieu frais ou froid, mieux encore dans un bain-marie souvent rafraîchi par de l'eau fraîche nouvelle, de la glace ou des substances salées ou salpêtrées, et de remuer le lait aussi souvent qu'on renouvelle le linge, mouillé d'eau, qui le recouvre.

On atteindra le même résultat en remplissant, sans la boucher, une bouteille de lait, l'enveloppant d'un linge mouillé, la suspendant à une corde et au plafond, dans un lieu frais, à courant d'air, en lui imprimant parfois un mouvement d'oscillation, et en tenant toujours mouillé le linge servant d'enveloppe. Ce mouvement provoque l'évaporation de l'eau, et entretient sur le linge mouillé une température bien plus basse que celle de l'air ambiant.

On conserve encore le lait frais et homogène pendant huit jours, en y mêlant un centième environ de suc distillé de la rave sauvage (ra-

phanus raphanistrum). On retarderait également la coagulation par un mélange de sous-carbonate de magnésie, de potasse ou de soude. La dose serait de 1 gramme par litre.

Mis dans une bouteille bien bouchée et immergée pendant dix à vingt minutes dans l'eau bouillante, le lait, placé ainsi hors de tout contact avec l'air, peut se garder plusieurs mois.

On a fait du lait condensé avec le procédé suivant :

Mettre 3 à 4 litres de lait sur un feu doux à la température de 45 degrés centigrades, y mêler à plusieurs reprises de l'acide hydrochlorique étendu de trente parties d'eau. La coagulation s'opère; on retire le caillé; on le fait égoutter; on le remet sur le feu avec addition de 6 à 7 grammes de sous-carbonate de soude cristallisé et en poudre. On obtient ainsi une crème épaisse et condensée qu'on peut aromatiser, puis sucrer avec un poids égal de sucre. Cette frangipane sucrée, mêlée à huit fois son volume d'eau, donne un lait assez bon.

On a aussi fait des tablettes de lait en couvrant de sucre en poudre des feuilles de papier, en y étendant la crème condensée dont nous venons de parler et en la recouvrant encore de poudre de sucre; on fait sécher au four. Ces tablettes, mises dans du café à l'eau, le sucrent, le blanchissent et en font du café au lait.

D'autres ont fait une pâte sèche avec du caillé frais de lait écrémé. Le caillé est mis sur le feu, puis pressé, puis délayé dans de l'eau avec addition de 3 grammes de bi-carbonate de soude par kilogramme de caséum, puis remis sur le feu pour faire évaporer l'eau; et lorsque le résidu compose une pâte gluante, on retire, on étend, on fait sécher un peu, on coupe en lamelles, et on achève de faire sécher.

Cette pâte, dissoute dans de l'eau bouillante, donne un liquide assez semblable au lait.

Le lait, évaporé par l'ébullition et réduit à un quarantième de son poids, forme aussi une matière pâteuse facile à conserver, et dont la saveur sucrée et la couleur jaunâtre ressemblent assez à celles du miel, et peut servir à recomposer une espèce de lait.

M. Gay-Lussac a conseillé un autre moyen : c'était de chauffer le lait bien frais à la température de 100 degrés, de répéter trois à quatre fois cette opération à deux jours d'intervalle en hiver, un seul en été; le lait pourrait ensuite se conserver un ou deux mois sans s'aigrir.

Si l'ébullition retarde dans le lait la désagrégation de la crème; par contre elle paraît rendre la putréfaction plus prompte.

J'ai tenu à savoir par quel procédé on obtenait ce lait en petites bouteilles bien closes et qu'on vend à Paris sous le nom de *galactine*.

On fait cailler avec de fort vinaigre le lait frais et non écrémé. Après avoir bien lavé, purifié et pressé ce caillé, on le met sur un feu doux dans une bassine; on y ajoute du sel de lait extrait à part, et précédemment mêlé d'un peu de bi-carbonate de soude et de gomme adragante, le tout bien pulvérisé et mêlé. Ces mélanges constituent bientôt une espèce de crème qu'on coule dans les bouteilles, et qui, en s'y refroidissant, prend une consistance gélatineuse. L'inventeur prétend qu'une cuillerée de cette crème, délayée dans de l'eau bien tiède, forme un lait excellent, propre dès lors aux voyages de long cours.

Utilisations usuelles du lait.

En France, on n'utilise pas sérieusement et fructueusement plus d'un quart de notre produit en lait; quelques contrées seules connaissent et exploitent l'industrie du lait; la généralité des agriculteurs le gaspille.

Dans une propriété placée au milieu des terres, loin des centres de consommation, lorsqu'on ne peut le vendre en nature, il n'y a d'autre emploi du lait que sa solidification en beurre ou en fromage, ou sa consommation par des veaux d'élève ou des porcs.

Dans ces trois cas, nous avons fixé le rendement, savoir :

A 15 centimes le litre par la vente en nature (Paris excepté, où il produit plus).

A 10 — au plus —   par la conversion en beurre ou fromage.

A 05   —   par sa consommation par des veaux, 6 ou 7 par les porcs.

Il y aura donc rarement incertitude sur le meilleur emploi du lait. C'est aux circonstances qu'il faudra obéir.

Les chemins de fer ont déjà étendu le cercle d'approvisionnement des grandes villes; ils l'étendront encore de plus en plus et ouvriront à nos campagnes éloignées des marchés inconnus d'elles jusqu'à ce jour; ils seront donc un encouragement nouveau pour les industries agricoles, en général, et particulièrement pour l'industrie du lait.

Que le lait vienne de la vache, de la chèvre, ou de la brebis, il exige les mêmes soins et peut recevoir les mêmes applications.

Beurres divers.

On n'emploie guère que le lait de vache à la fabrication du beurre; cependant on peut convertir et on convertit, dans quelques pays, d'autres laits en beurre.

Le beurre de brebis est toujours plus blanc que celui de vache, quoiqu'aussi gras. Comme il a moins de consistance et de dureté, il rancit toujours plus promptement; aussi doit-on le laver et l'épurer avec le plus grand soin.

Le beurre de chèvre reste à peu près toujours blanc et mat, et sent un peu le bouc; il a plus de fermeté que celui de brebis, et se conserve dès lors mieux.

Le beurre d'ânesse est fort difficile à obtenir; il résiste au jeu de la baratte. Il est sans saveur, blanc, mollasse, huileux, et rancit très-promptement.

Tous ces beurres sont plus fermes l'hiver, plus mous dans les autres saisons. Le beurre de vache seul varie réellement de couleur : il est blanc en hiver, plus jaune dans les autres saisons. Les autres beurres restent toujours blancs. Que des chèvres et des brebis paissent, en été, dans le même pâturage qu'une vache, le beurre de celle-ci, seul, sera jaune.

En moyenne et communément, on calcule que, pour un kilogramme de beurre, il faut :

En lait de brebis, 17 à 18 litres;

En lait de chèvre, 22 à 24 litres;

En lait de vache, 23 à 24 litres;

En lait d'ânesse, 28 à 30 litres.

Ceci en lait d'été, de qualité moyenne, obtenu par le pâturage et un peu de foin matin et soir. M. de Dombasle a écrit que la moyenne de Roville était de 28 à 30 litres de lait de vache; que du lait obtenu par le foin et 60 litres de résidus de distillerie n'avait produit 1 kilogramme de beurre qu'avec 34 litres de lait, mais que, par le regain et les tourteaux de lin (1 kilogramme par tête), il avait suffi de 22 litres. En Bretagne, on est d'accord sur une moyenne de 24 à 25 litres.

Le lait de stabulation au vert rendrait moins ; il rendrait autant avec une addition de nourriture grasse, des tourteaux, des eaux grasses, des résidus oléagineux. Le lait d'hiver, de vache, produit par une alimentation sèche, moins abondant, mais plus condensé, donnerait 1 kilogramme par 16 ou 18 litres, et par 18 à 20 si on mêlait des tubercules au foin.

A la suite du part, le lait est fort peu butireux. Plus on s'en éloigne, plus il le devient, jusqu'à ce qu'il s'altère par l'approche d'un part nouveau.

Je ne puis accepter les chiffres de MM. Parmentier et Deyeux, qui affirment qu'il faut 32 litres de lait de deux mois pour faire 1 kilogramme de beurre, tandis qu'il n'en faudrait que 16 litres quatre mois après le part ; il y a exagération dans ces chiffres, mais il conviendra de vendre ou consommer en nature le lait nouveau, et de *n'appliquer* à l'industrie du beurre que du lait ancien.

Il y aurait sur l'étude des laits, leurs rendements en beurre et en fromage, l'influence des saisons, de l'*âge du lait* et de la nourriture, une étude bien utile à faire, et que les vacheries modèles de l'Etat pourraient seules entreprendre. Le lait de certaines saisons, de certains âges, obtenu par certaine nourriture, devrait être signalé pour être consommé en nature ; d'autres laits, pour être convertis en beurre ; d'autres enfin, en fromages gras ou maigres, etc.

Le fromage de chèvre est celui qui a le plus de consistance et de dureté ; il a une apparence gélatineuse presque transparente.

Celui de brebis est moins compact et plus gluant.

Celui de vache a une compacité moyenne.

On reconnaît facilement au goût tous les produits lactés de la chèvre. Cette odeur ne devient désagréable que lorsque l'animal entre en chaleur. On a prétendu et imprimé que la chèvre blanche communiquait moins d'odeur à ses produits que la chèvre noire ; mais je n'ai jamais remarqué de différence bien sensible.

J'ai cru devoir entrer dans ces détails comparatifs, bien qu'ils sortent un peu du sujet, tout spécial, dont je m'occupe ; mais ils auront cette utilité qu'ils signaleront à beaucoup de personnes qui les ignorent tous les inconvénients qui peuvent naître du mélange des laits dans la fabrication du beurre ; ces mélanges sont, au contraire, favorables dans la production des fromages.

Beurre et fromage. — Produits comparés.

Le beurre et le fromage constituent deux grandes industries agricoles, faisant, comme toutes les industries, du reste, qui découlent de l'élève du bétail, la fortune des pays qui s'y consacrent.

Nous ne voulons pas examiner en détail quelle est la plus productive de ces deux industries, car en général elles présentent à peu près des avantages qui se balancent, et d'ailleurs on a peu le choix entre elles. La position, les usages et les habitudes du pays, les rapports établis commandent, et on aime mieux obéir que lutter. Disons cependant qu'en général le lait converti en beurre donne un produit moins coûteux à manipuler, moins chanceux à conserver, et cependant d'une réalisation plus prompte et d'un placement mieux assuré.

Ajoutons encore que la conversion en beurre n'exclut pas la production du fromage, au moins pour le ménage ; que si certaines espèces de bons fromages exigent le sacrifice absolu de la production du beurre, cependant certains pays peuvent, à raison de leur fertilité extraordinaire, faire encore des fromages recherchés avec le même lait qui a déjà donné son beurre ; ainsi le pays d'Auge et les fromages de Livarot.

Mais c'est là une exception. Les fromages les plus estimés sont fabriqués avec le lait pur et non écrémé ; leur qualité, la nature délicate et onctueuse de leur pâte vient précisément de la présence de l'élément butyreux.

Certains pays peuvent fabriquer et vendre du beurre et du fromage : quelle application sera la plus fructueuse?... Ailleurs on aura à poser une autre question : Fera-t-on des fromages gras de lait non écrémé, ou des beurres et des fromages maigres, ou encore des fromages de lait a demi-écrémé ou écrémé complétement un jour seulement sur deux.

Je laisse la réponse à l'expérience de chacun.

M. Langue, à Buchie (Jura), affirme qu'avec le lait qui produirait 5 kilogrammes de beurre à 1 fr. 80 c. et 25 kilogrammes fromage maigre à 90 c., au total 31 fr. 50 c., on peut fabriquer 34 kilogrammes de fromage gras à 1 fr., au total 34 fr., ce qui constitue un bénéfice de près de 8 pour cent.

On est d'accord généralement qu'en prélevant 10 kilogrammes de beurre on enlève 20 kilogrammes de fromage gras, qui, mélangés avec le maigre, ajoutent à sa quantité, à sa qualité et à son prix. L'expérience des anabaptistes de Saint-Julien confirme cette observation. M. Bonvié va plus loin : au lieu de 20, il dit 21 1/2.

Les Anglais paraissent unanimement d'accord sur ce point que le beurre est le plus mauvais emploi du lait. Aussi, comme ils ont, dans leur marine et leurs colonies, un débouché pour tous leurs fromages, ils achètent tous leurs beurres au dehors, même à des prix fort élevés.

Je dois ajouter, pour ne pas laisser à ce fait une autorité qu'il ne doit pas avoir, que leurs laits, obtenus surtout par une alimentation aux racines, sont plus légers et moins butyreux que ceux du continent européen, et qu'ils ont dès lors, pour ne pas les appliquer à la fabrication du beurre, cette raison péremptoire que leurs laits sont moins propres à cette fabrication.

Rendement du lait en matière.

Le lait produit communément de 10 à 15 pour cent de son volume en crème, 12 1/2 en moyenne ; c'est-à-dire qu'il faut 8 litres de lait environ pour faire 1 litre de bonne crème pure.

La vache d'Alderney (race bretonne améliorée à Jersey) paraît être celle dont le lait produit la plus grande proportion de crème : 16 et 17 pour cent.

Celle de Fribourg et de Schwitz viendrait après : 15 à 16 pour cent.

Puis celle de Hall, d'Appenzel, de Devon et de Hereford : 14 à 15 pour cent. Nos meilleures races françaises atteindraient ces chiffres.

Le rendement du lait en crème est plus certain et moins variable que le rendement de la crème en beurre ; car la valeur butyreuse de la crème dépend non-seulement de la valeur butyreuse du lait, mais encore des circonstances qui entourent la formation de la crème. Si le lait a été mouvementé, si la température a été trop élevée ou trop basse, si on a levé la crème trop tôt ou trop tard, si elle n'a pas été bien levée, chacune de ces circonstances modifiera ses conditions normales. Aussi n'a-t-on pas cherché à calculer ce qu'il fallait de crème pour faire du beurre, mais seulement ce qu'il fallait de lait, et on est tombé généralement d'accord que le moins était 15 à 16 et le plus 32 à 34 litres pour 1 kilogramme de beurre, en moyenne 20, 22, 24, 26, 28, suivant la richesse du sol, la race de la vache, les soins, la nourriture, l'âge du lait, etc.

Ce qui a donné le chiffre de 34 et même 36 litres par kilogramme de beurre, c'est le lait de huit à quinze jours après le part, lait fort peu butyreux, puisqu'il donne à peine un quinzième de crème très-maigre ; mais cet état dure peu, et il ne faut pas dès lors lui accorder trop d'influence sur la moyenne ; aussi la fixais-je à 25 litres. Ainsi 25 litres de lait donneront 3 litres de crème et 21 litres environ de lait écrémé. Ces 3 litres de crème donneront 1 kilogramme de beurre et moins de 2 litres de lait de beurre. Dans la conversion de la crème en beurre, il y a toujours 5 à 6 pour cent de déchet.

Le rendement du lait en fromage est tout aussi variable. Le lait écrémé donne, bien entendu, moins que le lait non écrémé : la différence en poids est d'un quinzième à un vingtième. Je ne parle pas de la différence en valeur, qui est considérable.

Disons seulement qu'en moyenne 1 litre de lait donnant 12 centilitres 1/2 de crème, il ne reste que 85 centilitres environ de lait écrémé, qui donneront difficilement 400 grammes de caillé, et que ces 400 grammes, pressés, séchés, fermentés, et malgré l'addition du sel nécessaire à la salaison, se trouveront réduits à 225 grammes environ de fromage, plus ou moins, suivant le degré d'avancement du fromage.

Produit du lait vendu à l'état de crème.

La crème proprement dite, c'est-à-dire l'élément butyreux à l'état brut, montée à la surface du lait et séparée avant la coagulation du caillé, est un produit excellent et fort recherché. Sur les tables de luxe, pour les gourmets, la crème est servie pure comme le meilleur des fromages frais. En cuisine, c'est un condiment qui peut entrer dans toutes les sauces et leur donner une délicatesse exquise ; aussi, dans beaucoup de pays, la crème est-elle un produit important, recherché de tous, et si bien vendu qu'en général il atteint presque les 2/3 du prix (10 centimes) du lait vendu à l'état de lait (15 cent.) Lorsqu'on peut la vendre, il y a donc avantage à porter la crème fraîche au marché, et on ne doit battre et convertir en beurre que ce qui ne peut se placer en crème ou ce qui ne peut attendre le jour du marché ; on aurait alors 1/6e ou 16 pour cent en bénéfice en sus de ce qu'eût produit la vente en beurre, ce qui est énorme.

Produit du lait vendu à l'état de beurre.

Les beurres renommés et de choix atteignent, sur les marchés des grandes villes, un prix exorbitant. Ainsi, à Paris, certains beurres, ceux d'Isigny, etc., dépassent 4 fr. 25 c. et atteignent même 5 et 6 fr. le kilogramme dans certaines saisons, ce qui porte, pour la production, le lait à 25 c. environ, même à 28 et 30 c., les résidus compris. Les premiers choix de Gournay atteignent communément de 2 à 3 fr., même 3 fr. 50 c. ; mais ce sont là des exceptions attachées à ces beurres d'élite.

Les beurres ordinaires se vendent communément, à Paris, de 1 fr. 75 c. à 2 fr. 50 c. le kilogramme, ce qui fait ressortir le lait à 10 c. environ, 12 y compris les résidus.

Sur les plus petits marchés, le prix est plus faible ; il varie de 1 fr. 60 c. à 2 fr., soit 9 à 10 c. au plus le litre de lait, résidus compris.

En Bretagne, le prix moyen ne dépasse pas 1 fr. 40 c. En Allemagne, le beurre commun (on ne trouve guère que celui-là) se vend de 1 fr. 10 c. à 1 fr. 40 c. le kilogramme. En Angleterre, de 1 fr. 40 c. à 1 fr. 80 c.

C'est au printemps que le beurre est à plus bas prix ; il augmente ordinairement d'un dixième en automne, de deux dixièmes en été, de quatre dixièmes en hiver.

La conversion du lait en beurre a, sur la conversion en fromage, ces avantages qu'elle exige moins de main-d'œuvre, est plus rapide, a moins de chances défavorables, et, en même temps, que le produit se vend de suite et au comptant, tandis que les fromages ne se vendent communément que de loin en loin et presque toujours au commerce qui exige du crédit et soumet dès lors à des risques. Cela fait que les petits propriétaires, presque toujours nécessiteux, préfèrent produire du beurre et non du fromage.

Dans une vacherie composée de sujets bien choisis, le rendement moyen devrait être de 2 1/2 à 3 kilogrammes, de beurre par semaine et par vache. J'ai vu bien des vaches produisant en automne, un mois après le part, 20, 22 et 23 litres d'excellent lait de pâturage, et qui, sûrement, eussent rendu un kilogramme environ de beurre.

Avec le système de sélection décrit par mon traité, système bien compris par un éleveur intelligent, et avec une nourriture forte et abondante, je n'hésite pas à affirmer, d'après ma propre expérience, que le rendement moyen d'une bonne vacherie, de bêtes de grande taille, dans un pays fertile, devrait être de 3 kilogrammes 1/2 de beurre environ par semaine et par vache ; je dirais 4 si je ne voulais pas largement apprécier la réduction produite par les accidents et les maladies.

Une bonne vache, sur une terre fertile, doit donc, en beurre seulement, produire, par année, presque autant qu'elle a pu coûter, si on l'a achetée pleine de son premier veau et en parfait état, c'est-à-dire dans la condition qui doit, après celle où une excellente vache est en lait pour la première fois, porter son prix d'achat au taux le plus élevé. Et je n'estime ici ni le fromage, ni les résidus, ce qui, dans certains pays, vaut parfois presque autant que le beurre.

Produit du lait par sa conversion en fromage.

Nous l'avons déjà dit, l'industrie des fromages est commandée aux pays à vastes pacages, les pays de montagnes par exemple, et aux contrées éloignées des centres de consommation. Elle devient aussi une nécessité pour des laits, produits par des racines ou des résidus aqueux. Ces laits, lorsqu'ils sont trop loin des villes pour y être consommés, sont trop peu gras pour être convertis en beurre ; il ne leur reste donc que ces seules utilisations : le fromage ou l'élève.

En moyenne, le produit du lait converti en fromage est de 10 c. par litre. J'avais cru longtemps que les meilleurs fromages donnaient un produit bien plus élevé que les fromages communs ; mais l'expérience a modifié cette opinion, et je reste convaincu que les fromages les plus délicats, déduction faite de l'excédant de frais de fabrication, ne donnent, sur les fromages communs, qu'une différence insignifiante.

A la fruitière de Cartigny, près de Genève, la moyenne de trois années a porté le prix du lait à un peu moins de 11 c. par litre

19

(dans certaines années, le rendement a atteint 11 c. 1/3 ; dans d'autres, il n'a atteint que 9 c. 3/4) ; mais il faut dire que le voisinage de Genève explique ce produit élevé.

Dans les fruitières voisines, on s'accorde à évaluer le rendement moyen à 10 c.

Dans le Jura français, on accepte communément le même chiffre.

En Auvergne, dans le Cantal, on calcule qu'il faut 36 à 38 *guerlous* (soit 355 à 375 litres) pour une pièce de 40 kilogrammes de fromage ; ce qui porte le lait à un peu moins de 10 c.

En Angleterre, le fromage de Glocester, qui forme une fraction importante de la production caséeuse du pays, porte le prix du lait à 11 c. 1/2. Mais les frais de nourriture et les frais généraux sont là plus élevés qu'ailleurs.

En Lombardie, les producteurs vendent leur lait aux fromagers, au prix de 10 livres ou 7 fr. 50 c. la *brenta* (74 litres environ), soit 10 c. le litre.

Dans le pays de Bray, la fabrication des fromages délicats de Neufchâtel fait ressortir le lait à 11 c. environ le litre.

En Brie, à 11 c. 1/2.

Dans l'Aveyron, sur le plateau de Larnac, près Sainte-Affrique, centre de fabrication du vrai roquefort, le lait (lait de brebis et de chèvre) se trouve payé au prix de plus de 13 c. le litre.

Tous ces rendements confirment donc notre moyenne de 10 c.

Pour résumer toutes ces considérations sur le produit à tirer du lait, je transcris le résumé d'un travail fait en Bretagne et qui fixerait ainsi le rendement de chaque mode d'utilisation du lait :

« Lait appliqué à la nourriture des veaux, 5 à 6 c. le litre ;

« Appliqué à la fabrication du beurre seulement, 7 à 8 c. ;

« Le lait écrémé, appliqué en outre, et en même temps, à l'élève des veaux, alors 8 à 9 c. ;

« Lait converti en fromages fins, 11 c. ;

« Appliqué à la fabrication de fromages plus communs, fromages fertois par exemple, 19 à 20 c. »

Je crains qu'il n'y ait exagération dans ce dernier chiffre ; mais je concéderais bien 12 à 13 c.

CHAPITRE V.

DU BEURRE.

De la mulsion.

La mulsion ou traite est une des opérations les plus importantes dans la conduite d'une vacherie. Si la vache a quelques raisons de craindre la mulsion, il en résultera une foule d'inconvénients et d'ennuis : d'abord, elle retiendra son lait, et c'est là un accident qu'il faut prévenir par une grande douceur ; il faut que l'animal, loin de craindre la mulsion, la désire et l'accueille comme un soulagement et un plaisir, et le meilleur moyen pour cela, c'est de traire comme on caresserait, délicatement et doucement ; c'est de lui réserver pour ce moment la ration que la vache aime le mieux, le son ou le sel par exemple. Pour aller plus loin et lui faire regretter qu'elle cesse, on pourra retirer, aussitôt la traite terminée, ce qui resterait de la ration.

Mais généralement les vaches doucement conduites ne craignent pas de se laisser traire. Le lait les gêne ; le pis trop plein devient douloureux, et, l'opération les soulageant, elles ne la redoutent que lorsqu'elles ont des raisons exceptionnelles de la craindre. Il faut donc trouver ces raisons : le panseur les aura brutalisées, ou blessées par inadvertance ou par un mode vicieux d'opérer, ou encore elles auront quelque inflammation, quelque mal au pis. C'est là un organe bien délicat, qu'il faut bien ménager, bien surveiller, bien soigner, non par des moyens empiriques, mais par des soins hygiéniques bien entendus. Ainsi, il faudra laver légèrement le pis à l'eau fraîche, mais non trop froide, avant et après l'opération ; avant, pour assurer la propreté du lait ; après, pour calmer le feu résultant du frottement répété des trayons. Pour ce faire, il faudra, non le frotter, mais seulement faire tremper le pis dans l'eau en l'immergeant dans un vase assez grand pour le contenir ou lui jeter de l'eau avec la main.

L'incurie, la négligence dans la traite amèneront un résultat semblable à celui produit par la crainte. La cause importe peu ; l'effet est tout. Si on ne trait pas à fond, si on n'épuise pas le pis, si on y laisse du lait, la machine laitière s'habituera à moins produire, le lait ancien se coagulera, altérera le nouveau, rendra la traite douloureuse, la vache craintive, résistante devant l'opération... On ne comprendra jamais trop bien l'importance du conseil de traire à fond. En le faisant, le lait se maintiendra dans son produit naturel ; si on néglige de le faire, il tendra toujours, au contraire, vers une diminution rapide et anormale.

On doit traire au moins deux fois par jour ; le matin, pendant le premier repas, et le soir avant le dernier. Il faut veiller à ce que les vaches, nourries entièrement à l'étable, n'aient pas à marcher, même pour aller boire, lorsqu'elles ont le pis plein et avant qu'il ne soit vidé. Autrement, il y aurait danger d'inflammation.

Dans les environs des villes, lorsqu'on tend à la quantité, on l'augmentera, mais au détriment de la qualité, en faisant traire trois fois, au commencement des trois repas. Pour des vaches excellentes laitières ou encore pour celles sujettes aux inflammations du pis, trois mulsions sont indispensables ou utiles.

Je ne puis dire comment il faut traire, sinon qu'il faut le faire fort doucement, qu'il faut éviter des frottements durs et brusqués, opérer rapidement et sans interruption, employer non quelques doigts, mais toute la main. Quelques-uns replient fortement le pouce en dedans, pour éviter le contact de l'ongle, en faisant porter le trayon contre la dernière phalange du pouce ; d'autres tiennent le pouce ouvert. L'important est d'opérer par une pression graduée, plus forte dans le haut que dans le bas de la main et du trayon.

Ce que nous avons dit sur la conformation interne de l'organe sécréteur du lait, devra servir à poser les règles de la mulsion.

La sécrétion étant le résultat direct de la digestion, il semblerait raisonnable de traire autant de fois qu'il y aurait de repas et au moment même de chacun des repas ; ce serait faire place ainsi au produit nouveau que le repas doit donner.

Il faut traire rapidement, pour ne pas impatienter la vache ; doucement, pour ne pas la blesser ; complétement et à fond, pour ne pas l'incommoder, la faire tarir ou diminuer son produit.

Il faut traire des deux mains et agir à la fois sur les deux trayons les plus éloignés entre eux, c'est-à-dire placés aux angles opposés.

Après avoir pris plus de la moitié du lait des deux premiers trayons attaqués, il faut faire doucement le mouvement, dangereux parce qu'il est dur et brusqué, que fait le veau par ses coups de tête, et relever, en le balançant, le pis de la vache. Cela provoque l'écoulement du lait vers les trayons déjà désemplis. On passe alors aux deux autres trayons, qu'on épuisse à peu près, afin de donner aux deux premiers un peu plus de temps pour se remplir.

On soulève de nouveau le pis de la vache, et on revient aux premiers trayons, puis aux autres, afin de les épuiser tous et de manière à n'y pas laisser une seule goutte de lait, car, je ne puis trop le répéter, *l'épuisement complet et absolu est une condition extrêmement importante.*

On opérerait mal si on pressait trop les trayons. Le but, pendant le cours de la mulsion, est de faire couler à peu près tout le lait qu'ils recèlent ; une pression très-douce est bien suffisante alors. Le dernier coup de main doit seul comprimer plus fort. Une pression trop violente, surtout répétée, causerait des lésions graves et qui pourraient obdurcir et dessécher le trayon.

Celui qui trait doit se reposer après chaque mulsion, afin de n'avoir pas à le faire pendant le cours de l'opération.

Je recommande au propriétaire de veiller à ce que celui qui fait la traite ait toujours les ongles coupés ras et bien, sans aspérités, les mains propres, non calleuses, sans plaies ou boutons qu'il pourrait communiquer au pis, partie si facilement affectable ; à ce qu'il n'ait rien sur sa poitrine, sur ses bras, au bout des manches surtout, notamment des épingles, qui puissent piquer la vache ou écorcher le pis. J'ai vu tant d'accidents arriver, tant de dangers encourus pour avoir négligé ces petites précautions, que je voudrais n'en voir épargner aucune.

Si la vache est méchante, si la nourriture offerte ne l'occupe pas assez pour la calmer, il faut essayer des moyens les plus inoffensifs ; ne jamais permettre les brutalités ou les coups, flatter, caresser l'animal, récompenser sa soumission. S'il se défend de la tête, l'attacher court ; au pis-aller, se servir de la pince toscane, qui entre dans les naseaux et serre d'autant plus que l'animal remue davantage. S'il donne des coups de pied, on les rend impossibles en s'emparant d'une jambe de devant, en la tenant soulevée, et, au besoin, en la maintenant pliée au moyen d'un anneau en corde passé dans le genou bien plié. Lorsque la résistance est opiniâtre, invincible, que la vache retient en outre obstinément son lait, il faut, après avoir épuisé les autres moyens, avoir recours aux tubes trayeurs en ivoire ; ces tubes sont de la grosseur d'une petite plume ; on pourrait même les remplacer par une petite plume d'oie légèrement ouverte au petit bout et coupée au gros. La vache bien maintenue, on introduira le petit bout (naturellement bien disposé par sa terminaison en pointe) à trois centimètres environ de profondeur, et, ce trayon étant ainsi forcément ouvert, le lait coule pendant qu'on distrait la vache par des caresses, par de la nourriture, par l'approche de son veau, etc.

Le trayon est formé de deux peaux repliées sur elles-mêmes, comme serait le doigt, à moitié rentré, d'un gant ; en graissant le tube, en le tournant doucement, l'introduction devient facile.

On a aussi parlé d'une pompe à aspiration, espèce de pièce à tuyau, adhérente au trayon et au pis, au moyen d'une espèce de collerette en cuir ou en baudruche ; mais je n'ai pas vu cet instrument, inventé, dit-on, en Algérie, où les vaches sont très-résistantes à la mulsion.

Je conseillerais aussi l'emploi de ces tubes trayeurs en cas de crevasses, plaies, etc., aux trayons, afin d'éviter les frottements et de hâter ainsi la guérison.

L'habitude toute d'instinct qui pousse le veau à donner des coups de tête dans le pis de la vache prouverait qu'il doit y avoir à l'intérieur des poches qui retiennent le lait, puisque ce mouvement le fait descendre dans les trayons. En trayant, lorsque le lait devient rare, il faut donc soulever doucement, mais complétement, le pis pour opérer comme le veau et obtenir le même résultat.

Il faut caresser la vache, la flatter, souvent même il faut lui chatouiller le pis, pour la décider à ne pas retenir son lait. D'autres fois, pour obtenir qu'elle abandonne son lait, on attache son veau à la jambe de devant, la croupe sous le nez de la mère, dont on couvre la tête pour qu'elle ne puisse voir en arrière et qu'elle entrevoie seulement son veau. Dans certains pays, on emploie des moyens que je n'oserais conseiller : on introduit dans la vulve un bâton arrondi dans toute sa longueur et à son extrémité, ou encore un bâton fait de même, mais percé, un roseau creux, etc., et on souffle vivement dedans.

En Lombardie, en Andalousie pour la vache, en Arabie pour la bufflesse, on fouette avec un balai d'orties communes (*urtica urens*) la mamelle des vaches qui retiennent leur lait. L'irritation produite par cette cruelle flagellation oblige la vache à laisser aller son lait (on prétend même que cela donne du lait aux vaches qui n'en ont pas). Les anciens Scythes faisaient de même avec la jument.

Dans les Vosges, les Pyrénées, chez les Kalmouks, on introduit un bâton rond dans la vulve de l'animal, qui fait, pour se débarrasser, des efforts qui amènent l'expulsion du lait.

Dans la saison des mouches, on sera parfois obligé, pendant la traite, ou de les faire chasser par un enfant, ou de couvrir la vache d'une grande toile pour la préserver de leurs piqûres.

On a remarqué qu'en fermant les ouvertures avec des toiles claires, cela effrayait les mouches et les faisait fuir.

Il serait bien à désirer qu'on pût trouver un moyen de préserver le bétail de ces mouches noires qui le tourmentent et le saignent au vif. Il en souffre et en maigrit bien plus qu'il ne le ferait par suite d'une maladie douloureuse. J'ai, pour un cheval qui les craignait beaucoup, fait infuser des feuilles de noyer ou du brou de noix dans l'eau ; j'ai fait laver les parties les plus sensibles du cheval avec cette eau, et j'ai cru remarquer que les mouches évitaient les parties enduites de cette décoction amère. En Amérique, on frotte les bestiaux avec de l'huile de poisson ; l'odeur qu'exhale cette huile fait fuir les mouches. Les odeurs fortes, l'encens, etc., font fuir les cousins. On s'en débarrasse en parfumant ainsi les appartements et en ouvrant ensuite et tout d'un coup les fenêtres. Peut-être ce moyen réussirait-il contre les mouches et dans les étables?

Une bonne pratique, dans une grande laiterie, pour exercer une surveillance incessante sur le lait, son emploi, ses produits, sera de faire toujours mettre à part le lait d'une des vaches, successivement, pour vérifier la quantité précise qu'elle fournit, le rendement de ce lait en beurre, fromage, etc., la qualité du lait, du beurre, du fromage, et garder bonne note *écrite* des résultats obtenus.

Tous les jours ou tous les deux jours, ou même chaque semaine seulement, on changera de vache, de manière à passer la revue de tout le troupeau, à peu près une fois par trimestre.

Les produits de cette vache, que j'appellerai la vache du maître ou de la cuisine, au lieu d'être livrés au commerce, passeront dans la consommation de la maison. On sera dès lors bien fixé sur la quantité des produits, sur leurs qualités, leurs défauts. Pour y remédier on sera amené à faire quelques essais heureux. S'il y avait des détournements, ces renseignements mensuels et écrits en amèneraient probablement la découverte, lorsqu'ils ne les préviendraient pas. On combattrait ainsi, sans travail et sans efforts, par la seule force des choses, cette apathie, cet esprit de routine qui, trop souvent, se glissent dans les administrations rurales, où chaque saison a ses entraînements forcés, ses travaux d'urgence qui absorbent toute l'attention du maître.

On contrôlerait ainsi, par le rendement, l'état de santé des bestiaux ; par la santé, l'exactitude des soins donnés, etc.

Si une vache donnait peu de produits ou des produits défectueux, si elle avait d'autres défauts, si elle était malade, si son lait pouvait gâter ou altérer les produits de la laiterie, l'attention, reportée mensuellement sur ces faits, déciderait l'éleveur à s'en défaire, à la remplacer et à échapper ainsi à des pertes plus considérables.

On devra aussi, dans la laiterie, inscrire chaque jour, sur une ardoise, par exemple, l'entrée du lait, et, à la fin de chaque mois, la moyenne du mois. Les échelles tracées dans l'intérieur des comportes, en dispensant du mesurage, rendront cette opération bien facile.

Laiterie.

La disposition de la laiterie est chose plus importante qu'on ne pourrait généralement le croire.

Les conditions essentielles sont la pureté de l'air, la propreté, la tranquillité (les secousses, les ébranlements, par le passage des voitures, etc., sont très-nuisibles), la fraîcheur, l'aération.

La laiterie, dans le midi surtout, doit être placée au nord, dans un lieu éloigné du mouvement, des fumiers, de la poussière, de la fumée, etc., autant que possible dans un lieu sec, mais frais. Une chambre un peu enterrée, ventilée dans le haut, constituerait la perfection dans l'établissement d'une laiterie, surtout si on pouvait y amener un filet d'eau courante, ou, dans tous les cas, les ressources, d'un puits ou d'une pompe ; car l'eau est indispensable pour laver les vases, les murs, les tablettes, le sol, tout enfin, et entretenir ainsi et la fraîcheur et la propreté. La poussière doit y être impossible. Le sol doit être fait en mastic dur et uni comme du marbre, ou en carrelage bien jointé, nivelé, quoique légèrement en pente vers un point unique, celui de la rigole d'écoulement ; des tablettes bien espacées, peu profondes, ne touchant pas les murs ; ceux-ci revêtus d'un enduit uni et résistant au lavage ; des ouvertures sur deux côtés au moins et sur trois ou quatre si cela est possible, afin d'échauffer en hiver, rafraîchir en été, aérer en tout temps ; tout doit être bien clos, bien jointé, bien défendu contre la vermine, les insectes, les mouches, les animaux.

Pour une laiterie à lait vendu en nature, il suffit d'une pièce ; pour une laiterie à beurre, il faut déjà trois pièces la *crèmerie*, où monte la crème ; la *cailletterie*, où se coagule le caillé ; enfin, la *manutention*, où se font les manipulations.

Mais si à l'industrie du beurre on joint celle des fromages, alors il faut une laiterie complète, avec un séchoir, une étuve et un magasin :

L'orientation de ce bâtiment variera suivant le climat : dans un pays froid, la crèmerie sera au midi ou à l'est, sauf à mettre le magasin à fromages à la place du séchoir ; dans un pays chaud, la crèmerie et le magasin seront au nord.

Dans beaucoup de pays, on pourra faire sécher les fromages dans un belvéder ou un grenier à claire-voie, ou sur des planches mises en dehors, le long des murs et sous l'avancement de la toiture.

Des tuyaux porteront l'eau de la pompe dans la crèmerie et la cailletterie. Dans les pourtours, on resserrera la crème et le beurre ; par les guichets, le lait écrémé passera dans la cailletterie, la crème dans la manutention, les fromages du séchoir à l'étuve, pour rentrer au séchoir et aller de là au magasin. La chaudière, montée sur une grue à pivot, se placera dans la cheminée et sur le foyer, ou s'en éloignera à volonté.

Toute la manutention se fera dans la première pièce, les lavages à l'eau bouillante surtout, car ils sont fort nuisibles au lait. On n'entrera, au contraire, où on ne restera dans la seconde pièce que le moins possible. La porte, bien close et bien jointée, en restera toujours fermée ; l'aération se fera par le haut. Les entrées et les sorties, le mouvement, introduiraient de l'air vicié, des odeurs, de la poussière ; un séjour prolongé, des émanations toujours nuisibles.

Dans les laiteries où on fabriquera du beurre et des fromages, il faudra une pièce de plus auprès de la manutention pour la salaison des fromages, et, en outre, un grenier pour les y resserrer et les faire sécher.

Mobilier de la laiterie.

Les vases en terre sont ceux qui conviennent le mieux pour le lait ; mais leur fragilité a fait préférer le bois pour ceux qui doivent être déplacés et mouvementés ; le bois blanc, parce qu'il est plus léger, plus facile à travailler, moins cher.

Les vases en cuivre, précisément parce qu'ils dégagent promptement dans le lait un oxyde métallique, conservent beaucoup plus longtemps le lait ; mais la cause de cette action étant un danger, une altération réelle, on doit écarter les vases en cuivre. Il faut également être en défiance contre les vases en terre vernissée ; l'acide du lait décompose le vernis, souvent mal préparé et toujours mélangé de quelques principes métalliques.

Indiquons les principales pièces du mobilier :

1. Une escabelle à un pied, attachée avec une courroie bouclée autour des reins du vacher chargé de la mulsion ; elle est concave, reste en place et ne se détache pas pour marcher.

2. Un bassin en bois (il pourrait être aussi en fer) et à queue, pour le lavage ou plutôt le baignage du pis. Après le baignage il faut essuyer

le pis pour empêcher une contraction sous l'action de la fraîcheur causée par l'évaporation de l'eau.

3. Un seau en bois avec une douve sortante percée d'un trou pour poignée. C'est le sceau servant à la mulsion. On pourrait, au besoin s'en servir pour comporte en ajoutant en regard de la poignée un anneau destiné à recevoir un crochet double pour faire le pendant de la poignée.

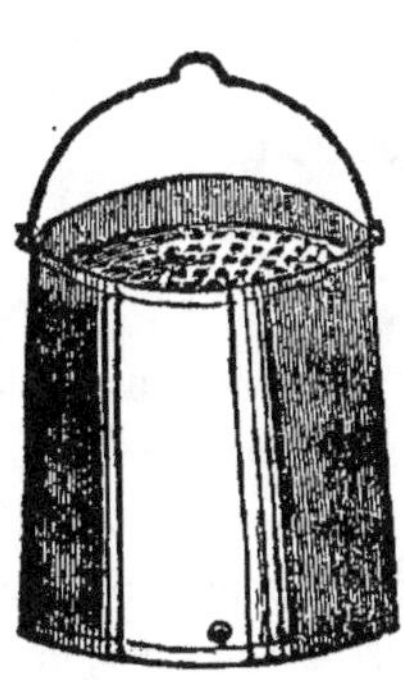

Intérieurement, ce baquet aura une échelle en litres, et même en demi-litres, numérotée de deux en deux. On connaîtra ainsi le produit de chaque mulsion.

4. Une comporte en bois, en fer-blanc ou en tôle, avec un couvercle en fer-blanc, mobile, concave et percé de petits trous, pour servir d'entonnoir-passoire. Elle aura aussi une échelle intérieure qui indiquera, tout naturellement, la quantité du lait porté à la laiterie. Elle sera percée, au niveau du fond, par une bonde, ou mieux un robinet très-court. Portée entre deux hommes au moyen d'un gros bâton, on la posera, dans la crêmerie, sur un socle en pierre élevé de 70 centimètres, et en avant duquel sera un autre socle de 45 centimètres, pour recevoir les terrines à remplir.

Ces quatre objets seront le seul mobilier à lait de l'étable.

Le mobilier de la laiterie se composera de pots à lait, si on vend en nature ; de terrines, si on convertit en beurre et en fromage.

5. Les terrines destinées à recevoir le lait pour attendre la formation de la crème et du caillé ont toutes aujourd'hui la même forme, basse et évasée, afin de présenter plus de surface au contact de l'air et activer la désagrégation des éléments du lait.

Elles doivent contenir de 8 à 12 litres, et avoir en hauteur et en fond à peu près la moitié du diamètre de l'ouverture. Car encore faut-il qu'il y ait assez de lait en profondeur pour former une couche assez épaisse de crème, afin qu'elle ne puisse s'épaissir, jaunir et rancir trop rapidement. En Saxe, ces terrines sont en fonte avec émail ou porcelaine en dedans.

Ces vases sont en terre non vernissée et doivent seuls rester dans la crèmerie ; tous les autres doivent êtres resserrés dans la manutention, afin d'écarter tout ce qui pourrait altérer l'air. On ne doit donc rien voir dans la crèmerie, si ce n'est une table en bois au milieu et des tablettes tout autour des murs pour recevoir les terrines.

Pour ces tablettes, au lieu de planches, je conseillerais un carreau oblong en terre bien cuite et même vernie, scellé dans le mur, avec une saillie de 25 à 30 centimètres sur 22 de largeur.

6. Une passoire ordinaire en bois ou fer-blanc pour l'égouttement du caillé, et dans laquelle on place un linge clair, si on veut mieux encore purifier le lait à son entrée dans la laiterie.

Cette passoire à manche se suspend contre le mur, sur deux petites tringles de fer qui y sont scellées, ou encore partout, au moyen d'une ficelle ou d'un fil de fer.

La manutention doit recevoir tous les instruments de fabrication que nous décrirons plus tard, la baratte, la presse, les formes, éclisses ou moules à fromages... rien de plus. Il ne faut pas y conserver, encore moins y entasser, les produits fabriqués, les beurres, les fromages surtout. D'abord, ces produits en souffriraient ; puis il faut écarter des environs de la laiterie tout ce qui peut être matière fermentante, et surtout les matières similaires au lait, à cause de leur action plus naturelle et plus directe sur ce produit.

Dans chacune des salles de la laiterie, à une place éclairée et en vue, il doit y avoir un ou deux thermomètres, car la température joue là un rôle très-important, et on doit souvent arrêter son attention sur ces thermomètres.

On a un bon thermomètre pour 60 à 75 c.

On fera toujours bien, avant de s'en servir, d'éprouver les neufs auprès d'un ancien.

Entretien des vases à lait.

La propreté la plus rigoureusement minutieuse est, dans une laiterie, la condition du succès.

La salle, le pavé, les murs doivent être souvent passés à l'eau.

Les vases surtout doivent être régulièrement lavés à l'eau chaude, puis à la grande eau, aussitôt qu'on en a retiré le lait. On les laisse égoutter un instant; on les essuie; puis on les fait sécher au soleil, à l'air chaud ou au feu; autrement, ils contracteraient un mauvais goût. On les place ensuite renversés sur les tablettes. A Isigny, on les pose successivement sur un réchaud rempli d'une braise ardente.

De temps à autre, on les lavera dans une eau de forte lessive de cendres, puis à la grande eau.

Les vases en bois doivent être encore plus soignés que ceux en terre, car ils contractent plus facilement de mauvaises odeurs; et si, après en avoir ôté le lait, on tarde à les laver, le lait adhérent aux parois s'aigrit très-promptement; cette aigreur pénètre le bois, s'y incorpore, et fait, sur le lait frais qu'on y met ensuite, l'effet d'un levain ou ferment qui pousse immédiatement à l'aigreur, et hâte la coagulation au point de ne pas donner à la crème le temps de monter. C'est un vase à réformer, à moins qu'on ne le purifie par une lessive bien chaude de cendres et de chaux vive ou de potasse.

Du lactomètre.

On a inventé différents instruments pour arriver à apprécier soit densité du lait, soit son rendement en crème.

Le plus simple et le meilleur est un verre étroit et haut comme celui où se pèsent les alcools, etc., avec une échelle à degrés numérotés. Lorsque la crème est montée, l'épaisseur de sa couche signale la force ou la faiblesse du lait.

Les renseignements obtenus au moyen de ces instruments ne seront jamais que fort approximatifs et variables; car on pourra peut-être bien savoir quelles proportions en crème on obtiendra de certains laits ; mais la quantité de crème ne prouvera pas toujours la même proportion en beurre. Telle crème, de fort belle apparence, rendra presque moitié moins de beurre que telle autre ; car le lait de telle vache sera plus caséeux que butyreux, tel autre plus butyreux que caséeux, etc.

PREMIÈRE DÉSAGRÉGATION DES ÉLÉMENTS DU LAIT.

De la crème.

La crème était appelée par les Grecs crème de lait. Rien ne prouve qu'ils aient connu la manière d'en faire le beurre.

On a soutenu que la crème ne commençait à monter que lorsque le lait commençait lui-même à s'aigrir un peu. Quoi qu'il en soit, la désagrégation des éléments du lait commence presque aussitôt qu'il est mis en contact avec l'air : la pellicule qui vient se former à sa surface en témoigne. Si cette pellicule reste mince, c'est que la surface seule du lait est atteinte et décomposée par l'air ; c'est que la décomposition n'est pas encore dans la masse, qu'il ne monte à la surface que les globules butyreux non mêlés au lait. Si la pellicule se dessèche et durcit, c'est qu'elle est et reste très-mince assez longtemps et jusqu'à ce que le travail de la désagrégation ait commencé dans la masse entière du lait.

Plus on retardera le moment où le lait s'aigrira et dès lors se coagulera, plus on obtiendra de crème, mais aussi moins gras sera le fromage. La quantité en beurre ne sera pas en proportion de ce supplément de crème obtenue, car celle-ci sera peu butyreuse, comme nous l'expliquerons plus tard ; on n'aura intérêt à retarder la coagulation que lorsqu'on vendra facilement et à haut prix la crème obtenue et qu'on aurait un bas prix du fromage.

C'est en mêlant au lait 20 grammes par litre de soude cristallisée et délayée dans de l'eau tiède qu'on retardera la coagulation.

Lorsque la désagrégation est pleinement commencée, la première crème qui monte est la plus grasse et la meilleure ; elle se compose des globules les plus gros, relativement les plus légers et, par cette cause, montant les premiers ; elle forme ainsi toujours la couche supérieure, puisque les couches se forment de bas en haut. La seconde couche est moins butyreuse et moins pure, et ainsi de suite ; c'est-à-dire que la crème décroît de plus en plus en qualité, jusqu'à ce que tout l'élément butyreux ait monté à la surface de l'élément séreux. Les premiers globules montant à la surface sont donc les plus gros, les moyens forment la couche intermédiaire, les plus petits la couche inférieure.

J'ai expliqué que le lait était un liquide tenant en suspension des globules butyreux et caséeux. Les globules franchement butyreux, étant les plus légers, montent les premiers à la surface ; c'est ce qui fait que cette première couche de crème est la meilleure ; les autres globules sont d'autant plus lourds et dès lors plus lents à monter qu'ils sont plus chargés de caséum, ce qui explique pourquoi les couches inférieures sont de plus en plus mélangées et mauvaises.

On pourrait donc écrémer deux fois pour obtenir, dans la première levée, et au bout de quatre à six heures, une crème de table très-délicate ou du beurre plus doux et plus savoureux.

Si on voulait encore ajouter à la qualité de la crème et du beurre, on n'emploierait que le dernier quart du lait sortant du pis de la vache ; j'ai déjà dit que ce lait était bien plus butyreux que celui pris au début de la mulsion.

Un lait clair et léger donnera toujours une crème de qualité moindre que celle d'un lait épais ; mais elle montera plus promptement, le liquide plus léger présentant moins d'obstacles à l'ascension des globules.

Dans un lait épais, un lait d'hiver, par exemple, produit par une alimentation sèche, la désagrégation sera plus lente et moins complète que dans un lait plus maigre et plus séreux. On devra donc, surtout dans les grandes chaleurs, aider à cette désagrégation, en mêlant un peu d'eau au lait trop épais ; autrement, une partie de la crème restera dans le lait, et, par suite, dans le caillé.

Pour faciliter l'ascension de la crème, on a d'abord conseillé de conserver le plus longtemps possible au lait sa chaleur naturelle (la chaleur le liquéfie), en y mêlant un peu d'eau tiède, en isolant la terrine de tout contact froid, en la plaçant, par exemple, sur un marbre ou une pierre tièdes, sur un pied de bois, etc.

D'autres ont légèrement salé le lait ; quelques-uns ont chauffé le lait sans atteindre cependant l'ébullition.

D'autres enfin ont ajouté au lait, qu'ils trouvaient trop épais pour permettre l'ascension de la crème, une quantité d'eau dégourdie égale à la moitié du lait, soit une partie d'eau sur deux de lait.

J'ai usé de ce moyen sur des laits d'hiver, en réduisant l'eau à un quart de la quantité du lait, et il m'a réussi pour obtenir la crème ; mais on a cru remarquer que le fromage était plus mou et d'une conservation moins assurée ; bien sûrement il devait être et il était moins gras, mais le produit en beurre s'en était augmenté.

Le mouvementement du lait, en mêlant plus intimement les globules butyreux à la masse liquide, en les écrasant ou les déformant, y incorpore des parties séreuses qui les alourdit, les empêche de monter et nuit beaucoup à la production de la crème. Plus on remuera le lait, plus on le portera au loin, plus on tardera à le verser dans les terrines, moins abondante sera la crème, et plus elle sera chargée de parties séreuses et caséeuses qui l'acidifieront et altéreront sa qualité et celle du beurre. Le mouvementement n'a pas les mêmes inconvénients pour le lait destiné immédiatement à la fabrication des fromages, puisque, dans ce cas, la crème doit rester mêlée au caillé. Il y aurait donc avantage à ne pas placer la laiterie trop loin des étables, pourvu que les émanations de celles-ci ne pussent pas arriver jusqu'au bâtiment destiné au lait.

La température la plus favorable à cette première décomposition du lait est :

En été, 8 degrés Réaumur ; 10 en hiver ;

— 10 degrés centigrades ; 12 —

Plus on retardera le moment où le lait s'aigrit, plus on obtiendra de crème ; on atteindra ce résultat par la fraîcheur de la température.

On peut aussi paralyser pendant quelques heures les premiers effets de l'acidité, en mêlant au lait une substance (la soude cristallisée) qui s'empare de l'acide au fur et à mesure qu'il se forme, l'absorbe et le détruit d'autant plus longtemps qu'on dose plus fortement.

La dose convenable est de 1 1/2 p. 0/0 en hiver, 2 en été, de soude, délayée dans deux fois son volume d'eau et mêlée ainsi au lait.

L'emploi de la soude élève le produit en beurre et ajoute à sa qualité. Mais on perd, bien entendu, sur le fromage ce qu'on a gagné sur le beurre.

On compte qu'en été il faut 12 à 15 heures, en hiver 24 à 30, pour que la crème soit bien montée; mais généralement et normalement il faut de 20 à 28 heures, sous la température douce que nous venons d'indiquer, pour que toute la crème soit montée. L'opération serait d'autant plus retardée que la température serait plus basse; elle avancerait sous une température plus élevée; mais le produit serait plus acide, dès lors moins bon.

Il faut donc maintenir la laiterie dans cette température moyenne. Lorsqu'on opère sur de petites quantités, qu'on n'a pas de laiterie, on place le lait, suivant le besoin, dans un lieu ou plus froid ou plus chaud que la température ambiante. Une bouteille ou un cruchon remplis d'eau bouillante ou d'eau fraîche, et placés dans une terrine à lait, feront élever ou baisser bien vite sa température; par un bain-marie, on obtiendra, plus promptement encore, le même résultat.

Une température très-élevée, un temps orageux et chargé d'électricité, le tonnerre, un défaut de propreté qui aurait laissé dans les vases ou dans la laiterie des particules en fermentation, pourront venir contrarier cette première désagrégation, et, en précipitant la seconde, en avançant la coagulation du caséum, le corps solide s'appropriera et retiendra la portion butyreuse qui ne serait pas encore montée à la surface.

Il y a intérêt à maintenir la désagrégation de la crème dans les conditions naturelles que nous avons posées. En élevant la température pour accélérer l'opération, on développperait l'aigreur, principe qui amène la coagulation et qui nuit au beurre, et on rendrait ainsi simultanées deux opérations qui, pour être bien faites, doivent se suivre sans s'entremêler.

Si on voulait retarder, au moyen d'une température plus basse, l'aigreur se développant dans le lait au bout d'un certain temps, on serait atteint par le même inconvénient. En hiver, la crème met quelquefois deux jours, même trois, à monter; les mêmes causes qui retardent cette opération retardent également le commencement de la seconde. Le moment où la crème monte en plus grande quantité est celui où le lait commence à s'aigrir.

Il faut donc se tenir dans les limites que nous avons posées, bien surveiller la laiterie, et savoir bien saisir le moment où la crème est entièrement montée, sans tarder, sans attendre que l'aigreur qui suit toujours cette première décomposition, vienne agir sur la crème et lui faire perdre sa qualité ; sans avancer non plus, car on perdrait la crème qui ne serait pas encore montée.

Il y aurait cependant moins d'inconvénient à avancer qu'à retarder, car la crème restant, perdue pour le beurre, ne le serait pas pour le fromage, qu'elle rendrait plus savoureux et plus gras, tandis qu'en retardant on gâterait le premier produit sans améliorer le second.

Au reste, la pratique apprend bien vite et bien sûrement à saisir le moment précis où il faut lever la crème. Le lendemain ressemble ordinairement à la veille dans des circonstances reconnues semblables. Un dérangement avertirait d'une variation correspondante dans l'état du lait ; l'attention serait éveillée, et le mal serait prévenu.

Dans les pays les plus renommés pour la qualité du beurre, on tient pour règle qu'il faut écrémer vingt-quatre heures après la mulsion, c'est-à-dire le lendemain à la même heure. On attache, du reste, tant d'importance à l'opération de l'écrémage, qu'on veille ou qu'on se lève la nuit pour la surveiller et la faire.

A Gournay, on n'écréme généralement qu'une fois par jour ; à Isigny, on écréme jusqu'à trois fois, et, dans certaines laiteries, on ne bat pas la troisième crème avec les deux premières, afin de conserver plus de fraîcheur et de délicatesse au beurre de celles-ci.

Il est certains signes pratiques qui indiquent le moment d'écrémer. Si le doigt se mouille en le posant doucement sur la crème pour s'assurer de sa consistance, c'est que cette consistance n'est pas encore assez grande et qu'il faut attendre. Cependant, il faut tenir compte de la densité ordinaire du lait, et, par suite, de la consistance habituelle de la crème. On la connaît ; elle varie selon la saison, la nourriture, etc., et on ne peut poser de règles pour une chose si variable.

On apprécie aussi l'épaisseur et la consistance de la couche de crème en la perçant avec la lame d'un couteau. Si le lait ne vient pas à la surface, c'est qu'il y a épaisseur et consistance suffisantes, et qu'on peut écrémer.

On peut aussi, en écartant la crème, apprécier l'état du lait privé de crème qui est au-dessous, et savoir, par son épaisseur et sa couleur, s'il renferme encore quelques éléments butyreux. En ceci, comme en toutes choses, la pratique sera le meilleur enseignement.

Dans certaines parties de la Bretagne, on attend, pour lever la crème, que la coagulation du caséum soit complète. Le beurre est cependant bon ; la crème est plus abondante, et, avec la même quantité de lait, on obtient environ un quart de crème en sus et un dixième de plus en beurre. Pour écrémer, on transporte doucement le vase sur la table du milieu de la laiterie, si on ne peut agir sur le vase en place. On opère avec une cuiller en bois, grande, mais peu profonde, ou encore une espèce de couteau de buis, et on remet ensuite la terrine en place pour attendre la seconde désagrégation, c'est-à-dire la sépation du caséum d'avec le sérum.

On écrème, à Gournay et presque partout où on ne le fait qu'une seule fois, en écartant la couche de crème près de l'écouloir de la terrine, et en faisant couler le lait tout en maintenant la crème au moyen de la cuiller ou d'une écumoire.

Ailleurs, comme à Isigny, où on écrème souvent, on enlève la crème avec une cuiller plate qui se glisse entre le lait et la couche de crème à enlever.

Ailleurs encore, les terrines sont percées au fond pour laisser écouler le lait.

Le meilleur mode sera toujours celui qui séparera le mieux, sans les mêler, la crème et le lait écrémé.

La qualité de la crème et du beurre est tout entière dans une grande douceur et un arome léger de noisette, exclusif de toute saveur aigre et de toute autre odeur que celle de la noisette ; aussi, autant qu'on peut le faire, évite-t-on d'employer, pour obtenir la crème, les moyens qu'on emploie pour faire former le caillé. Pour faire coaguler le lait déjà écrémé, on se sert, en effet, de principes aigres ou acides qui ne gâtent en rien le fromage, et qui feraient beaucoup perdre à la crème et au beurre.

Cependant, lorsqu'on a besoin de beurre ou de crème, on se résigne à sacrifier un peu de la qualité, et on emploie les mélanges d'acide nitrique, de présure, de levure de bière, etc., que nous indiquerons plus tard, lorsque nous parlerons de la fabrication du fromage. Seulement, on n'use de ces mélanges qu'à la plus petite dose possible, pour en atténuer les effets sur la crème et le beurre.

La crème est déposée, pour y épaissir, dans un vase ordinaire, à ventre large, à ouverture étranglée (pour éviter le contact de l'air). Dans certains pays, ce vase, étroit dans le fond, est percé de petits trous sur lesquels est placée une toile métallique étamée ou une gaze bien propre, ce qui permet au lait de s'égoutter.

Le beurre le plus délicat est celui fait avec la première crème montée, et aussi avec celle qu'on travaille de suite sans la laisser vieillir ou épaissir. Dans les grandes laiteries, où on produit beaucoup de crème, on fait le beurre tous les jours. Là où il n'y a pas assez de crème (plus on opère en grand, meilleur est le beurre), on attend un, deux, trois jours en été, et jusqu'à cinq à six jours en hiver; la crème s'épaissit, et le beurre, fait plus promptement, est moins mélangé de parties séreuses ou caséeuses, a plus de fermeté, et se conserve plus longtemps sans rancir; mais il a moins de finesse dans la pâte et de délicatesse dans le goût.

A Gournay, on conserve ainsi la crème, et on ne bat qu'une fois par semaine, la veille du marché. A Isigny, on bat deux fois, et la crème étant plus fraîche, le beurre est plus fin et se conserve plus frais.

Pour les beurres de table, il faudra donc battre promptement la crème; pour les beurres à transporter au loin ou à conserver, c'est-à-dire à saler ou à fondre, on fera mieux de laisser reposer la crème un jour, deux au plus en été, quatre jours en hiver. Je suis porté à croire qu'alors la crème, ainsi épaissie, rend un peu plus de beurre qu'à l'état plus liquide, ce que prouverait, au reste, ce fait bien certain, que le résidu séreux provenant du beurre est moins chargé de parties grasses.

Pour mieux conserver la crème et la faire épaissir, on devra la remuer deux ou trois fois par jour, et, si on tient plus à la faire épaissir qu'à la conserver fraîche, porter la température jusqu'à 20 degrés centigrades.

Pour atténuer l'effet des grandes chaleurs, il faudra fermer toutes les ouvertures pendant le jour et ne donner de l'air que de minuit à 5 heures du matin, arroser fréquemment le pavé et les murs, épier enfin le moment où la crème sera montée, pour la lever sans retard

En cas d'orage, il faudra lever au plus vite toute crème qui sera formée.

On peut tenir pour certain que le beurre, avec toutes ses propriétés connues, est entièrement formé dans la crème; que c'est la plus grande légèreté du corps gras qui l'entraîne à la surface; que le battage n'opère aucune transformation et ne sert qu'à débarrasser l'élément butyreux des molécules étrangères qui le recouvrent et le colorent; que toute autre opération, l'ébullition par exemple, ferait également apparaître le corps gras, mais alors huileux et sans arome.

Du beurre.

La température a une grande influence sur la conversion de la crème en beurre : 10 degrés Réaumur, 12 à 14 centigrades, seront les meilleures conditions possibles. On peut être sûr qu'il y aura 2 degrés de plus dans la baratte que dans l'air extérieur; c'est là une moyenne aussi favorable à l'opération qu'à la qualité du produit. A une température supérieure de 2 ou 3 degrés, on obtiendra un peu plus de beurre; mais il aura perdu de son arome et de sa délicatesse. A une température un peu inférieure, on perdra en quantité, mais on aura un beurre plus délicat encore.

Les grandes chaleurs (parce qu'elles liquéfient les globules gras) ou les grands froids (parce qu'ils les durcissent et leur enlèvent leur adhérence) font obstacle à la fabrication du beurre. Il faut alors, en rafraîchissant ou en chauffant la salle et même la baratte, se rapprocher le plus possible de la moyenne que nous venons d'indiquer.

Dans des chaleurs ou des froids excessifs, on est quelquefois obligé de faire tourner la baratte dans l'eau fraîche ou chaude, suivant l'excès qu'on veut combattre.

Généralement, il suffit de chauffer la salle en hiver, ou, en été, d'entourer la baratte d'un linge mouillé et entretenu tel par un filet d'eau tombant dessus.

J'ai vu des barattes à double enveloppe, d'autres posées dans un demi-caisson. Par l'un ou l'autre de ces moyens, on opérait par un bain-marie, froid ou chaud, suivant le besoin. Avec des barattes tournant en entier, si on les enveloppe d'un linge constamment mouillé par un filet d'eau, on crée une fraîcheur bien plus grande que par le bain-marie.

La crème, abandonnée à elle-même pendant quelques jours, acquerrait la consistance du beurre, mais du beurre altéré par le mélange du caséum; par le barattage, on a voulu obtenir plus vite et plus sûrement un meilleur produit.

La conversion de la crème en beurre, ou, pour parler plus justement, l'évaporation de la crème s'obtient par le mouvement.

Plus la crème sera remuée et battue régulièrement, plus tôt sera faite l'opération. On peut donc opérer de cent manières différentes. J'ai vu faire du beurre en battant la crème comme on battrait des œufs, avec une fourchette ou une verge de bois. L'important est de battre assez vivement pour opérer l'agrégation des éléments butyreux et pas assez rapidement pour produire intérieurement un excès dangereux de chaleur.

La baratte commune est le plus mauvais de tous les instruments; c'est un cylindre en bois ayant la forme d'un pain de sucre étêté, haut de 55 à 75 centimètres, large de 25 dans le bas, de 15 dans le haut. La manivelle avec laquelle on simule le mouvement de piler est une rondelle en bois, ayant le diamètre de l'ouverture du haut et emmanchée dans un bâton.

Cet instrument ne peut servir que pour une petite quantité de crème.

Cette baratte pourrait cependant devenir très-bonne par une petite modification. Au lieu de la faire bien plus large dans le bas que dans le haut, il faudrait que cet élargissement de la base fût à peine sensible; que la rondelle ou planchette ronde, emmanchée à un bâton d'un mètre, remplît assez juste l'ouverture du haut pour n'avoir, dans le bas, qu'un centimètre de jeu; que cette rondelle fût percée de trous, de manière qu'en battant la crème, celle-ci passât au-dessus de la rondelle par ces trous et le vide de la circonférence.

Dans mes excursions, j'ai pu, en faisant ainsi percer la rondelle, et une autre fois en ajoutant en dessus deux ailes ou planchettes sur champ et en croix servant à battre la crème, en tournant le bâton entre les deux mains, j'ai pu, dis-je, m'assurer que cet instrument avait été singulièrement amélioré.

La baratte picarde, à peu près semblable aux serènes de Gournay et d'Isigny, est un baril garni en dedans de deux ou quatres douves, y faisant saillie, placées sur champ entre les douves, et échancrées contre les fonds ; la bonde a une ouverture de 10 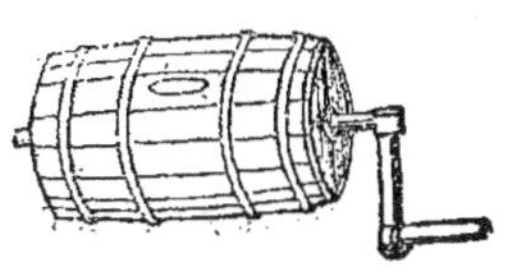 et 15 centimètres de diamètre. Un morceau de bois carré, traversant les fonds du baril, ou un pivot en fer assujetti contre les fonds sans les traverser, servent d'axe au mouvement de rotation.

Cette forme vaut mieux que la précédente ; on peut opérer plus en grand ; mais la baratte se nettoie mal ; c'est là un défaut capital.

Une troisième forme de baratte se composerait d'un baril ordinaire et dans lequel on fait mouvoir un axe garni de deux ou quatre ailes en bois, découpé horizontalement ou verticalement, de manière à permettre le passage de la crème.

Cette baratte, qu'on trouve aujourd'hui partout, est excellente, surtout pour opérer sur de petites quantités. Elle se nettoie parfaitement ; on retire l'axe en fer, et les ailes peuvent être extraites du caisson, bien lavées et séchées.

La baratte saxonne est dans le même système d'ailes intérieures mobiles ; elle ne diffère de la précédente qu'en ce que ce volant, au lieu d'être horizontal, tourne verticalement comme le fait un moulin à café.

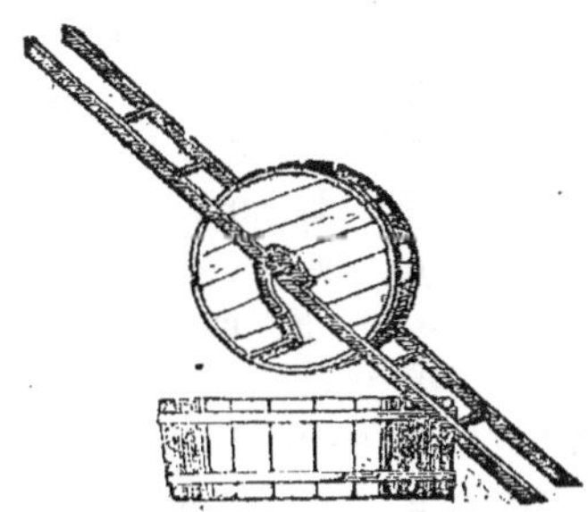 Mais la meilleure de toutes les barattes connues, surtout pour opérer en grand, est celle dite du Holstein, déjà si répandue qu'on pourrait la dire de tous les pays. C'est un baquet fort large (60 à 120 centimètres) et fort bas (25 à 30 centimètres), foncé des deux bouts, traversé par un axe sur le-

quel il tourne, et, en dedans, par une planchette percée, ou un treillage en bois traversant l'axe, posés à demeure et fixement dans une rainure.

Elle peut être de toutes les dimensions, pour 1 kilogramme de beurre aussi bien que pour 10.

Au-dessous de la baratte est un auget pour recevoir le liquide qui pourrait s'échapper pendant l'opération, et, celle-ci finie, le lait de beurre.

La baratte doit être remplie à moitié au moins, aux deux tiers au plus ; moins elle sera pleine, plus il y aura de mouvement intérieur, plus tôt le beurre sera formé. Mais on doit craindre de l'échauffer, car il faut agir surtout par le mouvementement de la crème sur elle-même et son frottement contre les parois et les ailes de la baratte.

On pourrait aussi, au lieu de faire tourner cette baratte sur champ, la rendre immobile et faire seulement mouvoir verticalement l'axe, alors garni d'ailes mobiles comme lui et suivant son mouvement.

Une publication spéciale et sérieuse, le *Farmer's Magazine*, annonce dans ces termes une nouvelle baratte, dite atmosphérique, inventée par l'évêque de Derry (probablement Derby) ; nous lui laissons la responsabilité de ses assertions :

« C'est un cylindre en étain, placé dans un cylindre plus grand, pour recevoir de l'eau à la température nécessaire à la fabrication du beurre ; une petite pompe introduit l'air au fond du cylindre rempli de crème qui, se chargeant de l'oxygène de l'air, se transforme bientôt en beurre et en lait de beurre.

« 45 litres de crème traités dans cette baratte auraient produit 12 kilogrammes 1/4 de beurre. »

« On a aussi indiqué un moyen plus simple de transformer la crème en beurre et qui dispenserait de la baratte : ce serait de mettre tout simplement la crème dans un sac de toile fermé et lié, de renfermer ce premier sac dans un second et d'enterrer le tout dans une terre fraîche mais non mouillée, en le recouvrant de 6 à 8 pouces de terre ; le beurre serait formé au bout de trente à trente-six heures.

Le mouvement imprimé à la baratte doit être régulier et continu, ni trop lent ni trop précipité ; autrement, les molécules butyreuses ne se grouperaient pas, ou, groupées, elles se diviseraient de nouveau en grumeaux, ou encore il s'établirait une fermentation qui donnerait son goût au beurre. Un mouvement trop précipité surtout serait un danger, car il développerait par le frottement une chaleur intérieure qui enlèverait au beurre sa délicatesse et son arome. Plus la crème est maigre, plus elle est douce ; moins elle est aigre, plus le beurre est lent à se faire.

Le beurre tarde souvent beaucoup trop à se former. Ce retard est déjà un mal, car il fatigue et déflore l'élément butyreux. J'ai cru remarquer que, dans toutes les saisons, une température humide, chaude ou froide, rendait plus rapide la formation du beurre. Ainsi, en été, on réussit mieux à la fraîcheur brumeuse du matin ; en hiver, à la chaleur tiède et humide des caves ; en hiver encore, plutôt à la chaleur aqueuse produite par la vapeur d'eau que par la chaleur sèche obtenue par le feu.

Nous avons déjà dit comment on pouvait vaincre les obstacles résultant de la température.

On pourrait aussi agir intérieurement en y versant de l'eau chaude ou fraîche, suivant le besoin.

Quelquefois la résistance de la matière crémeuse à se convertir en beurre est inexplicable. On applique alors différentes recettes que nous allons indiquer, sans vouloir les conseiller ou les expliquer.

Les Ecossais mêlent à la masse de crème douce à convertir en beurre de la crème un peu acidifiée, ou du vinaigre, ou du jus de citron, ou même de la présure liquide ;

Les Anglais, du vinaigre fort, à la dose d'un petit verre par 10 à 12 litres de crème ;

Les Allemands, de l'esprit-de-vin ou de l'eau-de-vie, les secondes pellicules d'oignons rouges et forts.

En France, en Suisse, etc., on mêle, dans la baratte, du sel ou de l'alun, réduits en poudre très-fine.

J'ai, par une addition de sucre en poudre ou de belle cassonade jaune, obtenu un beurre qui m'a paru plus lié et plus parfumé.

En hiver, j'ai vu mettre dans la baratte 1/20 d'huile ; cela rendait le beurre moins cassant.

Lorsque la difficulté de faire le beurre doit être attribuée à un grand froid, le meilleur remède consistera à faire chauffer le lait jusqu'à l'ébullition, mais sans l'atteindre ; à le maintenir ainsi une bonne heure ; à le mettre en terrine, à attendre la crème pour la battre sans retard, et, au besoin, avec un mélange d'eau ou de lait chaud.

Il paraîtrait certain que la présence de certaines substances dans la crème ou la baratte empêcherait ou retarderait au moins la formation du beurre : ainsi le savon, l'eau de lessive, les cendres.

Ces alcalis caustiques agissent chimiquement sur ce corps gras et tendent à le convertir en savon.

Quelquefois la difficulté vient de l'absence d'acide. On constate ce fait par le papier bleu de tournesol. Trempé dans la crème, il deviendra rouge s'il existe un principe acide ; si ce principe manquait dans la crème, il faudrait l'introduire : du petit lait aigri, de la crème vieille, du vinaigre au besoin. Le papier rouge de tournesol deviendra bleu sous l'influence d'un alcali.

Lorsque le beurre ne veut pas se former et qu'on a épuisé tous ces moyens, il faut mettre la matière sur le feu et faire fondre comme on ferait fondre du beurre à conserver. Lorsque le beurre aura déposé ses principes étrangers, qu'il sera limpide, on salera et on décantera. On aura alors du beurre fondu de médiocre qualité.

Dans les pays où la parturition des vaches est ménagée pour la même époque de l'année, en Allemagne, par exemple, on a pu remarquer avec certitude que plus les vaches étaient vieilles en lait et s'approchaient de la parturition, plus la conversion de la crème en beurre était lente et difficile, ce qui altère toujours un peu la qualité du beurre.

Plus, au contraire, le lait était nouveau, c'est-à-dire plus la parturition était récente (les huit premiers jours exceptés), plus l'opération était rapide.

On avait remarqué aussi que le lait d'une seule vache ayant vêlé récemment suffisait pour vaincre la résistance provenant du lait ancien d'un grand nombre de vaches. Dans la pratique, on ménage donc quelques parturitions qui devancent ou suivent inégalement celle de la masse des vaches, et on corrige ainsi, par un mélange de lait d'une à six semaines, les résistances qui résultaient d'un lait beaucoup plus vieux.

Au mouvement, au son de la baratte, on devine la formation du beurre par l'existence d'une masse intérieure agglomérée. Il faut alors arrêter le mouvement ; si on le continuait, le beurre perdrait de sa qualité.

A Isigny, on s'arrête à la première présomption d'agglomération en grumeaux ; à Gournay, on attend l'agglomération en masse. Alors on fait couler le lait du beurre ; on le remplace par de l'eau fraîche. On remue sans tourner, et on lave successivement à deux ou trois eaux, jusqu'à ce que la dernière sorte presque limpide.

Je suis peu porté à approuver les lavages multipliés, car je crois qu'ils enlèvent l'arome du beurre, et je préfère l'épuration à sec, en coupant le beurre en lames fort minces avec un couteau de bois. Les seuls lavages que je pratique se font dans la baratte. Aussitôt que le beurre est en grumeaux, on fait couler le lait ; on le remplace par un peu d'eau, qu'on fait couler et qu'on renouvelle deux fois ; ainsi on lave les grumeaux, c'est-à-dire le beurre à peine formé, et on évite de l'agglomérer avant ce lavage léger qui le purifie presque entièrement. Par les procédés contraires, on enferme dans la masse les éléments séreux et caséeux dont une manutention fatigante et destructive des qualités du beurre ne parviendra jamais à le purger entièrement

Modes divers de fabrication du beurre.

Je viens d'indiquer le mode de fabrication le plus généralement pratiqué en France. L'écrémage me paraît, en effet, le mode le plus simple d'obtenir le meilleur beurre.

Cependant, dans certains pays producteurs d'excellent beurre, on procède autrement. Ainsi, dans l'arrondissement de Rennes, en Bretagne, où se fabrique le beurre si renommé de la Prévalaye, dans certaines contrées du nord, etc., on tire directement le beurre du lait ; autour de Rennes, on bat vers midi le lait de la mulsion du matin mêlé au lait de la mulsion de la veille au soir, après avoir laissé en repos, pendant quelques heures, les deux laits ainsi mêlés. Ce mélange est fait dans le but de décider un commencement de désagrégation, afin que la crème ait commencé à monter lors de l'opération du battage. Malgré cette précaution, le battage est fort long et fort pénible. Dans le nord, on ne bat que le lait de la veille ; jamais on n'emploie de lait écrémé ou chauffé. En hiver, on mêle un peu d'eau chaude au lait pour produire de suite l'échauffement que devrait amener le battage ; en été, de l'eau bien fraîche, mais seulement lorsque le beurre commence à se former.

Certains voyageurs racontent que les Hottentots et les Esquimaux opèrent de même ; qu'ils remplissent à moitié, et de lait, des sacs en peau brute, faits comme les outres espagnoles, avec le poil en dedans, et que le mouvement de va-et-vient imprimé à ces outres opère assez promptement la formation du beurre.

Dans d'autres pays dont le beurre est renommé, les Flandres, le Danemarck, on laisse monter la crème, et, sans y toucher, cailler le lait; puis on bat tout ensemble, la crème, le caillé et le petit lait.

En Angleterre, on emprunte diversement à ces deux méthodes. Ainsi, dans quelques comtés, on écrème et on bat la crème fraîche; ou encore, comme dans le pays de Cornouailles et le Sommersetshire, la crème obtenue sur un lait reposé vingt-quatre heures, puis chauffé et maintenu deux heures dans un état voisin de l'ébullition, sans l'atteindre, puis écrémé trente heures après. Ce dernier procédé est le même que celui adopté en Vendée. Dans d'autres, avant de battre, on mêle, au lait frais du jour, de la crème fraîche de la veille; dans d'autres encore, ce n'est pas de la crème fraîche, mais de la crème acidifiée qu'on mêle au lait frais; ailleurs, on bat ensemble la crème et le lait aigri sous cette crème; enfin, et dans le pays qui produit le beurre le plus renommé de l'Angleterre, le Devonshire, on laisse monter la crème; puis on place la terrine qui contient le lait et la crème sur des cendres très-chaudes ou dans un bain-marie; on porte la chaleur de la crème et du lait à 60 et même 75 degrés centigrades; on soutire le lait; on laisse épaissir la crème pendant vingt-quatre heures, et on bat.

Ces méthodes anglaises ont été expérimentées par des savants et des hommes pratiques, et il paraît généralement reconnu que la plus grande quantité de beurre a été obtenue par la méthode du Devonshire, la crème échaudée;

Puis par le lait et la crème un peu aigris et battus ensemble;

Puis par la crème vieillie et aigrie légèrement (méthode bretonne).

Au point de vue de la quantité de beurre obtenue d'une égale quantité de lait, la méthode française, le battage de la crème fraîche, devrait, d'après les opinions anglaises, être placée au dernier rang.

Au point de vue de la qualité du beurre et de sa plus longue conservation à l'état frais et à l'état salé ou fondu, la méthode française l'emporterait sur toutes les autres.

Après elle viendrait l'autre méthode, aussi française, puisqu'elle est pratiquée en Bretagne et même en Normandie, le battage de la crème raffermie par un repos de quelques jours et légèrement acidifiée;

Puis le beurre obtenu par le battage du lait et de la crème acidifiés et battus ensemble ;

Enfin, le beurre manipulé à la façon du Devonshire.

Ces expériences anglaises prouveraient donc que nos beurres sont supérieurs à tous les autres ; qu'ils sont bien plus délicats, plus doux, plus parfumés, d'une conservation plus longue ; mais que ces qualités sont achetées par nous à un prix que les producteurs anglais ne veulent pas payer. Ils pensent, en effet, que par leurs méthodes, et surtout par l'emploi du feu, ils obtiennent un sixième et souvent même un cinquième au-dessus de nos rendements ordinaires.

Schwertz, appréciant les méthodes françaises, allemandes et flamandes, n'approuve pas celles-ci, et conseille l'écrémage. Il ajoute cependant : « La chose essentielle n'est pas la méthode que l'on suit. « J'ai pu me convaincre, dans mes voyages, que tout, presque tout, « dépend de la nourriture des vaches, de la propreté et des soins apportés à la fabrication du beurre. »

Pour ma part, je conseillerais de battre la crème bien fraîche pour les beurres à écouler dans les villes populeuses et riches, où la qualité du beurre serait appréciée et payée : Isigny et Rennes gagnent énormément à fabriquer des qualités supérieures.

Ailleurs, là où la qualité serait mal payée, là où on ne vend pas frais, là où on sale, là surtout où on sale fort et où on fond, je conseillerais l'emploi du feu, sinon sur la crème, comme dans le Devonshire, au moins sur le lait avant l'écrémage.

J'ai goûté et mangé, dans le pays même, du beurre du Devonshire, et je dois dire que je l'ai trouvé doux et savoureux ; mais, dès le second jour en été, le troisième en hiver, il devient sec, cassant et aigre, et la rancidité suit de très-près l'aigreur.

Coloration du beurre.

Le beurre blanc a peu d'apparence. On le croit plus maigre que le beurre naturellement jaune ; on l'apprécie donc moins et on le paye moins cher ; c'est ce qui a amené la fraude de la coloration.

Nous disons fraude, car c'est là évidemment un moyen d'obtenir un plus haut prix sans donner plus de qualité.

Cette fraude sera tolérable si elle n'introduit pas des principes nuisibles et si son seul effet est une coloration inoffensive ; c'est ce qu'on obtient par l'emploi du jus de carottes jaunes.

On râpe les carottes et on en exprime le jus en tordant cette pâte dans un linge neuf et clair ; quelques personnes condensent ce jus par l'ébullition ; mais cela ne me parait pas nécessaire.

La dose ordinaire est d'une cuillerée par chaque demi-kilogramme de beurre.

Les uns mêlent ce jus avec la crème avant le battage, et prétendent que cela rend l'agglutination plus prompte ; d'autres, seulement vers le milieu de l'opération, en prenant soin de le délayer d'abord dans une petite quantité de crème pour mieux assurer le mélange.

C'est là, sans nul doute, un moyen de coloration fort simple et fort salubre ; on doit le préférer à tous les autres.

Le cucurma, la graine de l'annoto, appelée rocou dans le commerce, vendue en poudre très-fine et mise en sachet ; les fleurs de safran, les stigmates du lis, les baies et les calices d'alkékenge, les boutons d'aubépine, les feuilles de souci macérées, etc., puis pressées et délayées dans de l'eau chaude, sont aussi employés pour la coloration du beurre ; mais nous n'hésitons pas à conseiller exclusivement l'emploi du jus de carottes. Les beurres de Bretagne et de Normandie sont colorés avec le suc de feuilles de souci macérées et pressées ensuite ; les beurres de Flandre, par le rocou, employé en poudre et enfermé dans un sachet qu'on trempe dans un peu de lait et qu'on exprime.

Toutes ces couleurs sont absorbées par le corps gras, qui les retient ; il en reste à peine des traces dans le lait de beurre.

Lavage du beurre.

Aussitôt le beurre formé, on le retire de la baratte en faisant d'abord écouler le lait de beurre ; quelques personnes le font couler à travers un tamis et pétrissent ou rebattent les parties solides que retient le tamis.

On recueille ensuite toutes les parcelles et grumeaux ; on les jette dans de l'eau bien fraiche et bien limpide ; on les agite, on les lave, puis on les réunit pour les pétrir dans une nouvelle eau, les diviser plusieurs fois, les repétrir pour les diviser encore. Si on dépose le beurre dans un vase en bois, il faudra, pour empêcher qu'il n'adhère, frotter préalablement le vase avec du sel en poudre.

Le beurre adhère et s'attache à tout ce qu'il touche. En Normandie, on a trouvé que l'eau dans laquelle on a fait bouillir de la cendre tamisée et des orties communes (*urtica urens*) empêche cette adhérence. Aussi, lors de la manutention du beurre, on se lave les mains et les bras avec cette lessive et on en lave les vases et les instruments à beurre.

Plus le beurre sera pur de tout mélange de parties séreuses ou caséeuses, plus il aura de qualité, mieux il se conservera doux, frais et parfumé. Le lait de beurre, en effet, s'aigrissant promptement, développerait dans le beurre les principes acides qui rendent le beurre fort ou rance. Les matières caséeuses, si facilement putrescibles, concourraient encore plus à l'altération.

A la sortie de l'eau, on pose le beurre sur un plateau, légèrement convexe, de marbre, de pierre ou de bois, et on l'aplatit avec une batte ou un rouleau en bois ; j'ai conseillé de faire adhérer le pain de beurre sur une petite planche, de le diviser en tranches fort minces au moyen d'un fil de laiton pour couper et d'un grand couteau de bois pour élargir ; le dé ou carré de beurre ainsi découpé a la forme d'un livre entr'ouvert ; on penche, on fait tomber de l'eau fraîche entre ces feuilles de beurre, on laisse égoutter, on renverse même, si le pain adhère bien sur le plateau, et on épure sans fatiguer. Cette méthode me paraît simple et excellente, c'est celle pratiquée chez moi.

D'autres aplatissent le pain entre deux planches frottées de sel en poudre, ou mouillées d'eau de lessive de cendres d'orties, ou encore couvertes de papier renouvelé à chaque pression.

Le but est de purger le beurre des particules séreuses, caséeuses ou aqueuses qu'il aurait pu retenir.

Cette opération doit être d'autant plus rigoureusement exécutée que le beurre est destiné à être conservé plus longtemps, car c'est là une des conditions de sa conservation.

Lorsqu'on le sale, c'est à la fin et à la suite du lavage.

Nous l'avons déjà dit, le lavage fait perdre au beurre quelque chose de son arome, et on fera bien de ne pas exagérer les manipulations à l'eau. Si on devait le consommer de suite, il vaudrait mieux ne laver et pétrir le beurre que fort légèrement.

Le séjour du beurre dans l'eau, surtout du beurre artificiellement coloré, le rend blanc et mat.

La manipulation seule fait perdre aussi au beurre de sa qualité et de sa fermeté ; en cela, il ne faut rien exagérer.

A la suite de ces opérations, le beurre reste un peu mou et huileux. Quelques heures de repos dans un lieu bien frais, sous la glace ou un linge mouillé, etc., lui donnent une fermeté qui ajoute à la qualité.

Les Anglais proscrivent le lavage du beurre et une manipulation trop minutieuse et trop longue ; ils soutiennent que l'eau lui enlève ses qualités les plus délicates et les plus volatiles.

Dans l'arrondissement de Rennes, qu'il faut toujours citer lorsqu'on parle de bon beurre, on ne lave pas ; on coupe en tranches très-minces avec des couteaux de bois, toujours trempés dans l'eau pour empêcher l'adhérence.

Beurre frais.

Le beurre destiné à la consommation immédiate est mis en pain d'un quart et un demi-kilogramme, et porté immédiatement au marché, soit par la femme du petit cultivateur, soit, lorsque le marché est trop éloigné, par les revendeurs ambulants qui parcourent les villages pour acheter le beurre, les œufs, la volaille, les légumes, etc., et vont ensuite alimenter les villes les plus voisines.

Le beurre se place dans des feuilles vertes, les plus unies et les plus fines possible. Celle d'arroche (*atriplex hortensis*), semée au printemps tout exprès pour cela, est préférée à toutes les autres. On emploie aussi des feuilles de salade, de vigne, de choux.

Dans les grandes chaleurs, on raffermit le beurre en l'enveloppant d'un linge mouillé et en le déposant dans un lieu frais ; il est ferme au bout de deux à trois heures.

Le contact de l'eau est, au reste, un fort mauvais moyen pour conserver le beurre. On l'emploie communément ; mais c'est là une routine que l'expérience aurait dû détruire.

J'ai vu disposer ainsi un panier de beurre :

On plaçait dans le fond un linge sec, gros, neuf et dur, plié en plusieurs doubles ou fourré de paille, pour créer l'élasticité ; à défaut de linge, des feuilles de chou, avec de la paille en dessous , le tout recouvert d'un linge ordinaire et mouillé ; là-dessus les pains de beurre (la forme ronde comme celle d'un verre de table est la plus commode pour le transport et l'emploi) enveloppés de feuilles, et préservés du contact des parois du panier par des feuilles de choux. On sépare les couches par un linge ou des feuilles, et on recouvre la dernière par un linge mouillé et souvent celui-ci par des feuilles.

Avec ces précautions, le beurre arrive au marché frais, ferme et intact.

A Rennes, le beurre de la Prévalaye se met en petits pains, bien lissés et dorés au moyen d'une cuiller de bois continuellement trempée dans de l'eau bouillante. L'emploi de l'eau chaude me paraît cependant nuisible à la fraîcheur et à la conservation.

Salaison du beurre.

Dans les pays de grande production de beurre, on pense comme les Anglais, et on évite de laisser le beurre dans l'eau ; on blâme les grands lavages, et on préfère, pour l'épuration, le battage à sec, la réduction en lames minces sous le rouleau ou par le moyen du couteau de bois ou du fil de laiton.

Pendant cette épuration ainsi faite, on procède déjà à la salaison en saupoudrant le beurre de sel de choix, bien pur, bien séché au four, bien pulvérisé.

Généralement, on préfère le sel blanc au sel gris, surtout pour le beurre destiné à une consommation assez prochaine ; le beurre, en effet, a plus d'apparence ; mais, pour les beurres de longue conservation, il faut bien sacrifier l'apparence à la certitude de conserver, et on s'accorde à préférer de beaucoup le sel gris comme plus énergique et plus durable dans son action. La différence entre les deux sels vient, en effet, de ce que le sel gris est mélangé d'hydrochlorates de chaux et de magnésie.

Le beurre de la Prévalaye est salé avec du sel blanc de Guérande.

On sale ainsi aux trois quarts une première fois ; puis, réduit en pains carrés, plats, couverts de sel et empilés, on laisse reposer le beurre pendant dix à douze heures en été, vingt-cinq à trente en hiver, et on recommence l'opération du battage en complétant, cette fois, le degré de salaison désirable. La dose de sel varie d'un quinzième à un vingtième du poids du beurre. On sale plus fort les beurres de longue conservation ; on sale moins fort ceux qui doivent être consommés plus promptement, car les moins salés restent les plus agréables.

A Gournay, on sale et on tasse dans des pots ; puis on resale le dessus du pot quelques jours après pour expédier. Il faut prendre des pots de grès ou de terre non poreuse, jamais de pots vernis au moyen d'un émail de plomb.

En Allemagne, après avoir bien lissé le beurre à la surface du pot, on le couvre d'un rond de papier Joseph (très-mince et non collé) et on met dessus une couche de charbon de bois bien pulvérisé, et maintenu serré par la couverture du papier.

Il y a toujours eu pour le fabricant intérêt à saler fort ; son beurre acquiert plus de poids par l'adjonction d'une matière qui se vend bien moins cher. Aujourd'hui que le sel a subi une grande diminution, l'intérêt sera plus grand encore ; cet excès de sel deviendra une fraude.

Après la mise en pots, on sale le dessus. S'il se formait des fentes, si la masse s'isolait du vase, on devrait tasser le beurre dans le pot, faire disparaître les fissures, ou fondre du beurre, le saler et le couler dans les interstices. Lorsqu'on fait voyager le beurre, il faut toujours le couvrir de sel.

Les Écossais, au lieu de sel pur, forment un mélange composé d'une partie de sucre, une de nitre et deux de sel, bien séchés, pulvérisés et mêlés.

On sale le beurre avec ce mélange à la dose d'un seizième au moins de son poids. Dans les premiers jours, le beurre a peu de saveur ; mais le temps le bonifie. Au bout de quinze jours, l'incorporation est complète, et on peut employer le beurre, qui, sans paraître salé, c'est là sa principale qualité, reste frais et fort agréable pendant six mois et même un an.

Lorsque, dans une laiterie, on est bien fixé sur les proportions du beurre et du sel, on se fait une balance dite proportionnelle. Elle consiste en deux plateaux de bois suspendus, comme aux balances ordinaires, aux deux bouts d'un bâton de bois. Le plateau destiné au beurre est plat ; celui qui doit recevoir le sel est creux. Il importe peu qu'ils soient du même poids. Dans le plateau plat, on met 1/2 kilogramme ; dans l'autre, le poids proportionnel qu'on a jugé le meilleur (généralement 31 grammes environ ou 1/16). Au moyen d'un nœud coulant passé dans le bâton, on suspend et on cherche à créer l'équilibre. Une fois trouvé, on marque le bâton par un trou destiné à recevoir une cheville de fer en triangle et formant le pivot de la balance. On consolide, et la balance est parfaite. Lorsqu'on veut s'en servir, on met le beurre sur le plateau plat, et le sel ou le mélange salé sur le plateau creux, jusqu'à ce que les plateaux s'équilibrent. Ainsi, on ne peut plus se tromper. L'opération acquiert une régularité et une uniformité parfaites. Si on créait des graduations dans la salaison pour les beurres d'été ou d'hiver, pour ceux de longue ou de courte conservation, il y aurait sur le bâton autant de trous que de graduations. Celui le plus rapproché du plateau du beurre donnera la proportion la plus faible en sel ; celui le plus rapproché du plateau du sel donnera la proportion la plus forte.

Il faudra toujours prendre le beurre dans le même état, ou au sortir de la baratte, ou à demi-épuré ou épuré entièrement, car il perdra de son poids au fur et à mesure de l'épuration.

Une bonne pratique sera de saler au sortir de la baratte sans layer ; on salera en épurant. Il y aura moins de main-d'œuvre, et le beurre sera moins fatigué. Il faudra plus de sel ; mais il ne sera pas perdu, et se retrouvera dans les fromages, le serai et les résidus.

C'est dans des vaisseaux de bois que se place ordinairement et que se conserve le mieux le beurre salé. En Allemagne, on confectionne ces vaisseaux en bois de hêtre ; en Angleterre, avec des bois blancs, des bois de Nerva, du pin de Riga pour les douves et en bois de chêne pour les fonds ; en France, on préfère les bois blancs, le saule, le peuplier, le tremble, à cause de leur légèreté.

Pour les livrer au commerce de détail, on préfère, en France, la forme large et basse d'une espèce de baquet, profond de 20 à 25 centimètres, large de 75. Alors on coupe à fond au moyen d'une spatule cannelée. Pour les ménages on préfère des pots de terre ou des petits barils plus profonds qu'évasés.

Si le vaisseau est neuf, il faudra le laisser rempli d'eau pendant quelque temps ; s'il a servi, on ne pourra trop bien le laver, l'essuyer et le faire sécher ; avant de l'employer, le bien frotter de sel pulvérisé, couler du beurre fondu et salé dans la rainure du fond, bien presser et tasser le beurre fondu; lisser enfin la surface, la saupoudrer de sel bien pulvérisé, la recouvrir d'un linge trempé dans de l'eau de sel, et poser le couvercle de manière à ce qu'il y ait adhérence complète et impossibilité de déplacement.

Dans les ménages, lorsqu'un pot est entamé, on y verse de la saumure, de manière à tenir la surface toujours immergée : cela empêche le beurre de rancir.

Le beurre bien salé doit être bien sec, bien compact et bien dur, ressemblant à de la cire.

Les salaisons de beurre se font en toutes saisons, surtout au printemps et en automne.

Les beurres d'automne sont plus gras, plus fermes et de bien meilleure conservation; aussi les préfère-t-on pour les convertir en beurre salé. Il faut cependant excepter les beurres de prairies ombragées; la feuille morte des arbres passe dans l'alimentation et donne au lait et au beurre quelque chose de l'âcreté du tan.

Ceux de printemps sont plus délicats, plus légers, plus agréables, plus frais; mais ils sont moins purs, moins compactes, et se conservent moins bien.

Dans les ménages qui produisent le beurre, on fera bien de faire fondre les beurres de printemps qui ne seront pas consommés frais, et de saler ceux d'automne. Dans les villes où tout s'achète pour fondre ou pour saler, on devra préférer de beaucoup les beurres d'automne.

Fusion du beurre.

Le beurre salé ne peut se garder bien frais que quelques semaines en été, quelques mois en hiver. Il conserve un goût et une saveur d'autant plus agréables qu'il est moins salé, moins lavé, moins fatigué, et qu'il est consommé plus promptement. Quand on veut obtenir une plus longue conservation, il faut recourir à un moyen plus énergique, à une épuration complète de l'élément butyreux. C'est par la fusion qu'on le purge complétement, en effet, de tout mélange de principes étrangers, caséeux ou séreux; car le meilleur beurre n'est jamais sans mélange, et je n'exagère pas en disant que le beurre le mieux manipulé et le plus soigné retient encore dix pour cent de matières caséeuses et séreuses; le beurre mal soigné, douze à quinze pour cent, souvent plus.

En achetant du beurre, il faut donc porter son attention sur ce point.

La meilleure manière de faire le beurre fondu est, sans contredit, le bain-marie. On évite ainsi tous les accidents du feu, une chaleur inégale, un trop grand feu qui gratine et donne un goût de brûlé, l'odeur de fumée, etc. Si on procède directement par le feu, il faudra que ce soit par un feu très-doux, de braise plutôt que de flamme, à cause de la fumée, dans un vase très-propre et découvert, afin de faciliter l'évaporation des résidus aqueux provenant des parties séreuses. On chauffera très-lentement; l'ébullition devra à peine être sensible, et l'opération toujours durer au moins une heure et demie à deux heures. On écume continuellement et soigneusement, sans remuer l'intérieur du vase. L'écume se recueille et se mange.

On juge que l'opération est complète, c'est-à-dire que les parties séreuses sont évaporées, que les parties caséeuses sont enlevées dans l'écume ou précipitées dans le dépôt jaunâtre qui se condense au fond du vase, lorsque le beurre est devenu d'une limpidité absolue, d'une transparence irréprochable. La preuve est complète lorsque, jetée sur le feu, la matière en fusion s'enflamme et brûle sans pétiller, ce qui prouve qu'elle est huileuse et sans mélange. On décante alors avec précaution, mais après avoir retiré le beurre du feu et l'avoir laissé un peu refroidir. La matière en fusion à demi refroidie a plus de consistance, et on risque moins, par le mouvement, de la mêler avec le dépôt du fond ou des parois du vase. On pourrait aussi, pendant quelques minutes, immerger le fond du pot dans un seau d'eau fraîche.

Généralement, on sale légèrement, les uns pendant l'opération, et aussitôt qu'il y a fusion, en prenant le soin de faire fondre le sel dans du beurre à part, ou encore de le mettre dans une grande cuiller, que l'on tient dans le beurre fondu jusqu'à fusion complète de ce sel; d'autres salent seulement après la mise en pots et avant la coagulation. Mais l'incorporation du sel dans le beurre est moins assurée par cette méthode que par la première. Dans tous les cas, on sale le dessus du pot.

Les Anglais remplacent parfois le sel par du miel, à la dose d'un seizième du poids du beurre. On mêle bien et on décante. Je conseillerais de faire fondre le miel comme nous avons dit de faire fondre le sel, mais de diminuer la proportion du miel.

Je me suis très-bien trouvé d'une pratique fort simple et fort économique, en ce qu'elle dispense de l'emploi des pots et qu'elle diminue aussi les frais de transport du beurre. On verse le beurre fondu dans un vase étroit dans le bas et allant en s'élargissant dans le haut; et s'il est profond, on ne remplit pas, le beurre ne devant pas avoir plus de 20 à 25 centimètres d'épaisseur. Dix ou douze heures après, on pose un instant l'extérieur du vase dans de l'eau bouillante, de manière à en détacher le beurre, qu'on fait alors sortir en pain et qu'on traverse d'un fil, si on n'en a pas disposé un dans le moule avant la fusion, pour le suspendre dans un lieu tempéré et sec, où il se conserve parfaitement bien.

Quelques personnes font baigner pendant trois à quatre jours ces pains de beurre dans une saumure bien fraîche; mais, en salant le beurre pendant la fusion, cela est presque inutile.

On dit que les Tartares procèdent à peu près comme nous avons dit précédemment; qu'ils chauffent jusqu'à l'ébullition sans faire bouillir; qu'après une heure passée sur le feu, et, lorsque le beurre est bien limpide, le dépôt bien compact, ils décantent et font refroidir rapidement dans de l'eau bien fraîche, dans de la glace rendue plus active encore par l'addition de sel, etc., ce qui empêche la cristallisation et assure mieux la conservation.

Le beurre, poussé assez loin par l'ébullition pour perdre sa couleur jaune et noircir, dégage un acide pénétrant qui saisit le palais et l'odorat.

Il est, dans cet état, un excellent remède contre la teigne et un des éléments de l'onguent fondant connu sous le nom d'*onguent de la mère.*

Beurre fort ou rance.

Le beurre fort peut encore, après avoir été fondu, être employé, surtout en y faisant entrer des oignons pour couvrir la saveur du beurre. Lorsqu'il est rance, on pourrait le faire fondre et le brûler, comme on ferait de l'huile ou du suif; mais cela donne une mauvaise lumière.

On peut aussi le faire fondre et bien mêler dans de l'eau bouillante, puis le reprendre lorsque l'eau est refroidie et que le beurre est durci à la surface, et répéter plusieurs fois cette opération ; on peut encore saler l'eau, ou encore y mêler 30 gouttes de chlorure de chaux par kilogramme de beurre, bien battu à plusieurs reprises, et laisser refroidir. On traiterait de même la graisse rance.

En Allemagne on lave le beurre rance à grande eau, on le pétrit dans l'eau, puis on le sale avec un mélange de sel et de sucre en poudre, en élevant un peu la quantité de sel ; la dose du sucre est de 65 grammes par kilog. ou une once par livre.

Le beurre ainsi fondu et lavé redevient mangeable ; mais, si on devait tarder à le consommer, il faudrait le saler plus fort.

Lait de beurre.

Le lait de beurre, s'il n'est pas plus gras, est au moins plus caséeux que le petit lait ; il contient encore presque toujours 1 1/2 à 2 1/2 pour cent de beurre. Ses résidus sont plus délicats. On l'emploie dans la soupe maigre aux légumes, dans l'assaisonnement de tous les légumes ou tubercules, dans le pain, qu'il rend plus nourrissant, plus hygiénique, et qu'il maintient plus longtemps frais (le petit lait s'emploie aussi de même dans le pain).

Le lait de beurre s'aigrit très-promptement : il faut l'utiliser sans retard.

Enfin, le lait de beurre peut être traité comme le lait écrémé et produire du caillé, ou encore, comme le petit lait, produire de la crème de beurre, ou être cuit et donner du serai ou fromage cuit.

Il passe ensuite dans l'alimentation des porcs, sert à mouiller le son qu'on donne à la volaille, et peut recevoir toutes les utilisations appliquées au petit lait.

A l'occasion des résidus du lait, je ne puis me dispenser de parler du *beurre doux*, tel qu'il se fait en Saxe et dans d'autres contrées de l'Allemagne.

On remplit un pot de lait écrémé depuis douze à quinze heures ; on place ce pot dans un lieu bien chaud, dans un four ordinaire, un four de poêle, ou même sur le poêle ou devant le feu, en veillant à ce que le lait n'arrive pas jusqu'à l'ébullition. On laisse ainsi une heure ou deux jusqu'à ce que ce qui restait de crème soit monté. On retire, on laisse bien refroidir et on écrème ; puis on baratte, ou plutôt on bat la crème avec une poignée de petits osiers écorcés de la grosseur d'une petite plume, si mieux on n'aime la mettre dans une bouteille à large ouverture pour y secouer la crème jusqu'à formation du beurre.

Ce beurre a peu d'apparence, car il reste mêlé de crème grise ; mais il est excellent lorsqu'on ne le laisse pas vieillir.

C'est un excellent beurre à donner aux enfants et à consommer *en nature* dans le ménage.

Des associations laitières, dites fruitières, en Suisse en Allemagne, dans le Jura et la Bresse.

On ne connaît pas assez, en France, ces associations laitières si communes en Suisse, où presque tous les villages (tous dans le canton de Vaud) sont constitués en associations, et qui se sont si rapidement répandues en Allemagne et dans la partie jurassienne de la Franche-Comté, de là dans la Bresse et dans quelques pays voisins.

Ces associations sont nées des observations suivantes :

1º Le beurre gagne à être fait par pains importants. Le fromage, pour être bon, ne supporte pas une fabrication en petit.

2º La main-d'œuvre est à peu près aussi coûteuse pour 10 kilogrammes de fromage que pour 100.

3º En groupant les produits, on opère toujours en grand et sur des matières fraîches et non altérées par les retards de fabrication.

4º Le beurre et le fromage gagnent à être faits par un homme spécial, expérimenté, exclusivement et continûment occupé à la même fabrication ; à être manipulés dans un établissement spécial et exclusif, bien ustensilé et complétement organisé pour une grande exploitation. Aussi, en général, le beurre des fruitières est-il vendu un cinquième, un sixième en sus de celui des particuliers, le fromage un dixième.

5º Certains produits, le serai ou recuite, le sucre de lait, etc., ne peuvent même s'obtenir qu'en opérant sur de grandes quantités ; ils sont perdus dans une petite exploitation.

6° L'association rend libres une foule de bras qui, sans elle, seraient, chacun de leur côté, occupés à manipuler mal et en petit un produit imparfait qui ne payerait pas la main-d'œuvre.

7° Elle unit et moralise les populations, en créant des intérêts semblables, un centre commun, etc. Elle stimule ce qui manque dans les campagnes, l'esprit industriel. Elle utilise ce qui serait perdu.

Généralement, elle a lieu entre tous les habitants d'un village ou de plusieurs écarts rapprochés. L'acte est fait ou sous seings privés ou devant notaire, pour une période fixée. L'acte nomme une commission de direction et de surveillance qui est constituée arbitre souverain de toutes difficultés nées de l'association, et qui devient occasionnellement conciliatrice de tout autre procès qui commencerait à se produire. Elle choisit le *fruitier* ou manipulateur, qui est payé ou à tant par année, plus rarement à tant par 50 kilogrammes de fromage. C'est chez lui qu'on porte le lait. La réception est constatée sur un morceau de bois fendu en deux, l'un restant au fruitier, l'autre à l'associé, et qu'on rapproche pour y faire les coches ou crans indiquant les quantités fournies. Chaque jour, suivant l'importance de l'association, ou chaque deux jours, chaque semaine, etc., on verse le produit au plus gros créancier de l'association. Le tour de chacun vient ainsi successivement, plus souvent pour ceux qui versent plus, plus rarement pour ceux qui versent moins. Une fois passées dans les mœurs et les habitudes, ces associations fonctionnent admirablement, sans tiraillements, sans secousses, et font la fortune de tous, en même temps qu'elles maintiennent la bonne harmonie entre tous les habitants.

Le seul inconvénient, c'est de faire perdre au ménage des résidus utiles pour la nourriture des animaux; encore pourrait-on les aller reprendre à la fruitière.

Pourquoi ces associations ne se répandraient-elles pas dans toute la France, car toute la France est propre à l'élève de la vache et à la production du lait? La vache, je l'ai déjà dit, doit être la providence alimentaire des familles pauvres et laborieuses. Même dans les gros bourgs, même dans les petites villes, une vache bretonne devrait être la cheville ouvrière de l'alimentation de tous, même du pauvre; être le luxe, le confortable de sa nourriture. Une vache et un jardin, fertilisé par les engrais de la vache et ceux des latrines, devraient fournir le tiers de la consommation de tous les ménages. La vache trouverait sa nourriture sur les berges des routes et des chemins, les bordures des propriétés closes, quelques pacages communaux, les terrains vagues, les friches, etc. Là où la vache ne pourrait s'alimenter, la chèvre la remplacerait. On donne au commerce bien des primes qui ne sont pas aussi méritées que le serait une prime de 10 ou 20 francs accordée annuellement à chaque vache appartenant à une habitation qui ne payerait pas plus de 3 francs d'impôt mobilier. Je recommande cette idée à nos législateurs. Louis XVI la comprit si bien, qu'il fit une distribution de vaches à des ménages pauvres, et cette manière toute royale de faire le bien produisit des résultats inespérés, puisqu'elle tira pour toujours de l'indigence les familles les plus chargées d'enfants et les plus nécessiteuses. Je serais heureux que cette pensée remontât aujourd'hui vers sa source, et qu'elle fût accueillie par le pouvoir.

Autrefois, le Jura ne fabriquait guère que des fromages de chèvre. Les cultures s'améliorèrent; on introduisit des vaches : les fruitières ouvrirent une ère nouvelle, et portèrent rapidement les montagnes du Jura au point de richesse et de fertilité où nous les trouvons aujourd'hui.

Certains pays ont repoussé les fruitières et s'en tiennent à des prêts de lait : presque tout le lait d'un village est prêté à un propriétaire qui fabrique du fromage; un autre propriétaire a le lait du lendemain. Ceci surtout dans l'arrondissement de Saint-Claude, où se fabriquent les excellents fromages de Septmoncel, le fromage bleu, le fromage dit de Gex.

Quelques villages ont en commun l'ustensilage, qui passe de main en main et chez celui qui a le lait du jour.

Ailleurs, il y a une fromagerie commune, élevée et entretenue en commun.

Ailleurs encore, il y a une fromagerie où on paye un quantum par quantité de fromage fabriqué (de 4 fr. 50 c. à 5 fr. par 50 kilogrammes).

Le Crausot, près Lons-le-Saulnier, fabriquait, en 1810, avant l'établissement de la fruitière, 2,500 kilogrammes de fromage.

Aujourd'hui, il fabrique 25,000 kilogrammes de fromage et 6,000 kilogrammes de beurre.

Le serai frais se vend 5 centimes le kilogramme, et 10 centimes s'il est salé.

C'est par les fruitières que les fromages du Jura se sont perfectionnés et rivalisent aujourd'hui avec ceux du pays de Gruyère.

Cette excellente institution des associations dites fruitières devrait s'étendre à d'autres produits, à la fabrication des sucres, des sirops, des fécules, de la bière ; des eaux-de-vie de grains, de pommes de terre, de vins, de marcs ; à l'industrie des soies, à la confection du pain, etc. Ces associations, déjà anciennes, ont dû produire le premier germe des idées phalanstériennes. Fourrier était lyonnais, et dès lors voisin des pays enrichis par ces associations.

CHAPITRE VI.

INDUSTRIE DES FROMAGES.

Généralités.

L'industrie des fromages est plus arriérée encore que celle du beurre.

L'importation est décuple de l'exportation ; 3,500,000 kilogrammes sont annuellement importés, tandis que l'exportation ne s'élève qu'à 350,000.

On a le tort, en France, de faire des fromages plus recommandables par leur délicatesse que par leur durée. Dès lors, on perd la faveur de l'exportation.

Les fromages étrangers qui voyagent sont :

Le Hollande ;

Le Gruyère ;

Le Parmesan ;

Le Chester et le Stilton.

Le Roquefort est le seul fromage français qui sorte de France.

Le Sassenage et le Septmoncel pourraient voyager.

On devrait donc pousser aux fromages de garde. L'Auvergne ne devrait faire que cela.

Les droits d'entrée sont :

Sur les fromages en pâte molle, de......... 6 fr. les 100 k.

Sur ceux en pâte dure, de 15

Le professeur allemand Trommel a trouvé en moyenne, dans les divers fromages par lui analysés :

Carbonne............	56,66	pour cent.
Oxygène	22,33	—
Azote	13,50	—
Hydrogène..........	7,—	—
Soufre.............	0,51	—
Total........	100	

De la fromagerie.

Nous avons déjà décrit l'ensemble complet d'une laiterie exploitée en grand ; pour ne pas nous répéter ici, il ne nous reste qu'à parler des ustensiles nécessaires à la fabrication du fromage :

1° Une presse, dont la force doit être proportionnée à la grosseur des fromages à fabriquer ;

2° Des formes de grandeurs variées. Ce sont des caissons ronds ou carrés, percés de trous sur toutes les faces, destinés à recevoir le caillé et recouverts de planchettes pouvant entrer dans la forme, par les deux bouts.

Ces planchettes ou plateaux servent aussi à recevoir les fromages pressés, et à les laisser égoutter ;

3° Un baquet peu profond, rond ou mieux ovale, pour préparer, épurer et saler au besoin le caillé ;

4° Un couteau à fromage, à une ou plusieurs lames ;

5° Des toiles claires ou canevas à fromage ;

6° Une chaudière.

Deuxième désagrégation du lait. Du caséum, caillé ou fromage.

Le mot *fromage* a une signification générale qui comprend :

Le caséum ou caillé à l'état frais et naturel, avec ou sans la crème ;

Le caillé frais, plus ou moins salé, aigri, séché, fermenté, cru ou cuit, naturel ou assaisonné, pur, ou mélangé de divers ingrédients ;

Enfin, l'élément caséeux, avec toutes les modifications, les altérations et les formes si nombreuses et si variées qu'il a plu à l'homme de lui donner.

Le caséum ou caillé, étant l'élément le plus animalisé et par conséquent le plus putrescible du lait, ne peut se conserver frais que fort peu de temps.

A l'état naturel et frais, il doit donc se consommer sur le lieu de production ou dans les localités les plus voisines. A cet état, il est volumineux, peu nourrissant, mais aussi très-rafraîchissant, se paye fort peu. Dès lors, il ne pourrait supporter de grands frais de transport.

Le fromage proprement dit, celui qui entre dans le commerce, travaillé, salé, séché, pressé, fermenté, cuit parfois, se trouve tout à fait transformé; son volume et son poids sont énormément réduits, parfois des trois quarts. Sa durée de conservation est fort longue, sa puissance nutritive et sa valeur hygiénique fort grandes, et, son prix variant de 50 centimes à 2 et même 3 fr. le kilogramme, on comprend qu'il puisse supporter les frais des plus grands transports et la durée des plus longs voyages.

A l'occasion de la fabrication du beurre, nous avons parlé de la première désagrégation de l'un des trois éléments du lait. La crème une fois montée et enlevée, le lait écrémé ne contient plus que deux éléments, l'élément caséeux, tenu en suspension dans l'élément séreux, et qu'il s'agit d'en séparer.

Comme l'élément caséeux est essentiellement solidifiable, c'est par la coagulation de celui-ci qu'on désagrégera les deux principes.

La coagulation pourrait généralement avoir lieu naturellement; il suffirait de laisser au temps le soin d'acidifier le lait et d'introduire par là un ferment qui amènerait infailliblement la coagulation. C'est ce qu'on aurait à faire si on devait consommer le caillé à l'état naturel, afin de lui conserver sa douceur légèrement acidulée.

On réussira aussi plus facilement à faire des fromages frais, et on leur donnera plus de qualité, en mêlant, au lait de vache, du lait de brebis ou de chèvre.

On doit faire de même pour obtenir une crème douce, en se gardant bien de l'aigrir par des mélanges acides.

Mais lorsque le caséum ne doit pas être consommé frais; qu'il doit, au contraire, être salé, pressé, séché, fermenté, etc.; que cette fermentation est une des conditions essentielles de la bonté du produit, on ne doit plus craindre de mêler au caillé des principes fermentants; on doit, au contraire, provoquer cette fermentation, et le meilleur moyen est d'introduire dans le lait, pour qu'il passe dans le caillé, un ferment énergique qui détermine cette fermentation.

Des intermèdes coagulants.

Tous les acides, dès lors le vinaigre commun, poussent à la coagulation. L'acide sulfurique surtout opère avec une promptitude et une énergie surprenantes. Dans beaucoup de fromageries anglaises, on le préfère à la présure, et on trouve qu'on obtient avec lui un cinquième de plus en caillé. L'acide hydrochlorique doit être proscrit, car il attaque et détruit l'émail des dents.

L'alcool mêlé au lait ne coagule pas, mais précipite la matière caséeuse et fait surnager la matière séreuse.

Les sels acidifiés, comme le sel d'oseille, le sel de tartre, etc., coagulent très-promptement, mais seulement lorsqu'ils sont mêlés à du lait presque bouillant.

L'amidon, le sucre, la gomme arabique bien pulvérisés agissent de même; mais il faut qu'il y ait ébullition après le mélange.

Le caille-lait (*galium verum*), l'ortie (*urtica dioïca*), le chardon béni (*carduus benedictus*) et sa fleur, la feuille d'artichaut (*cynara scolinus*) et sa fleur, l'oseille et les autres plantes très-acides sont aussi employés pour hâter la coagulation; mais l'effet est douteux parfois, toujours lent et peu énergique.

En Suède, en Norwége, en Laponie, etc., on administre à la vache, en mélange avec sa nourriture et comme intermède coagulant, une poignée de la plante que nous appelons grassette (*pinguicula vulgaris*). Quelques heures après la mulsion, sans autres soins ni additions, la coagulation est opérée.

Tous les éléments coagulants dessèchent par trop le caillé et opèrent moins sûrement que la présure.

De la présure.

De tous les moyens de coagulation que nous avons cités, l'intermède qui agit le mieux et le plus sûrement, celui que l'on préfère aujourd'hui, c'est la présure.

Cet intermède, en effet, n'est pas un élément nouveau, n'est pas un élément étranger au lait. C'est du lait déjà caillé, mêlé à du lait qui ne l'est pas encore, mais qu'on veut faire cailler; c'est du lait transformé mêlé à du lait qui ne l'est pas encore, mais qu'on veut transformer de même.

La présure doit agir plus sûrement et plus innocemment sur des éléments qui sont les siens propres, absolument comme fait la pâte ancienne dite *levain* sur la pâte nouvelle. La présure a encore cet autre avantage qu'elle est sous la main des éleveurs qui la produisent, et qu'elle ne doit leur rien coûter, puisqu'ils peuvent, en vendant un veau de lait, se réserver ce qui n'a aucune valeur, ce qui n'en a au moins que pour eux, la nourriture aigrie qui se trouve dans l'estomac du veau et l'estomac lui-même, c'est-à-dire la *caillette*.

La présure est donc la nourriture prise par le veau de lait et qui se trouve encore, lorsqu'on le dépèce, dans son estomac, à l'état de grumeaux laiteux. L'enveloppe elle-même a les mêmes propriétés que ces grumeaux ; on l'emploie même exclusivement dans certains pays. Parlons un peu de la préparation, de la conservation et de l'emploi de la présure.

La bonne présure fraîche, au sortir de chez le boucher, se reconnaît à sa transparence sans taches et sans parties décolorées.

On tire de l'estomac du veau tué les grumeaux caséeux qui s'y trouvent ; on les lave légèrement ; on les sale avec du sel bien pulvérisé. On lave également et on sale l'enveloppe ou caillette qui les renfermait ; on les y replace, et on la referme en la cousant. Puis on met ce petit sachet dans de la saumure, et, au bout de sept à huit jours, on l'en retire pour le suspendre au plafond, dans un lieu sec et aéré.

Ailleurs, on n'emploie que l'enveloppe elle-même, la caillette. On la lave, on la sale. Si on en a plusieurs, en les retirant de la saumure, on les enroule ensemble et on les fait ainsi sécher.

Ailleurs encore, on mêle ensemble les grumeaux caséeux et la caillette. On les renferme, au sortir de la saumure, dans une vessie liée de manière à bien presser ce qu'elle renferme, et on suspend pour faire sécher.

D'autres font sécher à l'air et sur du papier les grumeaux caséeux extraits de l'estomac.

D'autres, au lieu de renfermer le caillé et les enveloppes dans une vessie, les placent dans un vase bien fermé par couches interposées et couvertes de sel.

Toutes ces méthodes sont bonnes. Nous préférons cependant et nous pratiquons les premières ; l'important, c'est de bien conserver et bien sécher, sans moisissure ou pourriture, dans des lieux où cette matière si putrescible ne puisse contracter de mauvaises odeurs. Il faut donc bien se garder de la faire sécher dans les étables.

La présure n'est bonne qu'à la condition d'être déjà ancienne. On ne l'emploie guère avant six mois et mieux encore avant un an de conservation. Si elle était par trop ancienne, il faudrait cependant s'en défier ; avant de l'employer, il faut bien vérifier son état de conservation. Quelque peu qu'elle fût atteinte par la décomposition ou la pourriture, il faudrait la rejeter.

On en prend un morceau, en s'assurant qu'il n'est pas altéré et qu'il est bien sec. On le fait macérer dans du petit lait, de l'eau, du vin blanc, du vinaigre, froids ou chauds. On délaye ensuite, et on mêle au lait, généralement écrémé, qu'on veut faire coaguler. D'autres prennent soin de passer ce mélange dans un linge pour le rendre plus propre, ou encore font un sachet de présure en poudre et le font infuser dans de l'eau bouillante ; d'autres, par incurie, jettent tout simplement dans le lait la présure, ou en morceaux, ou écrasée. En Angleterre, on aromatise la présure, ou en la salant, ou seulement lorsqu'on la délaye au moment de s'en servir. Ailleurs, on y mêle du jus de citron, des infusions de thym, de serpolet, de clous de girofle, du safran, etc.

Nous n'avons encore parlé que de la présure venant des veaux de lait, parce que nous tenons à rester dans la spécialité qui nous occupe. Mais nous devons ajouter que là où on utilise le lait de brebis, on le traite avec de la présure d'agneau de lait ; là où on opère sur le lait de chèvre, on le traite avec de la présure de chevreau. Chacune de ces présures pourrait, bien entendu, s'appliquer à tous les laits ; dans les pays où on peut choisir, on préfère la présure de chevreau ; celle de porc, jaunissant démesurément la pâte du fromage, est rejetée par tous les fromagers. Il conviendra toujours de faire de la présure liquide, de la passer, puis de la transvaser lorsqu'il y aura un dépôt.

Ainsi, dans les montagnes de l'Aveyron, on prépare la présure dans des barils de 20, 40 et même 60 litres, et pour plusieurs semaines. On met généralement un estomac d'agneau et 95 grammes de sel par 10 litres de petit lait; on remue dans les premiers jours, et, le troisième, on emploie la présure à la dose de 2 à 3 litres, suivant la saison et aussi la force de la présure; par hectolitre de lait.

On fait même durer cette préparation plus longtemps, en ajoutant dans les premiers jours, et en petit lait, une quantité égale au liquide qu'on en retire. Mais on cesse d'ajouter lorsqu'on s'aperçoit que la présure perd de sa force.

Partout, dans les laiteries les plus importantes et les mieux dirigées, nous avons vu la présure employée à l'état liquide et préparée à l'avance, mais pour une semaine seulement. On la trouve même ainsi dans le commerce, bien limpide, bien préparée, et se conservant longtemps (*).

Comme renseignement seulement, je donne les deux préparations anglaises prônées par MM. Marshall, du comté de Norfolk, et Parkinson, de Glocester.

M. Marshall sale une première fois l'estomac et le caillé bien lavés ; il fait sécher pendant trois jours, sale encore et remet dans une terrine couverte d'un parchemin piqué avec une grosse épingle. Il emploie au bout de l'année, et alors il prépare ainsi : il prend une poignée de feuilles d'églantier musqué (*rosa eglanteria*), autant de rosier sauvage (*rosa canina*), autant de ronce (*rubus fructicosus*) ; il ajoute trois ou quatre poignées de sel, fait bouillir un quart-d'heure dans 3 litres 1/2 d'eau, laisse refroidir, décante, met dans ce liquide un estomac entier de veau avec son caillé, un citron bien coupé en tranches très-minces et 31 grammes de clous de girofle.

M. Parkinson lave bien l'estomac, fait sécher pendant douze heures, sale, et remet l'estomac dans une terrine, avec un peu de sel en dessus. Il ferme le vase avec une vessie, pour empêcher le contact de l'air. Au bout d'un an, il prend un estomac, met le caillé seulement dans un mortier et le pile, y mêle deux jaunes d'œuf, 1 gramme de safran en poudre, 10 de clous de girofle, un peu de macis, et remet le tout dans la poche de l'estomac. Au bout de quinze jours, il prépare une infusion de sassafras bouilli dans 3 litres 1/2 d'eau bien salée, et y incorpore la présure préparée comme nous avons dit. Quinze jours après cette incorporation, on peut se servir du liquide.

Jusqu'ici, grâce à l'apathie de nos éleveurs, la Suisse et l'Allemagne nous ont vendu presque toute la présure employée en France, l'importation s'est élevée jusqu'à 15,000 kilogrammes ; notre présure s'est perdue dans les immondices des boucheries. Nous avons fait venir de loin et acheté ce que nous avions et laissions perdre absolument. C'est pour faire cesser cet état de choses déplorable que je suis entré dans quelques détails sur la préparation, la conservation et

---

(*) On en vend à Paris, chez Labouré, rue Montorgueil, 35, ou rue de l'Echiquier, 10, au prix de 1 fr. 50 c. le litre.

l'emploi de la présure. Les éleveurs, lorsqu'ils vendent directement leurs veaux de lait aux bouchers, doivent se réserver l'estomac pour l'employer ou le vendre. Cette petite industrie devrait exister sur tous les marchés de bestiaux.

Dans l'emploi de la présure, on se propose donc deux buts bien différents :

1° La coagulation la plus prompte, la plus complète, la plus compacte de l'élément caséeux ; pour cela, il faut doser assez fort (sans exagération cependant, car le fromage en serait altéré) et employer une présure énergiquement composée ; autrement, la coagulation, au lieu d'être ferme et compacte, n'aurait aucune adhérence et ne formerait qu'une masse de grumeaux désagrégés, retenant mal les parties les plus grasses du caséum et (pour le lait non écrémé) l'élément butyreux, mêlé au caillé sous la forme liquide de la crème. La meilleure partie, la richesse du fromage, ou resterait en suspension dans le petit lait, ou, légèrement coagulée, s'écoulerait lors de l'égouttement, entraînée par le petit lait. Le fromage, amaigri par ces pertes, resterait mal lié, sec, cassant, sans force ni saveur.

Il faudra aussi doser plus fort pour le lait non écrémé que pour celui qui l'a été.

2° Une fermentation assez prompte pour prévenir la putréfaction, assez énergique pour produire cette demi-décomposition qui fait tourner au gras la matière caséeuse, si peu grasse de sa nature.

Il y a ici, dans la fermentation caséeuse, des mystères que la science devrait facilement percer. C'est là une étude à faire ; je signale ce sujet et le recommande aux investigations de la chimie. Jusqu'ici la question a été mal posée et fort incomplétement résolue. Les uns ont soutenu que le fromage fermenté était un véritable savon, d'autres un oxyde, d'autres enfin un sel. Il faut donc le reconnaître, la science n'a pas passé par là ; elle a laissé inexploré ce petit coin de l'économie agricole. La pratique seule a marché à tâtons et dans l'obscurité, c'est-à-dire lentement et vaguement. Ses conquêtes, s'il y a eu conquêtes, ont donc dû être fort peu importantes. L'intérêt est cependant fort grand, car la production des fromages fermentés constitue un immense commerce et représente annuellement plusieurs centaines de millions.

Disons, pour terminer, qu'il est à peu près certain que le chlorure de sodium, même employé à de très-petites doses, empêcherait ou retarderait au moins la putréfaction de la matière caséeuse.

En moyenne, on peut dire qu'il faut à peu près un gramme de présure sèche par litre de lait à faire coaguler ; un peu plus, si on emploie, pour délayer la présure, de l'eau au lieu de petit lait, matière acidifiable qui ajoute à l'action de la présure; un peu moins, si on emploie du vin ou du vinaigre.

Avec une bonne présure ainsi préparée, il suffira d'une partie de présure sur quatre ou cinq cents parties de lait, c'est-à-dire qu'un litre suffira pour quatre ou cinq cents litres de lait ordinaire.

Si le lait est écrémé, il en faudra peut-être encore moins ; s'il est léger, cela suffira ; s'il était très-gras, très-butyreux, il faudrait augmenter la dose de présure, parce que les molécules grasses s'opposent à l'adhérence attractive des molécules caséeuses.

Le dosage dépendra aussi de la saison, de la température. En été ou dans une laiterie chaude, il faudra moins de présure ; en hiver ou dans une laiterie froide, il en faudra bien davantage.

En hiver, on réussira difficilement à faire des fromages maigres ; les fromages gras seront, au contraire, d'une qualité supérieure à ceux d'été et d'une confection moins difficile.

La pratique seule pourra bien renseigner sur le dosage de la présure. C'est là un point fort important ; car si on dose trop bas, on manque, on estropie l'opération de la coagulation, et on perd les principes les plus riches du lait ; si, au contraire, on dose trop haut, on introduit dans le fromage, avec un ferment trop violent, un excès d'acidité qui donne un caillé désuni et en grumeaux, et altère la qualité du fromage.

On ne peut donc jamais trop bien régler et préciser l'emploi de la présure.

L'action de la présure sera plus prompte en été, si on l'introduit dans le lait aussitôt après la mulsion et lorsqu'il est encore tiède ; cela, bien entendu, lorsqu'on ne doit pas écrémer et qu'on veut faire un fromage gras. Mais cette pratique de mettre la présure dans le lait sortant du pis de la vache ne réussirait pas en hiver. Lorsqu'il fait froid, il faut laisser refroidir le lait, mettre la présure et réchauffer le lait au bain-marie ou sur des cendres chaudes. En hiver, le lait écrémé doit se traiter de même.

Coloration des fromages.

Il en est du fromage comme du beurre ; on veut lui trouver une couleur jaune, parce qu'on en tire la conséquence qu'il est gras et savoureux. L'œil est séduit, le goût est entraîné, et le fromage et le beurre sont présumés, sont jugés être bons, parce qu'ils sont jaunes. L'usage de la coloration du beurre a donc passé au fromage. On a employé d'abord les mêmes colorants ; puis on s'est arrêté à la baie de l'arbre originaire d'Amérique, l'annoto, fort répandu en Espagne, où se fait le commerce de cette graine, appelée annoto d'Espagne, et rocou dans le commerce.

Le mode d'emploi varie : les uns prennent un morceau de rocou gros comme une noix, le mettent tremper douze heures dans un verre de lait, passent ce lait dans un linge, et ensuite, en tordant le rocou dans ce linge, puis le retrempant dans le lait et le pressant encore, ils en expriment tous les principes colorants : cela suffira pour 20 kilogrammes de fromage. On introduit cette couleur dans le lait au moment et avant d'y mettre la présure. Les autres mettent en sachet le rocou à l'état naturel ou en poudre, font tremper le sachet et expriment la couleur ; d'autres encore font infuser dans de l'eau chaude, puis frottent et délayent, et laissent déposer.

La dose ordinaire de rocou est de 1 gramme par kilogramme de fromage ordinaire, 1 gramme 1/2 pour le fromage très-coloré et jaune, le chester par exemple. A Chester, on dit qu'un morceau de rocou du poids de notre pièce d'or de 20 fr. doit colorer 15 kilogrammes de frommage.

Température nécessaire à la coagulation.

La température la plus favorable à la coagulation est, suivant les Anglais, de 22 à 23 degrés centigrades.

Le lait doit être légèrement salé avant d'y mettre la présure. Les uns, pour le porter à la température nécessaire, le mettent sur le feu et le salent avant de le retirer ; les autres font chauffer plus fort une partie seulement du lait et le mêlent à l'autre ; d'autres enfin, et c'est le plus grand nombre, y mêlent de l'eau bouillante un peu salée.

Dans tous les cas, on couvre le vase et on le défend contre l'air pour maintenir la température du liquide à 20 degrés environ.

Durée de l'opération de la coagulation.

Une **coagulation** trop rapide est aussi nuisible qu'une coagulation trop lente. La durée normale de l'opération doit être de deux heures.. En hiver, il faudra plus de temps ; en été, un peu moins.

De la saison favorable aux fromages.

Nous avons dit que la nourriture sèche donnait plus de beurre, la nourriture verte plus de fromage ; nous aurions pu ajouter un fromage de meilleure qualité. Aussi estime-t-on bien plus les fromages d'été que ceux d'hiver. Ceux-ci seraient moins inférieurs aux premiers si on donnait pendant l'hiver plus d'attention et de soins à la nourriture des vaches, si on leur fournissait constamment des tubercules mélangés, enfin si on mouillait davantage la nourriture sèche pendant la saison des froids.

Cette infériorité des fromages d'hiver serait encore diminuée par une manutention plus soigneuse et plus intelligente. Les règles qui dirigent la fabrication d'été doivent être successivement modifiées, selon la température.

Conditions qui influent sur la qualité du fromage.

Ce que nous avons déjà dit sur les conditions générales qui agissent sur la qualité du lait et du beurre peut s'appliquer ici en entier. Aussi nous ne répéterons pas ce qui a été dit des qualités si diverses du lait, de la température, de l'état de la laiterie, des formes et des soins de la manipulation, etc., conditions tout aussi agissantes sur la qualité du fromage que sur celle du lait, de la crème et du beurre. Nous n'avons qu'à parler de la manipulation du fromage.

Un lait échauffé par la marche de la vache ou la chaleur excessive de la saison ne se coagulera bien qu'en y mêlant, avec la présure, une petite quantité d'eau très-fraîche.

La formation du caillé, l'opération de la coagulation, qui est le point de départ, est aussi la base essentielle de la qualité du fromage.

Une mauvaise présure, ou mal préparée et composée, ou mise à contre-temps, ou en quantité trop faible ou trop forte, fera un mal que rien ne pourra réparer.

Une manipulation incomplète ou maladroite du caillé, trop ou trop peu de sel, tous les soins subséquents de chauffage, de cuisson et parfois de dessication, etc., auront aussi une très-grande influence.

Toutes ces mille circonstances enfin auront une telle variété d'influence, qu'il serait fort rare de trouver absolument semblables des fromages sortis de la même laiterie. Il y aura toujours des dissemblances, et elles seront, on peut le dire, presque toutes causées par une manipulation plus ou moins régulière, plus ou moins surveillée.

C'est donc la manipulation qui fait le fromage ce qu'il est, bon ou mauvais, suivant l'intelligence et le zèle qu'on y emploie. C'est là un produit de création humaine, dû aux soins par-dessus tout.

Le beurre est loin d'être dans des conditions aussi absolues, car il est tout formé; on le prend tel qu'il existe déjà; il n'a qu'une forme, et il y a dans le beurre trois fois moins de manipulation que dans le fromage.

On ne peut donc trop surveiller la fabrication des fromages et tenir la main à l'application rigoureuse de nos prescriptions.

Des fromages.

Il y a deux grandes divisions dans les fromages : les fromages frais, et les fromages manipulés ou de conservation.

Dans les fromages de conservation, la variété est infinie. On peut les diviser en deux classes : fromages plus ou moins salés, pressés et séchés ensuite; fromages salés, passés au feu et séchés.

Autrement dits *fromages séchés* et *fromages cuits*.

Préparations du caillé.

Si on doit aromatiser le fromage, il faut introduire les arômes sinon en même temps que la présure, au moins un peu avant la coagulation; alors l'odeur est partout également. Si on opérait après la coagulation, le mélange serait imparfait, à moins de pétrir et de fatiguer le fromage et de lui faire perdre de sa qualité. Cette observation s'applique aussi à la coloration. Généralement on met la matière colorante en même temps que la présure. Ainsi fait-on pour le chester, le fromage le plus coloré en jaune ; pour le fromage du Texel, coloré en vert, etc. Pour le parmesan, on ne mêle le safran que lorsqu'on délaye et chauffe le caillé mis en bouillie dans le petit lait ; en principe, on devrait colorer avant de mettre la présure ou en même temps, à moins qu'on ne dût craindre que la couleur ne restât pas en suspension et ne se précipitât.

Quand le caillé est bien pris, qu'il est ferme et tremblant sous la main, on l'isole du petit lait, soit en l'enlevant avec un linge passé en dessous, soit en faisant couler le petit lait. Une fois isolé, on l'incise de tous les côtés par de larges entailles qui livrent passage à l'élément séreux. Bientôt il s'affaisse, et on renouvelle les incisions. On fait égoutter ; on laisse reposer ensuite une heure en couvrant d'un linge ; on recoupe encore, et, après quelques instants d'égouttement, lorsqu'il a acquis assez de consistance et qu'il paraît purgé de ses parties aqueuses, on le porte dans la forme ou éclisse, où on le laisse égoutter encore ; puis on couvre la forme d'un rond en bois, qu'on charge parfois. Un peu plus tard, on renverse la forme ainsi ouverte ; on la tourne dans tous les sens ; on la perce de trous au moyen de broches de bois ou de fer passées au travers des trous de la forme, etc. ; tout cela pour faciliter la sortie du petit lait. Si on s'apercevait qu'il en restât, il faudrait encore recouper soit dans la forme, soit au dehors.

On mettra de côté, pour s'en servir à part, tous les morceaux de caillé qui se détacheraient et tomberaient dans le petit lait, car ils auraient de la peine à s'incorporer à la masse, et y formeraient des trous et fissures fort dangereux pour la conservation ; en mouvementant ces morceaux sur un linge sec, on pourra ensuite les mêler ensemble et les rendre adhérents.

Aujourd'hui, dans beaucoup de bonnes laiteries, on place le caillé sur de vastes tamis, on l'incise, on le mouvemente un peu, et on le laisse égoutter ainsi.

Egouttement du caillé.

Sans nul doute, la première de toutes les conditions pour réussir dans la fabrication de tous les fromages sans exception, c'est l'égouttement complet du caillé, sa purification absolue, l'absence de toute particule de petit lait. On ne peut donc donner trop d'attention et de soins à cette opération préliminaire.

Les moyens varieront suivant la nature des laits, et, par suite, des caillés; suivant l'ustensilage des laiteries, l'importance de leur production et même les usages des lieux.

Les uns isolent de suite le pain de caillé, soit en le tirant du petit lait, comme dans la province de Lodi, en Italie; les autres, en débouchant par le bas le trou ménagé dans le vase où le caillé s'est formé, ou encore en écoulant ce petit lait par le haut en penchant et renversant presque ce vase.

Les autres, opérant à l'inverse, brisent plus ou moins le caillé dans le petit lait, l'y pétrissent même en bouillie, et, après le dépôt du caillé dans le fond du vase, par des méthodes variées, enlèvent le petit lait.

Tous s'ingénient à purifier le plus possible le caillé; pour cela, ils emploient les couteaux de bois ou d'acier, à une ou plusieurs lames, les tamis, l'égouttement dans des linges, la pression en masse d'abord, dans des formes perforées ensuite; la pression lente et graduée, pour ne pas compromettre la solidité du pain : les fréquents changements de formes et de linges; ceux-ci toujours bien secs, celles-là toujours bien essuyées, pour absorber jusqu'à l'humidité du fromage, chassée à la surface par la pression; l'emploi des broches en fer, pleines ou creuses, pour percer le pain pendant les pressées...

La condition était si rigoureusement indispensable, si bien constatée dans tous les pays de fabrication, que partout on s'est proposé le même but, et qu'on y a tendu par les mille moyens que l'intelligence sait mettre à son service.

Un des meilleurs, celui que nous recommandons, c'est la forme ou éclisse, bien percée de trous plus larges extérieurement qu'intérieurement, à doubles fonds mobiles, pour presser la première fois des deux côtés sans sortir le pain de la forme, et en ajoutant en dessus et en dessous un second fond ou socle, plus ou moins épais, avec des rainures pour faire couler le petit lait, et ayant encore un peu moins de diamètre que ceux qui touchent immédiatement le caillé. Ainsi la pression s'exercera sur les deux fonds à la fois : celui du haut s'enoncera, celui du bas montera sous la pression ; mais, avec ce perfectionnement, il faudra mesurer la force de pression à la fermeté de la pâte ; autrement celle-ci s'échapperait et coulerait sous une pression trop forte ; on perdrait d'abord ce qui donne la qualité aux fromages, les parties les plus grasses et les plus onctueuses. La perfection de la presse et des moules sera, sans nul doute, le moyen le plus sûr pour l'égouttement absolu du caillé.

Salaison du caillé.

Cette condition importante accomplie, on sale le caillé.

La quantité de sel varie selon la nature du fromage, sa destination, etc. On sale plus les fromages qui doivent passer au feu que ceux qui doivent être séchés seulement ; on sale plus ceux de longue conservation que ceux qui doivent être consommés plus promptement. Nous n'avons donc pas à parler de la quantité de sel ; l'expérience l'indiquera. Une fois bien fixée, on devra la régler avec la balance que nous avons décrite à l'occasion de la salaison du beurre (p. 322).

Pour saler le caillé, on se sert de sel bien séché au four et bien pulvérisé ; lorsqu'on doit saler en dedans, on le fait au fur et à mesure que l'on recoupe et qu'on divise de plus en plus. Il ne faut cependant pas aller jusqu'à pétrir.

Le sel ajoutant au poids et à la facilité de fabrication et de conservation des fromages, les producteurs tendent toujours à trop saler. L'intérêt du maître et la paresse des ouvriers les poussent dans cette voie. C'est un grand mal, car l'excès de sel altère la qualité des fromages et les déprécie.

Il faut donc saler avec discrétion et lentement ; car le sel doit produire deux effets : le premier, conserver la matière caséeuse et empêcher qu'elle ne s'altère et se putréfie ; le deuxième, modérer, ralentir et régler la fermentation du caséum : une fermentation rapide dénature et déforme le fromage, une fermentation lente assure sa qualité.

Le caillé ainsi purifié, à demi égoutté et salé, est placé dans la forme ou le moule qui lui est destiné, et qu'il doit remplir d'un tiers au moins en dessus ; un linge gros, clair, assez grand pour l'envelopper dans tous les sens, a reçu tout le caillé. On tasse un peu ; on conserve à la partie qui sort du moule la forme même de l'intérieur de ce moule. On recouvre avec le linge, qui se replie en dessus et qu'on fait bien tendre, et on place en dessus, comme couvercle, le plateau qui appartient à la forme.

Celle-ci, ainsi remplie et disposée, est soumise à une pression de deux à trois heures, successivement augmentée.

Si on s'apercevait que le caillé recélât encore intérieurement du petit lait, il faudrait le piquer avec de grosses aiguilles, par les trous qui font de la forme une espèce de passoire.

Au sortir de la presse, le fromage a reçu la forme qu'il doit avoir. S'il n'est pas destiné à une longue conservation, on se contente de le lisser à l'extérieur et d'en effacer les aspérités, de l'envelopper d'un linge plus fin, pour qu'il laisse moins d'empreintes. On sale sur toutes les faces, et on remet en presse pour six à huit heures, toujours en augmentant la pression.

Si, au contraire, le fromage est destiné à une plus longue conservation, après l'avoir lissé et avant de le replacer sous la presse, on lui fait subir l'opération de l'*échaudage*, c'est-à-dire qu'on le met pendant une heure ou deux dans un bain de petit lait maintenu chaud à une température de 25 degrés centigrades, pour lui former une croûte d'autant plus dure que le bain sera plus long. Au sortir du bain, on essuie, on sale sur toutes les faces; on enveloppe d'un linge nouveau, sec et plus fin, et on remet en presse pour six ou huit heures.

On donne une troisième pressée de douze à quinze heures au fromage, après l'avoir encore mieux lissé, l'avoir bien salé une troisième fois dans le saloir, avec plus de persistance et de soins, et l'avoir enveloppé dans un troisième linge encore plus fin que le second.

Au sortir de la presse, on sale une quatrième fois, et on dépose le fromage dans un lieu assez chaud pour le sécher. On le fait suer et sécher ensuite uniformément.

Pour saler ainsi extérieurement, on frotte les côtés du fromage sur le sel, et on sale le dessus; quelques jours après on retourne pour saler le dessous, de telle sorte que la partie nouvellement salée est toujours en dessus.

C'est à ce séjour dans une atmosphère tiède, au sortir de la presse, que le fromage doit ses principales qualités : cette pâte onctueuse et grasse qui recommande les bons fromages, et cette couleur jaune perlé qui prévient favorablement le goût et l'estomac par les yeux.

C'est pour remplir cette condition que beaucoup de petites laiteries font, au dessus des étables à bestiaux, un grenier à fromages, maintenu chaud par le fumier et la présence du bétail.

Lorsqu'ils sont bien séchés, les fromages doivent être immédiatement séparés et mis dans une réserve ou magasin.

Si la fabrication a été bonne, le fromage attendra le jour de la vente en se bonifiant là, sous l'action d'une fermentation lente et insensible ; si, au contraire, il y a eu quelques manquements dans les soins, quelques vices de manutention, ils se révéleront sinon par la perte entière, au moins par l'état anormal des produits, et ils réclameront alors dix fois plus de peines et de soins qu'il n'en eût fallu pour éviter ces accidents. L'incurie sera, comme toujours, punie bien au delà de ses fautes. Heureux ceux qui ouvriront l'oreille à nos conseils, et s'éviteront une expérience chèrement achetée !

J'ai trouvé en Allemagne d'excellents fromages, bien conservés quoique vieux, et très-onctueux quoique faits avec du lait écrémé. J'ai été assez étonné d'apprendre que ces qualités étaient dues à l'emploi de l'ammoniaque liquide, mêlé au fromage, alors qu'on pétrit sa pâte avec du sel. L'ammoniaque détruit et absorbe l'acide.

Lorsqu'on pétrit la pâte en y mêlant d'abord du sel en poudre, puis de l'ammoniaque liquide (une cuillère à peu près par kilogramme de caillé), on est étonné de voir cette pâte d'abord grumeuse et mal liée se transformer en pâte onctueuse et compacte ; en quelques jours le fromage devient mangeable, sa maturation a lieu dans moitié moins de temps, et sa conservation peut être doublée : au moins me l'a-t-on affirmé.

Du séchoir.

L'égouttement complet du caillé, sa purification de toute particule, quelque minime qu'elle fût, de petit lait, est peut-être la condition la plus essentielle à la confection du fromage ; mais, quoi qu'on fasse, le caillé restera au moins mouillé par le petit lait, et c'est cette humidité intérieure, ce ferment dangereux, qu'il faut écarter. Tel est le but du séjour des fromages dans les séchoirs.

On veut sécher promptement, sécher surtout avant la fermentation, qui serait forcément rendue acide par la présence du petit lait, matière si promptement acidifiable. Pour sécher la surface, il suffirait d'un courant d'air sec et frais ; mais le but ne serait pas atteint, car il faut sécher aussi l'intérieur du fromage, et on ne le peut que par la transsudation, qui elle-même ne peut être produite que par un certain degré de chaleur. C'est ce degré, variable suivant la nature du fromage, sa forme, sa grosseur, qu'il faut cependant atteindre sans le dépasser; car on provoquerait par là la fermentation, si dangereuse avant l'assèchement. Le problème est là; telle est la difficulté à vaincre. Nous avons tenu à bien préciser le but de l'opération qui doit s'accomplir dans le séchoir.

Un séchoir doit donc être, au besoin, parfaitement clos au moyen de fenêtres et de contrevents doubles, intérieurs et extérieurs, parfaitement ventilé cependant sur toutes ses faces, pour aérer suivant les saisons, les vents, les températures. Je conseillerais des étagères placées dans le milieu de la pièce, transversalement posées sur de petits montants de bois debout, espèces d'échelles latérales, afin de ne pas faire obstacle à la circulation de l'air.

Auprès de ce séchoir, je voudrais une grande case, sinon une petite pièce, pour servir de séchoir-étuve, où la transsudation des fromages, d'abord séchés extérieurement, serait ensuite momentanément provoquée par un certain degré de chaleur. L'expérience apprendrait bien vite l'emploi utile de ce séchoir-étuve, où la surveillance devrait être très-active, pour essuyer constamment et retourner les fromages. Sans cela, privés de l'air qui devrait les sécher, ils s'altéreraient sous l'humidité, en gouttelettes et en rosée, qui couvrirait leur croûte.

On pourrait, par des alternances de séjour dans le séchoir-étuve et dans le séchoir proprement dit, atteindre plus sûrement encore et plus promptement le but de l'*assèchement* des fromages.

J'indique le but, l'*assèchement*; la condition de réussite sera la promptitude. Je dis par quels moyens on peut remplir l'un et atteindre l'autre. L'intelligence des fabricants de fromage et leur expérience, spécialement appliquée à leurs produits, les dirigeront d'une manière plus précise dans la solution du problème.

Je me suis étendu à dessein sur ces détails, base de la fabrication des fromages ; on ne peut trop relire tout le commencement de ce chapitre et se pénétrer de ses prescriptions ; les meilleurs fromages seront toujours ceux qui seront fabriqués dans les limites les plus étroites de l'observation de ces règles. Les plus mauvaises natures de fromages s'amélioreront considérablement si on leur applique ces prescriptions ; on y gagnerait en quantité et en qualité, et, dans certains pays, le fromage doublerait de valeur.

Pour être mieux compris encore, résumons ce que nous avons dit :

Pour aromatiser le fromage, il faut faire infuser, pendant 6 à 12 heures, les plantes ou les ingrédients dans une partie de lait tiède, passer au linge et verser dans la masse en même temps qu'on met la présure et la couleur, si on veut colorer.

Pour conserver au lait la chaleur qu'on désire, on place les terrines au bain-marie, ou dans des cendres chaudes, ou encore on immerge dans le lait un cruchon rempli d'eau chaude.

Pour mieux expurger le caillé et l'égoutter, les toiles claires, les toiles de crin seront les meilleures ; on fera tourner le pain dans la toile, on le coupera en tranches et les éclisses seront à claire-voie ; les meilleures seront celles qui faciliteront le mieux l'égouttement.

En mettant le caillé dans les moules, on tendra à mêler et à placer intérieurement les parties les plus grasses, elles sont toujours à la surface du pain du caillé.

Les moules ou éclisses auront les deux fonds percés de petits trous ; ces fonds seront mobiles, de manière à presser des deux côtés à la fois.

La pression devra être très-lentement graduée, afin que la croûte extérieure soit formée et durcie avant que la pression soit arrivée à être très-sensible ; cela pour empêcher que les parties grasses ne s'échappent. L'étuve, pour faire transsuder, sera le moyen de sécher intérieurement ; un caisson plus ou moins grand, renversé sur un tapis et recouvrant un vase rempli de cendres chaudes, ou encore une armoire bien close, pourront servir d'étuve dans les petites fabrications.

Les fromages seront placés, pour sécher, loin du fumier des étables, du foin, du foin nouveau surtout ; dans un lieu sec, non trop chaud, bien exposé aux vents, bien abrité. La paille sera soulevée et renouvelée.

Pour le saler, on choisira du sel pur de tout mélange de sable, de poussière ou de saletés. On le fera bien sécher au four, ou devant le feu, dans un pot de fer, puis on le réduira en poudre bien fine, tout cela avant de l'employer, car, quelques heures après, le sel se sera de nouveau imprégné de l'humidité de l'air.

On salera toujours le moins possible, peu en dedans, toujours en dessus, et on retournera pour saler.

Fromages séchés.

Les fromages les plus délicats sont ceux qui, recevant le moins de sel et le moins de préparation, sont livrés dans leur fraîcheur et leur délicatesse naturelles ; mais aussi leur conservation est moins longue.

Ceux qui reçoivent plus de sel et de préparations, en perdant un peu de cette délicatesse, gagnent en conditions de conservation ; ils sont à demi séchés et on les mange avant que la fermentation ait commencé ou peu de temps après.

Presque tous nos fromages français sont salés, pressés, séchés et fermentés ; ainsi les fromages de Brie, de Normandie, de Roquefort, de Sassenage, de Marolles, etc.

Le fromage du Jura, façon gruyère, est, à part les imitations des fromages étrangers, le seul que je sache, en France (je ne parle pas ici des fromages fondus), qui subisse la préparation du feu.

Grosseur des fromages.

L'usage en ceci n'est pas la seule règle, ou plutôt généralement l'usage s'explique par une cause plus sérieuse et plus logique.

Un fromage bien travaillé se conservera d'autant mieux et d'autant plus longtemps qu'il sera plus gros et présentera moins de surface à l'air. On devra donc adopter une grande forme pour les fromages destinés à une longue conservation ; ils seront ainsi moins encombrants pour le transport. Les plus gros fromages se font en Allemagne, dans le Jutland, où ils pèsent jusqu'à 100 kilogrammes et au-dessus ; dans le Parmesan, où ils ont souvent un poids de 50 à 75 kilogrammes ; dans la haute Auvergne, où il n'est pas rare d'en voir aussi de 50 kilogrammes. Ceux de Gruyère, en Suisse, de Glocester, en Angleterre, atteignent aussi un poids considérable.

Les gros fromages se vendent plus cher que les petits, parce qu'ils ont plus de qualité. On trouve donc plusieurs avantages : plus de qualité, des prix plus élevés, moins de perte sur les croûtes, moins de frais d'emballage, de transport, d'emmagasinage. Puis ils sortent des grandes fromageries, où ils se font avec le lait d'une seule mulsion, où ils sont bien plus frais dès lors, où on donne plus de soin à la manipulation, où on trouve plus d'habitude et d'habileté.

Aussi les gros fromages se vendent-ils souvent un tiers en sus des petits.

Les grosses ventes affriandent aussi les acheteurs, qui font moins de frais pour composer un chargement.

Le fromage en petit volume est toujours inférieur à celui fait en gros pains. La même pâte a produit ainsi des qualités très-dissemblables. Un petit fromage prend trop de sel, fermente, se perce d'yeux irrégulièrement ouverts, s'altère, se fait mal et plus vite...

Généralement les fromages sont ou tout gros ou tout petits : en effet, la grosseur des petits se mesure à la consommation d'un ménage aussi bien qu'à la force de production d'une petite exploitation. Les petits fromages, s'ils peuvent être très-petits, comme les *bondons* de Neufchâtel, ne doivent pas, d'un autre côté, dépasser deux à trois kilogrammes, terme extrême des moyens fromages, ceux-ci toujours d'un conservation très-longue comme le roquefort; autrement, devant être forcément divisés dans la consommation, il y aurait plus d'avantage à les faire plus gros.

Ce qui fait les fromages de grosseur moyenne, de 10 à 25 kilogrammes, par exemple, ce sont les nécessités de production. On n'a qu'un temps donné pour faire le pain ou la meule de fromage, et on emploie toute la matière qu'on peut avoir, ni plus ni moins. On s'inquiète peu du poids; on ne le connaîtra qu'au moment de la vente.

Altération des fromages.

Une fabrication vigilante et soigneuse eût prévenu toutes les altérations qui contrarient si souvent l'industrie des fromages. C'est ici qu'on peut justement dire qu'il vaut mieux prévenir que guérir. Supposons le mal arrivé, et passons en revue toutes les altérations ou maladies des fromages, pour avoir occasion d'indiquer les remèdes ou les palliatifs.

Lorsque le petit lait aura été imparfaitement extrait, sa présence dans le corps des fromages y développera une série d'accidents plus graves les uns que les autres. Le moindre de tous sera la boursouflure produite par la fermentation intérieure du petit lait. Il faudra, aussitôt que cette altération se manifestera par le gonflement de la croûte, placer le fromage à part, dans un lieu frais et sec tout à la fois, le retourner tous les jours, et, si l'enflure augmente ou même se maintient, il faudra aider à la sortie du gaz par des piqûres de plus en plus larges sur les parties où la boursouflure sera la plus prononcée. On renversera même le fromage, pour aider à l'écoulement d'un liquide, s'il en existait. J'ai fait faire des aiguilles fines en fer creux, assez semblables à des lardoires très-fines, ouvertes dans leur pointe, et remplies par une autre aiguille qui ferme le trou, tout en formant la pointe. On introduit dans le corps du fromage; on retire l'aiguille intérieure en comprimant un peu et au même instant la partie boursouflée; c'est là une dernière ressource pour faire sortir les gaz ou les liquides. Lorsqu'on réussit dans cette petite opération, le fromage ne reprend pas tout à fait sa forme; mais il redevient marchand, et on doit en presser la vente, parce que sa conservation est moins assurée.

On a bien trouvé un préservatif contre ce résultat de l'incurie; mais ce préservatif est lui-même un mal, car le sel de nitre acidifie souvent le fromage; et c'est pour cela que nous n'avons pas voulu le faire entrer dans la préparation des fromages, comme on le fait dans certaines fromageries; je veux parler de la poudre à fromages. Cette poudre est un mélange de 31 grammes de bol d'Arménie avec un demi-kilogramme de sel de nitre, le tout bien pulvérisé. On frotte les fromages avec cette poudre avant de les mettre en presse pour la seconde et la troisième fois, et on sale après, comme nous l'avons déjà expliqué.

Le printemps est l'époque la plus critique pour les fromages, pour ceux d'été plus que pour ceux d'hiver. Alors la surveillance doit redoubler.

Des insectes.

Les insectes qui attaquent le fromage sont assez nombreux; nous citerons les plus redoutables et les plus communs:

Le ciron ou mite des fromages (*acarus ciro*), si petit d'abord qu'on pourrait le prendre pour de la poussière animée, éclot, lorsqu'ils commencent à sécher, sous la croûte même des fromages. Le danger est d'autant plus grand, que parfois on ne le connaît pas et que les ravages sont intérieurs.

On écarte cet insecte en frottant vivement avec un linge d'abord, avec une brosse ensuite, les fromages menacés, en les trempant dans une forte saumure et introduisant le sel par le frottement. On répète plusieurs fois ; puis on laisse sécher, et une fois bien séchés, on enduit les fromages de plusieurs couches d'huile.

Parfois, outre la saumure et après l'avoir employée, on lave dans une eau bien réduite et bien condensée de cendres bouillies.

Les larves de la mouche de la pourriture (*musca putris*), de la mouche vert cuivré (*musca cesar*), de la mouche commune (*musca domestica*), de la mouche stercorale, etc., déposées par ces insectes dans les fentes, les trous ou les plus petites ondulations ou inégalités de la croûte du fromage, pénètrent dans l'intérieur et y causent de grands dégâts. Les mouches sont attirées par l'odeur de la fermentation et surtout de la putréfaction.

On détruit ces larves par la vapeur du chlore; par la vapeur du soufre brûlé en dessous des fromages, qu'on maintient dans la même position pour mieux étouffer l'insecte. Pour que la fumigation agisse avec plus d'énergie, on pose le fromage sur un châssis à claire-voie, on le couvre d'un vase renversé, d'un chapeau de tôle, de carton, de papier, etc...., et on brûle en dessous, le fromage reste longtemps enveloppé d'une vapeur condensée, et le but est sûrement atteint.

On pratique aussi l'immersion du fromage dans le vinaigre, ou au moins le lavage au vinaigre pur ou salé, à l'eau chlorurée, à l'eau salée. On laisse sécher; on termine par un lavage à l'eau chlorurée, et, après avoir encore laissé sécher, on enduit d'une ou plusieurs couches d'huile.

Dans tous les cas, comme le mal est bientôt général, que des germes multiples se répandent bientôt partout, sur le sol, les murs, les tablettes, les supports, les vases, etc..., il faut d'abord laver tout cela à grande eau, à la brosse pour entraîner et extirper, puis essuyer rudement, et surtout bien laver à l'eau bouillante, et sur toutes les faces, les tablettes sur lesquelles sont déposés les fromages, les ustensiles,

les vases, etc., laisser sécher et essuyer ensuite avant de replacer les fromages ; puis enfin bien laver encore de nouveau le sol, de manière à entraîner tout ce qui aurait pu tomber des tablettes ou des murs.

Les mites ne sont pas les seuls ennemis du fromage, les vers sont tout aussi redoutables ; leur présence se révèle par un suintement et même un écoulement huileux et gras qui se recueille en pots et fait un excellent fromage liquide fort recherché de certains amateurs du haut goût. Mais les fromages ainsi atteints doivent être consommés au plus vite, autrement ils se fondraient et se videraient presque entièrement. Peut-être, si une petite partie seulement était affectée, pourrait-on la retrancher comme on ferait d'un membre gangrené ; peut-être aussi, s'il n'y avait qu'une tache au milieu, ferait-on bien de couper le fromage en deux pour en retrancher la partie attaquée, ou encore de vider la tache, de remplir le trou de vinaigre pour détruire les vers ou le germe des vers et remplir ensuite ce trou, plus large en dedans qu'à l'ouverture, de fromage approchant de l'âge du fromage attaqué.

Conservation des fromages.

Un bonne fabrication assure aux fromages une durée plus ou moins grande de conservation. Plus le fromage est gras, moins longtemps et plus difficilement il se conserve ; plus il est sec et maigre, plus il a de durée.

On retarde et on ralentit l'altération, la décomposition des fromages, en les lavant de temps en temps avec de l'alcool, de l'eau-de-vie, du vinaigre, en les enduisant d'huile, de beurre, etc. L'huile de lin, moins délicate, mais plus grasse et plus douce, vaut mieux que l'huile de noix, qui est chargée d'un principe acide. On enduit souvent avec un mélange de trois quarts d'huile et un quart de beurre.

S'il y a décomposition et putréfaction, on arrête pour quelque temps le progrès du mal en lavant dans une solution de chlorure de chaux.

Les fromages doivent être préservés également contre les grands froids et les grandes chaleurs. Une cave qui sera favorable à la conservation du vin conservera généralement bien le fromage.

Des résidus du lait.

On confond, et à grand tort, tous les résidus sous le nom de petit lait ; il y aurait alors quatre à cinq espèces de petit lait.

Le lait écrémé n'est pas un petit lait, car il retient encore à peu près moitié de la valeur du lait : 25 litres de lait pur laissent 20 litres environ de lait écrémé.

Le lait de beurre, celui qui coule de la baratte après le battage de la crème, est un excellent assaisonnement pour la soupe, les légumes, etc., plus gras et meilleur pour cela que le lait écrémé, car il retient des particules butyreuses.

Le petit lait proprement dit est l'élément séreux tel qu'il existe après la coagulation du caséum et l'enlèvement du caillé. On appelle *vert* celui qui reste dans la terrine après la séparation du caillé, et *blanc* celui qui s'écoule lors de l'égouttement et de la pression du fromage.

Du petit lait et de ses emplois.

Il y a autant d'espèces de petit lait qu'il y a de modes de traitement du lait. Ainsi, là où on fait successivement du beurre et du fromage, le petit lait est plus épuisé de principes alimentaires que là où on fait de suite le fromage, sans écrémer le lait.

Là encore où, comme en Bretagne, on bat le lait pour en tirer le beurre, où, comme en Flandre, on bat ensemble la crème et le caillé, le petit lait subit diverses modifications.

Lorsqu'on a fait immédiatement cailler le lait pur et non écrémé, on comprend que le petit lait retienne quelques parties de l'élément butyreux, et c'est surtout avec ce résidu qu'on fait du beurre de petit lait.

On dépose ce petit lait dans les terrines plates et évasées dont nous avons parlé. On laisse monter la crème, et on l'enlève.

Quelques-uns la battent ainsi ; d'autres font bouillir cette seconde crème avant de la battre.

Lorsqu'on en fait peu et qu'il faut attendre deux ou trois jours avant de battre, il faut la faire bouillir aussitôt qu'elle est levée et la déposer dans des pots. Alors elle se conserve et attend mieux le moment de la transformation en beurre.

Le produit du second beurre, bien traité, est plus important que celui des brèches et du serai.

Il y a un autre mode de traitement plus généralement pratiqué.

Aussitôt le caillé enlevé, on place le petit lait sur le feu, dans une chaudière, en mettant de côté un septième ou un huitième de ce petit lait. Lorsqu'il bout, on y mêle le petit lait froid mis de côté, ou encore de l'eau bien fraîche. Ce mélange brusqué fait immédiatement monter une écume épaisse et blanche qu'on enlève rapidement et au fur et à mesure qu'elle se forme ; c'est de la crème.

Cette opération ne se fait généralement qu'avec le petit lait *vert*. Le blanc, c'est-à-dire celui égoutté du caillé, est mis en terrines et écrémé.

On réunit alors, à cette crème obtenue à froid, la crème traitée par l'ébullition, et on bat. Le beurre qu'on en retire est bien meilleur qu'on ne pourrait le croire. Employé frais, il est préférable à du bon beurre fondu. En Angleterre, dans les contrées à grande fabrication de fromages, dans le comté de Derby surtout, il se vend presque aussi cher que le beurre ordinaire (80 c. au lieu de 1 fr. 10 c.). Là, il forme un produit assez important, puisqu'on l'évalue à un demi-kilogramme par semaine et par vache, ou un kilogramme par cent litres de lait pur, et on affirme, ce que je ne puis croire, que ce petit lait est, pour les porcs, aussi profitable après l'opération qu'il pouvait l'être avant.

Les brèches sont l'écume blanche et poreuse qui monte à la surface du petit lait, lorsque, chauffé, on y mêle l'azi ou petit lait. Elles sont formées de parties caséeuses et butyreuses. On les mange sur du pain ; on en assaisonne la soupe, les légumes, etc.

Parfois on en a mêlé au beurre pour le frauder.

Plus on mêle de petit lait aigri, plus on retire de brèches ; mais moins on trouve de serai.

Si, au lieu de consommer les brèches, on les condense par la cuisson, on obtient le serai, espèce de fromage cuit, mou et visqueux, qu'on sale, qu'on fait sécher et qui se conserve ensuite fort longtemps. C'est un aliment hygiénique et stimulant qui fait le dessert des campagnes.

Après ces opérations, le petit lait est devenu verdâtre et limpide. C'est la boisson ordinaire des vachers suisses et de quelques autres pays.

C'est, en effet, une boisson très-rafraîchissante et très-hygiénique pour les personnes en bonne santé.

C'est un médicament excellent et fort doux dans un très-grand nombre de maladies.

Si on veut en faire un bon vinaigre, on lui donne un peu de corps par une légère addition de miel bien fondu et bien délayé. On l'aromatise par des infusions d'estragon, de menthe, de thym, etc. On active la fermentation acide en ajoutant un peu d'alcool ou d'eau-de-vie, et, une température chaude aidant, le vinaigre est bientôt formé.

Enfin, on en tire des sucres ou sels de lait ; il sert de liquide pour pétrir la farine, on en fait l'aliment des porcs, des vaches, de la volaille, etc.

Fromages frais.

Ce fromage, appelé communément, à Paris, fromage *à la pie*, dans les campagnes fromage blanc, est le caillé dans sa simplicité et sa fraîcheur, sans préparation ou fermentation. C'est la nourriture des cultivateurs, de l'ouvrier ; nourriture saine et rafraîchissante, mais peu tonique et peu fortifiante.

Certains estomacs ne le digèrent que salé et même poivré.

Dans les campagnes de l'est de la France, on fait un excellent gâteau, en pétrissant la farine dans du caillé frais, sans addition d'eau ; seulement, il faut que cette pâte soit bien cuite.

Fromages fondus.

Le fromage fondu est de tous les pays, car la manière de le faire est partout la même. On brise le caillé, et on le met dans un pot placé sur un feu très-doux ; on fait fondre lentement, et en remuant sans interruption, jusqu'à ce que le tout soit réduit en pâte liquide, douce et homogène.

Lorsqu'on veut faire mieux encore, on y ajoute une liaison de jaunes d'œufs bien délayés.

Le caillé de lait de chèvre est plus difficile à cuire ; il sèche sur le feu, et prendrait à la chaudière si on ne mettait au fond quelque peu de beurre frais.

Fromage de Viry.

On lève la crème, qu'on laisse un peu vieillir et se raffermir; puis on la met dans la baratte, et on opère doucement, comme si on voulait battre lentement et produire du beurre. On s'arrête avant la séparation des matières butyreuses, et on fait couler la crème ainsi battue dans une mousseline ou toile très-fine, posée sur de petits paniers. C'est ce battage lent qui forme tout le secret de la fabrication de ces excellents fromages. Ils seraient encore meilleurs, si on employait de la crème plus fraîche, un peu plus égouttée dans un linge tenu en suspension dans un pot à large ventre et à entrée étroite.

Crème de Saint-Gervais, dite crème de Blois.

Le lait est déposé dans des caves taillées dans le roc, fraîches, sans humidité, maintenant 10 degrés centigrades.

On lève la crème après douze heures de repos du lait.

On bat la crème dans des vases vernissés, couverts par une espèce de soucoupe en bois, percée au milieu pour laisser passer le manche de la batte.

Le vase est rempli à moitié ou aux deux tiers au plus. On bat doucement pendant cinq ou six minutes.

Ce mouvement charge la crème d'air, la fait gonfler, la rend plus légère.

Si on battait plus vivement ou plus longtemps, on ferait du beurre. Le but est de briser les globules de beurre pour en faire une pâte homogène et de préparer ainsi la formation du beurre ; de rendre ainsi la crème plus grasse, plus onctueuse ; mais il faut s'arrêter à temps.

La batte est une rondelle de bois, percée parfois et emmanchée.

Cette crème se mêle au café, se mange en dessert, mais ne se garde pas plus de 5 à 6 heures dans son état de fraîcheur et de délicatesse qui la fait tant rechercher.

Nous nous sommes assez étendu sur les détails de la fabrication des fromages pour n'avoir plus besoin de nous répéter et pour pouvoir dire seulement en quoi certaines fabrications diffèrent de la base générale que nous venons de décrire : ces variantes seront bien rares et fort peu importantes en apparence ; mais, si légères qu'elles soient, elles concourent avec l'alimentation et les soins de fabrication à donner au produit le cachet particulier qui l'a fait distinguer des autres produits similaires, et lui a mérité dès lors un nom particulier.

Fromage d'Angelot.

C'est le fromage de la vallée d'Auge, en Normandie. Les fromages gras sont de lait non écrémé. Aussitôt que le caillé est formé, on l'enlève avec une écumoire ; on le laisse un peu égoutter, et on met en forme et en presse, en serrant lentement, mais de plus en plus. Six heures après, on le sale. Le lendemain, on le retire de l'éclisse ; on sale le côté opposé, et on remet en presse dans l'éclisse, sens dessus dessous. Huit jours après, on retire et on fait sécher.

Ce fromage a la forme carrée ou celle d'un cœur. Il se garde peu.

Fromages de Boite.

Ils viennent du Doubs et se fabriquent dans l'arrondissement de Pontarlier. Ce sont des fromages gras, fort délicats, qui doivent être consommés dans le mois de leur confection.

De suite après la mulsion et sans écrémer, on mêle au lait une présure fraîche, n'ayant pas plus de quinze jours. Aussitôt la coagulation opérée, on fait couler le petit lait ; on laisse égoutter le caillé pendant une heure ; puis, sans trop le diviser, on le met, avec le couteau ou la cuiller de bois, dans l'éclisse, sans le tasser ni le presser. Il s'épure ainsi et se tasse de lui-même ; seulement, on retourne fréquemment l'éclisse. Lorsqu'il a pris un peu de consistance, on le tire de la forme ; on le couvre de sel blanc bien séché et pulvérisé, et on le met sur une planche garnie de paille, où on le retourne souvent pour le faire sécher. Quinze jours après, il devient mou et presque coulant. C'est le moment de le manger ; si on tardait, il se gâterait.

Fromages de Bresse.

C'est la Bresse, aujourd'hui le département de l'Ain, qui fabrique ces fromages. On fait chauffer le lait pur à la température d'un bain très-chaud (35 à 40 degrés centigrades) ; on y mêle 4 à 5 pour 0/0 de fromage délayé dans de l'eau tiède, et on ajoute du safran en poudre pour colorer ; puis on remue bien et on retire du feu. Lorsque le caillé est formé, on le sépare du petit lait, on le pétrit, on le remet un peu sur le feu, pour lui donner de la fermeté ; puis dans un linge et sous la presse pendant six à huit heures. On le descend alors à la cave, et, dans la semaine, il commence à moisir. C'est alors qu'on le couvre de sel bien séché et pilé. Le lendemain, on retourne pour saler l'autre côté et le pourtour. On retire alors le linge ; on resale de nouveau sur toutes les faces et plus fort ; on laisse sécher, et pendant ce temps on gratte et on fait tomber la croûte poudreuse qui se développe. On fait alors affiner pendant cinq, six et huit mois, et on livre ensuite à la consommation.

Fromage de Brie.

Le fromage de Brie est d'une délicatesse incontestable, d'une saveur si douce et si onctueuse qu'il convient aux femmes les plus délicates et aux palais les plus difficiles, et cependant c'est un fromage facile à fabriquer et qu'on peut obtenir avec le lait ordinaire. Je ne crains pas de dire qu'on en peut faire dans la moitié de la France, et qu'avec des soins rigoureux, on pourra faire aussi bien que la Brie, et entrer, sans trop de désavantages, en concurrence avec elle.

Ce n'est pas sans raison que ce fromage est si doux et si onctueux ; il renferme deux fois plus de beurre que les autres fromages les plus gras ; car, aussitôt après la mulsion du matin, on lève la crème sur le lait de la veille au soir, et on la mêle avec grand soin au lait du matin. Pour faciliter ce mélange et aussi pour élever la température du lait, on y mêle lentement un vingtième environ d'eau à demi bouillante, en remuant alors vivement et longuement pour mieux incorporer les parties butyreuses dans l'élément caséeux ; puis on ajoute une présure fortement composée, à la dose légère d'une cuillerée par 20 litres, non pas jetée directement dans le lait, mais versée dans un linge, et épandue par la pression et le mouvement dans toute la masse du lait. Le mélange est parfait; la présure, tamisée ainsi lentement et purifiée, se trouve intimement liée à toutes les parties, et agit doucement et uniformément.

On couvre le vase, et la coagulation a lieu au bout de quarante à cinquante minutes, parfois une heure. La rapidité de la coagulation est une des conditions essentielles à la beauté du fromage, qui doit conserver la saveur et la douceur de la crème, c'est-à-dire ne pas être aigri. Aussi, pour peu que la coagulation tarde, on ajoute une seconde dose de présure, ingérée comme la première. On couvre le vase, et on attend de quart d'heure en quart d'heure que le caillé soit formé.

On le remue alors dans le vase, en le prenant à deux mains; on fait couler le petit lait; on presse le caillé, puis on le met en forme, entre deux linges mouillés d'abord, puis secs aux pressions suivantes, qui se répètent de deux heures en deux heures, puis de trois heures en trois heures pendant le deuxième jour, jusqu'à expulsion complète du petit lait; enfin, la dernière pression a lieu sans linge. On saupoudre alors de sel en poudre, en frottant doucement; on répète cette opération, et on laisse le fromage en saumure pendant trois jours, en le retournant plusieurs fois. On l'en retire pour le placer sur une planche, à l'air, où on le nettoie; on l'essuie avec un linge; on le retourne pour le faire sécher.

Lorsqu'il paraît sec, c'est le moment de l'affiner. On fait, au fond d'une barrique ou cuvier bien propre et bien lavé, une couche de balle d'avoine bien sèche; on y pose un premier fromage, qu'on recouvre d'une seconde couche de balle, sur laquelle on place un second fromage, et ainsi de suite. Quelques personnes, par propreté, isolent le fromage de la balle au moyen de roseaux, de paille, ou même d'un linge clair ou canevas. La barrique ainsi remplie, et recouverte de 15 à 16 centimètres de balle, reste dans un lieu frais, mais non humide. Comme elle était posée sur une petite table à pieds servant de fond, et que les fromages s'y déposaient successivement et au fur et à mesure de leur dessiccation, lorsqu'elle est pleine, on la recouvre d'une autre petite table renversée, ayant, comme la première, quelques tasseaux arrondis pour retenir et emboîter la barrique; puis on la renverse doucement, et on retrouve ainsi en dessus les fromages les plus anciens. L'affinage dure quelquefois plusieurs mois. La surveillance doit être active, car il faut saisir le moment où le fromage est fait sans entrer encore dans la période du coulage. Lorsque cet accident arrive, il faut dénaturer le produit pour le vendre. On le nettoie, on le gratte ; on enlève tout ce qui a une couleur, une nuance quelconque, et on met en pots cette crème onctueuse et grasse connue de peu de gourmets et si recherchée par les véritables amateurs, car le fromage en pots est le fromage de Bric par excellence. Les débris de cette opération, c'est-à-dire les parties colorées et tachées sont encore un excellent fromage, mais plus énergiquement constitué, plus odorant et plus vif, et s'éloignant dès lors des qualités qui font rechercher le fromage de Brie.

Le fromage de Brie a une forme, une constitution et une mollesse qui ne lui permettent pas de longs voyages. Aussi n'est-il connu au loin que par des contrefaçons parfois heureuses. Nous n'hésitons pas à les conseiller, car la réussite est facile. On devrait en faire autour de toutes les grandes villes ; car c'est un fromage goûté de tous, même de ceux auxquels répugne le fromage en général ; facilement débitable, atteignant un prix assez élevé, 2 fr. à 3 fr. 50 c. le kilogramme.

Fromage d'Olivet.

Le fromage d'Olivet est un excellent fromage à pâte grasse et douce, de forme ronde et plate, et produit autour d'Orléans, dans le faubourg Saint-Marc surtout, dans la commune d'Olivet, autre faubourg qui lui a donné son nom, etc. Comme sa fabrication n'affecte aucune forme exceptionnelle, que tout consiste à faire cailler le lait non écrémé, à bien faire égoutter et sécher, à saler peu et conserver jusqu'à maturation, je ne répéterai pas ici ce qui a été déjà dit trop de fois.

Ce fromage, un peu moins délicat que le fromage de Bric (dans celui-ci on ajoute de la crème au lait), se conserve mieux et plus longtemps, reste plus ferme et ne coule pas.

Fromage de Neufchâtel.

Aussitôt après la mulsion, on passe le lait ; on le fait couler dans les terrines, et on y mêle la présure (6 à 8 grammes par 20 litres).

Les terrines sont placées dans de petits caissons recouverts d'une ou deux couvertures de laine. Aussitôt après la coagulation, qui est parfaite communément au bout de vingt-quatre à trente-six heures, on fait couler le petit lait, et on jette le caillé dans un caisson ou un panier fait avec des bâtons de bois à claire-voie, dans lequel est suspendu un linge sur lequel s'égoutte le fromage. Après dix à douze heures, on retire le linge et le caillé qu'il renferme ; on le met, ainsi enveloppé, sous la presse, où il reste douze heures ; puis on le dépose sur un linge sec et blanc, où on le pétrit comme de la pâte, en le frottant contre le linge, pour mieux mêler les parties caséeuses et butyreuses, et composer une pâte grasse, onctueuse et ferme. Si elle était trop sèche et trop dure, on l'adoucirait par un mélange de caillé nouveau ; si elle était trop molle, on la remettrait en presse en changeant de linge. Cette pâte normale ainsi obtenue, on procède au moulage.

On roule un bondon plus long que le moule dans lequel on le glisse ; puis on le pose sur la table, et, avec la paume de la main, on opère une pression énergique sur le moule, afin de le bien remplir et de tasser la pâte, dont l'excédant s'échappe par les deux bouts du moule. On nettoie alors avec un couteau de bois qui nivelle les deux bouts ; puis on fait sortir du moule en le secouant vivement. Le moule est en fer-blanc et a 7 centimètres de haut sur 5 1/2 de diamètre. Le fromage pèse alors de 120 à 125 grammes. On expédie de suite ceux à vendre frais ; on sale les autres avec du sel très-sec, réduit en poudre très-fine, et qu'on fait entrer en roulant entre les mains le bondon saupoudré et en le frappant sur les deux bouts. On calcule qu'il faut 5 grammes de sel par fromage, soit 1 kilogramme pour 200.

Les fromages salés sont déposés sur des plateaux où ils s'égouttent, pendant 24 à 30 heures, sur des éviers. De là on les couche sur des claies recouvertes de paille, autant que possible en travers de la paille et sans se toucher entre eux. Ils restent là pendant quinze à vingt jours, et sont retournés cinq à six fois. Aussitôt qu'ils ont la barbe ou moisissure bleue, on les change de claie et de chambre ; on pose alors non en travers, mais sur bout ; on renverse de temps en temps, et on livre au commerce lorsqu'apparaissent, au bout de trois à quatre semaines, les taches rouges.

Ainsi se font les fromages ordinaires de Neufchâtel, dits *à tout bien*, c'est-à-dire faits avec du lait non écrémé, mais sans addition de crème. On fait aussi des fromages plus fins, dits *à la crème*, avec du lait pur auquel on ajoute encore de la crème, comme on fait pour les fromages de Brie ; enfin, une troisième espèce de fromages, dits fromages maigres, faits avec du lait écrémé.

Plus ce fromage est gras, plus longtemps il se conserve. Ainsi les fromages *à la crème* se conservent trois et quatre mois après l'affinage ; ceux ordinaires ou *à tout bien*, deux mois. Les fromages maigres s'altèrent presque de suite et se mangent communément frais ; tandis que les deux autres espèces paraissent plus souvent dans le commerce à l'état de fromages faits.

Il y a avantage à vendre frais ; mais on ne trouve pas toujours un écoulement facile.

On calcule sur trois fromages, en moyenne, par deux litres de lait, soit 70 centilitres par fromage.

Pour sécher et affiner plus promptement, on crée des courants d'air au moyen d'une cheminée d'appel et d'ouvertures à toutes les expositions, afin de choisir une température convenable.

Une seule femme peut suffire à une laiterie fabriquant en moyenne cent cinquante fromages par jour. On évalue les frais de cette fabrication à 1 fr. 50 c. par cent de fromages.

Il se vend sur place 12 à 15 fr. le cent.

Fromages de Livarot et de Calembert.

C'est un fromage normand, façon Hollande, gras, onctueux, mais plus mou que celui-ci, ayant plus d'odeur et se conservant moins longtemps. Comme le mode de fabrication est celui du fromage de Hollande, nous y renvoyons. La forme est toute différente : c'est un gros briqueton presque aussi haut que large et pesant plus de 1 kilogramme. Le fromage de Calembert, bourg de Normandie, est dans les mêmes conditions.

Fromage de Gérardmer.

Ce fromage sort de la Suisse française, les Vosges. Il est en pains de 3 à 5 kilogrammes.

On applique la formule générale par nous donnée, on n'écrème pas, et on ne sale qu'en dehors, alors que le fromage bien pressé est déjà à moitié séché. On sale en dessus et autour, on retourne pour saler l'autre côté, puis on affine, dans des caves, sur des planches si on peut attendre, dans des caisses ou barriques bien closes, si on est pressé.

La fabrication de ce fromage tend à s'étendre, et tous les villages voisins de Gérardmer se livrent à cette industrie.

Fromage de La Ferté.

Il se fabrique dans le canton de La Ferté-Bernard (Sarthe). On n'écrème pas, on ne presse pas, on laisse tasser dans les moules qui ont 15 centimètres de haut sur 12 de diamètre, on retourne fréquemment; au bout de quatre à cinq jours on le sort, on le couvre de sel, cela plusieurs fois; on fait sécher sur de la paille non brisée, bien ferme et bien aérée en dessous. Tous les huit jours on immerge le fromage dans un bain de forte saumure en le frottant avec les mains pour faciliter l'incorporation du sel, puis on affine à la cave et dans des caisses.

On reconnaît que le fromage est affiné lorsqu'il est recouvert d'une pellicule rousse et unie et que la pâte intérieure est jaune. Il pèse alors 250 grammes, et se vend communément 50 centimes, ce qui en porte le prix à 1 fr. 60 c. ou 2 fr. le kilogramme. Il est alors réduit à une épaisseur de 6 à 8 centimètres. On l'appelle aussi fromage à fondre, parce qu'il se liquéfie facilement et fournit ainsi un aliment très-délicat.

On calcule qu'il faut 2 litres au plus de lait pour faire un fromage, soit 8 litres pour un kilogramme. Le lait ressortirait alors à 15 ou 18 centimes le litre. Cette espèce de fromage est d'une bonne qualité et d'une fabrication facile et usuelle. Nous la recommandons.

Fromage du Cantal.

En France, de tous les pays producteurs, c'est le Cantal qui livre les plus grandes quantités de fromages au commerce. Ce n'est pas là un fromage de luxe; c'est un produit de qualité moyenne, mais savoureux, gras et bienfaisant au corps.

Les fromages des hautes montagnes sont remarquables par leur parfum et leur plus longue conservation ; ceux des montagnes moyennes se conservent moins longtemps ; ceux des contrées basses doivent être consommés au sortir des caves.

Les meilleurs sont les fromages d'été, produits par le pacage ; les moins bons sont ceux produits pendant la stabulation.

On fait dans le Cantal trois qualités de fromages :

Le gapérous, ou serai, est produit par le petit lait vert, bouilli ; c'est l'aliment des valets de ferme ou des paysans ; — le second, qui est tiré du petit lait blanc, égoutté du caillé, est déjà un bon fromage que consomment les villes voisines ; — enfin, le fromage de *fourme*, le seul qui s'exporte au loin, le meilleur de tous, le fromage du Cantal, en un mot.

Après la mulsion, on passe le lait à l'étamine en le coulant dans les terrines, et de suite on remue après avoir introduit la présure. S'il fait froid, il faut chauffer un peu la laiterie ou approcher la terrine du feu, etc. Au bout d'une heure, la coagulation est opérée, car la dose de présure est assez forte (1 gramme au moins par litre). On fait écouler le petit lait ; on brise le caillé en morceaux, qu'on met dans un baquet dont le fond est rempli de paille propre et entrecroisée, et qui laisse passer le petit lait, dont on débarrasse de temps en temps la baste en tirant la bonde qui est au fond.

Deux jours après, on renverse la baste dans une autre baste, garnie, comme la première, de paille fraîche ; parfois même on transvase une troisième fois ; enfin, on attend que le caillé fermente, monte, se boursoufle.

C'est alors qu'on le place dans les formes de bois de hêtre, hautes et cylindriques, et qu'on le met en presse en saupoudrant le dessus de sel bien séché au four. Vingt-quatre heures après, on retourne le moule ; on sale l'autre face et on remet en forme. Cette opération de retourner le moule en salant un peu chaque fois se renouvelle fréquemment et dure plusieurs jours, jusqu'à ce que le fromage ait acquis assez de dureté. En le tirant de la forme, on le laisse sécher pendant quelques heures ; puis on le descend à la cave, où il faut le retourner matin et soir dans les premiers jours ; plus tard, une seule fois par jour, en arrosant le pain de petit lait salé, si le fromage paraît trop sec.

Lorsqu'il transsude, c'est qu'il est assez salé.

Après quelques semaines de séjour dans la cave, les fromages se couvrent d'une enveloppe grasse , molle d'abord, puis consistante, puis sèche. Il faut gratter cette poussière, devenue blanche, et en débarrasser le fromage, qui est alors bon à manger.

Le fromage d'Auvergne, un peu plus soigné, ferait un excellent fromage de Hollande. La plaie de l'agriculture française est la routine et l'incurie ; avec un peu plus d'intelligence et de soins on doublerait la valeur des fromages d'Auvergne.

Fromage de Senectère.

Ce sont les petits et bons fromages de la Limagne d'Auvergne et de la vallée de l'Allier. Leur forme est ronde et plate ; leur poids, d'un 1/2 kilogramme environ. Comme leur fabrication ne diffère de celle des fromages du Cantal que par sa forme et par de plus grands soins, nous ne répéterons pas ce qui vient d'être lu.

Les fromages de Senectère sont une preuve de plus de l'influence énorme des soins et de la propreté sur la qualité des produits. Ils sont de beaucoup préférables et préférés aux fromages de forme ou du Cantal , et cependant ceux-ci, fabriqués et raffinés en grosses masses, devraient par cela seul avoir plus de qualité ; ajoutez encore la supériorité du lait des bons pacages de montagnes ; et auprès de cela si on compare les fromages, on sera étonné de la supériorité des petits sur les gros. Cette supériorité est due à de plus grands soins dans la fabrication.

Fromage de Guyolle.

La Guyolle est une contrée montagneuse dans le département de l'Aveyron. Elle produit, sous le nom de *formes*, et avec les procédés du Cantal, des fromages excellents, ressemblant un peu au fromage de Hollande, gras et doux comme celui-ci, élastiques comme celui de Marolles. C'est là encore un produit améliorable.

Fromage de Septmoncel.

On réunit dans un baquet le lait de la traite, et on y mêle la présure. La coagulation opérée, on lève à la surface la couche de crème qui s'y est d'abord formée, et on en fait du beurre.

Puis, sans diviser le caillé, on le place dans un moule percé de trous ; on presse ensuite médiocrement. A la traite suivante, si le pain du caillé précédent n'est pas assez fort, on le rompt pour y mêler le caillé nouveau de cette traite.

C'est à ce mélange de deux caillés différents qu'on attribue la moisissure bleue ou rouge qui forme les veines du fromage de Septmoncel et lui donne cette saveur particulière qui le fait tant estimer.

On retourne plusieurs fois le fromage dans le moule, en le pressant chaque fois de plus en plus ; puis on le tient immergé pendant plusieurs jours dans de l'eau fortement saturée de sel commun. C'est là qu'il se cuit, comme disent les fromagers. On le retire ; on le laisse égoutter quelques heures sur de la paille ; on le fait sécher à la cheminée, et, lorsqu'il est bien sec, on le descend à la cave, où on le pose de champ sur une planche couverte de paille et défendue contre l'approche des souris et des mouches.

Ces fromages sont de grosseurs variées, depuis 3 jusqu'à 8 et 10 kilogrammes. Leur pâte est très-marbrée et ressemble assez à celle du roquefort. Leur principal marché est Lyon, où ils sont fort recherchés. Leur prix est ordinairement d'un tiers en sus du bon fromage de Gruyère.

Septmoncel est un village fort élevé au-dessus du niveau de la mer, placé dès lors sous une température assez froide et dépassant rarement 10 degrés centigrades. Cette condition a son influence sur la qualité du fromage.

Le fromage de Septmoncel est excellent ; il ressemble beaucoup à celui de Sassenage, qui est composé par moitié de lait de vache et de brebis, et au fromage de Roquefort, presque entièrement composé de lait de brebis ; il est dès lors sec et persillé.

On met le petit lait au frais pour en tirer une crème peu abondante ; après quoi on le fait chauffer, pour obtenir une écume appelée brèche ou *gras*, avec laquelle on fabrique un beurre blanc et maigre.

Fromage des Pyrénées.

Aucun pays n'est plus arriéré que les Pyrénées au point de vue de la fabrication des fromages. A part les quatre à cinq vallées principales qui aboutissent à Luchon, à Campan, à Luz, aux Eaux-

Bonnes, etc., et où on a un peu amélioré les modes de fabrication, les autres vallées ne produisent que des fromages mal et grossièrement préparés, acidifiés par un excès de présure, amers par un excès de sel, immangeables, en un mot, par d'autres que par ceux qui les produisent. C'est là une richesse réelle perdue ou gaspillée par l'incurie des populations.

Les sociétés agricoles du pays devraient bien éclairer les cultivateurs et leur enseigner les bonnes méthodes.

Fromage stofé.

C'est un fromage fabriqué dans les départements du Pas-de-Calais et du Nord, particulièrement dans l'arrondissement d'Avesnes.

On n'écrème pas; on met la présure dans le lait pur, et, au lieu de séparer le caillé du petit lait aussitôt après la coagulation, on les laisse ensemble et en repos pendant vingt heures en été, trente heures en hiver, afin de donner au caillé un degré d'aigreur qu'il n'aurait pas sans cela.

Ce séjour dans le liquide a fait perdre au caillé toute sa fermeté; il est devenu mou et presque en bouillie. On le place dans un linge, et, mieux encore, dans une passoire ou étamine, où il s'égoutte et reprend la consistance qu'il avait perdue; parfois même on le presse.

Lorsque l'égouttement est complet, on sale, on poivre légèrement, mais avec du poivre gros et énergique. On met en pain et on pose sur une assiette ou dans un pot où le fromage tourne au gras et finit par couler; c'est cette partie grasse qu'on recueille, qu'on mange sur du pain grillé, parfois beurré à l'avance, et qui s'appelle fromage stofé.

Fromage de Vachelin.

Ce fromage est fort répandu dans les départements de l'est. On le fabrique dans les Vosges, la Haute-Saône et le Jura, en gros pains de 15 à 25 kilogrammes, enfermés souvent dans des futailles, pour être transportés fort loin. Les vachelins de la vallée du Rhône, en Suisse, sont d'une qualité bien inférieure aux vachelins de France.

On écrème une partie du lait seulement (d'un tiers à deux tiers), et on mêle avec du lait frais et pur ; on fait chauffer autant que peut le supporter la main ; puis on met la présure, et on remue. La coagulation ne se fait pas attendre plus d'une demi-heure. Ce n'est pas un caillé compacte, mais une réunion adhérente de globules ronds, élastiques et gluants, qu'on enveloppe dans un linge, qu'on met en presse et qu'on sale ensuite énergiquement (un trentième du poids du caillé). On fait sécher, on sale encore en couvrant de sel bien sec et bien pulvérisé. On affine, et on vend un peu avant que l'affinage soit complet.

Le prix du vachelin de France reste communément entre 75 et 90 fr. les 100 kilogrammes.

Fromage de Langres.

Le lait est mis en présure, tiède encore et au sortir du pis de la vache. On emploie communément une cuillerée de présure pour 7 à 8 litres de lait. On entretient la chaleur naturelle du lait, soit en plaçant la terrine bien couverte dans un lieu chaud, soit en l'entourant de cendres chaudes, etc. ; car on a remarqué que le lait refroidi donne un fromage mordant et acide. On enlève le caillé aussitôt la coagulation opérée. On met en forme et on laisse bien égoutter, dans une chambre close et chaude. Après trente heures d'égouttement, on tire le fromage de la forme ; on le pose sur de la paille, où il sèche lentement pendant cinq à six jours ; alors on le sale en couvrant le dessus du fromage de sel. Lorsque ce sel est fondu, on retourne et on sale de l'autre côté. Cette opération dure une semaine, pendant laquelle le fromage est placé dans un lieu bien sec et bien aéré. On lave alors plusieurs fois, et de semaine en semaine, avec de l'eau chauffée à 50 degrés centigrades environ, et on frotte un peu avec la main. Le lavage doit se répéter aussitôt qu'on aperçoit quelques taches de moisi, qu'on gratte avec soin, ou lorsqu'il se manifeste des gerçures causées par une dessiccation trop énergique.

Enfin, lorsqu'il a pris une belle couleur jaune clair, on le place à la cave, soit dans des caissons, soit dans des pots bien fermés, et on visite tous les huit à dix jours pour gratter de nouveau et laver si les mêmes signes commandent cette opération.

On remarque dans certains fromages de Langres des couches grasses et maigres qui prouvent un défaut de fabrication. On a réuni le lait de plusieurs mulsions sans le bien mêler, et la coagulation a saisi le lait avec sa meilleure crème déjà montée, dès lors un caillé gras au sommet, sec et en grumeaux à la base.

Fromage de Bergues.

On mêle à 3/4 de lait de la veille et écrémé, 1/4 de lait nouveau ; on fait chauffer le tiers de ce mélange et, avant l'ébullition, on mêle aux 2/3 froids, puis on ajoute de la présure un peu salée. On fait égoutter le caillé ; on le met en presse pendant six à huit heures, puis on le met, dans un moule un peu plus large, à la cave, où il reste une semaine, et tous les jours on le retourne en le frottant de sel ; on le sort du moule pour le mettre sur de la paille et on continue, pendant un mois au moins, à le retourner tous les jours. Ces fromages pèsent 4 à 5 kilogrammes et se vendent 2 fr. environ le kilogramme.

Fromage de Mons-en-Pesvèle.

Il se fabrique entre Lille et Douai : on emploie 5 à 6 litres par fromage ; on met la présure aussitôt après la mulsion et on place en lieu chaud ; le caillé égoutté est mis dans des éclisses à fond d'osier, où il s'égoutte pendant quelques jours ; on le sale alors en le frottant de sel, puis on le met à la cave, où on le lave avec de la bière lorsqu'il devient trop sec, se fend ou se moisit. Ce fromage est fort délicat, mais se conserve peu.

Fromage de Marolles.

Il tire son nom, un peu altéré, du village de Maroiles, près Landrecies (Nord) ; mais on en fabrique beaucoup plus dans l'Aisne que dans le Nord, et c'est de l'Aisne qu'il passe dans les départements de l'est, les deux Marnes, les Ardennes, la Meuse, la Moselle, etc., où il est fort recherché.

C'est un petit fromage de la forme d'un briqueton, pesant trois cents grammes environ, jaune orangé extérieurement, jaune doré intérieurement, à pâte ferme, élastique d'abord, puis fondante lorsque le fromage vieillit, et alors d'une odeur très-forte. On fait cailler le lait pur, bien égoutter le caillé, qu'on brise et qu'on sale avant de le mettre dans les moules, où il reste trois à quatre jours. On le sort ensuite ; on le sale de nouveau, et on le met à la cave. Lorsque le fromage est trop humide, on allume un petit poêle dans la cave, ou on y porte de la braise en feu ; s'il est trop sec, on le couvre d'un linge mouillé. L'affinage dure un mois et demi à deux mois.

Ce sont là les fromages du commerce ; les meilleurs, appelés *dauphins*, sont moulés en croissant ; leur pâte est plus grasse ; aussi leur prix est double des autres.

Fromage de Roquefort.

Ce fromage si renommé, le plus fort peut-être et le plus stimulant de tous les fromages, lorsqu'il a beaucoup vieilli, est produit par les brebis qui couvrent le grand plateau de Larnac, élevé de 600 mètres au-dessus du niveau de la mer, dans l'arrondissement de Saint-Affrique, département de l'Aveyron ; l'arrondissement de Millau produit aussi du fromage.

Le lait de brebis est à peu près exclusivement employé dans la fabrication du fromage de Roquefort, c'est à cela qu'il doit sa qualité ; là où il y a mélange de lait de chèvre ou de vache, la qualité n'est plus la même.

On donne tant de soins à la fabrication, que le traitement du lait varie selon la nourriture donnée aux brebis ; si on fait chauffer plus fort et plus longtemps le lait produit par une alimentation aqueuse, c'est pour arriver à une évaporation plus considérable et rendre au lait la consistance que la nourriture lui avait fait perdre.

Les premiers laits du printemps sont consommés par les agneaux. Ce n'est qu'après le sevrage, c'est-à-dire depuis la fin de juin jusqu'au mois d'octobre, que le lait est appliqué à la confection des fromages.

La mulsion a lieu deux fois par jour, matin et soir ; le lait du soir est seul chauffé et écrémé : on le met de suite dans une chaudière de cuivre étamé et on le fait chauffer plus fort et plus longtemps, selon sa nature plus aqueuse et moins condensée, puis on le met en terrines et on l'écrème ; le lendemain matin, pendant que le lait nouveau se repose un peu, on fait tiédir le lait écrémé de la veille, de manière à porter les deux laits à la même température, et on les mêle alors, en ajoutant une cuillerée de présure par 50 litres de lait ; la coagulation se fait peu attendre et on sépare alors le petit lait du caillé, en laissant cependant une certaine quantité de petit lait qu'on mélange au caillé pour le rendre plus onctueux.

On met immédiatement le caillé, dans des moules en terre vernissée, par trois ou quatre couches saupoudrées de poussière de pain vieux moisi, séché et moulu, pour persiller le fromage.

Le pain employé pour le persillage est fait par moitié de farine d'orge et de blé (celle d'avoine ne vaut rien, à cause de l'élément résineux qu'elle renferme). On fait le pain vers Noël ; trois mois après, il est bien sec et on le moud, on le tamise et on conserve bien au sec et à l'abri de l'air la farine obtenue.

Le fromage reste trois jours en presse, retourné et chargé de chaque côté, matin et soir, plusieurs fois (car les deux fonds sont mobiles et entrent dans la forme). Lorsqu'on trouve ces fromages assez compactes et égouttés, on les porte au séchoir ; on les place sur des tablettes toujours maintenues très-propres, et on les retourne tous les jours, pour qu'ils sèchent sans s'échauffer ou fermenter. La chaleur est nuisible aux fromages de Roquefort. Pendant qu'ils sont au séchoir, un air frais et sec leur est favorable ; car le seul but qu'on se propose alors est la dessiccation sans fermentation ; la réussite est là. Aussi le séchoir est-il percé, sur toutes les faces, de fenêtres parfaitement closes par deux contrevents, l'un extérieur, l'autre intérieur. On obtient ainsi, en toute saison, la tempéraature que l'on désire. Des courants d'air bien ménagés enlèvent rapidement la transsudation des fromages, qu'on espace le plus que l'on peut. J'ai plusieurs fois conseillé des étagères à claire-voie, transversales au séchoir, placées au milieu de la pièce, et que l'air ambiant traverse constamment et forcément. Autant qu'on le pourra, il faudra espacer les fromages, afin que l'évaporation des uns ne vienne pas tomber sur les autres et les mouiller.

Le séchoir doit être bien abrité contre le vent du midi, éloigné des étables, des fumiers, des foins nouveaux surtout.

Le fromage une fois séché (cette opération dure 6 à 8 jours), l'œuvre du producteur des fromages de Roquefort est achevée. Chez lui, le fromage serait en péril ; ailleurs et dans d'autres conditions, il se bonifiera. Ici commence l'action de l'industrie de la ville de Roquefort.

Les fromages ne peuvent se conserver et *se faire* que dans des caves en même temps fraîches et sèches. Les caves de Roquefort réunissent ces conditions, parce que beaucoup sont taillées dans le roc, toutes bâties contre ou sur le roc ; elles entrent pour beaucoup dans la bonne qualité des fromages de ce pays. Ces caves sont donc le moyen d'une précieuse industrie.

Quelques-unes servent de magasin à des marchandises achetées à l'état sec seulement, pour être revendues en fromages *faits* et bons à manger.

Quelques autres sont des entrepôts ouverts aux produits non vendus, emmagasinés pour le compte du producteur, qui paye au propriétaire des caves un loyer sous la forme d'*un quantum* pour cent sur le prix de vente. Cette vente a lieu par commission. Les fromages, marqués du nom du producteur, sont, à leur entrée, inscrits à son compte avec leur quantité et leur poids ; ils sont ensuite triés et divisés par qualités, pour être vendus à des prix variables de 35 à 60 francs les 50 kilogrammes. Mais, avant la vente, ils subissent les manipulations suivantes :

Les mardi, jeudi, vendredi et samedi sont des jours généralement consacrés à ce travail. Le mardi soir, on couvre la surface du fromage d'une petite pincée de sel uniformément étalée ; on empile ensuite ces fromages cinq par cinq. Trente-six heures après, c'est-à-dire le jeudi matin, on remanie les piles ; on étale la saumure que le sel fondu a formée ; on en frotte toutes les parties du fromage, et on remet dessous le fromage qui était d'abord dessus. Le vendredi soir, on sale l'autre côté ; le samedi matin, on les frotte et on les réempile jusqu'au mercredi matin. Alors on les sort des caves, pour les porter dans une autre salle. Là on les racle, on les approprie, on les pare ; puis on les reporte dans les caves, où on les empile et où ils restent pendant quinze jours.

Dans cette seconde période, le fromage, amolli un peu par la salaison, reprend sa consistance et sa fermeté.

A la fin des quinze jours, les fromages, désempilés et essuyés (beaucoup sont couverts d'un duvet de moisissure), sont placés sur des tablettes, sur champ, et espacés. Ils se couvrent alors d'un long duvet blanc, sans consistance aucune. Au bout de quinze jours, on les prend un à un ; on les essuie, on les racle et on les replace sur les tablettes. Cette fois, le duvet, moins long, a une couleur rose et blanche; on les racle encore et on les replace. Ainsi de quinzaine en quinzaine, jusqu'à la vente.

Cette vente a lieu communément deux ou trois mois après la salaison.

Le produit de la raclure qui suit la salaison n'est pas perdu ; il est utilisé, délayé dans un peu d'eau, pétri en pâte compacte, mis en boules appelées *bolus* dans le pays, et vendues aux ouvriers à 20 et 25 centimes le demi-kilogramme.

Pour apprécier le fromage de Roquefort, on le perce avec une espèce de lardoire ou emporte-pièce effilé, et, sur le petit morceau ainsi extrait, on juge de sa qualité à l'intérieur.

On l'estime d'autant plus que sa pâte est plus blanche et marbrée de bleu, ferme, douce, grasse, savoureuse et agréable au goût. Ce n'est guère qu'à Roquefort même qu'on peut se faire une juste idée de la supériorité des produits, qui s'altèrent par le mouvement, la durée du transport, les intempéries, le défaut de soins, etc.

Ce transport se faisait autrefois à dos de mulet; aujourd'hui, il s'opère par charrettes, dans des caisses assez adroitement agencées pour que tous les côtés, se repliant sur eux-mêmes, ne forment plus, au retour, que plusieurs planches superposées.

Les produits s'écoulent par les villes les plus voisines, Toulouse, Nimes, Montpellier.

On calcule que le plateau de Larnac produit annuellement 15,000 fromages de 3 à 5 kilogrammes chacun, environ 60,000 kilogrammes en tout.

Pour compléter cet article, nous devons parler d'une espèce de fromage appelé *crème de Roquefort* : c'est le caillé non brisé, pressé légèrement et livré de suite à la consommation. Ce produit, à bon droit fort estimé dans le pays, ressemble assez aux fromages de Brie en pots ; il ne se conserverait que fort peu de temps.

Certains fromages sont des contrefaçons du fromage de Roquefort. Ainsi, dans la Loire, on cherche à imiter cette fabrica-

tion ; mais on est encore loin de pouvoir rivaliser avec le plateau de
Larnac.

Fromage de brebis.

Une partie du midi produit des fromages de brebis, sous le nom
de fromageons, *lesbaux*, caillé des Cévennes, etc.

On les fabrique à peu près comme le roquefort, ce qui nous dispense
de répéter ce que nous avons déjà décrit.

Dans quelques contrées, on laisse sécher en ne salant que légèrement ; puis on empile les fromages dans des caisses closes pendant
quelques semaines, et on les retire pour les saler plus fort, les faire un
peu sécher, les enduire d'eau-de-vie et ensuite d'huile fine, enfin les
affiner par un séjour de plusieurs mois dans des fûts ou des pots bien
hermétiquement fermés.

On prétend que ceux dans lesquels on fait entrer un cinquième environ de lait de chèvre, sont plus délicats que les autres.

Fromage de chèvre.

C'est le centre montagneux de la France qui fournit ces fromages
appelés *cabrilloux*, parce qu'ils sont faits de lait de chèvre, dont les
petits, en patois, se nomment *cabris*. Le Mont-d'Or (département du
Rhône) en produit le plus ; viennent ensuite le Puy-de-Dôme, le
Cantal, la Haute-Loire, enfin le Jura, etc.

Le fromage de chèvre se reconnaît facilement à sa pâte jaune, élastique et à demi transparente.

Fromage du Mont-d'Or.

Douze à quinze communes du Mont-d'Or lyonnais, nourrissant
douze à quinze mille chèvres, produisent cet excellent petit fromage,
dans lequel il n'entre que du lait de chèvre.

On trait trois fois, et on obtient généralement par mulsion 1 litre,
parfois 1 litre 1/2, ce qui fait un fromage. Pendant les chaleurs, on
laisse refroidir le lait ; lorsqu'il fait froid, on mêle de suite la présure. La coagulation ne se fait pas attendre une demi-heure en été,
une heure en hiver. On décante, on fait égoutter ; on met en forme et

on sale presque immédiatement. On laisse durcir pendant un à deux jours en été, quatre à cinq en hiver ; puis on suspend en l'air, dans un lieu frais et sur de la paille, pour faire sécher. Parfois on les affine en les mouillant de vin blanc, en les recouvrant de persil et en les plaçant en presse entre deux assiettes. On emploie dix à quinze jours pour la fabrication, à moins qu'on ne les vende dans leur fraîcheur et dans des boîtes de pin. Ces fromages sont ronds et plats, et peuvent peser 1/4 de kilogramme.

Le Jura produit aussi de petits fromages de chèvre, appelés *chevrets* ; ils sont carrés et plats, et pèsent 200 grammes au plus. C'est la même pâte que celle des fromages du Mont-d'Or ; c'est par la forme seule qu'on pourrait les reconnaître.

Fromage de Sassenage.

Ce fromage, qui rivalise avantageusement avec le roquefort, se compose communément de trois espèces de lait, de vache, de chèvre et de brebis, dans des proportions diverses, mais communément 4/5e de vache, 1/5e de chèvre ou de brebis : la qualité du fromage est en proportion du lait de brebis.

On fait chauffer, jusqu'à ce qu'il soit prêt à monter, tout le lait d'une mulsion, et, après 24 heures de repos, on lève la crème.

De la mulsion suivante on fait chauffer de même et on écrème la moitié seulement. On ne doit pas mettre dans la même pièce le lait froid et le lait chaud.

On lève la crème pendant que le quatrième quart du lait chauffe, et lorsqu'il approche de l'ébullition, on mêle les 3/4 froids et écrémés au quart pur et chaud, en les réunissant dans un baquet de bois ; on remue, on mêle la présure et l'on couvre bien afin que le tout conserve sa chaleur.

Au bout de 25 à 40 minutes, le caillé est formé ; on le brise et il se précipite au fond ; on enlève alors le petit lait au fur et à mesure qu'il se montre clair à la surface ; on renverse à demi le vase pour enlever et faire couler le petit lait; on pétrit le caillé et on le met dans un moule percé et garni d'un linge. On laisse égoutter en lieu chaud pendant 24 heures, on change le fromage de moule, on couvre le dessus de sel ; le lendemain on retourne et on sale de même; plus tard on sale encore, mais en frottant pour faire entrer le sel; on laisse alors sécher dans un lieu sec et chaud et sur de la paille, où on le retourne fréquemment. Lorsqu'il est sec, affermi et salé, on le descend à la cave, où il reste 2 ou 3 mois, posé sur un lit de paille, fréquemment retourné, surveillé et nettoyé.

Si le fromage est bien gras, la cave doit être moins fraîche; s'il est maigre et sec, au contraire, c'est-à-dire si on a exagéré l'écrémage ou les proportions du lait de vache, il faut choisir une cave bien plus fraîche, couvrir les fromages d'un linge mouillé, et, à la rigueur, les envelopper de foin fin ou de regain, humecté, de temps à autre, d'eau tiède, ou, mieux encore, exposé à la vapeur d'eau bouillante.

Dans la fabrication de tous ces fromages veinés et nuancés, la fraude a essayé de ses mille ressources. Les uns ont mêlé du pain moisi au caillé; d'autres, de la poudre de charbon; enfin des ingrédients abominables. Heureusement que ces pratiques n'ont pas été payées par le succès, ce qui doit faire espérer qu'on les aura abandonnées.

100 litres de lait donnent en moyenne 3 kilogrammes de beurre et 10 kilogrammes de fromage fait.

Pour faire le meilleur fromage, on n'écrème que moitié du lait.

Fromages du Jura.

Ces fromages sont une imitation si heureuse des fromages de Gruyère, que beaucoup de personnes les préfèrent aux produits suisses. Ceux-ci souvent sont trop salés, trop mordants, tandis que le Jura donne à ses fromages beaucoup moins de sel, ce qui les rend plus doux et moins échauffants.

Nous renvoyons donc aux procédés du pays de Gruyère.

Fromages gras.

C'est une espèce particulière de fromages du Jura. On les fabrique dans l'arrondissement de Pontarlier, et ils doivent se manger dans le mois. On met dans le lait pur une petite quantité de présure bien fraîche; on presse légèrement le caillé; on laisse sécher à demi; on sale peu et lentement, et on enveloppe de feuilles ou d'écorce.

Fromage en meules.

C'est encore là une imitation française du fromage de Gruyère. Ce sont les Vosges qui le fournissent et le fabriquent comme on le fait dans le canton de Fribourg et dans le Jura.

FROMAGES ÉTRANGERS.

FROMAGES SUISSES.

Fromage de Gruyère.

Si le gruyère n'est pas le meilleur de tous les fromages, c'est au moins le plus universellement goûté. Aussi sa fabrication, concentrée d'abord sur les plateaux de la Gruyère, à Châtel-Saint-Denis, Gruyère, Romant, etc., aux environs de la petite ville de Büll, entre Fribourg et Vevay, s'est-elle insensiblement étendue en Suisse, puis sur toute la chaîne du Jura et jusque dans les Vosges, enfin dans le Limbourg, l'Algaw bavarois, la partie montagneuse du Wurtemberg, etc. Aujourd'hui, le Jura produit autant que la Suisse. Ses fromages, moins salés, moins mordants, moins chers, sont par cela même plus généralement aimés et recherchés.

On écrème le lait de la veille au soir pour le mêler au lait du lendemain matin, sans trop les remuer ou ballotter. On chauffe doucement jusqu'à la température d'un bain (28 degrés centigrades). On met alors la présure et on retire du feu lorsque le lait s'éclaircit par l'effet de la coagulation ; bientôt celle-ci est complète. On brise le caillé en gros morceaux, et on retire ensuite les quatre cinquièmes du petit-lait, le dernier cinquième restant pour aider à la cuisson. On mélange bien le caillé avec ce petit lait au moyen d'un bâton-hérisson (armé de broches qui le traversent) ; puis on remet sur le feu, et on porte la chaleur à 42 degrés centigrades, un peu plus, un peu moins, suivant la nature des herbes consommées par les vaches. Pendant cette opération qui dure quarante à cinquante minutes, on remue continûment, et, pour empêcher la brûlure, on imprime au liquide, et toujours dans le même sens, un mouvement constant de rotation. La cuisson est suffisante lorsque le caillé prend une teinte jaune et une consistance presque élastique. On réunit alors rapidement, et sur un seul point de la chaudière, toute la partie solide, et, au moyen d'une toile passée en dessous, on l'enlève, on le comprime, on le met en presse, toujours dans la toile. Deux ou trois jours après, on change celle-ci, et, à cette occasion, on sale le caillé ; on presse encore ; on change de toile une troisième fois. On sale encore, on presse de nouveau ; enfin, on fait tout, pour faire partir la dernière goutte de petit-lait. Chaque fois, on rétrécit un peu le diamètre de la forme. Cette opération de l'épuration, de la salaison, de la pression du fromage, ne dure pas moins de vingt-cinq à trente jours. On s'arrête lorsque le fromage, ferme d'abord, se ramollit un peu par l'effet du sel ; alors on passe à l'affinage, qui s'opère par un séjour plus ou moins prolongé dans des caves fraîches, mais non humides.

Les meules de gruyère pèsent communément de 20 à 30 kilogrammes. Les fromages produits dans la Gruyère sont jaunes et percés d'yeux petits, nombreux et remplis d'eau salée. Ceux du Jura ont la pâte moins jaune, les yeux plus grands et moins nombreux. Ils sont moins salés et moins échauffants. Les gruyères de Savoie sont, en général, fabriqués par des Suisses dans des vacheries nomades, dites d'*entreprise* ; comme c'est un produit des montagnes, ils diffèrent peu des gruyères suisses ; la plus grande partie provient des versants méridionaux de la grande chaîne des Alpes, et du Mont-Blanc particulièrement.

Le gruyère devient, en vieillissant, friable et caustique, au point de s'écraser facilement et de produire des ampoules dans la bouche.

Mais, lorsqu'il est sain et non altéré, c'est un des fromages les plus agréables, les plus bienfaisants, et aidant beaucoup à la digestion.

Fromage de Savoie dit Parsely.

C'est une petite meule plate et ronde du poids de 3 à 4 kilogrammes ; il se fait avec un mélange des trois laits non écrémés de vache, chèvre et brebis ; on y ajoute le serai du résidu du gruyère, et aussi la première crème du lait destiné au gruyère. Le parsely est un excellent fromage, il mériterait les honneurs et les profits de l'exportation ; il se fabrique à peu près comme les fromages du Mont-Cenis.

Fromage du Mont-Cenis.

Le Mont-Cenis est le roquefort ou le sassenage du Piémont, où il est fort recherché. Le lait de vache n'entre pas seul dans la fabrication de ce mélange ; on y mêle un quart environ de lait de brebis et un dixième de lait de chèvre.

On écrème communément le lait de la mulsion du soir pour y mêler, sans l'écrémer, celui de la mulsion du matin. S'il fait froid, on chauffe le lait pour le rendre tiède ; on y mêle une présure salée et aromatisée par du poivre en grains et des clous de girofle entiers. Après la coagulation, on fait couler le petit lait ; puis on pétrit rudement le caillé pendant trente à quarante minutes. On fait de nouveau couler le petit lait ; on divise la pâte du caillé en deux parts égales, l'une qui est mêlée à la moitié du caillé de la veille, l'autre qui est recouverte de petit lait pour attendre le caillé du lendemain ; cela pour nuancer et veiner le fromage. On met en forme ; on laisse tasser et reposer. Le lendemain et jours suivants, on presse doucement et graduellement. Du troisième au sixième jour, lorsque le fromage est dur et sec, on le descend au caveau ; on le sale en le couvrant de sel gris en poudre et en le frottant sur toutes les faces, opération répétée deux et trois fois par semaine, pendant six à huit semaines, jusqu'à ce que la croûte *ressue* le sel, ce qui annonce la saturation. On calcule que le fromage retient en sel un septième à un huitième de son poids. On dépose ensuite sur un lit de paille étendue sur le sol du caveau, et on retourne trois et quatre fois par semaine. Le fromage est mûr, en été, au bout de trois mois ; en automne, il lui faut cinq mois pour mûrir. Ce fromage est cylindrique et plat, comme celui de Roquefort. Il pèse de 10 à 15 kilogrammes, et se vend communément 1 fr. à 1 fr. 25 c. le kilogramme.

On voit qu'en tous points il est composé et frabriqué comme celui de Roquefort. On reconnaît bien facilement et on paye un cinquième moins cher le fromage dans lequel il n'est pas entré de lait de brebis.

Fromage de Glaris.

Le lait est placé dans des caves bien fraîches et mis dans des terrines presque toujours immergées dans un petit courant d'eau de source. Au bout de trois jours, on écrème, et le lait, écrémé et mélangé soit de présure légèrement composée, soit tout simplement de vinaigre ou de jus de citron vert, est placé dans un chaudron qu'on met sur un feu doux ; aussitôt que la coagulation est complète, et lorsque le petit lait est bien vert et limpide, on retire du feu ; on met le caillé dans des formes, où on le laisse égoutter et sécher sous l'influence d'une chaleur modérée. On le verse alors dans des barriques percées de petits trous, ayant le fond supérieur mobile et assez fortement chargé pour comprimer énergiquement le caillé. Il reste ainsi souvent pendant plusieurs mois. En automne, à la descente de la montagne, le caillé est envoyé au moulin, où il est broyé, puis bien mêlé à des feuilles, sèches et pulvérisées, de mélilot bleu (*trifolium melilotus cœrulea*), et de sel bien pulvérisé, séché au feu et presque grillé.

Les proportions sont, sur 20 kilogrammes de caillé moulu, de 1 kilogramme de feuilles de mélilot et 2 kilogrammes de sel.

Ce mélange est alors mis en formes (légèrement huilées ou graissées en dedans), et bien pressé pendant dix ou douze jours. A la sortie des formes, on fait sécher bien doucement pour éviter les gerçures.

Ces fromages sont fort recherchés et payés assez cher pour des fromages maigres.

La crème fournit un beurre fort gras et fort délicat.

Les fromages de Glaris se font ainsi communément ; ce sont donc des fromages maigres. On modifie cependant cette fabrication en faisant des fromages gras, de lait non écrémé, ou encore des fromages demi-gras, tirés d'une partie du lait écrémé et d'une autre partie de lait pur et non écrémé.

Ajoutons que le mélilot est un trèfle bien connu, qui se sème au printemps, qu'on laisse fleurir et se faner un peu, puis qu'on fauche et qu'on fait sécher sur des draps, au soleil, et qu'on réduit en poudre par le moyen d'un moulin, d'un pilon, etc.

FROMAGES ALLEMANDS.

Fromage d'Underwald.

Ce fromage est plus gras et moins ferme que le gruyère ; il doit se consommer plus frais, car il se garde moins longtemps. On le fabrique dans le Wurtemberg, aux environs de Stuttgard. Le fromager du domaine royal de Rosenstein a la prétention de faire un kilogramme de ce fromage avec 4 litres de lait : je ne l'ai jamais cru.

On fabrique aussi dans le Wurtemberg et en Saxe un fromage maigre commun, en boules de la grosseur d'une grosse pomme : c'est le fromage des ouvriers du pays.

Fromage de Hollande.

Le hollande est un excellent fromage, se recommandant par la finesse de sa pâte et sa longue conservation ; aussi est-il le plus répandu et le plus imité de tous les fromages. Les quantités exportées sont énormes.

On fait coaguler le lait non écrémé et bien égoutter le caillé. On le pétrit ensuite, en facilitant l'écoulement du petit lait. On le met dans des formes cylindriques ayant un fond arrondi, une calotte arrondie aussi et pouvant entrer dans le cylindre ; le tout est percé de petits trous. On change de moule et on passe à une seconde pression. La crème s'échappe parfois à la suite du petit lait.

Après plusieurs pressées, croissant toujours en durée et en force, on passe à la salaison.

Lorsque les fromages ont acquis une grande fermeté, on les immerge alors, pendant trois ou quatre heures, soit nus, soit dans un linge, pour maintenir la pâte, dans une forte saumure, et, en les retirant, on les saupoudre de sel blanc pilé et on les soumet à une nouvelle pression ; puis on les baigne encore dans la saumure ; on les saupoudre de sel bien pulvérisé, on les presse, etc. ; cela pendant plusieurs jours. On finit par leur donner, pendant sept à huit heures, un dernier bain de saumure ; on laisse un peu égoutter ; on lave ensuite dans du petit lait, après avoir bien raclé et fait disparaître ainsi la croûte blanche du fromage,

On dépose ensuite les fromages sur des tablettes, dans un lieu frais, où on les retourne souvent jusqu'à ce que l'affinage soit parfait.

C'est dans les environs de la ville d'Edam, en Hollande, que se fabriquent les meilleurs fromages.

Aujourd'hui, cette fabrication a servi de modèle à tous les pays qui produisent du fromage. La Normandie a imité la Hollande, et s'en est bien trouvée. Les fromages de Livarot, de Pont-l'Evêque, de Varaville, du Calvados, etc., rappellent tous le fromage de Hollande, ont parfois sa durée, et sont souvent plus fins et plus délicats ; pareille fabrication a été essayée dans le département de la Charente, et le succès est complet, car le fromage est excellent, gras et de parfaite conservation.

FROMAGES ANGLAIS.

Fromage de Glocester.

Ce fromage est celui qui entre pour la plus forte part dans la consommation de l'Angleterre. Pour la qualité et le prix, il ne vient qu'après le stilton et le chester. Il se fabrique en gros pains de 15, 20, 30 et 40 kilogrammes, et ne se vend qu'au bout de neuf à dix mois de fabrication. Les bons fromages dits fromages doubles se font d'avril à juillet.

Aussitôt après la mulsion, en été surtout, on refroidit le lait par une addition de lait froid écrémé ou même d'eau froide. On mêle de suite la présure et la couleur, et, aussitôt le caillé bien formé, et tout en le laissant baigner dans le petit lait, on le coupe en tous sens ; on le remue avec une assiette qu'on agite de la main gauche pendant qu'on coupe avec la droite. Le caillé, bien divisé en morceaux très-ténus et de la grosseur d'un pois, on laisse le mélange en repos ; le caillé tombe au fond au bout d'une demi-heure. On décante alors en versant le petit lait sur un tamis, afin de recueillir toutes les parcelles de caillé.

On fait égoutter le caillé en le coupant encore, le maniant, le pressant. On le met dans un linge et dans une forme ou éclisse ; on le presse pendant quinze à vingt minutes ; puis on le remet dans un baquet ; on le recoupe très-menu, et on procède au lavage.

On lave avec un mélange de trois quarts d'eau et un quart de petit lait. Ce liquide sera d'autant plus chaud que le caillé aura moins de fermeté ; s'il est mou, l'eau doit être bouillante ; s'il est dur, l'eau sera moins chaude. On amollit ainsi ou on affermit le caillé, qui doit nager dans l'eau. On l'agite alors dans tous les sens. La durée de ce bain varie de dix à vingt-cinq minutes. Généralement, lorsque le caillé tombe au fond, on tire l'eau ; on fait égoutter ; on met la forme près du baquet ; on la remplit de caillé. Lorsqu'elle est à moitié, on mêle une petite quantité de sel ; on achève de la remplir ; on sale encore légèrement en bien remuant le tout pour y incorporer le sel et faire sortir le petit lait. On étend un linge sur la forme ; on renverse. Le fromage se trouve alors sur le linge. On mouille la forme de petit-lait, pour y faire mieux entrer le fromage, qui se trouve enveloppé de linge, et on met sous presse.

On place souvent plusieurs formes pleines l'une sur l'autre ; celle du haut seule a donc besoin d'un rond ou couvercle. Cette pression dure deux à trois heures. On retire ; on sort le pain de la forme. On lave le linge et la forme, et on remet en presse pour trois ou quatre heures. Avant la nuit, on retire encore ; on lisse le fromage ; on le saupoudre de sel, qu'on incorpore par la pression et le frottement. On remet ensuite en presse ; cette fois et les suivantes sans linge. Pendant deux jours, matin et soir, on répète cette opération.

On calcule que chaque fromage doit rester quarante-huit à soixante heures à la presse.

Le fromage est ensuite mis pour dix à douze jours sur les planches, retourné tous les jours, aéré s'il fait frais et humide, toutes les ouvertures fermées, au contraire, si le temps est sec ou l'air vif. On le déplace lorsqu'il est sec, pour le nettoyer, le laver, le gratter légèrement, le parer à moitié, en un mot. On l'immerge ensuite, pendant une ou deux heures, dans du petit lait froid ou de l'eau, jusqu'à ce que la croûte soit ramollie. On le gratte encore pour le rendre parfaitement net et poli ; puis on le lave de nouveau dans le petit lait ou l'eau ; on l'essuie bien, et on le place (ordinairement en pile) devant une fenêtre et à l'air, pour qu'il sèche doucement ; puis on le met en magasin. Quand il fait froid, on fait tiédir le bain. Les bons fromages sont lourds et vont au fond du bain ; les moins bons tendent à surnager.

Le plancher et les tablettes de ce magasin sont régulièrement frottés avec des tiges vertes de pommes de terre et mieux avec des tiges de fèves de marais ou des feuilles de sureau. Cette opération est si souvent répétée, que le bois en est devenu tout noir. On prétend qu'en agissant ainsi, on détruit les mites et les vers, qu'on entretient la souplesse de la croûte, et qu'on l'empêche de se fendre.

Les soins du magasin sont les mêmes que pour les autres fromages. Les fromages prennent alors une teinte bleue qui fait bien augurer de leur bonté.

Le fromage *vert* ou de *sauge* se fabrique de même, avec cette seule différence que le soir, dans un tiers ou un quart de lait de la mulsion, on fait infuser, toutes hachées, deux parties de feuilles de sauge, une de feuilles de fleurs de souci et une de feuilles de persil. Le lendemain, on tamise ; on fait cailler à part ce lait vert, et on ne mêle ce caillé avec l'autre qu'en les mettant dans la forme.

On calcule que quatre poignées, dont deux de feuilles de sauge, etc., sont la dose destinée à un fromage de 5 à 6 kilogrammes.

Fromage de Chester.

Le lait du soir se garde pour être réuni à celui du lendemain matin. En été, on a pris soin de le faire refroidir promptement, afin qu'il ne s'aigrisse pas, dans un grand vaisseau peu profond, avant de le placer dans les terrines. Le lendemain, on l'écrème, et on fait tiédir cette crème et ce lait pendant la mulsion du matin, afin de mêler tous les laits et la crème aussi, en les mettant dans un baquet long avec la présure nécessaire et les principes colorants. Au bout d'une demi-heure, le caillé est formé ; on fait couler le petit lait ; on divise le caillé ; on place au milieu du baquet une planche percée de trous, qui le divise inégalement. On réunit le caillé dans un des compartiments ; on le penche du côté opposé à ce compartiment, et on le charge de poids pour le presser. On le recoupe ; on le presse encore jusqu'à parfait égouttement ; puis on le sale en le divisant beaucoup. On le place dans la forme, qu'on surhausse avec un ou plusieurs cercles superposés, et on presse. Pendant la pression, on pique avec des broches en fer pour attirer le petit lait au dehors. Au bout de quelques heures, on retire de la presse et de la forme ; on renverse dans un linge nouveau ; on replace dans la forme, qu'on a eu soin de bien échauder ; on remet les cercles de surexhaussement, et on sale la moitié supérieure du fromage en remaniant le caillé ; puis on remet à la presse et on refait la même opération, afin de saler encore la partie inférieure qui ne l'a pas été, et qui, par le renversement de la forme, est devenue la partie supérieure.

Dans ces deux opérations, on continue d'aider à l'écoulement du petit lait en piquant avec des broches en fer.

Ces opérations ont dû prendre cinq à six heures.

On remet sous presse, en donnant cette fois plus de soins à la forme du pain, en bien disposant le linge qui l'enveloppe et qui est maintenu par un cercle en étain ou en fer rentrant dans la partie supérieure du moule, et on ajoute successivement à la pression, qui doit devenir de plus en plus puissante. Au bout de quatre heures, on change le linge et on retourne le pain pour recommencer la pression. On fait ainsi quatre opérations nouvelles, toujours en piquant pour faire couler le petit lait. Au bout de deux jours d'une pression de plus en plus énergique et mesurée à la grosseur du pain, on le retire alors pour le saler. Cette opération se fait diversement.

Les uns remettent en forme en changeant encore de linge et mettant ainsi le fromage dans un bain de saumure, où il reste immergé pendant quatre à cinq jours. Les autres frottent de sel à plusieurs reprises, de manière à faire pénétrer les principes salants. Le fromage reste alors enveloppé d'un linge et maintenu par des cercles qui l'empêchent de se fendre.

Dans tous ces mouvements du fromage, on n'est parvenu à le faire rentrer dans la même forme qu'en remplaçant toujours un linge plus gros et plus fort par un linge plus fin. Souvent même il a fallu prendre un moule de calibre immédiatement supérieur, mais exactement à la mesure *étroite* du fromage. Les moules doivent toujours être passés à l'eau chaude, être bien secs ou au moins bien essuyés.

Une fois salés, les fromages sont mis en magasin, et là bien frottés de beurre frais, bien essuyés, retournés, etc. Dans les premiers jours et en été, les soins doivent être plus répétés que dans les autres jours et en hiver. Le magasin doit être sec et un peu frais, bien clos surtout, car l'air ferait fendre les fromages.

Les fromages de Chester sont en gros pains, d'un poids variable, suivant la production des vacheries. Ils pèsent parfois de 20 à 40 kilogrammes.

Fromage de Norfolk.

Le caillé formé, le fromager plonge ses bras dans le baquet, et divise la masse solide avec ses mains. Cela fait, il imprime à son bras un mouvement circulaire, en rompant souvent le mouvement pour le faire dans le sens contraire. Cette opération doit se faire avec vivacité et durer de dix à quinze minutes. Pendant que le fromager reprend haleine et prépare ses instruments, le caillé se précipite ; le petit lait devient verdâtre. Alors, avec une écuelle, on le transvase dans les terrines, où il doit donner sa crème, pour en faire du beurre de petit lait. Lorsqu'on atteint le fond ou que le petit lait cesse d'être pur, on le fait couler sur un linge pour recueillir les parties caséeuses. Cela fait, on coupe la masse du fond en facilitant l'écoulement du petit lait ; on la presse avec la main et l'écuelle ; enfin, on la place dans la forme en la divisant de plus en plus ; on relève le linge en dessus, et on met en presse.

Dans les saisons un peu froides, on échaude le caillé, comme nous avons déjà expliqué pour les fromages de Glocester. Ce lavage accélère la maturation du fromage et le rend plus tôt mangeable. Il empêche aussi qu'il ne pousse cette espèce de moisissure longue qui ressemble à du duvet.

Si le caillé n'était que de lait écrémé, on échauderait seulement la forme sur toutes ses faces, et, lorsqu'elle serait pleine, on tremperait dans le bain le caillé renfermé dans un linge, ou même la forme pleine.

Une fois dans la forme, on donne une première pressée de deux heures, une seconde de six, une troisième de douze ; toutes graduées et augmentant insensiblement la pression, avec changement de linge de plus en plus fin, grattage et nivellement de la croûte. Si une quatrième pressée est encore nécessaire, on la donne, cette fois, sans linge, et on passe au bain de petit lait. Pendant plusieurs semaines, on retourne les fromages ; on les brosse avec un balai à main, doux et disposé pour cela. On donne un bain ; on essuie, et enfin on frotte avec un linge enduit de beurre frais. Ce qu'il faut éviter, c'est que la croûte ne sèche, car alors elle ne tarderait pas à se fendre. Ce qu'il faut obtenir, c'est qu'elle prenne une teinte brune ayant un œil légèrement bleu ; ce que les Anglais appellent la *chemise bleue* du fromage, sans laquelle il est peu apprécié, mal vendu, parce qu'on prétend qu'il n'est mangeable, dès lors vendable, que lorsqu'à l'extérieur il a pris cette couleur, ce qui arrive parfois au bout de quatre à cinq semaines, mais parfois aussi se fait bien plus attendre.

Fromage mou de Norforlk.

C'est là un fromage à part, qu'on pourrait appeler fromage demi-frais, et ayant toute la finesse de nos bons fromages de France. Ce fromage est petit. On prend du lait chaud et on le fait cailler instantanément. Lorsque le caillé a pris de la fermeté, on laisse couler le petit lait ; on met le caillé dans la forme sans le briser, avec des rehausses, car il se resserrera beaucoup. On presse légèrement d'abord ; les pressées se succèdent d'heure en heure et sont graduées ; on change de linge chaque fois. Le second jour, elles sont de deux heures. Lorsque le fromage a pris assez de consistance, on le met sur des herbes ou des feuilles fraîches mêlées de quelques plantes aromatiques. On retourne tous les jours. Au bout de dix à quinze jours, quelquefois plus tôt, lorsque la saison est chaude, le fromage est mangeable. Il faut saisir le moment, car il s'altérerait et coulerait en vieillissant trop.

Fromage de Suffolk.

C'est un fromage sec et de longue conservation. On emploie du lait écrémé ; on fait cailler, bien égoutter, et on presse graduellement en augmentant et la pression et la durée. Les dernières pressées doivent durer huit à dix heures. On traite ensuite comme nous avons dit pour le fromage de Chester, en ayant bien soin de tenir les fromages dans un lieu tiède d'abord, pour les faire suer et sécher, et dans un lieu frais ensuite. On racle, on brosse, on baigne, on graisse ensuite, toujours en retournant.

Ces fromages servent surtout aux provisions de mer.

Fromage de Stilton.

C'est le meilleur et le plus délicat de tous les fromages anglais. Il a une très-grande ressemblance avec le stracchino de Gorgonzola et le roquefort. Ce sont les trois meilleurs fromages de garde.

Le lait de la veille au soir est écrémé, mêlé, ainsi que sa crème, à celui de la mulsion du matin, et coagulé par une présure assez énergique. On fait couler le petit lait ; on fait égoutter le caillé, sans le briser, sur un tamis. Puis on le met en forme, où on le presse graduellement et doucement, en changeant toujours de linge et en augmentant et la force et la durée des pressées. Comme ce fromage est de longue conservation, il faut qu'il prenne une grande consistance sous la pression.

Cette précaution ne suffirait pas, car le fromage est si gras et si crémeux, qu'au sortir de la presse il faut l'entourer de bandes de linge, et le placer dans une boîte ou caisson assez semblable à la forme dans laquelle il a été pressé. On le retourne tous les jours ; on le brosse, on l'enduit d'un peu de beurre, on le baigne rapidement. On change de place, et on resserre, après les avoir fait sécher, ces bandelettes de linge ; on retourne, etc.

C'est le fromage qui exige le plus de soins et de surveillance. On ne le vend qu'au bout de quinze à seize mois, et parfois plus, car on dit qu'il n'est bon qu'au bout de deux ans. Pour activer la fermentation intérieure, on assure que dans quelques laiteries on mêle du vin de liqueur (malaga, porto ou xérès) au caillé. En France, où les vins de liqueur étrangers sont rares et chers, cela ne pourrait se faire que difficilement et on pourrait les remplacer par un peu d'eau-de-vie.

Les meilleurs stiltons ont la forme cylindrique. Quelques fromagers adoptent d'autres formes, celle du chou, par exemple ; mais on abandonne cette innovation.

Fromages du Wiltshire. — De Dunlop.

Les fromages du Wiltshire et ceux de Dunlop, dans le comté d'Ayr, se fabriquent à peu près comme le stilton.

FROMAGES ITALIENS.

Stracchino de Gorgonzola.

Gorgonzola est à 10 milles à l'orient de Milan, au milieu d'excellentes prairies que traversent et épuisent, à l'aller et au retour, ces beaux troupeaux de vaches qui paissent pendant l'été les montagnes de Bergame, et hivernent, dans la saison des froids, au milieu des plaines de la Lombardie.

Le stracchino a cela de particulier qu'il n'est jamais fait, au moins pour la plus grande partie, qu'avec le lait laissé au passage par les troupeaux, c'est-à-dire du lait de printemps et d'automne. C'est déjà une condition heureuse.

100 litres de ce lait donnent en moyenne 15 kilogrammes de stracchino, qui se vendent 19 fr. cinquante jours après la fabrication, et 29 à 30 fr. si on attend que le fromage soit fait.

En fromage sec de Parmesan, fait en mars, ces 100 litres ne donnent que 18 fr. 50 c.

On fabrique du 1er septembre au 1er novembre (les fromages du printemps sont bien inférieurs).

On mêle de suite la présure sans écrémer. La coagulation faite, on coupe la masse avec des couteaux à plusieurs lames, sans trop agiter, afin de ne pas faire écouler la crème qui est mêlée au caillé. On laisse le caillé se précipiter, puis on décante le petit lait. On laisse couler, puis on met le caillé dans des linges qu'on suspend pour faire égoutter.

Après cinq heures d'égouttement du caillé obtenu sur le lait de la traite du matin, on ouvre les linges, et, avec un fil, on coupe ce caillé en tranches épaisses de 12 à 14 millimètres.

On coupe de même le caillé de la traite de la veille au soir, et on interpose une tranche de ce caillé plus vieux entre les tranches de caillé plus nouveau ; on enveloppe d'un linge et on met sur les tablettes.

C'est là une opération uniquement appliquée, en Italie, au fromage de Stracchino ; en France, à celui de Septmoncel ; en Suisse, à celui du Mont-Cenis.

Bientôt une moisissure très-dense et d'un vert foncé se développe entre ces lames de caillé, au milieu duquel on a cherché à ménager des vides favorables au développement de cette espèce de végétation, que j'appellerais presque herbacée, et qui donne au fromage sa qualité la plus recherchée.

On retourne ce pain sur toutes ses faces, cinq ou six fois dans le jour, afin de mieux faire égoutter, et, au bout de douze à quinze heures, on met en forme, après avoir enlevé le linge. On le charge légèrement, et on retourne douze à quinze heures après.

Lorsqu'il y a égouttement complet, que le dessus et le dessous du fromage sont bien couverts de moisissure, on sale assez fort avec du sel bien sec et bien pulvérisé ; lorsque le sel est absorbé, on retourne pour saler l'autre côté, ainsi dix à douze fois de suite, ce qui prend cinq à six jours. On retire alors de la forme, et on continue de retourner et de saler. L'opération entière de la salaison doit durer vingt-deux à vingt-cinq jours.

Ce fromage reste ainsi cinquante à soixante jours sur la paille, dans une température de 16 à 18 degrés centigrades, maintenue constamment pendant l'hiver.

Le fromage brunit d'abord ; puis il blanchit, puis se couvre de taches rougeâtres, ce qui est un excellent signe. En avril ou en mai, il est généralement *fait* ; parfois il faut attendre juin et juillet. C'est du douzième au quinzième mois que le stracchino est en meilleur état pour la consommation. Quelquefois il n'est bon qu'à dix-huit mois, vingt mois et plus ; on l'appelle alors *vieux stracchino*.

Le stracchino est le fromage le plus gras que je connaisse et un des meilleurs entre les bons.

On a cherché à l'imiter dans bien des pays ; en Bavière, notamment à l'Institut royal et agricole de Schleissheim, on a abandonné la fabrication du gruyère pour adopter celle du stracchino, qui paye, dit-on, le lait à 18 centimes le litre. On fabrique aussi du stracchino en Saxe, à Sahlis, etc.

Du fromage de Parmesan.

Ce fromage, qui se fabrique aujourd'hui à peu près exclusivement dans les Marchites, ou prairies arrosées, de la province de Lodi, et non dans le duché de Parme, porte donc, à tort, le nom de ce dernier pays.

Les vases à lait sont en cuivre étamé, à fond presque arrondi et sans angles, évasés du haut, avec une ouverture de 45 centimètres et une hauteur de 12 seulement.

On écrème le lait ; on fait un beurre très-délicat, et, dans les vingt-quatre heures au plus depuis la mulsion, avant que l'acidité se soit manifestée dans le lait, on le fait chauffer doucement jusqu'à la température d'un bain bien chaud (36 à 37 degrés centigrades environ.) On remue toujours avec un bâton terminé par une rondelle en bois, et, lorsqu'on a atteint la température ci-dessus, on introduit la présure et on brasse bien, avant de retirer du feu. On prend de la présure bien sèche ; on la pile, on la délaie en pâte claire avec de l'eau , on la met dans un petit linge en forme de sachet, qu'on laisse tremper dans le lait et qu'on presse à plusieurs reprises. Le caillé ne tarde pas à se former ; on lui laisse le temps de prendre de la fermeté ; puis on le rompt au moyen d'un bâton-hérisson garni d'un grand nombre de petites broches en bois. On le délaie dans le petit lait, dont il s'était séparé, et on remet ensuite sur le feu, en chauffant doucement et en remuant toujours, de manière à empêcher de prendre au fond et à ramener toujours à la surface la pâte du fond, afin de répartir également la chaleur. Cette pâte devient liquide, bien liée et visqueuse, et c'est alors qu'on y jette le safran en poudre, qui doit la colorer. On continue de bien brasser ; on donne un coup de feu, qui ne doit cependant pas dépasser 55 à 60 degrés centigrades, et, lorsque la bouillie est devenue gluante entre les doigts, on retire du feu et on laisse en repos, pour attendre que le caillé se soit précipité ; ce qui s'opère plus rapidement lorsqu'on mêle un cinquantième environ de petit lait qu'on avait pris soin de mettre de côté et de maintenir dégourdi, mais non froid.

Pour retirer le caillé, on enlève d'abord les deux tiers du petit lait qui surnage ; on rafraîchit le dernier tiers restant avec de l'eau dégourdie ; on réunit en cône, dans le fond de la chaudière, tout le caillé qui s'y trouve ; on glisse ensuite en dessous, avec les deux mains, une nappe de grosse toile ; on replace tout le petit lait dans la chaudière, pour pouvoir enlever plus facilement le caillé ; puis on enlève ainsi toute la matière caséeuse, qu'on met dans le moule, qu'on presse et qu'on laisse égoutter sous la presse pendant trois à quatre jours. On retire le pain ; on le saupoudre de sel bien sec et bien pulvérisé sur toutes les faces ; on retourne ; on sale toujours, et cela pendant six semaines. Quand on le croit suffisamment salé et imprégné, on le gratte et on l'enduit d'huile de navette ou de colza (l'huile d'olive vaudrait mieux, mais on la trouve trop chère). On transporte le pain de fromage dans le magasin de conservation, lieu sec, mais frais, à la température constante de 18 degrés centigrades, à air lentement renouvelé. Il reste là six mois, un an, et c'est alors qu'il acquiert, sous l'action d'une fermentation lente et intérieure, les qualités qui le recommandent. On comprend par là qu'un gros pain acquerra plus de qualité qu'un petit. Ce n'est guère qu'à deux ans que le parmesan est dans toute sa bonté.

Comme c'est un fromage maigre, très-sec et cassant, il se consomme fort peu comme dessert et dans la forme des autres fromages ; il a une destination qui lui est propre : on le râpe, et il devient, partout, un assaisonnement, pour le macaroni et quelques légumes cuits au gratin. En Italie, l'emploi en est bien plus général. On sert ce fromage râpé en même temps que le potage, auquel chacun en mêle à sa guise, et ce mélange de poudre de fromage se fait sur beaucoup d'autres mets.

Le petit lait n'est pas perdu. On le remet sur le feu ; on le fait bouillir ; on enlève l'écume ou la mousse épaisse et blanche qui monte continûment à la surface, et on en fait de petits fromages qu'on laisse égoutter et qu'on consomme immédiatement.

Le reste, le sérum pur, est livré aux porcs. On pourrait le laisser fermenter un peu et le boire.

C'est en imitant ces procédés qu'à La Grave, près Libourne, chez M. le duc Decazes ; à Varaville, dans le Calvados, chez MM. Scribe ; à Isigny, chez M. Dumarais ; aux environs de Paris, chez M. Huzard, on a pu réussir à faire d'excellent parmesan ; cependant quelques-uns de ces essais n'ont pas eu de suite. Aujourd'hui, cette fabrication s'essaye encore et paraît réussir, en France, sur d'autres points.

Fromages aux herbes.

C'est un mélange de certaines plantes vertes avec le fromage. Chaque pays a sa formule de mélanges.

Ainsi, dans le canton de Glaris, en Suisse, on emploie les feuilles et les tiges du mélilot, du serpolet, du thym, de la sauge, etc. ; en Belgique, le persil, l'estragon, hachés très-fin ; en France, particulièrement dans les Vosges, l'anis, le fenouil, le cumin, le mélilot bleu.

Toutes ces plantes doivent être parfaitement incorporées au fromage par une espèce de pétrissage du caillé. On met en presse ; on sale légèrement ; on fait sécher sur des claies couvertes de paille ; puis on affine en déposant à la cave. Au bout de trois à quatre semaines au plus, l'affinage est parfait. Pendant cette opération, le fromage se couvre plusieurs fois de moisissure ; on le gratte bien soigneusement, et on brosse la croûte, que quelques-uns colorent en rouge.

En Angleterre, on emploie l'ortie commune, en se contentant d'envelopper et laisser *faire* le fromage entre les feuilles de cette plante.

Fromage de pommes de terre.

Prendre les plus belles, les cuire à la vapeur, les piler et les bien écraser. Mêler ensemble parties égales de pommes de terre et de caillé égoutté, y ajouter du sel et un peu de crème, et parfois du cumin, des aromates, même du poivre, pétrir, puis couvrir et laisser reposer deux jours en été, quatre en hiver ; repétrir, mettre en moules peu épais, presser un peu, puis faire sécher à une douce chaleur. Si on les met en boîte, les envelopper dans du mouron. Ils se bonifient en vieillissant ; on les empile dans des caisses, entre des couches de feuilles de vigne sèches, de mouron séché ou de paille. Une grande sécheresse est indispensable ; l'humidité les perdrait.

Je pourrais encore parler de beaucoup d'autres fromages ; mais je trouve que je me suis déjà trop étendu. D'ailleurs, les espèces omises, comme celles de Gex, de Pont-l'Evêque, de Ruffec, de Laroche, Saint-Nectaire, Sangues, Grèze, Servance, Rollot, Thiviers, tuile de Flandre, etc., ne sont guère que des imitations des fabrications déjà décrites ; il faut donc s'arrêter, pour ne pas se répéter.

J'en ai d'ailleurs dit assez sur la fabrication en général, la manipulation du lait, l'emploi de la présure, le traitement du caillé, son égouttement, sa cuisson, sa salaison, sa dessication, sa fermentation, etc., pour que le propriétaire d'une vacherie soit complétement renseigné. Avec ces règles générales, il peut faire partout d'excellents fromages. Les descriptions attachées à chaque espèce de fromage aideront à des imitations plus ou moins heureuses, suivant le degré d'intelligence apporté dans le choix de ces imitations.

CHAPITRE VII.

MÉDECINE VÉTÉRINAIRE.

Hygiène préventive.

L'éleveur devra tout prévoir, afin de prévenir et ne pas avoir à guérir. Ainsi, dans les années pluvieuses et humides, il contrariera les effets de l'humidité en ajoutant à la ration du sel ; il fera mieux, il tonifierait par des boissons ferrugineuses, s'il avait de ces eaux dans son voisinage.

Dans les chaleurs, il acidulera la boisson par une addition de vinaigre.

Dans les années où les foins seront altérés, mouillés, vaseux, etc., il corrigera les principes délétères de ces fourrages par les moyens que nous avons indiqués, et il ajoutera le palliatif le plus sûr, les eaux ferrugineuses.

Je parle de ce moyen (des eaux ferrugineuses), parce que je le crois extrêmement efficace. Il donne du ton à l'estomac, prévient les dérangements du système digestif, les altérations, les appauvrissements du sang, points de départ des maladies les plus graves. Mais, me dira-t-on, comment charger de fer l'énorme quantité d'eau nécessaire à un troupeau de bœufs ? Les carbonates, les oxydes de fer, les sulfates sont à bas prix ; les limailles, les vieilles ferrailles, les crasses de forge sont presque pour rien. On remplirait ainsi le fond des vases où le bétail s'abreuve, et l'eau se trouverait chargée de principes ferrugineux. Si on conduit à l'abreuvoir, on pourra percer de petits trous le fond d'une barrique remplie au cinquième de ferraille, de limaille, d'oxyde de fer. L'eau à boire devrait entrer par le fond, traverser la couche de fer, et se charger ainsi d'éléments ferrugineux. Encore une fois, ce serait là une dépense bien minime ; mais, je le reconnais, ce serait une pratique difficile à introduire là où ne se trouvent pas des eaux ferrugineuses naturelles.

Parti à prendre au début d'une maladie.

Dans l'espèce bovine, et avec tous les animaux de boucherie, la surveillance éclairée, incessante et obstinée est une condition essentielle de réussite. Il faut, avec tous les bestiaux, prévenir les maladies pour les guérir ; mais, avec ceux de boucherie, cette prévision a un autre avantage encore : c'est de se décider à pallier le mal, à suspendre son cours, pour refaire, engraisser et livrer à la boucherie, ou abattre sans retard et dans l'état où se trouve l'animal.

Cet avantage que le bétail de boucherie a sur le bétail exclusivement de somme et de travail est immense ; il faut le bien comprendre pour les bien exploiter. Un éleveur habile doit être surtout observateur minutieux et obstiné. Il prévoira les maladies et leurs conséquences, et, avec du bétail de boucherie, au lieu de les combattre, il les palliera, ou encore il les guérira à leur début ; au pis-aller, il vendra sans retard et dans l'état où ils seront, ou il mettra en bonne chair, engraissera et livrera à la boucherie, sans faire aucun des frais de guérison, sans courir aucun des risques que les maladies entraînent avec elles.

Tel ne sera pas le sort du propriétaire d'animaux exclusivement de travail ; il lui faudra prévoir les maladies pour les combattre et les guérir, sous peine de perdre tout, sans compensation aucune, sans avoir à opter.

Observation importante sur les différences de traitement, le dosage des remèdes, etc., dans le midi et dans le nord.

Comme ma pratique est celle du midi tempéré de la France, et que je comprends combien le traitement des maladies doit se modifier d'après la température et les circonstances climatériques, je crois devoir ajouter ici quelques observations :

Dans le midi, les animaux sont généralement d'un tempérament robuste et sanguin. Elevés sous un climat chaud, respirant un air vif et pur, nourris de plantes très-nutritives et très-excitantes, on comprend que, prédisposés par de telles influences, les bestiaux soient exposés aux congestions, aux apoplexies des organes vasculaires, des poumons, des muqueuses digestives, de la rate, du foie, de la moelle épinière, etc. Ces maladies doivent donc être et fréquentes et franchement inflammatoires ; par contre, les affections atoniques doivent être fort rares.

Traitement. — Saignées grandes et moyennes, répétées souvent coup sur coup, dans les vingt-quatre heures du début des maladies : les remèdes doivent être aussi énergiques, aussi rapides que le mal. Diète sévère. Usage.très-modéré des toniques et des excitants. Emploi répété des émollients, des adoucissants, des rafraîchissants.

Animaux du nord et de tous les lieux boisés et humides. — Vivant sous un climat froid, humide, relâchant, respirant un air chargé de vapeurs d'eau et dès lors débilitant ; nourris de plantes peu nutritives, aqueuses et énervantes, dès lors d'un tempérament sanguin-veineux· et presque toujours lymphatique, mous, paresseux, ces animaux sont voués aux maladies atoniques ; le sang, chez eux, est souvent appauvri. Les inflammations, plus rares déjà, sont donc presque toujours peu énergiques, et tendent communément à la chronicité.

Traitement. — Pas de saignées, ou, tout au plus, de petites saignées seulement. Diète modérée et sustentante. Emploi des stimulants généreux, des plantes aromatiques, des toniques amers, des ferrugineux, des astringents.

Les mêmes raisons commandent, dans le dosage des médicaments, des différences bien caractérisées. Ces différences seront commandées par le tempérament des animaux, les contrées où ils sont nés, celles qu'ils habitent.

Les médicaments stimulants et toniques seront, dans le midi, donnés à des doses beaucoup plus faibles que dans le nord. La règle contraire doit être appliquée aux remèdes émollients et surtout aux tempérants. Dans le midi, ces remèdes doivent être le plus usuellement employés et donnés surtout aux doses les plus fortes.

Le traitement des plaies différera aussi dans le nord et dans le midi : dans le nord, les lotions, les onctions, les applications seront plutôt composées de substances excitantes, en aidant au traitement par une nourriture forte et tonique.

Les animaux du midi, au contraire, devront être pansés plus généralement avec des anodins, des émollients, et, par la même raison,

alimentés plus légèrement, et tenus en quelque sorte à une demi-
diète.

Maladies épidémiques, contagieuses, etc.

Quand une maladie se déclare dans une commune avec quelque
intensité et des apparences épidémiques ou contagieuses, il faut au
plus tôt avertir le maire. Celui-ci doit écrire au préfet, qui enverra
un vétérinaire habile pour reconnaître le mal, indiquer les remèdes, etc.

Si la maladie s'étend au loin, le préfet avertira les ministres de
l'agriculture et de l'intérieur, et demandera qu'on envoie sur les lieux
un de ces hommes spéciaux et éclairés dont le talent parvient toujours à diminuer le mal et à vulgariser les bons traitements.

Ces déplacements ne coûtent, bien entendu, rien à la commune.
Ils sont payés sur un fonds spécial de secours à l'agriculture, et les
maires doivent d'autant moins craindre de recourir à l'autorité supérieure, qu'il entre dans leurs devoirs les plus impérieux d'avertir le
préfet lorsque le pays est menacé ou frappé de quelque calamité.

En attendant ces secours extérieurs, les maires doivent prendre
toutes les mesures possibles de salubrité et de précaution, mander un
vétérinaire et le faire rester sur les lieux, au centre de la commune,
et en tournée, pour donner des conseils de prudence.

Disons rapidement ce qu'il convient de faire lorsqu'une maladie,
présumée épidémique ou contagieuse, se manifeste dans une étable.

Moyens palliatifs. — Isoler au plus vite les animaux atteints ou
même soupçonnés, ceux-ci séparément des premiers ; placer les bestiaux atteints dans des étables hautes, bien ventilées, exposées au
midi, ne renfermant aucuns fourrages ni litières, aucune nourriture,
rien qui puisse arrêter la circulation de l'air ou retenir les miasmes
dangereux, rien qui puisse être affecté par la maladie ; déplacer tous
les autres animaux en faisant évacuer l'étable entière ; enlever d'a-
bord et à fond le fumier, la litière, le fourrage, etc. ; puis faire une
lessive forte de cendres de bois, bouillies pendant une heure, et bien
laver la crèche, les râteliers, les murs, le sol, s'il est pavé, tout
enfin, avec un balai dur, usé ; avec des brosses, etc. ; racler le bois,
laisser un peu ressuyer, puis laver de nouveau avec de l'eau blanche

de chaux, mieux encore, avec de l'eau chlorurée par un mélange de 250 grammes (demi-livre) de chlorure de chaux dans 15 à 20 litres d'eau ; puis curer bien à fond l'étable entière, en enlevant la première couche du sol, s'il est en terre, et en la renouvelant (ces fumiers et ces débris devront être transportés au loin et enfouis profondément) ; bien fermer ensuite toutes les ouvertures ; mettre dans une terrine en terre vernissée 75 à 100 grammes de chlorure de chaux ; la placer au milieu de l'étable, et verser sur le chlorure un poids égal d'acide sulfurique, en mêlant vivement les deux substances. Il se dégagera des vapeurs blanches, excitant la toux. On se retirera ; on laissera tout bien clos pendant une ou deux heures ; puis on ouvrira. On fera une nouvelle litière, et, si on ne peut faire mieux en les plaçant pour quelque temps dans une autre étable, on fera rentrer les bestiaux en laissant vide la place de l'animal attaqué.

Dans une grande exploitation, il sera prudent d'attacher à l'étable des malades un panseur spécial, qui évitera d'entrer dans les autres étables ; on devra donner un matériel spécial à l'étable infectée, en faire sortir les animaux désespérés, séparer même les plus gravement attaqués de ceux qui le seront moins ou qui seront en bonne voie de guérison ; bien ventiler, curer souvent et à fond, renouveler continuellement les litières, laver et désinfecter la place de chaque animal déplacé ; prendre, en un mot, les précautions les plus complètes.

Quant aux animaux morts, il faudra les transporter au loin, sans aucun retard, les enterrer profondément, et recouvrir d'épines, et de pierres en dessus des épines, tout le pourtour, et au delà, de la fosse.

Le maire de la commune et les maires des communes voisines ont le plus grand intérêt à ces mesures préservatrices ; leur devoir est de se montrer très-rigoureux ; la plus petite faiblesse peut entraîner les plus grands maux ; et, dans de certaines limites, ils pourraient être responsables des ravages d'une épidémie qu'ils eussent pu peut-être arrêter.

En cas de typhus, et ce qui est plus grave encore, de péripneumonie, l'hésitation, la faiblesse ne sont pas permises ; il faut séquestrer, isoler, mettre en fourrière, mais isolément, d'un côté le bétail attaqué, de l'autre les bestiaux non attaqués de la même étable ; charger un vétérinaire, sous sa responsabilité personnelle, du maintien de la séquestration , et avertir au plus vite le sous-préfet et le préfet.

Le maire se déchargera ainsi de toute responsabilité, en même temps qu'il mettra en quelque sorte le dommage aux risques du département et de l'Etat.

Les animaux abattus par ordre du préfet devront alors être payés sur les fonds de secours; le maire sauvegardera ainsi et les intérêts de sa commune et du pays si gravement menacés, et ceux des propriétaires frappés par l'épidémie. Une loi devrait intervenir pour mettre nettement ces pertes à la charge de l'Etat, au moyen d'une fraction de centime attribuée à cette assurance commune. En Allemagne on procède ainsi aujourd'hui contre les maladies contagieuses, le typhus, la peste bovine (rinder pest), etc. On met en quarantaine un village, un canton, une contrée même; on abat et on paye tout animal atteint; et on se trouve bien de ces mesures énergiques. En France il faudra bien les imiter et combattre ainsi la péripneumonie.

Ces notions générales données, nous allons aborder une à une les maladies auxquelles sont exposés les grands ruminants.

Des Plaies en général.

Il est si important de savoir bien traiter une plaie, que je tiens à donner ici quelques renseignements sommaires.

Toute plaie est une lésion qui doit passer par diverses phases. Ainsi, au début, il faut combattre l'inflammation. On atteint ce but en laissant saigner, et, si l'ouverture est profonde, ou dans une position et un sens à ne pas permettre d'écoulement, on doit faciliter cet écoulement par une incision, et empêcher que la plaie ne se ferme à l'orifice et ne recouvre une plaie et un engorgement intérieurs. La guérison doit se faire du fond à la superficie; pour cela, il faut parfois inciser et agrandir la blessure.

S'il y a des déchirements, des chairs baveuses, il faut les exciser.

Lorsque la lésion est peu grave, peu profonde, il suffit de bien laver les chairs, les rapprocher adroitement, dans leur position rigoureusement naturelle, et en faciliter la reprise en les ranimant par un peu d'eau salée. Il faut alors respecter la croûte, qui se forme et maintient le rapprochement.

On arrête le sang avec des lotions d'eau fraîche et acidulée, et même un peu astringente, avec un bandage comprimant. J'ai souvent pu utiliser ainsi l'eau Brocchieri; c'est l'astringent le plus énergique et qui réussit le mieux à arrêter les hémorragies.

L'important est de panser une ou deux fois par jour les plaies suppurantes et de les tenir toujours dans un état complet de propreté et de netteté, afin de faciliter la reprise des chairs. Elle s'opère par un ressoudement lent, du fond à l'orifice, de telle sorte que l'ouverture perd insensiblement de sa profondeur. Après les avoir nettoyées, on panse ces plaies suppurantes avec de la filasse ou de l'étoupe grossièrement hachées, et, à leur défaut, avec de la charpie de toile enduite d'onguent digestif (voir à l'article *pharmacie*) ou de toile mouillée d'eau salée, alcoolisée, etc. Les graisses doivent presque toujours être exclues du traitement des plaies ; au besoin, on les remplace par de l'huile ou des liniments.

Les contusions, comme les plaies, commencent par la période d'inflammation. On la combat par des lotions, des fomentations froides d'abord, pour arrêter le développement, tièdes et émollientes ensuite, pour calmer. S'il y a engorgement, extravasion de sang, suppuration intérieure, il faut parfois recourir aux scarifications, à la saignée locale, à l'ouverture. Alors la contusion est convertie en plaie, et le traitement est celui que nous avons décrit.

Lorsque les plaies dégénèrent en maladies locales, en tumeurs, en squirrhes, etc., et qu'il faut employer le bistouri, le feu, les corrosifs, un vétérinaire seul peut diriger le traitement.

Si, pendant le traitement, la plaie restait inerte et blanche, il faudrait l'aviver par un léger stimulant, et, mieux encore, si l'animal est faible et débile, le fortifier par une nourriture forte et largement nourrissante.

De la Gale.

La gale est fort rare dans l'espèce bovine. Généralement les boutons ou pustules sont une éruption dartreuse plutôt que galeuse. Nous renvoyons donc au traitement des dartres. Cependant, pour ne pas laisser ici de lacune, disons qu'on doit enduire les parties attaquées d'huile de cade, de pommade soufrée à la dose d'un sixième de soufre sublimé, bien mêlé à cinq sixièmes de graisse de porc, avec addition de poudre d'euphorbe, ou, encore mieux, de pommade soufrée et mercurielle. On a aussi employé le goudron mêlé au savon vert, parties égales. Enfin, Beugnot a préconisé une pommade composée de...

120 grammes		fleur de soufre;
60	—	de sulfure d'antimoine;
15	—	cantharides en poudre;
15	—	euphorbe,

bien pilés, pétris et mêlés, au moment d'en faire usage, avec quatre parties de graisse de porc contre une seule de cette pâte.

La gale est une éruption causée par un petit insecte que les pommades détruisent. Lorsqu'elle est ancienne, il faut mêler de la fleur de soufre à la boisson blanche et à des tisanes sudorifiques de fleurs de sureau, de mauve, etc., de crocus d'antimoine; parfois même il faut saigner et mettre un séton.

Des Dartres.

On remarque trois espèces de dartres :

1° Les dartres sèches ; elles se montrent communément à la tête, à l'encolure, à la croupe. Comme elles proviennent souvent d'une mauvaise nourriture, de travaux excessifs, de l'ardeur des fumiers, du défaut de pansage, elles disparaissent lorsque la cause est écartée et au moyen d'une nourriture rafraîchissante; ainsi l'alimentation au vert, de l'eau blanche, si la nourriture est sèche, des tubercules, des soupes; si elles résistaient, il faudrait recourir aux lotions ci-après, aux saignées, etc.

2° Les dartres humides ou purulentes se produisent sur le fanon, aux lèvres, au pli du paturon. Pour celles-ci, il faut des lotions d'eau tiède de mauve, de son, etc.; puis, si le mal résiste, de sulfure de potasse dissous dans de l'eau à la dose de 35 grammes pour 1 litre (1,000 grammes) d'eau, ou encore de 35 grammes d'acide muriatique dans 500 grammes d'eau. La saignée et les sétons pourront aussi venir en aide à ce traitement.

3° Les dartres rongeantes attaquent surtout le bout de la queue.

On a essayé de la cautérisation ; elle réussit assez rarement ; l'amputation réussit encore moins sûrement , car la plaie devient dartreuse. On réussira mieux en touchant, une fois par jour, la dartre avec un pinceau ou un linge trempé dans la composition suivante :

Eau distillée.....................	30	grammes.
Alcool (3/6)......................	30	—
Deuto-chlorure de mercure........	8	—

On remue la bouteille ; on verse une cuillerée dans une assiette et on en couvre la plaie. Jeter la partie non employée.

Si , au lieu d'une croûte qui doit se former sous l'action de ce topique, on remarquait une grande inflammation, on suspendrait et on remplacerait par une lotion d'eau de saturne (30 grammes d'extrait de saturne dans 1 litre d'eau).

Si le vétérinaire trouve ces affections trop persistantes , il devra réagir sur le sang et sur l'économie du corps par des saignées, des sétons, des purgatifs légers, des sudorifiques surtout.

Eau contre les dartres.

10 centigrammes bichlorure de mercure ;
10   —   hydrochlorate d'ammoniaque ;
500 grammes (1/2 k°) d'eau bouillie et refroidie.

Chez les ruminants, les dartres sont contagieuses. Il faut donc isoler les animaux atteints. On a même des exemples de contagion entre l'animal atteint et le panseur.

De l'Ebullition ou échauboulure.

L'ébullition apparaît à la face interne des jambes, sous le ventre, sur les côtes, à l'encolure. C'est au printemps que cette indisposition se déclare, parfois en été, rarement en hiver.

Une ou deux saignées légères au cou ou à la queue, un régime rafraîchissant, des eaux blanchies, des eaux de mauve, quelques sudorifiques, l'eau de sureau par exemple, font souvent disparaître ces ardeurs. On peut ajouter comme auxiliaire, et pour appeler le sang à la peau, un pansage énergique , des frictions, des lotions de vinaigre ou d'essence de térébenthine sur les parties non attaquées.

L'échauffement simple cède devant des moyens plus simples encore : des bains de rivière, une nourriture verte, des boissons blanchies ; en hiver, des tubercules.

L'échauffement se produit surtout à la face interne des cuisses, au pis, aux lèvres, etc.

Quelquefois cet échauffement dégénère et devient purulent, cela surtout sur la vache. Alors il prend le nom populaire de feu d'herbe, ou, en vétérinaire, de rafle miliaire. Cela arrive pendant les ardeurs de l'été ou encore au changement des herbes, à l'approche de l'automne. Les rafraîchissants font ordinairement disparaître ces ardeurs de la peau.

De la Variole.

La variole ou petite vérole dans la vache est une maladie assez rare ; elle affecte les trayons et les mamelles. La maladie commence par la perte de l'appétit, la diminution du lait, des mouvements fébriles, une respiration saccadée, semblable à celle d'un fumeur jetant bruyamment sa fumée au dehors. Deux, quatre ou six jours plus tard, les boutons apparaissent ; ils grossissent et deviennent pustules, transparentes d'abord, puis blanches, puis ternes. Une croûte se forme à l'intérieur, et, après s'être étendue et développée, elle finit par tomber du dixième au quatorzième jour.

La variole est contagieuse ; mais c'est une maladie sans danger qu'il faut laisser à son cours naturel, en se contentant de soins hygiéniques, les rafraîchissants, les eaux douces et blanchies. Si la maladie paraissait très-intense, on devrait donner des sudorifiques, de l'eau de sureau blanchie et miellée ; si l'inflammation du pis était très-grande, il faudrait le baigner dans des eaux émollientes de mauves, de son ; au besoin, faire des fumigations par la vapeur d'eau, etc.

Des Coups d'air, ou courbatures, morfondures, bronchites.

J'ai déjà dit combien la race bovine était sensible aux brusques transitions d'une température chaude ou douce à une température froide. Aussi la maladie la plus fréquente chez elle, le point de départ ordinaire des maladies plus graves, est-il le coup d'air, dont la cause est la brusque suppression d'une transpiration plus ou moins forte,

Prise à temps et dans son début, cette maladie est ordinairement facile à guérir. On la reconnaît à de légers frissons, à la roideur, à la difficulté douloureuse des mouvements. L'épine dorsale est roide, d'une seule pièce, et, au lieu de décrire une ligne un peu concave, sa forme est légèrement convexe. Cet état dure trois jours ; l'appétit diminue insensiblement ; la peau devient alors brûlante et dure ; l'épine dorsale, les reins surtout, sont très-sensibles, et l'animal fléchit sous le toucher. Il en est de même du fanon et du devant des épaules. Plus tard encore, la respiration s'embarrasse, devient bruyante et plaintive ; une toux sèche se déclare ; les naseaux sont secs et brûlants, les muqueuses injectées et enflammées.

Enfin, la soif augmente, l'appétit disparaît, la rumination cesse ; la constipation et la rareté des urines témoignent de l'intensité de la maladie.

Traitement. — Il faut saigner suivant l'intensité du mal et la force du sujet. On administre trois ou quatre fois par jour des sudorifiques. Le meilleur est une infusion, dans deux litres d'eau bouillante, de 20 grammes de fleur de sureau et 20 grammes de feuilles de coquelicot. On couvre bien l'animal ; on lui donne de l'eau blanche dégourdie ; on fait des fumigations sous le ventre ; enfin, on provoque la transpiration.

Si la peau reste chaude, dure et sensible, il faut renouveler la saignée ; si la constipation ne diminue pas, il faut donner des lavements d'eau de son, de mauve, administrer de la manne dans les tisanes ; si les urines sont rares, il faut ajouter aux boissons de tout le jour 30 à 45 grammes de nitrate de potasse.

Enfin, si la transpiration ne se produisait pas, il faudrait faire bouillir 50 litres de son avec 1 ou 2 litres de graine de lin, mettre le tout mouillé et chaud dans une sache, étendre celle-ci comme un cataplasme le long de l'échine de l'animal, depuis la queue jusqu'au garrot, recouvrir d'un linge en plusieurs doubles, arroser de temps à autre avec de l'eau chaude.

De l'état aigu, la maladie passe ordinairement à l'état chronique ; alors il faut des toniques, du sel de nitre, de la fleur de soufre, etc.

C'est par un bon régime, par le vert surtout, que l'animal se rétablira ; mais les rechutes seront à craindre.

Des Verrues.

Ces excroissances fibreuses se développent sur la tête, aux lèvres, aux paupières et aux oreilles ; elles sont recouvertes de l'épiderme, sont insensibles au toucher et n'ont rien de dangereux ; elles déparent seulement l'animal. On l'en débarrasse, lorsqu'elles sont assez saillantes, en les liant avec un fil de soie, et, lorsque l'excroissance est tombée, en touchant les racines, mises à nu, par un caustique, l'acide nitrique concentré, l'acide arsénieux délayé dans l'eau.

Si l'excroissance est trop plate, qu'elle ne puisse se lier, on la détruit en l'enduisant constamment de graisse, ou en la frottant longtemps et souvent avec du lard. Si on ne réussit pas ainsi, il faut ou arracher brutalement avec une tenaille, ou inciser, extirper et cautériser avec l'acide nitrique, l'acide arsénieux dissous dans l'eau, ou encore un fer rouge.

Ces excroissances se remarquent plutôt dans les jeunes bêtes que dans les vieilles ; et, comme cela les déprécie, on tient à les en débarrasser.

Des Fics.

Comme la verrue, le fic est une excroissance fibreuse, mais dénudée et non recouverte par l'épiderme. Il est moins inoffensif, car il tend à prendre un grand développement, et dégénère parfois en tumeur squirreuse ; aussi faut-il le guérir, soit par la ligature, soit par l'incision et l'extirpation, ensuite par la cautérisation.

Les fics se produisent surtout aux ailes du nez, dans les oreilles, autour de la vulve et sur le fourreau.

Des Pustules œstrales.

Ces boutons, de la grosseur d'un pois d'abord et plus tard d'une noisette, qui font saillie sur le corps des gros bestiaux, sont produits par la larve d'un insecte appelé œstre.

L'œstre qui incise la peau du bœuf pour y déposer ses œufs n'est pas le même que celui qui attaque le cheval.

Ces boutons, très-petits d'abord, grossissent ensuite avec la larve qui les remplit, et qui respire par un petit trou très-visible au sommet de la tumeur.

Si les boutons ne sont pas nombreux, on peut ne pas s'en occuper. Autrement, il faut étouffer la larve en graissant la tumeur et en fermant son trou avec un corps gras. On peut aussi la tuer avec une grosse aiguille, ou l'extraire par l'incision de la tumeur. Mais ce dernier moyen, douloureux pour l'animal, ne peut être pratiqué à la fois que sur quelques boutons.

Dans les campagnes, on regarde ces piqûres de l'œstre comme celles des couleuvres, et on ne manque pas de dire que c'est un signe de la force, de la santé, de la pureté du sang de l'animal piqué.

Cela prouve en effet que l'animal se porte bien puisque la peau est souple ; car l'œstre recherche ces conditions dans l'animal sous la peau duquel il dépose ses œufs.

Des Poux.

L'invasion de la vermine est plus commune sur les veaux que sur les animaux adultes. Elle est le résultat de l'incurie, de la malpropreté, d'une mauvaise nourriture, etc.

Le premier remède est de faire cesser la cause : bien nourrir et bien panser, puis frotter et même enduire les parties attaquées (généralement les parties les plus velues du cou et de la tête) avec de l'huile bien épaisse ; cela tous les deux ou trois jours, pour détruire la vermine au fur et à mesure de l'éclosion des œufs, que les corps gras ne détruisent pas.

On a employé aussi la décoction de tabac, les semences bien pulvérisées de sévadille et de staphisaigre, qui empoisonnent les poux, et aussi les frictions de pommades mercurielles. Mais, comme celles-ci causent parfois de graves accidents lorsque l'animal se mouille ou se refroidit, et provoquent des symptômes d'empoisonnement lorsque ces frictions sont trop répétées, trop abondantes ; que les autres moyens agissent moins sûrement que l'huile, il faut s'en tenir au premier moyen de destruction.

Des Ulcères entre les onglons. — Du Javart. — De la Limace.

Je l'ai déjà dit, le pied est la partie délicate du bœuf ; il doit être l'objet d'une surveillance continue. Deux accidents assez communs et parfois assez difficiles à guérir se produisent entre les onglons.

Ce sont bien deux plaies ulcéreuses, mais de nature assez différente pour exiger un traitement tout spécial.

Parlons d'abord du javart ou furoncle. C'est une tumeur qui se déclare entre les onglons, et découvre bientôt et met à nu et en saillie une grosseur charnue, rouge et bourgeonnante.

Cette tumeur, très-douloureuse, puisque l'animal a peine à s'appuyer sur son pied, détermine une claudication prononcée ; l'appétit disparaît, la rumination cesse, la fièvre se déclare, l'animal souffre et dépérit.

On doit d'abord baigner et bien laver le pied dans de l'eau douce ou des eaux de mauve, répéter plusieurs fois cette opération, couvrir la plaie d'un corps gras pour calmer la douleur, assouplir la peau et provoquer la maturation du mal. Si le bourgeon charnu apparaît alors, il faut l'extraire avec la lancette ou les ciseaux. On lave bien la plaie ; on l'enduit de saindoux bien frais, dans lequel on a mêlé un peu d'acétate de cuivre ; on entoure de charpie légèrement graissée et saupoudrée aussi d'un peu d'acétate de cuivre ; on enveloppe le pied d'un linge, et on répète ce pansement de quarante-huit en quarante-huit heures, mieux encore chaque trente-six heures.

Le sulfate de cuivre peut remplacer l'acétate. On peut aussi, à la rigueur, employer l'alun calciné, l'onguent égyptiac. On termine par des lotions de vin chaud et parfois l'application de l'onguent digestif.

La limace est une affection ulcéreuse plus grave et plus longue à guérir que le javart, car elle affecte le ligament interdigité et s'attaque au point de jonction des deux onglons. La tumeur grandit, blanchit et se couvre d'une matière purulente ayant l'apparence et l'odeur du fromage pourri. Le ligament est mis à nu et menacé ; la souffrance est vive. L'animal refuse toute nourriture et n'accepte que des eaux farineuses ; il a la fièvre ; il peut à peine poser le pied à terre.

Dans le début du mal, on agit par des bains froids ; on lave bien la plaie avec de l'eau ou vinaigrée et un peu salée, ou blanchie par l'extrait de saturne.

Si le mal résiste, encore s'il change de marche et tourne à l'ulcère, alors il faut agir par le vin chaud, l'eau mêlée d'un tiers d'eau-de-vie.

Si ces moyens ne réussissent pas, on a recours aux astringents ; on emploie les sulfates de zinc, de cuivre, de fer, le sous-acétate de plomb, etc., et on termine, pour obtenir la cautérisation, par l'onguent égyptiac parfois mêlé à une petite quantité (un vingtième) de sublimé corrosif ou d'acide arsénieux.

Dans le cours de cette maladie, on enlève avec le bistouri les chairs baveuses et bourgeonnantes qui se produisent autour de la plaie. On applique alors légèrement un cautère chauffé à blanc.

Si la claudication persiste, même lorsque la plaie est fermée, c'est que le ligament est altéré ou détruit. Il faut alors s'attendre à une rechute, et l'on doit au plus vite engraisser l'animal pour le livrer à la boucherie.

Les crevasses aux paturons se guérissent par des émollients, et ensuite par l'eau blanchie avec de l'extrait de saturne, ou encore des solutions de vitriol, de fer ou d'alun. On traite ensuite la plaie par l'onguent digestif ou même l'onguent égyptiac.

Les accidents, les épines, les blessures au pied se traitent à peu près de même.

Dans toutes ces affections du pied, la plaie doit être tenue parfaitement propre, le pied maintenu sec par une couche très-épaisse de litière bien sèche et bien douce.

On a remarqué que les animaux employés dans les terres salées du bord de la mer guérissaient très-promptement dans les maladies du pied; le sel serait donc un moyen curatif; on a déjà appliqué cette idée au piétin des moutons et le succès a été complet.

De la Cerise.

La cerise est une excroissance charnue qui se développe, à la suite d'une blessure de la sole, à la partie inférieure du pied, sous l'onglon. Elle est produite par la pression de la corne sur les chairs; dès lors le premier remède est de détruire la corne pour faire cesser la pression, et d'extraire l'excroissance charnue. Pour en détruire les germes, on saupoudre la plaie avec du sulfate ou de l'acétate de cuivre, de l'onguent égyptiac, de l'alun calciné, etc. On cautérise même; enfin, on recouvre de charpie; on comprime, et on enveloppe.

Si la cerise n'était que le développement d'une fistule, il faudrait l'atteindre dans sa base et la cautériser, afin d'éviter un bourgeonnement nouveau.

Du Phlegmon.

C'est un engorgement qui se produit sous la peau, avec la forme d'une tumeur, dure d'abord, molle et fluctuante ensuite.

Lorsque la tumeur est dure, on l'attendrit par des cataplasmes fondants, l'eau de mauve, l'onguent populeum, les corps gras, le saindoux, etc.

Pour résoudre la tumeur ou la faire fondre par la suppuration, on emploie l'onguent basilicum, mêlé de principes digestifs, la térébenthine.

On emploie aussi le feu pour produire des escarres et faire suppurer et dégorger. Si on supposait l'existence de réduits dans la tumeur, il faudrait les sonder et les vider, puis les assainir par l'eau alcoolisée, la teinture d'aloès, l'onguent digestif. On hâte enfin la cicatrisation par des lotions de vin chaud dans lequel ont bouilli des feuilles de ronce.

De l'Ecrouelet.

L'écrouelet est une variété du phlegmon. C'est une tumeur à la nuque qui commence par l'inflammation, l'épaississement et la gerçure de la peau, et qui, si elle augmente, finit par une suppuration sanguinolente.

L'écrouelet est produit par le frottement du joug ou encore par une éruption ou un échauffement cutané, augmentés par le frottement. Il se guérit assez facilement, pourvu qu'on lave bien la plaie avec de l'eau un peu vinaigrée, ou blanchie avec de l'extrait de saturne, et qu'on suspende tout travail.

Si l'inflammation persiste, il faut changer de voie, recourir aux émollients, aux eaux de mauve, de lin, à l'onguent populeum, le saindoux, etc. Et, lorsque la sensibilité et l'inflammation ont un peu diminué, on passe brusquement aux lotions de vin chaud aromatisé, à l'onguent basilicum, à l'onguent digestif ou vésicatoire, ou encore résolutif de Lebas.

Si la tumeur résistait à ce traitement, qu'elle restât inerte, il faudrait la surexciter par le feu, afin d'empêcher qu'elle ne passât à l'état chronique et ne s'étendit par la formation de clapiers ou bourses purulentes qui devraient se traiter par la teinture de cantharides, les huiles essentielles de térébenthine, de laurier, etc., l'onguent chaud de Lebas, l'onguent vésicatoire.

Du Panaris.

C'est une tumeur dans la couronne du pied. La claudication est très-forte ; car la douleur, au début surtout, est si vive, qu'elle donne la fièvre, diminue l'appétit et suspend la rumination.

La cause déterminante du mal est presque toujours une écorchure, un coup. Les membres de devant, plus exposés aux chocs, sont ceux qui sont le plus souvent affectés du panaris.

Traitement. — Repos absolu, litière sèche et épaisse, lotions et bains d'eau vinaigrée et un peu salée, d'eau de Goulard.

Souvent le mal cède dans trente ou quarante heures. S'il persiste, il faut recourir aux eaux émollientes et calmantes, aux laxatifs doux, parfois à la saignée.

S'il ne cédait pas encore et augmentait, il faudrait recourir aux scarifications et inciser tout le tour de la couronne, pour obtenir une saignée toute locale. Quand l'inflammation et la douleur ont diminué, on abandonne les émollients pour recourir aux excitants résolutifs : le vin aromatisé, l'onguent basilicum délayé dans son poids de térébenthine.

Si la tumeur blanchit, on attend que le pus soit formé et liquide pour lui ouvrir passage. On lave alors à l'eau salée et vinaigrée légèrement, ou alcoolisée, ou encore mêlée de teinture d'aloès.

Ces maladies du pied, le panaris surtout, tournent parfois fort mal et dégénèrent en affections chroniques. Le pied s'enflamme en entier; l'inflammation persiste, passe à l'induration, et le pied reste *gros*, ou encore l'expansion fibreuse du tendon durcit et s'ossifie, et l'animal a la *forme*.

Ces deux affections sont presque toujours incurables. On peut les prévenir par un traitement soigneux ; on les guérit difficilement, et encore seulement lorsqu'on les traite de suite, en faisant des frictions avec l'onguent chaud résolutif de Lebas, l'onguent dessicatoire, ou une pommade d'hydriodate de potasse iodurée. Pour assurer l'effet de ces applications, il faut préalablement échauffer la partie par des frictions sèches. Quelques vétérinaires usent alors de la pommade mercurielle ; mais je sais par expérience combien est dangereux l'usage, prolongé surtout, du mercure appliqué aux animaux. La dernière ressource curative est dans l'application du feu ; c'est un moyen énergique, mais excellent. On a aussi conseillé la névrotomie, ou la section du filet nerveux qui se dirige vers l'onglon.

Erysipèle œdémateux, ou harpin.

Il s'attaque aux jambes, aux cuisses, aux épaules, qui deviennent roides et engorgées.

Traitement. — Pousser aux urines par le sel de nitre, aux transpirations par le sureau, les fumigations locales, les lotions excitantes du vin aromatisé, mêlé même de vinaigre, de térébenthine, etc.; tenir la partie affectée bien couverte, faire marcher l'animal sans le refroidir, et le faire rentrer immédiatement pour le frictionner et le couvrir.

Si le mal persiste, on essaye des scarifications, d'un cautère, pour purger le tissu cellulaire des sérosités qui l'obstruent.

Si l'inflammation s'étendait vers le poitrail, il faudrait saigner ; parfois on est obligé de recourir aux révulsifs, à la moutarde appliquée sur les incisions scarifiées après qu'elles ont saigné.

Œdème, ou engorgement du fanon.

Il est causé par un épanchement ou sanguin, ou séreux, dans le tissu cellulaire. Souvent cet engorgement prend des proportions effrayantes, au point de porter le fanon jusqu'à terre. Alors il faut le soutenir par un suspensoir appuyé sur le garrot.

Traitement. — La diète et les boissons farineuses, la saignée générale, les saignées locales par les scarifications, les lotions astringentes à l'eau vinaigrée, à l'eau de Goulard, pour opérer la résolution, car la suppuration n'est pas possible. Si le mal résiste, il faut exagérer le traitement : scarifier de plus en plus profondément, saigner plus abondamment, aciduler plus énergiquement les lotions, les faire pénétrer dans les scarifications au moyen d'une petite seringue ;

à l'intérieur, tenir le ventre libre par la mauve et pousser aux urines, par le sel de nitre.

Si l'engorgement passait à l'état d'induration, il faudrait user du feu et le faire pénétrer à fond dans la tumeur.

L'œdème froid exige un traitement modifié : il repousse parfois les saignées générales, et se traite par les incisions, les cautères, le feu.

Souvent l'inflammation du fanon est due à un défaut de soin. Après une saignée, on attache l'animal par le cou ; on le met devant une crèche fermée, et les frottements du lien, de la chaîne, du bois, causent à la plaie de la saignée une inflammation qui s'étend avec une rapidité incroyable. Après la saignée, il faut donc attacher l'animal par les cornes et le placer devant un râtelier.

Du Thrumbus.

C'est souvent un accident de la saignée, un écoulement du sang dans le tissu cellulaire. Il faut alors inciser la grosseur sanguine, la presser, en faire sortir tout le sang, et prévenir une nouvelle extravasion par une étoupade ou un bouchon de charpie trempé dans de l'eau astringente, salée, etc. L'eau Brocchieri est ici un remède excellent.

D'autres fois, c'est une extravasion locale d'une blessure saignante. Le sang extravasé développe une tumeur plus ou moins forte : il faut inciser, vider et tamponner avec des astringents.

Dans tous les cas, il faut agir promptement, en été surtout, par l'incision ; faire couler le sang, laver avec des eaux astringentes et acidifiées, et tamponner. Le développement rapide de ces boursouflures sanguines a quelque chose d'effrayant pour ceux qui n'en comprennent pas la cause.

Fracture des cornes.

A la différence du cerf, du chevreuil, etc., dont la corne ne se lie en rien aux os de la tête, avec laquelle les matières cornues sont seulement adhérentes, dans la race bovine l'os frontal se continue en pointe, s'allonge, et forme ainsi le commencement, la racine, le point d'appui, le pivot intérieur de la matière cornue.

Lorsque l'élément osseux n'est pas atteint par la fracture, ou au moins que cette fracture n'approche pas de l'os frontal et s'arrête dans la protubérance osseuse sans atteindre la tête, l'accident peut déprécier l'animal ; mais il ne met pas sa vie en danger. Le danger ne commence que lorsqu'il y a lésion ou fracture de la paroi frontale.

Le plus souvent, le tube cornu seul est détaché et laisse à nu sa saillie ou corne formée par l'os frontal. Dans ce cas, il faut laver l'os, le sécher, l'enduire d'huile, ou, mieux encore, de glaire d'œufs, et l'envelopper d'une bande de toile qu'on ficelle bien et qu'on enduit de même. La corne repousse presque toujours, et le mal est à peu près réparé ; car il arrivera rarement que la corne nouvelle atteigne la longueur de l'autre corne ; cela se pourrait, mais sur de jeunes bêtes. On conseille aussi la section de l'os dénudé, en disant que cela accélère la reproduction de la corne. Pour moi, je ne la pratiquerais pas et ne la conseillerais jamais.

Si la corne n'était qu'ébranlée, non détachée en entier, on pourrait la solidifier et la remettre en place par un bandage bien solidement assuré. La nature fera le reste, et soudera de nouveau la corne à l'os frontal, pourvu qu'on défende la corne ébranlée de tout contact et de tout choc. Pour cela, il faudra mettre l'animal au râtelier, et non devant une crèche fermée.

Si la fracture est entière, mais au-dessus de l'os, il suffira de scier la corne, un peu au-dessous de la partie brisée.

Le danger ne commencera que lorsqu'il y aura *fracture de la saillie* de l'os frontal, parce que cette fracture pourrait se continuer jusqu'à l'os frontal lui-même, et léser le cervelet.

Si la corne osseuse est atteinte seule, que la fente s'arrête à la fracture, on sciera au-dessous.

Dans la section de la corne, pour abréger la durée de la souffrance la plus vive, il faudra scier d'abord l'enveloppe cornue tout autour, et attaquer vivement et résolument l'os lorsqu'il ne restera plus que lui à abattre. On laisse bien saigner, on lave la plaie, et on fait baisser la tête au bœuf pour faciliter l'écoulement du sang. On panse ensuite avec un tampon de charpie trempé dans de la teinture d'aloès et recouvert de glaire d'œuf. On enveloppe avec une toile mouillée d'eau alcoolisée ou de vin chaud aromatisé.

Si la fracture est à la base de la corne, le danger est plus grand, surtout si elle s'étend à l'os frontal, ce qu'on reconnaîtra aux déjections sanguinolentes des naseaux, qu'il faudra laver souvent et dégager de toutes obstructions causées par l'afflux des épanchements du cerveau.

Alors il faut replacer les os et la corne dans leur position naturelle, les fixer par un bandeau énergiquement attaché, en entourant la base d'une compresse mouillée d'eau-de-vie étendue d'eau. On procède de suite à la section, en réglant la hauteur du point à couper sur l'état de la fracture et en ébranlant le moins possible les parties que le bandeau doit maintenir. On panse, comme j'ai déjà dit, après avoir laissé bien saigner, et, s'il y avait hémorragie, en tamponnant la plaie par la superposition d'un second coussin bien enduit de glaire d'œuf battue avec de l'eau-de-vie.

Dans cet état, l'animal exige les plus grands soins; il faut presque continûment arroser sa tête et son front d'eau bien fraîche, laver ses naseaux, pour les dégager du sang caillé qui s'y agglomère, et lui faire respirer des fumigations de vinaigre aromatisé et bouillant, pour arrêter l'hémorragie.

La fièvre se déclare ordinairement; on fait boire peu et souvent, soit des eaux farineuses seules, soit mélangées de vinaigre et de sel.

On doit éviter de toucher à l'appareil. Cependant, si on suppose des accidents intérieurs, si l'animal porte la tête basse et penchée du côté du mal, il faut lever l'appareil; car il est probable que le pus a rempli le vide de la corne et occasionné un grand trouble et de vives souffrances.

Pour le faire sortir, il faudra bien se garder de toucher à la plaie, qu'on irriterait de plus en plus. Il faudra détacher l'animal et jeter un peu d'eau dans l'oreille. En vidant son oreille par des mouvements saccadés, il videra la corne. On pansera de nouveau, et on continuera le traitement en isolant le malade et le tenant en lieu bien clos et bien tranquille.

Dans ces accidents graves qui mettent en danger la vie d'une bête en bonne santé, il faut entrevoir l'avenir, apprécier le mal, et, s'il y a trop de risque de mort, abattre au plus vite l'animal avant que les souffrances aiguës et une maladie générale aient pu altérer les qualités de la viande. On évite ainsi une plus grande perte.

Décollement de la corne.

La corne est chaude, douloureuse à la plus légère percussion. L'animal a la fièvre, porte la tête basse, a perdu l'appétit ; les naseaux ne jettent pas. Peu de jours après, la base de la corne trahit un décollement au niveau de la peau ; le cornillon s'entrevoit ; il est couvert d'un sang noir extravasé.

Cet état est le résultat d'un coup violent ou d'un tirage excessif et saccadé. Cet accident est plus à craindre avec un joug porté en avant qu'avec un joug attaché en arrière.

Traitement. — Saigner ; tenir froide la base de la corne, par de l'eau et des compresses mouillées. Si on prévoit le décollement et la chute de la corne, il faut prévenir cette chute, bien assujettir la base par des bandelettes, et opérer la section d'autant plus bas qu'il y a une lésion plus grande, d'autant plus haut que la lésion est moindre. L'hémorragie locale prévient les autres accidents. Si on espérait conserver la corne, on pourrait se contenter de la perforer seulement jusqu'à l'os, afin de livrer passage au sang.

La diète est de rigueur, la saignée parfois nécessaire.

Effort d'onglon. — Entorse.

Avec l'effort d'onglon, l'animal boite comme dans tous les accidents du pied. On vérifie la maladie en soulevant la jambe boiteuse et en tordant faiblement les deux onglons. Un mouvement signalera la douleur causée et l'onglon malade.

Au début, on pratique des applications de neige, de glace pilée, des bains d'eau fraîche ou glacée, salée, vinaigrée ; des lotions d'eau de Goulard, d'eau alumineuse. Si on ne réussit pas ainsi, il faut passer aux émollients d'abord, puis aux résolutifs, l'eau-de-vie camphrée, la pommade camphrée, l'onguent basilicum camphré et délayé dans la térébenthine, à la dose d'un tiers de son poids.

Si la claudication persiste, on emploie les excitants énergiques : ainsi l'onguent chaud de Lebas, l'onguent-vésicatoire, le liniment ammoniacal.

Le feu est la dernière, mais la plus sûre des ressources.

L'entorse est un accident fréquent chez les grands ruminants ; elle se traite comme l'effort d'onglon.

Enreillure, ou piqûre des tendons fléchisseurs du pied.

Cette blessure est souvent faite dans le travail à la charrue, par le soc, que les habitants du midi appellent la *reille*, d'où le mot *enreillure*. Le traitement est celui de toutes déchirures, qu'on doit ramener à l'état de plaie simple. On enlève les chairs saillantes et lésées ; on débride ; on ouvre la piqûre ; on lave avec de l'eau alcoolisée ; on couvre d'un tampon trempé dans cette eau, ou encore dans la teinture d'aloès ; on peut employer aussi l'onguent digestif, la térébenthine, etc. Si la blessure est simple, la guérison est prompte ; si celle-ci se fait attendre, c'est qu'il y a complication. Ainsi le tendon a pu être arraché ou exfolié ; alors il faut faire tomber l'exfoliation au moyen des caustiques, l'onguent égyptiac, ou une solution de sulfate de cuivre, ou encore la pierre infernale. Si ces applications produisent une inflammation, on la combat par des frictions d'onguent populéum camphré ou d'huile camphrée. Si l'inflammation était très-forte et très-douloureuse, il faudrait recourir aux eaux émollientes narcotisées, pour revenir au plus tôt aux résolutifs camphrés.

Engravée. — Foulure de la sole.

Le peu d'épaisseur de la corne du bœuf rend cet accident très-commun. L'animal boite ; s'il continue de marcher, la sole est dénudée et les ecchymoses sont à craindre.

Les sols durs et inégaux ne causent pas seuls cet accident ; une litière pourrie ou humide, le pacage, la marche surtout dans des lieux mouillés, ramollissent la corne, rendent l'usure plus prompte et, dans tous les cas, mettent la sole du pied sans défense.

Plus les bestiaux stabulent, plus il faut veiller à isoler leurs pieds de derrière, surtout du contact avec les fumiers, et à les maintenir sur une litière épaisse et sèche.

Le traitement doit contrarier la cause du mal. S'il a été produit par l'humidité, il faut maintenir les pieds très-secs : s'il est le résultat du travail, il faut prendre la même précaution, et, en outre, accorder du repos.

S'il y a engorgement, il faut saigner au pied ; s'il y a fièvre, il faudra prendre son temps pour une saignée générale.

On ne doit employer les émollients que contre l'inflammation de la couronné, des paturons, etc.

S'il y a décollement de la corne du pied, il faut enlever la corne décollée, et panser avec un tampon trempé dans l'eau alcoolisée ou dans l'eau de Goulard. On maintient le pied bien sec, l'animal à l'étable, et, cinq à six jours après, on peut communément enlever l'appareil et ferrer le pied malade, pour éviter des rechutes et donner à l'onglon le temps de se fortifier.

Fourbure.

La fourbure débute toujours par l'engorgement du tissu vasculaire du pied. Alors l'animal pose douloureusement le pied ; les onglons sont brûlants ; il y a fièvre, inappétence et suspension de la rumination.

La mollesse de l'onglon doit faire prévoir la fourbure. Une marche forcée, par la chaleur, sur un sol inégal et dur, sera communément la cause déterminante. Une mauvaise ferrure peut aussi produire cet accident.

Aux premiers indices du mal, il faut saigner, par le pied ou les veines du paturon, et saigner abondamment, placer le bœuf dans l'eau courante, en été, ou tenir le pied dans l'eau douce, pour aider à l'abondance de la saignée, ou encore appliquer des cataplasmes de suie mouillée de vinaigre, ou encore tenir le pied dans de la glaise détrempée avec du vinaigre.

Si on ne peut faire mieux, on coupe les ergots ou petits onglons jusqu'au vif ; on entretient la plaie et on obtient ainsi une perte abondante de sang.

En même temps, on frictionne durement les membres, même le corps, pour y rappeler le sang.

Le résultat à craindre, c'est la gangrène, la chute des onglons, les exostoses.

Dans le premier cas, l'animal est perdu ; il est guérissable dans le second ; dans le troisième il faut l'engraisser ou au moins le refaire au plus vite pour le vendre.

Onglet ou pterygion.

C'est une affection variqueuse de la troisième paupière, affection produite ordinairement par les piqûres de mouches aux angles des yeux, ou encore par un faux jour à l'étable, par la chaleur et le défaut d'air.

Traitement. — S'il y a des boursouflements dans les paupières intérieures, il faut les piquer avec la lancette ; autrement, il suffira généralement de laver fréquemment l'œil avec de l'eau refroidie, dans laquelle on aura fait bouillir des feuilles de plantain, en ajoutant un trentième d'eau-de-vie. On peut aussi laver avec de l'eau de Goulard.

S'il se déclarait de petits ulcères ou des squirrhes, on les brûlerait avec la pierre infernale ou la potasse caustique. S'ils persistaient, il faudrait les extirper et continuer les lotions.

On ne devrait pas opérer l'extirpation sur la portion de la conjonctive qui recouvre le globe, car cette opération est presque toujours suivie d'un bourgeonnement charnu qui s'étend sur tout le globe de l'œil.

Sortie du globe de l'œil.

Le globe prend un développement considérable et paraît hors de sa cavité ; la conjonctive est enflammée, la pupille dilatée ; l'œil pleure abondamment.

Parfois cette maladie est épizootique.

Elle est souvent incurable. On traite cette affection par la ponction, par une saignée générale, par des compresses mouillées d'une eau émolliente et narcotique ; la diète, avec les eaux farineuses et le demi-jour.

Ophthalmie épizootique.

Elle se propage dans les chaleurs caniculaires ou à leur suite. On la traite comme l'ophthalmie ordinaire, par la saignée, des émollients, des collyres résolutifs, tels que l'eau de Goulard, de plantain, de rose, une solution de sulfate de zinc, appliqués en compresses.

On a surtout réussi avec de l'eau de rose dans laquelle on avait fait fondre un huitième de son poids de gomme arabique.

Il faut souvent dix ou quinze jours pour obtenir la guérison.

A la rigueur, on a recours à la ponction ; mais cette opération est assez chanceuse pour qu'on l'évite autant que possible.

Ophthalmie vermineuse.

Cette affection est rare. Les paupières sont enflammées, et on remarque de petits vers blancs qui se meuvent dans le liquide qui couvre le globe et dans la chambre antérieure.

Traitement. — Il faut bassiner l'œil avec la teinture d'aloès, ou bien imbiber une compresse épaisse de cette teinture et l'appliquer sur l'œil pendant cinq à six heures.

MALADIES DES YEUX EN GÉNÉRAL.

Dans toutes les maladies des enveloppes de l'œil, je me suis toujours très-bien trouvé de lotions faites avec une décoction concentrée et énergique de cerfeuil bien bouilli dans de l'eau ; j'appliquais en cataplasmes le cerfeuil cuit dans un demi-verre d'eau.

La crème de lait bien fraîche, appliquée en frictions ou mieux en cataplasmes fréquemment renouvelés, pour ne pas attendre l'aigreur, m'a aussi toujours réussi. C'est un fondant rafraîchissant que je me propose d'appliquer à toutes les inflammations des muqueuses.

J'ai parfois aussi employé avec succès la pommade suivante :

1/4 calomel.

3/4 axonge.

On pourra aussi se servir de l'excellente pommade de la veuve Farnier, en voici la formule :

Oxyde rouge de mercure,	15 centigrammes.	
Acétate de plomb cristallisé,	15	Id.
Sain-doux,	6 grammes.	

Les astringents bénins comme l'eau peu concentrée de rose ou de plantain sont aussi d'excellents remèdes.

Inflammation de la bouche.

L'inflammation simple est une maladie fort bénigne. La bouche est chaude et rouge, la salivation abondante, les membranes salivaires tuméfiées, parfois saignantes, L'animal a grande peine à manger ; on le tient aux eaux farineuses et à une demi-diète ; pas de fourrages secs, mais des verts, des racines cuites ou crues, mais alors bien coupées.

Des plantes âcres, des épines ou aiguillons, des fourrages avariés déterminent cette inflammation.

Traitement. — Saignée. On gargarise la bouche avec de l'eau de guimauve miellée. Si la muqueuse ou les mamelons jettent du sang, il faut gargariser avec de l'eau vinaigrée.

L'incision des mamelons est encore fort en usage. Il faut reconnaître que cette saignée locale produit souvent d'excellents résultats ; mais elle expose à de graves accidents ; et, comme on guérit aussi promptement par la saignée et les rafraîchissants, il faut s'en tenir à cette dernière méthode.

Dents irrégulières ou mal usées.

Si un animal dépérit sans cause apparente, sans maladie aucune, c'est souvent à l'irrégularité des grosses mâchelières qu'il faut en faire remonter la cause. On s'assurera du mal, non pendant les repas, — le bœuf mâche à peine, — mais pendant la rumination.

En posant la main sur chacune des cornes, on reconnaîtra un mouvement saccadé, annonçant une résistance et une chute.

Lorsque l'irrégularité est grande, l'animal laisse aussi parfois tomber quelques bols alimentaires.

S'il y avait plusieurs dents irrégulièrement placées ou usées, il faudrait renoncer à rectifier l'état des mâchoires, et on vendrait ou on engraisserait aux soupes et aux tubercules cuits ; s'il n'y avait qu'une dent mal placée, on pourrait l'arracher ; on pourrait aussi, si le mal venait de quelques saillies qui pinçassent la joue, abattre ces saillies avec la gouge.

Corps arrêtés dans l'œsophage.

Lorsque le repas s'est fait trop attendre, que l'animal doit avoir beaucoup d'appétit, on doit craindre qu'il ne mange trop vite et qu'un morceau de tubercule ne passe dans l'œsophage, au lieu de descendre dans l'estomac. Dans ce cas, on devra donner du foin avant les racines, afin d'écarter le risque et le danger ; de même, lorsqu'un animal est parvenu jusqu'aux racines ou tubercules, au lieu de courir sur lui en criant et le battant pour le chasser, ce qui l'effraye et le fait avaler de travers, il faut le chasser lentement et doucement.

Lorsque cet accident se produira, il faut apprécier la position du corps, son volume, et prendre de suite un parti.

Généralement, il faut tenter de faire couler le corps dans le rumen ; pour cela, on fait avaler un verre d'huile ou de l'eau de mauve. Si on ne réussit pas, on peut, au moyen d'une petite pelote de linge, grosse comme une noix, attachée au bout d'une branche d'osier et retenue solidement par une ficelle enroulée autour de cette branche jusqu'à la poignée, afin d'éviter un accident plus grave, pousser le corps dans le rumen. On peut encore opérer extérieurement et ramener doucement le corps en haut du gosier, l'y faire maintenir, et, après avoir ouvert la bouche du bœuf, l'avoir bien calée avec un morceau de bois pour qu'il ne puisse la refermer, saisir d'une main la langue, plonger l'autre main dans le fond de la bouche, et saisir le corps.

Si on ne peut réussir, que le corps soit peu dur, on l'écrasera dans l'œsophage même par une pression douce ; enfin, on pourra pratiquer l'ouverture de l'œsophage, en se tenant en garde contre la lésion des deux artères carotide et jugulaire.

Cette opération n'est pas dangereuse, si elle est faite par un vétérinaire instruit. On ne recoud pas l'œsophage, mais seulement la peau par une suture à bourdonnet.

L'animal est tenu au régime : une nourriture verte et douce, des tubercules cuits, conviennent surtout.

Suspension de l'appétit.

Cet état peut être le précurseur d'une maladie ; il peut être aussi produit par de grandes fatigues, des chaleurs excessives, des aliments altérés qui ont amené le dégoût ; il peut résulter encore d'une maladie du rumen, de son atonie.

Dans tous ces cas, le remède sera le même. L'usage du sel rendra souvent l'appétit ; sinon, il faudra recourir à une espèce de purgation légère par la poudre de racine de gentiane, administrée à la dose de 60 à 90 grammes, le matin à jeûn, dans du son, ou encore purger par l'extrait de gentiane.

Souvent la disparition de l'appétit est due à la présence de vers intestinaux. Il faut recourir alors aux vermifuges. Le brai, ou goudron sec, m'a réussi souvent contre les vers ; j'en avais fait avaler, à jeûn, trois morceaux de la·grosseur d'une noisette.

Nous devons dire ici que, dans la race bovine, les affections des intestins sont peu dangereuses et fort rares, tandis que celles du système digestif sont fréquentes et graves parfois. En effet, l'appareil digestif est si complet qu'il ne laisse que fort peu de chose à faire aux intestins. Le premier appareil absorbe le second, et reçoit toutes les mauvaises influences qui, dans les animaux autrement organisés, agissent sur les intestins.

Indigestion.

Il y a plusieurs espèces d'indigestion, et le traitement n'en est pas le même : l'indigestion venteuse, ou météorisation, s'annonce par le ballonnement du ventre, du flanc gauche surtout, et la difficulté de la respiration ; la bouche reste béante.

Généralement, cette maladie est due à des herbes vertes, des légumineuses surtout, mangées à l'état humide et surtout en trop grande quantité et précipitamment. J'ai pu remarquer cependant qu'elles produisaient le même effet par de grandes chaleurs, des vents du sud ou de grands vents qui avaient desséché la plante. En mouillant bien les herbes, on diminuerait le danger.

S'il survient des évacuations alvines avec rapports de gaz par la bouche ou l'anus ; si le ventre gronde sous des borborygmes fréquents, la maladie prend un cours rassurant, et bientôt l'animal est soulagé et la rumination commence.

Si, au contraire, l'animal reste inerte, la langue pendante, les yeux injectés et saillants, l'anus en saillie ou même renversé, il y a danger sérieux, et il faut pour le sauver agir au plus vite par l'ammoniaque ou la ponction du flanc.

Si ces signes ne sont pas exagérés, on peut successivement employer les remèdes suivants :

Passer dans la bouche de l'animal une grosse corde de foin ou de paille nouée sous la ganache ou derrière les cornes, et faire promener doucement d'abord, plus vite ensuite.

Administrer l'ammoniaque liquide à la dose de trois cuillerées à soupe dans un litre d'eau fraîche. Si on n'a pas d'ammoniaque, administrer un litre d'eau de lessive condensée, ou d'eau de chaux vive un peu refroidie ; comme pis-aller, le tabac en poudre (12 grammes), entouré de graisse, l'eau alcoolisée, l'eau vinaigrée, l'eau salée, l'eau de savon.

On a aussi recours aux bains froids, aux affusions d'eau fraîche, jetée de haut ou de loin sur le corps ; à la sonde anglaise, tube souple terminé par une petite pomme à jour, dont les trous sont ouverts incessamment par une baguette qui remonte jusqu'à la poignée.

(Cet instrument sert aussi pour repousser dans le rumen les corps arrêtés dans l'œsophage.)

Enfin, le dernier moyen est la ponction du rumen, à la rigueur par un couteau bien effilé, mais mieux par un trocart, ou instrument creux, qui fait le trou et livre le passage au gaz. Cette opération, bien faite, n'a rien de dangereux. On perce la partie supérieure du creux du flanc et on opère, en penchant l'instrument, d'arrière en avant.

Si les symptômes sont graves, il faut recourir de suite à l'ammoniaque, et, en cas d'insuccès, au trocart. Dans ce cas, on maintient le trocart dans la plaie, pour dégager les gaz qui continuent de se former. Pendant ce temps, on soigne l'animal et on lui administre 40 à 50 grammes de racine de gentiane en poudre, mêlée de 120 grammes de sulfate de magnésie, de soude ou de potasse ; on peut ajouter des lavements d'eau de mauve, un peu salée, etc.

A la suite du traitement et aussitôt l'animal soulagé, il faut saigner une, deux, trois fois successivement, suivant la gravité de l'accident.

Il faudra recommander au berger de faire sortir du pacage et rentrer au plus vite tout le bétail, en cas de météorisation d'une seule bête ; car on pourrait voir tout le troupeau attaqué. En faisant courir le troupeau ou l'animal météorisé, on réussit, parfois, à modérer le mal.

Indigestion par excès d'aliments.

Il est à craindre qu'on ne se trompe sur les causes, et qu'on ne prenne cette seconde indigestion pour une météorisation.

A la différence des symptômes de la météorisation, les yeux sont enfoncés, ternes et couverts ; l'animal frissonne fréquemment ; sa respiration est plaintive et sifflante ; il gratte parfois le sol des pieds de devant et regarde son ventre. En palpant le rumen, on sent qu'il est plein de matières pâteuses, et le flanc gauche, que la panse est remplie de liquide.

Les aliments encombrants et peu nutritifs, les pailles, les balles, les siliques, exposent plus que d'autres à l'indigestion.

Traitement. — La poudre de gentiane, à la dose de 50 grammes, dans un litre de thé léger ou d'eau. J'ai ajouté, avec succès, 8 à 10 grammes d'aloès pulvérisé. Si on n'a pas ces drogues, on remplace par un litre d'eau alcoolisée ou salée, de vin chaud miellé, ou encore par un seizième de litre d'eau-de-vie mêlée de trois à quatre cuillerées d'huile et battues ensemble On a aussi réussi avec des infusions de centaurée, de camomille, de tilleul, etc.

Si la maladie résiste, ou si, dès le début, on la croit très-grave ; si les extrémités sont froides, etc., il faut procéder par des purgatifs fondants et énergiques : ainsi la manne grasse à la dose d'un quart à un tiers de kilogramme dans une infusion de 30 grammes de séné ; ainsi 2 à 300 grammes d'huiles de ricin. Je conseille aussi de faire vider le rectum ; pour cela, on se coupe les ongles bien courts ; on frotte d'huile la main et le bras, et on les plonge dans le rectum jusqu'au coude, pour en extraire les excréments.

Si la maladie résiste encore, il faut recourir aux moyens extrêmes, inciser le flanc gauche pour arriver au rumen et le vider, au moins aux deux tiers, avec la main. Avant de recoudre le flanc (non le rumen, on ne le recoud pas), on verse dans le rumen 40 à 50 grammes de gentiane délayés dans 2 litres de thé ou d'infusion de camomille, d'aloès, etc., ou les autres infusions digestives déjà indiquées.

L'animal doit être bien soigné, bien surveillé et tenu pendant dix ou quinze jours à un régime assez sévère : les tubercules cuits, une heure de pacage, des repas légers et fréquents. Les rechutes sont à craindre.

Les veaux ont parfois une indigestion de lait. L'infusion de camomille en breuvage et de mauve en lavement réussissent communément. S'il y a ballonnement et diarrhée, on administrera 10 à 15 grammes de magnésie enveloppée dans du miel ; s'il y a constipation, de l'infusion de camomille avec 20 à 30 grammes de crème de tartre, ou, si on n'a que cela, du jus de carottes. Ici encore il faut éviter les rechutes par la diète.

Indigestion par inflammation.

Se distingue des autres par l'ardeur de la bouche, l'abondance d'une salivation mousseuse, déjections infectes, œil injecté et enflammé, rumen, abdomen et épine dorsale très-sensibles.

Traitement. — Si l'inflammation est grande, il faut commencer par une légère saignée, pour la recommencer plus tard, et donner des lavements émollients. On peut aussi appliquer un sinapisme scarifié sous le ventre, laver au vinaigre et même mêler de l'ail pilé et du sel à la farine de moutarde.

Si l'indigestion ne cède pas en même temps que l'inflammation, il faut recourir aux purgatifs stimulants, la poudre de gentiane, etc.

Après la guérison, il faudra tenir au régime, au vert surtout, aux feuilles de betterave, pour faire disparaître les derniers germes d'inflammation.

Météorisation intermittente.

C'est une maladie inflammatoire du système digestif ; elle amène souvent un squirrhe au pylore ou à l'œsophage, et alors l'animal est presque perdu.

La maladie s'annonce par de mauvaises digestions, que signalent des éruptions de vents après le repas et au commencement de la rumination, des intermittences de diarrhée et de constipation, une maigreur croissante, un poil sec, dur, hérissé, etc.; enfin, tous les signes d'une souffrance générale due à une digestion laborieuse et douloureuse.

L'inflammation du système digestif est alors passée à l'état chronique. On peut encore la guérir par la gentiane, la petite centaurée, la
camomille romaine, les amers mêlés à 30 grammes de sulfate de soude
ou de bitartrate de potasse.

On donne trois litres par jour, en deux doses, matin et soir ; dans
chaque dose, 45 grammes de gentiane et 60 de sulfate de soude.

Lorsque les vomissements surviennent, la maladie devient plus
grave ; ils révèlent l'existence du squirrhe, et l'animal est en danger.

Dans toutes ces périodes, il faut un régime rigoureux d'aliments
légers, du vert, des légumes cuits, des eaux blanchies.

MALADIES INTESTINALES.

Entérite.

C'est l'inflammation de la muqueuse intestinale, causée par une
nourriture altérée, le pacage en temps de rosées froides, de givre, de
neige, les boissons trop froides, etc.

L'animal piétine, se couche, se relève, se frappe le ventre avec les
pieds de derrière, le regarde, etc.; enfin, accuse une souffrance insupportable. Cependant l'appétit ne cesse pas entièrement, et l'animal
mange.

On pratique une saignée, parfois plusieurs, suivant l'énergie du
mal. On donne des lavements émollients, des boissons émollientes,
mêlées de farine, pour dispenser de toute autre nourriture et accélérer
la guérison. On passe ensuite aux révulsifs et aux amers.

Dans l'entérite ou la gastro-entérite chronique, il faut agir par les
laxatifs et les toniques ; ainsi la manne, l'huile de ricin, le sulfate
de soude mêlés à la gentiane, à la chicorée amère, à l'aunée, à la
camomille.

Le remède le plus naturel et le plus simple est le pacage dans une
prairie sèche et grasse.

Entérite couenneuse.

Les symptômes généraux sont ceux de l'entérite ordinaire ; les
symptômes spéciaux sont la sortie, par l'anus, de fausses membranes

charnues, ce qui arrive aussi dans les maladies de l'appareil respiratoire, le croup, etc.

Cette maladie accuse souvent une grande force de santé et d'embonpoint, un excès de sang, une nourriture trop forte, aussi des fatigues excessives.

Traitement. — Les saignées, les boissons émollientes et surtout mucilagineuses, les mauves, etc., des lavements, des fumigations émollientes sous le ventre.

Si l'animal continue à rejeter des membranes par l'anus, il faut purger énergiquement par la magnésie, le sulfate de soude, le bitartrate de potasse.

Enfin, si le mal persiste, recourir aux astringents, les décoctions de tiges de ronces, d'écorces de saule, de chêne, de racines de grenadier, l'eau de Goulard légère, à la dose de 4 à 5 grammes d'extrait de Saturne par litre d'eau fraîche, l'eau alcoolisée ou mêlée de vin, de teinture de quinquina, d'acide sulfurique alcoolisé.

Dyssenterie.

Evacuations fréquentes, liquides, sanguinolentes ; sortie du rectum, qui est enflammé ; extrémités froides, soif ardente, grincement des dents, ventre contracté.

Causes. — Le pacage et l'air des marécages, les herbes couvertes de rosée froide, de givre, de neige ; les eaux croupissantes et altérées, les fourrages avariés, les chaleurs caniculaires.

On a dit, mais cela n'est pas prouvé, que la dyssenterie est contagieuse. Il est probable que la même cause agit sur tous les animaux atteints.

Traitement. — Les saignées, la diète avec les eaux farineuses, des boissons et lavements émollients et narcotisés par des feuilles de laitue ou des têtes de pavots. Un mélange d'eau tiède et de lait, mêlé d'un peu de thériaque, m'a souvent réussi.

Si la maladie persiste, on passe aux toniques astringents, l'eau et le vin, les décoctions de racine de gentiane, de tige de ronce, mêlées de 3 à 4 grammes de camphre délayé dans un jaune d'œuf, ou dans de l'alcool, ou encore mêlées d'un peu de thériaque ou d'extrait de genièvre.

Si 'la constipation survient, il faut revenir aux émollients, mêlés de purgatifs légers, la magnésie, le bitartrate de potasse, le sulfate de soude.

Le reste comme pour l'entérite.

Diarrhée.

On la traite par des toniques narcotisés ; ainsi l'eau ferrée ou mêlée de vin et de miel, avec addition de poudre de gentiane ou de thériaque, et d'opium ou de laudanum.

Pour les jeunes veaux, on emploie 5 à 10 grammes de magnésie décarbonatée, mêlée à quelques grains d'opium.

S'il y a des coliques que révèlent les inquiétudes et les mouvements du veau, les oscillations de la queue, etc., il faut administrer les eaux de riz, d'orge, de gomme arabique, légèrement miellées, des jaunes d'œuf délayés dans du vin rouge.

Il ne faut pas perdre de vue que la diarrhée et les autres dérangements des veaux viennent ordinairement des altérations du lait de la nourrice, et qu'il faut, en cas de rechutes, ou traiter celle-ci, ou la changer.

Carreau.

C'est la phthisie tuberculeuse du mésentère, maladie asssez commune et attaquant surtout les animaux jeunes ou vieux.

Causes. — Un sevrage prématuré pour les jeunes animaux ; pour les vieux, une nourriture insuffisante ou altérée, des étables malsaines.

Traitement. — Faire cesser la cause présumée, administrer des décoctions de gentiane, de chicorée sauvage, de petite centaurée, d'écorce de saule ou de chêne, avec addition de quelques gouttes d'iode (1 gramme au plus par litre d'eau).   .

Engorgement et induration des ganglions de la ganache.

Dans certains pays, cela s'appelle *once de graisse*. Les glandes maxillaires s'engorgent, durcissent par adhésion à l'os maxillaire. Ces accidents sont héréditaires et dus à un état scrofuleux. C'est une par des injections tièdes, mucilagineuses et relâchantes, de l'huile, etc., l'introduction de la main, etc. Lorsqu'on est à bout de moyens et que l'expulsion paraît impossible, il faut opérer le dépècement, et extraire par fractions ou lambeaux ; cela terminé, injecter des eaux émollientes pour calmer l'irritation, et, s'il n'y a pas d'expulsions de sang et de débris charnus, des eaux tièdes, astringentes et toniques, telles que des eaux de Goulard, des eaux alcoolisées ou avinées.

Si le fœtus était mort, ce qui se reconnaîtrait rapidement aux éjections fétides, il faudrait aider beaucoup plus énergiquement à la délivrance de la vache, employer les injections d'huile, les lacets à extraire, à la rigueur le dépècement.

Cinquième cause : Contractions spasmodiques du col de l'utérus.

La vache est en bon état de santé, d'énergie, d'embonpoint ; les signes extérieurs sont bons : la résistance est alors intérieure. Si, en introduisant la main bien huilée dans le vagin, on trouve que le col de la matrice est contracté et résistant, on peut être certain de l'état spasmodique du col : une saignée générale sera le remède le plus sûr, en y joignant des lavements émollients, et au besoin narcotiques, ou même opiacés. Si la résistance continue, il faut injecter des émollients, puis finir par introduire la main bien huilée, et, derrière elle, une injection mucilagineuse et tiède. Rarement on échoue ; cependant, si cela arrivait, il faudrait, en désespoir de cause, pratiquer l'opération césarienne vaginale.

Si la résistance venait d'une tumeur squirrheuse et déjà développée au col de l'utérus, il faudrait probablement aussi recourir à l'opération césarienne.

Sixième cause : Torsion du col de la matrice.

L'expulsion du fœtus devient impossible, et, comme la cause est fort critique, il faut souvent recourir à des moyens empiriques que j'ai vu pratiquer, mais que je n'ai jamais vus décrits.

Ainsi, coucher la vache sur le dos, les pieds en l'air, et, par un mouvement de tangage ou de balancement à droite et à gauche, réduire l'accident.

Ou encore suspendre la bête par les pieds de derrière, à un treuil ou poulie, et par un mouvement de haut en bas et aussi de tangage, arriver plus promptement au résultat désiré.

Si on ne réussit pas ainsi, il ne reste plus qu'à tenter l'opération césarienne.

Dans toutes ces formes du part laborieux, il faut prendre certaines précautions générales : ainsi, abreuver toniquement la vache, la traiter avec douceur, lui laver les naseaux, la nourrir d'aliments peu encombrants, de farines, etc., s'assurer que le rectum n'est pas encombré, au besoin le vider avec la main, etc.

Renversement de la matrice.

Cet accident très-grave n'arrive presque jamais qu'à la suite d'un part laborieux, soit par suite des dérangements naturels, soit comme conséquences des pratiques exagérées et des moyens violents employés pour amener la délivrance, ou encore à la suite de retards dans la sortie du placenta ou délivre.

La vache, la vache laitière surtout, est, de toutes les femelles, la plus exposée peut-être à cet accident, à cause de la mollesse et de l'élasticité des ligaments suspenseurs de la matrice. Ce fait explique en même temps la fréquence des avortements.

Souvent la chute de la matrice arrive subitement et sans qu'on s'en soit aperçu. Il faut la bien nettoyer avec de l'eau tiède, légèrement acidulée, ou, mieux encore, saturnée ; si l'inflammation est grande, il faudra d'abord laver avec des eaux émollientes, puis détacher le placenta, s'il adhère encore ; parfois sacrifier légèrement la muqueuse, pour faire saigner, dégorger et réduire l'inflammation ; parfois encore retrancher les déchirures et bien nettoyer les plaies.

On fait ensuite prendre à la vache une position qui relève l'arrière et baisse le devant, et on procède à l'opération principale, le replacement de la matrice. Inutile de décrire ici une opération qui ne peut être pratiquée que par un vétérinaire. Un bandage énergiquement assuré est indispensable pour empêcher que l'accident ne se renouvelle.

Souvent il faut ajouter la précaution d'une suture, non sur les lèvres de la vulve, ce qui ne présenterait aucune résistance, mais sur la peau des ischions, qui se trouve ainsi le point d'appui de la couture.

A la suite de ces opérations, il est indispensable de saigner, souvent abondamment, de tenir à un régime sévère, et de n'enlever le bandage que du quatrième au cinquième jour. La suture se débande ordinairement d'elle-même ; si elle se maintenait, il faudrait la couper.

Renversement du vagin.

C'est là encore un accident assez fréquent chez la vache. Le plus souvent, il est la suite d'un part laborieux, parfois d'une gestation maladive, parfois encore d'ardeurs utérines chez des vaches ou génisses non pleines.

La vulve entr'ouverte livre passage à un organe enflammé, rubicond, allongé ou arrondi et de grosseur variable.

Dans certains cas, lorsque cet accident ne prend pas de trop grandes proportions, particulièrement chez les vaches pleines, on peut le laisser à lui-même, en relevant encore plus la litière par derrière.

Si l'accident est grave, s'il empêche la vache d'uriner, il faut, après l'avoir lavé et un peu graissé, faire rentrer l'organe par une pression de bas en haut, lente, progressive et énergique. On empêche qu'il ne se renouvelle par un bandage, ou même une suture et un bandage, comme nous avons dit pour le renversement de la matrice.

Chez les vaches non pleines, atteintes d'ardeurs utérines, on saigne légèrement, on rafraîchit avec un mélange de narcotiques, et on fait saillir aussitôt que l'accident a été maîtrisé. S'il se renouvelait, il faudrait livrer la vache à la boucherie.

Engorgement laiteux du pis.

Je n'entends pas ici parler de l'inflammation des mamelles ; c'est une maladie générale à traiter à part, et qui, lorsqu'elle affecte le pis, suit son cours ordinaire ; mais je veux parler de l'engorgement laiteux qui se manifeste parfois avant la parturition, mais plus souvent après, et surtout chez les meilleures vaches laitières.

Les causes déterminantes sont une nourriture trop tôt abondante et riche, après le part ; des retards dans les mulsions ou des mulsions incomplètes et trop peu fréquentes ; des marches trop longues avec un pis non vidé, des coups, etc.

Traitement. — Ecarter d'abord les causes ; puis, au besoin, saigner, à la veine locale, la veine mammaire. S'il y a contusion, il faut des lotions émollientes, des frictions d'onguent populéum, etc.; s'il y a induration, de la pommade d'hydriodate de potasse iodurée ; si le squirrhe suit l'induration, il faudra opérer et l'extraire.

Enflure du pis.

Dans les inflammations du pis le traitement est indiqué par la cause même du mal :

Si le pis enfle sans cause, comme le mal vient ordinairement d'un coup d'air, on emploie alors localement des fumigations, des bains émollients et répétés.

Les crevasses au pis, ou au mamelon, se traitent comme des plaies. S'il y avait inflammation, on enduirait de crème bien fraîche, en lavant une ou deux heures après et en renouvelant la crème, qui tournerait promptement à l'état acide.

Dans les maladies des trayons ou des parties inférieures du pis, alors que tout frottement ou toute tension de la peau ajouterait au mal, au lieu de traire, on devra employer les tubes trayeurs dont j'ai parlé à la page 294.

Inflammation de la verge.

Cet accident se déclare surtout sur les jeunes taureaux ; le pénis et le fourreau sont rouges, parfois gonflés et tuméfiés ; l'urine sort difficilement et péniblement.

Au début du mal, il faut saigner. Quelques praticiens préfèrent ouvrir la veine abdominale, tenir à la diète, scarifier parfois le fourreau, pratiquer des lotions ou encore des fumigations émollientes pour passer ensuite à l'eau de Goulard, à l'eau acidulée, alumineuse, etc.

Lorsque la maladie prend de l'intensité, que les ulcères se déclarent, que la tuméfaction du fourreau devient molle et froide, la gangrène est à craindre ; il faut redoubler de soins.

On a recours alors à l'incision du fourreau, pour découvrir le pénis. On nettoie bien les plaies et les taches gangrenées avec le bistouri ; on brûle avec la pierre infernale ou une solution concentrée de sulfate de cuivre, et on ranime la plaie par une solution d'ammoniaque. Lorsque la verge est attaquée par des ulcères gangréneux, il faut parfois se décider à l'amputation de l'extrémité. Cette opération, faite par un vétérinaire à demi instruit, est moins grave et dangereuse qu'on ne pourrait le croire. On perce le fourreau au point où on a coupé la verge.

Pour les suites, on traite comme j'ai dit à l'article *plaies*, etc

Sarcocèle.

Cette maladie squirrheuse des testicules est fort rare chez les taureaux ; elle l'est bien moins chez les bœufs castrés par le bistournage. On peut même dire qu'elle est assez commune chez les vieux bœufs bistournés.

Des marches forcées, des coups ou meurtrissures, ou encore un travail excessif ou fait dans une position gênante, la jambe, par exemple, frappant les bourses, déterminent communément cet accident, qui est plus grave lorsque l'inflammation gagne le cordon.

On saigne si l'inflammation est forte. On tente la guérison par des fondants à l'intérieur et à l'extérieur : ainsi des frictions avec l'onguent de Lebas, la pommade d'hydriodate de potasse iodurée ; des cataplasmes de poudre de ciguë détrempée dans de la térébenthine, des boissons d'infusion de racine de saponaire, de fleur de houblon, avec mélange de teinture d'iode.

Si le mal résiste, s'il se forme des taches ou ramollissements, il faut opérer.

Si cependant le squirrhe atteignait l'abdomen, l'opération serait inutile, et l'animal devrait, sans retard, être livré à la boucherie.

Coryza ou catarrhe nasal.

Il y a trois espèces de coryza :

1° Catarrhe nasal simple : la pituitaire, la conjonctive, les paupières sont enflammées et tuméfiées ; la respiration est sifflante : la bouche est entr'ouverte; plus tard, les naseaux jettent des matières muqueuses d'un blanc sale, mais sans odeur.

La maladie va croissant si les matières jetées se colorent de sang, s'il se forme des ulcères à l'entrée des naseaux, si l'œil s'enflamme, sort de son orbite, devient opaque et se remplit d'une humeur blanchâtre.

L'épine dorsale est sensible et douloureuse; l'appétit disparaît; l'animal se meut péniblement.

La cause est dans un brusque passage du chaud au froid et un arrêt de transpiration.

Traitement. — On saigne dans la proportion de l'intensité du mal; on frictionne avec du vinaigre chaud, etc.; on provoque la transpiration par des boissons chaudes, le sureau, la guimauve, la bourrache, la pariétaire; si la base des cornes est brûlante, il faut la rafraîchir par de l'eau acidulée; si elle n'est que douce, il faut appliquer des cataplasmes émollients. S'il y avait danger, on ferait bien de couper une corne pour obtenir une saignée locale. Un catarrhe chronique contracté pendant l'hiver ne disparaîtra qu'au printemps. Dans cette saison, le régime modéré du vert et des boissons rafraîchissantes sont un excellent remède.

Le catarrhe des cornes exige un traitement tout différent. L'animal porte la tête très-bas et ne peut la lever. Il n'y a pas de jetage par les naseaux. Cet accident est causé ou par des coups sur les cornes, ou par des pluies froides, etc.

Ici la section de la corne la plus chaude et la plus affectée amène un écoulement de matières purulentes et de sang, etc. Pour faire sortir les matières semblables retenues par les sinus frontaux, il faut assujettir très-bas la tête de l'animal, ou lui faire secouer la tête en injectant un peu d'eau dans les oreilles.

On entretient la suppuration de la corne, et, si on ne pouvait ensuite cicatriser la plaie, il faudrait la rajeunir en coupant un second morceau de la corne.

Le catarrhe gangréneux, pour être guérissable, doit être énergiquement soigné, et à son début.

Les symptômes sont ceux du catarrhe simple, mais exagérés. Les matières jetées sont fétides et verdâtres; l'haleine est plus fétide encore. Cette maladie est fort grave ; l'animal meurt souvent du cinquième au neuvième jour.

Au début, et tant que le pouls est fort et le jetage sans odeur, on doit saigner ; lorsque le pouls est faible et le jetage fétide, il faut tonifier ; et le meilleur de tous les remèdes est le quinquina, à la dose de 60 à 120 grammes, délayé dans une boisson aromatisée par la sauge, les menthes, la camomille, le thym, le romarin, etc., avec addition de 60 à 120 grammes de sous-carbonate d'ammoniaque dans la boisson, lorsqu'elle est refroidie et qu'on veut la présenter à l'animal.

On administre des lavemens acidulés, des fumigations de vinaigre; on fait aspirer des vapeurs ammoniacales ; on lave les naseaux avec de l'eau mêlée d'un dixième de son volume d'ammoniaque. Le régime doit être léger et rafraîchissant.

Angines ou esquinancies.

Les angines simples sont assez rares dans la race bovine. On les traite par la saignée, des boissons tièdes et miellées, des gargarismes d'eau de mauve, légèrement vinaigrée et miellée.

L'angine croupale est, au contraire, une maladie assez fréquente. Lorsqu'elle est intense, elle présente quelques dangers : si la toux est vive, quinteuse, convulsive. S'il y a expectoration de fausses membranes, si la langue est entièrement pendante, s'il y a constipation prononcée, il faut agir énergiquement et sans retard.

Traitement. — Saignées abondantes, boissons et lavements émollients et légèrement purgatifs, fumigations émollientes d'abord, puis aromatiques ensuite ; sétons au poitrail, sinapismes sur les côtés de l'encolure, sous le sternum, etc. Si le mal augmente, fumigations de vinaigre, d'éther, d'ammoniaque; insufflation, dans le canal respiratoire, d'alun, de mercure doux, en poudre. On mouille, au moyen d'une éponge bien attachée au bout d'un osier et retenue par une ficelle enroulée autour de cet osier, on mouille la muqueuse et les fausses membranes avec une dissolution de nitrate d'argent, à la dose de 1 gramme dans 100 grammes d'eau distillée.

Si l'animal ne peut respirer, il faut ouvrir la trachée au-dessous du point où elle est obstruée, et, pour plus de sûreté, dans la partie la plus basse et la plus rapprochée du thorax.

Bronchite.

C'est l'inflammation de la membrane muqueuse des bronches. L'animal a une toux, sèche au début, plus tard, avec expectoration. Il mange et rumine ; aussi ne doit-on employer que les émollients et les sudorifiques opiacés ; parfois même le repos et la chaleur seuls suffisent pour arriver à la guérison.

Si la maladie passe à l'état chronique, l'animal dépérit ; on doit administrer 150 à 200 grammes d'oxymel scillitique, dissous dans 2 litres de décoction de guimauve ou de sureau, administrés à jeun, en deux fois, à une demi-heure d'intervalle et à 1 litre chaque fois.

La chaleur du printemps et le pacage guérissent plus sûrement que tous les autres remèdes.

Pneumonite.

L'animal respire à grand'peine et avec effort. La maladie à l'état aigu est peu dangereuse. On saigne abondamment ; on administre 25 à 45 grammes d'émétique, et on tient chaudement et au régime. Mais, si elle passe à l'état chronique, elle devient parfois incurable ; c'est encore à l'émétique et aux saignées qu'il faut recourir.

Si on ne réussit pas, il faut pallier les effets du mal, refaire l'animal par le vert et le pacage, en hiver par les tubercules, et livrer promptement à la boucherie, avant que la constitution ne soit atteinte par les effets de la maladie.

Maladies aiguës de la poitrine.

Au début de ces maladies *aiguës*, et du premier au troisième jour, l'émétique est un remède excellent et que je ne puis trop recommander. Son action est générale sur le système nerveux et sur le sang, et, presque toujours, donné avec modération, il arrête tout court la maladie.

Dans la médecine humaine, qui dit émétique dit vomissement

forcé ; mais l'appareil digestif des ruminants résiste à cette forme d'action. Le bœuf ne vomit pas ; chez lui, l'effet de l'émétique est tout à fait intérieur.

Apoplexie.

Les coups de sang ne frappent guère le bétail que pendant les chaleurs excessives et au milieu des travaux. L'animal a les flancs très-agités, la respiration pénible, la bouche ouverte et écumante, la langue pendante. Les saignées suffisent souvent pour arrêter le mal.. S'il y a saignement par les naseaux, il faut l'encourager. Si le mal augmente, la salivation est sanguinolente ; les remèdes alors doivent être énergiques et prompts ; autrement, l'animal tombe pour ne pas se relever.

Traitement. — La saignée, puis de l'eau fraiche versée continûment sur la tête ; s'il y a allégement, deuxième et même troisième saignée ; plus tard, régime rafraîchissant.

Ces accidents, toujours graves s'ils sont négligés ou si les dérivatifs se font attendre, sont dus à une alimentation sèche et échauffante pendant les grandes chaleurs, à des travaux excessifs, etc.

Phthisie pulmonaire ou pommelière.

Cette effrayante maladie parait attachée tout particulièrement aux vaches laitières, surtout aux vaches stabulantes, qu'elle décime annuellement. Nous devons donc nous étendre un peu sur ce sujet et entrer dans quelques détails :

La maladie a une marche lente, mais presque toujours impitoyable. Quoiqu'elle ait bien des périodes, pour être mieux compris je n'en décrirai que trois :

Première période. — Petite toux sèche, lente et longue, se produisant surtout matin et soir ; frissons légers, oppression à la suite du plus petit exercice ; poil un peu terne, hérissé, surtout le long du dos ; voussure de l'épine dorsale, légèrement douloureuse ; perte des poils par taches, sur les côtes particulièrement. L'animal écarte les jambes de devant pour dégager la poitrine. Cependant, bon appétit, rumination régulière, sécrétion normale du lait. Pendant cette période, la vache prend naturellement de l'embonpoint. On peut et on doit aider à cette disposition pour engraisser et livrer à la boucherie. Les boissons ferrugineuses paraissent suspendre le cours de la maladie et ajoutent à l'appétit.

Deuxième période. — Toux sèche plus répétée et plus rauque; jetage par le nez, aspiration saccadée; le flanc s'emplit en deux temps, comme chez le cheval; le poil devient sec, hérissé, terne; l'appétit diminue, le lait aussi; l'animal dépérit.

Troisième période. — La respiration est tout à fait laborieuse, râlante et grouillante; les frissons sont de plus en plus énergiques et fréquents; le jetage des naseaux augmente toujours; la toux est toujours fréquente, mais éteinte par défaut de forces. L'appétit diminue de plus en plus; la rumination est à peine sensible; la peau est tout à fait adhérente, dure et sèche; lorsque la sécrétion lactée existe encore, le lait est altéré; sa couleur est bleuâtre et aqueuse; l'œil s'enfonce de plus en plus; la fièvre se déclare, avec elle le marasme. L'animal s'éteint lentement et dans un état complet de consomption.

Les causes de cette terrible affection sont générales et spéciales. La stabulation absolue, aidée par des délayants qui affaiblissent tout le système en poussant au lait; les soupes et les buvées froides, mais surtout tièdes; les résidus des distilleries de pommes de terre, me paraissent être les plus déterminantes. Je ne serais pas étonné non plus que les chaleurs non satisfaites, et cependant si vivement excitées par une nourriture extrêmement abondante, n'aient à l'intérieur une répercussion dangereuse et inflammatoire, et je comprends, en y réfléchissant, le mot de satisfaction artificielle qu'un vétérinaire écossais prononçait devant moi en passant en revue les moyens de prévenir la phthisie pulmonaire et en blâmant les essais de castration des vaches.

Des fourrages de graminées secs et échauffants, vasés et poudreux surtout, jonceux, aigres et peu nourrissants; des étables basses, peu aérées, rarement vidées, chaudes et nauséabondes; des eaux séléniteuses; plusieurs affections successives des organes de la respiration; des transpirations arrêtées : tel est le point de départ ordinaire de la pommelière.

Pour ma part, je suis convaincu que la maladie est héréditaire, et qu'une vache dès la première période du mal transmet à son produit une grande délicatesse de poitrine; à la seconde période, le germe inévitable de la maladie; à la troisième période, la maladie elle-même, aussi incurable dans le produit que dans la mère.

Je voudrais donc que la phthisie pulmonaire, au deuxième degré, fût assimilée aux maladies dangereuses, à la morve, etc., et que l'animal fût légalement condamné à être abattu; qu'au premier degré, il fût imparti un délai pour refaire et vendre à la basse boucherie.

L'intérêt public exigerait en effet qu'on ne permît pas ces existences inutiles au possesseur, prenant la place d'animaux productifs, et léguant et propageant des maladies presque incurables. Tous les agriculteurs en général, et chacun d'eux en particulier, se trouveraient bien d'une tutelle légale qui purgerait les étables, les marchés et les foires de toutes ces pestes dommageables à tous.

Cette maladie attaque tous les animaux de la race bovine, les vaches particulièrement, sans distinction d'âge. Elle sévit en toutes saisons, paraît naître en automne et se développer sous l'action du froid, pour se modérer sous l'influence de la chaleur et des herbes rafraîchissantes de l'été, mais reparaître plus intense et plus impitoyable pendant l'automne suivant.

Je ne doute pas qu'elle ne soit héréditaire; je la crois même, sinon contagieuse, au moins portée à devenir épizootique; c'est plus qu'il n'en faudrait pour provoquer les mesures que je sollicite.

Traitement. — Je ne conseille le traitement qu'au début de la maladie et dans sa première période; plus tard, il est inutile. Au début, on donne de l'émétique pour agir sur le sang et dissiper les gonflements sanguins des poumons, qui dégénèrent ensuite en tubercules.

Quelques personnes attribuent la maladie aux chaleurs non satisfaites, alors qu'elles sont portées à leur paroxysme par une nourriture abondante et tonique, comme dans les vacheries des grandes villes ou de leurs environs.

Elles ont conseillé la castration, mais restent les difficultés et les risques de cette opération !

J'ai entendu des éleveurs parler d'un autre moyen, une satisfaction artificielle donnée à la chaleur de la vache, mais j'ai refusé d'entendre plus de détails.

A la fin de la première période, il ne faut déjà plus songer à guérir, mais seulement à pallier, à obtenir un temps d'arrêt dans la marche de la maladie, pour refaire promptement l'animal et le livrer, à demi rétabli, à la basse boucherie. L'état de gestation procure ce temps d'arrêt et dispose aussi à l'engraissement ; il faudra donc faire saillir la vache qu'on voudra refaire et vendre.

Une fois entré dans la troisième période, il y a intérêt à abattre ; les soins, les remèdes, la nourriture ajouteraient encore à la perte matérielle et inévitable.

Si on se décide à traiter l'animal et non à s'en défaire, il faut tout d'abord l'isoler, dans l'intérêt des autres bestiaux, et faire cesser toutes les causes que nous avons énumérées. Je me suis bien trouvé de dépayser, et le changement d'air et de contrée a presque toujours suspendu pendant plusieurs mois, six, huit, douze même, le cours de la maladie à son début ; les eaux ferrugineuses ont aussi un excellent effet.

On doit saigner légèrement et passer un séton ; parfois même poser des vésicatoires sur les côtes ; rafraîchir par des eaux blanchies à la farine d'orge, par des décoctions de chiendent, par une alimentation verte, par le pacage en temps doux et tempéré ; tonifier par le sel, par des pansages énergiques, etc.

Pleurite.

C'est l'inflammation de la plèvre révélée par la difficulté de la respiration et une toux légère ; la poitrine et l'épine dorsale sont douloureuses au toucher.

La pleurite naît presque toujours d'une transpiration arrêtée, d'un refroidissement par le vent ou une pluie froide.

On traite par de petites saignées, des boissons émollientes, sudorifiques surtout, pour rappeler la transpiration et rendre leur jeu aux organes de la peau ; on couvre l'animal et on le tient à un demi-régime.

Si elle passe à l'état chronique, il faut traiter la pleurite par des durétiques et quelques laxatifs doux.

Péripneumonie ou pleuro-pneumonie.

Cette maladie est le plus grand fléau qui puisse menacer l'agriculture ; elle est héréditaire et contagieuse, et dès lors disparaît rarement, ou plutôt ne disparaît jamais des pays qu'elle a envahis.

A mon sens, le terrible typhus est moins à redouter qu'elle ; car, s'il frappe durement, il disparaît et ne persiste pas ; avec lui, le mal n'est que temporaire ; avec la péripneumonie, il est persistant, contagieux, et reste endémique. C'est donc la plus terrible des maladies qui puissent menacer le bétail le plus précieux, et je ne comprends pas l'apathie du gouvernement devant une aussi grande calamité, qui s'étend insensiblement en France et va mettre en péril le levier le plus puissant de notre agriculture, le gros bétail ; la production la plus désirable et celle qu'on doit le plus encourager, la viande.

Jusqu'ici, la péripneumonie paraissait attachée au voisinage des grandes chaînes de montagnes, et concentrée dans le Piémont, le Dauphiné, la Franche-Comté, les Vosges, l'Ain, la Meurthe, la Moselle, les Ardennes, le Jura. C'est dans le Jura qu'elle a tout récemment encore, et par de graves et nouveaux ravages, signalé sa présence. Il y a deux ans, elle a envahi le Cantal et l'Auvergne, d'où elle menace tout le centre de la France et dès lors la France entière. Enfin, elle quitte la montagne et descend dans la plaine ; c'est là ce qui est le plus effrayant. Elle est en Vendée, c'est dire qu'elle sera bientôt en Normandie, sur les marchés de Paris, partout enfin ! Quand donc le gouvernement prendra-t-il les mesures que commande la grandeur du mal ?

Depuis 1840, époque à laquelle il reçut du gouvernement la rude mission d'aller l'étudier et le combattre dans la Seine-Inférieure, M. O. Delafond, savant professeur de l'école d'Alfort, n'a cessé de recevoir presque annuellement la même mission pour chacun des pays où ce terrible fléau venait à éclater ; je n'ai donc pu mieux faire que de me renseigner auprès de lui.

Aujourd'hui la maladie règne particulièrement dans la haute et la basse montagne du Jura ; elle a descendu parfois dans le vignoble, plus rarement dans la plaine ; du Cantal, elle descend doucement dans les chaînes inférieures ; de la Vendée, elle va gagner nos plus riches provinces. Attendra-t-on pour agir et prévenir que le mal soit sans remède?... Les pays allemands nous donnent l'exemple de mesures énergiques, pourquoi hésiter à le suivre?

Les pays voisins doivent donc se tenir en garde contre les provenances de ces pays, et en général des chaînes dérivées des grandes chaînes des Alpes, du Jura et des Vosges; du Cantal, etc.

Dans les contrées non envahies, on ne peut guère prévoir, prévenir, et, dans son début, reconnaître la maladie, car les symptômes du mal ne sont bien caractérisés que lorsqu'il est à peu près incurable. Mais, lorsque la présence de l'épidémie est bien constatée, comme le danger est grand, la surveillance doit être incessante, et alors on peut et on doit être toujours en état de surveillance.

Avant tout, on étudiera, sur un ou plusieurs animaux en bonne santé, l'état des yeux, les battements du cœur, les pulsations du pouls, les mouvements et le bruit intérieurs de la respiration; enfin, la résonnance des parois de la poitrine.

L'intérieur des paupières doit être d'un beau rose clair et uni, sans marbrures ou taches bien prononcées. Dans la vache pleine, le rose est plus vif.

Le pouls s'étudie sur l'artère placée sous la mâchoire, à la naissance du cou. Il doit avoir normalement, entre 5 à 8 ans, quarante-huit à cinquante pulsations par minute. Au delà de cet âge, il est plus lent, et il descend, avec l'âge et dans la vieillesse, jusqu'à quarante pulsations. Avant 5 ans, il est plus vif; car, chez les jeunes bêtes, il monte jusqu'à soixante pulsations.

Toujours après chaque repas, il augmente de cinq à dix pulsations.

Au printemps, sous l'influence d'une nourriture forte, il devient plus fréquent aussi; de même, dans les vaches pleines de cinq à sept mois, il y a cinquante à soixante pulsations; de sept à huit mois, soixante à soixante-cinq; à partir du huitième mois, soixante-cinq à soixante-dix.

Normalement la respiration donne dix-sept à vingt mouvements par minute. Le mouvement devient plus fréquent lorsqu'on approche de l'animal et qu'il éprouve un désir ou une crainte, lorsque le temps est lourd et à l'orage, que l'air respiré est plus chaud. Pendant la gestation de la vache, le mouvement augmente successivement, et atteint souvent le chiffre de trente aspirations aux approches du part.

En appliquant l'oreille sur la poitrine, en arrière du coude, du côté droit surtout, on entend le bruit de l'air entrant dans les poumons. Ce bruit est assez semblable à celui d'un soufflet opérant doucement sur un brasier ardent. Il est plus bruyant dans la jeunesse, et décroît avec l'âge. Si l'animal a mangé, le bruit est plus faible. Il se mêle parfois des bruits étrangers à la respiration, quelques glou-glous, des borborygmes intestinaux, des crépitations du tissu sous-cutané, etc.

En frappant les côtes d'un animal bien portant, il y a résonnance plus forte au milieu de la poitrine, côté droit, et en haut, près de la panse, côté gauche.

L'état normal ainsi bien fixé, on reconnaîtra l'invasion du mal aux signes qui suivent :

L'intérieur de la paupière devient rouge ; le pouls augmente de cinq à dix pulsations ; le mouvement respiratoire, de cinq à dix. Le bruit respiratoire est plus fort, et il est accompagné d'un autre bruit assez semblable à celui causé par un froissement de papier. Si on frappe les côtes, la résonnance a diminué et l'animal souffre de ces petits coups. Il survient, matin et soir, une toux sèche, petite, souvent courte et pénible. Souvent aussi la vache désire le taureau.

A ces symptômes, constatés à jeun sur un animal au repos, bien qu'il continue de manger, boire, ruminer, travailler, donner du lait, etc., il faut reconnaître la péripneumonie à son début, et alors assez facilement guérissable. Le trouble augmente rapidement ; l'appétit diminue ; la rumination est saccadée ; bientôt, quatre ou cinq jours après l'invasion du mal, l'appétit cesse ; la nourriture est refusée ; l'animal se plaint ; le ventre est gonflé. Chez la vache, le lait diminue. En touchant, même légèrement, l'épine dorsale en arrière du garrot, l'animal témoigne d'une douleur assez vive, en fléchissant vivement et en se plaignant. Le mouvement respiratoire s'élève et atteint successivement trente-cinq, quarante, quarante-cinq par minute. L'air expiré devient de plus en plus chaud, parfois un peu fétide ; les naseaux jettent une matière gluante et blanchâtre ; le pouls a une marche variable. Chez quelques sujets, il s'élève peu ; chez d'autres, il monte à soixante-dix, quatre-vingts, cent pulsations par minute. Le lait a diminué de plus en plus chez la vache ; elle avorte souvent et avec des circonstances fâcheuses, ce qui aggrave la position.

Le danger grandit rapidement avec la gravité de ces symptômes, et, à ce point, comme le sang est évidemment déjà fixé dans les poumons, on aura de la peine à sauver un malade sur cinq.

L'animal sera dans un état désespéré, car la gangrène sera déclarée, lorsque l'haleine sera tout à fait fétide et que le jetage aura passé du blanc au brun.

C'est donc au début de la maladie, et dans les trois ou quatre premiers jours, qu'il y a des chances de guérison ; il faut dès lors agir vivement, sans hésitation, et appeler au plus vite un vétérinaire.

Nous ne répéterons pas ici ce que nous avons dit précédemment sur les précautions et les soins à prendre pendant l'existence des maladies épidémiques et contagieuses. Nous devons ici renvoyer à cet article et ne traiter que des moyens médicaux de combattre ces terribles affections.

Traitement. — Saigner au cou et tirer trois ou quatre kilogrammes de sang aux adultes, deux à trois aux sujets plus jeunes ou plus vieux.

Frictionner pendant une demi-heure tout le corps et les membres avec des bouchons de foin, puis bien couvrir l'animal, le laisser en repos.

Trois heures après la saignée, on administrera un breuvage ainsi composé :

Emétique, 4 grammes mêlés et bien dissous dans un demi-litre d'eau tiède ; le tout mis dans une bouteille et versé en dix ou douze fois dans le fond de la gorge de l'animal, dont la bouche sera maintenue élevée.

La dose sera de moitié pour les animaux au-dessous de deux ans.

On donnera ainsi huit doses semblables, chacune de deux heures en deux heures.

Dans les intervalles, on fera prendre, par doses modérées, le breuvage suivant : trois litres d'orge bouilli, pendant dix minutes, dans dix à douze litres d'eau ; puis jeter cette eau, qui s'est chargée des principes âcres de la céréale, et la remplacer par 30 litres d'eau nouvelle. Faire bouillir une heure, laisser refroidir tiède, et alors y ajouter et faire fondre un kilogramme de sulfate de soude (sel de Glauber).

Quatre fois par jour, administrer des lavements d'eau de son bouillie et passée au travers d'un linge.

Ce régime se continuera pendant trois, quatre ou cinq jours, jusqu'à ce que l'animal aille mieux.

Une seconde saignée au cou, si cela se peut, sinon à la veine du ventre, aura été pratiquée huit à dix heures après la première.

Lorsque l'animal ira mieux, on lui donnera des eaux blanches et tièdes d'abord ; peu après, on augmentera la ration de foin ou d'herbes fraîches, de tubercules cuits et mêlés avec de la farine d'orge, et une dose modérée de sel de cuisine ; on tiendra de moins en moins chaudement, jusqu'à ce qu'au bout de dix à douze jours, on puisse rentrer dans la vie ordinaire.

Si, pendant le traitement qui précède, la bête toussait un peu, que la respiration fût vive et haletante, que la poitrine fût douloureuse, on frictionnerait, avec la préparation suivante, les parties douloureuses :

Cantharides en poudre........... 16 grammes (1/2 once).
Euphorbe en poudre............. 4 — (1 gros).
Alcool à 26 degrés.............. 250 —

Mêlez dans une cruche ou un cruchon en terre cuite rempli aux deux tiers ; bouchez légèrement ; placez sur des cendres à plusieurs reprises ; agitez, passez au linge et conservez pour l'usage.

On verse dans la main ; on frictionne, à contre-poil, surtout les parties douloureuses de la poitrine, pour provoquer un gonflement, qui doit se terminer par de petites ampoules remplies d'un liquide roussâtre.

Si l'animal tousse fréquemment, si le jetage des naseaux est épais et jaunâtre, s'il y a des gargouillements dans les fosses nasales, on préparera la fumigation suivante : faire bouillir pendant une demi-heure deux poignées de mauve dans de l'eau, portée bouillante sous le nez de l'animal, dont on enveloppera la tête jusqu'au dessous des yeux, avec un linge en plusieurs doubles, et de manière à faire aspirer toutes les vapeurs de l'eau.

Faire au besoin cette fumigation pendant quatre ou cinq jours.

Si le jetage continue, on passera un séton au fanon, en se servant de racine d'ellébore noir (rose de Noël), bouillie, pendant une demi-heure, dans du vinaigre.

On pourra aussi employer le vinaigre sternutatoire de Mathieu :

Sulfate acide d'alumine ou de potasse (alun)....
Sulfate de zinc (couperose blanche).......... } 32 grammes de chacun
Poivre d'Espagne......................... (1 once).
Huile volatile de térébenthine...............
Camphre................................. 8 gram.
Vinaigre fort..... .... 1 litre.

Réduire en poudre, dissoudre dans le vinaigre, mêler le tout dans une bouteille et secouer.

On lève la tête de l'animal, et on fait couler de ce vinaigre dans les fosses nasales, plein une petite cuillère à café. L'animal éternue fortement, et rejette les matières épaisses qui les obstruent.

On répète cette pratique pendant plusieurs jours.

Tous ces traitements exigent la direction et la présence d'un vétérinaire.

Si la maladie résiste à ces médications, si les animaux ne mangent plus, ne ruminent plus ; si, après avoir mangé, le ventre se gonfle, la bouche salive, qu'ils ne se couchent plus et se plaignent souvent ; si, à la suite d'une longue maladie, la maigreur est extrême et la diarrhée tenace, il faut abattre l'animal pour ne pas perdre son temps, ses soins et ajouter au danger de la contagion.

La péripneumonie n'a encore jusqu'ici frappé que le gros bétail à cornes ; elle ne s'est pas étendue aux chevaux, pour lesquels la contagion ne paraît pas à craindre.

Lorsque la péripneumonie n'est pas le résultat de la contagion ou de l'hérédité, on peut l'attribuer aux causes suivantes :

Les froids continus et intenses, les brouillards épais, humides, froids, provenant des bois et des eaux ; les courants d'air du printemps et de l'automne, les intermittences brusquées de températures contraires, la pluie, le givre, la neige, les giboulées, les eaux mauvaises et froides de la fonte des glaces et des neiges, bues pendant la chaleur, les eaux croupissantes ; des étables basses ; étroites, malsaines, rarement curées, trop chaudes ; une nourriture et un régime poussant exagérément au lait, un travail forcé, une nourriture avariée, insuffisante, suivie d'une nourriture forte et abondante ; toutes ces causes prédisposent à la péripneumonie, si elles ne l'engendrent pas. Ce sont donc ces causes qu'il faut écarter ou faire disparaître.

Par précaution et prudence, on fera bien d'engraisser et vendre les sujets atteints gravement et guéris ; les reproducteurs surtout, à cause de l'hérédité.

Je l'ai dit, c'est là le plus grand des fléaux qui puissent frapper l'agriculture. Les maires des pays menacés (et la France entière ne l'est-elle pas par les Vosges, la Franche-Comté, l'Auvergne, l'Avéyron, la Lozère, le Cantal et la Vendée ?) doivent avoir l'attention éveillée et prendre les mesures les plus énergiques. Lors de l'invasion bien constatée, ils devront conseiller d'abattre tout le bétail de l'étable où le mal se sera déclaré, et de vendre la viande, car elle reste bonne et saine tant que l'animal n'a pas atteint la période de la gangrène. Si le propriétaire résiste à ce conseil, bon autant pour lui que pour la contrée, le maire devra tout faire pour concentrer le mal et empêcher que les bestiaux de l'étable attaquée soient mis en contact avec d'autres, dans les pacages, etc., ou conduits sur les marchés et les foires, etc. Enfin, il conviendra d'établir autour du foyer du mal une espèce de cordon sanitaire, d'avertir au plus tôt le préfet, le ministre de l'agriculture et du commerce, et de jeter un long cri d'alarme, car aucune maladie n'a jamais fait autant de mal que la péripneumonie. On mettra ainsi l'autorité administrative en demeure d'agir et de prendre les mesures que commande le danger.

Epilepsie ou mal caduc.

Le mal est intermittent ; les accès apparaissent d'abord à de longs intervalles, (vingt à trente jours communément), et se rapprochent de plus en plus ; souvent ils s'annoncent par des contractions nerveuses, des grincements de dents, parfois par des mugissements, souvent aussi sans signes précurseurs.

L'animal tombe et se tourmente dans des convulsions contractées ; ses membres sont roides, sa bouche écume ; sa langue, épaisse et violacée, est pendante ; ses yeux sont égarés, agités, roulant dans leur orbite. Cet état dure peu ; les mouvements convulsifs s'apaisent, et, après un instant de repos absolu, l'animal paraît s'éveiller, se relève étonné, l'épine dorsale encore voussée, se secoue et rentre dans la vie ordinaire.

L'épilepsie est une maladie encore inexpliquée, sans causes bien certaines, sans lésions bien spéciales. Les vers intestinaux, des frayeurs, mais surtout les maladies et les lésions du cerveau et l'hérédité sont les causes les plus probables; ajoutons une alimentation longtemps mauvaise et insuffisante et des souffrances anciennes.

Somme toute, l'épilepsie est un mal reconnu incurable; il cesse parfois sous l'action du temps et des soins; mais c'est là un accident, non une règle. Ceux qui ont prôné successivement les substances opiacées, l'éther, la valériane, la digitale pourprée, la térébenthine à l'intérieur, etc., ont reconnu ensuite, sur d'autres sujets, l'inefficacité de ces remèdes.

Il ne faut pas cependant confondre certaines convulsions avec l'épilepsie; celles-là sont le résultat de certaines maladies; l'effet disparaît avec la cause; d'ailleurs, elles cèdent sous l'action de l'ammoniaque et de l'opium.

Au premier accès d'épilepsie, il faut tenir l'animal pour perdu, ne pas chercher à le vendre, car l'action rédhibitoire le ferait rentrer, à grands frais, dans les mains du vendeur; mais, comme l'appétit est bon, le bien soigner, l'engraisser à demi et le vendre pour la boucherie. Cette maladie devrait encore être frappée d'une disposition légale. On parviendrait ainsi à la faire presque disparaître, car l'épilepsie est presque toujours un vice héréditaire, et si, aux premiers accès, l'animal était condamné, les cas d'épilepsie seraient singulièrement diminués.

Paralysie lombaire, moelle fondue.

Cette maladie grave s'annonce généralement par certains signes que l'apathique incurie des valets laisse passer sans les signaler. Ainsi, le mouvement du train de derrière paraît difficile, pénible, vacillant dans le travail ou la marche; la croupe est moins sensible à l'aiguillon; l'épine dorsale et les reins sont douloureux au toucher; l'animal couché se relève difficilement et retombe parfois à plusieurs reprises; c'est à ces signes précurseurs qu'il faudrait reconnaître la maladie pour l'arrêter dans sa marche et ne pas avoir à la combattre dans son développement presque toujours incurable.

Les causes de cette affection sont des coups, des contusions sur la région lombo-dorsale, des efforts saccadés et violents, des refroidissements énergiques, une gestation ou une parturition laborieuses, des étables humides, des litières mouillées ou trop peu épaisses, etc.

A l'état aigu, c'est-à-dire avec des douleurs assez vives et une fièvre de réaction, la paralysie lombaire est curable. On pratique des saignées générales, des frictions animées par le vinaigre ou l'eau-de-vie, l'ammoniaque, la teinture de cantharides, énergiques et répétées sur les reins, l'épine dorsale, les membres ; on donne des lavements un peu salés ; on les anime même avec de l'essence de térébenthine, révulsif énergique et très-approprié à la maladie.

Lorsque la maladie passe à l'état chronique, il ne faut guère espérer la guérir ; le mieux est de l'endormir, l'arrêter par des frictions, des révulsifs intérieurs, et de profiter de cet instant de halte dans sa marche pour refaire, engraisser et vendre au plus vite.

Ardeurs utérines, nymphomanie.

Cette affection inflammatoire des organes de la génération se révèle extérieurement par le gonflement des lèvres de la vulve, qui s'ouvre et se referme fréquemment, en laissant suinter une matière spermatique filante et terne ; la vache saute sur les bœufs et les autres vaches, et indique assez par là quels appétits la dominent.

Le remède le plus naturel et le plus simple est l'accouplement, car la guérison suit presque toujours la fécondation ; mais celle-ci est rendue plus difficile par la surexcitation sexuelle développée par la maladie ; aussi doit-on calmer la vache avant de la livrer au taureau. On la saignera donc ; on la mettra au vert en été, aux tubercules en hiver, dans toutes les saisons aux boissons rafraîchissantes, et on ne la présentera au taureau qu'après quelques jours de ce régime.

Après ces précautions, si une ou deux saillies ne produisent pas la fécondation, il faut désespérer de la vache et la vendre ; dans tous les cas, la refaire et la livrer à la boucherie. La castration de la vache nymphomane, faisant cesser les fureurs utérines, permettrait de l'engraisser plus facilement et d'en tirer un meilleur parti pour la boucherie ; mais je trouve trop de dangers dans cette opération, exécutée surtout par un vétérinaire de campagne, pour oser la conseiller.

DES FIÈVRES.

Fièvre maligne.

Au début, l'appétit diminue, la rumination est arrêtée ; on remarque des rapports, des bâillements répétés, des frissons, un commencement de constipation avec des déjections fétides ; le mufle est sec et chaud ; l'œil est enflammé.

Plus tard, la maladie se développant, l'œil devient agité et hagard ; le sommet de la tête est brûlant ; la pupille se dilate, et la vue est voilée ; des mouvements convulsifs se manifestent ; l'animal, étourdi, a peine à se soutenir ; il s'affaisse sur lui-même, se relève difficilement pour s'affaisser encore.

La maladie paraît causée par des coups ou des lésions à la tête, par une inflammation des organes de l'estomac, par des herbes ou des médications irritantes, par un travail excessif à la suite d'un repas trop fort.

Traitement. — On saigne, on rafraîchit par des breuvages et des lavements mucilagineux et narcotiques.

S'il y a convulsions, on administre des infusions de tilleul, avec addition de 4 à 6 grammes d'opium, et des lavements d'assa-fœtida.

On combat les congestions cérébrales par des affusions d'eau fraîche sur le sommet de la tête, une épaisse compresse d'eau vinaigrée et incessamment rafraîchie ; enfin, et comme parti extrême, par l'amputation d'une corne, afin de créer un dégorgement local de sang et un exutoire qu'on stimule par l'onguent vésicatoire.

Si, malgré ce traitement, la fièvre reste la même, il faut réitérer la saignée générale et appliquer un séton.

Si la fièvre fléchit, on continue le traitement, et le lendemain on passe aux révulsifs, c'est-à-dire aux sinapismes sous l'abdomen, aux frictions animées par le vinaigre chaud, la térébenthine.

Si la cécité survit à la maladie, on panse l'œil avec de l'eau de plantain et de roses légèrement saturnée ; on y souffle un peu de poudre de sel ammoniac; on frotte les paupières avec de la pommade de nitrate d'argent.

Mal des bois, mal de brou.

Le mal de brou est une inflammation des intestins et des reins, produite par le pacage des jeunes feuilles et des pousses d'arbres, des chênes surtout.

Certains signes annoncent l'invasion du mal : un commencement de constipation, révélé par la dureté des excréments et leur forme marronnée, la rareté et la concentration des urines, la sécheresse du mufle, la force et la fréquence du pouls.

D'autres symptômes signalent l'invasion du mal : des coliques néphrétiques, manifestées par une agitation de la queue et un piétinement incessant. L'animal se lève et se couche, regarde ses flancs, y porte les pieds de derrière et la tête, comme pour en chasser la douleur.

Enfin, une diarrhée fétide, des urines à peine sensibles et sanguinolentes, des convulsions frénétiques, révèlent le progrès du mal.

Traitement. — La saignée, des émollients laxatifs en breuvages et en lavements ; le lait et un peu de sel de nitre, ou du camphre, pour les urines ; mieux encore, le caillé délayé dans son petit lait paraissent être le contre-poison le plus énergique contre l'action astringente et irritante des jeunes pousses des bois. J'ai vu des bœufs refuser cette médication ; alors je l'ai fait avaler de force, au moyen de la bouteille de bois à large goulot, destinée à ces intromissions.

Au besoin, on ajoute un séton, et on agit par les sudorifiques. Enfin, en cas de danger, on passe au sous-carbonate ou à l'acétate d'ammoniaque, donnés dans des amers ; à l'eau de Rabel, à la dose d'un vingtième dans dix-neuf vingtièmes de boisson acidulée.

Il faut, lors de la pousse des arbres et du pacage dans les bois, ou rassasier un peu l'animal avant sa sortie de l'étable, ou lui faire passer sa première faim dans les pacages avant d'entrer dans les bois. On préviendra ainsi la maladie dont nous venons de parler. Cette recommandation devra être faite et répétée énergiquement au gardien et surtout bien surveillée.

Eléphantiasis.

La peau est chaude partout, enflammée, et parfois gercée à la face interne des membres ; les naseaux, la conjonctive, les paupières sont aussi enflammés ; l'épine dorsale est très-douloureuse au toucher ; tous les mouvements paraissent difficiles et pénibles ; ils se font souvent avec une espèce de craquement des jointures. Il y a constipation et l'appétit est à peu près nul.

Si le mal augmente, la peau se fend en longues gerçures sur le fanon, aux genoux, aux jarrets ; le sang coule de ces gerçures ; les naseaux jettent abondamment et retiennent et durcissent les matières qui s'en échappent ; la tête s'engorge de plus en plus ; on entend grincer les dents ; une diarrhée fétide remplace la constipation.

Traitement de l'état aigu. — Des saignées abondantes, des fumigations sous le ventre, des breuvages, des lavements émollients et mucilagineux.

Le vert et des boissons blanchies de farine d'orge, légèrement acidulées par du vinaigre.

Si le sang coule difficilement et se coagule, on lave à l'eau chaude, et on donne, dans un litre de vin chaud miellé, 60 à 90 grammes d'acétate d'ammoniaque avec 5 à 6 grammes de camphre dissous dans de l'alcool.

Etat chronique. — La tête enfle et se tuméfie ; les paupières, le pli des genoux, des jarrets, l'intérieur des naseaux, se gercent et s'ulcèrent en longues lignes noires recouvertes d'escarres ; le jetage du nez est abondant, fétide et durci, ce qui obstrue la respiration. La peau gonfle et triple d'épaisseur ; elle se dégarnit de poils sur les membres, la queue, l'épine dorsale.

Traitement. — Tenir l'animal chaudement et les reins couverts. Le régime doit être rafraîchissant, du vert ou des tubercules, des boissons abondantes, sudorifiques et fondantes : ainsi, le sureau, la racine de saponaire, la douce-amère, en y mêlant 20 à 25 grammes de teinture d'iode ou d'hydriodate de potasse pour chaque deux litres de liquide.

Frictions énergiques et stimulées par la térébenthine ou l'huile de laurier.

Quand les engorgements persistent, on les perce par un séton enduit d'onguent de Lebas, ou on les dégage par un cautère poussé jusqu'à l'intérieur de ces tumeurs.

Sang de rate.

S'annonce par des frissons énergiques, des coliques néphrétiques, l'engorgement enflammé des paupières, de la conjonctive, de la face, de l'anus, de la vulve. Le ventre est ballonné, la bouche écumante, la marche difficile et chancelante, la respiration étouffée. L'anus, les organes de la génération, le nez, jettent du sang.

Le mal vient souvent d'un excès d'embonpoint, surtout d'un excès de nourriture ; la cause déterminante vient des chaleurs excessives, d'une indigestion, d'une fatigue exagérée, d'une suppression de transpiration.

Traitement. — Aucune maladie, l'apoplexie exceptée (celle-ci est l'apoplexie des intestins), n'exige un traitement plus prompt, plus énergique, car le danger est grand. Il faut saigner, saigner plusieurs fois et abondamment ; faire, sur la peau, des frictions irritantes et animées par le vinaigre chaud ou la térébenthine, administrer des breuvages sudorifiques.

Puis, le danger écarté, il faut rafraîchir pour prévenir des rechutes.

Si le mal a pris les devants sur le traitement, s'il y a eu épanchement intérieur de sang, la saignée ne doit plus être pratiquée ; il faut s'en tenir aux frictions, à des synapismes scarifiés ; mais l'animal est à peu près perdu ; et c'est, dans le cas de cette maladie bien reconnue, et dès le début, qu'il faudrait abattre l'animal pour sauver la viande et éviter une plus grande perte. Cette terrible maladie fait parfois d'affreux ravages dans certains pays, la Beauce particulièrement. En quelques heures, l'animal est enlevé, et l'art s'est jusqu'ici trouvé si impuissant, que les éleveurs les plus éclairés renoncent aujourd'hui à la lutte, abandonnent tout espoir et se dispensent de tout traitement. C'est par l'hygiène, par une nourriture moins sustentante et plus rafraîchissante, qu'ils modèrent les ravages de cette maladie, presque toujours endémique. Le danger d'un excès de nourriture existe surtout au printemps et avec les fourrages hâtifs.

Fièvre muqueuse. — Cocotte.

Après la phthisie, c'est l'affection la plus fréquente chez les vaches, fléau contagieux et épizootique, qui a fait d'énormes ravages sur tout le continent européen.

Cette maladie a plusieurs périodes :

1° Prostration générale, peu d'appétit, rumination parfois interrompue, mouvements pénibles et difficiles, épine dorsale sensible, yeux éteints, renfoncés, larmoyants ; pouls faible, sec, accéléré ; bouche chaude, mufle chaud et sec.

2° Eruption pustuleuse entre les onglons, dans la bouche et sur la langue d'abord, puis sur le mufle et les lèvres par extension, et aussi sur la couronne du pied et le tour des onglons. Ces pustules deviennent ulcères, puis ulcères corrodants. L'animal ne peut guère manger ; il boit ; il ne peut marcher, car il a grand'peine à se tenir sur ses jambes : la claudication est extrême. Parfois le mal est si grand, qu'il dénude le pied et fait tomber les onglons. Chez la vache, les mamelles sont également attaquées par des pustules ulcéreuses ; parfois tout le pis est enflammé ; parfois aussi le mal se complique d'indurations intérieures.

Les signes particuliers à la cocotte sont donc surtout les tumeurs entre les onglons et sur le pis des vaches.

Tous ces ulcères rendent un pus fétide, surtout aux pieds ; quelquefois les quatre pieds sont ulcérés, parfois un seul ou plusieurs.

La cause réelle et prédisposante de cette maladie reste inconnue ; dire que c'est une maladie épizootique, c'est dire, en effet, qu'on n'en explique ni l'origine ni les causes ; c'est dire aussi qu'on ne sait pas mieux si elle est contagieuse ; mais, par prudence et par raison, il faut la croire telle et isoler au plus vite les animaux atteints.

Presque tous les bœufs normands arrivent à Paris avec cette affection, qu'ils contractent en route, dans des écuries, où la continuité des passages d'animaux affectés paraît laisser la contagion en permanence. La fatigue de la route prédispose au mal, si souvent elle ne le détermine.

Les uns ont prôné la saignée au début seulement de la maladie, et lorsqu'elle paraissait énergiquement déclarée ; les autres l'ont blâmée ;

je crois, pour ma part, que la constitution et l'état de l'animal doivent vider la question, et qu'il faut saigner les bêtes sanguines et fortement constituées seulement.

Dans tous les cas, il faut rafraîchir légèrement, tenir au régime, au vert, aux tubercules cuits, aux boissons mucilagineuses de lin, de mauve, etc., avec un peu de sureau, blanchies avec de la farine d'orge surtout, et un peu vinaigrées dans les grandes chaleurs.

Si les pustules sont fortes et enflammées, on fera bien, dès le début, de passer un séton et d'alléger ainsi la suppuration et la durée des plaies sur des organes aussi délicats que la bouche, le pis, les pieds.

Il faut surtout tenir à la plus grande propreté des étables, à leur aération, à une litière très-sèche, mais peu épaisse, sous les pieds malades. (Sous les pieds de devant, on ne met pas de litière ; le sol est bien balayé, le pied est à sec ; cela vaut mieux.)

Quant aux ulcères, on leur applique le traitement ordinaire. La crème bien fraîche réussit, bien mieux que le beurre, sur les pustules du pis ; on lave à l'eau douce deux ou trois fois par jour dans un petit baquet haut de seize centimètres, dans lequel le pis, les pieds et le nez prennent successivement une espèce de bain ; on a bien soin de changer d'eau chaque fois et de bien laver. Je me suis bien trouvé de saler et d'aciduler légèrement cette eau. Dans les chaleurs, on fera bien, entre les pansements, d'arroser d'eau fraîche les pieds attaqués.

Lorsque la suppuration diminue, il faut laver avec de l'eau de sureau ou de Goulard, très-légère d'abord, et insensiblement fortifiée, ou, mieux encore, avec ces deux eaux mélangées.

On a aussi conseillé des cataplasmes de suie délayée dans du vinaigre ; mais je n'en ai pas obtenu de résultats qui compensassent le travail de ces pansements.

Si les ulcères persistent, c'est une raison de plus pour passer un séton, si on n'a pas commencé par là, et, dans ce cas, en passer un second ; puis de recourir pour les plaies des pieds et du pis à la solution concentrée de sulfate de cuivre ou à l'acétate de cuivre incorporés dans du saindoux, à l'onguent égyptiac, etc. On ouvrira les vésicules de la bouche en veillant à ce que le liquide ne soit pas avalé ; on lavera à l'eau de sureau miellée et acidulée, et, au besoin,

si la guérison se faisait attendre, on toucherait les plaies avec le nitrate d'argent.

Les propriétaires des vacheries alimentant Paris se sont bien
trouvés de faire publier que le lait n'était pas atteint par la maladie,
et qu'il restait aussi bon, aussi hygiénique que celui de la vache en
bonne santé.

C'était là une manœuvre commerciale que les conseils de santé et
de salubrité auraient dû rectifier et réprimer, car tout le monde sait
que la plus légère indisposition, une contrariété, une colère même
suffisent pour altérer les principes constitutifs du lait. Le lait d'une
vache atteinte de la cocotte, maladie qui détruit l'appétit, affecte douloureusement les pieds et va jusqu'à frapper et enflammer l'organe
sécréteur du lait, doit donc être altéré par cette maladie. Ce ne doit
plus être, ce n'est pas, je puis le dire par expérience, le lait, cette
nourriture hygiénique par excellence, c'est un produit altéré par la
maladie, coloré en bleu, parfois en rouge, se coagulant promptement,
risquant d'être sali par le pus des ulcères du pis, comme dans toutes
les affections du pis et surtout des trayons.

Les tubes trayeurs peuvent être d'un grand secours pendant la
maladie.

Fièvre laiteuse.

C'est la fièvre puerpérale chez la femme. Aussitôt après le part, le
sang, qui, pendant la gestation, avait pris son cours vers le fœtus,
doit changer de but et circuler vers les mamelles. C'est cette transition, plus ou moins facile, qui amène la maladie qui nous occupe.
Les Allemands l'appellent maladie des veaux, et la redoutent beaucoup
à cause de sa marche incertaine.

La vache est triste; elle a la respiration courte et plaintive, les mamelles flasques et évidées, l'œil couvert. L'appétit a complétement
disparu; les frissons surviennent ensuite; le lait diminue beaucoup;
il y a incontinence d'urine et constipation. Plus tard encore, la vache
a peine à se tenir sur ses jambes et elle finit par chanceler et tomber
plutôt que se coucher. Les membres paraissent roides et paralysés.
On remarque des contractions spasmodiques dans les tendons, des
grincements de dents et une extrême susceptibilité générale. Le pouls,

dur et irrégulier d'abord, a perdu insensiblement de sa force, et il est devenu presque inappréciable.

Au début, et tant que la maladie n'est pas arrivée aux derniers symptômes que nous venons de signaler, et qu'elle n'en est encore qu'aux premiers, il faut la laisser à son cours naturel, tenir la vache bien chaudement, lui refuser toute nourriture solide, pour ne lui présenter que des eaux farineuses et dégourdies, un peu acidulées pendant les chaleurs, et traire très-souvent, pour stimuler cet organe, et, par suite, y appeler la circulation, le sang et la vie.

Mais lorsqu'on voit apparaître la roideur et la paralysie des membres, la dépression insensible du pouls, les spasmes, les grincements de dents, l'atténuation de tous les sens, le danger devient de plus en plus imminent. Il ne faut pas attendre ces derniers symptômes pour agir ; il faut saigner pour dégorger les viscères, administrer des calmants pour combattre les spasmes. On pratique, sur l'épine dorsale, les reins, les membres, les mamelles, des frictions énergiquement animées par du vinaigre chaud ; on ajoute des compresses chaudes sur le pis, mieux encore un bain local et chaud dans un baquet. On continue de traire, car il faut tenir les mamelles vides et libres. On fait boire des infusions de tilleul ou de sureau, avec quelques gouttes de laudanum si les spasmes n'ont pas disparu, ou on donne des lavements d'assa-fœtida ou de décoction de têtes de pavot.

La constipation doit être vaincue par des laxatifs mêlés aux boissons et aux lavements. J'ai vu administrer le sel de nitre et le sel de Glauber ; mais je préfère l'huile de lin.

On combat la prostration des forces par des excitants énergiques : ainsi l'acétate ou le sous-carbonate d'ammoniaque, à la dose de 60 à 120 grammes, ou 4 à 6 grammes de camphre dissous dans de l'alcool, l'un de ces deux stimulants mêlé dans un litre d'infusion de tilleul ou de camomille.

La diète et le régime doivent être maintenus tant que le lait n'a pas pris son cours normal.

Cette maladie est grave, car elle n'a pas une marche bien fixe et bien précise. On est toujours dans l'incertitude, et souvent les résultats contrarient toutes les prévisions. Il faut donc exiger du vétérinaire des visites très-fréquentes, surtout lorsque le mal a pris un caractère menaçant.

Pourriture.

Cette maladie est bien moins commune chez les grands ruminants que chez les petits ; cependant nous lui devons une mention.

La peau et le poil sont mauvais ; parfois on y remarque des poux ; la maigreur va toujours croissant, bien que l'animal mange et rumine normalement ; la diarrhée vient ajouter encore à la faiblesse ; l'animal reste couché et a peine à se relever.

Cette maladie paraît causée par l'humidité des étables et des pacages, par des fatigues excessives, des fourrages avariés et altérés, des herbes pacagées par la rosée, la pluie, le givre. La chaleur ou l'entassement dans les étables provoquent une transpiration que le contact d'un sol humide refroidit et glace.

Traitement. — Écarter les causes du mal, enrichir le sang par une alimentation forte et riche, écarter le vert ou y ajouter du grain ; créer l'appétit par des toniques, le sulfate de fer ; par des amers, la chicorée sauvage, la camomille, la gentiane ; faciliter la digestion par l'usage modéré du sel.

Le quinquina mêlé au vin est aussi un excellent remède.

Pissement de sang.

Cette maladie paraît avoir une cause plus générale que les autres affections des reins et de la vessie ; l'animal perd l'appétit, son estomac est dérangé ; il est ou constipé ou dévoyé ; l'épine dorsale est douloureuse et voussée en contre-haut ; les mouvements deviennent roides et pénibles ; les urines sont fréquentes ; leur apparence est filante au début, puis huileuse, puis de plus en plus colorée en rouge, jusqu'à devenir noirâtre ; la bouche et le gosier sont brûlants, la soif inextinguible ; l'animal va s'affaissant de plus en plus par la perte incessante du sang par la voie des urines, et parfois cet état va jusqu'au marasme et amène la mort.

Traitement. — J'ai vu pratiquer la saignée ; mais jamais je ne la conseillerai qu'au cas de survenance de symptômes inflammatoires, et encore ne la permettrai-je que fort peu abondante. Il faut agir par des rafraîchissants et des émollients d'abord, puis y mêler des toniques ayant une action directe sur le sang, comme le sulfate de fer ; on fera boire des eaux farineuses de plus en plus chargées de farine et de sulfate de fer ; on donnera une nourriture très-riche, le meilleur foin, du sel en petite quantité. Le matin, on fera boire à jeun une décoction amère de feuille de chicorée, de racine de gentiane, de camomille ou d'absinthe.

Si cette force d'alimentation produisait la constipation, il faudrait la combattre par des laxatifs.

Le lait, le petit lait seul ou mêlé à son caillé, a souvent aussi réussi à faire disparaître le pissement de sang.

Affections charbonneuses.

Ces affections, parfois épizootiques, souvent contagieuses, car elles éclatent sans préambule, marchent rapidement vers une conclusion funeste, si les secours ne sont pas rapides eux-mêmes et intelligents.

Au début, l'animal tremble et frissonne ; il a chaud et froid alternativement, ce qui se reconnaît à la base des cornes. Il mange à regret et ne rumine pas. Dès le lendemain, le pouls baisse ; la prostration augmente rapidement. Bientôt apparaissent, communément sur le fanon, au grasset, à la pointe des épaules, sur les côtes, des tumeurs dures qui s'étendent et se couvrent presque de suite d'une escarre gangréneuse. La science hésite encore à se prononcer sur les causes de cette terrible maladie. J'ai toujours pensé que le sang avait été altéré, dans ses principes les plus vitaux, par une mauvaise nourriture, par des étables ou des eaux malsaines, et que telle était la cause prédisposante des affections charbonneuses. Si cette idée était vraie, l'usage des eaux ferrugineuses serait un préservatif excellent. Ce devrait être le palliatif obligé d'une mauvaise nourriture.

On ne peut douter, au reste, que ces affections ne soient contagieuses, sinon par l'air, au moins par le contact direct non pas seulement du malade, mais des choses qu'il a touchées. Ainsi, chez moi, la même crèche, dans une même étable fort spacieuse et bien garnie, a vu mourir successivement les trois plus beaux bœufs de l'exploitation sans que d'autres aient été atteints. On avait cependant enlevé la terre, renouvelé le sol, lessivé et brossé tout ce que l'animal avait pu toucher, blanchi à la chaux tous les murs, les plafonds, etc.

Les panseurs, les opérateurs ne peuvent trop se tenir en garde contre l'inoculation du mal ; la plus petite écorchure sur les mains crée un danger réel. Si l'accident arrivait, il faudrait recourir de suite à des lotions d'ammoniaque liquide, au feu, etc.

Nous avons décrit les signes généraux de ces affections redoutables. Précisons bien chacune des variétés, afin de mieux indiquer la spécialité du traitement.

Fièvre charbonneuse.

C'est là, sans contredit, la forme la plus dangereuse du charbon, car la maladie s'attaque aux organes les plus délicats ; c'est une altération, une espèce de décomposition du sang, et, en même temps, un bouleversement total du système nerveux ; elle est interne, et l'action des remèdes est moins directe, moins précise, dès lors plus chanceuse et moins sûre.

La fièvre charbonneuse commence, comme toutes les fièvres, par des frissons, celle-ci plus particulièrement par des tremblements qui naissent sur les muscles des jambes. L'animal est inquiet ; il trépigne ; le flanc est vivement agité ; il y a jetage par les naseaux ; les déjections stercorales sont délayées et souvent mêlées de filets de sang épais et noir. Le pouls perd insensiblement de sa force et paraît s'éteindre. Parfois l'animal est enlevé en trente ou quarante heures.

Parfois aussi la maladie paraît céder ; mais c'est là une apparence trompeuse, si le pouls ne se ranime pas. Il n'y faut donc pas croire, et continuer le traitement, car un nouvel accès, plus dangereux que le premier, ne tarde pas à se produire.

Les bêtes jeunes, vieilles ou débiles succombent communément à ce second accès ; les animaux forts, au troisième seulement.

Dans la Hesse électorale, à Dorheim, lorsque le charbon ravageait tous les environs, une seule étable était préservée. Vérification faite, on trouva que l'eau de puits servant à l'abreuvement des bestiaux était très-chargée d'oxyde de fer rouge. L'eau ferrugineuse serait donc un préservatif.

Traitement. — Il faut saigner au début seulement, jamais pendant le cours de la maladie, et encore faut-il qu'il y ait embarras dans la circulation. Le but est de pousser, par les remèdes, la maladie à l'extérieur, de la retenir là par des irritants et des frictions, pour lui donner un cours artificiel moins dangereux que son cours naturel.

On administre donc des excitants à l'intérieur : ainsi de l'acétate ou du sous-carbonate d'ammoniaque, à la dose de 130 à 200 grammes, mêlés à des décoctions aromatiques, breuvage chaud : poignée de thym, lavande ou sauge, etc., bouillie dans 1 litre d'eau; mêler un verre de vin ou un 1/2 verre d'eau-de-vie camphrée à un verre d'acétate d'ammoniaque; ouvrir les pustules, en inciser les bords, et, en pressant, faire sortir le pus, brûler avec un fer chaud et enduire d'onguent vésicatoire animé.

L'apparition de bubons ou tumeurs sera un excellent signe. Il faudra les inciser dans leur entier et profondément, les vider en les pressant, et provoquer la suppuration au lieu de l'arrêter; dans ce but, saupoudrer la plaie avec des caustiques mêlés à de la poussière de charbon de bois, du tan bien pilé, etc., ou même cautériser; cela après avoir lavé la plaie avec un irritant, du vin ou du cidre chauds coupés de 2/3 d'eau. Par précaution, l'opérateur huilera ses mains pour prévenir tout danger de contagion. On y joint des frictions sèches d'abord, animées ensuite, sur la colonne dorsale et les reins. Dans l'intervalle des accès, on administre le quinquina à la dose de 90 à 120 grammes.

Charbon symptomatique.

Cette seconde forme du charbon est moins dangereuse que la première; les symptômes sont à peu près les mêmes; seulement les pustules charbonneuses se développent avec une rapidité inexplicable; en douze, quinze ou vingt heures, elles passent de la grosseur d'une noisette à la grosseur du poing, souvent plus encore; alors elles sont molles et insensibles.

Traitement. — La saignée serait dangereuse, même au début. Appliquer, du reste, le traitement indiqué pour la fièvre charbonneuse, et, à tout prix, obtenir une réaction énergique pour avoir des tumeurs vives, animées et jetant au dehors, à l'aide des scarifications, des sétons, des caustiques, des pommades surexcitantes, du feu, etc., le virus qui, retenu ou absorbé, doit amener la gangrène et la mort. La suppuration obtenue, on anime encore la plaie avec de l'ammoniaque liquide. On excise et on enlève les parties atteintes par la gangrène.

Charbon blanc.

Sous cette forme, les symptômes déjà décrits sont moins menaçants; les tumeurs ne sont plus des tumeurs; ce sont des saillies molles et venteuses qui apparaissent à l'encolure, sur les reins et le long de l'épine dorsale, parfois sur les côtes. La peau est gonflée, sans élasticité, et prend la forme qu'on lui donne.

Parfois la gangrène se déclare; parfois aussi elle ne se développe pas.

Si la fièvre renaît, l'accès est souvent mortel.

Traitement — Les excitants révulsifs, à l'intérieur; à l'extérieur, des mouchetures à la flamme seulement, pour livrer passage aux gaz logés dans le tissu cellulaire. On panse avec le vinaigre bien chaud ou l'ammoniaque liquide. Le reste du traitement sera celui indiqué pour le charbon symptomatique.

Charbon à la langue.

Toujours les mêmes symptômes, mais moins énergiquement prononcés. La langue est, à sa base et sur les côtés, tachée par des ampoules transparentes; la partie supérieure du fanon est tuméfiée et engorgée. Les ampoules crevées, la pustule devient livide; parfois la langue entière se tuméfie, devient froide et pendante. Si on la scarifie, elle donne non plus du sang, mais des eaux séreuses, âcres et corrosives. Quand la gangrène s'y développe, elle s'étend bien vite et enlève l'animal en vingt ou trente heures au plus. Une diarrhée vive et fétide signale la malignité du mal.

Tel est le cours de cette affection lorsqu'elle règne épizootiquement.

Lorsqu'elle est sporadique, elle est moins maligne, a une marche bien plus lente, et souvent l'animal est convalescent au bout de six à huit jours. On ouvre les pustules ; on les panse avec l'ammoniaque liquide ou l'eau de Rabel ; on gargarise avec de l'eau vinaigrée.

Charbon bénin ou local.

Sous cette dernière forme, les symptômes généraux n'existent pas. Les tumeurs sortent, sans préambule, communément sur le fanon, à l'encolure, sur le haut des jambes de devant, sur les côtés, etc.; elles sont dures, ardentes, douloureuses, et se développent avec une étonnante rapidité; bientôt elles s'amollissent au centre, se percent et laissent couler du sang noir et corrompu. La suppuration commence par un cercle blanc, puis apparaît un bourbillon, qui disparaît s'il y a réaction, ce qui annonce la gangrène.

C'est la conclusion la plus funeste, car un bon traitement révulsif provoque, avec une suppuration abondante, le dégorgement de la tumeur et, par suite, sa guérison.

Traitement. — Celui du charbon symptomatique : Localement on couvre la tumeur d'un liniment d'ammoniaque et d'huile d'olive, parties égales ; on cautérise par le feu lorsque la tumeur est bien ramollie et que la présence de la gangrène n'est pas douteuse.

Esquinancie grangréneuse.

C'est là encore une maladie épizootique. On peut lui attribuer les causes prédisposantes des affections charbonneuses.

Au début, respiration embarrassée, frissons, inflammation de la gorge. Plus tard, la respiration est de plus en plus gênée; la bouche est brûlante et entr'ouverte, la langue pendante et gonflée, les naseaux dilatés et jetant une matière empestée, l'inflammation telle que la déglutition est à peu près impossible; constipation suivie d'une diarrhée fétide. Plus tard encore, commencent des mouvements convulsifs, suivis de prostration et de faiblesse. L'animal est chancelant. Tout le corps est en décomposition et dégage une odeur nauséabonde. L'animal tombe et meurt en mugissant.

Traitement. — Changement d'étable. Saignée au début, boisson et régime rafraîchissant. Si le mal suit son cours, trochisque au fanon, fumigations d'ammoniaque, gargarismes continus d'eau de Rabel, étendue dans un poids égal d'eau; en boisson : du quinquina dans du vin, des décoctions de racine de gentiane, etc., du camphre, etc. Quand la gangrène survient, le mal est incurable.

Typhus.

C'est là, sans aucun doute, avec la péripneumonie, la maladie la plus dangereuse pour l'espèce bovine. Elle n'existe qu'à l'état épizootique, et, jusqu'ici on n'a pu sauver plus d'un dixième des animaux attaqués. Aussi, partout où l'épizootie a régné, aux premiers symptômes du mal s'empressait-on d'abattre au lieu de traiter, et on salait la viande, qui a toujours été trouvée excellente et saine.

Au début, l'animal est inquiet, hagard. Il ne tient pas en place, a des grincements de dents, des frissons, une toux quinteuse, et paraît livré à une agitation générale et qui tient du vertige. L'épine dorsale est douloureuse, voussée, hérissée ; la peau sèche, la bouche brûlante et écumeuse, les naseaux jetants. Le soir, ces symptômes augmentent.

Chez la vache, et au début, il y a crise dans la sécrétion du lait ; parfois il y a augmentation ; plus souvent une grande diminution. Dans ce cas, le pis est flétri, évidé. Le peu de lait sécrété est bleu, filant, ne lève pas sur le feu, et tourne en grumeaux.

Deuxième période. — Prostration, somnolence interrompue par des mouvements convulsifs ; l'épine dorsale est de plus en plus sensible : on ne peut la toucher sans faire faire à l'animal le mouvement le plus douloureux. La toux est plus pénible ; elle est mêlée de gémissements ; diarrhée fétide, sanguinolente et comme mêlée de membranes charnues.

La vache ne donne plus de lait.

Troisième période. — Prostration continue, affaiblissement complet, extrémités froides, sueurs locales, jetage par le nez, les yeux, etc. La respiration est si gênée que l'asphyxie paraît imminente ; l'anus reste ouvert ; les défécations sont involontaires.

La mort arrive communément du sixième au neuvième jour.

Comme dans les maladies charbonneuses, un bon signe, c'est l'éruption de pustules sur la peau ; révélation naturelle du mode de traitement de cette terrible maladie, qui paraît permanente en Hongrié et en Dalmatie, d'où elle a été importée dans l'Europe occidentale.

Le but principal du traitement doit être d'arrêter la décomposition du sang.

Traitement. — *Première période.* — Saignée légère, trochisque au fanon; nourriture forte sous un petit volume, farines et sel ; boissons abondantes, tonifiées par le fer et acidulées par le vinaigre ou encore par l'eau de Rabel, à la dose de 35 grammes par litre d'eau. On combat les vertiges par des lavements d'assa-fœtida et par 2 ou 3 grammes de camphre dissous dans l'alcool et ajouté aux boissons.

Deuxième période. — Frictions animées par du vinaigre chaud et faites sur les reins et la colonne vertébrale ; lavements aromatisés et mêlés de vin. Continuer de bien nourrir l'animal par des farineux délayés et acidulés.

Troisième période. — Les excitants les plus vifs doivent être prodigués, aussitôt que la faiblesse se manifeste, par la dégradation du pouls ; le vin chaud aromatisé et un peu miellé, la gentiane, l'acétate ou le sous-carbonate d'ammoniaque, à la dose de 120 à 240 grammes ajoutés à des breuvages amers.

Inutile d'ajouter, qu'aux premiers symptômes, les animaux doivent être immédiatement éloignés et isolés.

CHAPITRE VIII.

PHARMACIE VÉTÉRINAIRE.

On comprend que mon but est plutôt d'indiquer les ressources qu'on trouve communément et qu'on n'utilise pas assez dans les campagnes, que de dresser un catalogue des matières pharmaceutiques. Ici, plus je serai concis, plus je serai utile.

Fixons d'abord le sens du vocabulaire usuel :

Boissons. — Liquides bus volontairement par les animaux.

Breuvages. — Médicaments liquides, administrés forcément à l'aide d'une bouteille en bois, d'une corne, etc.

Electuaire. — Toute espèce de drogue mêlée dans du miel, de la mélasse, etc., et administrée ordinairement en bols ou pilules.

Pommade ou onguent. — Toute espèce de drogue incorporée dans un corps gras solide.

Liniment. — Toute espèce de drogue délayée dans de l'huile.

Infusion. — Dissolution d'un médicament jeté dans de l'eau bouillante.

Décoction. — Cuisson d'un médicament dans de l'eau.

Macération. — Séjour plus ou moins long d'un médicament dans un liquide chaud ou froid.

Collyre. — Médicament destiné aux yeux.

Petite pharmacie rurale.

Lorsqu'on est loin de tout, c'est une raison pour avoir sous la main les remèdes les plus indispensables ; autrement les accidents les plus insignifiants, les maladies les moins dangereuses deviennent graves lorsqu'il faut attendre les secours et les remèdes. Je vais donc donner trois formules de pharmacies.

La première, assez complète, pour les grandes exploitations ;

La deuxième, pour les exploitations ordinaires, réduite aux remèdes les plus usuels;

La troisième, composée des remèdes indispensables.

J'ajoute la valeur de chaque article, *pris chez un droguiste*, en demi-gros.

PHARMACIE N° 1.

		PRIX	
		fr.	c.
Eau-de-vie commune	1 litre.	»	75
Huile d'olive	1/2 *id.*	1	50
Huile empyreumatique	1 litre.	1	60
Essence de térébenthine	1/2 *id.*	1	»
Ammoniaque liquide (alcali)	250 gr.	»	50
Sous-acétate de plomb (extrait de saturne)	250 *id.*	»	50
Ether sulfurique	180 *id.*	1	50
Acide nitrique	30 *id.*	»	10
Chlorure de chaux (l'eau chlorurée se fait en mélant 10 à 20 grammes de chlore dans 1 litre d'eau)	3 kilogr.	2	40
Miel commun	3 *id.*	3	»
Graine de lin	3 *id.*	1	50
Sulfate de soude	2 *id.*	1	»
Goudron de Norwége	2 *id.*	4	»
Térébenthine claire	1/2 *id.*	»	80
Gomme arabique en poudre	1/2 *id.*	2	50
Poudre de réglisse	1/2 *id.*	1	»
Nitrate de potasse (sel de nitre)	1/2 *id.*	»	75
Houblon	1/2 *id.*	»	75
Fleur de tilleul	1/4 *id.*	1	»
Fleur de sureau	1/4 *id.*	»	50
Alun calciné	1/4 *id.*	»	50
Sulfate de zinc	1/4 *id.*	»	25
Vert-de-gris	1/4 *id.*	›	75
Camphre sublimé (en flacon, pour empêcher l'évaporation)	1/4 *id.*	1	50
A reporter		29	65

		PRIX.	
		fr.	c.
Report..........		29	65
Thé noir, souchong....................	130 gr.	1	25
Racine d'ellébore......................	65 id.	»	25
Ergot du seigle	65 id.	»	75

Remèdes composés

Eau-de-vie camphrée (un demi-litre d'eau-de-vie, 65 grammes de camphre)...........	375 gr.	1	»
Teinture d'aloès......................	375 id.	3	»
Eau de Rabel........................	125 id.	»	75
Elixir calmant contre les coliques..........	375 id.	2	»
TOTAL..................		38	65

Je ne place dans la pharmacie n° 1 que ces quatre remèdes composés, parce qu'ils se conservent facilement et sans altération.

J'omets à dessein les onguents qui, s'altérant assez promptement, ne doivent pas entrer dans un approvisionnement.

Comme renseignement, je donne néanmoins la liste des onguents les plus usités avec les prix de *pharmacie*.

Onguent basilicum (stimulant-suppuratif)....	1/2 kil.	1	50
— vésicatoire (irritant et vésicant).....	1/2 id.	4	»
— fondant de Lebas (résolutif et fondant).	1/2 id.	5	»
— égyptiac (astringent , bon pour les plaies du pied surtout)...........	1/2 id.	2	»
— populéum (émollient anodin)......	1/2 id.	1	50
— mercuriel (fondant)...............	1/2 id.	3	»

PHARMACIE N° 2.

Eau-de-vie.......................	1 litre.	»	75
Huile d'olive.......................	1/2 id.	1	50
— empyreumatique.............	1/4 id. ou 230 gr.	»	80
Essence de térébenthine...........	1/2 id. ou 440 id.	»	50
Ammoniaque liquide	1/4 id. ou 180 id.	»	40
Sous-acétate de plomb............	1/8 id. ou 125 id.	»	25
A reporter...............		4	20

<table>
<tr><td></td><td></td><td colspan="2">PRIX.</td></tr>
<tr><td></td><td></td><td>fr.</td><td>c.</td></tr>
<tr><td>*Report*............</td><td></td><td>4</td><td>20</td></tr>
<tr><td>Ether sulfurique............</td><td>1/8 *id.* ou 90 *id.*</td><td>»</td><td>75</td></tr>
<tr><td>Chlore (l'eau chlorurée se fait avec 10 à 20 grammes mêlés à 1 litre d'eau).</td><td>2 kilogrammes.</td><td>1</td><td>60</td></tr>
<tr><td>Miel commun ....</td><td>2 *id.*</td><td>2</td><td>»</td></tr>
<tr><td>Fleur de tilleul............</td><td>1/4 *id.*</td><td>1</td><td>»</td></tr>
<tr><td>Graine de lin............</td><td>2 *id.*</td><td>1</td><td>»</td></tr>
<tr><td>Fleur de sureau............</td><td>1/4 *id.*</td><td>»</td><td>50</td></tr>
<tr><td>Goudron de Norwége............</td><td>1 *id.*</td><td>2</td><td>»</td></tr>
<tr><td>Sulfate de soude............</td><td>2 *id.*</td><td>1</td><td>»</td></tr>
<tr><td>Térébenthine claire............</td><td>1/2 *id.*</td><td>»</td><td>80</td></tr>
<tr><td>Nitrate de potasse............</td><td>1/4 *id.*</td><td>»</td><td>40</td></tr>
<tr><td>Camphre............</td><td>125 grammes.</td><td>»</td><td>75</td></tr>
<tr><td>Ergot du seigle............</td><td>65 *id.*</td><td>»</td><td>75</td></tr>
<tr><td>Eau-de-vie camphrée (65 grammes de camphre dans 1/2 litre d'eau-de-vie)</td><td>375 *id.*</td><td>1</td><td>50</td></tr>
<tr><td>Teinture d'aloès............</td><td>375 *id.*</td><td>1</td><td>75</td></tr>
<tr><td>Total............</td><td></td><td>20</td><td>»</td></tr>
</table>

PHARMACIE N° 3.

<table>
<tr><td>Eau-de-vie............</td><td>1 litre.</td><td>»</td><td>75</td></tr>
<tr><td>Essence de térébenthine............</td><td>1/2 *id.* ou 440 gr.</td><td>»</td><td>50</td></tr>
<tr><td>Ammoniaque liquide............</td><td>1/4 *id.* ou 90 *id.*</td><td>»</td><td>40</td></tr>
<tr><td>Ether sulfurique............</td><td>1/8 *id.* ou 90 *id.*</td><td>»</td><td>75</td></tr>
<tr><td>Sous-acétate de plomb............</td><td>1/8 *id.* ou 125 *id.*</td><td>»</td><td>25</td></tr>
<tr><td>Huile empyreumatique............</td><td>1/8 *id.* ou 90 *id.*</td><td>»</td><td>40</td></tr>
<tr><td>Eau-de-vie camphrée............</td><td>1/4 *id.* ou 220 *id.*</td><td>»</td><td>50</td></tr>
<tr><td>Teinture d'aloès............</td><td>1/4 *id.* ou 250 *id.*</td><td>2</td><td>»</td></tr>
<tr><td>Chlore............</td><td>1 kilogramme.</td><td>»</td><td>80</td></tr>
<tr><td>Sulfate de soude............</td><td>1 *id.*</td><td>»</td><td>50</td></tr>
<tr><td>Térébenthine claire............</td><td>1/4 *id.*</td><td>»</td><td>40</td></tr>
<tr><td>Graine de lin............</td><td>1 *id.*</td><td>»</td><td>50</td></tr>
<tr><td>Fleur de sureau............</td><td>1/4 *id.*</td><td>»</td><td>50</td></tr>
<tr><td>Fleur de tilleul............</td><td>1/4 *id.*</td><td>1</td><td>»</td></tr>
<tr><td>Miel............</td><td>1 *id.*</td><td>1</td><td>»</td></tr>
<tr><td>Total............</td><td></td><td>10</td><td>25</td></tr>
</table>

Ainsi, la pharmacie nº 1 coûtera 38 fr. 65 c.

— la pharmacie nº 2 — 20 75

— la pharmacie nº 3 — 10 25

Ajouter un dixième en sus pour les verres et l'emballage.

Il ne faut pas s'effrayer de la longueur de ces listes, car beaucoup de ces remèdes s'appliquent à la médecine humaine, et quelques-uns se trouvent dans les campagnes. Il ne faut pas non plus s'effrayer des prix, car, achetés en bloc, dans une grande ville, ils coûteront trois et quatre fois moins que pris en détail dans les pharmacies des chefs-lieux de canton.

A Paris, la pharmacie vétérinaire la plus anciennement renommée est celle de M. Lelong, rue Saint-Paul, 36. On ne peut mieux s'adresser pour les remèdes composés.

Pour les remèdes simples, ils coûteront moins cher chez un droguiste.

Comme renseignement, je donne les prix des médicaments, *pris chez un droguiste.*

PRIX ORDINAIRE ET MOYEN DES ARTICLES USUELS DE DROGUERIE.

(Pour tout, je donne le prix du kilogramme).

	fr.	c.
Essence de térébenthine	1	»
Térébenthine claire	1	60
Huile d'olive	2	75
Huile empyreumatique	3	20
Goudron de Norwége	2	»
Ammoniaque liquide	1	60
Ether sulfurique rectifié	6	»
Acide nitrique	1	20
Sous-acétate de plomb	2	»
Sulfate de soude	»	50
Sulfate de zinc	»	80
Nitrate de potasse	1	50
Camphre	6	»
Alun	»	50
Vert-de-gris	2	40

	fr.	c.
Chlorure de chaux	»	80
Gomme arabique.....................	4	50
Poudre de réglisse..................	2	»
Ergot du seigle.....................	12	»
Teinture d'aloès....................	8	»
Graine de lin......................	»	50
Racine d'ellébore	2	40
Fleur de tilleul....................	4	»
Fleur de sureau....................	2	»
Houblon...........................	1	50
Miel..............................	1	»

La classification qui va suivre, basée sur l'effet général des matières médicinales, sera le guide le plus sûr dans le traitement des maladies.

RAFRAICHISSANTS.

Plantes, etc. — Lait, petit lait, oseille, pomme, chiendent, orge, chicorée, laitue, pourpier, poirée.

Remèdes composés. — Décoction d'oseille ; ajouter un peu de miel ; décoction de chiendent, orge et pomme.

ANODINS CALMANTS.

Plantes. — Feuilles de morelle, de douce-amère, de jusquiame, de pomme épineuse, de laitue ; tête de pavot, valériane, belladone ; fleurs de violette, d'oranger.

Drogues. — Camphre, nitre, assa-fœtida.

Remèdes composés. — Infusion de douce-amère avec de la gomme arabique et du miel, — ou infusion de violette avec du miel.

Boissons. — 2 kilogrammes de son, 200 grammes de graine de lin, 6 têtes de pavot, 100 grammes de miel, 8 litres d'eau ; faire bien bouillir, puis ajouter 12 litres d'eau tiède.

Electuaire — 250 grammes de miel, 65 grammes de gomme en poudre, 10 grammes de laudanum.

ADOUCISSANTS.

Plantes. — Chiendent, orge, réglisse, miel, lait ; huile d'olive, d'a-
mandes douces ; fleurs, feuilles, racines de mauve, guimauve ;
graine de lin, son de froment, feuilles de poirée, de pariétaire.

Drogues. — Lichen, gomme arabique, saindoux, blanc de baleine,
mie de pain, figues.

Tisane de chiendent et de miel ou de réglisse, ou orge et miel ; ajouter
de la gomme arabique ; lotions ou lavements : décoction de mauve,
de têtes de pavot.

Boissons : Infusion de fleurs ou feuilles ou racines de mauve. —
Miel. — Boisson de tête de mouton.

Cataplasmes : Faire bouillir 250 grammes feuilles ou racines de
mauve ; 250 grammes farines de graine de lin ; eau, quantité
suffisante.

NARCOTIQUES.

Plantes. — Tabac.

Drogues. — Laudanum, opium.

Remèdes composés. — Breuvage : 65 grammes laudanum de Syden-
ham, dans une décoction de 6 têtes de pavot et 2 litres d'eau.

Lavement : 500 grammes de son bouilli dans 3 litres d'eau, ta-
miser et presser, ajouter 15 grammes d'extrait de pavot, ou
plus simplement, mettre plusieurs têtes de pavot avec le son.

SUDORIFIQUES.

Plantes. — Fleurs de sureau, de coquelicot, de tilleul ; bourrache.

Drogues. — Bois de gaïac, sassafras, antimoine, soufre, carbonate
d'ammoniaque, sulfure de potasse, kermès minéral.

Remèdes composés. — Mélange sec : 250 grammes de farine d'orge
ou de fèves, 125 grammes sulfure d'antimoine, 65 grammes fleur
de soufre. — (Mêler et donner 100 grammes à la fois avec du
grain ou des farines.)

Lotion : 10 litres d'eau, 250 grammes de chaux vive, 250 grammes de fleur de soufre. — (Faire bouillir ensemble et passer.)

Breuvage : Décoction de sureau ou de bourrache, avec mélange de sulfure d'antimoine et de fleur de soufre.

Pommade : 65 grammes soufre sublimé, 32 grammes carbonate de potasse; pulvériser, puis incorporer dans 250 grammes de saindoux.

ÉRUPTIFS, DÉPURATIFS.

Plantes. — Salsepareille, aunée, gentiane.

Drogues. — Soufre, mercure, aloès, crocus.

Remèdes composés. — Pommade soufrée : 250 grammes de saindoux, 32 grammes soufre sublimé. — (Mêler.)

Si on veut rendre plus énergique, ajouter : 16 grammes poudre d'euphorbe ou de cantharides.

Lotion sulfureuse : 1 litre d'eau chaude, 32 grammes sulfure de potasse.

Lotion contre les dartres humides ou ulcéreuses : 32 grammes eau de pluie, 32 grammes alcool. (Bien mêler ; toucher la plaie avec un linge trempé dans la lotion.)

TONIQUES OU AMERS.

Plantes. — Gentiane jaune, aunée, chicorée, petit-chêne. Racine d'aunée, de gentiane, absinthe, camomille romaine (ne pas la confondre avec la camomille puante, plus conique et venant dans les céréales), petite centaurée, bardane, houblon, baies de genièvre.

Drogues. — Sulfate de fer, oxyde de fer, carbonate de fer, eau de limaille de fer, quinquina, camphre, thériaque.

Remèdes composés. — Breuvage : 2 litres eau, 32 grammes racines de gentiane, 32 grammes écorce de chêne, 16 grammes camomille romaine en infusion. — (Ou décoction.) Passer, et ajouter 10 grammes acide sulfurique, ou 2 litres infusion de camomille romaine, avec 100 grammes d'eau-de-vie si l'infusion est chaude, ou éther si l'infusion est froide.

Electuaire : 250 grammes de miel, 32 grammes sous-carbonate de fer en poudre, 32 grammes poudre de gentiane. — (Bien incorporer et donner le matin à jeun. Ajouter successivement 16 grammes de plus de carbonate de fer.)

AROMATIQUES OU STIMULANTS.

Plantes. — Thym, serpolet, romarin, menthe, sauge, marrube, fenouil, angélique, anis, lavande, etc.

Drogues. — Canelle, muscade, girofle, poivre.

Remèdes composés. — Breuvage : 2 litres d'eau, 16 grammes camomille romaine en infusion, 100 grammes eau-de-vie.

Lotions : 2 litres d'eau, 65 grammes fleurs de sureau en infusion, 65 grammes hydrochlorate d'ammoniaque.

FONDANTS.

Drogues. — Teinture d'iode, chlore, mercure.

Remèdes composés. — Breuvage : 1 litre 1/2 de décoction de gentiane, 12 grammes teinture d'iode, 4 grammes iodure de potassium.

Pommade : 4 grammes iode, 4 grammes iodure de potassium. (Réduire en poudre et bien mêler à 250 grammes de saindoux.)

RÉSOLUTIFS.

Drogues. — Alcool camphré, sel marin, sel ammoniac, gomme ammoniaque.

Onguent chaud résolutif de Lebas. — 500 grammes onguent vésicatoire, 125 grammes pommade mercurielle double, 125 grammes savon vert, 100 grammes huile de laurier, 96 grammes cire jaune.

— (Faire fondre la cire, ajouter l'huile de laurier et l'onguent vésicatoire, remuer jusqu'à ce que le mélange se fige ; mêler alors et incorporer le savon vert et la pommade mercurielle.)

Si on le veut plus énergique, on ajoute 120 à 125 grammes d'iode.

Topique résolutif en poudre : 15 grammes iode en poudre, 100 grammes amidon. — (On saupoudre ainsi la charpie mouillée à appliquer sur la plaie).

Liniment : huile d'olive, 125 grammes ; ammoniaque liquide, 32 grammes.

Lotion résolutive : 130 grammes huile de laurier, 100 grammes eau-de-vie camphrée, 70 grammes essence de térébenthine,

32 grammes ammoniaque liquide. — (Mêler dans une bouteille et bien agiter avant d'employer ; bouchonner avant et
après la lotion.)

ASTRINGENTS.

Plantes. — Tiges de ronce, feuilles de noyer, écorce de chêne, écorce
de saule, racine de grenadier, racine de bistorte.

Drogues. — Vinaigre, extrait de Saturne, solution d'alun, noix de
galles.

Remèdes composés. — Eau de Goulard : Extrait de Saturne, 10 grammes ; eau de rivière ou de fontaine, 1/2 litre ; eau - de - vie,
30 grammes.

Eau de Rabel : 5 parties acide sulfurique, 12 parties alcool 3/6.
Eau Brocchieri.

LAXATIFS.

Plantes. — Huile de ricin.

Drogues. — Manne grasse, miel, sirop de nerprun, crème de tartre,
casse, sel d'epsom.

Remèdes composés. — Bouillon d'herbes, mêlé d'un peu d'huile.

PURGATIFS MINORATIFS.

Drogues. — Sulfate de soude ou sel de Glauber, sulfate de potasse,
tartrate de potasse, acide ou crème de tartre rafraîchissante, séné,
calomel.

PURGATIFS FORTS OU MAJEURS.

Drogues. — Aloès, gomme-gutte, coloquinte, ellébore.

DIURÉTIQUES.

Plantes. — Pariétaire, poudre de réglisse, poudre d'aunée, poudre
de gratiole, de digitale.

Drogues. — Colophane, sel de nitre.

Remèdes composés. — Poudre diurétique de Lebas.

CAUSTIQUES LÉGERS OU DESSICATIFS.

Drogues. — Alun calciné, vert-de-gris.

CAUSTIQUES FORTS OU ESCHARROTIQUES.

Drogues. — Acide arsénieux. — Sublimé corrosif. — Nitrate d'argent ou pierre infernale. — Sulfates de cuivre, de potasse ou de soude caustique. — Acides sulfurique, nitrique, hydro-chlorique.

Poudre escharrotique. — Sulfure rouge de mercure, 30 grammes; — résine de sang-de-dragon, 60 grammes; — oxyde blanc d'arsenic, 4 grammes. — (Pulvériser à la mollette, mêler et jeter sur les vieilles plaies, ou délayer dans de l'eau et enduire la plaie avec un pinceau. La plaie prend un caractère simple et ordinaire, et on traite comme plaie.)

Employer ces remèdes avec la plus grande prudence.

VOMITIFS.

(Ne sont pas applicables aux ruminants dont l'appareil digestif résiste au vomissement.)

Drogues. — Ipécacuanha, émétique. — Ces drogues agissent autrement sur les ruminants que sur l'homme. Leur action sur les ruminants s'exerce sur le sang et sur le système nerveux surtout. L'émétique est un excellent remède dans les maladies aiguës de poitrine, mais au début, dans les premiers jours.

VERMIFUGES.

Plantes. — Racine de fougère mâle ; tiges de tanaisie, racine de grenadier.

Drogues. — Assa-fœtida, brai ou goudron sec, suie de cheminée, calomel, huiles empyreumatique, de cade ; essence de térébenthine, aloès, tanaisie.

Remèdes composés. — Une demi-heure avant de donner le remède, administrer, en boissons ou en lavements, deux litres d'eau sucrée par le miel, la mélasse ou le sucre.

UTÉRINS OU EXPULSIFS.

Plantes. — Ergots du seigle, rue odorante, sabine.
Drogues. — Canelle, girofle.

REMÈDES CONTRE LA MÉTÉORISATION.

Plantes, etc. — Sel, eau de lessive, eau de savon, eau vinaigrée, infusion de tabac dans de l'eau-de-vie.
Drogues. — Ammoniaque, éther sulfurique (est préférable), se donnent mêlés avec de l'eau.
Composés. — Huile d'olive battue avec de l'éther sulfurique.

Plantes médicinales. — Époque de leur récolte.

Chaque plante, celles surtout à principes énergiques et tranchés,
appartiennent à un sol, à un climat, à une exposition exclusifs; hors
de leurs conditions naturelles, elles perdent une partie de leurs qualités.

Presque toutes ne fournissent les principes médicamenteux qui les
recommandent qu'à une certaine époque de leur végétation. Ainsi,
ce sont les racines, les tiges, les fleurs, les graines qui sont utilisées,
ce qui constitue déjà des époques différentes pour la récolte, et, dans
ces époques, il y a encore un point précis qu'il faut saisir pour obtenir le principe médicinal dans sa plus grande énergie.

Les racines doivent être attendues, car elles sont d'autant plus
aqueuses et moins énergiques qu'elles sont plus jeunes. Ainsi, on
laissera le temps à la plante de vivre et d'atteindre son plus grand développement. On récoltera, non au printemps, car la racine est saturée d'eau; ni en été, car elle est épuisée par la force de la végétation
extérieure; mais en automne, assez tard pour que la végétation ait
cessé, que les feuilles soient desséchées et que la vie se soit retirée
dans les racines, mais pas assez pour que l'énergie de la végétation
ait entièrement disparu sous l'inertie de la saison.

Certaines racines doivent être exclues de cette règle. Ainsi, les
mauves, la gentiane, l'ellébore, l'angélique, le persil peuvent être

employés dans leur fraîcheur et leur jeunesse ; le raifort sauvage n'a même de valeur qu'à cet état.

Le chiendent n'est jamais aussi bon et si bien récolté qu'en hiver.

On doit laver les racines à grande eau et sans les brasser ; on laisse ressuyer ; puis on les fait sécher entières ou découpées, suivant la grosseur, sur des claies ou en chapelet.

Les bulbes. Comme ce sont des fruits, on doit attendre la maturité , généralement l'automne.

Les écorces. Les auteurs conseillent de choisir l'automne. C'est là, je crois, une erreur. Il faut écorcer au printemps, alors que toute la sève, toute la vie est dans l'écorce. L'opération, d'ailleurs, est bien plus facile.

Feuilles et tiges. Elles ont atteint leur plus grande force avant la pousse des boutons, qui doit révéler la fleur. La vie de la plante passe plus tard dans la fleur, puis dans la graine. Alors la tige n'est plus qu'un instrument comme les racines. C'est donc avant les indices de floraison qu'il faut en général récolter les tiges et les feuilles. On attend que le soleil ait dissipé la rosée.

Certaines tiges fragiles ou faciles à décolorer doivent être séchées dans des sacs en toile. Ainsi la menthe poivrée, le mélilot, le mille-pertuis, la petite centaurée.

Les fleurs doivent être prises dans leur force de végétation et avant qu'elles ne révèlent leur affaiblissement. Les roses doivent même être prises presque en boutons et avant leur entier développement.

Les graines. On attend la maturité ; on coupe la tige ; on fait sécher de manière à permettre à la graine de s'approprier les derniers sucs de la tige ; puis on bat et on resserre à l'abri de la lumière.

Toutes ces dessications doivent être faites dans un lieu abrité et à l'ombre. On doit ensuite envelopper dans des sacs de papier et suspendre en lieu sec pour conserver.

Voilà la règle générale ; précisons encore mieux l'époque des récoltes :

MARS ET AVRIL. — *Bourgeons* de peuplier et des autres arbres.

Ecorces de chêne, d'orme, de marronnier, de garou, de clématite brûlante, de saule.

Fleurs de violettes, de tussilage, de mandragore, d'asarine.

MAI. — *Fleurs* ou plutôt boutons de roses.

Feuilles et tiges d'absinthe, de véronique (beccabunga), de grande ciguë, de pimprenelle, de cresson, de lierre terrestre, de cochléaria.

Juin. — *Feuilles et sommités* d'angélique, d'ache, d'armoise, de belladone, de bourrache, de digitale, de chicorée, de grande centaurée, de plantain, de pariétaire, de fenouil, de guimauve, de ronce, de laitue vireuse, de saponaire.

Fleurs d'oranger, de sureau noir, de matricaire, de coquelicot, de camomille commune, de ptarmique, de tilleul.

Juillet. — *Feuilles et sommités* d'absinthe, de grande et de petite centaurée, de chamœdrys, de chamœpitis, de menthe poivrée ou crépue, de mauve, de tabac, d'hysope, de lavande, de thym, de romarin, de rue, de sauge, de sabine, de tanaisie, d'origan.

Fleurs de tilleuls, de mauves.

Têtes ou capsules de pavot blanc ou noir.

Aout. — *Feuilles et sommités* de rue, de belladone, de morelle noire, de ményanthe, de stramoine ou datura.

Cônes de houblon.

Fruits et graines de carvi, de coriandre, d'ammi, de nerprun.

C'est en août et septembre qu'on enlève le miel et la cire.

Septembre. — *Racines* de bistorte, de fougère mâle, de fenouil, d'angélique, d'ellébore blanc ou noir, d'iris, de roseau des marais, de réglisse, de guimauve, de valériane, de patience, de tormentille, de raifort sauvage, de persil.

Bulbes de scirpe maritime, de colchique.

Octobre. — *Racines :* d'agaric du chêne, de chardon champêtre, d'aunée, de bryone, de chausse-trappe.

Baies de genièvre.

Les écorces non récoltées en avril ou mai se récolteront en octobre.

NOTES.

Page 4. — (1) *Assurances par l'impôt.*

Personne ne soupçonne en France (les compagnies d'assurances exceptées) le faible risque que courent les assureurs et la valeur infime de l'assurance, payée cependant si cher :

3 à 4 centimes à Paris, 5 à 6 dans les grandes villes de France, 7 à 8 dans les petites, 9 à 10 dans les campagnes, forment, pour 1,000 fr. d'assurances, l'importance *réelle* des risques, et, dès lors, la valeur de l'assurance ; on paye cependant douze, quinze et vingt fois plus, et avec cela on court le risque de l'insolvabilité de l'assureur !

Quand un risque *sérieux* existe, l'assurance est refusée ou n'est acceptée qu'à un taux exorbitant. *Dans tous les cas*, les 9/10es de la prime payée constituent le bénéfice des compagnies ! Ajoutez cette facilité qu'elles mettent à accepter les évaluations les plus exagérées, parce que cela augmente leurs bénéfices sans augmenter leurs risques, puisqu'elles ne doivent, en définitive, payer *que le préjudice éprouvé*, facilité qui produit ces crimes d'incendies, par l'espérance d'une indemnité exorbitante offerte à l'ignorance et aux intentions criminelles de l'assuré.

Telle est la principale cause des incendies qni désolent les contrées assurées !

Quant aux assurances agricoles contre la mortalité des bestiaux, la grêle, la gelée, etc., elles sont, on peut presque le dire, inabordables et ruineuses. M. Desaive, de Bruxelles, s'occupe d'introduire son système en France, espérons qu'il réussira.

Un pareil état de choses ne peut durer longtemps.

Ne vaudrait-il pas mieux que l'État se déclarât assureur contre l'incendie, la grêle, la gelée, les épizooties, les inondations, etc., et cela par le seul fait du payement de l'impôt? Ce serait là un dégrèvement sans importance (25 à 30 millions environ par année), et l'impôt deviendrait presque un bienfait; il perdrait dans tous les cas sa couleur fiscale, et la dépense serait, dès la première année, plus que couverte par l'incessante augmentation du budget des recettes.

Pour créer une surveillance éclairée, on devrait laisser une petite fraction du sinistre à la charge de la commune; une plus petite à la charge du canton, de l'arrondissement et du département. (Pour les grands désastres, une loi spéciale pourrait mettre tout le dommage à la charge de l'État.)

Dans tous les cas, pour créer aussi l'intérêt personnel, l'assurance ne couvrirait jamais que les $4/5^{es}$, et le propriétaire devrait ainsi supporter toujours un cinquième de la perte.

Que répondre à cette idée émise par moi, il y a vingt-cinq ans environ, dans un Mémoire reçu et fort bien accueilli par M. le comte Siméon, alors ministre de l'intérieur?

Ces malheurs privés, ces grands désastres publics, si attristants, si démoralisants pour les populations frappées, disparaîtraient entièrement.

Page 5. — (2) *Loi anglaise sur les céréales.*

L'Angleterre a grandi en richesses sous le régime de la prohibition; elle ne vit aujourd'hui encore que parce que ses industries manufacturières exploitent le monde : ses marchés diminuent et se resserrent tous les jours; l'Europe est à peu près perdue pour elle, car ses industries nationales suffisent à chaque peuple et tendent même à porter au loin une concurrence dangereuse pour l'Angleterre. Les industries anglaises, alors en souffrance et menacées dans leur avenir, se sont émues; elles ont réclamé des secours et un allégement. La loi sur les céréales élevait le prix de la nourriture et, dès lors, le prix des salaires; la ligue manufacturière, Cobden en tête, a demandé la modification des lois qui portaient le prix du pain au double de sa valeur réelle; elle a réussi. La nourriture de l'ouvrier coûtera moins; dès lors le salaire sera diminué. L'industrie anglaise vivra quelques années de plus et jusqu'à ce que les industries rivales l'aient encore rattrapée.

Voilà cependant la loi que certains publicistes français ont prise pour point de départ du principe de la liberté commerciale ! J'ai vu des Anglais s'épanouissant en fous rires devant une pareille idée. La loi *Cobden* est une arme donnée à l'industrie anglaise pour l'aider à écraser les industries étrangères. Greffer là-dessus l'idée de la liberté commerciale la plus absolue, c'est aller au-devant des désirs les plus vifs de l'Angleterre, qui ruinerait bien vite toutes les industries rivales et créerait sa fortune sur nos désastres. Cela est par trop évident !

Voulez-vous un exemple? Voyez la Toscane, qui, depuis Léopold Ier, a commis la faute de se laisser prendre à ces belles théories, a ouvert le pays aux industries étrangères, et aujourd'hui, elle n'a plus aucune industrie; elle a laissé couler au dehors toute sa richesse monétaire et même sa richesse mobilière. C'est le pays le plus pauvre et le plus épuisé du monde.

Page 32. — (3).

Le système Guénon a eu ses prôneurs, ses enthousiastes ; beaucoup de personnes peuvent encore y croire ; il ne suffit donc pas de le condamner sans dire pourquoi on le condamne et d'y substituer une formule nouvelle, il ne suffit pas de dire que Guénon lui-même paraît ne plus appliquer son système, qu'il a ses formules secrètes et qu'il a fait discrètement son profit des conseils qui lui ont été donnés et des objections qui se sont produites, on ne serait peut-être pas cru sur parole. Bien des gens persisteraient à suivre la voie ouverte par F. Guénon, et l'agriculture serait encore frappée par de nouveaux mécomptes.

Il convient donc d'exposer d'abord et sommairement le système Guénon, de résumer les développements qu'il lui a donnés et de produire les derniers résultats authentiques des expériences par lui faites ; ce sera lui donner en quelque sorte la parole et le faire juger par lui-même :

Pour beaucoup de personnes, je devrais dire pour presque toutes, le système de F. Guénon est, sinon incompréhensible, au moins si surchargé et si embrouillé qu'il devient confus et inapplicable.

Dans son livre, Guénon divise les vaches en 8 familles, ayant chacune un dessin différent, puis chaque famille en 8 ordres, ce qui fait déjà 64 catégories; puis comme le rendement varie d'après la taille, et qu'il admet 3 tailles, cela porte le nombre des catégories à 192, sans compter les bâtardes. C'était déjà beaucoup, beaucoup trop ; mais dans ses expériences postérieures, F. Guénon s'est vu forcé d'ajouter 21 nouvelles familles à ses 8 anciennes, en tout 29, et en même temps de doubler les subdivisions des ordres en les portant à 16 dans chaque famille (page 28 du rapport), ce qui fait 464 divisions qui, multipliées par 3 à cause des 3 tailles, donnent 1392 subdivisions, auxquelles il faut encore ajouter autant de bâtardes, ce qui élèverait à 2784 le chiffre des subdivisions ; mais ce chiffre ne s'élevât-il qu'à 1400, cela serait encore inacceptable, car chacune de ces subdivisions a deux chiffres, celui du rendement en lait et celui de la durée du lait. (On pourrait croire que je me trompe, moi-même j'étais porté à le penser, mais je relis le rapport et j'y trouve ce que je reproduis ici.)

Voilà cependant où conduit un faux point de départ ; le système de F. Guénon serait jugé par ce seul chiffre de 2784, ou même seulement de 1400 subdivisions chiffrées, auxquelles il est arrivé forcément et malgré lui, évidemment, à la suite des expériences officielles.

Mais allons plus loin et donnons le résultat sommaire de ces expériences faites à la fin de 1847 par Guénon lui-même, dans un grand nombre de vacheries, devant la commission instituée par le Gouvernement pour apprécier et la découverte et le système. Nous lisons ce qui suit dans le rapport de cette commission, publié en 1848 : sur 352 vaches appréciées, Guénon s'est trompé 321 fois, si on compte les erreurs au-dessous de 2 litres ; mais en ne comptant pas les erreurs de 2 litres et au-dessous et en ne tenant note que de celles de 2 litres 1/2 et au-dessus, Guénon s'est encore trompé 213 fois. (Rapport, p. 29 et 54.)

Si on descend aux détails, sans choisir, en prenant le rapport de 1848, à la page 29 et 30, où commence le chapitre des appréciations par familles, on trouve sur la première famille, dite flandrine, 55 erreurs sur 93 appréciations. — P. 29 et 32, deuxième famille, lisières, 26 erreurs sur 44 appréciations. — P. 29 et 34, troisième famille, courbelines, 15 erreurs sur 21 appréciations..... Nous nous arrêtons ; en allant plus loin, on trouve les mêmes résultats, et des erreurs aussi nombreuses.

Dans certains cas, Guénon commet 7 erreurs sur 8 appréciations, p. 34. — 7 erreurs sur 8, p. 29. — Parfois autant d'erreurs que d'appréciations. Ainsi, p. 34, 2 erreurs sur 2 appréciations. — P. 26, 2 sur 2. — P. 39, 4 sur 4, etc.....

Si on recherche l'importance des erreurs, on trouve beaucoup d'erreurs de 10 litres *par jour et par vache*; plusieurs de 11, de 12, de 13 litres ; 4 erreurs de 14 litres, 3 de 16, une de 19, TOUJOURS PAR JOUR ET PAR VACHE !

Dans des expériences plus anciennes, faites par la Société royale et centrale d'agriculture de Paris, Guénon s'était déjà trompé 152 fois sur 174 appréciations ! (Rapport de M. Yvart).

Que penser d'un système nouveau, affectant des prétentions d'infaillibilité et tombant dans des erreurs si nombreuses et si lourdes, erreurs impossibles, on peut le dire, avant la découverte et avec les anciens signes d'appréciation ?...

Voilà donc où aboutit le système de F. Guénon ; il se trouve ainsi jugé par les résultats, condamné par lui-même, condamné aussi par la commission ministérielle qui conclut (p. 55) en disant : QUE GUÉNON DOIT ÉTUDIER DE NOUVEAU, PUIS REFAIRE SON SYSTÈME ET SON LIVRE.

A cette heure (1er février 1851), Guénon, pour suivre le conseil de la commission, cherche depuis trois ans à se reconnaître dans le labyrinthe qu'il a édifié. Que la lumière se fasse ! Mais elle ne se fera pas dans cette voie, il faut donc la chercher dans une autre.

Dire par quelle série d'idées j'ai été amené à modifier d'abord, à bouleverser et à détruire ensuite le système de F. Guénon pour en créer un autre à sa place, sera le moyen le plus rapide et le plus simple pour faire comprendre mon système dans son ensemble aussi bien que dans ses détails et ses motifs ; ce sera en même temps éviter à d'autres les mécomptes par lesquels j'ai été moi-même éprouvé :

Quelques efforts que je fisse, je ne compris rien d'abord dans le livre de Guénon ; il me fallut recourir aux hommes intelligents qui, les premiers (en 1838), apprécièrent la découverte ; quelques leçons me donnèrent la clef du système et, après avoir étudié encore quelque temps, je pus marcher seul !

Je reconnus bientôt des contradictions flagrantes, des erreurs évidentes et matérielles : ainsi, à part les 4 derniers numéros des carrésines dont les dessins sont trop petits pour leurs rendements, tous les autres dessins Guénon sont trop développés pour les rendements indiqués. Il y a là une lourde erreur ; il faut ou augmenter les rendements Guénon de plus de moitié en sus, ou diminuer ses dessins de près d'un tiers. En résumant, dans ma première édition, le système Guénon, j'eus à opter entre ces deux partis et je me décidai, dans mes deux tableaux, à modifier *tous* les dessins, à en étendre 4 seulement, et à diminuer *tous* les autres pour ne pas avoir à toucher aux rendements ; j'étais alors bien sûr que les dessins étaient de beaucoup exagérés en grandeur, et je n'étais pas suffisamment renseigné pour toucher au chiffre des rendements.

Cette modification apportée dans mes deux tableaux m'amena à y ajouter :

1° La deuxième moitié de ces dessins, car Guénon n'avait vu que la vache sur pied et dès lors seulement cette partie du dessin placée entre la vulve et les trayons de derrière, et non celle qui s'étend entre les trayons, et en avant d'eux, sous le ventre, avec les 4 formes variées qu'elle affecte le plus généralement à son extrémité antérieure ;

2° Les étoiles toujours placées au-dessus du jarret de la vache, aux angles extrêmes du dessin, étoiles omises dans les dessins Guénon ;

3° A signaler des dessins nouveaux dont on ne trouve aucune trace dans le livre de F. Guénon (ainsi que le reconnaît du reste la commission ministérielle, p. 26 et 27), etc...; enfin, tous les dessins entremêlés et appartenant à 2 ou plusieurs familles. (On en pourrait trouver peut-être jusqu'à cent différents).

Je dus rectifier encore plusieurs erreurs matérielles : ainsi des erreurs évidentes dans les chiffres de la durée du lait ; famille des courbelines surtout.

Ainsi, F. Guénon donne aux vaches de petite taille un poids de 50 à 100 kilogrammes ; comme je n'ai jamais vu de vaches de 50 kilogrammes, j'ai porté la petite taille de 125 à 175 kilogrammes.

Enfin, je signalai le premier, je crois, un signe nouveau excellent, c'est la veine du périnée, placée perpendiculairement sous la vulve ; plus elle est grosse, saillante, serpentante, plus forte est, dans la vache, la constitution de l'organe laitier, plus considérable dès lors doit être le produit en lait et la durée de la lactation.

Une erreur capitale de Guénon, née de sa confiance dans le signe nouveau, c'est de croire qu'il suffisait seul pour apprécier la vache, que les signes anciens n'étaient plus rien, tandis que les signes anciens conservent toute leur valeur et doivent toujours être consultés.

C'est, en outre, de ne pas tenir compte de l'âge de la vache.

L'expérience m'apprit successivement :

1° Que les rendements des premiers ordres Guénon étaient bien plus élevés qu'il ne le disait ;

2° Que tous ses premiers ordres avaient presque un rendement égal, loin d'être aussi décroissant que le dit l'auteur du système ;

3° Qu'on pouvait réduire à 5 et même à 4 et à 3 le nombre des familles, au lieu de le porter à 29 ;

4° Que l'ordre des familles donné par Guénon devait être bouleversé ; ainsi je plaçais au deuxième rang les bicornes qui sont au quatrième ; — au troisième, les équerrines qui ne sont qu'au sixième ; — Au quatrième, les lisières, qui sont au second, etc... Je bouleversais donc complétement le classement Guénon.

Pour faire comprendre cette modification, je mets en regard les deux classements :

CLASSEMENT GUÉNON.	CLASSEMENT NOUVEAU.
Flandrines.	Flandrines.
Lisières.	Bicornes.
Courbelines.	Equerrines.
Bicornes.	Lisières.
Poitevines.	Courbelines.
Equerrines.	Carrésines.
Limousines.	Limousines.
Carrésines.	Poitevines.

J'appris plus tard de MM. Lecomte et Guichenet que cet ordre nouveau donné par mon livre était précisément celui du manuscrit à eux produit en 1838 par les frères Guénon, ils ajoutaient que ce manuscrit était d'une écriture de savant, nette, petite, ténue, étudiée, et, sans en conclure que la rumeur publique eût pu avoir raison en disant que la découverte leur était arrivée toute faite par un vieil et savant étranger, mort aux environs de Libourne, nous pouvions au moins reprocher à François Guénon le tort grave d'avoir introduit une erreur à lui dans un travail d'abord mieux coordonné.

Son frère Michel est plus sévère que nous; il fait plaider qu'il est seul l'inventeur; que son frère, ouvrier jardinier, puis domestique chez M. de Beaumâle, a été initié par lui à la découverte qu'il a voulu s'approprier plus tard; il offre la preuve des faits suivants :

« Qu'en 1822 F. Guénon, alors domestique chez M. de Beaumâlé, et précédemment jardinier et charretier, étranger dès lors à la connaissance des bestiaux et des vaches, vint passer tout un hiver chez son frère Michel qui l'initia à sa découverte; mais qu'il déserta cette industrie pour faire le commerce de marchand de moutons et plus tard celui de boucher;

« Qu'en 1827 et 1828 il revint auprès de son frère Michel pour lui demander de nouvelles leçons, et que, pendant ces deux hivers, F. Guénon recevait tous les soirs des leçons de son frère et prenait des notes écrites qu'il emportait avec lui;

« Que François ayant tenté alors de produire la découverte devant une société savante, M. Jouhault, membre de cette société, pensa que les deux frères devaient être appelés, ce qui fit que François renonça à son projet;

« Que plus tard la publication de la découverte étant décidée et devant se faire en société avec un sieur Dutheil, on fut obligé de demander la coopération de Michel; qu'alors François reçut pendant deux mois de nouvelles leçons de son frère, et qu'enfin François, ne pouvant mener à bonne fin la composition des tableaux et des dessins, fit venir son frère Michel pour les revoir, les retoucher, les corriger; ce qui fit dire à la dame Chapoulis, lithographe à Bordeaux, ou à son ouvrier témoin des travaux de Michel, et s'adressant à F. Guénon : « il paraît donc que c'est votre frère qui est le véritable auteur de la découverte! »

Voilà des faits bien précis, des témoignages offerts bien concluants. La conviction d'un jury pourrait être bien formée sur le véritable auteur de la découverte, mais la difficulté était autre et était grande pour le tribunal de Libourne : — Michel avait *volontairement* initié son frère, celui-ci avait pu abuser de sa confiance, s'approprier sa découverte ; mais le fait d'initiation *volontaire* restait, il s'était écoulé douze ans sans réclamation de Michel, ce qui confirmait l'espèce de donation résultant déjà de l'initiation. Le tribunal dut donc penser que la réclamation était tardive, et rejeta la demande. La Cour de Bordeaux est aujourd'hui saisie de ce procès. Il est probable que le jugement du tribunal de Libourne sera confirmé.

On comprend qu'il ne nous appartient pas de prendre parti dans ce débat ; la découverte est produite, le signe nouveau est excellent, le système d'application seul est mauvais, et, comme dit la commission ministérielle, *à étudier et à refaire.*

Avant que mon attention, éveillée sur ce point, ne fût arrivée à trouver la règle si simple du rendement proportionné à l'étendue, quelle que soit la forme, l'expérience m'avait donc enseigné ce fait capital : l'insignifiance de la forme, base unique du système Guénon cependant, et l'influence certaine et exclusive de l'étendue et de la pureté du dessin.

Je consignai cette observation dans mon livre (p. 50), et je la développai dans une note, placée en fin de mon traité (p. 496).

Comme je l'ai expliqué, j'arrivais pas à pas, par l'enchaînement logique de mes observations, et la pente forcée de mes idées à la suppression *absolue* du système de F. Guénon, et à son remplacement par une formule aussi simple que ce système était surchargé, aussi claire que le système était trouble et embrouillé, à savoir :

Que la forme du dessin n'était rien, que son étendue, sa pureté étaient tout, et qu'il suffisait de poser cette règle unique : *que le rendement en lait suivrait la proportion du dessin,* qu'il serait grand avec un dessin grand, moyen avec un dessin médiocrement développé, faible avec un petit dessin.

Cette formule était en effet au fond de toutes mes observations ; c'est elle qui avait dicté, sans que je m'en doutasse alors, les changements par moi introduits dans l'ordre des huit familles Guénon ; la flandrine restait la première, parce que son dessin se maintenait le plus large dans toute sa hauteur ; la bicorne venait ensuite, l'équerrine après ; la lisière était refoulée du deuxième au quatrième rang, etc..., toujours par la même raison, l'étendue de chacun de ces dessins.

Tout ce que je dis ici comme idée bien arrêtée, comme doctrine, je l'écrivais en 1846 et l'imprimais en 1847 (p. 497) comme note d'avenir, comme jalons d'études, mais non encore comme enseignement.

Chose remarquable, après de nombreuses expériences, la Commission, deux ans plus tard, concluait comme moi ; chacune de mes idées recevait la sanction des hommes éminents que le ministre avait choisis pour étudier et expérimenter le système Guénon. Ainsi la nécessité de simplifier le système Guénon était à plusieurs reprises reproduite dans le Rapport (p. 27, 43, 54.) ; la suppression entière de la classification Guénon est à peu près demandée (p. 27, 43), l'insignifiance de la forme, aussi bien que l'importance de l'étendue, étaient en même temps signalées (p. 43), et on y ajoutait le conseil de s'en tenir à ce seul principe : la largeur du dessin.

Le conseil de recourir aux signes anciens pour contrôler le signe nouveau, l'infirmer ou l'appuyer, était donné (p. 44 et 54) ; la Commission paraît même soupçonner que Guénon y a égard sans l'avouer (p. 44). Si elle eût assisté à une expérience faite devant le Congrès central d'agriculture au commencement de 1847, elle eût été convaincue que Guénon n'appliquait déjà plus son système, mais bien le mien. Le désir de voir mettre le signe nouveau à la mesure de chacune des races laitières n'était pas omis (Rap. p. 43) ; le conseil de renoncer à chiffrer l'appréciation était donné (p. 27, 28, 43, 45, 53).

La Commission constate encore l'existence de dessins autres que ceux donnés par Guénon, en outre des dessins croisés dont on ne trouve pas trace, dit-elle, dans le livre de Guénon (Rap., p. 26, 27).

Sur les taureaux, la Commission confirme ce que disait avant elle mon livre, qu'on n'en trouve aucuns marqués du dessin des premières familles : sur 132 taureaux présentés, il n'y en avait aucun des familles flandrine, à lisière, équerrine ; — par contre, 80 courbelins, 20 limousins, 16 poitevins, 10 carrésins, 4 bicornes ; mais tous d'ordre inférieur dans ces familles (p. 44 et 45).

La Commission arrive ainsi, par les mêmes observations de détail, à la conclusion même de mon livre : *Ne s'arrêter qu'à l'étendue du dessin.* (Rap., p. 43.)

Cette autorité, aussi bien que mon expérience postérieure, m'ont enhardi à avancer dans la voie où j'étais entré, à parfaire, dans ma deuxième édition, l'idée que je poursuivais dans ma première, à étendre et à préciser le système qu'en 1846, comme aujourd'hui, je formulais en deux lignes :

« *Le rendement en lait sera toujours en proportion de l'étendue et de la pureté du dessin, s'il est confirmé, non contrarié par les autres signes. La durée du lait sera toujours en rapport avec le rendement.* »

Le développement de ce système est fort simple, on le trouvera dans mon livre, et dans le tableau qui y est joint ; cette note en devient l'explication et le préambule.

Je dois ajouter que dans les chiffres attachés dans mon ouvrage au produit en lait des vaches, je me suis toujours tenu dans les limites des rendements les plus ordinaires ; mais que ces rendements, chiffrés comme indication plutôt générale que mathématique, peuvent considérablement s'élever ; ainsi de 2 à 10 litres et même plus ; avec un peu d'attention on trouvera que ces produits, tout exceptionnels, s'expliquent par la réunion, toute exceptionnelle aussi, des perfections extérieures que nous avons signalées. Ainsi, j'ai vu plusieurs vaches rendant 28, 30 et 31 litres ; une 33 et une autre 35 ; j'ai même entendu parler de 40 et 42.

Ces détails peuvent avoir quelque intérêt pour le public agricole, en ce sens qu'ils justifient les modifications que j'ai introduites et qu'ils pourront provoquer d'autres études.

Il m'a paru juste aussi de porter devant l'opinion publique la question soulevée par les réclamations de Michel Guénon ; lequel des deux frères est l'inventeur du signe nouveau ?... François, jusqu'ici a eu tous les honneurs et tous les profits ; il a dû faire sur la vente de son livre un lucre considérable ; il a touché un douzaine de mille francs de récompenses et de gratifications ; il a exploité son secret comme professeur et comme marchand de vaches.....

Michel a-t-il le droit de se plaindre, de se dire spolié par son frère ? L'opinion publique prononcera ; il appartient à elle seule de résoudre cette question, portée à tort devant les tribunaux, juges du droit rigoureux, non d'une question de délicatesse entre deux frères.

Page 68. — (4) *Vices rédhibitoires dans la race bovine.*

Avant la loi toute spéciale de 1838, les art. 1641 et 1648 du Code civil constituaient seuls la base de la législation en matière de vices rédhibitoires. Citons donc ces articles, car la loi spéciale n'est que le développement des principes qu'ils posent :

« 1641. — Le vendeur est tenu de la garantie, à raison des défauts cachés de la chose vendue, et qui la rendent impropre à l'usage auquel on la destine, ou qui diminuent tellement cet usage, que l'acheteur ne l'aurait pas acquise ou n'en aurait donné qu'un moindre prix s'il les avait connus.

« 1648. — L'action résultant des vices rédhibitoires doit être intentée par l'acquéreur dans un bref délai, suivant la nature des vices et l'usage des lieux où la vente a été faite. »

Cette législation était incomplète, insuffisante, variable suivant les usages locaux ; elle était un contre-sens à l'unité de nos codes. Une loi speciale était un besoin que la loi de 1838 vint satisfaire.

Loi de 1838 sur les vices rédhibitoires.

« 1. Sont réputés vices rédhibitoires et donneront seuls ouverture à l'action résultant de l'art. 1641 du Code civil, dans les ventes ou échanges d'animaux domestiques ci-dessous dénommés, sans distinction des localités où les ventes et échanges auront lieu, les maladies ou défauts ci-après, savoir :

« *Pour le cheval, l'âne ou le mulet*, la fluxion périodique des yeux, l'épilepsie ou mal caduc, la morve, le farcin, les maladies anciennes de poitrine ou vieilles courbatures, l'immobilité, la pousse, le cornage chronique, le tic sans usure des dents, les hernies inguinales intermittentes, la boiterie intermittente pour cause de vieux mal.

« *Pour l'espèce bovine*, la phthisie pulmonaire, l'épilepsie ou mal caduc, les suites de la non-délivrance, après le part chez le vendeur ; le renversement du vagin ou de l'utérus, après le part chez le vendeur.

« *Pour l'espèce ovine*, la clavelée : cette maladie, reconnue chez un seul animal, entraînera la rédhibition de tout le troupeau. — La rédhibition n'aura lieu que si le troupeau porte la marque du vendeur. — Le sang-de-rate : cette maladie n'entraînera la rédhibition du troupeau qu'autant que, dans le délai de la garantie, sa perte constatée s'élèvera au quinzième au moins des animaux achetés. — Dans ce dernier cas, la rédhibition n'aura lieu également que si le troupeau porte la marque du vendeur.

« 2. L'action en réduction du prix, autorisée par l'art. 1644 du Code civil, ne pourra être exercée dans les ventes et échanges d'animaux énoncés dans l'art. 1er ci-dessus.

« 3. Le délai pour intenter l'action rédhibitoire sera, non compris le jour fixé pour la livraison, — de trente jours pour le cas de fluxion périodique des yeux et d'épilepsie ou mal caduc; — de neuf jours pour tous les autres cas.

« 4. Si la livraison de l'animal a été effectuée, ou s'il a été conduit, dans les délais ci-dessus, hors du lieu du domicile du vendeur, les délais seront augmentés d'un jour par cinq myriamètres de distance du domicile du vendeur au lieu où l'animal se trouve.

« Dans tous les cas, l'acheteur, à peine d'être non recevable, sera tenu de provoquer, dans les délais de l'art. 3, la nomination d'experts chargés de dresser procès-verbal; la requête sera présentée au juge de paix du lieu où se trouve l'animal. — Ce juge nommera immédiatement, suivant l'exigence des cas, un ou trois experts, qui devront opérer dans le plus bref délai.

« 6. La demande sera dispensée du préliminaire de conciliation, et l'affaire instruite et jugée comme matière sommaire.

« 7. Si, pendant la durée des délais fixés par l'art. 3, l'animal vient à périr, le vendeur ne sera pas tenu de la garantie, à moins que l'acheteur ne prouve que la perte de l'animal provient de l'une des maladies spécifiées dans l'art. 1er.

« 8. Le vendeur sera dispensé de la garantie résultant de la morve et du farcin pour le cheval, l'âne et le mulet, et de la clavelée pour l'espèce ovine, s'il prouve que l'animal, depuis la livraison, a été mis en contact avec des animaux atteints de ces maladies. »

Ainsi, pour la race bovine, les cas rédhibitoires sont réduits à quatre, les deux premiers sans condition aucune; il suffit qu'ils existent, soit qu'ils se déclarent, soit qu'on en reçoive la révélation. On doit alors agir dans les délais de l'art. 3. Seulement, si on agissait non sur un fait, mais sur la parole d'un tiers, on courrait le risque des frais faits, si la maladie n'existait pas.

Les deux derniers cas ne seraient pas rédhibitoires si le vêlage avait eu lieu chez l'acheteur; ce serait là un accident naturel, aux risques de celui qui eût eu le bénéfice d'une parturition heureuse. Ce que la loi punit ici, c'est la fraude du vendeur qui cèle une maladie qui eût empêché l'acquisition.

Pour se mettre à l'abri du recours, le vendeur doit dénoncer la maladie avant la vente; alors, comme il n'y a plus fraude, que l'acheteur a été averti, qu'il a acheté en connaissance de cause, l'action n'existe plus.

Certains vendeurs, plus adroits encore que ceux qui taisent une maladie existante, vendent en déclarant, en général, qu'ils entendent s'affranchir de la responsabilité des vices rédhibitoires. C'est là une ruse que les tribunaux doivent atteindre ; car, avec cette formule, appliquée aux maladies même les moins dissimulables, on arriverait à éluder la loi. Pour ma part, je crois que, pour être affranchi de l'action en recours, le vendeur doit avoir bien nettement et bien positivement annoncé la maladie même qui affecte l'animal ; alors, et seulement alors, le recours n'existe plus.

Sur la question des délais, on a trente jours pour exercer l'action rédhibitoire au cas d'épilepsie, à cause de l'intermittence souvent même plus longue des accès ; pour les trois autres cas, on n'a que neuf jours.

La rédaction de l'art. 3 est fort mauvaise ; elle est ambiguë et peu claire ; l'acheteur fera bien d'agir au plus vite et sans compter sur l'augmentation du délai des distances.

Il fera bien aussi de dénoncer sa demande au vendeur, et, s'il en a le temps, de l'assigner, dans les délais de neuf ou de trente jours, devant le juge de paix pour être présent à la nomination des experts. Je crois cependant qu'il résulte des termes de l'art. 5 qu'il suffit que la requête, à fin de nomination d'expert, soit, dans les délais, présentée au juge de paix du canton dans lequel se trouve l'animal, pourvu que l'ordonnance ait suivi cette requête, qu'on ne puisse pas supposer la fraude d'une antidate et aussi que la requête et l'ordonnance aient été *immédiatement* dénoncées au vendeur.

Certains tribunaux ont cependant jugé que le vendeur devait avoir été *assigné* dans les délais fixés ; mais cette jurisprudence ne tiendra pas.

L'exception admise par l'art. 8 n'étant pas applicable aux maladies constituant un vice rédhibitoire dans la race bovine, nous n'avons pas à nous en occuper.

Pour la description des quatre maladies qui, dans la race bovine, constituent un vice rédhibitoire, nous devons renvoyer à ces maladies mêmes.

Pommelière, p. 440. — Epilepsie, p. 450. — Non-délivrance, p. 190, 431 et suiv. — Renversement du vagin ou de l'utérus, p. 434.

Ces délais seront augmentés d'un jour par chaque 50 kilomètres de distance entre le lieu où se trouve l'animal et le domicile du vendeur.

PAGE 202. — (4) *Alimentation artificielle des veaux.*

Expérience de M. Labbé, à Harcourt.

« Je pris, dit M. Labbé, une génisse de cinq jours, appartenant au
« sieur Binot, et, le premier jour, je fis réduire en pulpe (râper) une
« demi-livre de carottes, que je fis jeter dans environ un demi-litre
« d'eau bouillante, et qui fut retirée du feu au bout de cinq minutes ;
« cette eau, avec la pulpe, fut ajoutée par moitié à chacune des ra-
« tions de lait de midi et du soir.

« Le jour suivant, on fit cuire une livre de carottes râpées dans un
« litre d'eau, qu'on mêla, par tiers, à pareille quantité de lait pour
« chacun des trois repas. Chaque jour, on augmenta un peu la quan-
« tité de carottes et la quantité d'eau, en diminuant le lait d'autant,
« de manière que, *le onzième jour, il n'y avait plus aucune partie*
« *de lait dans la boisson.* Dès le huitième jour, on avait ajouté
« une pomme de terre cuite dans la cendre à chacune des trois por-
« tions.

« Cette génisse n'a pas été malade un seul instant, et, dès le ving-
« tième jour, on fut obligé de modérer la nourriture parce qu'elle
« poussait trop à la graisse, la jeune bête n'étant point destinée à la
« boucherie.

« Je pense qu'on substituerait utilement à la pomme de terre une
« cuillerée de farine de froment séchée au four, dans le but de rendre
« cette nourriture azotée. On pourrait faire cuire les carottes coupées
« seulement. On pourrait aussi faire cuire les pommes de terre à la
« vapeur ou à l'eau ; mais, dans ce dernier cas, il ne faudrait pas
« donner à l'animal l'eau dans laquelle les pommes de terre auraient
« cuit. »

Expériences faites, à Maleville, par M. de Laboëssière.

« Je viens de faire, avec un succès complet, l'essai du moyen in-
« diqué par M. Labbé pour nourrir les veaux avec des carottes râpées
« au lieu de lait... »

Expériences de M. de Saint-Aubin.

« Ce procédé m'a si bien réussi, qu'en 1832 un taureau, alimenté
« avec l'infusion de foin mêlé avec du lait, prospéra si prodigieuse-
« ment, que je le fis présenter au concours du mois d'août 1833, et,

« quoiqu'il n'eût alors que 17 mois, tandis que les autres bêtes avaient
« de 2 à 3 ans, j'obtins la prime décernée par le jury, et mon
« taureau fut proclamé le plus beau et le plus fort de ceux présentés.

« Cette pratique, bien simple et peu dispendieuse, consiste à ac-
« coutumer l'animal à boire aussitôt après sa naissance. Après quel-
« ques jours, on ajoute au lait pur un peu d'infusion de foin, en dimi-
« nuant d'autant la portion de lait. On augmente insensiblement la
« dose de l'infusion et on diminue celle du lait.

« Au bout de huit à dix jours, on présente simultanément à l'élève
« le foin encore humide et tiède qui a servi à l'infusion. Il commence
« par le flairer ; il le suce ensuite et finit par en manger et contracter
« l'habitude de le faire. Pour faire l'infusion, les vases en terre sont
« préférables, ne laissant aucun goût étranger. »

Page 328. — *Formule d'un acte d'association ou fruitière.*

Par-devant M^e...... notaire à......, sont comparus : 1°......
2° ......, etc. (ou si l'acte est sous seing-privé), entre les habitants soussignés des communes de...... 1°...... 2°......, a été
convenu ce qui suit :

Art. 1er. Il est formé entre les soussignés et les associés qui pourront plus tard être admis, pour...... (5, 10, 15 ou 20 ans), une
société civile dont le but est la meilleure utilisation du lait produit
par chacun d'eux (ou le dévidage perfectionné et à moindres frais de
la soie produite par chacun d'eux, ou la conversion en alcool ou en
fécules des pomme de terre produites par chacun d'eux, etc.)

Art. 2. Chacun des membres aura dans les produits une part correspondante à sa remise en matières, et supportera également une
part proportionnelle dans les frais.

Art. 3 La société sera gérée par (cinq ou sept) membres pris dans
son sein et élus tous les (trois ou cinq) ans. Ils délibéreront en commun sur le mode de gestion, la marche à imprimer à cette gestion,
et pourront individuellement et à tour de rôle surveiller par chacun
d'eux l'exécution du plan adopté. La commission nommera ses fonc-
tionnaires ; elle délibérera et statuera valablement au nombre de trois
membres ; le trésorier, le secrétaire ou teneur de livres pourront seuls
être retribués.

Art. 4. Elle prononcera en dernier ressort sur toutes les questions sociales, la valeur des matières et la proportion du rendement, l'ordre et le mode de répartition des produits, le partage des frais, etc.; elle punira les infractions par des amendes qui ne pourront dépasser 5 fr., et 10 fr. en cas de récidive dans le mois; elle prononcera des dommages-intérêts qui pourront atteindre 100 fr. pour des fraudes; enfin, elle pourra prononcer l'exclusion temporaire ou à toujours après cinq amendes ou trois condamnations à des dommages-intérêts. Le membre exclu à toujours perdra sa part dans les réserves sociales et le mobilier.

Tous les ans, il sera fait un compte rendu communicable à tous les associés sans déplacement, en même temps qu'il sera donné, dans le mois de ce compte rendu, communication de la comptabilité et des délibérations à tout associé qui réclamera personnellement cette communication.

Les rectifications proposées seront appréciées par la commission.

Art. 5. Toutes les décisions seront affichées au secrétariat pour valoir signification; elles seront valables à la seule condition d'être transcrites sur le registre destiné à les recevoir et signées des membres délibérant ou au moins de la majorité.

Art. 6. La mort d'un ou de plusieurs associés ne dissoudra pas la société; les héritiers y entreront de droit, s'ils le désirent et s'ils le demandent, dans le mois du décès. Dans tous les cas, la société continuera avec les survivants, et il sera tenu compte aux héritiers, mais un an après le décès, de la part du décédé dans le mobilier ou les valeurs de la société, sauf retenue d'un cinquième. Le chiffre de ce payement sera fixé souverainement par la commission.

Art. 7. Les soussignés, comme complément aux stipulations sociales qui précèdent, ont adopté en outre le règlement qui va suivre :

Règlement de la société.

Art. 1er. Le nombre des associés est illimité; nul ne pourra être associé, 1° s'il ne réside dans la commune; 2° s'il n'est présenté par trois associés et agréé par la commission.

Art. 2. La gestion de la société appartient à la commission, qui fera les actes de l'administration la plus large et connaîtra, en outre, comme amiables compositeurs, arbitres souverains et en dernier res-

sort, dispensés de toutes formes et de tous délais, de toutes les con-
testations entre associés ou leurs héritiers et entre associés et le
fruitier.

Art. 3. Tout le lait produit par chaque associé sera, chaque jour,
sans aucun retard, matin et soir, à part les besoins du ménage (besoins qui devront être à peu près uniformes dans toutes les saisons),
versé pur, et sans mélange ou altération, à la fruitière. L'associé ne
pourra fabriquer ni beurre, ni fromage, ni autres produits du lait ; il
devra se servir de vases parfaitement propres, ne faire que deux traites
par jour, ne pas mêler au lait apporté le lait d'une vache ayant moins
de dix jours de vélage, ou du lait d'une vache malade ou naturellement altéré, ou du lait de chèvre et de brebis, ou encore du lait produit par d'autres vaches que les siennes, même du lait d'un autre
associé.

Art. 4. Chaque associé devra déclarer le nombre de ses vaches d'a-
bord, puis, plus tard, chaque augmentation ou diminution. Il devra
déclarer ses vaches malades, et se soumettre, en cas d'épizootie, aux
dispositions prises par la commission ; il ne pourra refuser l'entrée de
ses étables et la visite de ses bestiaux à la commission ou quelqu'un
ayant mission écrite de la représenter.

Art. 5. Le beurre ou le fromage de la fabrication du jour seront
délivrés à celui qui se trouvera avoir versé le plus de lait à la date de
la coulée de la veille au matin ; il sera alors averti par le fruitier, lors
de la coulée de la veille au soir. En cas de concours entre deux ou
plusieurs associés, on délivrera à celui dont la dernière délivrance
sera la plus ancienne. La commission fixera l'époque où ce mode de
distribution sera modifié, afin d'arriver à solder les comptes de chaque
associé.

Art. 6. Chaque année, lors du compte rendu, il pourra être proposé des modifications, additions, retranchements, etc., au présent
règlement. Les changements proposés ne seront mis en délibération
qu'autant qu'ils auront été, huit jours à l'avance, déposés par écrit
entre les mains du président de la commission.

FIN.

PARIS, IMPRIMERIE DE PAUL DUPONT,
Rue de Grenelle-St-Honoré, 45.

CHOIX DES VACHES LAITIÈRES.

Cette petite brochure est à l'adresse de nos simples et bons cultivateurs ; si elle tombe en leurs mains, si elle est lue et méditée, si mes conseils sont suivis, le bienfait sera immense, car l'aisance et l'abondance remplaceront partout, dans nos malheureuses provinces, la misère et la gêne.

Quand je laboure ou quand je sème, je ne désire qu'une chose, c'est du fumier ; le fumier, c'est la plus sûre richesse du cultivateur : c'est du blé, des légumes, des racines, du vin ; le fumier, c'est encore du fourrage, dès lors du bétail, dès lors du fumier nouveau. Produire du fumier, c'est donc s'enrichir à coup sûr.

Votre terre peut vous donner du blé et d'autres céréales, ou des fourrages et des racines ; n'hésitez pas. Les céréales donnent bien quelque argent, mais à quel prix ?... La dépense est énorme, il faut labourer trois fois, herser autant, semer, nettoyer, sarcler, moissonner, battre..., comptez bien, il ne vous restera pas grand'chose. Comptez mieux encore : votre capital à vous, votre terre, a diminué de valeur, la céréale l'a épuisée ; tandis que la plante fourragère, le trèfle, la luzerne, l'auraient, au contraire, enrichie. Ainsi peu de travail pour obtenir des fourrages ; terre fertilisée par cette récolte, au lieu d'être appauvrie ; fumiers fournis par elle, tandis que la céréale n'en donne à peu près aucun ; enfin, produit aussi considérable sur le bétail qu'il l'eût été sur les céréales, produit *net* (les frais de travail comptés et déduits) deux ou trois fois plus élevé ; ces résultats sont certains, évidents, vérifiables ; un seul suffirait pour décider l'agriculteur à diminuer la culture des céréales, et à étendre celle des fourrages. Comment expliquer qu'on hésite encore ?...

Je ne conseille pas, au reste, d'agir en grand et tout d'un coup ; le cultivateur doit être plus prudent, il sèmera en ray-grass, en trèfle, en luzerne, en sainfoin, quelques petits champs seulement ; s'il s'en trouve bien, il continuera. Au ray-grass il faut des terres très-fraîches, même mouillées ; au trèfle, des terres fraîches seulement, mais fertiles, fussent-elles peu profondes, (ne laisser le trèfle qu'un an et n'en remettre que tous les cinq ans dans la même terre) ; à la luzerne, une terre même médiocre pourvu qu'elle soit bien égouttée, surtout sans eaux souterraines ; les terres rocheuses, remplies de pierres petites ou grosses, à couche de terre labourable même peu profonde, conviennent parfaitement à la luzerne, qui, jetant ses racines à des profondeurs incroyables (10, 15, 20 pieds et plus), va prendre son engrais là où il est perdu à toujours, pour toute autre plante. Tel est l'emploi réellement providentiel de la luzerne ; elle a ces deux immenses mérites, d'être le meilleur de tous les fourrages et de venir très-bien là où d'autres ne viendraient pas. Par le sainfoin, on utilisera les terres de coteaux, les terres sèches, arides, à sol peu profond. Chaque terre a donc sa destination, son aptitude ; il faut la deviner et la trouver, comme chaque plante a ses besoins et ses formules de végétation ; le tout sera de bien approprier la plante à la terre ; tout est là. Avec ce mode de culture, le cultivateur pourra labourer quelques vieilles prairies, tirer de ce sol reposé d'excellentes récoltes, et, en les renouvelant, améliorer ses prés.

On aura ainsi moitié moins de terres en céréales, dès lors déjà moitié moins de travaux ; mais comme on aura fumé au double, que les façons pourront être données mieux et plus à propos, la récolte devra être double, et on aura dès lors en bénéfice *net* et les travaux économisés et les fourrages obtenus sur l'autre moitié des terres.

Voilà donc le cultivateur allégé de travaux et pourvu de fourrages. Parlons de leur emploi : Pour le petit cultivateur, de jeunes attelages conviendront mieux que des vieux ; il pourrait, tout en faisant son travail, les ménager, les dresser, puis les revendre avec bénéfice à la grande culture qui ne peut employer que des attelages forts et dressés. Les vaches surtout conviendront à la petite culture : elles sont plus vives, plus adroites, plus intelligentes que les bœufs, elles se meuvent mieux dans un petit espace, elles suffisent aux travaux et donnent en lait et en veaux un bénéfice à part. Elles meublent l'étable de jeunes bêtes qu'on n'achèterait pas, qu'on s'ingénie à nourrir, et qui, élevées, donnent un produit important et inattendu ; cela a doublé ou triplé le tas de fumier, dès lors la richesse réelle du cultivateur ; tout va toujours en augmentant, fourrages, bestiaux, fumiers, fertilité. Voilà la bonne méthode, la bonne voie, elles conduisent toutes deux à l'aisance et ensuite à la richesse.

Ces quelques lignes bien lues et relues, ces conseils bien compris, bien acceptés, bien suivis, le travail et l'économie feront le reste, et trouveront leur récompense dans le succès.

Nous sommes donc arrivés à cette conclusion : dans la petite culture, cultiver par de jeunes bêtes. Mais reste la question : sera-ce par le cheval ou par le bœuf ?... Pour moi, qui ai expérimenté et étudié, le travail par le bœuf ou la vache est, matériellement, de un cinquième moins coûteux que le travail par le cheval. Avec le cheval, le harnais et l'avoine sont fort coûteux, puis un vieux bœuf vaut le prix qu'il a coûté à 3 ans, et un vieux cheval ne vaut rien ; disons encore que le bœuf convient surtout sur les terres mouillées et fraîches, moins sur les sols durs et pierreux, sur les grandes routes, etc., qui sont réellement le domaine du cheval.

Dans les petites cultures, il faudra cultiver par les vaches et élever de jeunes bêtes ; car plus la bête est jeune, plus grand est le bénéfice *net* qu'elle donne. Le foin consommé par un veau de 6 mois à 1 an est payé 10 fr. les 100 kilogrammes, 8 fr. seulement par un veau de 1 an à 18 mois ; 6 fr. par un veau de 18 mois à 2 ans. (Disons en passant que le porc est le bétail le plus productif pour la petite culture, surtout si elle a des vaches, et dès lors du petit lait à leur donner.

Il nous reste maintenant à indiquer les moyens de bien choisir les vaches... Quelle race d'abord adopter, car dans les vaches il y a des races laitières par excellence et auxquelles on ne peut guère demander de travail sans perdre une valeur égale sur le lait. La race gatine en France (robe froment-gris, crins, museau et, ce qui est caractéristique, *langue* noirs), est une excellente vache de travail et de lait; elle peuple le Poitou et la Vendée et se trouve presque partout. La vache de Salers, en Auvergne (une des plus belles races de boucherie), pourra aussi donner du travail et du lait; en France, ce seront les deux races par excellence pour la petite culture. — La race du Bocage, en Bretagne aussi (robe gris-roux), peut donner du travail et du lait; la race d'Anglès, très-répandue dans le midi (robe gris-blaireau ou froment), sera aussi très-bonne pour le travail et le lait. Ajoutons les races du Mijanez, de la Montagne-Noire, dans le midi, et aussi du Limousin, dans le centre. La race anglaise de Devon serait la meilleure de toutes, son lait est le plus gras de tous les laits.

Maintenant parlons du choix des individus, au point de vue surtout de la production du lait : ici l'horizon s'étend, nous ne parlons plus seulement des vaches de travail et de lait, nous parlons des vaches laitières en général et nous allons donner le moyen de découvrir, dans les vaches, de prévoir même dans les jeunes vêles de 8 jours, surtout dans celles de 2 mois, le rendement en lait.

Avant la découverte des frères Guénon, on appréciait les vaches à certains signes que nous décrirons plus tard. Aujourd'hui encore il faut consulter ces signes, et il importe qu'ils confirment les révélations tirées du signe nouveau.

Ce signe nouveau est un dessin affectant des formes et une étendue variables, tracé par la nature sur le pis et le dessus du pis de la vache, recouvert d'un poil fin, court, brillant et, ce qui est caractéristique, remontant de bas en haut au lieu de descendre de haut en bas, comme le poil de tout le reste du corps.

Ce dessin frappe l'œil par son reflet plus brillant, et, comme ferait, sur une étoffe brochée, un dessin de même couleur.

Dans les 6 à 7 premières semaines le dessin de la vêle est recouvert d'un poil long, frisé, laineux ; vers le deuxième mois, ce poil laineux est remplacé par le poil normal, court, fin, soyeux, remontant au lieu de descendre.

Au toucher on peut parfaitement distinguer le poil remontant du poil descendant.

Le danger des erreurs est surtout dans les signes de bâtardise : il y aurait bâtardise si le poil du dessin, au lieu d'être fin et court, était gros et long ; si la lisière du dessin était de poils longs et courbés, s'il apparaissait de grands ovales tels qu'ils sont décrits dans le tableau n° 5 : des petits ovales pourraient ne pas déprécier la vache.

L'examen des planches qui suivent fera facilement connaître les formes les plus ordinaires de ces dessins.

Toute la partie blanche indique le poil remontant, c'est-à-dire le dessin, le signe nouveau ; toute la partie noire, le poil descendant du reste du corps. Les chiffres indiquent la taille, le rendement, la durée du lait.

1re FAMILLE.

Tailles....... 1 - 2 - 3
Litres de lait.. 24-16-12

Ne tarit pas.
Très-bonne.

Tailles....... 1 - 2 - 3
Litres de lait.. 22-15-11

Ne tarit pas.
Très-bonne.

N° 1

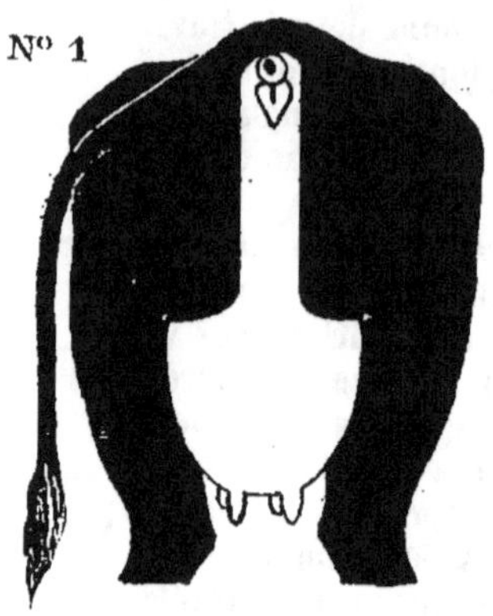

N° 2

Tailles....... 1 - 2 - 3
Litres de lait.. 20-15-10

Ne tarit pas.
Tres bonne

Tailles....... 1 - 2 - 3
Litres de lait.. 15-11- 7

Durée du lait, 8 mois.
Bonne.

N° 3

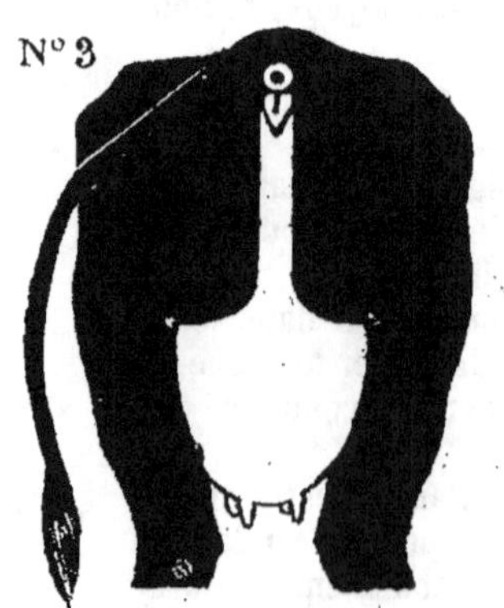

N° 4

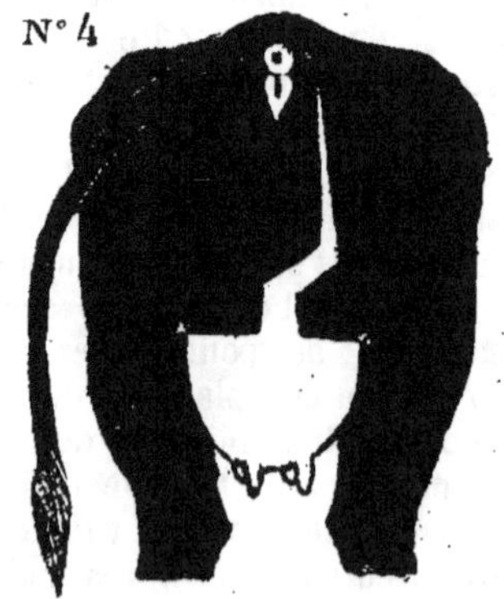

LES FLANDRINES.

Tailles....... 1 - 2 - 3
Litres de lait.. 12-8-6

Durée du lait, 7 mois 1/2
Assez bonne.

Tailles....... 1 - 2 - 3
Litres de lait.. 9 - 6 - 4

Durée du lait, 6 mois.
Médiocre.

N° 5
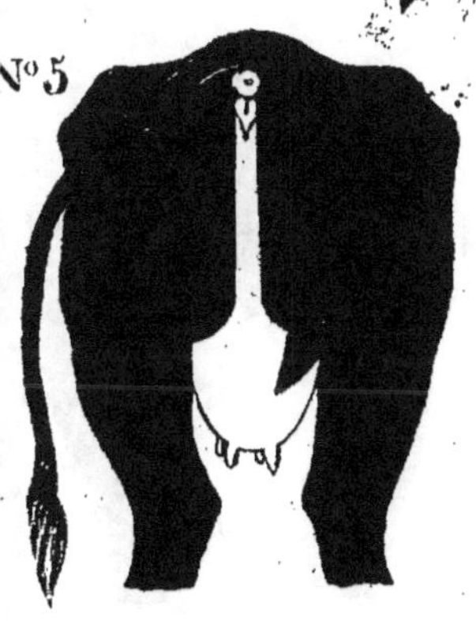

N° 6
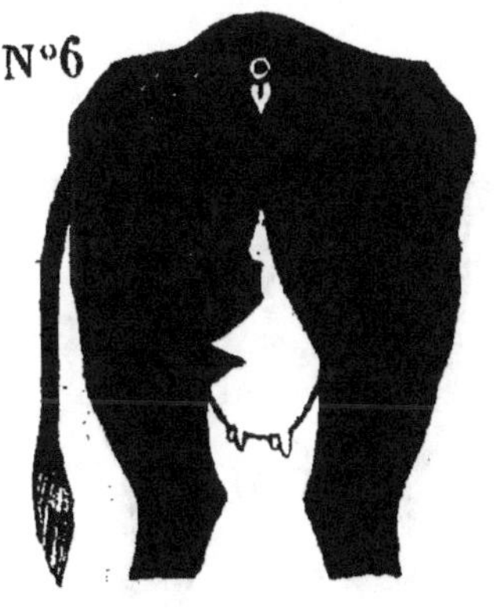

Tailles....... 1 - 2 - 3
Litres de lait.. 7 - 5 - 3

Durée du lait, 5 mois.
Mauvaise.

Tailles....... 1 - 2 - 3
Litres de lait.. 5 - 4 - 2

Durée du lait, 4 mois.
Très-mauvaise.

N° 7
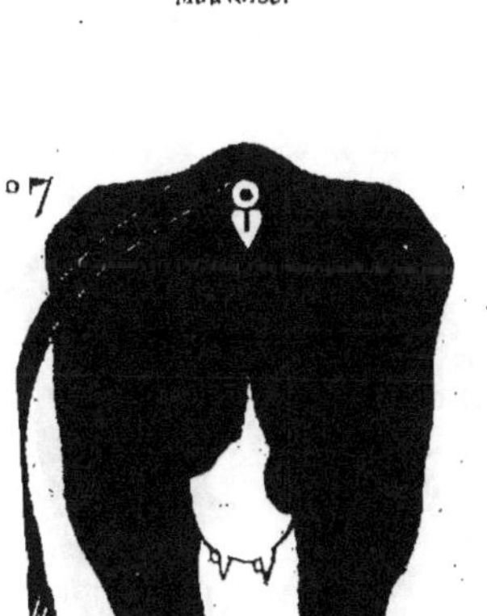

N° 8
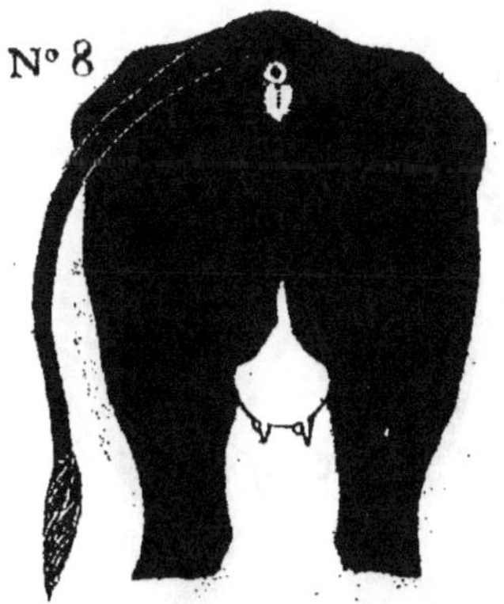

TAILLE N° 1..... 300 k. ⎫
       N° 2..... 200 k. ⎬ POIDS MOYEN
       N° 3..... 125 k. ⎭

Tailles........ 1 - 2 - 3
Litres de lait.. 22-14-10

Ne tarit pas.
Très bonne.

Tailles........ 1 - 2 - 3
Litres de lait.. 22-14-10

Ne tarit pas.
Très-bonne.

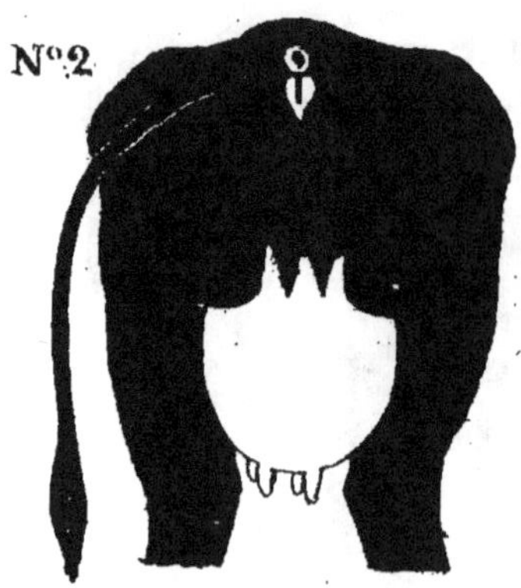

Tailles........ 1 - 2 - 3
Litres de lait.. 16-11- 9

Durée du lait, 8 mois.
Bonne.

Tailles........ 1 - 2 - 3
Litres de lait.. 13- 9 - 7

Durée du lait, 7 mois
Assez bonne.

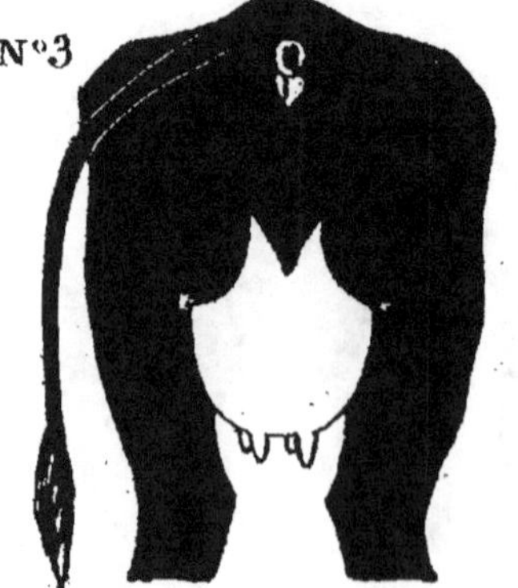

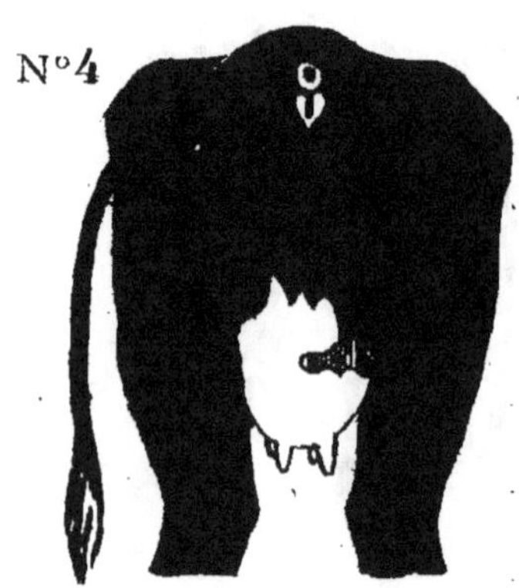

LES BICORNES, etc..

Tailles. . . . . . .   1 - 2 - 3
Litres de lait. . 10- 7 - 5

Durée du lait, 6 mois.
Assez bonne.

N° 5

Tailles. . . . . . .   1 - 2 - 3
Litres de lait. . . 6 - 4 - 3

Durée du lait, 4 mois.
Mauvaise.

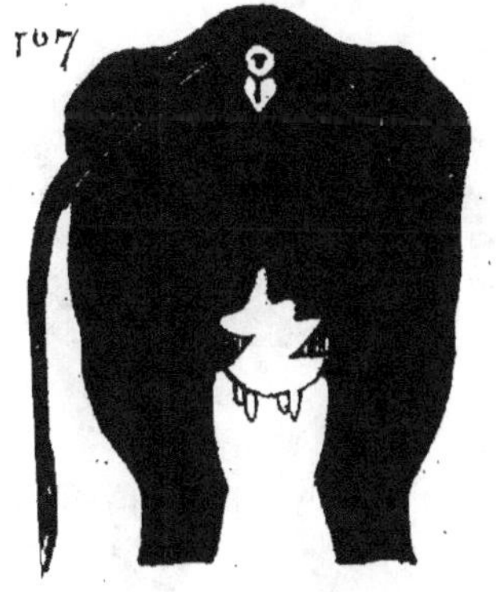

N° 7

Tailles. . . . . . .   1 - 2 - 3
Litres de lait. .   8 - 5 - 4

Durée du lait, 8 mois.
Médiocre.

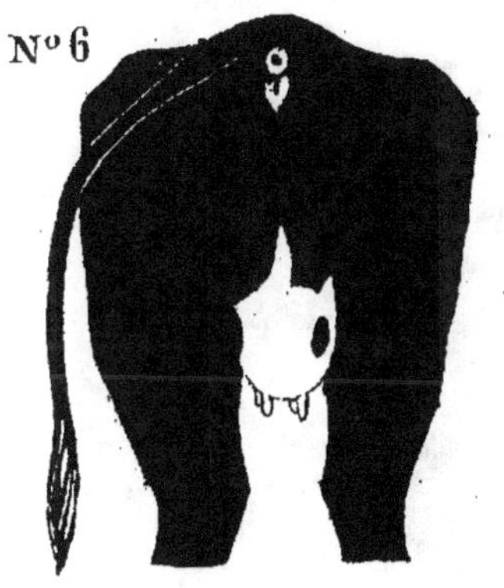

N° 6

Tailles. . . . . . .   1 - 2 - 3
Litres de lait. . . 4 - 3 - 2

Durée du lait, 2 mois.
Très-mauvaise.

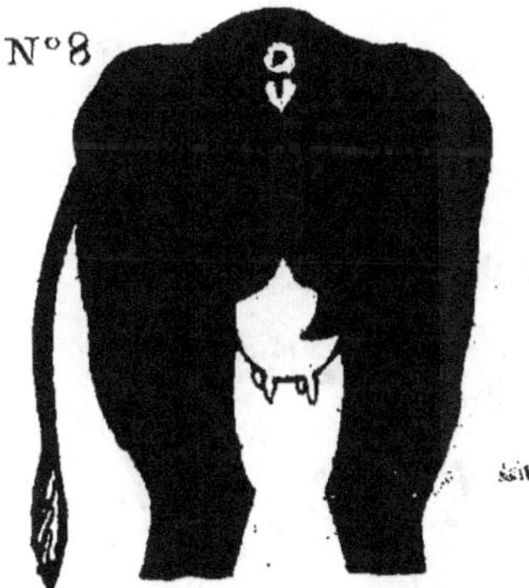

N° 8

3ᵐᵉ FAMILLE.

Tailles....... 1 - 2 - 3
Litres de lait .. 20-16-10

Ne tarit pas
Très-bonne.

Tailles....... 1 - 2 - 3
Litres de lait.. 17-12-8

Durée du lait, 8 mois.
Bonne.

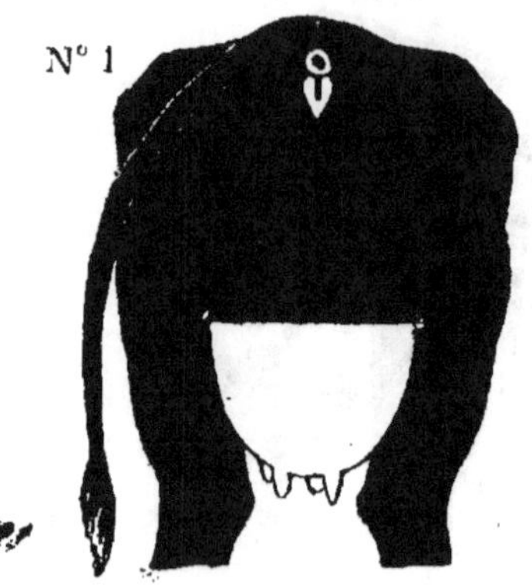

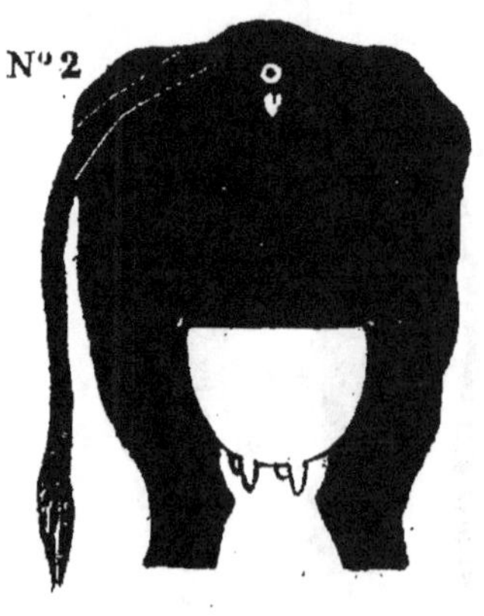

Tailles........ 1 - 2 - 3
Litres de lait...13-10- 6

Durée du lait 7 mois
Bonne.

Tailles....... 1 - 2 - 3
Litres de lait...11- 8 - 5

Durée du lait, 6 mois.
Assez bonne.

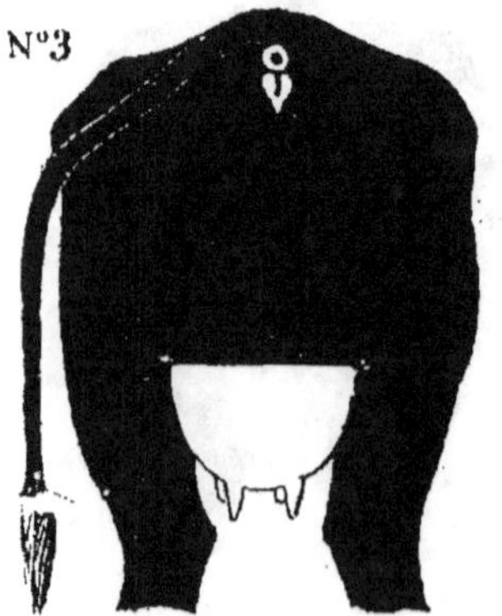

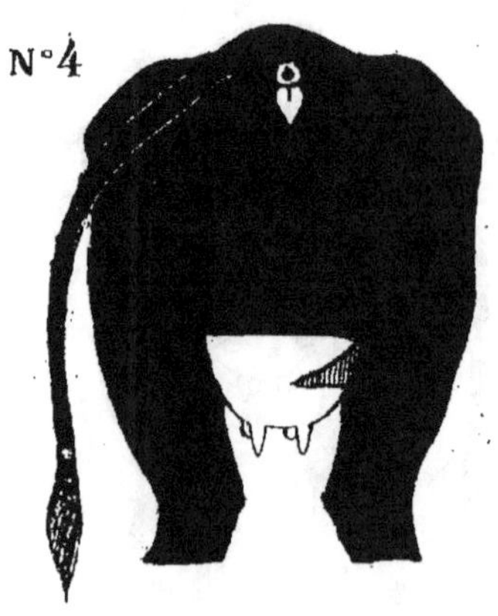

ES CARRESINES.

Tailles........ 1 - 2 - 3
Litres de lait.. 9 - 7 - 4

Durée du lait, 5 mois.
Médiocre.

Tailles........ 1-2-3
Litres de lait... 7-6-3 $\frac{1}{2}$

Durée du lait, 4 mois.
Mauvaise.

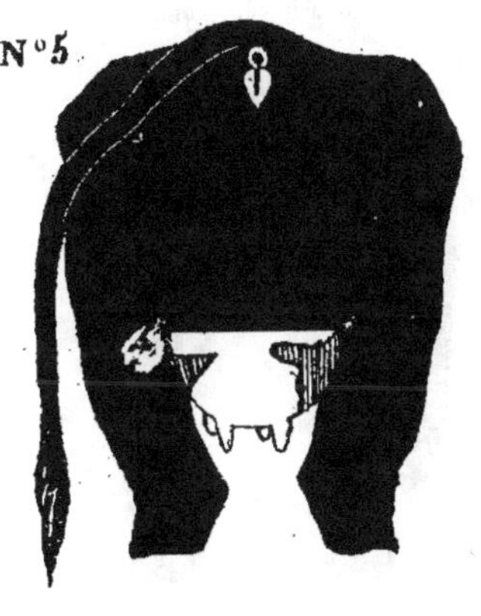

N°6

Tailles........ 1-2-3
Litres de lait... 5-4-2 $\frac{1}{2}$

Durée du lait, 3 mois.
Très-mauvaise.

Tailles........ 1 - 2 - 3
Litres de lait... 4 - 3 - 2

Durée du lait, 4 mois.
Très-mauvaise.

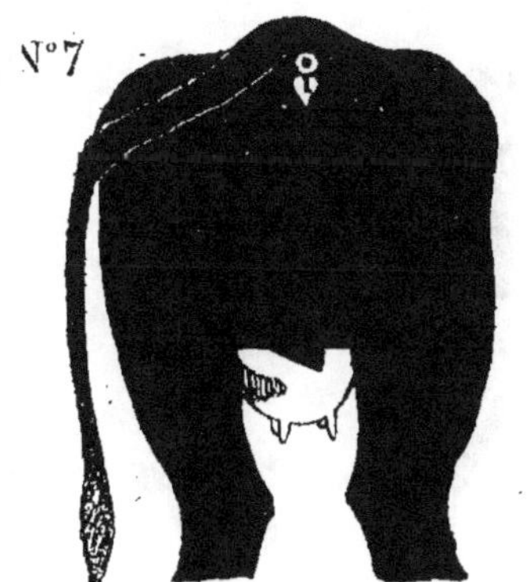

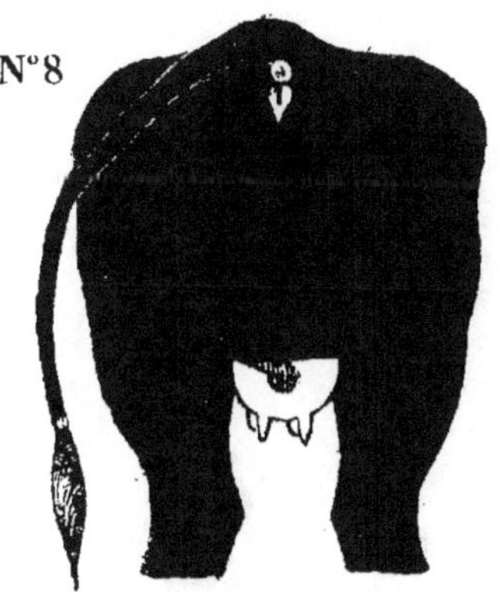

TAILLE N° 1.... 300 k.)
     N° 2.... 200 k. } POIDS MOYEN
     N° 3.... 125 k.)

4me FAMILLE. LES COUR—

Cette famille a cela de particulier qu'elle doit, pour donner les rendements indiqués, réunir un autre signe et avoir le cuir, c'est-à-dire
le dessous du poil. jaune vif particulièrement, certaines parties du

Tailles........ 1 - 2 - 3
Litres de lait.. 19-15- 9

Ne tarit pas et est très-bonne sur_
tout si elle a le cuir jaune.

N°1

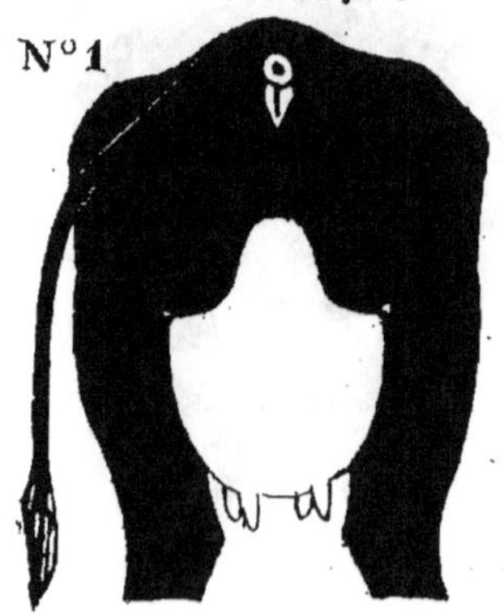

Tailles........ 1 - 2 - 3
Litres de lait... 17-12- 8

Ne tarit pas et est très-bonne, sur_
tout si elle a le cuir jaune.

N°2

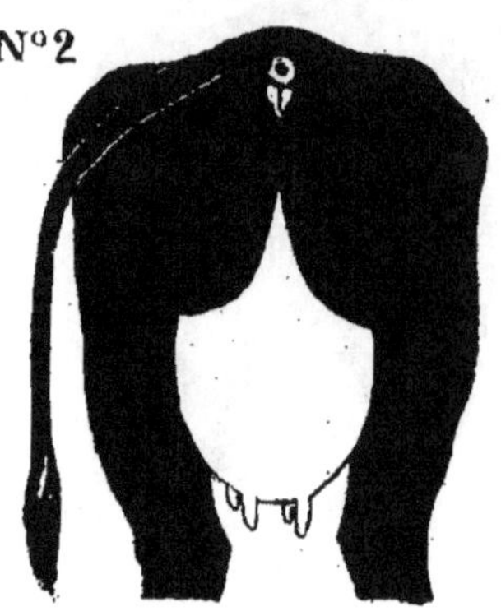

Tailles........ 1 - 2 - 3
Litres de lait... 16-13- 7

Ne tarit pas et est très-bonne, surtout si elle a le cuir jaune.

N°3

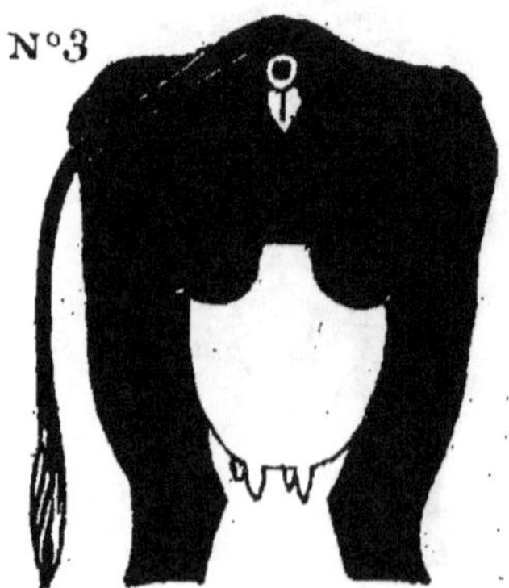

Tailles........ 1 - 2 - 3
Litres de lait... 14-10- 6

Durée du lait, 7 mois.
Très-bonne si elle a le cuir jaune

N°4

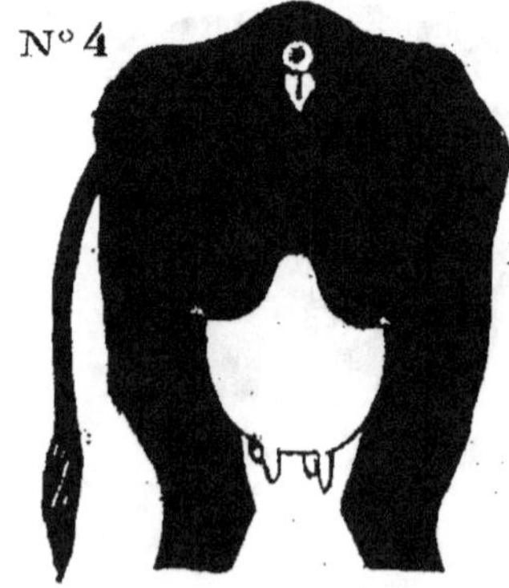

BELINES OU UNICORNES.

corps, le périnée et le pis, l'intérieur des oreilles, le bout de la queue
devront être jaune vif. Sans cette couleur il faudrait diminuer les
rendements indiqués.

Tailles........ 1 - 2 - 3
Litres de lait...10- 7 - 5

Durée du lait, 6 mois.
assez bonne si elle a le cuir jaune

N°5

Tailles..... 1 - 2 - 3
Litres de lait.. 8 - 6 - 4

Durée du lait, 4 mois.
Médiocre.

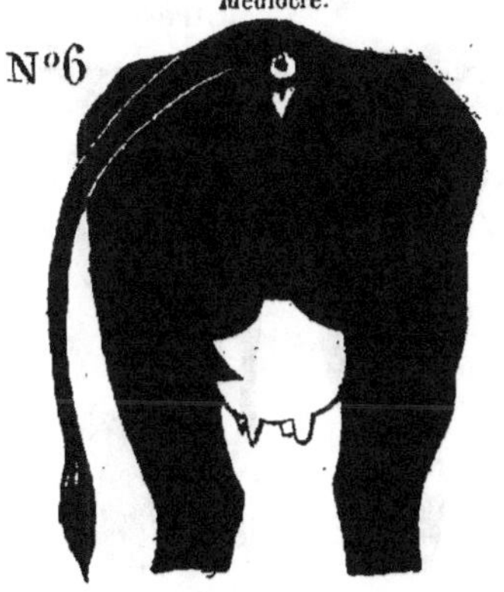

N°6

Tailles........ 1 - 2 - 3
Litres de lait... 6 - 4 - 2

Durée du lait, 2 mois.
Mauvaise.

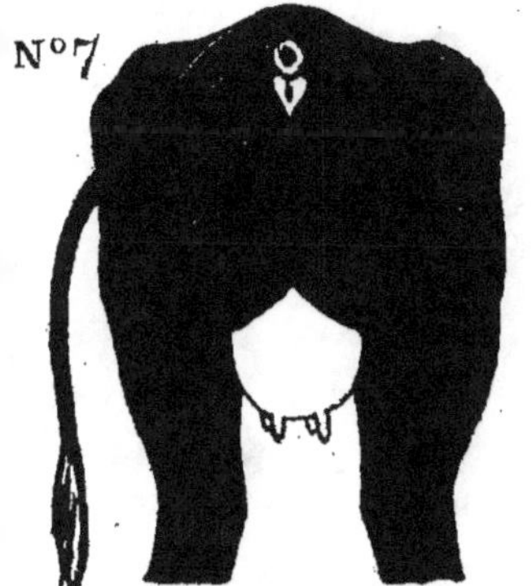

N°7

Tailles........ 1 - 2 - 3
Litres de lait.. 4 - 2 - 1

Durée du lait, 1 mois.
Très-mauvaise.

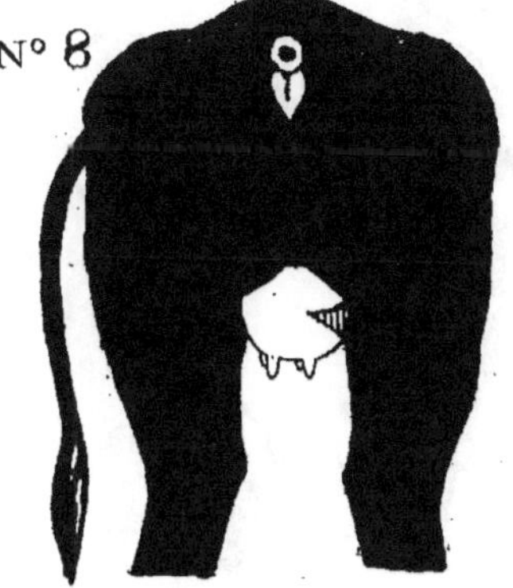

N° 8

BATARDES.

Toutes ces vaches sont mauvaises, leur lait n'ayant pas de durée.

1. BATARDE FLANDRINE.

(Ici le signe de bâtardise est l'ovale A de poil descendant placé au milieu du dessin de poil remontant.)

Tailles....... 1 - 2 - 3
Litres de lait.. 20-14-9

2. BATARDE FLANDRINE.

(Le signe de bâtardise est le poil long et courbé en hameçon qui s'étend du dessin sur les cuisses.)

Tailles....... 1 - 2 - 3
Litres de lait.. 21-15 10

3. BATARDE FLANDRINE.

(Le signe de bâtardise est l'ovale B de poil remontant placé à côté de la vulve.)

Tailles....... 1 - 2 - 3
Litres de lait.. 18-11-8

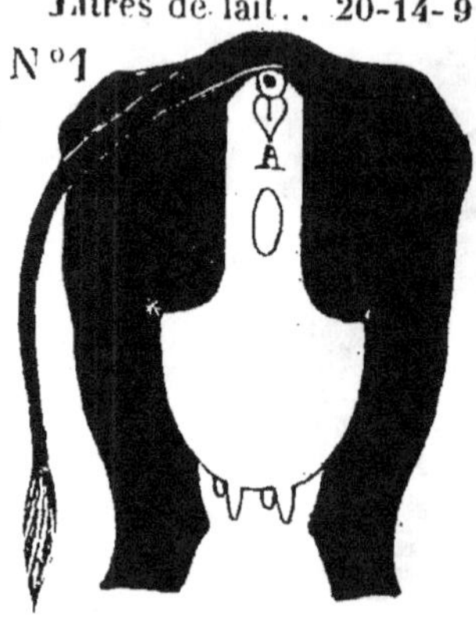

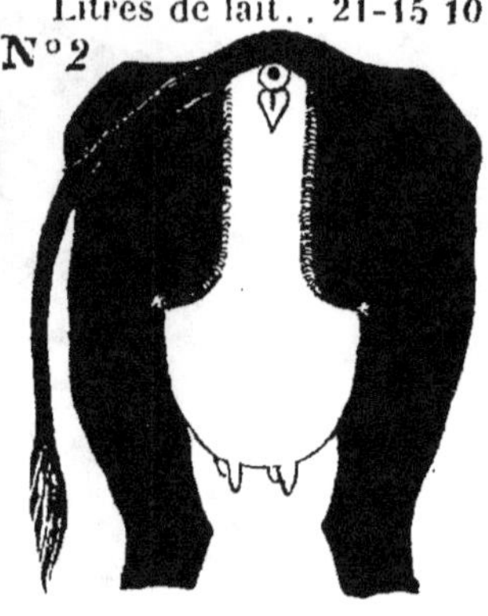

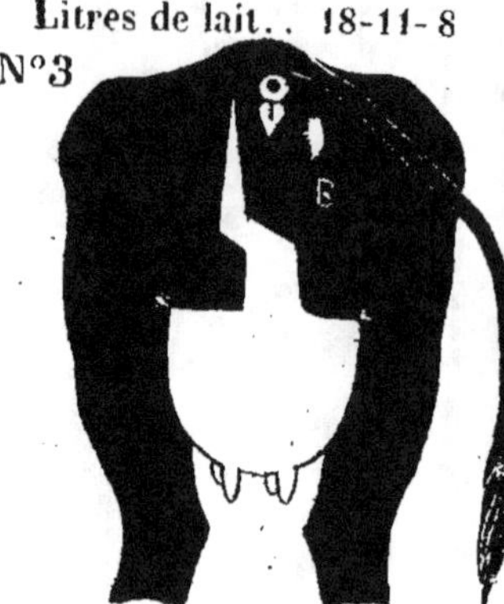

BATARDE FLANDRINE.

(Le signe de bâtardise est le poil hérissé et en hameçon qui forme la lisière du dessin.)

Tailles....... 1 - 2 - 3
Litres de lait.. 16-10-7

BATARDE BICORNE.

(Les deux grands ovales C de poil remontant placés aux côtés de la vulve forment le signe de bâtardise.)

Tailles....... 1 - 2 - 3
Litres de lait.. 19-12-9

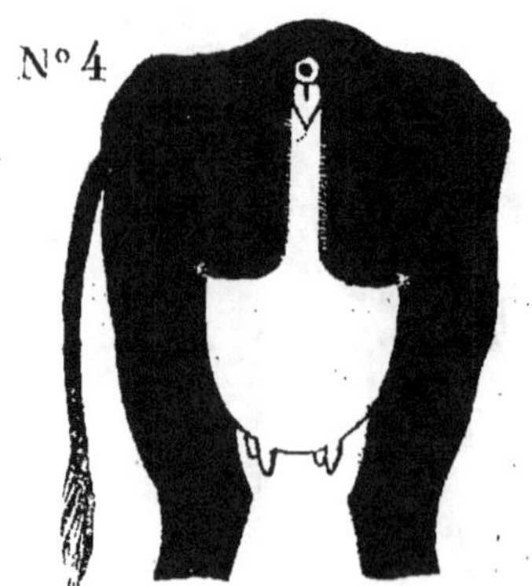

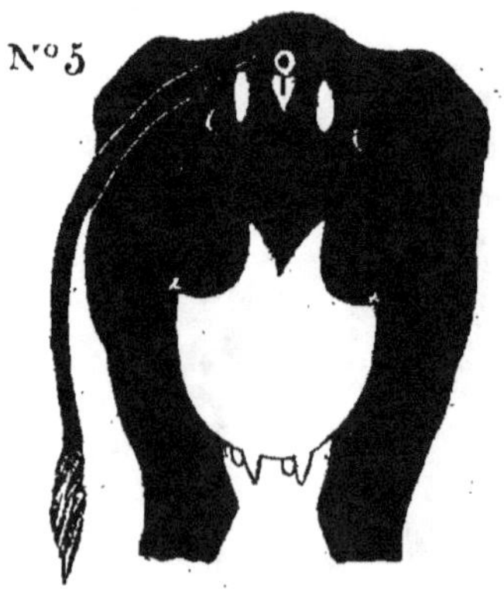

BATARDES.

générale.

BATARDES.

Toutes ces vaches sont mauvaises, leur lait n'ayant pas de durée.

BATARDE TRICORNE.

(Les deux ovales D de poil remontant
placés aux côtés de la vulve forment le signe de bâtardise.)

Tailles....... 1 - 2 - 3
Litres de lait.. 19-12- 9

N° 6

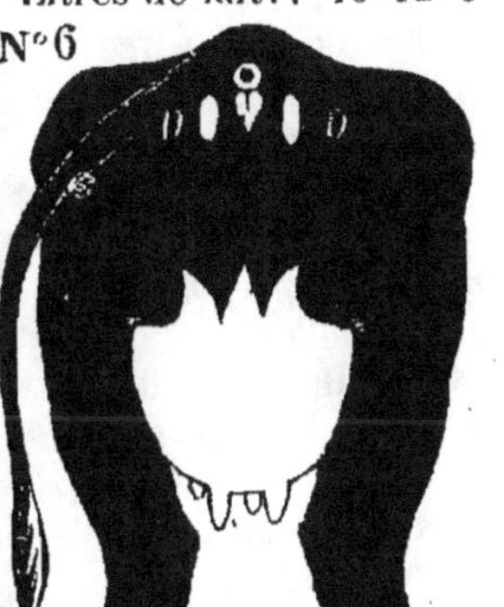

BATARDE CARRÉSINE.

(Les deux ovales E de poil remontant
placés aux côtés de la vulve forment le signe de bâtardise.)

Tailles....... 1 - 2 - 3
Litres de lait. 18-11- 8

N° 7

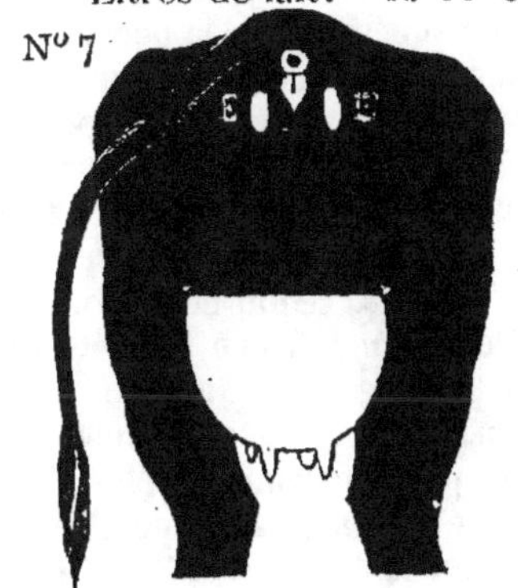

BATARDE COURBELINE.

(Les deux grands ovales F de poil
remontant placés aux côtés de la
vulve forment le signe de bâtardise.)

Tailles....... 1 - 2 - 3
Litres de lait.. 16-10- 7

N° 8

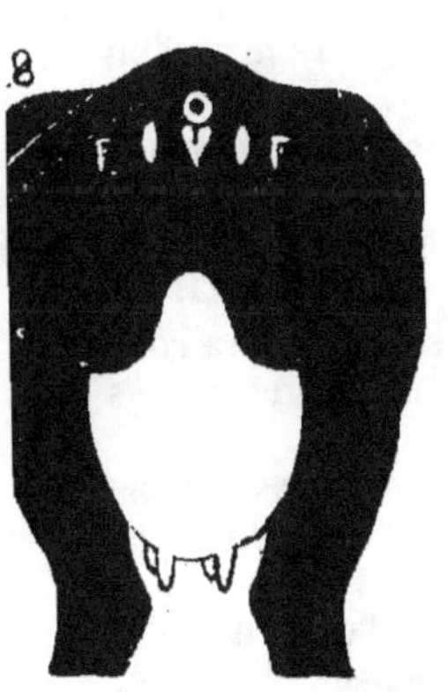

2. BATARDE COURBELINE.

(Les deux grands ovales G de poil
remontant placés aux côtés de la
vulve forment le signe de bâtardise.)

Tailles....... 1 - 2 - 3
Litres de lait.. 15-10- 6

N° 9

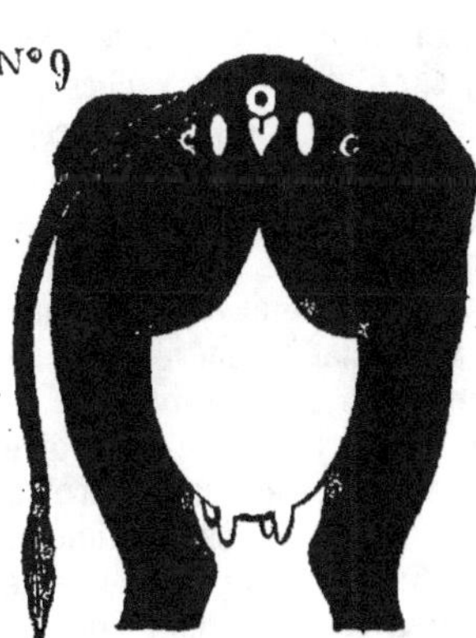

3. BATARDE COURBELINE.

(Les deux grands ovales H de poil
remontant placés aux côtés de la
vulve forment le signe de bâtardise.)

Tailles....... 1 - 2 - 3
Litres de lait.. 14- 9 - 5

N 10

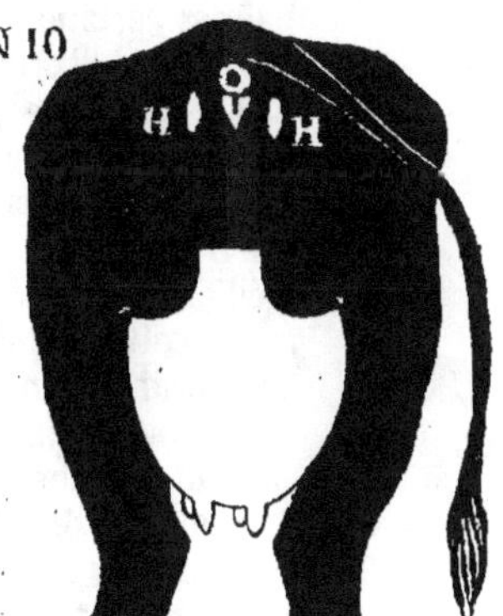

Par leur forme, on peut diviser les dessins en trois classes :

1° Les dessins vulvaires, c'est-à-dire ceux remontant des trayons jusqu'à la vulve ; les plus hauts, et, par cela même, les plus étendus les meilleurs ;

2° Les dessins cornus, à 1 — 2 — 3 cornes et plus ; on pourrait les appeler périnéens, parce qu'ils s'arrêtent à moitié chemin du pis et de la vulve, sur cette partie intermédiaire, appelée le périnée.

3° Les dessins mammaires, ou carrésins, s'arrêtant carrément à la partie supérieure de la poche du pis, sont les plus bas de tous parce qu'ils ne s'étendent pas sur le périnée. Ils ne sont pas cependant les moins étendus, car ils sont plus larges que les autres.

Mais il nous a paru plus clair et dès lors plus convenable de les diviser par ordre d'étendue ou, ce qui est la même chose, de rendement, *car le rendement en quantité et en durée sera toujours en proportion de l'étendue*, ce qui nous a obligé à les diviser en 4 familles.

Nous formulons en 14 mots tout le système d'application de la découverte : « LE RENDEMENT EN LAIT SERA PROPORTIONNÉ A L'ÉTENDUE DU DESSIN, LA DURÉE AU RENDEMENT. »

Ici plus de familles, plus d'ordres, cela devient surabondant. — Plus le dessin sera étendu et pur, plus grand sera le rendement de la vache et la durée du lait. — Plus il sera petit, plus faible sera le produit, plus courte sera la durée..

Nous renvoyons aux tableaux et à leurs légendes pour l'intelligence plus complète du signe nouveau, le dessin du pis ; ces tableaux se divisent en 4 familles :

1° Les flandrines ; — 2° les bicornes ; — 3° les carrésines ; — 4° les unicornes ou courbelines. Enfin un cinquième tableau donne les bâtardes de ces 4 familles.

La durée du lait se compte à partir de la parturition et pendant une gestation nouvelle.

Faisons observer qu'en portant à vingt-quatre litres les plus grands rendements, j'ai voulu ne parler que des rendements les plus ordinaires ; certaines perfections réunies peuvent élever encore le produit de deux à dix litres, car j'ai vu des vaches rendant trente-trois et trente-cinq litres, mais ce sont là de rares exceptions qui ne devaient pas trouver place dans les règles ordinaires.

Quand on aura étudié le dessin et fixé le classement de la vache dans les 5 catégories indiquées : — les très-bonnes, — les bonnes, — les médiocres, — les mauvaises — et les très-mauvaises, il faudra contrôler cette première appréciation en vérifiant les autres signes, dans leur ordre d'importance qui est le suivant :

1. Poitrine large en avant, carrée, c'est-à-dire large en bas comme en haut, bombée en avant et en dessous ; profonde, c'est-à-dire conservant son développement en arrière comme en avant des épaules.

2. La côte bien arrondie, partant horizontalement de l'épine dorsale, le ventre en tonneau, bien relevé ; le cuir souple, moelleux, élastique, se détachant bien, la bouche bien fendue, le râtelier bien large et peu arrondi.

3. Les reins larges, plats, à angles saillants; l'épine dorsale bien droite, non ensellée, le bassin ample, le flanc bien fermé, c'est-à-dire présentant peu de vide, les os petits.

Car la première qualité, à rechercher dans un animal quelconque, dans la vache surtout, c'est la puissance de conformation, et, au premier rang le développement énergique de la poitrine et de l'estomac; nous vivons d'air comme de nourriture, et plus nous aspirons d'air, plus nous augmentons nos conditions de santé; la poitrine et l'estomac sont les deux rouages principaux du corps, les autres ne sont que des rouages accessoires.

4. Le développement bien prononcé des veines du périnée (veines placées sous la vulve). Ces veines, lorsqu'elles sont grosses, saillantes, serpentantes, indiquent la force de constitution de l'organe laitier; par contre, si elles sont peu apparentes, petites, à fleur de la peau, elles révèlent la faiblesse de cet organe.

5. Les veines laitières (improprement appelées ainsi, car ce sont les veines par où le sang retourne au cœur après avoir traversé l'organe laitier et y avoir déposé les principes du lait) grosses, saillantes, serpentantes, bifurquées parfois, placées en dehors, non en dessous du ventre. Les fontaines larges, assez rondement et également ouvertes pour recevoir le bout du petit doigt.

6. Le développement des veines du pis : Si elles forment sur le pis une espèce de réseau de veines saillantes, à nœuds plus saillants encore, elles révéleront l'activité de la sécrétion des mamelles.

7. Le développement du pis : Son état de santé, sans lésions intérieures, sans indurations, sans grosseurs charnues au dedans. Il sera rond, pendant et en sac, dans certaines races, les suisses, par exemple; relevé, mais s'étendant sous le ventre, dans certaines autres, comme les vaches hollandaises.

8. Trayons égaux, courts, souples, transparents, éloignés les uns des autres.

9. Le cuir du pis : Il doit être mince, fin, souple, dans les races suisses et du Nord excepté, où son épaisseur résulte d'une loi naturelle, la nécessité de défendre l'animal contre le froid pénétrant des montagnes et des contrées septentrionales.

10. Cuir mince, souple, élastique, se détachant bien du corps; poil généralement fin, court, doux, pas trop épais.

11. La tête courte, petite, légère, front étroit, œil vif, saillant; museau relevé en avant, bouche bien ouverte, lèvres minces et fines.

12. Oreilles petites, minces et fines, safranées et peu velues en dedans.

13. Cornes grêles, fines, plates à leur base (les cornes annoncent la grosseur des os), courtes et contournées, de substance transparente et vitreuse, tachées ou veinées de noir.

14. Corps maigre et délicat, sans être malade ou débile.

15. Les jambes courtes et fines, le canon bien effilé et sec, les jarrets larges, bien écartés, les onglons petits et courts.

16. L'encolure (le cou) étroite, en lame de couteau renversée, ronde en bas, mince en haut ; fanon léger, fin, court et mince.

17. La forme de la queue (signe de race) : Elle doit être relevée et grosse à sa racine, puis, immédiatement, mince, effilée et longue ; elle doit tomber de deux à trois pouces au-dessous du jarret.

Ces qualités sont constitutives de la *race* dans les bestiaux en général, dans la vache en particulier ; elles doivent venir sinon toutes, au moins les plus importantes, confirmer les révélations du dessin.

Les gros livres ne vont pas à nos campagnes ; l'homme élevé dans le travail n'a pas eu le temps de s'instruire ; son école, à lui, a été le champ, la vigne, le jardin de son père ; son enfance, sa vie d'homme, sa vieillesse s'useront là, et seront heureuses s'il est bon et moral, laborieux, économe et religieux ; elles seront malheureuses s'il a les défauts opposés. Ce petit livre s'adresse donc à vous, infatigables ouvriers de la terre, cultivateurs laborieux et honnêtes. J'ai fait un gros volume pour les hommes plus instruits, pour l'agriculture en général ; je tiens à le résumer en quelques pages pour vous tous qui vivez dans la gêne, là même où vous pourriez trouver le souverain bien, le plus sûr de tous les bonheurs, l'aisance dans le travail.

———————

Comme renseignement sur l'ouvrage plus important dont nous faisons ici un extrait, nous donnons la Table des matières du *Traité spécial de la vache laitière et de l'élève du bétail*, par E. COLLOT.

1 gros volume de plus de 500 pages. — Prix : 6 fr.

A Paris : chez Paul DUPONT, rue de Grenelle-Saint-Honoré, 45.

A la librairie agricole de DUSSACQ,　　A la librairie BOUCHARD-HUZARD,
rue Jacob, 26.　　　　　　　　　　　rue de l'Éperon, 5.

PARIS, IMPRIMERIE DE PAUL DUPONT,
Rue de Grenelle-St-Honoré, 45.

www.ingramcontent.com/pod-product-compliance
Lightning Source LLC
Chambersburg PA
CBHW070831160726
PP18578800001B/105